Niko Paech

Nachhaltiges Wirtschaften jenseits von Innovationsorientierung und Wachstum

Theorie der Unternehmung

Herausgegeben von Reinhard Pfriem

Band 32

Eine vollständige Übersicht über die erschienenen Bände finden Sie am Ende des Bandes

Niko Paech

Nachhaltiges Wirtschaften jenseits von Innovationsorientierung und Wachstum

Eine unternehmensbezogene Transformationstheorie

2., erweiterte und überarbeitete Auflage

Metropolis-Verlag

Marburg 2012

Bibliografische Information Der Deutschen Bibliothek

Die Deutsche Bibliothek verzeichnet diese Publikation in der Deutschen Nationalbibliografie; detaillierte bibliografische Daten sind im Internet über <http://dnb.ddb.de> abrufbar.

Metropolis-Verlag für Ökonomie, Gesellschaft und Politik GmbH
http://www.metropolis-verlag.de

2. erweiterte und bearbeitete Auflage 2012

ISBN 978-3-89518-893-0

Geleitwort

Innovationen sind wichtig und können gut sein, müssen es aber nicht in jedem Fall. Nicht nur in der unternehmenspolitischen, auch in der akademischen Praxis hat sich das Phänomen Innovation inzwischen zum Mythos entwickelt. So finden längst Differenzierungsversuche statt, die mit Formeln wie „Innovation der Innovation" hausieren gehen.

Die höchste Kunst des Wissenschaftlers ist der kritische Zweifel. Skepsis statt vordergründiger Euphorie ist die Tugend lebensfroher und sehr wohl optimistischer Menschen, die diese Kunst zur Anwendung zu bringen suchen. Aus diesem Geist heraus ist die Habilitationsschrift von Dr. Niko Paech geschrieben, die in noch weiter verbesserter Form jetzt als Buch vorliegt.

Zwang zu exponentiellem Wirtschaftswachstum, Risiko(gesellschaft) und eine Beschleunigung, die nicht nur letzte Bereiche von Ruhe und Muße zu zerstören droht, sondern sehr prinzipiell der Entwertung des Wertvollen zuarbeitet, waren zu Beginn der Ökologiebewegung zentrale Faktoren von deren Gesellschaftskritik. Niko Paech zeigt auf, dass diese dem vorherrschenden Verständnis des Innovationsparadigmas weiter anhaften und es eben deshalb darum geht, korrigierende Pfade nachhaltiger Entwicklung von Wirtschaft und Gesellschaft zu beschreiten.

Es zeichnet die Arbeit besonders aus, wie gründlich die kritischen und theoriebezogenen Überlegungen mit empirischen Untersuchungen verknüpft wird. Dadurch gewinnt Niko Paechs Plädoyer, Richtungssicherheit gerade dadurch zu gewinnen, dass Nachhaltigkeit als kulturelle Herausforderung ernst genommen wird, eine ausgezeichnete zusätzliche Fundierung.

Prof. Dr. Reinhard Pfriem

Oldenburg und Stapelmoor im August 2005

Vorwort zur 2. Auflage

Seit Erscheinen der ersten Auflage hat sich die Erosion des Wachstumsdogmas dramatisiert: „Peak Oil", „Peak Soil", „Peak Everything", Finanz- und Verschuldungskrisen, eine Beschleunigung des Klimawandels, die vorangegangene Prognosen regelmäßig als Verharmlosung entlarvt sowie unbeherrschbare Technologierisiken, die durch Fukushima nochmals unterstrichen wurden, haben das Interesse an wachstumskritischen Positionen erheblich gesteigert. Mittlerweile sind die in der vorliegenden Monographie ausgearbeiteten Ansätze und Instrumente in ein umfassenderes Konzept, nämlich die Postwachstumsökonomie bzw. Postwachstumsökonomik, eingeflossen. Aus diesem Grund wurde das Buch um den Abschnitt „Postwachstumsökonomie – ein Vademecum" ergänzt.

Tatkräftige Hilfe erhielt ich von meinen Bruder, Dipl.-Geogr. Björn Paech, der nicht nur den vorliegenden Text an vielen Stellen korrigiert und überarbeitet hat – etwaige Tippfehler gehen allein auf mein Konto –, sondern generell meine Arbeit zur Postwachstumsökonomie durch unverzichtbare Kompetenz bereichert. Auch von Dipl.-Ökon. Werner Onken, mit dem ich die mittlerweile etablierte Oldenburger Ringvorlesung zur Postwachstumsökonomie veranstalte, habe ich frische Impulse erhalten. Dasselbe gilt für meinen geschätzten Kollegen Prof. Dr. Reinhard Pfriem. Zu einer Inspirationsquelle der ganz besonderen Art sind für mich die Vereinigung für Ökologische Ökonomie (VÖÖ) und das Netzwerk Wachstumswende (NEWW) geworden. Hervorheben möchte ich dabei die vielen Ermutigungen, die mir durch Frau Prof. Dr. Christiane Busch-Lüty (1931-2010) zuteil geworden sind. Ihnen allen gilt mein besonderer Dank.

Niko Paech

Oldenburg, November 2011

Vorwort

Das Gerangel um die Definitionshoheit darüber, was unter nachhaltiger Entwicklung zu verstehen ist, ebbt nicht ab, sondern zieht immer weitere Kreise. Klar in Führung liegen derzeit Auslegungen und Konzeptionen, die mit kraftstrotzendem Veränderungswillen daherkommen, insgeheim aber eine „Fortsetzungsvermutung" bedienen. Unter letzterer versteht Schulze (2003, 18) „die Vorstellung, dass wir unsere Möglichkeiten auch in Zukunft ständig erweitern können." Demnach wäre Nachhaltigkeit so zu organisieren, dass der Status quo des „modernen" Selbstverwirklichungs- und Wohlstandsrepertoires nicht nur unangetastet bleibt, sondern möglichst noch gesteigert wird. Über allem schwebt ein zarter Hauch von „triple-win", dem Anspruch also, dass Nachhaltigkeit der Umwelt, dem Sozialen und obendrein der Wirtschaft – fehlt noch was? – Gutes tun möge. Aber kann eine Veränderungslogik, die nur Gewinner hervorbringt, etwas anderes als Wachstum bedeuten? Die Aussöhnung von Nachhaltigkeit und Wachstum, an der deshalb seit langem fieberhaft gewerkelt wird, führt über eine wacklige Brücke, deren Geländer die Inschrift „Wasch mir den Pelz, aber mach mich nicht nass" trägt. Die Wissenschaft verwendet für derlei Sachverhalte den etwas vornehmeren Begriff „Innovation".

Der süßliche Cocktail aus Wachstum, Innovation und Nachhaltigkeit hat den Autor dieses Buches oft auf die Palme (oder zumindest einen norddeutschen Apfelbaum) gebracht, weil er dahinter nichts anderes als einen gut getarnten Strukturkonservatismus zu erkennen glaubt. Irgendwann blieb ihm nichts anderes übrig, als das zu fabrizieren, was eines schönen Septembertages anno 2004 an der Carl von Ossietzky Universität Oldenburg als Habilitationsschrift eingereicht wurde und nun in überarbeiteter Form vorliegt. Diese Arbeit trägt die unvermeidbaren Züge eines Grenzgängers zwischen volks- und betriebswirtschaftlicher Theorie. Sich als traditionell ausgebildeter Ökonom plötzlich in einem betriebswirtschaftlich geprägten Forschungsumfeld wiederzufinden, war ein spannendes Erlebnis, das ich nicht missen möchte. Dazu kam es, als ich 2001 am Lehrstuhl von Prof. Dr. Reinhard Pfriem anheuerte, um in dem von ihm geleiteten BMBF-Forschungsprojekt SUMMER (SUstainable Markets eMERge) tätig zu werden.

Für die Entstehung dieses Buches war Reinhard Pfriems Unterstützung von unschätzbarem Wert. Was er für mich getan hat, geht weit über die Betreuung und Erstbegutachtung meiner Habilschrift hinaus. Die Zusammenarbeit mit ihm war Garant für eine stets angenehme und zugleich produktive Arbeitsatmosphäre. Nicht selten hat er mir in kritischen Phasen den moralischen Schub verabreicht, der mich zum Weitermachen ermutigte (vielleicht ohne es selbst zu merken...). Außerdem hat er mich mit inhaltlichen und konzeptionellen Aspekten konfrontiert, die für mich bis dato Neuland waren. Die Art und Weise, wie ich in seine facettenreichen Lehrstuhlaktivitäten eingebunden wurde, bedingte so manche Horizonterweiterung. Besonders ausgewirkt haben sich Reinhard Pfriems Bestrebungen, Fundamente für eine neue, kulturwissenschaftlich geprägte BWL zu legen. Schon seine „Unternehmenspolitik in sozialökologischen Perspektiven" (1996) hatte bei mir deutliche Spuren hinterlassen. Inzwischen hat er die damit begonnene sozialwissenschaftliche Öffnung der BWL konsequent fortgeführt – und ich hatte das Glück, einige seiner Schritte auf diesem Weg aus nächster Nähe miterleben und davon profitieren zu dürfen

Apropos Glück. Eine weitere, für meinen Werdegang günstige Fügung war die Begegnung mit Prof. Dr. Uwe Schneidewind. Ihn lernte ich bereits im fruchtbaren Getümmel des Oldenburger Agenda 21-Prozesses kennen und schätzen. Dass sich unsere Wege später auch an der Universität kreuzen würden, ahnten wir damals beide nicht, war aber angesichts ähnlicher Interessen logisch. Nicht nur der anregende Gedankenaustausch mit Uwe Schneidewind hat mich ein ums andere Mal inspiriert, sondern auch seine wissenschaftliche Arbeit, allem voran das markante Werk „Die Unternehmung als strukturpolitischer Akteur" (1998). Dafür, dass er den Job des Zweitgutachters übernahm, danke ich ihm sehr.

Dem externen Gutachter, nämlich Prof. Dr. Jörg Schimmelpfennig, seines Zeichens Mikroökonom und schneidiger Mathematiker, gebührt ebenfalls Dank. Ausgerechnet er, der mir vor beinahe 25 Jahren in einer unvergessenen Lehrveranstaltung an der Universität Osnabrück die Furcht vor geränderten Hesse-Matrizen nahm, hatte sich nun auf das Durchackern eines Buches eingelassen, in dem keine einzige mathematische Gleichung vorkommt. Der Mann hat Nerven.

Aus der Forschungsarbeit im Projekt SUMMER erwuchsen viele Impulse für meine eigene Arbeit. Mit dazu beigetragen hat auch das SUMMER-Team, bestehend aus (neben Reinhard Pfriem) Dipl. Kauffrau Marlen Arnold, Prof. Dr. Andreas Aulinger, Dr. Willy Bierter, PD Dr. Klaus Fichter und der immer gut aufgelegten Dipl. Oec. Katja Willöper. Dafür möchte ich mich bedanken.

Die für ein Habilitationsvorhaben wünschenswerte Unterstützung wird nicht nur dem beruflichen Umfeld abverlangt. Das hat wohl auch meine Lebensgefährtin Kerstin Wilkens zu spüren bekommen, aber großzügig erduldet. Zuweilen hat sie mich durch emotionale Aufbauarbeit wieder auf die Spur gebracht. Ihr, aber auch Paulina und Vincent gilt mein ganz besonderer Dank.

Niko Paech

Oldenburg, September 2005

Inhaltsverzeichnis

Abbildungsverzeichnis

Tabellenverzeichnis

Kapitel 1

Einleitung und Aufbau der Arbeit

1.1 Ausgangsfragen

1.1.1 Nachhaltiges Wachstum?

Welche Reaktionen würde die Ankündigung eines Automobilherstellers auslösen, demnächst ein Fahrzeug ohne Rückwärtsgang und Bremse produzieren zu wollen? Was zunächst wie eine kaum ernst zu nehmende Absurdität anmutet, erweist sich bei näherem Hinsehen als *das* prägende Merkmal moderner Industriegesellschaften: immer in Fahrt, immer in pausenloser Bewegung entlang eines Entwicklungspfades, der nur eine Richtung kennt, arretiert durch den Drang „zur Steigerung, zum Vorwärts, zum Mehr“ (Gross 1994, 11). Unter diesem Regime äußert sich jede Veränderungsdynamik zwangsläufig in Form eines wie auch immer gearteten Wachstums. Selbst die meisten Versuche, dessen Nebenfolgen zu bändigen, bleiben dieser Logik verhaftet. Dies zeigt sich am derzeit geführten Nachhaltigkeitsdiskurs, denn hier hält sich hartnäckig die Überzeugung, dass es nun gelte, Bedingungen für ein „nachhaltiges Wachstum“ zu schaffen oder gar „problemlösendes Wachstum“ (Lehner/ Schmidt-Bleek 1999, 10) zu entfachen, um den nicht mehr tragbaren Ressourcen-, Energie- und sonstigen Umweltverbräuchen Einhalt zu gebieten.

Die kürzlich von Gege (2004) vorgeschlagene „Zukunftsanleihe“ zielt auf ein „Modell für nachhaltiges Wachstum und weltweiten Wohlstand“. Nahtlos einfügen in den Reigen der nachhaltigkeitsorientierten Wachstumsbefürworter lässt sich auch Radermacher (2002) mit seiner Idee der „ökosozialen Marktwirtschaft“. Dreh- und Angelpunkt ist dabei ein „doppelter Faktor 10, das heißt das Ziel einer Verzehnfachung des Weltbruttosozialprodukts über die nächsten fünfzig bis hundert Jahre bei synchron erfolgender Verzehnfachung der Ökoeffizienz, so dass wir zum Beispiel im Jahr 2050 über zehnmal so viele Güter und Dienstleistungen weltweit verfügen würden wie heute, allerdings bei gegenüber heute nicht erhöhter Umweltbelastung und vergleichbarem Ressourcenverbrauch“ (Radermacher 2002, 28).

Unter dem Banner „Globaler Wohlstand durch nachhaltiges Wirtschaften“ warnen Becker-Bost/Fiala (2001, 7) ausdrücklich vor den „Nachteile[n] eines zu langsamen Wirtschaftswachstums“. Diese bestünden in einem „Mangel an Arbeitsplätzen und eine[r] sich öffnende[n] Schere zwischen Arm und Reich“, so als hätten sich nicht beide Probleme vor dem Hintergrund ständigen Wirtschaftswachstums verschärft und als wäre nicht auf der Homepage der Deutschen Bundesbank nachzulesen, dass das Geldvermögen der privaten Haushalte in Deutschland inzwischen die 4-Billionen-Grenze erreicht hat. Die Liste der Wachstumsbefürworter mit Nachhaltigkeitsanspruch ließe sich beliebig fortsetzen.

Aber auch dort, wo die Wachstumsorientierung weniger unverhohlen zu Tage tritt, scheinen Konzepte des nachhaltigen Wirtschaftens auf der Hoffnung zu gründen, dass eine beständige Expansion ökonomischer Aktivitäten mit einem hinreichenden Schutz ökologischer Lebensgrundlagen in Einklang zu bringen sei. „Statt die Wirtschaftsweise grundlegend zu ändern, hat man mit dem ‚Umweltschutz‘ ein zusätzliches kleineres Wirtschaftssystem an das große Wirtschaftssystem angehängt“ (Piechocki 2002, 28). Gerade das in diesem Zusammenhang gern bemühte Zauberwort der „Dematerialisierung“ offenbart, dass die Mittel dazu oft selbst nichts anderes als Zuwächse darstellen: effizientere, aber eben zusätzliche Produkte, Technologien, Dienstleistungen oder Systeme. Nichts davon kommt gänzlich ohne Generierung neuer Stoffströme aus. Den Zusatz „nachhaltig“ verdienen neue Lösungen daher nur, wenn die durch sie selbst verursachten Ressourcenverbräuche geringer sind, als die damit erzielten Einsparungen. Aber genau hier lauern u.a. drei Fallstricke, denen sich die vorliegende Arbeit widmet:

(1) Ein Problemlösungsbeitrag setzt einerseits voraus, dass die vorhandenen, weniger nachhaltigen Lösungen ersetzt werden, denn sonst kommt es zu keinem Strukturwandel, sondern zu einer Strukturaufblähung, also zu quantitativem Wachstum. Andererseits besteht gerade dort, wo diese Substitution gelingt, eine neue Gefahr: Die Verdrängung alter Lösungen verwandelt diese in Entsorgungsfälle und entwertet damit die vorhandene Substanz, statt sie möglichst lange im Sinne einer effizienten Nutzung zu erhalten. (*Selektionsdilemma*)

(2) Selbst dort, wo das obige Dilemma vermieden werden kann, stellt sich unter Wachstumsbedingungen die Frage, wie nachhaltige Innovationen Schäden neutralisieren können, die durch eine unkontrollierbare Lawine neuer Produkte und Leistungen entstehen. Die permanente Neuschöpfung von Bedarfen und Nachfragemustern entzieht sich jeder Prognose, denn das Hervorbringen von Überraschungen ist ein Wesenszug dynamischer Marktsysteme. Erst im Nachhinein, wenn neue Konsumobjekte bereits eine vollendete Tatsache des Marktgeschehens sind, wird die Notwendigkeit, den damit geschaffenen Ursachen für zusätzliche Ressourcenverbräuche mit Nachhaltigkeitsmaßnahmen zu begegnen, überhaupt wahrnehmbar. Nachhaltigkeitsinnovationen werden damit zu einem Reparaturmechanismus, der den neuen Problemen, die vor ihrer Entstehung nicht bekannt sein können, immer nur hinterher eilen kann. Dematerialisiert, angepasst oder verbessert werden kann lediglich, was bereits vorhanden ist. Während also an einer Stelle mühsam versucht wird, nachhaltige Alternativen für etablierte Leistungserstellungs- und Konsumprozesse zu implementieren, sprießt andernorts ein Vielfaches an neuen Problemquellen aus dem Boden – fast einer Hydra ähnelnd, der für einen abgeschlagenen Kopf stets mehrere nachwachsen. (*Wettlauf zwischen Lösung und Problem*)

(3) Manche Nachhaltigkeitsdefizite lassen sich durch keine auch noch so ausgeklügelte Effizienz- oder Konsistenzmaßnahme mildern, sondern nur durch die rigorose Vermeidung ihrer Ursache beseitigen. Wo dies zutrifft, treten die Erfordernisse einer nachhaltigen Entwicklung in offenen Widerspruch zur Wachstumslogik, denn an die Stelle der gewohnten *Addition* einer Problemlösung wäre die *Subtraktion* der Problemursache gefragt. Was aber, wenn es sich bei dieser Ursache um konsumtive Ansprüche handelt, für deren Befriedigung schlicht keine mit Nachhaltigkeit zu vereinenden Lösungen existieren? *(Grenzen des Additionsprinzips)*

Innerhalb des engen Wachstumskorsetts erscheinen ursachenbezogene Auswege kaum möglich. Eine Nachhaltigkeitsauslegung, die nur zu umschreiben vermag, was *zusätzlich* bewirkt oder an neuen Optionen *in die Welt* gebracht werden soll, aber die Frage ausspart, was – ggf. auch ersatzlos – zu vermeiden oder *aus der Welt* zu schaffen ist, kann nicht vollständig sein. Sie missachtet nicht nur, dass Tun und Lassen gleichberechtigte Handlungsalternativen sind, sondern verkennt die Grundstruktur der primären Nachhaltigkeitsdefizite. Die Folgen einer nach wie vor unbändigen Modernisierungsdynamik offenbaren sich – zusätzlich zu den bereits seit drei Jahrzehnten diskutierten Problemlagen – inzwischen als Szenario einer materiellen Überladung. Während der Club of Rome (Meadows et al 1972) seinerzeit die Begrenztheit irdischer Ressourcen ins Bewusstsein rief, wurde in den späten 1970er und 1980er Jahren die zunehmende Vergiftung der Biosphäre zum Leitmotiv der Umweltbewegung.[1] Vorübergehend hatten „fortschrittlichere" Fördertechniken – allerdings zumeist im Sinne einer ökologisch noch rücksichtsloseren Ausbeutung – das Damoklesschwert drohender Rohstoffengpässe scheinbar verschoben, aber durch das „Peak Oil"-Phänomen sind sie mit bis dato ungekannter Dramatik zurückgekeht. Weiterhin haben manche Industrieapparate der nördlichen Hemisphäre die eine oder andere Entgiftungskur über sich ergehen lassen. Aber selbst wenn diese beiden Problemtypen als lösbar betrachtet werden könnten – was bestenfalls isoliert für einige hoch entwickelte Industrieländer zutreffen kann, jedoch im globalen Maßstab allein vom „China-Effekt" zunichte gemacht wird –, verbliebe die Zuspitzung einer davon unbeeinflussten Problemkategorie: Der Planet leidet unter materieller Überfüllung.

Die stofflichen Resultate menschlicher Schaffenskraft, so relativ ungiftig sie bisweilen auch sein mögen, wuchern und erobern immer mehr Raum. Dabei geht der Biosphäre nicht nur allmählich die Luft zum Atmen aus; auch die Ausbreitung produzierter Artefakte (oder deren Hinterlassenschaften) und Flächenvereinnahmungen droht eine kritische Grenze zu erreichen. Eingekeilt zwischen den zivilisatorisch okkupierten Arealen, ganz gleich in welchem Medium oder Aggregatzustand, schmelzen die ökologischen Refugien langsam dahin. Es beginnt sich zu rächen, dass die rein quantitativen Dimensionen des Modernisierungsprozesses bislang weitgehend verdrängt wurden.[2] Aus dieser neuen Situationsbeschreibung folgt eine Konsequenz: Technische und organisatorische Mittel der Verfeinerung oder Entschärfung, mit denen vorhandene Ziele ökologieverträglicher erreicht werden können, greifen nicht mehr. Der mate-

---

[1] Vgl. z.B. Koch/Vahrenholt 1978.

[2] Der Übergang von einer „leeren" zu einer „vollen Welt" lässt sich laut Daly (1999, 75) anhand des Umstandes nachzeichnen, dass inzwischen vielerorts nicht mehr menschliches, sondern natürliches Kapital zum limitierenden Faktor jeder wieteren Entwicklung geworden ist. Während z.B. in der Fischereiindustrie vormals die Anzahl und technische Beschaffenheit der Boote den entscheidenden Engpassfaktor markierte, sind es inzwischen die dezimierten Fischbestände.

rielle Wohlstand hat ein Ausmaß[3] erreicht, das sich nicht mehr ökologisch neutralisieren lässt. Es geht längst nicht mehr allein um das Anders oder Besser, sondern auch um das Weniger.

Dass die unbequeme Wachstums- durch eine Effizienzdiskussion[4] abgelöst wurde, mag angesichts der Fortschrittserwartungen, die das Projekt der Moderne nährt, mehr als verständlich sein. Andererseits: Welche der bereits in den 1970er und 1980er Jahren – als Wachstumskritik noch salonfähig war – thematisierten Herausforderungen ist seither einer Lösung näher gekommen? Nachdem im Anschluss an die UNCED eine Phase einsetzte, die aus vielen neuen Konzepten des Umweltmanagements, der Dematerialisierung, der Kreislaufwirtschaft und veränderter Nutzungssysteme den Optimismus schöpfte, die leidige Wachstumsfrage endlich ad acta legen zu können, ist mehr als ein Jahrzehnt vergangen. Die längst überfällige Bilanz fällt nicht etwa deshalb mager aus, weil die Verheißungen der neuen Technik-, Produkt- oder Managementlösungen rigoros enttäuscht wurden. Im Gegenteil: Die Masse an nachhaltigen Alternativen für jede Lebens- oder Konsumsituation ist mittlerweile unüberschaubar. Für vermutlich alle Branchen und Märkte existieren Konzepte des nachhaltigen Wirtschaftens. Und was die technische Entwicklung an Effizienz- und Konsistenzfortschritten beschert hat, wäre Anfang der 1970er Jahre, als der Begriff des „qualitativen Wachstums“ geprägt wurde (um etwas anderes ging es genau genommen auch im Nachhaltigkeitsdiskurs der 1990er Jahren nie), für Science Fiction gehalten worden, zumal im Bereich der Informations- und Kommunikationstechnologie.

Aber gerade vor diesem Hintergrund ist es umso ernüchternder, dass sich die Situation nicht *ent*-, sondern *ver*schärft hat.[5] Die Rede ist gar von einem neuen „Zeitalter der Knappheit“ (Wallimann/Dobkowski 2003), hier verstanden als zukünftiger Mangel an Natur, Wasser und anderen essentiellen Ressourcen. Auf diese Weise bestätigt sich, dass die Folgen eines ungebremsten Wachstumskurses nur auf dem direkten Weg seiner

---

[3] Daly (1999, 74) verwendet diesen Begriff als „Kürzel für das physische Ausmaß oder die Größe der menschlichen Anwesenheit im Ökosystem, gemessen als Bevölkerung mal Ressourcenverbrauch pro Kopf“.

[4] Dieser Begriff kann als Platzhalter für die vielen anderen, im Gefolge der UNCED und der beiden einflussreichen Publikationen von Schmidheiny (1992) und Schmidt-Bleek (1993) entstandenen Konzeptionen des nachhaltigen Wirtschaftens betrachtet werden.

[5] Vgl. hierzu McNeill 2003 und Simonis 2000.

Infragestellung und eben nicht über den Umweg einer auf Effizienz oder Ökologisierung beruhenden Entschärfung vermeidbar sind. Während sich den damit verknüpften, durchaus heiklen Fragen in Politik und Öffentlichkeit leicht ausweichen lässt, kann sich die Nachhaltigkeitsforschung ihnen nicht entziehen. Die bekannte „Gebetsmühlen"-Metapher lässt sich auch in umgekehrter Richtung anwenden: Genauso wenig, wie die Wiederholung eines Sachverhalts seinen Wahrheitsgehalt erhöht, wird ein Sachverhalt dadurch unwahrer, dass er krampfhaft verdrängt wird. Vor diesem Hintergrund werden unternehmerische Konzepte des nachhaltigen Wirtschaftens zukünftig daran zu messen sein, ob sie sich dieser Herausforderung stellen. Dabei geht es nicht nur um eine kritische Reflexion und konstruktive Aufarbeitung all dessen, was im Zuge der Effizienzbegeisterung ausgeblendet zu werden droht, sondern um Schritte, die aus der Wachstumsdynamik führen. Die vorliegende Arbeit will Gestaltungsspielräume und -prinzipien im Sinne einer Wachstumsneutralität ausloten, an denen sich unternehmerisches Handeln, das auf Nachhaltigkeit zielt, orientieren kann.

1.1.2 Innovationen als adäquates Veränderungsprinzip für eine nachhaltige Entwicklung?

Die in den Rang eines Allheilmittels erhobene Innovationsorientierung moderner Marktwirtschaften hat inzwischen auch den Nachhaltigkeitsdiskurs erobert. Nachhaltiges Wirtschaften, so die kaum noch Widerspruch duldende These, sei nur eine Frage der „richtigen" und tief greifenden Innovationen. Dabei wirft das Prinzip eines rastlos innovierenden Wirtschaftssystems gerade aus der Perspektive einer nachhaltigen Entwicklung bislang ungelöste Fragen auf.

(1) Der durch Schumpeter begründete und gegenwärtig von sog. „Ressourcen basierten" Ansätzen des strategischen Managements fokussierte Innovationswettbewerb entpuppt sich bei näherer Betrachtung als Wachstumsmechanismus. Keine Unternehmung, die im Kontext des marktwirtschaftlichen Innovationswettbewerbs agiert, kann sich dauerhaft dieser Problematik entziehen – auch dann nicht, wenn sie in Richtung Nachhaltigkeit innoviert. Nachhaltigkeitsinnovationen sind damit der Ambivalenz zweier gegenläufiger Effekte unterworfen: Dem unvermeidlichen Wachstumsstimulus steht die angestrebte Nachhaltigkeitswirkung gegenüber.

(2) Aufgrund ihrer strukturellen Ambivalenz entziehen sich Innovationsprozesse einer exakten Prognose, Planung und Steuerung im Sinne der traditionell-ökonomischen Optimierung. Sie stellen bewusst eingegangene Wagnisse dar, die mit Chancen und Risiken einhergehen. Zu den Letzteren zählen eben auch jene, deren schleichende Kumulation und Interaktion das Phänomen der „Risikogesellschaft" (Beck 1986) herauf beschwört. Letztlich sind Nachhaltigkeitsdefizite nichts anderes als eine Materialisierung zuvor eingegangener Modernisierungsrisiken. Nie zuvor bestand eine so extreme Kluft zwischen der Reichweite menschlicher Handlungen in Zeit und Raum auf der einen und dem Wissen über die möglichen Handlungsfolgen auf der anderen Seite. Diese „Verantwortungslücke" (von Gleich 1997, 32) mittels neuer Wagnisse schließen zu wollen, mutet wie der Versuch an, Feuer mit Benzin zu löschen. Auch die mit viel Applaus bedachten Heilversprechen einer Effizienzrevolution oder ökologischen Neutralisierung mittels geschlossener und entgifteter Stoffkreisläufe (Konsistenz, Upcycling, Ökoeffektivität etc.) führen nicht aus diesem Dilemma: Die unerwünschten Nebenfolgen des außer Rand und Band geratenen Modernisierungsprozesses sollen offensichtlich durch weitere Modernisierungsschritte behoben werden.

(3) Die sich nach wie vor steigernde Geschwindigkeit, mit der Neuerungen auf dem Markt erscheinen, ist zu einem dominierenden Merkmal des Innovationswettbewerbs geworden. Daraus ergeben sich zusätzliche Risiken und Defizite an Richtungssicherheit.

Trotzdem wird am allumfassenden Therapiekonzept der Innovation festgehalten: „Unter dem Imperativ der Innovation werden Gegenwartskrisen niemals aus begangenen Irrtümern oder Fehlentscheidungen erklärt. [...] Krisen sind in dieser Lesart immer und ausschließlich Resultat eines Novitätsmankos. Wer in der Krise steckt, ist nicht modern genug. Punktum. Für die Innovateure liegt die Rettung in der Zukunft des Nie-Dagewesenen. Jede Besinnung, jedes Innehalten, jedes Zögern ist darum verlorene Zeit, geradezu Sabotage gegen die vorwärts weisenden Rettungsbemühungen" (M. Gronemeyer 2000, 7). Mohr (1995, 148) sieht gar eine „gefährliche Präferenz für das Bewährte" als Hindernis für Nachhaltigkeitsinnovationen. Dass Innovationen unablässig als Wegbereiter für eine nachhaltige Entwicklung beschworen werden, muss tiefere, nämlich kulturelle Ursachen haben, die in der vorliegenden Arbeit vertieft werden. Daraus folgt nicht, Innovationen prinzipiell zu diskreditieren, sondern diese erstens an bestimmte Bedingungen zu knüpfen und zweitens als einen unter mehreren Veränderungsmodi zu begreifen, die als gleichwertige Alternativen in Betracht zu ziehen sind. Dazu zählen auch die Prinzipien „Exnovation", „Imitation" und „Renovation". Daran anknüpfend wird in der vorliegenden Arbeit ein Design für unternehmerische Veränderungsprozesse entwickelt, auf dessen Grundlage die Richtungssicherheit erhöht werden kann.

1.1.3 Nachhaltige Entwicklung als kultureller Wandel?

Vor dem Hintergrund, dass ökonomische Aktivitäten auch im Zeitalter der Digitalisierung nie gänzlich ohne materiellen und ökologischen Aufwand auskommen, stellt sich folgende Frage: Sind überhaupt Produkte, Prozesse oder Dienstleistungen denkbar, von denen sich per se sagen ließe, sie seien „nachhaltig"? Selbst der Vergleich zwischen *einem* Urlaubsflug nach Indien und *einer* Autofahrt zum Wochenenddomizil – womöglich im Fahrzeug mit Drei-Liter-Verbrauch oder demnächst gar Wasserstoff-Antrieb – hilft nicht weiter. Ein Konsument, der z.B. sein Leben lang auf ein (eigenes) Auto verzichtet und sich stattdessen in maßvollen Abständen einen Urlaubsflug „gönnt", verursacht möglicherweise weniger Stoffströme und Emissionen als ein Zeitgenosse, der zwar seltener fliegt, aber ein Auto besitzt und damit über Jahrzehnte hinweg pro Tag eine nicht unbeträchtlich Kilometerstrecke zurücklegt. Nicht allein die (technische) Charakteristik der jeweiligen Lösung, sondern der quantitative Umfang ihrer Inanspruchnahme schlägt zu Buche. Anstelle einzelner Nachhaltigkeitsmaßnahmen geraten damit Lebensstile in den Fokus der Betrachtung.

Vermeintliche Lösungen, die „es allen recht machen" – im Sinne einer Unantastbarkeit vorherrschender Lebensstile –, sind daher nur um den Preis ihrer Wirkungslosigkeit zu haben. Sie beruhen letztlich auf der alten paretianischen Wohlfahrtsökonomik, dergemäß allein solche Veränderungen akzeptabel sind, durch die niemandem Statuseinbußen aufgebürdet werden. Aber diese neoklassisch geprägte Schlaraffenland-Logik entstammt einer Epoche unbekümmerter und vermeintlich unbegrenzter Expansionsprozesse, deren Zuwächse sich konfliktfrei verteilen ließen. Außerhalb des Wachstumsparadigmas wird diese Rechnung zur Quadratur des Kreises. Denn ein Weg in Richtung Nachhaltigkeit ohne Modifikation der vorherrschenden Konsummuster würde voraussetzen, dass hier lediglich ein technisch oder organisatorisch zu bewältigendes Anpassungsdefizit vorliegt. Gegen diese Auffassung wendet sich die vorliegende Arbeit, indem sie zwischen drei gesellschaftlichen Entscheidungsdimensionen unterscheidet: Technik/Produkte, Nutzungssysteme und Bedarfe. Letztere sind das Resultat kultureller Entwicklungen und verdienen daher Aufmerksamkeit.

Das daran anknüpfende Nachhaltigkeitsprinzip der Suffizienz wird zumeist mit Askese gleichgesetzt. Folglich wird ihm keine Relevanz für unternehmerisches Handeln beigemessen. Bei differenzierterer Auslegung des Suffizienzbegriffs lässt sich dieses Klischee jedoch nicht aufrechterhalten. Offenkundig hängt es von der Art und quantitativen Ausprägung eines konsumtiven Bedarfs ab, ob für seine Befriedigung Optionen existieren, die mit einer nachhaltigen Entwicklung in Einklang zu bringen sind. In nicht wenigen Fällen können nachhaltige Nutzungssysteme und Technologien erst dann zum Einsatz gelangen, wenn die Bedarfe selbst zur Disposition stehen. Die kulturell relevante Frage nach der Sinnhaftigkeit von Bedarfen stellt sich aber für viele Konsumenten nur, wenn Alternativen vorhanden sind. Diese gilt es dergestalt zu kommunizieren, dass sie nicht als Verlust erfahren werden. Eine solche Auslegung des Suffizienzbegriffs stellt nicht auf Verzichtsleistungen ab, sondern begreift konsumtive Mäßigung als *Bedarfssubstitution*. Ein nachhaltigkeitsorientiertes Unternehmertum, insbesondere Geschäftsfelder, die nicht mehr im Widerspruch zu suffizienten, maßvoll ausgeformten Bedarfen und Konsumansprüchen stehen, sondern darauf sogar ihre Existenz gründen, markieren eine völlig neue, aber absehbare Herausforderung. Der Abschied vom Wachstumsdogma im Konsumbereich markiert keineswegs nur ein ökologisches Erfordernis, sondern kündigt sich auch – mit möglicherweise weitaus einschneidenderen Nachfrageeffekten – über den Umbau sozialer Systeme und dem aus der globalen Lohnkonkurrenz resultierenden Druck an.

Im Rahmen dieser Arbeit sollen erste Orientierungslinien für das Management von Bedarfssubstitutionen entwickelt werden. Dazu zählt nicht nur ein neues Analyseinstrument („OHS-Schema"), das die gezielte Suche nach Geschäftsfeldern unterstützt, die auf maßvollen Konsumstilen beruhen, sondern auch eine überfällige Auseinandersetzung mit der Frage, ob nachhaltiger Konsum mittels eigentumsloser oder eigentumsbasierter Nutzungssysteme zu organisieren ist. Das Augenmerk liegt dabei auf den Möglichkeiten ihrer kulturellen Anschlussfähigkeit. Hierzu trägt die Identifikation von Motivallianzen bei. Als praktischer Vertiefungsbereich dient die Rezyklierung gebrauchter Konsumgüter mit Hilfe Online gestützter Intermediäre und zwar am Beispiel der Internetplattform eBay.

1.2 Aufbau der Arbeit

Die Identifikation wirksamer Nachhaltigkeitsmaßnahmen und -konzepte setzt eine konkrete Vorstellung von dem voraus, was unter nachhaltiger Entwicklung zu verstehen ist. So banal dieser Sachverhalt auch klingen mag – die Flut an unterschiedlichen Auslegungen und bisweilen auch Vereinnahmungen lässt keine andere Wahl, als zunächst einen klärenden Blick auf die Entstehungsgeschichte und aktuelle Bedeutung des Nachhaltigkeitsbegriffs zu werfen. Damit beginnt der erste Teil dieser Arbeit. Als zentral erweist sich das Kriterium der räumlichen und zeitlichen Übertragbarkeit, aus dem sich sechs Nachhaltigkeitsprinzipien herleiten lassen. Dabei können zwei kontroverse Grundströmungen ausgemacht werden, die den momentanen Diskussionsstand wiedergeben und hier als „kultureller“ bzw. „technischer“ Weg bezeichnet werden. In einem besonders kritischen Licht erscheint das weit verbreitete „Drei-Säulen-Modell“, dem die Eignung als Fundament einer plausiblen Nachhaltigkeitsdefinition abzusprechen ist.

Vor dem Hintergrund dieser theoretischen Bestandsaufnahme wird ein Orientierungsrahmen entwickelt, der zur Bearbeitung von Fragestellungen dient, die für das Handlungsfeld „Wirtschaft“ in Verbindung mit unternehmerischen Gestaltungsoptionen von Belang sind. Er soll dem vielfältigen Spektrum an möglichen Entwicklungspfaden in Richtung Nachhaltigkeit hinreichenden Raum lassen, den resultierenden Zielkorridor jedoch mit klaren Grenzen versehen. Daran knüpft das erste von insgesamt zwei empirischen Modulen dieser Arbeit an. Analysiert werden die derzeit im Unternehmensbereich kommunizierten Auslegungen und Ansätze des nachhaltigen Wirtschaftens. Die untersuchten Konzepte werden u.a. Handlungsfeldern, Nachhaltigkeitsprinzipien, Unternehmensbereichen und Innovationstypen zugeordnet. Dies erlaubt vorsichtige Rückschlüsse darauf, welcher Wandel durch die unternehmerische Praxis gegenwärtig befördert wird. Die vorwiegend mittels verschiedener Internet-Recherchen ausgemachten Trends werden zu einer überschaubaren Anzahl von

Leitkonzepten verdichtet. Um ein möglichst repräsentatives Bild skizzieren zu können, wird anstelle einer Untersuchung einzelner Unternehmen oder sog. „Best Practices“ eine alternative Methodik angewandt. Nicht die Unternehmen selbst, sondern Institutionen und Akteure, die als deren Beobachter fungieren, werden untersucht. Insgesamt umfasst die Recherche drei prägnante Akteurskategorien: unternehmensnahe Institutionen im weiteren Sinne, nachhaltigkeitsorientierte Finanzdienstleister und Berater mit Nachhaltigkeitsbezug.

Eine weitere Verdichtung der Ergebnisse führt zur Identifikation dreier Typen eines Strukturwandels, die momentan jedoch von unterschiedlicher Bedeutung für eine sich nachhaltig entwickelnde Ökonomie sind. Insbesondere die Entscheidungsdimension, in der Neuerungen angestrebt werden sowie der dabei vorwiegend zur Anwendung kommende Veränderungsmodus offenbaren eklatante Defizite. Diese gründen auf einer Kultur der Erneuerung, die zum Wesenzug der Moderne geworden ist und sich in der Dominanz des Innovationsprinzips manifestiert. Letzterem wird daher ein eigenes Kapitel gewidmet, um eine überfällige, bislang vernachlässigte Frage zu klären: Wie lässt sich ein Veränderungsmodus, der immanent auf Wachstum, Risiko und Beschleunigung basiert, in den Dienst einer nachhaltigen Entwicklung stellen? Ist er nicht selbst eher ein Teil des eigentlichen Problems?

Aus dieser Betrachtung lassen sich Schlüsse zu ziehen, die den Übergang zum zweiten Teil dieser Arbeit bilden. Um den notwendigen „Wandel des Wandels“ näher beschreiben zu können, wird eine fünfstufige Systematik vorgeschlagen, an der sich die Reformulierung der ökonomischen Transformation mit Zielrichtung Nachhaltigkeit orientieren kann. Diesem Schema, das sowohl der Strukturierung des Nachhaltigkeitsdiskurses, als auch künftiger Forschungsprogramme dienen könnte, folgen die weiteren Kapitel. Die logische Verbindung seiner fünf Ebenen stellt sich verkürzt wie folgt dar: Bevor darüber entschieden werden kann, wo der erforderliche Wandel ansetzen müsste (II), wie er zu gestalten ist (III), welcher Veränderungsmodi er sich bedienen sollte (IV) und was sein konkreter Gegenstand ist (V), wäre zu klären, inwieweit ein zum Selbstzweck mutierter, nicht mehr steuerbarer Veränderungsdruck selbst das eigentliche Problem darstellt (I).

In diesem Sinne wird zunächst die Balance zwischen Wandel und Kontinuität in Verbindung mit unternehmerischen Veränderungsprozessen thematisiert. Danach werden diverse in Betracht zu ziehende Veränderungsmodi vorgestellt, um dann die drei gesellschaftlichen Entscheidungsdimensionen Kultur/Bedarfe, Nutzungsregime sowie Technik/Produkte hinsichtlich ursachenadäquater Ansatzpunkte für Wandel zu untersuchen. Daran schließt sich das Design und die Gestaltung eines betrieblichen Neuerungs- oder Innovationsprozesses an, und zwar unter dem Aspekt der Richtungssicherheit, d.h. unter Berücksichtigung von Wachstums- und Risikoaspekten. Den Abschluss dieser Arbeit und zugleich die fünfte Stufe des obigen Schemas bildet ein Vertiefungsbereich, der mehr als nur Beispielcharakter hat: Nachhaltiger Konsum auf Basis einer Rezyklierung gebrauchter Produkte. Mit Hilfe der Fallanalyse zum Unternehmen eBay – sie stellt das zweite empirische Modul dieser Arbeit dar – soll ein durchaus auf andere Bereiche übertragbarer Weg zur Generierung nachhaltiger Geschäftsfelder dargestellt werden.

1.3 Zur Entstehungsgeschichte des Nachhaltigkeitsbegriffs

1.3.1 Von der Zauberformel zur Worthülse?

Das Leitbild einer nachhaltigen Entwicklung (sustainable developement) erfreut sich seit Beginn der neunziger Jahre hoher Beachtung. Begleitet von einer unüberschaubaren Flut an Definitionsversuchen, inhaltlichen Auslegungen und konkreten Anwendungen ist der Begriff zu einer allgemeinen Rezeption für politische und wissenschaftliche Auseinandersetzungen mit zukunftsrelevanten Fragestellungen geworden. Auffällig ist dabei das breite Spektrum an Forderungen und Interessen, für die das Nachhaltigkeitskonzept mittlerweile in Anspruch genommen wird. Dies gilt für höchste politische Entscheidungsebenen bis hin zu Lokalen Agenda 21-Prozessen.

Einerseits bedeutet die Vielzahl an unterschiedlichen Akteuren und gesellschaftlichen Institutionen, die sich in die Nachhaltigkeitsdiskussion einbringen, eine neue Chance, drängende Zukunftsfragen auf der Basis eines breiten Konsenses zu beantworten. Gerade vor dem Hintergrund einer sich funktional und intentional zusehends ausdifferenzierenden Gesellschaft bietet sich der Nachhaltigkeitsdiskurs als übergreifende Kommunikationsebene an. Dies gilt umso mehr, als ökologische und soziale Herausforderungen – speziell im globalen Maßstab – nach Lösungsansätzen verlangen, die über Interessen- und Kulturgegensätze hinweg akzeptiert werden können.

Andererseits droht dem Begriff aufgrund mangelnder definitorischer Schärfe eine Verwässerung. Bisweilen entsteht der Eindruck, dass Nachhaltigkeit zu einem wohlfeilen und beliebigen Platzhalter geworden ist, der Lösungsrezepte für *übergreifende* Problemstellungen jedweder Art verspricht. Aber welche Problemlagen ließen sich heute nicht in irgendeiner Form als *übergreifend* charakterisieren, einschließlich solcher, deren Formulierung lediglich bestimmte Partikularinteressen reflektiert? Hierzu vermerkt Daly (1999, 27): „Jede Definition, die nichts ausschließt, ist wertlos. [...] Bald war nachhaltige Entwicklung so definiert, dass sie sogar das Recht auf friedliche Versammlung beinhaltete. Dieses Recht ist eine gute Sache. Es ist jedoch nicht sinnvoll, alle guten Dinge in die Definition nachhaltiger Entwicklung aufzunehmen.“

Vollkommen ausgeblendet wird bislang, dass der für eine nachhaltige Entwicklung erforderliche Strukturwandel möglicherweise nicht nur Gewinner, sondern eben auch Verlierer hervorbringen würde. Statt sich mit dieser Erkenntnis auseinandersetzen, wird die Diskussion von der Suche nach einem neuen Konsens beherrscht, der alle Beteiligten im Sinne einer „Win-Win“-Logik besser stellen oder „glücklicher“ machen soll. Dies birgt die Gefahr, den Nachhaltigkeitsgedanken zu einem amorphen Rundumschlag in Sachen Weltverbesserung werden zu lassen. Degradiert zu einer unscharfen Metapher, in die alles Beliebige hinein interpretiert werden kann, verlöre das Leitbild seine Orientierungskraft und folglich jegliches Problemlösungspotenzial. Dabei lässt ein dogmenhistorischer Rückblick offenkundig werden, dass die anfängliche Zielrichtung des Nachhaltigkeitsdiskurses durchaus als ursachenadäquates Lösungskonzept für eine originäre – eben nicht jede beliebige – Problemstellung abgegrenzt werden kann. Nur vor diesem Hintergrund kann ein weitgehend widerspruchsfreier Orientierungsrahmen für nachhaltiges Wirtschaften hergeleitet werden. Besonders auffällig an der Entstehungsgeschichte des Nachhaltigkeitsbegriffs ist, dass dieser die vorangegangene Umweltdiskussion scheinbar ersetzt hat. War dies eine bloße Umetikettierung oder ging damit ein inhaltlich begründeter Wandel einher? Im folgenden Abschnitt wird skizziert, wie sich die Transformation der Umweltdiskussion oder -bewegung der 1970er und 1980er Jahre in die neue Begrifflichkeit als Reflexion einer veränderten Wahrnehmung globaler ökologischer und sozialer Problemlagen darstellen lässt.

1.3.2 Vom Umwelt- zum Nachhaltigkeitsdiskurs: Ein kurzer Blick in die Dogmenhistorie

An frühen Vorläufern, die sich intensiv mit zukünftigen Herausforderungen im Spannungsfeld zwischen Ökologie und Ökonomie auseinandergesetzt haben, besteht kein Mangel. Dennoch war es vermutlich den Arbeiten des Club of Rome, dem Bericht „Global 2000" sowie anderen, eher populärwissenschaftlichen Beiträgen aus den 1970er Jahren vorbehalten, die öffentliche Aufmerksamkeit auf das Thema Umwelt zu lenken. Parallel dazu wurde die aufkeimende Anti-Atomkraft- und Ökobewegung zum Multiplikator einer zunehmenden Sensibilisierung im Hinblick auf Umweltbelange. Die Wahrnehmung ökologischer Bedrohungsszenarien speiste sich darüber hinaus aus einer zunehmenden Offenlegung latenter Umweltrisiken sowie aus spektakulären Zwischen-, Stör- oder Unfällen, deren Symbolgehalt bis heute nichts eingebüßt hat (Seveso, Bhopal, Tschernobyl etc.).

Aus der Rückschau betrachtet können dem für die 1970er und 1980er Jahre typischen Umweltdiskurs bestimmte strukturelle Merkmale und Orientierungen zugeordnet werden, die seinen späteren Popularitätsverlust, insbesondere seine Ablösung durch die Nachhaltigkeitsdebatte plausibel erscheinen lassen.

Die Wirtschaft in der Täterrolle: Ursachenanalysen basierten zumeist auf einer strikten Rollenzuweisung im Sinne von Tätern und Opfern. Tatsächlich konnten (und können) viele Umweltschäden relativ problemlos in eine technisch-physikalische Beziehung zu bestimmten Produktions- und Leistungserstellungsprozessen gebracht werden. Aber die Gleichsetzung von Emittenten, Anlagebetreibern oder Produzenten mit Tätern oder gar „Schuldigen" bedarf eines zweiten Schrittes, der erstens nicht ohne Werturteil auskommt und zweitens der Komplexität marktwirtschaftlicher und demokratischer Systeme kaum gerecht wird. Die Bedenkenlosigkeit oder – aus heutiger Sicht – Naivität, mit der dieser zweite Schritt von einem beträchtlichen Teil der kritischen Öffentlichkeit vollzogen wurde, beförderte zwangsläufig Polarisierungstendenzen in Politik und Gesellschaft. Außerdem bewegte sich das Täter-Opfer-Schema wohl oder übel im ideologischen Fahrwasser eines auf Klassengegensätzen beruhenden Politikverständnisses: Während Verbrauchern und Arbeitnehmern die Opferrolle zugedacht war, fanden sich Unternehmen pauschal in der Täterrolle wieder. Verhärtete Fronten sowie ein umweltpolitisches

Wechselspiel zwischen Vorstoß und Abwehrreaktion fanden ihre Entsprechung auf allen gesellschaftlichen Ebenen. Das Resultat war eine Pattsituation, weil jeder in die Diskussion eingebrachte Lösungsvorschlag stets einem der unversöhnlich gegenüberstehenden Lager zugeordnet wurde und dementsprechend von der jeweils anderen Seite mit dem Verweis „zu weitgehend" bzw. „nicht weitgehend genug" blockiert wurde. Nachvollziehen lässt sich diese Polarisierung u.a. an der damaligen Debatte zwischen der Position einer marktwirtschaftlich orientierten Umweltpolitik (Zertifikate, Umweltsteuern, Verhandlungslösungen) und der des „harten Durchgreifens" (Normen, Verbote, restriktive Genehmigungspraktiken etc.).[6]

Umweltschutz als reiner Kostenfaktor: Die relativ plötzliche Konfrontation mit ökologischen Risiken rief eine gesellschaftliche Resonanz hervor, die sich u.a. in weitgehenden Forderungen nach einer umweltverträglichen Wirtschaftsweise widerspiegelte. Aus der Perspektive einer hierauf gänzlich unvorbereiteten Wirtschaft hätte die kurzfristige Umsetzung derartiger Forderungen nichts anderes bedeuten können als drastische Restriktionen, eingeschränkte unternehmerische Handlungsspielräume, Reglementierungen und vor allem zusätzliche Kostenbelastungen, denen zunächst noch keine betrieblichen Erlöse gegenüber gestanden hätten, denn die hierzu erforderlichen Marktstrukturen waren noch nicht oder erst ansatzweise vorhanden. Vorstellungen darüber, wie sich auf der Basis umweltbewussten Nachfrageverhaltens zukünftig Gewinnchancen und neue Märkte entwickeln lassen, waren noch nicht ausgereift. Deshalb dominierte die völlig einseitige Assoziation zwischen Umweltschutz und Wettbewerbsnachteilen fortan die Diskussion und schien entsprechende Blockadehaltungen zu rechtfertigten.

Ökologie kontra Soziales: Maßnahmen des Umweltschutzes als lästige Pflichtübung oder reinen Kostenfaktor aufzufassen beschwor nicht nur auf betriebswirtschaftlicher, sondern auch auf makroökonomischer Ebene Zielkonflikte herauf. Unter dem Paradigma, dass Wirtschaftswachstum

---

[6] Einschränkend muss hinzugefügt werden, dass speziell diese Auseinandersetzung teilweise quer zur seinerzeit üblichen Grenzziehung zwischen „Alternativbewegung" und „etablierter Politik" verlief. Bereits zu Beginn der 1980er favorisierten auch Teile des „grünen" oder „ökologischen" Spektrums marktwirtschaftliche Instrumente der Umweltpolitik. Das Gros der Umweltbewegung, insbesondere vertreten durch einschlägige Verbände und Medien, öffnete sich dieser Sichtweise jedoch erst gegen Ende der 80er.

als Instrument des sozialen Ausgleichs – genauer: als Ersatz für Umverteilung und als Arbeitsplatzbeschaffer – unverzichtbar sei, wurde der Konflikt zwischen Umweltschutz und Wirtschaftswachstum folgerichtig zu einem Konflikt zwischen ökologischen und sozialen Belangen hoch stilisiert. Auf ähnliche Weise ließ sich die Auffassung begründen, dass unilaterale Umweltschutzmaßnahmen einen Verlust an internationaler Konkurrenzfähigkeit und damit einhergehend negative Beschäftigungseffekte nach sich zögen. Gesellschaftliche Institutionen und Interessengruppen, die Ziele im sozialen Bereich verfolgen (z.B. Gewerkschaften), gerieten vor diesem Hintergrund in ein Dilemma, das sich nicht selten in einer ablehnenden Haltung gegenüber Umweltschutzmaßnahmen niederschlug.[7]

Verkennung eines komplexeren Ursachengefüges: Die Umweltdebatte der 1970er und frühen 1980er Jahre fokussierte rein ökologische Aspekte, zudem solche, die sich vollständig im Einflussbereich nationaler Politikinstrumente zu befinden schienen. Globale Wirkungszusammenhänge, insbesondere die Verursachung ökologischer Krisen durch internationale Entwicklungs- und Einkommensungleichgewichte, wurden eher am Rande gestreift. Ähnliches gilt für die Beziehung zwischen inländischer Einkommensverteilung und einem daraus resultierenden Wachstumszwang.

Umweltbewusstsein aus unmittelbarer Betroffenheit: Die meisten der für das kritische Bewusstsein der 1970er und frühen 1980er ausschlaggebenden Umweltprobleme waren direkt wahrnehmbar. Die Konsequenzen eines schweren Chemie- oder Atomunfalls ließen sich ohne große Phantasie auf das eigene Lebensumfeld projizieren: Minamata, Seveso oder Tschernobyl konnten schließlich überall sein. Die schleichende Verseuchung von Umweltmedien und Lebensmitteln ließ sich sogar anhand lokaler Beispiele und Symptome direkt erfahren: Smog, verseuchte Flüsse, Abfallberge, Waldsterben sowie die sichtbaren Verluste an biologischer Vielfalt und landschaftlicher Integrität etc. Unter dem Damoklesschwert ständig lauernder, unmittelbarer Gefahren war das Umweltengagement damit zugleich ein Kampf gegen den Verlust an sinnlich wahrnehmbarer Lebensqualität, bisweilen sogar für den Schutz der eigenen körperlichen und gesundheitlichen Unversehrtheit.

---

[7] Ein anschauliches Beispiel bietet der Eternit-Fall. Hier kam es zu einer „großen Koalition" zwischen den Gewerkschaften und der Firmenleitung mit dem Ziel, die Asbestproduktion aufrecht zu erhalten.

Kritik und Ablehnung machen noch keine Vision: Die wichtigsten Träger der Umweltbewegung – von spontan demonstrierenden Bürgern über Basisgruppen, Verbände, Medien, Kulturschaffende, Wissenschaftler bis hin zur Partei der Grünen – bezogen ihre Integrationskraft aus der Fähigkeit, ökologisch nicht hinnehmbare Zustände treffend zu kritisieren. Das resultierende Sammelbecken entwickelte sich zu einer gesellschaftlichen Rezeption, die kurzfristig angestauten Unmut, Zukunftsängste und Protest gegen bestehende Strukturen aufnehmen und kanalisieren konnte – doch in welche Richtung? Spätestens nachdem die ersten Schübe an allgemeiner Betroffenheit abgeklungen waren, musste sich herausstellen, dass eine auch noch so klare Artikulation dessen, was abzulehnen sei, keinen Ersatz für die Beantwortung der Frage sein konnte, was denn zukünftig an die Stelle des Bisherigen treten solle. Die Hoffnung, wonach sich das konstruktive Vakuum dadurch füllen lassen würde, dass der breite Konsens hinsichtlich negativ empfundener Strukturen positiv gewendet, also direkt in ein nicht minder konsensuales Leitbild überführt werden könnte, erwies sich als trügerisch. Im Sammelbecken der Umweltbewegten fanden sich die unterschiedlichsten Altersgruppen, Lebensentwürfe und politischen Grundpositionen – von sozialistischen bis zu konservativen Orientierungen – wieder. Mit der Ablehnung ökologisch zerstörerischer Tendenzen war der Fundus an Gemeinsamkeiten bereits weitgehend erschöpft.[8]

1.3.3 Brundtland-Report und Agenda 21: Das Übertragbarkeitskriterium

Während der zweiten Hälfte der 80er Jahre sorgte die von der UNO eingesetzte Brundtland-Kommission für eine Akzentverschiebung. Den Ausgangspunkt bildet eine zwischenzeitlich gewandelte Wahrnehmung der Problemlage.

Vom blauen Himmel über der Ruhr zur globalen Biosphäre: Insbesondere die drohende Klimakatastrophe öffnete den Blick für die globale Dimension zukünftiger Umweltprobleme. Aus der immensen räumlichen Divergenz zwischen Ursache und Wirkung ergibt sich eine neue umwelt-

[8] Der medienwirksame Streit zwischen sog. „Fundis“ und „Realos“ bei den Grünen war geradezu exemplarisch für die Schwierigkeit, aus einer anfänglich einigenden Protesthaltung gemeinsame Ziele und Strategien abzuleiten.

politische Herausforderung, die nur noch international, also auf multilateraler Ebene zu bewältigen ist.

Vom punktuellen Aktionismus zum Vorsorgeprinzip: Neben der zunehmenden Globalisierung ökologischer Effekte wurde die zeitliche Kluft zwischen Ursache und Wirkung zusehends als neue, nämlich Generationen übergreifende Herausforderung offenbar. An die Stelle des klassischen Umweltschadens, dessen räumliche und zeitliche Überschaubarkeit (oder zumindest Abschätzbarkeit) nicht nur unmittelbare Betroffenheit hervorrief, sondern auch ursachenadäquate Lösungen implizierte, trat ein neues Syndrom: das Umweltrisiko, eine latent im Hintergrund lauernde Gefahr, die zwar geahnt oder als mögliches Ereignis kognitiv erfasst, aber nicht sinnlich wahrgenommen werden kann. Offensichtlich produziert die technische, ökologische und soziale Komplexität moderner Industriegesellschaften systematisch gefährliche Überraschungen, weil die inzwischen erreichte Geschwindigkeit des Wandels jeden Versuch einer langfristigen Folgenabschätzung geschweige denn Steuerbarkeit ad absurdum führt. Aufgrund der Wirkmächtigkeit und Eingriffstiefe anthropogener Aktivitäten werden vermeintliche ökologische Gewissheiten im nachhinein schnell als verantwortungslose Beschwichtigung entlarvt. Aber damit wandeln sich auch die Anforderungen an eine adäquate Umweltpolitik vom punktuellen Krisen- zum nunmehr langfristigen Risikomanagement und Vorsichtsprinzip.

Ökologische Vorsorge als gesellschaftliche Querschnittsaufgabe: Der lange Abschied von einem Politik- und Gesellschaftsverständnis, dass in erster Linie institutionelle Zuständigkeiten in der Pflicht sieht, qua Rahmenbedingungen oder Interventionen tätig zu werden, nimmt inzwischen Konturen an. Die Abwesenheit eines gesellschaftlichen Gesamtsubjekts, das im Namen einer übergeordneten Vernunft agieren und aus dem Ruder gelaufene gesellschaftliche Teilsysteme zur Räson bringen könnte, ruft die individuelle Verantwortung des Einzelnen auf den Plan. „Niemand ist nur Teil eines Systems oder einer Institution, sondern auch individuell Handelnder und damit Träger unterschiedlicher Rollen. Verantwortung für das, was man tut, löst sich in der modernen, durch vielfältige Rollen- und Systemzwänge charakterisierten Gesellschaft nicht auf, sie definiert sich lediglich neu und anders“ (Umweltbundesamt 1997, 21f.). Gefragt sind darüber hinaus neue Kooperationen zwischen Akteuren und Interessengruppen, die im Rahmen ihrer Handlungsspielräume und Verantwortlichkeiten auch unabhängig vom politischen Prozess Lösungsbeiträge beizusteuern bereit sind. Dies setzt ein konsensfähiges Leitbild voraus, an dem sowohl Individuen als auch gesellschaftliche Institutionen ihre Mitwirkung am „Projekt Zukunft" ausrichten können.

Ein entwicklungspolitisches Dilemma: Die Transformation von Entwicklungsländern in Schwellenländer (z.B. China und Indien) sowie ein erwachendes außenpolitisches Selbstbewusstsein ehemaliger Armutsökonomien beleuchtet einen lange verdrängten Sachverhalt. Das Konsum- und Wirtschaftsmodell des Nordens hatte bislang nur deshalb noch keine (bedrohlichere) ökologische Katastrophe verursacht, weil andere Teile der Erde hinreichend entfernt davon waren, ähnliche Pro-Kopf-Verbräuche an Energie und Ressourcen zu realisieren sowie Eingriffe in die Ökosphäre zu tätigen. Diese Rechnung kann zukünftig schon deshalb nicht mehr aufgehen, weil das auf Wachstum beruhende Wohlstandsmodell des industrialisierten Nordens längst als Leitbild und entwicklungspolitische Rezeptur adoptiert worden ist, sogar unabhängig von allen sonstigen kulturellen und historischen Divergenzen. Andererseits besteht für die Regierungen des Nordens nicht die geringste politische Handhabe geschweige denn moralische Rechtfertigung, ehemalige Armutsökonomien davon abzuhalten, ein Wohlstandsmodell zu kopieren, dessen weltweite Übertragung unbestritten zum Kollaps der irdischen Biosphäre führen muss. Das seit einigen Jahren von Vertretern des Südens beständig zum Ausdruck gebrachte Leitmotiv kulminiert daher in der Frage: Sollte etwa Ländern, deren Bevölkerung noch immer in Hunger und Armut leben, nahe gelegt werden, das bisherige Niveau an materieller (Unter-) Versorgung beizubehalten, weil die globale Ökologie kein weiteres Wirtschaftswachstum verkraftet – während jene, die dies fordern, selbst einen Lebensstandard genießen, der mit einem Vielfachen an Umwelt- und Ressourcenverbräuchen einhergeht?

Vom Umweltschutz zur Sicherung von Bedürfnissen: Die zusehends deutlicheren Zusammenhänge zwischen Ökologie, wirtschaftlicher Entwicklung und internationaler Ressourcenverteilung verlagern die Problemsicht auf eine höhere Betrachtungsebene als die der Ökologie. Als Zukunftsaufgabe tritt deshalb die Sicherung der Bedürfnisse sowohl heutiger als auch späterer Generationen in den Vordergrund. Dass diese abstraktere Zielsetzung ökologische Vorsorge implizit enthält, ergibt sich mindestens auf zweierlei Weise. Zum einen sind es gerade ökologische Funktionen, die aufgrund zunehmender Knappheit zum limitierenden Faktor jeglicher Entwicklung zu werden drohen. Ein Mangel an ökologischer Stabilität und natürlichen Ressourcen würde langfristig auch alle anderen Bereiche der Bedürfnisbefriedigung vereiteln, weil Ökologie als limitationaler Produktionsfaktor in jede wirtschaftliche Aktivität eingeht. Zum zweiten befriedigt eine intakte Umwelt auf direktem Weg essentielle menschliche Bedürfnisse. Diese Akzentverschiebung läuft auf eine – inzwischen häufig kritisierte – anthropozentrisch motivierte Behandlung der Ökologie als Mittel zum Zweck hinaus, verspricht aber immerhin, eine pragmatische Basis zur Lösung des (vermeintlichen) Zielkonfliktes zwischen Ökologie und Ökonomie zu schaffen.

Als ursachenadäquate Schlussfolgerung aus dieser erweiterten Problembeschreibung leitete die Brundtland-Kommission folgende Definition ab: Unter „sustainable development“ wird eine Entwicklung verstanden, „die die Bedürfnisse der Gegenwart befriedigt, ohne zu riskieren, dass zukünftige Generationen ihre eigenen Bedürfnisse nicht befriedigen können“ (Hauff 1987, 46). Damit wird ein bisweilen auf der Mikroebene praktiziertes Vorsorgeprinzip verallgemeinert, nämlich dass z.B. der Besitzer einer erneuerbaren Ressource nur den Zuwachs verbraucht oder der Besitzer einer Geldanlage nur von der Rendite des eingesetzten Kapitals lebt, somit also „nicht über seine Verhältnisse lebt“, sondern den Kapitalbestand dauerhaft erhält.[9] Die Anwendung dieses Prinzips

- auf sämtliche irdischen Bestände an natürlichem Kapital und
- über den Betrachtungshorizont eines menschlichen Lebens hinaus

führt zu einem weitaus restriktiveren Vorsorgebegriff. Dieser impliziert Verhaltensregeln, die sich nicht mehr allein aus dem Eigeninteresse eines Kapital- oder Ressourcenbesitzers ableiten lassen, weil die Gesamtheit der zu erhaltenden Ressourcenbestände und ökologischen Funktionen nicht privatisiert werden kann und außerdem für zukünftige Generationen dieselben Potenziale an Bedürfnisbefriedigung verbleiben sollen. Als elementares Nachhaltigkeitskriterium folgt hieraus die dauerhafte Übertragbarkeit aller menschlichen Aktivitäten, die im Rahmen der Befriedigung gegenwärtiger Bedürfnisse entfaltet werden oder „[to] develop in such a way as to minimize those activities whose costs are borne by future generations“ (Atkinson et al 1999, 16).

Während der Brundtland-Bericht die zeitliche Dimension der Übertragbarkeit unterstrich, fokussierte die 1992 auf der UNCED (UN Confe-

[9] Vgl. auch Hansen/Schrader 1997, 454f.

rence for Environment and Development) von 178 Staaten unterzeichnete Agenda 21 die räumliche Dimension: Konsum- und Wirtschaftstile müssen auf andere Kulturen und Erdteile, also auf die gesamte Menschheit verallgemeinerbar sein, ohne dabei die Biosphäre zu überlasten und ohne die vorhandenen Ressourcen zu erschöpfen. Diese zusätzliche Dimension des Nachhaltigkeitskriteriums impliziert eine globale Umverteilung der Beanspruchung knapper Ressourcen und ökologischer Funktionen. Aber aufgrund welcher Motivation sollten sich die Bewohner des begüterten Nordens eines Kriteriums annehmen, das eine Umverteilung zu eigenen Ungunsten zur Konsequenz hätte?

Zeitliche Dimension: Mit zunehmender Schädigung der Ökosphäre und Verknappung irdischer Ressourcen steigt die Wahrscheinlichkeit, dass eine Missachtung des Übertragbarkeitskriteriums nicht erst nachfolgende, sondern bereits die derzeit lebenden Generationen schädigen wird. Verstärkt wird diese Tendenz durch Struktur verändernde Entwicklungen der Informations- und Kommunikationstechnologie, insbesondere die dadurch forcierte Globalisierung. Mit der immensen Beschleunigung von Leistungserstellungs- und Konsumaktivitäten verringert sich auch die zeitliche Differenz zwischen wirtschaftlichen Handlungen und externen Folgen. Die Wirkungsmacht einer entfesselten Marktwirtschaft entfaltet sich immer schneller und spürbarer – nicht erst für spätere Generationen.

Räumliche Dimension: Für die Entwicklungsländer besteht zwecks wirksamer Armutsbekämpfung ein Nachholbedarf an materiellem Wirtschaftswachstum. Die bisherige „Arbeitsteilung“, wonach der industrialisierte Norden den Löwenanteil knapper Ressourcen für sich beansprucht, während die südlichen Armutsökonomien durch unfreiwilligen Wohlstandsverzicht die Biosphäre entlasteten, lässt sich nicht mehr durchsetzen. Die Folgen eines weiteren Festhaltens an dieser Konstellation haben die Realität der nördlichen Industrieländer längst erreicht, nämlich durch globalisierte Umweltschäden, kaum aufzuhaltende Migrationsströme[10] und internationalen Terrorismus.

Somit lässt sich das zweidimensionale Kriterium der Übertragbarkeit, wenngleich es als Forderung nach intergenerativer und globaler (intragenerativer) Gerechtigkeit interpretierbar ist, auch als konsequent weitergedachter Selbsterhaltungstrieb deuten. Grundlegend ist dafür die Aufgabe

[10] Zum Zusammenhang zwischen Migration, Armut und Umweltzerstörung siehe z.B. Biermann (2002) und Schön (2002).

der lang gehegten Illusion, dass die derzeit lebenden Generationen den negativen Rückkoppelungen ihres Handelns sowohl räumlich als auch zeitlich weiterhin entgehen können. Was vormals nur als Appell an einen abstrakten Gerechtigkeitssinn verstanden werden konnte, richtet sich nunmehr an ein aufgeklärtes Eigeninteresse, weil Planungen und Kalküle auf der Grundlage eines zeitlich und räumlich zu kurz gedachten Betrachtungshorizonts gefährlich werden. Diese Fundierung verleiht dem Nachhaltigkeitsbegriff eine hohe Akzeptanz. Das Nachhaltigkeitskonzept ist nicht wertfrei, hat sich aber als anschlussfähig an einen international weitestgehend akzeptierten Wertekanon erwiesen. Trotz aller religiösen und kulturellen Heterogenität erweist sich der Bezug auf einen (kollektiven) Überlebenswillen als universeller Grundkonsens, der auch von Staaten des Südens akzeptiert zu werden scheint. Mit der Nachhaltigkeitsidee ist erstmals ein Leitbild benannt worden, das infolge seiner Universalität weitgehend unverdächtig im Hinblick auf einen kulturellen Imperialismus des Nordens ist.

1.3.4 Natürliches und anthropogenes Kapital

Wenn nachhaltige Entwicklung als erweitertes Vorsorgeprinzip im Sinne des Übertragbarkeitskriteriums aufgefasst wird, impliziert dies den dauerhaften Erhalt näher zu benennender Bestandsgrößen. Aus wirtschafts- und sozialwissenschaftlicher Perspektive bietet sich die Anwendung eines geeigneten Kapitalbegriffs an. Die für das menschliche Dasein essentiellen Funktionen korrespondieren gemäß Goodland/Daly (2004, 35) mit drei Kapitalformen. Dabei umfasst Sozial- oder Humankapital menschliche Fähigkeiten, Institutionen, den kulturellen Zusammenhalt, Bildung, Information, Wissen. Besonderes Augenmerk wird auf natürliches Kapital (ökologische Ressourcen) und menschengemachtes oder anthropogenes Kapital (Produktionsanlagen, Infrastruktur, Besiedlung etc.) gelegt, denn gerade aus dem Verhältnis zwischen diesen beiden Kategorien ergeben sich weitreichende Konsequenzen.[11] Während die Feststellung, dass natürliches Kapital zum limitierenden Faktor jeder wieteren Entwicklung geworden ist, eine gemeinsame Ausgangsbasis der

---

[11] Oft wird nur zwischen natürlichem und menschengemachtem Kapital unterschieden, wobei letzteres dann das soziale Kapital enthält. Vgl. Endres/Radke 1998, Held/Nutzinger 2001 oder Costanza et al 2001.

Nachhaltigkeitsforschung bildet, wird die Frage der Substituierbarkeit natürlicher Ressourcen kontrovers diskutiert.

Die vielfältigen Optionen zum Schutz der ökologischen Stabilität werden von Daly (1999) und Hawken/Lovins/Lovins (2000) als „Investitionen in natürliches Kapital“ bezeichnet. Fasst man die Summe aller Nutzen stiftenden und produktiv verwendbaren Bestandteile der Biosphäre sowie anorganischer Ressourcen als natürliches Kapital auf, so kann das Übertragbarkeitskriterium in Anlehnung an Hicks (1946) auch folgendermaßen interpretiert werden: Einkommen ist der maximale Betrag, den eine Gemeinschaft während eines bestimmten Zeitraums unter der Nebenbedingung verbrauchen kann, das menschlich produzierte und das natürliche Kapital unversehrt zu lassen. Darüber, dass keine der beiden Kapitalarten vollständig durch die jeweils andere substituiert werden kann, dürfte Konsens bestehen. Dies gilt allerdings nicht für jeden separaten Einzelbereich innerhalb des natürlichen Kapitals. So liegt dem „schwachen Nachhaltigkeitsprinzip“ eine Anschauung zugrunde, nach der die Funktionen bestimmter natürlicher Ressourcen vollständig durch anthropogenes Kapital (zumindest langfristig) substituiert werden können. Demgegenüber fordert das „starke Nachhaltigkeitsprinzip“ den Erhalt jeder einzelnen Komponente des natürlichen Kapitals. Dies impliziert u.a., dass eine bestimmte Pflanzen- oder Tierspezies auch dann dauerhaft zu erhalten ist, wenn ein unmittelbarer produktiver oder konsumtiver Nutzen nicht nachgewiesen werden kann.

Jenseits dieser konfligierenden Sichtweisen haben Endres/Radke (1998) das Kriterium der „kritischen ökologischen Vermögensbewahrung“ vorgeschlagen. „Dieses stellt ab auf Grenzen der Substituierbarkeit bei Erreichen bestimmter Niveaus *einzelner, klar spezifizierter* natürlicher Vermögensbestandteile bei grundsätzlichem Fortbestand der Substituierbarkeit anderer natürlicher Vermögenskomponenten. ‚Kritisch‘ heiße [...] ein *positives* Bestandsniveau einer Vermögenskomponente, dessen Erreichen in einem beliebigen Zeitpunkt unausweichlich zur Verletzung des Zieles einer nachhaltigen Entwicklung führen müsste“ (Endres/Radke 1998, 299f.; Hervorhebungen im Original). Damit sind die beiden zuvor genannten Auslegungen als Spezialfälle enthalten. Würde der aktuelle Bestand jeder natürlichen Vermögenskomponente als kritisch deklariert, wäre das Prinzip der starken Nachhaltigkeit mit dem der kritischen identisch. Wäre demgegenüber kein einziges Bestandsniveau als kritisch einzustufen, ergäbe sich daraus das Kriterium der schwachen Nachhaltigkeit.

Darauf aufbauend formulieren Endres/Radke (1998, 300) folgende zweistufige Nachhaltigkeitsregel:

„1. Priorität: Stelle stets sicher, dass kritische Bestände sämtlicher als relevant zu erachtenden Vermögenskomponenten nicht erreicht oder gar unterschritten werden!

2. Priorität: Stelle stets sicher, dass sich die angemessen bewerteten Veränderungen sämtlicher als relevant zu erachtenden Vermögenskomponenten zu Null saldieren!“

Zunächst scheint sich dieser Ansatz als pragmatischer Kompromiss anzubieten, der die Unzulänglichkeiten des Kriteriums schwacher Nachhaltigkeit vermeidet, ohne dem biozentrischen und daher zuweilen als radikal gebrandmarkten Impetus starker Nachhaltigkeit zu verfallen. Tatsächlich sprechen für das Konzept starker Nachhaltigkeit allerdings auch Erwägungen, die keineswegs nur einer biozentrischen Ethik, sondern einem plausiblen Vorsichtsprinzip geschuldet sind. Die an sich schon überzeugende Argumentation, mit der Daly (1999, 110f.) das schwache Nachhaltigkeitsprinzip für obsolet erklärt, bedarf einer Ergänzung: Aufgrund des Systemcharakters der Ökosphäre insbesondere ihrer grundsätzlich nicht erfassbaren Komplexität kann niemals ausgeschlossen werden, dass die Elimination eines noch so kleinen und unbedeutend erscheinenden Subsystems oder einer Spezies langfristig verheerende Konsequenzen haben kann. Gerade das stets im Nachhinein offenbar werdende Nichtwissen im Hinblick auf kritische Belastungsgrenzen bei anthropogenen Eingriffen, nicht lineare Wirkungszusammenhänge und extreme Verzögerungen ökologischer Rückkoppelungsschleifen legen eine Risikominderung nahe, der selbst aus anthropozentrischer Sicht nur das starke Nachhaltigkeitsprinzip gerecht würde. „Oft sind es gerade die heikelsten ökologischen Verflechtungen, die sich den Blicken der Systemanalytiker entziehen; woraus zwingend folgt, dass ein im Sinne der Ökologie angemessenes Verhalten sich weniger an unseren fadenscheinigen Detailkenntnissen zu orientieren hätte, viel mehr hingegen an unseren Unkenntnissen […]“ (Dahl 1995, 46).

Der Schutz des Naturkapitals um seiner ökologischen Funktionsfähigkeit willen lässt eine andere Facette oft ins Hintertreffen geraten: die Ästhetik. Üblicherweise wird Schönheit, wie Böhme (1989, 47) meint, „nicht als ökologische Dimension angesehen, sie ist ein Art Beigabe, Dekor.“ Aber insoweit menschliche Befindlichkeit als eine wesentliche Determinante der Lebensqualität unmittelbar zugänglich für die Wahrnehmung von Naturschönheit ist, kann „Ästhetik als Teil der Ökologie“ (ebd., 50) Geltung beanspruchen.

Das Nachhaltigkeitskriterium der Übertragbarkeit schließt ebenfalls einen Erhalt menschlich produzierten Kapitals ein. Damit ist mindestens die Fähigkeit gemeint, essentielle materielle Bedürfnisse wie ausreichende Ernährung, Kleidung, Behausung, medizinische Versorgung etc. dauerhaft befriedigen zu können. Für die Grenzen der Substituierbarkeit natürlichen Kapitals durch menschlich produziertes Kapital gilt der Umkehrschluss, denn ein „Zurück in die Steinzeit“ steht nicht auf der Tagesordnung. Daraus lässt sich schlussfolgern, dass Nachhaltigkeit hinreichend konsistent mit einem funktionsfähigen Allokationssystem sein muss. Andernfalls würde im Gegensatz zur momentanen Situation menschlich produziertes Kapital und damit die Bereitstellung physischer Güter und Leistungen zum limitierenden Faktor werden, was auf Teile der sog. „Dritten Welt“ zutreffen mag. Die brisante Frage, bis zu welcher Grenze sich materielle Bedürfnisse entfalten können, hat die Umweltökonomik zuweilen durch den Hinweis auf einen „ökologischen Rahmen“ zu beantworten versucht, innerhalb dessen sich Angebot und Nachfrage frei entfalten können.[12] Ähnlich argumentiert Daly (1999), für den die Prämisse gilt, dass die Ökonomie als Teilsystem der Ökologie zu betrachten sei.

---

[12] Die Idee eines „ökologischen Rahmens“ wurde bereits durch den Preis-Standard-Ansatz von Baumol/Oates (1971), insbesondere dem darin enthaltenen Vorschlag, sich an einem „set of environmental quality standards“ zu orientieren, vorweggenommen. Für den deutschsprachigen Raum erweist sich Bonus (1979, 1983) als Vorläufer dieses Konzepts.

Kapitel 2

Nachhaltigkeitsprinzipien entlang des technischen und kulturellen Weges

Es gilt inzwischen als unumstritten, dass die Lebens- und Wirtschaftsweise des Nordens dem Kriterium der räumlichen und zeitlichen Verallgemeinerbarkeit in keiner Weise genügt. Die viel zu hohe, an das wirtschaftliche Wachstum gekoppelte Durchlaufmenge an Ressourcen und Energie sowie die mangelnde Einbettung anthropogener Aktivitäten und Strukturen in ökologische Systeme werden als wichtigste Indizien genannt. Eine konsequente Anwendung des Kriteriums der räumlichen und zeitlichen Verallgemeinerbarkeit auf den industrialisierten Norden würde somit zu folgendem Nachhaltigkeitsziel führen:[13]

- Senkung der Durchlaufmenge an Material und Energie auf ein dauerhaft übertragbares Niveau.
- Ausrichtung anthropogener Aktivitäten an ökologischen Erfordernissen, insbesondere am dauerhaften Erhalt des Naturkapitals.[14]

In einer ersten Näherung lassen sich zwei Wege ausmachen, auf denen dieses Ziel erreicht werden könnte. Sie unterscheiden sich in den Anforderungen, die sie an den wirtschaftlichen Wandel stellen.

Der *„technische Weg"* setzt an der qualitativen Ausprägung wirtschaftlicher Prozesse und Resultate an. Er stellt das vorherrschende Wachstumsparadigma nicht in Frage, sondern will dessen Negativeffekte über technische, prozessuale oder systemische Vorkehrungen abmildern, im besten Fall sogar vollkommen neutralisieren. Alleiniger Aktionsparameter ist hier die Optimierung – nicht das Ausmaß – der Bedarfsbefrie-

[13] Würde das Nachhaltigkeitskriterium z.B. auf den Sudan angewandt, ergäbe sich möglicherweise ein anderes Ziel.

[14] Diese zusätzliche Bedingung trägt dem Umstand Rechnung, dass nicht alle ökologischen Schadensursachen mittels quantifizierbarer Stoffflüsse erfassbar sind, sondern systemischer und qualitativer Art sein können.

digung, und zwar im Sinne einer hohen ökologischen und sozialen Verträglichkeit. Gefragt wird nicht nach dem „Wie viel“ oder „Warum“, sondern nur nach dem „Wie“. Nach dieser Lesart existiert kein Problem im Spannungsfeld zwischen Maßlosigkeit und Begrenztheit, sondern bestenfalls eines der mangelnden technischen und organisatorischen Anpassung. Ausgehend von einem bestimmten, nicht hinterfragten Konsum- oder Bedarfsniveau ergibt sich damit die Forderung, dieses auf möglichst Ressourcen sparende und ökologieverträgliche Weise zu befriedigen. Ansatzpunkte sind hier vornehmlich die Nachhaltigkeitsprinzipien der *Konsistenz, Effizienz, Risikominderung* und *Vermeidung.*

Unter der Bezeichnung *„kultureller Weg“* werden im Folgenden Konzepte subsumiert, die an der quantitativen Dimension ökonomischer Entwicklungen ansetzen. Im Vordergrund steht dabei die Frage nach dem Ausmaß produktiver Aktivitäten. Der kulturelle Weg[15] ist untrennbar mit einer Wachstumskritik verbunden. Nachhaltigkeitsmaßnahmen zielen demnach auf eine Eindämmung oder Abmilderung aller Faktoren, die systematisch Wachstumserfordernisse generieren. Dazu zählt auch, die quantitative Ausprägung vorhandener Bedarfe und Nachfragemuster zu hinterfragen. Deshalb thematisiert der kulturelle Weg sowohl das „rechte Maß“ (BUND/Misereor 1997, 153f.) konsumtiver Ansprüche als auch deren generelle Sinnhaftigkeit. Zukunftsfähige, insbesondere suffiziente Lebensstile[16] spielen dabei eine herausragende Rolle. Einen anderen Ansatzpunkt bildet der Umstand, dass sich die Bedürfnisse einzelner Individuen oder ganzer Kollektive wachstumsneutral befriedigen lassen, wenn an die Stelle der Produktion neuer Werte schlicht eine andere Verteilung der bereits vorhandenen Werte tritt. Als wichtigste Nachhaltigkeitsprinzipien kommen hier *Umverteilung* und *Suffizienz* zur Anwendung.

2.1 Der technische Weg: Dematerialisierung und Ökologisierung wirtschaftlicher Aktivitäten

Wo die Notwendigkeit weiteren Wirtschaftswachstums nicht zur Disposition gestellt wird, verbleibt als Alternative, den wirtschaftlichen Expan-

---

[15] Wie sich im weiteren Verlauf zeigen wird, wäre „Kultur verändernder Weg“ eine adäquatere Bezeichnung für diese Nachhaltigkeitsstrategie. Dass dennoch an der obigen Bezeichnung festgehalten wird, ist ihrer Griffigkeit geschuldet.

[16] Vgl. Gaßner/Mettler-von Meibom/Schulz 1997, Princen 2005 und Stengel 2011.

sionsdrang von Ressourcenströmen und anderen schädigenden Wirkungen abzukoppeln. Aber auch darüber hinaus ist diese Strategie von Belang, denn selbst wenn es gelänge, systematische Wachstumszwänge abzumildern, müsste das inzwischen erreichte absolute Ausmaß an Ressourcenverbräuchen und ökologischer Belastung auf ein Niveau zurückgeführt werden, das dem Kriterium der Übertragbarkeit entspricht. Dennoch betonen die wichtigsten Vertreter des technischen Weges nicht nur die Unvermeidbarkeit, sondern sogar ausdrücklich die Erwünschtheit permanenten Wachstums.

Wie hartnäckig sich die alte Vision eines nie versiegenden, von allen physischen und ökologischen Beschränkungen entledigten Wachstums hält, zeigen ihre jüngsten Reinkarnationen. Zu nennen sind hier die Anfang der 1970er Jahre entfachte Diskussion des qualitativen Wachstums, daran anschließend die Vorstellung einer modernen Dienstleistungsgesellschaft und schließlich die seit Anfang der 1990er Jahre propagierten Modelle des nachhaltigen Wirtschaftens. Deren zwei prägnanteste Varianten, nämlich die im Folgenden vorgestellten Ansätze der Ressourceneffizienz und Ökoeffektivität, nehmen jeweils für sich in Anspruch, die Wachstumsproblematik bezwungen zu haben. Dabei scheint geradezu ein Wettstreit um das höchste Niveau an Wachstums- und Überflusskompatibilität entbrannt zu sein. So wollen die Befürworter der „Effizienzrevolution“ eine „Wachstumsmaschine“ (Lehner/Schmidt-Bleek 1999) ankurbeln und bekennen sich explizit zur „Lust auf Wachstum“ (ebd., 301) oder „Lust auf Luxus“ (ebd., 320). Dies können die Anhänger des Gegenmodells, das ebenfalls nicht weniger als eine „industrielle rEvolution“ (Braungart/McDonough 1999, 18) für sich beansprucht, hier jedoch im Sinne von Ökoeffektivität, unmöglich auf sich sitzen lassen. Sie fordern deshalb einen „kulturelle[n] Paradigmenwechsel“ (ebd., 22), der den „pietistischen Leitbildern Sparsamkeit und Reduktion“, „Minimierungsleitbilder[n]“ sowie den „Verzichts- und Schuldbotschaften der Ökos“ unbedingt eine Absage erteilen müsse.

Der technische Weg ist reich an Versuchen, Widersprüche zwischen der vorherrschenden Expansionslogik und einem hinreichenden Schutz der ökologischen Lebensgrundlagen schlicht in Abrede zu stellen oder wenigstens als grundsätzlich lösbar erscheinen zu lassen. So werden reihenweise theoretische Konzepte und Best Practices in Stellung gebracht, um zu belegen, dass ein auf Wachstum beruhendes Wirtschafts- und Konsummodell durchaus zukunftsfähig sein könnte. Austragungsort derartiger Argumentationslinien ist zum einen die Sphäre der Technik: „Ökoeffiziente“ (Schmidheiny 1992, 37), „ökointelligente“ (Schmidt-Bleek 2000, 116) oder „ökoeffektive“ (Braungart/McDonough 1999) Produkte und Verfahren sollen drei Fliegen mit einer Klappe schlagen, nämlich der Wirtschaft beständige Expansionschancen sichern, einen hohen Konsumnutzen gewährleisten und obendrein die Umwelt entlasten. Wo die Technik es allein nicht vermag, gemäß dieser „Tripple-Bottom-Line“-Logik möglichst viele heterogene Ziele in Einklang zu bringen, werden zusätzlich veränderte Nutzungssysteme oder Managementmethoden ins Feld geführt, um mit organisatorischen Mitteln eine weitestgehend nachhaltige Befriedigung jeglicher Konsumansprüche zu erreichen.

Das Ausmaß an Bedarfen steht dabei nicht zur Disposition, sondern gleicht einer exogenen Variable, an die sich alle anderen Systemgrößen anzupassen haben – auch die Umwelt. Um deren Kollaps abzuwenden, soll das bewährte Wachstumsmodell durch Dematerialisierung (Effizienz) und Ökologisierung (Konsistenz) dergestalt entschärft werden, dass mögliche Schäden auch ohne konsumtive Mäßigung oder Verhaltensänderungen – das entspräche dem kulturellen Weg – bis auf ein vernachlässigbares Niveau eingedämmt werden. Diese Restgröße ergibt sich, wenn auf die vorherrschenden Nachfragemuster der verfügbare umwelttechnische Entwicklungsstand angewandt wird, allerdings versehen mit der Einschränkung, dass seine Implementation einzelwirtschaftlich rentabel sein muss.

Dass die Restgröße an ökologischem Kapital trotz nicht zu leugnender umwelttechnischer Fortschritte langsam dahin schmelzt, kann nach dieser Lesart lediglich als Mangel an hinreichend durchgreifenden Nachhaltigkeitsinnovationen gedeutet werden. Demnach wäre es nur eine Frage der Zeit, dass neue technische oder organisatorische Lösungen die Kluft zwischen dem unbegrenzten Ausleben aller Selbstverwirklichungsansprüche und der Begrenztheit ökologischer Ressourcen schließen. Im Folgenden sollen die mit dieser Strategie korrespondierenden Handlungsfelder und Nachhaltigkeitsprinzipien gekennzeichnet werden.

2.1.1 Nachhaltigkeitsprinzip I: Effizienz

Ökologische Schäden entstehen nicht nur durch Umweltverschmutzung im klassischen Sinne, sondern bereits durch Prozesse des Abbaus und der

Verschiebung von Ressourcen. Alle zur Produktion und zum Konsum benötigten Materialien werden irgendwann zu Emissionen, Abfällen oder hinterlassen Schäden. Deshalb können Maßnahmen, die den Einsatz an Ressourcen und Energie pro Output- oder Nutzeneinheit senken, also zur Effizienz und damit teilweise zur Dematerialisierung der physischen Produktion führen, einen Nachhaltigkeitsbeitrag leisten. Viel diskutierte Varianten dieser Sichtweise, deren Fokus auf der Inputseite wirtschaftlicher Aktivitäten liegt, tauchen unter Begriffen wie „Ökoeffizienz" (Schmidheiney 1993), „MIPS" (Schmidt-Bleek 2000) und „Faktor 10"[17] auf. Ihr erklärtes Ziel ist eine Minimierung dessen, was die „Wohlstandsmaschine vorne in sich reinfrisst" (Schmidt-Bleek 2000).

Das von Schmidt-Bleek entwickelte Effizienzmaß „MIPS" (= Materialinput pro Service-Einheit) lässt sich sowohl auf Produkte als auch auf Dienstleistungen anwenden. Im Vordergrund steht der Nutzen, den ein erworbenes Produkt oder eine Dienstleistung stiftet. Produkte wie auch Dienstleistungen verursachen Umweltverbräuche, die sich entlang ihres Entstehungsprozesses – oft ist auch von Lebenszyklus, Wertschöpfungskette oder einfach Prozesskette die Rede – zurückverfolgen lassen. Wenn nun die Energie- und Ressourcenaufwendungen aller durchlaufenen Produktionsstufen aufsummiert werden und zu einer daraus resultierenden Nutzen- oder Service-Einheit in Relation gesetzt werden, ergibt sich der MIPS-Wert. Um diesen zu minimieren, sind zwei Wege denkbar. Zunächst kann versucht werden, den aufsummierten Materialinput des Produktes zu senken. Dies könnte über ein verändertes Produktdesign oder über die Optimierung des Herstellungsprozesses gelingen und entspräche damit einer Steigerung der technischen Effizienz.

Zum anderen könnte anstelle des üblichen Produktkaufs auch eine Dienstleistung in Anspruch genommen werden, um einen bestimmten Bedarf effizient zu befriedigen. Produkte müssen nicht erworben, sondern können auch – dies entspräche einer Dienstleistung – geliehen werden, um die intendierte Konsumfunktion zu erfüllen. So könnte ein Zeitungsleser auf das Abonnement einer eigenen Zeitung verzichten und sich stattdessen eine Zeitung mit dem Hausnachbarn teilen. Daraus ergäbe sich eine Effizienzsteigerung in Höhe des Faktors zwei, weil nun

[17] Vgl. die Stellungnahmen des Factor 10 Clubs bzw. des Factor 10 Instituts (http://www.factor10.de), insbesondere Schmidt-Bleek/Paleocrassas/Lehner/Bierter/Charles (1999).

der doppelte Nutzen aus ein und demselben Materialinput erwachsen würde. Ebenso könnte ein Heimwerker die benötigte Bohrmaschine von einem Werkzeug-Service entleihen. Auch eine Verlängerung der Produktnutzungsdauer erhöht die Effizienz. Fälle dieser Art können als „Nutzeneffizienz" bezeichnet werden, um sie von technischer Effizienz zu unterscheiden (vgl. Schmidt-Bleek 2000, 184ff.). Die Wirksamkeit dieser Strategie setzt allerdings voraus, dass Konsumenten von Nutzungsroutinen abweichen bzw. den Rhythmus zwischen Neuanschaffung und Entsorgung entsprechend anpassen.[18] Damit ergibt sich die Frage, ob der Nachhaltigkeitsbeitrag einer erhöhten Nutzungsintensität und Nutzungsdauer nicht vielmehr auf eine Kombination von Effizienz und Suffizienz zurückzuführen ist.

Effizienz stellt ein relatives Maß dar, das lediglich Input-Output-Verhältnisse zu beschreiben vermag, also keine Aussagen über die absoluten Verbräuche zulässt. Außerdem berücksichtigt der MIPS-Wert allein das aufsummierte Gewicht an eingesetzten Stoffen und ist damit außerstande, qualitative Beeinträchtigungen der Ökosphäre zu erfassen. Dazu zählen beispielsweise Eingriffe in ökologische Systeme, Bodenversieglung, abnehmende Biodiversität, Toxizität einzelner Materialien, unkalkulierbare Risiken (z.B. in der Gentechnik und bei elektromagnetischer Strahlung), Landschaftsveränderungen etc.

Mittlerweile richten sich viele Vorbehalte gegen eine ausschließliche Orientierung an ökologischer Effizienz, die bereits auf konzeptioneller Ebene mit einer immanenten Zweideutigkeit behaftet ist.[19] Erhöhungen der Ressourcenproduktivität[20] können genutzt werden, um eine gegebene Konsumnachfrage auf Basis verringerter Umweltverbräuche zu befriedigen (Variante 1) oder um aus einem gegebenen Mitteleinsatz ein Maxi-

---

[18] Diese Anforderung ist nicht trivial, wie sich im Kapitel 9 zeigen wird. Konsumgüter werden auch deswegen ausrangiert, weil sie „unmodern" geworden sind, ein technisch weiter entwickeltes Modell auf dem Markt erschienen ist oder weil regelmäßiger Konsum als solcher Nutzen stiftet.

[19] Vgl. hierzu Hofmeister (1999) sowie die inzwischen differenzierte Sicht von Hawken/Lovins/Lovins (2000, 11).

[20] Produktivitätserhöhungen steigern die Effizienz. Der Umkehrschluss gilt indes nicht, weil Effizienz nicht nur die Produktions-, sondern auch die Allokationsebene einschließt. Effizienzgewinne können allein durch eine andere Aufteilung der Inputfaktoren zwischen unterschiedlich produktiven Verwendungen erzielt werden, setzen also keinen produktivitätssteigernden technischen Fortschritt voraus.

mum an Konsummöglichkeiten zu generieren (Variante 2). Diese Zweideutigkeit wurde besonders offensichtlich, als sich Weizsäcker/Lovins/Lovins (1995) vor einem Jahrzehnt anschickten, mittels des zum Motto hochstilisierten Buchtitels „Faktor vier. Doppelter Wohlstand – halber Naturverbrauch“ eine „Effizienzrevolution“ auszurufen. Welche der beiden Effizienzvarianten sich durchsetzt, ist einem kaum zu steuernden Wirkungsgefüge anheim gestellt, in das die Marktdynamik, die politischen Rahmensetzungen, aber auch produktionstechnische Charakteristika hineinspielen. Es sei $(x_1,...,x_n)$ ein Inputvektor zur Produktion des Outputs y. Betrachtet wird die Erhöhung der Produktivität eines einzelnen Inputs x_i und zwar zunächst auf Basis der zweiten Variante.

$$\frac{y\uparrow}{\overline{x}_i}$$

Der Effizienzgewinn wird hier nicht durch eine Ressourceneinsparung an x_i, sondern als Output- oder Nutzenerhöhung[21] ausgeschöpft. Die verbreitete Auffassung, dass auf diese Weise eine Erhöhung des Wohlstandsniveaus bei (immerhin) konstantem Naturverbrauch möglich ist, kann sich – abgesehen von einem produktionstechnischen Spezialfall – als Trugschluss erweisen. Da y nicht nur von x_i, sondern auch anderen Inputfaktoren abhängt, ist nicht auszuschließen, dass eine Outputsteigerung voraussetzt, alle Inputmengen zu erhöhen. Diese Sogwirkung wäre nur zu vermeiden, wenn entweder die anderen Inputfaktoren ebenfalls eine Produktivitätssteigerung verzeichnen würden wie x_i oder hinreichend substituierbar sind.

Weiterhin ist nicht auszuschließen, dass die produktivitätsbedingte Outputerhöhung auf nachgelagerten Stufen (Verpackung, Transport, komplementäre Beziehungen zu anderen Produkten, Infrastrukturen etc.) weitere Inputerfordernisse nach sich zieht. Komplementaritäten entlang der Wertschöpfungskette, insbesondere im Nutzungsbereich, bilden keine Ausnahme, sondern eher die Regel.

Im Sinne des oben angeführten Übertragbarkeitskriteriums läge es näher, Effizienz steigernde Maßnahmen daran zu orientieren, ein gegebenes Niveau an Bedürfnisbefriedigung oder Output mit möglichst geringem

[21] Die Argumentation lässt sich nicht nur auf produktionstechnische Zusammenhänge, sondern auch auf den Bereich der Nutzung übertragen.

Ressourcen- und Energieeinsatz zu erzielen (Variante 1). Nur auf diese Weise ließen sich absolute Ressourceneinsparungen realisieren.

$$\frac{\overline{y}}{x_i \downarrow}$$

Wie sich im Verlauf dieser Arbeit herausstellen wird, sind Effizienzerhöhungen per se weder hinreichend noch notwendig für Nachhaltigkeitsfortschritte. Die weit verbreitete Gleichsetzung von (Öko-) Effizienz und Nachhaltigkeit ist daher nicht haltbar. Wenngleich höhere Ressourcenproduktivitäten und Nutzeneffizienz unter bestimmten Bedingungen ein geeignetes Mittel darstellen, kommt als Ziel nur die absolute Reduktion von Ressourcen und Energie auf allen relevanten Systemebenen in Betracht. Zudem kann eine enggeführte Ausrichtung auf Effizienz Zielkonflikte und Ambivalenzen heraufbeschwören, auf die noch einzugehen sein wird.

2.1.2 Nachhaltigkeitsprinzip II: Konsistenz

Das von Huber (1994, 1995) als „Konsistenz" bezeichnete Nachhaltigkeitsprinzip beruht darauf, die „Wirtschaftsweise der Ökologie" auf menschliche Produktions- und Konsumaktivitäten zu übertragen. Angepeilt wird ein hoch effektives System vollkommen geschlossener Stoffkreisläufe. Abfälle oder Emissionen existieren nach dieser Idealvorstellung praktisch nicht, weil jedes physische Resultat, das am Ende eines Konsumaktes oder Leistungserstellungsprozesses anfällt, wieder vollständig als technischer oder biologischer „Nährstoff" in einen anderen Prozess einfließt. In bewusster Abgrenzung zur Effizienzperspektive liegt der Fokus hier auf der Outputseite. Neben Konzepten der „Bionik"[22] rangiert diese Strömung derzeit unter Bezeichnungen wie „Upcycling" (Pauli 1998), „Biomimikry" (Hawken/Lovins/Lovins 2000) und der von Braungart/McDonough (1999) propagierten „Ökoeffektivität". Letztere „beruht auf der Maxime, Produkte von Beginn an so zu gestalten, dass sie in Wechselwirkung mit lebenden Systemen als biologische Nährstoffe dienen oder für die weitere Nutzung als ‚technische Nährstoffe' geeignet

[22] Vgl. Nachtigall 1998, 2002; Nachtigall/Blüchel 2000; Vester 1980.

sind“ (ebd., 19). Dabei bilden vielfältige, „verschwenderische“ Systeme und Produktivität keine Widersprüche. „Das Ideal ist, Güter so zu konzipieren, dass sie buchstäblich gegessen werden können.“[23]

Bislang weisen Produktions- und Konsumprozesse üblicherweise eine lineare Struktur auf, d.h. am Anfang wird die Quellenfunktion der Ökosphäre beansprucht, weil Ressourcen entnommen werden. Nach deren Verwendung und Umwandlung, also am Ende des Prozesses, wird durch die Freisetzung von Abfällen und Emissionen die Senkenfunktion der Ökosphäre genutzt. Ein ökologisch konsistenter Prozess wäre hingegen kreisförmig, weil hier weder ein Anfang noch ein Ende existiert. Die Schließung von Prozessketten kann, wie Braungart/McDonough (1999) darlegen, auf zweierlei Weise erfolgen: Zum einen sollten Inputs verwendet werden, deren ökologische Qualität dafür sorgt, dass sie von der Biosphäre innerhalb eines überschaubaren Zeitraums vollständig assimiliert werden können (biologische Nährstoffe). Abbaubare, beispielsweise kompostierbare Produkte und Komponenten sind ein typisches Beispiel. Aber auf welche der inzwischen zementierten Konsumroutinen und -objekte ließe sich die Utopie einer qualitativen Transformation der industriellen Stoffumsätze überhaupt anwenden? Wie ließen sich Autos, Gebäude, Flugzeuge oder andere physische Artefakte jemals kompostieren oder schadlos in den ökologischen Haushalt zurückführen? Hier greift die zweite von Braungart/McDonough (1999) erwogene Möglichkeit, Stoffkreisläufe zu schließen. Sie besteht darin, Materialien und Module, die biologisch nicht vollständig oder schnell genug abgebaut werden können, wenigstens so zu konstruieren, dass sie innerhalb eines technischen Kreislaufs verbleiben und somit von ökologischen Systemen ferngehalten werden (technische Nährstoffe). Computergehäuse könnten beispielsweise immer wieder verwendet werden, wenn das Gerät durch eine regelmäßige Bestückung mit neuem elektronischen Inhalt aktualisiert wird.

---

[23] Braungart/McDonough (1999, 20) führen als Beispiel die Schweizer Firma Design Tex an. Sie produziert kompostierbare Polster, die am Ende ihrer Nutzungsdauer als Mulch für örtliche Kleingärtner Verwendung finden. Damit wird nicht nur – wie zuvor erforderlich – der Transport von jährlich 150 Tonnen Sondermüll nach Spanien überflüssig, sondern auch dem Torfabbau in Hochmooren entgegen gewirkt. Kontrolleure, die das Abwasser der Polsterfabrik untersuchten, dachten zunächst, ihre Messgeräte seien kaputt: Das Wasser verließ die Produktionsstätte, gemessen an einigen Parametern, sogar sauberer als es hinein geflossen war, weil der Produktionsprozess selbst das Wasser reinigte.

Und selbst wenn sich die bisherige Funktion des Computergehäuses erschöpft haben sollte, könnte es auf einer sich anschießenden Nutzungsstufe einem anderen – unter Umständen sogar höheren – Verwendungszweck zugeführt werden. Die Gehäuse könnten so beschaffen sein, dass sich jeweils mehrere von ihnen über bereits vorhandene Schraubenlöcher zu einem Regal- oder Schranksystem ergänzen lassen, um beispielsweise in Lagerräumen genutzt zu werden. Durch dieses von Pauli (1999, 58) als „Upcycling" bezeichnete Prinzip dient „jeder Abfall als Ausgangsstoff für ein neues hochwertiges Produkt". Nach ähnlichem Muster lassen sich industrielle Symbiosen wie etwa die im schwedischen Kalundborg entwickeln. Hier werden die Rückstände der Rauchgasentschwefelung des Kohlekraftwerks von einer nahe gelegenen Gipsplattenfabrik zu neuen Produkten aufgewertet. Die ebenfalls im Kohlekraftwerk anfallenden Flugaschen und Schlacken werden in der benachbarten Zementindustrie eingesetzt. Insgesamt existieren 18 solcher Beziehungen auf vergleichsweise engem Raum.[24]

Derartige Praxisbeispiele (vgl. auch Pauly 1998) für geschlossene Kreisläufe, Nutzungskaskaden oder symbiotische Industrie-Cluster, die sich zumindest teilweise zu einem geschlossenen „Zero-Emission"-System ergänzen, werfen dennoch einige Fragen auf. Bei vielen Konsumgütern handelt es sich um „aktive" Produkte. Die durch sie verursachten Energie- und Ressourcenverbräuche entstehen hauptsächlich während der Nutzung (Fahrzeuge, Häuser, Waschmaschinen, Rasenmäher etc.). Folglich würden eine ökoeffektive Materialauswahl und ein symbiotisch integriertes Herstellungsverfahren bestenfalls einen Teilaspekt abdecken. Zwar wird in diesem Zusammenhang auf die Möglichkeit hingewiesen, auch Energie ökologisch konsistent, nämlich durch Biomasse oder Sonne bereitzustellen. Aber selbst ein ambitionierter politischer und wirtschaftlicher Paradigmenwechsel von fossilen zu erneuerbaren Energiequellen hätte wohl Schwierigkeiten, den heutigen Energiebedarf – gar nicht zu sprechen von den prognostizierten Verbrauchszuwächsen in den nächsten Jahren – zu decken. Also bleibt auch im Fall einer „qualitativen Transformation der industriellen Stoffumsätze" (Huber 2000, 111) das quantitative Ausmaß der Ressourcen-, insbesondere der Energieverbräuche, und damit zugleich die Wachstumsfrage ein nach wie vor ungelöstes Problem.

---

[24] Vgl. Sterr 1999.

Weiterhin verkennt der Konsistenzansatz die mengenmäßige Dimension der innerhalb eines noch so abgeschlossenen Systems zirkulierenden Stoffströme. Dass produzierte Artefakte durch eine endlose Nutzungskaskade – theoretisch – nie zu Abfall im herkömmlichen Sinne werden, macht sie nicht unschädlich. Wie bereits im Abschnitt 1.1.1 angedeutet, verbleibt das Problem der materiellen Überfüllung. Was nützen konsistente Produkte, wenn deren Quantität nach wie vor zu einer schleichenden Lawine anwächst, die mit der Biosphäre um den knappen irdischen Raum konkurriert? Wie wenig der Konsistenzansatz diesen Sachverhalt berücksichtigt, unterstreicht Huber (2000, 110) durch den Hinweis, „dass es in erster Linie *nicht* um *weniger* Materialnutzung geht, als vielmehr um *andere Arten* von Materialnutzung, die auch in großen Volumina aufrechterhalten werden können" (Hervorhebung im Original). Und weiter: „[D]em Konsistenzansatz geht es nicht in erster Linie um eine ‚dematerialisierende' Verringerung von Mengenumsätzen, sondern zuerst und vor allem um Mengen anderer Art" (ebd., 112).

Eine alleinige Orientierung an geschlossenen Kreisläufen vernachlässigt im Übrigen die Herkunft der verwendeten Stoffe, d.h. die Inputseite. Auf das damit verbundene Problem der „Materie-Translokationen" hat Schmidt-Bleek (2000, 58) hingewiesen: „Gegen eine Kreislaufführung als oberstes Prinzip spricht schon die Tatsache, dass [...] etwa 70 % der derzeit vom Menschen verursachten Ströme fester Materialien technisch gar nicht im Kreis geführt werden können, weil ein Großteil davon niemals in den Produktions-‚Kreislauf' eintritt, sondern einfach Abraum, Bodenaushub oder anderes ist, was bei der Gewinnung der Stoffe, die nachher genutzt werden, bewegt, aber nicht genutzt wird." Hinzu kommt die ungeklärte Frage, ob eine Kreislaufführung zusätzliche Transporte erfordert.

Auffallend am Konsistenzansatz ist zudem eine Technikzentrierung, durch die Konsumenten zu passiven Statisten ohne eigene Verantwortung degradiert werden. Ihnen sollen unbequeme Lernprozesse oder Bedarfsreflexionen erspart bleiben. Gerade am oft bemühten Beispiel einer kompostierbaren Verpackung bringen Braungart/McDonough (1999, 22) das Credo ihres Ökoeffektivitätskonzeptes auf den Punkt: „Nicht derjenige, der wegwirft, ist das Umweltproblem, sondern derjenige, der eine Verpackung so konstruiert, dass sie nicht weggeworfen werden kann oder werden sollte". Folglich kommt einem veränderten Konsumverhalten oder einer Suffizienzstrategie keinerlei Bedeutung zu. Nachhaltigkeit wird auf ein rein technisches Problem reduziert und damit das ökonomische Gesamtsystem gegen jede kritische Auseinandersetzung mit einer Kultur der Maßlosigkeit immunisiert.

2.1.3 Nachhaltigkeitsprinzip III: Vermeidung

Wenngleich die Geschichte der Umweltbewegung gezeigt hat, dass Kritik und Ablehnung noch keine tragfähige Zukunftsvision ausmachen, solange nicht konkretisiert wird, was an die Stelle des Abzuschaffenden treten soll, kommt eine nachhaltige Entwicklung nicht gänzlich ohne Negativdefinitionen aus. Viele Produkte, Aktivitäten und Strukturen können dem Kriterium der dauerhaften Übertragbarkeit auf derart systemimmanente Weise widersprechen, dass anstelle einer graduellen Schadensbegrenzung durch höhere Effizienz oder ökologische Konsistenz nur die grundsätzliche – gegebenenfalls auch ersatzlose – Vermeidung sinnvoll erscheint. E.U. von Weizsäcker (1992, 221) spricht in diesem Zusammenhang von „Verzichten“ und erläutert am Beispiel der Aluminiumproduktion, dass diese Strategie gleichberechtigt neben anderen Handlungsalternativen (Substitution, Rezyklierung, räumliche Verlagerung unter dem Aspekt der Umweltverträglichkeit) steht.

In der Öffentlichkeit diskutierte Bereiche, die an diesem Prinzip orientiert sind, erstrecken sich etwa auf Atomenergie, Gentechnik, Müllverbrennung, Inlandflüge, Kiwis aus Neuseeland etc. In bestimmten Fällen kann die technische oder strukturelle Pfadabhängigkeit bereits eingeführter Güter, Nutzungsroutinen und Institutionen zur Konsequenz haben, dass Fehlentwicklungen ex post nicht durch Anpassungen korrigierbar sind, sondern als einzige Lösung die Ausstiegsoption verbleibt. Dem technischen Weg ist das Vermeidungsprinzip indes nur dann zuzuordnen, wenn die zu vermeidenden Objekte durch nachhaltigere Alternativen ersetzt werden sollen.

2.1.4 Nachhaltigkeitsprinzip IV: Risikominderung

Die hinlänglich beschriebenen Errungenschaften des Schumpeterschen Paradigmas der „schöpferischen Zerstörung“ bereiten nicht nur den Nährboden für technologischen Optimismus, sondern offenbaren Schattenseiten: Die innovationsgetriebene Moderne bedingt eine tendenzielle

Steigerung und Kumulation ökologischer Risiken. Nie zuvor in der Geschichte bestand eine so extreme Kluft zwischen der Reichweite menschlicher Handlungen in Zeit und Raum auf der einen und dem Wissen über die möglichen Folgen des Handelns auf der anderen Seite. Das Missverhältnis zwischen der Generierung immer neuer (Verbund-) Stoffe, Produkte und Verfahrensweisen einerseits und der Ungewissheit über ihre direkten (z.B. humanökologischen oder ökotoxikologischen) sowie indirekten (z.B. soziale und ökologische Systemeingriffe) Wirkungen nimmt beständig zu. Die aus der technischen Wirkmächtigkeit bzw. Eingriffstiefe resultierende „Wissens- und Verantwortungslücke" (von Gleich 1997, 32) kann durch Technikfolgenforschung und Risikoanalysen nicht geschlossen werden, sondern wächst kontinuierlich. Wenn aber die Reichweite des Wissens nicht an die Reichweite der Handlungen herangeführt werden kann, verbleibt als einzige Lösung nur der umgekehrte Weg: nämlich der Rückgriff auf Technologien mit kürzeren relevanten raum-zeitlichen Wirkungsketten.

Daraus lassen sich Konsequenzen ziehen, die zwar ebenfalls als Vermeidungsstrategie interpretierbar sind, sich aber von dem im vorigen Abschnitt erläuterten Nachhaltigkeitsprinzip dadurch unterscheiden, dass sie ex ante, also vor der Einführung eines Produktes oder einer Technologie wirksam werden:

1. Nachhaltige Entwicklung ist nicht nur ein Prozess der „eleganten" oder intelligenten Veränderung auf technischer und organisatorischer Ebene, sondern scheint darüber hinaus eine Rückbesinnung auf die „Fähigkeit des Neinsagens" einschließen zu müssen. Andernfalls geriete alles, was technisch möglich ist, zu einer quasi einklagbaren Option. Dieser Sachverhalt verweist auf ethische Fragestellungen und wird dort brisant, wo ein vorsorglicher Verzicht auf eingriffstiefe Technologien eben auch einen Verzicht auf mögliche Effizienzsprünge, wie sie etwa der „grünen" Gentechnik zugetraut werden, bedeutet. Noch eklatanter tritt dieser Konflikt in Verbindung mit der „roten" Gentechnik auf. Hier würde die Vermeidung auf Risiken mit der Aufgabe von Chancen erkauft, die – obwohl noch gar nicht abschätzbar – bereits gegenwärtig zu medizinischen Heilsversprechen hochstilisiert werden.

2. Anhand verschiedener Beispiele lässt sich verdeutlichen, dass nachhaltiges Wirtschaften nicht zwangsläufig eine Frage der Innovations-

fähigkeit, also des Eingehens neuer Risiken, sondern der Reaktivierung längst vorhandener, aber in Vergessenheit geratener oder verdrängter Optionen ist (z.B. ökologischer Landbau, Naturmaterialien im Bau- und Wohnbereich etc.).

3. Richtschnur für eine „sanftere" Technologieentwicklung kann die Vermeidung kritischer Neuschöpfungen sein, insbesondere von chemisch-synthetischen oder gentechnischen Stoffen, die die Biosphäre bisher nicht „kannte". Im Gegensatz dazu haben naturnahe Materialien und Verfahren aufgrund ihrer koevolutionären Entstehungsgeschichte bereits die denkbar beste Umweltverträglichkeitsprüfung absolviert.[25]

4. Der im Folgenden noch zu vertiefende Zusammenhang zwischen Innovationsorientierung und nachhaltiger Entwicklung beschert Zielkonflikte, die Zundel (1997, 260) als „Tausch von Innovationsspielräumen gegen ökologische Richtungssicherheit" charakterisiert.

5. Für ökologische Richtungssicherheit ist das Kriterium der Reversibilität von nachhaltigkeitsrelevanten Entwicklungsschritten von Belang. Zu vermeiden wären demnach irreversible Entscheidungen und Prozesse, die mit späteren Korrekturen oder Umsteuerungen unvereinbar sind.[26]

Das Prinzip der Risikominderung gewinnt gerade deshalb an Bedeutung, weil viele Nachhaltigkeitsdefizite nichts anderes als eine Auflösung zuvor eingegangener Modernisierungsrisiken darstellen.

2.2 Der kulturelle Weg: Milderung von Wachstumszwängen

Die in den Abschnitten 2.1.1. und 2.1.2 bereits sichtbar gewordenen Schwächen des Effizienz- und Konsistenzprinzips – immerhin handelt es sich um die beiden konzeptionellen „Flagschiffe" des technischen Weges – nähren die im weiteren Verlauf zu unterlegende These, dass die Beibehaltung des Wachstumsparadigmas nicht mit einer nachhaltigen Ent-

---

[25] Vgl. von Gleich 1997, 39.

[26] Dieses Phänomen kann auch evolutorisch erklärt werden, nämlich auf der Grundlage kontingenter Entwicklungspfade (Trajektorien) in Verbindung mit Pfadabhängigkeiten und Lock-Ins. Vgl. hierzu Lehmann-Waffenschmidt/Reichel 2000.

wicklung vereinbar ist. Dennoch gelten auch aus der Perspektive des kulturellen, also wachstumskritischen Weges zwei – allerdings sehr theoretische und unter den vorherrschenden Bedingungen nahezu irrelevante – Einschränkungen.

(1) Ein Wert- oder Nutzenzuwachs kann unter bestimmten Bedingungen ohne physisch-materielle Auswirkungen erzielt werden, wenn es sich ausschließlich um einen Wissens- und Qualitätszuwachs handelt. Als mögliches Beispiel für diesen Spezialfall einer vollständigen Dematerialisierung werden oft Dienstleistungen angeführt. Weiterhin wären Zuwächse denkbar, die im Sinne des Konsistenzprinzips ökologisch neutral sind. Beide Fälle werden aber in der Literatur in bewusster Abgrenzung zum üblichen Wachstumsbegriff als „qualitatives Wachstum" (Frey 1979, 31) oder schlicht als „Entwicklung" (Daly 1999, 24) bezeichnet.

(2) Angenommen, die absoluten Verbrauchsmengen an Ressourcen und Energie sind irgendwann auf ein übertragbares Niveau zurückgeführt und alle sonstigen ökologischen Erfordernisse berücksichtigt worden. Dann würde die Verringerung des (absoluten) Ressourcen- und Energieverbrauchs einer Branche oder eines Unternehmens ceteris paribus partielle Freiräume für die physische Expansion anderer wirtschaftlicher Aktivitäten schaffen, solange dies unterhalb eines fixierten „Ressourcendeckels" erfolgte.

Insoweit aber das Gros ökonomischer Expansionsprozesse momentan und absehbar keiner dieser Einschränkungen unterliegt, bleibt die Wachstumsfrage relevant. Gefragt sind daher Ansatzpunkte und Maßnahmen, die Wachstumsimpulse oder -zwänge abmildern. Bevor auf die beiden wichtigsten Prinzipien des kulturellen Weges, nämlich Umverteilung und Suffizienz, eingegangen wird, soll der Blick zunächst auf Wachstumsursachen gerichtet werden. Im Vordergrund steht dabei der innerhalb des Nachhaltigkeitsdiskurses oft verdrängte Zusammenhang zwischen Verteilung und Wachstum.

2.2.1 Wachstum als etablierte Ersatzlösung für Umverteilung

Die berühmte Ausspruch Erhards (1957, 216), wonach es besser sei, den volkswirtschaftlichen „Kuchen" wachsen zu lassen, statt sich um die Verteilung eines gegebenen Kuchens zu streiten, ist zum Sinnbild einer politischen Kultur geworden, dergemäß sozialer Frieden und politische

Stabilität mit Wirtschaftswachstum zu erkaufen sind. Indem lediglich volkswirtschaftliche Zuwächse als Verteilungsmasse zur Disposition gestellt werden, können Anspruchsgruppen bedient werden, ohne dabei den absoluten Status Quo anderer Gruppen antasten zu müssen. Aus der Sicht parlamentarischer Entscheidungsträger ist es deshalb mit geringeren politischen Opportunitätskosten verbunden, immanente Verteilungskonflikte in Wachstumsziele zu transformieren, anstatt sie zu lösen.

Ursprünge für dieses Paradigma finden sich in einem Wandel der abendländischen Philosophie, die noch über die Kopernikanische Wende hinaus von einem Weltbild beherrscht war, das als „limited goods conception" bezeichnet werden kann. Mit Verweis auf die griechische Vorstellung von einem Kosmos als endlichem Ganzen spricht Jaeger (1933, 215) von einer „Rechtsgemeinschaft der Dinge". Dabei werden Analogien zu dem spieltheoretischen Begriff des Nullsummenspiels deutlich, die Haesler (1994, 63f.; Hervorhebungen im Original) folgendermaßen charakterisiert:

- „alle Wesen, Dinge und Ressourcen sind *endlich*;
- nichts kann in diesem Kosmos entstehen, ohne dass etwas anderes (dadurch) untergeht;
- nichts kann aus sich selbst heraus entstehen, keine *creatio ex nihilo*;
- nichts kann ersatzlos untergehen;
- der Wandel der Dinge ist ständige Transformation und Kompensation;
- die Summe der Gewinne und Verluste ist gleich Null; des einen Gewinn ist des anderen Verlust; es gibt keine Transaktionen, bei welchen der ‚Vorteil auf beiden Seiten' sein kann;
- jedem Wesen, Ding und jeder Ressource eignet ein bestimmtes Maß (*metron*), das seinen Platz (*topos*) im Kosmos bestimmt;
- wird diese Ordnung verletzt, dann wird diese ‚Ungerechtigkeit' durch die ‚Verordnung der Zeit' geheilt; es ist dies der Göttin *Dikés* ‚Uhr', die zurückschlägt, wann es ihr beliebt."

Die Überwindung dieses Nullsummenspiels lässt sich nicht nur als roter Faden der volkswirtschaftlichen Dogmenhistorie nachzeichnen, sondern bildet schlechthin den Inbegriff vieler Fortschrittskonzeptionen der Moderne. Erwähnenswert ist der von Simmel (1920) geprägte Terminus des

„substanziellen Fortschritts“: Wenn es gelingt, den Vorrat des Bestehenden zu erhöhen, kann die „Menschheitstragödie der Konkurrenz“ gelindert werden, nämlich in Form einer „Ablenkung des Kampfes gegen den Menschen in den Kampf gegen die Natur“ (Haesler 1994, 65). „In dem Maße, in dem man weitere Substanzen und Kräfte aus dem noch unokkupierten Vorrat der Natur in die menschliche Nutznießung hineinzieht, werden die bereits okkupierten von der Konkurrenz um sie entlastet“ (Simmel 1920, 305).

Entlastung heißt allerdings nicht Überwindung, zumal die erwähnten „Substanzen und Kräfte der Natur“, wie Simmel durchaus einräumt, endlich sind. Deshalb sieht er den eigentlichen Schlüssel zum „Aufbau einer Welt, die ohne Streit und gegenseitige Verdrängung aneigenbar ist, zu Werten, deren Erwerb und Genuss seitens des einen den anderen nicht ausschließt, sondern tausendmal dem anderen den Weg zu dem gleichen öffnet“ (ebd., 306), in einer weitergehenden Vision, nämlich der des „funktionellen Fortschritts“. Gemeint sind damit die durch Einführung der modernen Geldwirtschaft ermöglichten Tauschvorgänge. Die fortschreitende Monetarisierung aller Lebensbereiche kann dabei als Akt der Befreiung des einzelnen Individuums – der Bauer produziert fortan nicht mehr (allein) für den Fronherrn, sondern für den Markt – und als Distanzierung des Individuums von den bisher bindenden sozialen Kontexten gesehen werden. Simmel spricht von „kulturelle[r] Steigerung der Personenzahl, von der man abhängt, unter gleichzeitigem Sinken der Bindungen an individuell bestimmte Personen“ und betrachtet Geld als „Träger der unpersönlichen Beziehungen zwischen Personen und dadurch der individuellen Freiheit“ (ebd., XII).

Die durch den geldvermittelten Tausch zunehmende „Sachwerdung der Wechselwirkung“ (ebd., 306) hat deren Ausweitung und fortschreitende Verflechtung zur Folge. Das Tauschmedium Geld sorgt dafür, dass alle Dinge in „die fruchtbarere Hand“ gelangen, um „ein Maximum des in ihnen latenten Wertes zu entbinden“ (ebd.). Damit wird ein tief greifender Strukturwandel eingeläutet. Er führt zur Herausbildung neuer Motivationsstrukturen, effizienter Formen der Arbeitsteilung und zu einer Wachstumsdynamik, die aus dem Negativ- ein Positivsummenspiel macht. „Angenommen, die Welt wäre wirklich ‚weggegeben‘ und alles Tun bestünde wirklich in einem bloßen Hin- und Herschieben innerhalb eines objektiv unveränderlichen Wertquantums, so bewirkte dennoch die

Form des Tausches gleichsam ein interzellulares Wachstum der Werte" (ebd., 307).

Auch wenn diese Vision nicht direkt als Freibrief für eine Plünderung des Planeten gedeutet werden muss – denn in Simmels Welt existiert sogar ein Danach in Gestalt weiteren „interzellularen Wachstums" –, sind Zweifel daran angebracht. Nach Simmels Vorstellung sorgt das Universalmedium Geld dafür, dass trotz der Endlichkeit irdischer Ressourcen ein unendlicher Fundus von Verwendungsmöglichkeiten der bereits „okkupierten" Inputs oder produzierten Güter verbleibt. Diese Sicht scheint der damaligen Unkenntnis ökologischer Grenzen[27] geschuldet zu sein und resultiert zudem aus einem methodischen Fehler, nämlich der strikten Trennung von „substanziellem" und „funktionellem" Fortschritt. Verborgen bleibt, dass Letzterer den Erstgenannten nicht nur beschleunigt, sondern auch umgekehrt auf Dauer nicht ohne ihn auskommen kann. Die Ausnahme wäre eine Mischung aus Perpetuum mobile und ewigem Füllhorn, die sich bestenfalls mit dem Spezialfall öffentlicher Güter verbinden ließe. „So könnte man annehmen, dass Simmels Güterwelt ein immenser Theatersaal ist, in welchem der Genuss des einen denjenigen des anderen nicht nur nicht ausschließt, sondern bedingt" (Haesler 1994, 72).

Auch wenn die von Simmel geprägte und von Erhard kultivierte Fortschrittsvision einer unbegrenzt durchhaltbaren Wachstumsdynamik, die Verteilungsprobleme obsolet werden lässt, einem vergangenen Zeitalter entstammt, wird gegenwärtig an ihr festgehalten. Mehr denn je scheint ein weltweit unangefochtener Konsens darin zu bestehen, dass jede Art von gesellschaftlichem Defizit oder Konflikt in Wachstumsforderungen zu transformieren sei. Wirtschaftliche Expansion wird damit zu einem universellen Problemlöser, mithin sogar zu einem Friedensstifter.[28] Zusätzlich verschärft wird diese „Füllhornlogik" auf folgende Weise:

Positionaler Konsum: Nach vorherrschender Auffassung orientieren sich individuelle Ansprüche nicht (nur) am bereits erreichten absoluten Konsum- oder Einkommensniveau, sondern am Abstand zu höheren Einkommensgruppen und orientieren sich somit an einer relativen Besser-

---

[27] Ökologische Grenzen in Form einer nicht beliebig strapazierbaren Assimilationskapazität (Senkenfunktion) sind nicht identisch mit der Endlichkeit irdischer Ressourcen, die als Input dienen (Quellenfunktion).

[28] Exemplarisch für diese Sichtweise ist der von Radermacher (2003) geforderte „Welt-Marshall-Plan".

stellung.[29] Unter dieser Annahme werden starke Einkommensunterschiede per se, d.h. unabhängig vom bereits erreichten Ausmaß an materieller Versorgung, zu einer Ursache für Wirtschaftswachstum. Diesem Phänomen wohnt zudem ein positiver Rückkoppelungsmechanismus inne, weil nie davon auszugehen ist, dass Zuwächse des Volkseinkommens von vornherein alle Bevölkerungsschichten in gleichem Umfang besser stellen. Aber dann zieht jeder Wachstumsschub systematisch weitere Wachstumsforderungen nach sich, weil nach vorherrschender gesellschaftspolitischer Logik nur so die Ansprüche der relativ zurück gebliebenen Einkommensgruppen befriedigt werden können. Mit anderen Worten: Wachstum erzeugt weitere Ungleichheit, die nur durch weiteres Wachstum beseitigt werden kann...

Arbeitsmarktpolitik: Arbeitslosigkeit wird landläufig als Problem mangelnden Wirtschaftswachstums aufgefasst. Anstatt den abnehmenden Bedarf an Erwerbsarbeit gleichmäßiger zu verteilen, soll hinreichendes Wirtschaftswachstum die Wirkung des arbeitssparenden Produktivitätsfortschritts kompensieren (Okunsches Gesetz). Bislang haben sich die Chancen, diesen Wettlauf zu gewinnen, als gering erwiesen („jobless growth“). Deshalb werden mittlerweile verschiedene Möglichkeiten, soziale Sicherungssysteme von der klassischen Vorstellung einer (Voll-) Erwerbsarbeitsgesellschaft abzukoppeln, diskutiert.[30] Auffassungen, wonach die zukünftige Herausforderung darin liege, „von jobless growth zu growthless jobs zu kommen“ (Bode 2000, 66), haben jedoch eher Seltenheitscharakter. Sie können nicht über die Beharrlichkeit hinwegtäuschen, mit der sich das Wachstumsparadigma als vermeintlich alternativlose Arbeitsmarkttherapie eines breiten gesellschaftlichen Konsenses erfreut.

Bevölkerungswachstum: Da jedes menschliche Individuum ein Existenz sicherndes Minimum an physischem Konsum beansprucht, impliziert Bevölkerungswachstum materielles Wirtschaftswachstum. Unter dem Aspekt einer nachhaltigen Entwicklung kann die Bevölkerungsstärke einer Region, eines Landes oder eines Kontinents jedoch nur in Verbindung mit dem jeweiligen Pro-Kopf-Verbrauch an Ressourcen und

---

[29] Vgl. Veblen 1899/1986, Hirsch 1976/1980 und Scherhorn 1994. Scherhorn/von Winterfeld (2000, 68) betonen die Dynamik, die sich aus der Nachfrage nach sog. „positionalen“ Gütern ergibt. Diese signalisieren eine gehobene Position ihres Eigentümers. Auf diesen Aspekt wird weiter unten detailliert eingegangen.

[30] Vgl. Beck 1997, 235ff.; Dettling 1998.

Energie beurteilt werden. Für die Frage, ob z.B. Bangladesh „überbevölkerter“ ist als die Bundesrepublik, ergäbe sich vor diesem Hintergrund möglicherweise eine überraschende Antwort. Aus der Perspektive einer nachhaltigen Entwicklung verliert die Forderung nach einer Eindämmung des irdischen Bevölkerungswachstums damit jedoch nichts an Bedeutung.[31]

Geld und Zinsen als Wachstumsursache: Ausgehend von den Arbeiten Gesells (1916) wird dem Geld- und Zinssystem moderner Marktwirtschaften die Generierung immanenter Wachstumszwänge zugeschrieben. Sie betreffen sowohl die Volkswirtschaft als Ganzes, als auch das einzelne Unternehmen:[32]

- Zukunftsbezug: Der Kapitalwert des Unternehmens bildet sich aufgrund zukünftiger, exponentiell wachsender Gewinne, also aufgrund von Wachstumserwartungen. Werden diese enttäuscht, kommt es nicht etwa nur zu einem „Steady-state“-Zustand (Nullwachstum), sondern zu Firmenzusammenbrüchen.
- Vergangenheitsbezug: Unternehmen müssen sich zur Vorfinanzierung ihrer Investitionen verschulden. Dies setzt sie unter den Zwang, neben der Kreditrückzahlung auch die Zinszahlungen zu erwirtschaften, also zu wachsen.

Creutz (1993, 2004) weist auf den Automatismus des Zins- und Zinseszinseffektes hin, der eine zunehmende Diskrepanz zwischen Arbeits- und Kapitaleinkommen herbeiführt. Wächst das Sozialprodukt z.B. um zwei Prozent, so können beide Einkommenskategorien um denselben Wert zunehmen, ohne dass Krisen verursacht werden. Verlangt aber eine der Beziehergruppen mehr als zwei Prozent, muss die andere zwangsläufig mit weniger auskommen. Die Ansprüche des Geldkapitals haben aufgrund ihrer vertraglichen Sicherung immer den Erstzugriff bei der Verteilung des Volkseinkommens. Je geringer das Wachstum ausfällt, umso dramatischer wirken sich die infolge des Zinseszinseffektes steigenden Ansprüche des Geldkapitals aus. Die Vorrangstellung des Letzteren bewirkt, dass für verschuldete Unternehmen vorwiegend Einsparungen im Lohnbereich und/oder eine Verringerung der Investitionen als Optionen verbleiben. Dies führt zu Arbeitslosigkeit und verringerter Nachfrage, wo-

---

[31] Vgl. Goodland/Daly 2004, 45.

[32] Vgl. Binswanger 1991 und Binswanger/Von Flotow 1994.

raus sich eine Abwärtsspirale ergibt. Auch die Chancen einer gegensteuernden Konjunkturpolitik schwinden aufgrund sinkender Steuereinnahmen; zumindest ab einem bestimmten Ausmaß an Staatsverschuldung. Vollbeschäftigung und Kaufkraftstabilität, so folgert Creutz, sind deshalb – wenn es zu keiner Geldreform kommt – nur durch ein Wirtschaftswachstum zu gewährleisten, das mit den exponentiell steigenden Ansprüchen des Kapitals Schritt hält.

Die hieraus allzu oft geschlussfolgerte Simplifizierung, wonach allein der Zins für Wachstumszwänge ursächlich sei, wurde von Binswanger (1991, 83ff; 1994, 81ff.) relativiert.[33] Demnach generiert bereits der in modernen Marktwirtschaften notwendige Investitionsprozess einen Wachstumszwang, der auch bei Abwesenheit eines Zinssatzes verbliebe.[34]

2.2.2 Nachhaltigkeitsprinzip V: Umverteilung

Dass Umverteilung als ein veritables Nachhaltigkeitsprinzip gelten kann, folgt schon aus einer simplen allokationstheoretischen Betrachtung: Produktion und Verteilung können unter bestimmten Bedingungen als alternative Formen der Bedarfsbefriedigung aufgefasst werden. Generell lassen sich Ansprüche einzelner Individuen oder ganzer Kollektive wachstumsneutral befriedigen, wenn an die Stelle der Produktion neuer Werte schlicht eine andere Verteilung der bereits vorhandenen Werte tritt. Keine Produktion kann nachhaltiger sein als die, derer es gar nicht bedarf, weil der Fundus des bereits Geschaffenen möglichst vielen zugute kommt. Dies setzt im Falle privater Güter die Existenz einer hinreichenden Verteilungsmasse voraus, an der es jedoch nicht nur im industrialisierten Norden kaum mangeln dürfte. Sen (1981) hat in einer viel beachteten Studie dargelegt, dass etliche der schweren Hungersnöte in Asien und Afrika während des vergangenen Jahrhunderts weniger auf einen Rückgang der Nahrungsmittelproduktion in den jeweiligen Regionen zurückzuführen waren, als vielmehr darauf, dass die Opfer infolge eines temporären Kaufkraftverlustes keine Anspruchsrechte auf vorhandene

[33] Vgl. Lang 1998.

[34] Binswanger (1991, 108) räumt aber durchaus ein, dass der Wachstumszwang durch geringe Zinsen gemildert wird.

Nahrungsmittel geltend machen konnten oder keinen Zugang zu den für eine effektive Selbstversorgung notwendigen Ressourcen hatten.

Dennoch fristet die soziale Komponente des Zusammenhangs zwischen Produktionswachstum und Verteilung innerhalb des Nachhaltigkeitsdiskurses ein Schattendasein oder wird allein auf der abstrakten Ebene globaler Gerechtigkeit behandelt.[35] Ein möglicher Grund besteht darin, dass schon der Begriff „Umverteilung“ ideologisch aufgeladen ist. Verteilungsfragen werden oft mit egalitären Weltbildern assoziiert, die sich per se gegen jegliche Einkommensunterschiede wenden oder im Fahrwasser linker Politikrezepte verortet werden. Aber bereits der vorige Abschnitt ließ erkennen, dass eine Nivellierung der Einkommens- und Vermögensverteilung *zwecks Milderung von Wachstumszwängen* weitaus mehr Ansatzpunkte umfasst, als die üblicherweise diskutieren Instrumente einer staatlichen Verteilungspolitik.

Soziale Stabilität durch ökonomische Autarkie

Um ein bestimmtes Niveau an Güter- und Einkommensversorgung vor den Umverteilungswirkungen einer unkontrollierbaren Marktdynamik, insbesondere vor Preis-, Lohn- und Wechselkursschwankungen zu schützen, könnte die punktuelle Reaktivierung autarker Versorgungsstrukturen an Bedeutung gewinnen. Die im Folgenden kurz skizzierten Konzeptionen unterscheiden sich durch ihren Grad an Abkopplung von marktwirtschaftlichen, geldbasierten und überregionalen Tauschsystemen:

1. Subsistenzwirtschaft
2. Entkommerzialisierung
3. Tauschringe
4. Komplementärwährungssysteme
5. Regionalökonomische Ansätze

(1) Subsistenzorientierung[36] reicht in ihrer extremsten Ausprägung bis zur Vermeidung jeglicher Warentransaktionen und kann damit zumindest

[35] Eine Ausnahme bildet Sachs (2002b).

[36] Ein internationaler Überblick findet sich bei Bennholdt-Thomsen/Holzer/Müller (1999).

eine partielle Unabhängigkeit von Tauschverhältnissen – ganz gleich ob monetär oder in Gütermengen gemessen – erwirken: Wer z.B. genügend Kartoffeln für den Eigenverbrauch anbaut, ist innerhalb dieses Bedarfsfeldes weder vom aktuellen Marktwert der Kartoffeln noch vom Marktwert jener Güter, die dafür im Rahmen eines Tausches zu entrichten wären, inklusive der Verrichtung von Lohnarbeit, abhängig. Das zur Existenzsicherung mindestens erforderliche monetäre Einkommen sinkt damit.

(2) Demgegenüber schließt die Sphäre nicht-kommerzieller Tätigkeiten[37] wie ehrenamtliches Engagement, Gemeindekultur, solidarisches Handeln, Nachbarschaftshilfe, Freundschaftsdienste etc. durchaus Interaktionen ein, die mitunter nicht weit vom Tausch entfernt sind. Dies gilt selbst für den von Lietaer (2002) als „Geschenkwirtschaft" bezeichneten Typus. Demnach kann der Austausch von Geschenken aus anthropologischer Sicht als früheste Form der sozialen Absicherung aufgefasst werden, weil daraus ein gemeinschaftsförderndes Beziehungsgeflecht entsteht.[38] Im Gegensatz zur kommerziellen Transaktion (auf Geldbasis), die ein geschlossenes System darstellt, konstituiert der Akt des Schenkens ein offenes System. Das Schenken hinterlässt ein „Ungleichgewicht, das in der Zukunft ausgeglichen werden kann. Beim Schenken entsteht etwas, was durch den Austausch von Geld nicht zustande kommt", nämlich „Gemeinschaften" (ebd., 302). Folglich gilt im Umkehrschluss: „Gemeinschaften zerfallen, wenn einseitige Geldgeschäfte den Gabentausch ersetzen" (ebd., 303). Inzwischen bilden sich allerdings auch zunehmend Konzepte des Schenkens heraus, die nicht auf einer Reziprozität des Gebens und Nehmens beruhen. Unter Bezeichnungen wie „Verschenkmarkt", „Verschenkbörse", „Umsonstladen" etc. boomen stationäre Sammelstellen und Online-Plattformen für gebrauchte Konsumgüter, die von ihren Besitzern nicht mehr benötigt oder als überflüssig empfunden werden. Die Umverteilung der Waren erfolgt im Falle einer stationären Annahme- und Ausgabestelle[39] anonym, d.h. es kommt zu keiner Begegnung zwischen Anbietern und Nachfragern der unentgeltlich transferierten Objekte. Demgegenüber vermitteln Online-Verschenkmärkte den Kontakt zwischen Anbieter und Nachfrager, damit diese die Übergabe

---

[37] Vgl. Sachs 1993, 98f.

[38] Vgl. Ambrose 1998, 26ff.

[39] Vgl. z.B. http://www.alles-und-umsonst.de/.

vereinbaren können.[40] Transaktionen des letztgenannten Typus sind dann zwar nicht anonym, abstrahieren aber von jeder systematischen Verbindung zwischen Leistung und Gegenleistung, weil sich die Beteiligten mit hoher Wahrscheinlichkeit nie wieder begegnen.

(3) Tauschringe[41] ermöglichen einen Waren- und Dienstleistungstransfer, der zwar die offizielle Währung vermeidet, dafür aber ein alternatives Verrechnungssystem nutzt. Hier kommt es zu einem Austausch von Leistungen, der zeitverzögert, aber nach Maßgabe eines definierten Austauschverhältnisses abgegolten wird. Durch die genaue Erfassung von Angebot und Nachfrage wird ein Markt institutionalisiert, wenngleich dieser räumlich oder auf Basis anderer Kriterien (Mitgliedschaft) begrenzt ist. Diese Art des Naturaltauschs erhält nicht nur eine vor den Verteilungseffekten der Geldwirtschaft schützende Distanz aufrecht, sondern befähigt die daran Teilhabenden, Leistungen auszutauschen, die auf den kommerziellen Güter- und Arbeitsmärkten nicht gehandelt werden. Insbesondere Personen mit geringem monetären Einkommen können auf diese Weise ein Versorgungsniveau oberhalb der Kaufkraft ihres verfügbaren Geldeinkommens erreichen.[42]

(4) Komplementärwährungen[43], die als Ergänzung zur herrschenden Landeswährung eingeführt werden, können zur ökonomischen Stabilisierung von Regionen beitragen. Indem sich ihr Geltungsbereich auf Leistungen und Produkte regionaler Herkunft beschränkt, wird Kaufkraft an die vor Ort ansässigen Produzenten gebunden. Damit lassen sich vorhandene Ressourcen zu regionalen Wertschöpfungsketten rekombinieren. Neben einer Steigerung der ökonomischen und zugleich sozialen Autarkie gegenüber globalen Verflechtungen wird tendenziell eine Schließung regionaler Stoffströme erreicht. Dabei erfolgt die Belebung regionaler Wertschöpfungsprozesse durch eine partielle Verlagerung der Nachfrage auf autochthone Angebote. Ein Kernelement fast sämtlicher „Regio"-Konzepte – ganz gleich ob in Theorie oder Praxis – besteht in einer Umlaufsicherung. Diese knüpft direkt an die bereits von Gesell (1916) formulierte Zinskritik an und manifestiert sich in einem Negativzins, der

---

[40] Vgl. z.B. http://www.freecycle.org.

[41] Vgl. z.B. Schmidt/Wagner/Koch 2001.

[42] Vgl. Baukhage/Wendl 1998, Douthwaite/Diefenbacher 1998, Hoffman 1998 oder Kristof/Nanning/Becker 2001.

[43] Vgl. z.B. Lietaer 2002.

jedoch nur dann fällig wird, wenn die Komplementärwährung über einen bestimmten Zeitraum nicht den Besitzer gewechselt hat, also „gehortet" wurde, oder in die offizielle Landeswährung zurück getauscht wird.

(5) Viele regionalökonomische Ansätze, die auf einen hohen Selbstversorgungsgrad zielen, sind weder vom herrschenden Allokationssystem noch von der offiziellen Währung abgekoppelt.[44] Favorisiert werden oft planerische, logistische und kommunikative Instrumente zur Unterstützung der Direkt- bzw. Regionalvermarktung:[45] Nachbarschaftsläden, Bauernmärkte, Regionalmessen, regionale Branchenverzeichnisse, Labels/Marken zur Imageförderung regionaler Produkte etc. Weiterhin werden strukturpolitische Instrumente zwecks Bindung, Ansiedlung und Gründung von Unternehmen, die zur ökonomischen und damit gleichsam sozialen Stabilisierung der Region beitragen können, diskutiert. Produktionscluster, Netzwerke oder regionale Unternehmenskooperationen[46] können stofflich im Sinne geschlossener Produktionsketten organisiert sein oder überbetriebliche Verflechtungen anstreben, auf denen regionale Innovationsnetzwerke basieren.[47] Auch der „Regional Governance"-Diskurs[48] thematisiert die Bündelung und Vernetzung regionaler Potenziale, bezieht jedoch Akteurskonstellationen ein, die über den Bereich der Wirtschaft hinausreichen. Bereits Kohr (1962/1983, 119) hatte in seiner Kritik an den „überentwickelten Nationen" politische und wirtschaftliche Dezentralisierung, insbesondere eine „Stärkung der lokalen Selbstständigkeit" als wesentliches Element zur Überwindung sozialer Krisen propagiert.

Umverteilung und Umgestaltung von Erwerbsarbeit

An der Entschärfung des Konflikts zwischen ökologischer und sozialer Stabilität – hier verstanden als Versorgung mit hinreichender Erwerbsarbeit – scheiden sich einmal mehr der technische und der kulturelle Weg.

---

[44] Vgl. z.B. Peters et al 1996, Diefenbacher 1997 oder Rehfeld 1998, die sich diesem Komplex aus jeweils unterschiedlichen Richtungen nähern.

[45] Vgl. Teichert et al 1998, 126ff.

[46] Vgl. Tischer 2001.

[47] Vgl. Rehfeld 1998.

[48] Vgl. Benz 2001.

Erstgenannter betrachtet Investitionen in die (technologische) Dematerialisierung oder Ökologisierung weiterer Wertzuwächse zusätzlich als Arbeitsbeschaffungsprogramm. Bisweilen ist von einer „doppelten Rendite“[49] die Rede. Nach dieser Logik, die dem Konzept des qualitativen Wachstums entlehnt ist, verlangt die ökologische Entlastung keine Reduktion, sondern eine Expansion ökonomischer Aktivitäten, so dass im Saldo ein Zuwachs an Arbeitsnachfrage zu erwarten ist. Die bislang prägende Vision einer Erwerbsgesellschaft, die jeder erwachsenen Person einen Vollzeitarbeitsplatz ermöglichen soll, bliebe demnach nicht nur richtungweisend, sondern wäre weiterhin an ausreichendes – wenngleich qualitatives – Wachstum gebunden.

Aus der Perspektive des kulturellen Weges ergibt sich eine andere Herausforderung, nämlich die wachstumsneutrale Schaffung von Erwerbsoptionen. Daraus lassen sich verschiedene Konsequenzen ziehen, insbesondere

- die Abkoppelung sozialer Sicherheit von wirtschaftlichem Wachstum,
- die Umverteilung vorhandener (anstelle der Schaffung neuer) Erwerbsarbeit und
- neue Kombinationen zwischen Erwerbsarbeit und anderen Nutzen stiftenden Betätigungsformen.

Eine detaillierte Darstellung des Spektrums an veränderten Arbeitszeitmodellen, die seit mehr als zwei Jahrzehnten diskutiert[50] und in jüngerer Zeit auch teilweise erprobt[51] wurden, würde den vorliegenden Rahmen sprengen. Daher soll hier nur eine gemeinsame Konsequenz derartiger Ansätze hervorgehoben werden, nämlich die partielle Freisetzung vormals gebundener (Erwerbs-) Zeit und etwaige Einbußen an monetärem Einkommen bei bislang vollzeitbeschäftigten Personen. Dem steht als sozialer Nutzen gegenüber, dass insgesamt mehr Personen oder Haushalte mit Erwerbsarbeit – wenngleich durchschnittlich unterhalb des Vollarbeitszeitniveaus – versorgt werden können. Aber sind jene, die im Rah-

---

[49] Vgl. Bovenberg/Mooij 1994 und Coulder 1995.

[50] Vgl. z.B. Görres 1984, Ulich 2001 oder die von Stahmer (2004, 315) vorgeschlagene „Halbtagsgesellschaft“.

[51] Viel Aufsehen haben die in Dänemark und Holland eingeführten Regelungen zur Umverteilung von Erwerbsarbeit erfahren. Ähnliches gilt auch für das sog. „VW-Modell“, das eine Reduktion der Wochenarbeitszeit auf 28,8 Stunden vorsieht.

men eines derartigen Nullsummenspiels einen Teil ihrer Erwerbsarbeit dispensieren, notwendigerweise als „Verlierer" zu betrachten oder wird der monetäre Verlust durch andere Faktoren kompensiert? Auf den zukünftigen Stellenwert sog. „nicht monetisierter" sowie „nicht monetarisierter" Verrichtungen haben u.a. Giarini/Liedtke (1998) hingewiesen. Gorz (1998, 53) betont individuelle Autonomiegewinne, die sich infolge einer Arbeitszeitverkürzung erzielen lassen. Diese können der persönlichen Entwicklung (Weiterbildung, Konzentration auf die Familie, Rückgewinnung handwerklicher Fertigkeiten, kreativ-künstlerische Tätigkeiten, Reisen oder einfach Muße und Entstressung) dienen.

Gewinne an selbstbestimmter Zeit könnten überdies dazu verhelfen, die im Zuge der Industrialisierung gewachsenen „destruktiven Potenziale von Arbeit" ins Positive zu wenden, wie etwa Hildebrandt (2002, 248) meint. „Nachhaltiges Arbeiten" (Lucas/von Winterfeld 1998, 33) ließe sich demnach „als Gemeinsinn stiftendes und nützliches Tätigsein, welches sich im Kreislauf der Natur verwirklicht", auffassen. Anknüpfend an den bereits angesprochenen Autarkiegedanken ergibt sich die Option, einen Teil des bisherigen Konsums durch Eigenversorgung zu substituieren. Ganz in diesem Sinne versteht Illich (1982, 52) unter „Eigenarbeit" den „Ersatz von Ware durch eigene Tätigkeiten". Damit kann sich die strikte Trennung zwischen Konsumieren und Produzieren, von der jedes an der industriellen Arbeitsteilung partizipierende Individuum betroffen ist, teilweise zugunsten nachhaltiger Lebensstile auflösen. „Beim Selbermachen wird die Dynamik des Schneller und Mehr gebrochen, die beim Warenkonsum für steigenden Ressourcenverbrauch und wachsende Abfallberge verantwortlich ist" (Redler 1998, 65). Dafür spricht auch die von Scherhorn (1998, 26) vertretene These, dass Arbeit unter „kontrollierenden Bedingungen" keine Befriedigung schaffe, deren Fehlen deshalb durch „Besitz und Konsum kompensiert" werden müsse.

Die durch eine Umverteilung der Erwerbsarbeit entstehenden Freiräume können auch zur Erbringung öffentlicher oder kollektiver Dienstleistungen genutzt werden, insbesondere solcher, die sich der üblichen „Vergeldlichung" oder „Verberuflichung" (Gorz 1998, 53) entziehen und/oder denen schlicht keine kaufkräftige Nachfrage gegenübersteht. Dazu zählen soziale und gemeinwesenorientierte Tätigkeiten, die auf freiwilligem Engagement beruhen. Hier lassen sich zwei Varianten unterscheiden, nämlich zum einen ehrenamtliche Aktivitäten, die häufig über kommunale oder regionale „Freiwilligenagenturen“[52] organisiert werden und die von Beck (1998) vorgeschlagene „Bürgerarbeit“. Letztgenannte sieht eine finanzielle Rahmenstruktur zur Existenzsicherung der „Bürgerarbeiter“ vor. Das „Bürgergeld“ richtet sich nach den Einkünften, die ein Bürgerarbeiter im Erwerbsbereich erzielt. Für Arbeitslose und Sozialhilfeempfänger (Arbeitslosengeld II) würde die bisherige staatliche Transferleistung eine Untergrenze des Bürgergeldes markieren.

Die vielfältigen Entwürfe für eine nachhaltigkeitskompatible Zeitaufteilung zwischen Erwerbsarbeit, Selbstversorgung und selbstbestimmten Aktivitäten würden auf ein „duales System“ hinauslaufen, so wie es z.B. Rifkin (1995, 180ff.), Beck (1998, 63) und Reheis (1998, 171ff.) befürworten. Demnach könnte die Einkommenssicherung zukünftig auf einer Kombination zwischen üblicher Erwerbsarbeit und ergänzenden Aktivitäten im „dritten“ oder „informellen“ Sektor bestehen. Die hierzu erforderliche Arbeitszeitumverteilung würde neben der wachstumsneutralen Schaffung zusätzlicher Erwerbsoptionen für bislang Beschäftigungslose weitere Nachhaltigkeitspotenziale offenbaren: Insoweit die informelle Komponente des dualen Systems wenigstens teilweise mit Eigenarbeit ausgefüllt wird, ergeben sich nicht nur Chancen für gewandelte Formen der Bedürfnisbefriedigung, sondern auch für einen Zuwachs an Autarkie und somit an sozialer Stabilität, wie im vorangegangenen Abschnitt erläutert wurde. D.h. nachhaltiger Konsum, Versorgungssicherheit (im Sinne einer Abkoppelung vom volatilen Preis-Lohn-Gefüge) und eine Abkehr vom Vollbeschäftigungsparadigma können einander bedingen. Werden die neuen Handlungsfreiräume gemeinwesenorientierten Diensten gewidmet, könnten sie „fern von Bürokratie (oder sogar antibürokratisch) innovativ und flexibel [...] oft mit geringeren Kosten größere Erfolge erzielen, als parallele Projekte des Wohlfahrtsstaates“, wie Beck (1998, 62) betont. Dieser Effizienzeffekt könnte zudem teilweise darauf beruhen, dass geringere Bedarfe an materiellen Infrastrukturen, Mobilität etc. und damit Stoffströmen vonnöten sind.

---

[52] Die Bundesarbeitsgemeinschaft der Freiwilligenagenturen e.V. umfasst inzwischen 150 Einrichtungen dieser Art. Vgl. http://www.bagfa.de.

Umverteilung durch Abbau von Markteintrittsbarrieren

Eine wachstumsneutrale Befriedigung sozialer Ansprüche auf der Grundlage von Nullsummenspielen stellt nicht nur die Verteilung von Erwerbsarbeit, sondern auch die anderer monetärer Einkunftsquellen zur Disposition. So kann ein erleichterter Zugang zu freiberuflichen und unternehmerischen Tätigkeiten den von hoher Arbeitslosigkeit ausgehenden Wachstumsdruck mildern, insbesondere wenn damit flexible Übergänge zwischen zunächst begonnenen Arbeitnehmerbiographien und anderen, auf Selbständigkeit beruhenden Erwerbsmodellen geschaffen werden. Während sich die Entrepreneurforschung mit positiven Bedingungen für erfolgreiche Unternehmensgründungen im kleineren Maßstab – Aulinger (2005, 105) spricht von „Mikrounternehmern" – beschäftigt, widmet sich die Industrieökonomik seit langem der Funktionsweise von Markteintrittsbarrieren.[53] Deren weitgehende Vermeidung bildet aus Sicht der (neo-) klassischen Wettbewerbstheorie eine der Voraussetzungen für die Funktionsfähigkeit marktwirtschaftlicher Allokationssysteme. Zu den in der Literatur aufgeführten „Wettbewerbsfunktionen" zählt neben erhöhter Effizienz auch die Nivellierung der primären Einkommensverteilung.[54] Ungehinderter Marktzugang, wie etwa im Referenzfall eines sog. „contestable market" (Baumol/Panzar/Willig 1982), fungiert nicht nur als Regulativ gegen hohe Preise, sondern auch gegen die Konzentration von Gewinnen auf eine nur geringe Anzahl (marktmächtiger) Firmen. Unter bestimmten Bedingungen kann die „Angreifbarkeit" oder „Bestreitbarkeit" von Märkten bewirken, dass die Anbieterzahl, auf die ein gegebenes Nachfragequantum und damit auch der Gewinn entfällt, maximiert wird.

Chamberlin (1933) und Robinson (1933) haben mit ihrer Theorie der monopolistischen Konkurrenz beschrieben, wie aufgrund freien Markteintritts sogar ein Zustand erreicht werden kann, in dem mehr Unternehmen (gerade noch) überleben können, als mit der kostenminimierenden Befriedigung der gesamten Marktnachfrage vereinbar wäre. Die durch

---

[53] Vgl. Martin 1993, Paech 1995 oder Tirole 1990.

[54] Die „Verteilungsfunktion" des marktwirtschaftlichen Wettbewerbs hebt auch Kantzenbach (1967, 16ff.), der zu den wichtigsten Gegnern des neoklassischen Wettbewerbsleitbildes zählt, hervor. Während Schmidt (2001, 11f.) eine „leistungsgerechte Einkommensverteilung" nennt, führen z.B. Herdzina (1984, 27f.) und Knieps (2001, 4f.) explizit „Verteilungsgerechtigkeit" als Ziel des Wettbewerbs auf.

ungehinderten Marktzutritt intensivierte Verteilungsfunktion des Wettbewerbs erstreckt sich also auf zwei Ebenen: Zum einen sorgt die Verhinderung monopolistischer Preisaufschläge für eine Nivellierung der funktionalen Primärverteilung. Zum anderen kann intensiver Wettbewerb für eine Umverteilung der Gewinne auf mehr Anbieter sorgen, also eine höhere Anzahl unternehmerischer Einkommensquellen ermöglichen.

Allerdings werden gerade hierin Konflikte zwischen statischen und dynamischen Wettbewerbsfunktionen gesehen, denn die höhere Anbieterzahl wird nicht nur mit einer ineffizienten Faktorallokation erkauft, sondern auch damit, dass der geringere Gewinn, der durchschnittlich erzielt wird, keine hinreichenden Investitionen in Forschung und Entwicklung zulässt. Grundlegend für diese wettbewerbstheoretische Trade-off-Beziehung zwischen Verteilung und Fortschrittsdynamik sind die beiden sog. „Neo-Schumpeter-Hypothesen“. Demnach sei die Hervorbringung technischer Innovationen positiv mit der absoluten Unternehmensgröße (These I) bzw. mit der Marktmacht von Unternehmen (These II), also dem Konzentrationsgrad, korreliert.[55] Ausgehend von diesem Dilemma räumen Konzepte der „workable competition“ (Clark 1940) oder der „optimalen Wettbewerbsintensität“ (Kantzenbach 1967/1968) oligopolistischen gegenüber polypolistischen Marktstrukturen den Vorrang ein. Eine politisch gesteuerte oder bewusst in Kauf genommene Beschränkung des freien Wettbewerbs könne deshalb, so die Schlussfolgerung, zu langfristig „optimalen“ Marktergebnissen führen.

Gegen diese Sicht erhebt die neoklassische Wettbewerbstheorie[56] vehemente Einwände. Um den behaupteten Zielkonflikt zu widerlegen, stützt sie sich auf Hayeks (1969) Vorstellung vom Wettbewerb als Entdeckungsverfahren. Demnach sei eine Optimierung von Wettbewerbsergebnissen schon deshalb unmöglich, weil diese im Vorhinein nicht bekannt sein können. Außerdem sei individuelle Wettbewerbsfreiheit als Ziel um seiner selbst willen anzuerkennen. Sieht man von dieser Kontroverse ab, so müsste die Dilemmathese auch unter dem Blickwinkel einer nachhaltigen Entwicklung – zumal in wachstumskritischer Auslegung – neu bewertet werden. Die Implikation eines Konflikts zwischen der dynamischen Fortschrittsfunktion und der statischen Verteilungsfunktion des Wettbewerbs ruht auf einem normativen Fundament, das sich per se

---

[55] Vgl. Müller 1975, 64ff; Kamien/Schwartz 1982, 22ff.; Schmidt 2001, 106ff.

[56] Vgl. Hoppmann 1966, 1988.

an Wachstumszielen orientiert. Schließlich besteht der mit wettbewerbsinduziertem Fortschritt assoziierte Zweck in nichts anderem als einer stetigen „Angebotsausweitung“ (Herdzina 1984, 25), die auf dreifache Weise begünstigt werden soll. Zunächst kann sich der technische Fortschritt durch produktivere und somit kostengünstigere Verfahren äußern. Selbst wenn nur ein Teil der Kostenersparnisse durch Preissenkungen an die Endverbraucher transferiert wird, steigt die Nachfrage und somit die Produktionsmenge. Der ebenfalls erhöhte Gewinn ermöglicht Kapazitätsinvestitionen, die weitere Preissenkungen und Mengenausdehnungen zur Folge haben. Schließlich kommt es zu einem dritten Wachstumsschub, wenn Fortschritt als Aufdeckung oder Kreation neuer Marktlösungen aufgefasst wird, die zur horizontalen und vertikalen Ausweitung des Produktspektrums führen.[57]

Gegenüber diesem an Größenvorteilen und Zentralität orientierten Wettbewerbsleitbild könnte eine dezentrale Ökonomie, die flexible Übergänge zu unternehmerischer Initiative im kleineren Maßstab gewährt, den Herausforderungen einer nachhaltigen Entwicklung vermutlich eher gerecht werden. Indem ein stärkerer Akzent auf die Verteilungsfunktion des Wettbewerbs gelegt würde, ergäbe sich eine höhere Anzahl an Gewinnerzielungsmöglichkeiten – wenngleich auf durchschnittlich geringerem Niveau. Wachstumsimpulse sozialen Ursprungs könnten so gemindert werden, insbesondere wenn verbesserte Existenz- und Marktzugangsbedingungen für kleinere Unternehmen zum entscheidenden Merkmal des Wettbewerbsleitbildes würden.

Ein partieller Wandel „[v]om Versorgungsstaat zur sozialökologischen Unternehmergesellschaft“ (Günther/Pfriem 1999) ließe sich daran ebenso anknüpfen, wie das von Schneidewind/Hübscher (2000) und Petersen (2003) befürwortete „Ecopreneurship“. Die damit aufgeworfene Frage, ob ökonomische Systeme mit geringer Anbieterkonzentration und durchschnittlicher Betriebsgröße zusätzlich auch produktionstechnisch eine weniger wachstumsintensive Wirtschaftsweise bedingen, wird sich kaum allgemeingültig beantworten lassen. Dennoch würden gerade die Neo-Schumpeter-Hypothesen, falls sie zutreffen sollten, diesen Befund tendenziell untermauern, denn in diesem Kontext sind Innovationen der Treiber für hohes Produktionswachstum. Dies würde indes keineswegs den Umkehrschluss rechtfertigen, dass nämlich ein auf Kleinräumigkeit

---

[57] Vgl. Herdzina 1984, 23ff.

basierendes Entrepreneurship keine Innovationskraft böte. Innerhalb einer solchen Marktstruktur ergäben sich möglicherweise schlicht andere, weniger auf quantitative Ausdehnung als auf qualitative Verfeinerung ausgerichtete Kreativitätspotenziale. Mit dem unübersehbaren Paradigmenwechsel von der expansiven Versorgungsmentalität zur Wissens- und Dienstleistungsökonomie geht zugleich eine Verschiebung des technologisch kompatiblen Größenmaßstabs unternehmerischer Leistungserstellung einher. Aber wenn Größenvorteile nicht mehr (allein) ausschlaggebend für unternehmerischen Erfolg sind, erodieren Markteintrittsbarrieren.

Mit seiner Kritik am bereits angesprochenen Modell der monopolistischen Konkurrenz hat Kaldor (1935) eine bis heute andauernde Diskussion darüber entfacht, durch welche Eintrittsbarrieren sich eine geringere Anzahl etablierter Firmen gegen weitere Marktzugänge abschotten kann, um eine für sie günstigere Verteilung des insgesamt auf diesem Markt zu erzielenden Gewinns zu ereichen. Industrieökonomische und zumeist spieltheoretisch fundierte Ansätze gelangen u.a. zu dem Resultat, dass wirksame Eintrittsbarrieren gleichzeitig Größenvorteile (fallende Durchschnittskosten infolge von economies of scale) und die Notwendigkeit, in irreversibles Kapital zu investieren (sunk costs), voraussetzen. Kostendegressionen sind zumeist das Resultat hoher Fixkosten. Sunk costs werden insbesondere durch immobiles oder produktspezifisches Kapital verursacht. Während nicht zu bezweifeln ist, dass sowohl hohe Fixkostenblöcke als auch ökonomische Irreversibilitäten zu den prägenden produktionstechnischen Merkmalen jener Industrien zählen, die das 19. und 20. Jahrhundert dominiert haben, wird dieses Bild der gegenwärtigen Beschaffenheit moderner Volkswirtschaften nicht mehr vollständig gerecht.

Zunehmende Digitalisierung durch Informations- und Kommunikationstechnologien, Dienstleistungsorientierung sowie die kulturelle Aufladung[58] des Marktgeschehens haben inzwischen einen Wandel beflügelt, der das auf technologisch bedingten Mindestgrößen und Homogenität fußende Massenproduktionsparadigma relativiert. Damit entsteht Raum für ein neues Unternehmertum, das durch dezentrale und wissensintensive Leistungserstellungsprozesse gekennzeichnet ist. Existenzgründungen sind nicht mehr an Investitionen in gewaltige Produktionsanlagen oder Infrastrukturen gebunden, sondern stützen sich zunehmend auf immate-

[58] Vgl. Pfriem 2000 und Fischer 2005.

rielle Ressourcen, die sich durch Netzwerkaktivitäten und die Nutzung von sozialem Kapital[59] erschließen lassen. Welche Zusammenhänge zwischen Nachhaltigkeit, Entrepreneurship und Marktzugängen ergeben sich daraus?

(1) Einkommensdisparitäten, die auf politischer Ebene üblicherweise in Wachstumsforderungen transformiert werden, können durch erleichterte Existenzgründungen, insbesondere den Abbau von Markteintrittsbarrieren für kleine Unternehmen nivelliert werden. Wenn das starre Festhalten an der kaum mehr realistischen Vollbeschäftigungsvision vermehrter unternehmerischer Initiative – in Verbindung mit einem flexiblen Ausscheren aus Arbeitnehmerbiographien – wiche, ließen sich neue Beschäftigungsoptionen erschließen. Dies könnte insoweit wachstumsneutral geschehen, als Entrepreneure in vorhandene Märkte eindringen, um Marktanteile zu erkämpfen, die bislang von einer geringeren Anzahl etablierter Anbieter bedient wurden.[60] Derartige Szenarien setzen Umverteilungsspielräume, d.h. signifikante Gewinne auf Seiten der bisherigen Anbieterkonfiguration voraus. Aber auf welchen Märkten sollte es daran mangeln?

(2) Ein mit geringen durchschnittlichen Betriebsgrößen und Konzentrationsgraden korrespondierendes Wettbewerbsleitbild wäre anschlussfähig an einen ohnehin stattfindenden technischen Wandel, durch den Größenvorteile zunehmend relativiert werden. Es erwiese sich zudem als kompatibel mit dezentralen Versorgungsstrukturen, die sowohl zur regionalen Autarkie als auch zu einer kleinräumigen, somit zugleich Ressourcen und Energie sparenden Wirtschaftsweise beitragen könnten.

(3) Damit Umverteilung zu einem wirksamen Nachhaltigkeitsprinzip wird, bedarf es nicht notwendigerweise verteilungspolitischer Interventionen, die – wie landläufig unterstellt – verzerrende Eingriffe in das Marktgeschehen darstellen. In bestimmten Fällen ließe sich sogar das Gegenteil vertreten: Zur Milderung von Ungleichverteilungen, insbesondere zur Integration von Beschäftigungslosen kann gerade eine von Marktmacht und Zugangsbeschränkungen befreite Wettbewerbsdynamik ein adäquates Mittel sein. Eine wachstumsneutrale Befriedigung sozialer

---

[59] Vgl. Bourdieu 1983 und Aulinger 2005, 247ff.

[60] Aulinger/Paech (2005) haben diesen Aspekt anhand einer Internetfirma untersucht, die Services für wissensintensive Mikrounternehmen und Freelancer anbietet.

Ansprüche und eine intensivierte Rivalität im Sinne angreifbarer Märkte müssen sich nicht ausschließen.

(4) Wachstumsneutrale Lösungsansätze für gesellschaftliche Verteilungskonflikte sind nicht zum Nulltarif zu haben. Wenn ein gegebenes Quantum an Gewinnen durch vermehrte Markteintritte auf eine höhere Anzahl an Einkommensbeziehern umverteilt wird, kann dies mit ineffizienten Faktorallokationen einhergehen. Genauer: Die Gesamtkosten zur Ausbringung des Marktoutputs würden nicht minimiert, weil – im Sinne tradierter ökonomischer Effizienzvorstellungen – „zuviel" Arbeitskräfte und Unternehmen daran beteiligt wären.[61] Neben diesem statischen Effizienzverlust wäre dort, wo sich die wettbewerbstheoretische Dilemmathese als zutreffend erweist, eine verringerte Fortschrittdynamik im Sinne technischer Innovationen zu erwarten. Mit einer nivellierteren Gewinnverteilung würden also nicht nur die unvermeidbaren „Verlierer" einer jeden Umverteilung, sondern eine insgesamt geschmälerte Verteilungsmasse, gemessen in monetärem Einkommen, einhergehen.

Entwicklungspolitik zwischen globaler Umverteilung und Wachstumsförderung

Sowohl der Brundtland-Bericht als auch die UNCED haben verdeutlicht, dass der Zusammenhang zwischen Verteilung, Wachstum und Ökologie auf globaler Ebene besonders brisant ist. Wenn an der gegenwärtigen internationalen Einkommensverteilung (Nord-Süd-Gefälle) festgehalten wird, bleibt den Bewohnern des Südens in vielen Fällen nur die Option, ihren Anspruch auf ein menschenwürdiges Dasein durch die intensivierte Ausbeutung von Ressourcen und Ökosystemen zu verfolgen. Aber nicht nur materielle Armut, sondern auch die hohe Verschuldung[62] beschleunigt diesen Prozess. Als entwicklungspolitische Rezepturen, die den Druck zur ruinösen Naturausbeutung mildern könnten, werden beispielsweise der Erlass von Schulden, Einkommens- und Kapitaltransfers, Investitionen in Bildung und Kompetenzaufbau, Unterstützung lokaler, auf Selbstversorgung ausgerichteter Nachhaltigkeitsprojekte und die Gestaltung „fairer" Handelsbeziehungen diskutiert.

---

[61] Vgl. Baumol/Panzar/Willig 1982, 97ff.

[62] Vgl. Altvater 1988.

Das Wuppertal Institut (2005, 158ff.) schlägt ein Zukunftsmodell der „Kontraktion und Konvergenz“ vor, das sich auf zwei Entwicklungspfade konzentriert: „Die Industrieländer vermindern ihren Ressourcenverbrauch stärker, als die Entwicklungsländer ihren Ressourcenverbrauch ausweiten. In der Zukunft treffen sich alle Länder auf einem gemeinsamen Zielkorridor, der innerhalb der Tragekapazität der Biosphäre bleibt“ (ebd., 159). Bisweilen wird auch die Hoffnung geäußert, dass es gelingen könnte, den Entwicklungsländern zu einem „ökologischen leapfrogging“ (ebd., 173) zu verhelfen. Damit sollen die Fehlentwicklungen der Industrieländer übersprungen werden, indem z.B. direkt zur Nutzung erneuerbarer Energien übergegangen wird.

Schon vor Beginn des Nachhaltigkeitsdiskurses ist die implizite Gleichsetzung von Wachstum und Entwicklung auf Kritik gestoßen. Das seit Ende des zweiten Weltkriegs über Jahrzehnte hinweg propagierte Konzept einer „nachholenden Entwicklung“ oder der „Beschleunigung des wirtschaftlichen Entwicklungsprozesses“ (Hemmer 1988, 56) beinhaltet die weltweite Verbreitung des westlichen Wohlstandsmodells. Zu den Triebfedern zählt nicht nur die moralisch begründete Linderung von Not nebst Übertragung des modernen, die Lebensqualität erhöhenden Fortschritts, sondern auch – selbst lange nach der Blütezeit des Kolonialismus – ein gewisser Grad an kulturellem Sendebewusstsein. Ein Exempel dafür, wie hartnäckig sich die „Mission der Zivilisierung“ (Sachs 2002b, 58) bis in die Gegenwart gehalten hat, lieferte jüngst Bolz (2002), der den nördlichen „Konsumismus“ als „Immunsystem der Weltgesellschaft gegen den Virus der fanatischen Religionen“ und somit als globales „Befriedungsmittel“ zu charakterisieren versuchte. Aber damit wäre bestenfalls nur eine weitere globale Trade-off-Beziehung offengelegt, nämlich zwischen Friedenswahrung und Ökologie, deren Gültigkeit sich im Übrigen bezweifeln ließe. Denn spätestens wenn Ressourcen und ökologische Bedingungen zum spürbaren Engpassfaktor werden, drohen neue sowie eine Verschärfung bisheriger Konflikte. Einen Vorgeschmack vermitteln die sich momentan um das sog. „Peak-Oil“-Phänomen[63] rankenden Szenarien.

Viele entwicklungspolitische Kontroversen inklusive des (Anti-) Globalisierungsdiskurses beschäftigen sich mit einer „fairen“ Gestaltung des internationalen Handels. In seiner Generalabrechnung mit der bislang

---

[63] Vgl. Heinberg 2003.

praktizierten Entwicklungshilfe führt Bode (2003) aus, wie eine hauptsächlich auf einseitigen Transferleistungen beruhende Politik nicht nur systematisch ihr Ziel verfehlt, sondern Strukturen entstehen lässt, die jedem positiv verstandenen Entwicklungsmodell Hohn sprechen. Zu den bekannten Folgen der Nord-Süd-Dauersubventionen zählen die Verdrängung jeglicher Eigeninitiative und vormals intakter Versorgungsstrukturen, eine „absurd aufgeblähte Entwicklungshilfebürokratie" (ebd., 46), Korruption, Mitnahmeeffekte, ökonomische und technische Abhängigkeiten sowie das Schüren neuer Konflikte, weil die Entwicklungshilfe nicht selten von Clans oder Eliten abgegriffen wird, die damit ihre Machtposition gegenüber rivalisierenden Gruppen ausbauen. Weitaus effektiver sei es, die abgeschotteten Gütermärkte der Industrieländer zu öffnen, um die Exportchancen für Entwicklungsländer zu erhöhen, also getreu dem Motto „Fairness statt Almosen" (ebd., 43) zu verfahren.

Inzwischen sehen sich internationale Instanzen wie WTO, IWF, UNO oder G7 dem Druck eines global agierenden Akteursspektrums ausgesetzt, das die Verankerung von Sozialstandards verlangt. Daran anknüpfend zielen „Global Governance"-Konzepte auf das „Wiedereinbetten liberalisierten Wirtschaftens in eine regulative und institutionelle Ordnung" (Wolff/Brunnengräber 2003, 30), die zwangsläufig globaler Durchsetzungsmechanismen bedürfe. Allerdings treten hier zunehmend Konflikte zwischen den Bestrebungen nach internationalen Umwelt- und Handelsregeln auf. Während etwa die EU für hohe Umweltstandards plädiert, lehnen Entwicklungsländer diese unter Verweis darauf ab, dass es sich dabei um versteckten Protektionismus handeln würde.[64]

Tarifäre (z.B. Zölle, Exportsubventionen) und nichttarifäre (z.B. Einfuhrquoten, besondere Qualitätserfordernisse) Handelshemmnisse, durch die Entwicklungsländer von den Vorteilen des internationalen Warenaustauschs abgeschnitten werden, mögen eklatant sein. Aber wie sich deren Beseitigung auf das Spannungsfeld zwischen Verteilung und Wachstum auswirken würde, ist nur schwer abzuschätzen. Zunächst lässt sich kaum sinnvoll begründen, wie Freihandel die Existenzsicherung in Armutsökonomien verbessern könnte, ohne dass diese sich verstärkt auf die internationale Arbeitsteilung ausrichten. Richtungweisend für die ökonomische Entwicklung wären dann nicht die inländischen Bedarfsstrukturen, sondern komparative Kostenvorteile, mit denen sich auf den

---

[64] Vgl. Knirsch 2002, 43ff.

Weltmärkten Gewinne erzielen lassen. Wenn die Handelsgewinne aber allein der Besserstellung einer Elite vorbehalten bleiben, kann sich die Situation der ärmsten Bevölkerungsteile im Vergleich zur Autarkielösung sogar verschlechtern.[65] Hinzu kommt, dass die Spezialisierung auf den Weltmarkt einen Strukturwandel stimuliert, der die Fähigkeit zur Subsistenz aushöhlt. Wo monetär entgoltene Erwerbsarbeit an die Stelle von Selbstversorgung tritt, ist die Existenzsicherung an Löhne und Preise gekoppelt, deren Höhe der Weltmarktdynamik ausgeliefert ist.

Im Gegensatz dazu beschreitet der „De-Globalisierungs"-Ansatz (Bello 2005) den Weg „von der übermäßigen Exportproduktion hin zu einer Produktion für den lokalen Markt" (Bello 2003, 33). Diese Strategie sieht unter anderem vor,

- interne finanzielle Ressourcen zu mobilisieren, anstatt sich „wie bisher von Auslandsinvestitionen und ausländischen Finanzmärkten abhängig zu machen",
- eine „längst überfällige Einkommensumverteilung und Bodenreform" durchzuführen,
- „weniger Wert auf Wachstum zu legen und Gleichheit zu maximieren, um das ökologische Ungleichgewicht radikal zu reduzieren" und
- einen neuen Produktions- und Tauschkomplex einzuführen, „der kommunale Kooperativen, private Unternehmen und staatliche Unternehmen beinhaltet und transnationale Konzerne ausschließt" (ebd.).

Grundlegend für diesen dezentralen Ansatz ist die pessimistische Einschätzung, dass mit einer Re-Regulierung von WTO, IWF, G7/G8 etc., zumal auf Basis neoliberaler Strukturanpassungsmaßnahmen, kaum etwas anderes gelingen könnte als deren neuerliche Legitimation, „ohne dass die globale Ungleichheitsproduktion durch weltwirtschaftliche Instanzen wirklich aufgehoben ist" (Wolff/Brunnengräber 2003, 31). Im Übrigen scheint die De-Globalisierungs-Strategie einem Aspekt gerecht

---

[65] Die zentrale Aussage der realen Außenwirtschaftstheorie, wonach Freihandel immer der Autarkielösung überlegen ist, schließt ohnehin nicht aus, dass manche Branchen oder Sektoren Verluste hinnehmen. Die Pointe besteht vielmehr darin, dass die Gewinne unter plausiblen Annahmen die Verluste übertreffen, woraus ein positiver Saldo folgt. Aber ob es tatsächlich zur Kompensation der Verlierer kommt, ist letztlich den politischen Machtverhältnissen anheim gestellt und somit nicht mehr Gegenstand der ökonomischen Theorie.

zu werden, der den Entwicklungsdiskurs zusehends in eine andere Richtung lenkt. Bislang wurde die Schlüsselkategorie „Gerechtigkeit" hier zumeist zwischen, aber nicht innerhalb von Staaten thematisiert, so als seien diese per se entweder „arm" oder „reich". Mittlerweile verläuft die soziale Trennlinie aber eher quer dazu, nämlich zwischen einer „globalen Konsumentenklasse" (Sachs 2002a, 13) und dem vom Wohlstand ausgegrenzten Rest.[66] „Die globale Mittelschicht besteht aus der Mehrheit der Bevölkerung des Nordens und den mehr oder weniger großen Eliten des Südens; ihre Größe entspricht in etwa den gut 20 % der Weltbevölkerung, die Zugang zu einem Auto besitzen. Es sind jene Gruppen, die sich trotz unterschiedlicher Hautfarbe in ihrem Lebensstil überall gleichen: Sie shoppen in ähnlichen Einkaufscentern, kaufen die globalen Marken in Kleidung und Elektronik, sehen ähnliche Filme und TV-Serien, verwandeln sich hin und wieder in Touristen, und verfügen über das Medium der Angleichung par excellence: Geld" (ebd., 16).

Damit verlagert sich das globale Verteilungsproblem von der zwischenstaatlichen auf die personelle Ebene, woraus sich unterschiedliche Konsequenzen ziehen lassen. Zunächst könnte an die Stelle bisheriger Entwicklungspolitik eine „Weltinnenpolitik" (Radermacher 2002) treten, die sich einen Grundgedanken zueigen macht, der schon von Kant (1795) angedeutet wurde. Dieser hatte in seiner Schrift „Zum ewigen Frieden" für eine Weltbürgergesellschaft plädiert, in der die Machtbeziehungen zwischen Staaten in Kooperationsbeziehungen umgewandelt und die Rechte der Bürger über die Interessen der Staaten gestellt werden. Ein möglicher Weg zur Umsetzung könnte der von Barnes (2001) vorgeschlagene „Sky Trust" sein.[67] Nach diesem Modell würde jedem Staat ein bestimmtes Quantum an Emissionsrechten zugeteilt, die von den Unternehmen je nach Klimaschädlichkeit ihrer Produktion obligatorisch wären und somit erworben werden müssten. Die Verkaufserlöse würden als Dividende an die Bürger ausgeschüttet, wobei ein automatischer Umverteilungsmechanismus in Kraft träte. Die Kosten der Emissionsrechte würden die Marktpreise für emissionsintensive Produkte und Leistungen steigern. Deshalb würden Bürger mit einer hohen Nachfrage nach derartigen Gütern über die gestiegenen Preise teilweise die Dividende jener Bürger mitfinanzieren, die klimaschonender konsumieren.

---

[66] Myers/Kent (2005) sprechen von den sog. „New Consumers".

[67] Dieses Modell wird auch vom Wuppertal Institut (2005, 196) befürwortet.

Ein von Radermacher (2002) stammender Vorschlag führt noch weiter. Hier lautet die Prämisse, dass jedem Erdbewohner dasselbe Recht auf Emission zusteht. Die Summe der individuellen Emissionsrechte entspräche dem insgesamt vertretbaren oder zumindest international vereinbarten Niveau an CO_2-Klimabelastung. Einmal im Jahr könnten die Rechte gehandelt werden, so dass sich ein Marktpreis bilden würde. Folglich könnten „hohe Einkommen und Reichtum ‚ausgelebt' werden", würden aber „in Form des dafür erforderlichen Rechtekaufs finanziell weiter belastet" (Radermacher 2002, 66). Der Preis für die Verschmutzungsrechte hätte den Effekt einer „weltweiten Ökosteuer" bei gleichzeitig fixierter Obergrenze für die irdische Gesamtbelastung. Weiterhin träte ein finanzieller Umverteilungseffekt ein, der sich tendenziell zugunsten der Lebensbedingungen im Süden auswirken würde. Da der Umverteilungsmechanismus hier auf der personellen Ebene implementiert ist, würde er auch zur Einkommensnivellierung innerhalb der Staaten beitragen.

Unberührt davon, dass sich die Praktikabilität und gesellschaftliche Akzeptanz derartiger Lösungen momentan als gering herausstellen könnte, lassen sich zusammenfassend einige Herausforderungen für die wachstumsneutrale Armutsmilderung nennen:

(1) Zukünftig wird globale Umverteilung als Instrument zur Milderung armutsbedingter Wachstumszwänge weniger auf zwischenstaatlichen Transfers, als vielmehr auf personeller Einkommensnivellierung basieren müssen. Daly (1999, 268/273) fordert ein „Prinzip der begrenzten Ungleichheit" und verbindet dies mit der Frage: „Welches Ausmaß an Ungleichheit ist nötig, um die realen Unterschiede in der Schwere der Arbeit, der Initiative und Verantwortung zu belohnen?" Die Verständigung auf eine derartige Relation würde indes noch keine Aussage über das absolute Ausmaß an Einkommen und die daran gebundene Umweltbeanspruchung zulassen.[68] Globale Ungleichheit lässt sich auf unterschiedliche Weise beseitigen, nämlich durch eine alleinige Anhebung der unteren Einkommensschichten (reines Wachstum)[69], durch eine Senkung

[68] Während die Dematerialisierung von Einkommen selbst im industrialisierten Norden auf Grenzen stößt, wenn nicht gar unmöglich ist, spielt diese Überlegung für Armutsökonomien praktisch keine Rolle. Wo materielle Unterversorgung herrscht, kann Armutsbekämpfung (die diesen Namen verdient) nur materielles Wachstum bedeuten. Folglich besteht gerade hier ein stabiler Zusammenhang zwischen Einkommenshöhe und Umweltbeanspruchung.

[69] Dies entspricht dem traditionellen Modell der nachholenden Entwicklung.

der oberen Einkommensschichten (reine Kontraktion), durch eine Umverteilung von den oberen zu den unteren Schichten (Nullsummenspiel: Wachstum und Kontraktion gleichen sich aus), durch eine Umverteilung von den oberen zu den unteren Schichten, versehen mit der Zusatzbedingung, dass die Kontraktion das partielle Wachstum überkompensiert (Negativsummenspiel)[70] und schließlich durch gleichzeitiges Anheben der unteren und oberen Schichten, jedoch unter der Bedingung, dass erstere stärker wachsen als letztere (Positivsummenspiel)[71].

Selbst unter der optimistischen Annahme, dass die ökologische Tragekapazität des Planeten gerade erst oder in absehbarer Zeit erreicht wird, käme nur noch ein Nullsummenspiel als adäquates Entwicklungsszenario in Betracht. Wenn hingegen bereits von einer Überlastung der Biosphäre auszugehen ist und gleichzeitig das Versorgungsniveau breiter Bevölkerungskreise als nicht akzeptabel gilt, verbleibt nur ein Negativsummenspiel als Alternative.[72] Beide Szenarien verändern nicht nur Verteilungsrelationen, sondern implizieren eine absolute Einkommensobergrenze, wenn für das materielle Existenzminimum eine Untergrenze akzeptiert wird. Dieser Zusammenhang relativiert sich nur, wenn es gelingt, die Entstehung und Verwendung des Einkommens von Umweltverbräuchen abzukoppeln.

(2) Globale Umverteilung kann nicht vor den zuweilen eklatanten Einkommensdisparitäten *innerhalb* der Entwicklungsländer halt machen.

(3) Globale Verteilungsaspekte verlagern sich vom bisherigen, eher monetär geprägten Einkommensbegriff zum individuellen Ressourcen- und Umweltverbrauch. Wo dieser sich nicht auf Basis des technischen Weges senken lässt, mündet der Diskurs über globale Gerechtigkeit in Lebensstilfragen und neue Wohlstandsdefinitionen ein. Das Wuppertal Institut (2005, 157) spricht von „gerechtigkeitsfähigem Wohlstand".

(4) Zuwächse an materiellem Wohlstand müssen durch Umweltentlastungen und Ressourceneinsparungen andernorts „gedeckt" sein. Für den Norden, der sich regelmäßig zu seiner entwicklungspolitischen Verantwortung bekennt, würde dies zukünftig bedeuten, nicht großzügiger zu *geben*, sondern weniger zu *nehmen*.

---

[70] Diese Variante befürwortet das Wuppertal Institut (2005).

[71] Diese Variante vertritt Radermacher (2002).

[72] Reine Kontraktion würde zwar das ökologische, aber nicht das Armutsproblem lösen.

2.2.3 *Nachhaltigkeitsprinzip VI: Suffizienz*

Die zunehmende Bedeutung des Konsum- und Nachfrageverhaltens als Einflussfaktor für zu hohe Verbräuche an Energie, Ressourcen und ökologischen Belastbarkeit wird mittlerweile nicht mehr bestritten.[73] In seiner viel beachteten Studie „Nachhaltiges Deutschland" gelangt das Umweltbundesamt (1997, 221) zu der nüchternen Erkenntnis, dass „[m]indestens 30 bis 40 % aller Umweltprobleme [...] direkt oder indirekt auf die herrschenden Muster des Konsumverhaltens zurückzuführen" sind. Schrader/Hansen (2001, 19ff.) konstatieren sogar eine steigende Tendenz: „Der Anteil privater Haushalte am Ressourcenverbrauch sowie den Emissionen und Abfällen nimmt zu." Als Hauptgrund nennen die Autoren „Erfolge im betrieblichen Umweltschutz". Diese hätten dazu geführt, dass „die Hauptumweltbelastung der Produktion heute vielfach die Produkte selbst sind. Zwar haben Unternehmen hier im Zuge des technischen Fortschritts und teilweise induziert durch eine entsprechende Nachfrage umweltbewusster Konsumentensegmente z.T. deutliche ökologische Fortschritte erzielt, jedoch wurden die erreichten Einsparungen in aller Regel durch die steigende Nachfrage auf Konsumentenseite überkompensiert" (ebd., 20).

Ein geradezu alarmierender Befund ergibt sich aus der von Myers/Kent (2004) vorgelegten Untersuchung „New Consumers", nämlich dass in den prosperierenden Einkommensklassen von insgesamt 20 untersuchten Entwicklungs- und Transformationsstaaten inzwischen „mehr als eine Milliarde Menschen die Finanzkraft besitzen, einem konsumistischen Lebensstil zu frönen" (Myers/Kent 2005, 3). Nie zuvor in der Geschichte der Menschheit sei in einer derart kurzen Zeitspanne ein solcher Zuwachs an materiellem Wohlstand zu verzeichnen gewesen. Durch die etwa 1,1 Milliarden „neuen Konsumenten" werde momentan ein Nachfrageboom im Bereich besonders problematischer Güter ausgelöst: Autos, Rindfleisch, Elektrogeräte etc. Die damit zukünftig einhergehenden Beanspruchungen an Wasser, Energie, Fläche, Ressourcen und ökologischen Assimilationskapazitäten entziehen sich bisherigen Maßstäben.

Angesichts derartiger Szenarien erfreut sich die Thematisierung zukunftsfähiger Lebensstile und Konsummuster innerhalb des Nachhaltigkeitsdiskurses (wieder) zunehmender Beachtung. So beliebig allerdings,

[73] Vgl. z.B. Hirschl et al 2001, 14f.

wie der Begriff des nachhaltigen Konsums momentan verwendet wird, deckt er ein breites und somit klärungsbedürftiges Handlungsspektrum ab. Dieses erstreckt sich vom *Was* über das *Wie* bis hin zum *Wie viel* konsumieren. Die erstgenannte Facette appelliert lediglich an die Auswahl einer im Vergleich zum bisher nachgefragten Konsumobjekt möglichst nachhaltige(re)n Alternative. Im zweiten Fall werden Konsumroutinen fokussiert, etwa der Übergang vom Produkteigentum zur Nutzung von Dienstleistungen. Erst die dritte Variante stellt das absolute Konsumniveau zur Disposition und wird oft als Suffizienz bezeichnet.

Nachhaltige Konsumformen innerhalb der ersten und (teilweise) zweiten Variante bleiben solange Bestandteil des technischen Weges, wie sie allein der nachfrageseitigen Akzeptanz effizienter und konsistenter Produkt- oder Techniklösungen dienen. Nicht das Ausmaß, also die Ziele, sondern lediglich die Mittel zu deren möglichst ökologieschonender Erfüllung werden zum Gegenstand des Wandels. „Das Problem jedoch ist, dass der Verzicht nicht von den Menschen, sondern den Dingen erwartet wird. [...] Daraus wird dann die Behauptung abgeleitet, dass *Weniger mehr* sei. Sparsam soll der Motor, die Waschmaschine, die Glühbirne, der Ölbrenner sein“ (R. Gronemeyer 1998, 71; Hervorhebung im Original).

Mit einem Akzent auf maßvollen Konsummustern setzt das Suffizienzprinzip demgegenüber an den Wachstumsursachen an. Durning (1992) verbindet den Suffizienzbegriff mit einer Blickwende vom „Besser“ zum „Weniger“. Suffizienz fordert nicht, „auf das Notwendige zu verzichten, sondern mit dem Ausreichenden zufrieden zu sein“ (Scherhorn 2002, 16). Im Unterschied zu anderen Nachhaltigkeitsprinzipien liegt die Herausforderung der Suffizienz weniger darin, neue Lösungswege zu entwickeln. Schließlich sind Genügsamkeit oder eine maßvolle Inanspruchnahme von Konsumoptionen kein Novum, das seiner Entdeckung harrt, sondern ein bis zum Ende der Nachkriegszeit kultivierter Modus, dessen Überwindung zum Credo moderner Konsumgesellschaften geworden ist. Die Hürde besteht vielmehr in einer Vermittlung des Suffizienzgedankens jenseits moralischer Imperative. Bestrebungen, das „Weniger“ in wirkungsvolle Motivallianzen zu integrieren, so dass es einen Nutzengewinn verspricht oder Teil eines symbolisch attraktiven Lebensstils wird, dominieren daher die Diskussion.

Nicht zufällig bedient sich die Suffizienzrhetorik solcher Begrifflichkeiten und Assoziationen, die Wohlbefinden, ästhetische Eleganz oder

Aspekte eines Überlegenheitsgefühls transportieren. Die Rede ist von „Graceful Simplicity“ (Segal 1999), „Zeitwohlstand“ (Scherhorn 2002, 19), „kluger Lust“ (Reheis 1998, 207), „Gut leben statt viel haben“ (BUND/Misereor 1996, 206), „Befreiung von allem Überflüssigen“ (R. Gronemeyer 1998, 15), „Downshifting“ (DeGraaf/Wann/Naylor 2001, 296) etc. „Die Pointe der Suffizienz liegt also darin, nicht dem Übermaß und der Überforderung zum Opfer zu fallen, sondern nur so viel an Leistungen in Anspruch zu nehmen, wie für das Wohlergehen der Einzelnen und des Ganzen zuträglich ist“ (Wuppertal Institut 2005, 167). Durch eine gezielte Auswahl an Konsumoptionen können Nutzenzuwächse erzielt werden, weil damit eine Konzentration auf das Wesentliche möglich wird. „Bewusst ein Desinteresse für zuviel Konsum zu pflegen ist eine recht zukunftsfähige Haltung, für einen selbst und zufällig auch für die Welt“ (Sachs 2002b, 215).

Wer souverän überflüssigen und zeitraubenden Konsumoptionen entsagt, kann sich zudem vor einem Phänomen schützen, das Ehrenberg (2004, 275) als „Last des Möglichen“ bezeichnet und dessen Folgen vom Stress bis zur Depression reichen. Neuerdings greift ein weiterer Suffizienzbeweggrund Platz, der sich nicht aus ökologischen oder psychologischen, sondern sozialpolitischen und ökonomischen Grenzen speist. Gefragt wird nach einer „Haltung, die die neuen Knappheitszumutungen als Chance zur Befreiung begreift“ (R. Gronemeyer (1998, 24). Die kaum mehr für abwendbar gehaltene „Wende zum Weniger“ (Ulrich 1997) wäre demnach der geeignete Anlass zu einer auch aus anderen Gründen längst überfälligen Entrümpelung, die nach Gronemeyers Auffassung über den Konsumgüterbereich hinaus reicht: „Braucht man die Krücken und Wattierungen des Versorgungsstaates und seiner Einrichtungen? Was ist wirklich notwendig von den verlockenden Gaben des Gesundheitsapparates, der Bildungsmafia und der wahnhaft verbesserten Infrastruktur?“ (ebd.).

Auch von Schönburg (2005) versucht die Gunst der Stunde für ein „Manifest gegen den Konsumwahn“ zu nutzen. Als „Kunst des stilvollen Verarmens“ wird ein bescheidener, aber souveräner Weg beschrieben, der zu hoher Lebensqualität führen und sich würdevoll mit zukünftigen Einkommenseinbußen arrangieren soll. Der wahre Luxus bedeute nicht, Dinge zu haben, sondern auf sie verzichten zu können. Mäßigung und gezieltes Weglassen seien Grundvoraussetzungen für eine „Optimierung des Genusses“ und der Eleganz. „Erstmals ist es nicht eine Frage von

Tugend oder Moral, ob man sich vom Konsumismus abwendet, auch Umweltschutz-Argumente taugen nicht wirklich dafür, die Menschen zu sehr viel mehr als Mülltrennung zu bewegen. Wir können gar nicht umhin, uns einzuschränken. Und da wir erkannt haben, dass unser heiliges Wohlbefinden leiden würde, wenn wir so weitermachen würden wie bisher, hat unsere Abkehr vom Überfluss etwas Befreiendes" (ebd., 180).

Das solchermaßen beschriebene Window of Opportunity für suffizientere Lebensstile verweist auf zwei interessante Fragenkomplexe, die u.a. den Gegenstand späterer Kapitel bilden.

Reduktion: Wie können nachhaltigkeitsorientierte Unternehmen ein möglicherweise heraufziehendes Zeitalter der Entrümpelung mitgestalten? Welche (neuen) Geschäftsfelder lassen sich darauf gründen?

Substitution: Sollte sich die „Wende zum Weniger" tatsächlich in Form gemäßigter Konsummuster manifestieren, von welcher Beschaffenheit und Qualität müssten dann die verbleibenden Konsumobjekte sein? Um mit weniger auszukommen, muss das „Wenige" entsprechend hohe Anforderungen an Ästhetik, Dauerhaftigkeit, Funktionalität etc. erfüllen. Aber dann wäre Suffizienz – entgegen anderslautender Klischees – nicht per se „produktionsfeindlich", sondern würde neue Herausforderungen an eine mit geringeren Konsummengen kompatible Produkt- und Hardwaregestaltung stellen. Oder in den Worten von De Graaf/Wann/ Naylor (2001, 393): „In gewisser Weise ist Qualität für das Affluenza-Virus, was Knoblauch für Vampire ist."

2.3 Zur Brauchbarkeit des „Drei-Säulen-Modells"

Dem Umstand, dass Nachhaltigkeit letztlich eine gesellschaftliche Querschnittsaufgabe darstellt, die sich nicht an bestimmte Teilsysteme oder Institutionen delegieren lässt, wird oft durch ein mehrdimensionales oder integratives Zielsystem Rechnung getragen. Dessen drei Komponenten Soziales, Ökologie und Wirtschaft seien „gleichrangig" zu behandeln, miteinander zu „vereinbaren" oder in ein „Gleichgewicht" zu bringen.[74] Damit werden wirtschaftliche und soziale Belange ad hoc, also ohne nähere Begründung, in den Rang von Zielkomponenten befördert, obwohl eine Anwendung des Übertragbarkeitskriteriums zumindest für den Nor-

[74] Vgl. z.B. Caspers-Merk 1998, 5; Majer 2000, 383.

den den Befund liefert, dass die Engpassfaktoren jeder weiteren anthropogenen Entwicklung ökologischer Art sind.

Nach Maßgabe dieses „Drei-Säulen-Modells“ verkörpert jeder der genannten Bereiche ein schutzwürdiges Interesse, dem durch Nachhaltigkeitsmaßnahmen in möglichst gleichem Umfang Genüge zu leisten ist. Nachhaltig kann also nur sein, was im Schnittmengenbereich der drei Säulen liegt. Eine konsequente Auslegung der Säulen-Logik würde bedeuten, dass Maßnahmen zur Umweltentlastung nur dann als nachhaltig einzustufen sind, wenn sie zugleich einen sozialen und wirtschaftlichen Nutzen generieren.

Mittlerweile wird dieser Konstruktion recht harsche Kritik zuteil, weil die betont „integrative“ Herangehensweise als Einladung zum Hineininterpretieren willkürlicher Partikular-, Gruppen- oder Lobbyinteressen (miss-) verstanden werden kann. Brand/Jochum (2000, 75) sehen die soziale und ökonomische Säule als einen „Wunschzettel“, in den unterschiedliche Akteure ihre Positionen und Interessen einbringen können. Döring/Ott (2001, 317) sprechen von westlichen „Luxussorgen“, die sich damit „zu Zielen nachhaltiger Entwicklung erklären“ lassen. Mit leicht ironischem Unterton kommentiert Meyer-Abich (2001, 302f.): „Wo so ‚umfassend‘ und ‚ganzheitlich‘ gedacht wird, müsste man sich ja geradezu schämen, hier noch irgendetwas ‚getrennt voneinander zu sehen‘. Der Nachhaltigkeit würde dies gleichwohl besser bekommen, denn in der Umarmung durch die wirtschaftliche Leistungsfähigkeit und die soziale Verantwortung kann ihr die Luft ausgehen.“

Ökologische Erfordernisse lassen sich also jederzeit durch die per Definition gleichrangigen sozialen und wirtschaftlichen Belange neutralisieren. Ekardt (2005) kritisiert die Drei-Säulen-Logik als Ursache dafür, dass ständig die Vereinbarkeit von Ökonomie und Ökologie beschworen wird. Daraus ergebe sich zwangsläufig die Konsequenz, Nachhaltigkeit mit der „Forderung nach ständigem und grenzenlosem Wirtschaftswachstum“ zu verknüpfen. „Wir brauchen also keine Säulendiskussion – auch wenn solche Nebenkriegsschauplätze recht gut unser aller Interesse am Status quo bedienen, indem sie unsere Gegenwartsinteressen mit einem schönen Wort adeln, gleichzeitig aber einen womöglich ungemütlichen Paradigmenwechseln von uns fernhalten“ (ebd., 28).

Auch Maier-Rigaud (2000, 32) bemängelt, dass die „‚Dreifaltigkeit‘, also die Gleichbehandlung der Dimensionen Ökologie, Ökonomie und Soziales, Ausdruck einer verheerenden Niederlage ökologischer Positionen" sei. Zu einem nicht minder vernichtenden Urteil gelangt Meyer-Abich (2001, 303): Das „Dreisäulentheorem", so die Kritik, scheitere bereits an seinem eigenen Anspruch, weil es nicht einmal die „Gleichrangigkeit dreier nebengeordneter Ziele, sondern die des Ganzen (der Natur) mit einem Teil des Ganzen (der Gesellschaft) und obendrein mit einem Teil dieses Teils (der Wirtschaft)" impliziere.

Selbst wenn akzeptiert werden könnte, dass jeder der drei Säulen ein gleichrangig zu beurteilender inhärenter Wert[75] innewohnt, ließe sich damit bestenfalls ein identischer Grad an Schutz*würdigkeit*, aber nicht an Schutz*bedürftigkeit* begründen. Ein wie auch immer gearteter Zustand an gleichrangiger oder gleichgewichtiger Integrität aller relevanten Säulen, der längst nicht mehr existiert, kann folglich auch nicht bewahrt werden. Die zu schützende Gleichrangigkeit müsste erst wiederhergestellt werden, bevor Nachhaltigkeitsmaßnahmen ergriffen werden könnten, die allen Interessen in gleichem Umfang zugute kommen. Andernfalls käme es zur Fortschreibung eben jenes Ungleichgewichts, dessen Wahrnehmung den Nachhaltigkeitsdiskurs überhaupt ausgelöst hat. Ernst zu nehmende Zweifel daran, dass die bisherige gesellschaftliche Entwicklung ein tiefes Ungleichgewicht zu Lasten ökologischer Erfordernisse hervorgebracht hat, dürften indes kaum mehr bestehen. Damit wäre – ganz im Sinne einer Wiederherstellung der vom Säulen-Modell proklamierten Gleichrangigkeit – ökologischen Belangen auf nicht absehbare Zeit eine Priorität einzuräumen. Die mit dem Säulen-Modell assoziierte Forderung nach Maßnahmen, die allen Interessenbereichen gleichermaßen nützen, erweist sich dann aber als obsolet.

Dieser konzeptionelle Widerspruch kann nur dadurch gelöst werden, dass die Säulen Soziales, Ökologie und Wirtschaft nicht als Zieldimensionen, sondern Handlungsfelder betrachtet werden, in denen jeweils Lösungsbeiträge entsprechend dem Nachhaltigkeitsziel, das aus dem Übertragbarkeitskriterium hergeleitet wurde, zu erbringen sind. Dies kann exemplarisch an den Feldern „Soziales" und „Wirtschaft" erläutert werden.

Nach den Ausführungen des Abschnitt 2.2.2 findet die soziale Komponente nicht etwa deshalb Eingang in das Nachhaltigkeitskonzept, weil auf der Grundlage eines – wie auch immer beschaffenen – Gerechtigkeitsmaßstabes Partei für sozial schwache Gruppen ergriffen werden soll, sondern aufgrund einer simplen Erkenntnis, die auch ohne ein derartiges

[75] Zum Konzept des inhärenten Wertes vgl. z.B. Taylor 1997, 80ff.

Werturteil auskommt: Übermäßige Ungleichverteilung ist eine systematische Ursache für Wirtschaftswachstum, das wiederum stetig neue Ressourcenverbräuche und Umweltbelastungen hervorruft. Es geht also nicht um „soziale Gerechtigkeit“ als Ziel, sondern vielmehr um einen Abbau von sozialen Ungleichheiten als ursachenadäquates Mittel zur Abmilderung von Wachstumszwängen.

Die wirtschaftliche Komponente fließt ein, weil einerseits menschlich produziertes Kapital zwecks Befriedigung materieller Bedürfnisse nicht substituierbar ist. Andererseits sind die derzeitig praktizierten Wirtschaftsstile jedoch nicht dauerhaft übertragbar. Daraus ergibt sich die Notwendigkeit, gerade diesen Kernbereich hinsichtlich seines Ressourcenverbrauchs und seiner Ökologieverträglichkeit an ein dauerhaft übertragbares Niveau heranzuführen. Zudem sollten Nachhaltigkeitsmaßnahmen weitgehend marktwirtschaftlich kompatibel sein, und zwar aus dem schlichten Grund, dass alternative Wirtschaftssysteme politisch nicht zur Diskussion stehen. Je marktkonformer Nachhaltigkeitsschritte ausgestaltet sind, umso durchsetzungsfähiger und Erfolg versprechender sind sie deshalb. Entgegen landläufiger Auslegungen lässt sich aus diesem Sachverhalt jedoch kein schutzwürdiges Interesse der Wirtschaft – quasi als autonomes Teilziel innerhalb des Nachhaltigkeitskonzeptes – ableiten, weil erstens Unternehmen gegenüber anderen gesellschaftlichen Gruppen keinen überragenden Schutzbedarf aufweisen und zweitens Wirtschaftssysteme als solche keinen Selbstzweck, sondern Koordinationsinstrumente zur effizienten Bedürfnisbefriedigung darstellen. Dauerhafter Bestandsschutz, Gewinnansprüche, Wettbewerbsfähigkeit, betriebswirtschaftliche Effizienz oder sichere Rahmenbedingungen mögen aus Sicht eines einzelnen Unternehmens legitime Forderungen darstellen, haben aber keinen originären Nachhaltigkeitsbezug. „Einen Begriff wie ‚Wirtschaftsverträglichkeit‘ zu akzeptieren, bedeutet bereits die politische Neutralisierung des ökologischen Nachhaltigkeitszieles“ (Maier-Rigaud 2000, 32).

Fasst man die drei Säulen als Handlungsfelder auf, so ergibt sich daraus in Verbindung mit den zuvor dargestellten Wirkungsprinzipien ein konzeptioneller Rahmen, an dem Nachhaltigkeitsschritte ausgerichtet werden können. Dabei ist zu berücksichtigen, dass sich die relevanten Handlungsfelder keineswegs auf Soziales, Wirtschaft, Entwicklung und Ökologie beschränken, sondern um weitere Bereiche ergänzt werden können.

Abb. 1: Nachhaltige Entwicklung als erweitertes Vorsorgeprinzip

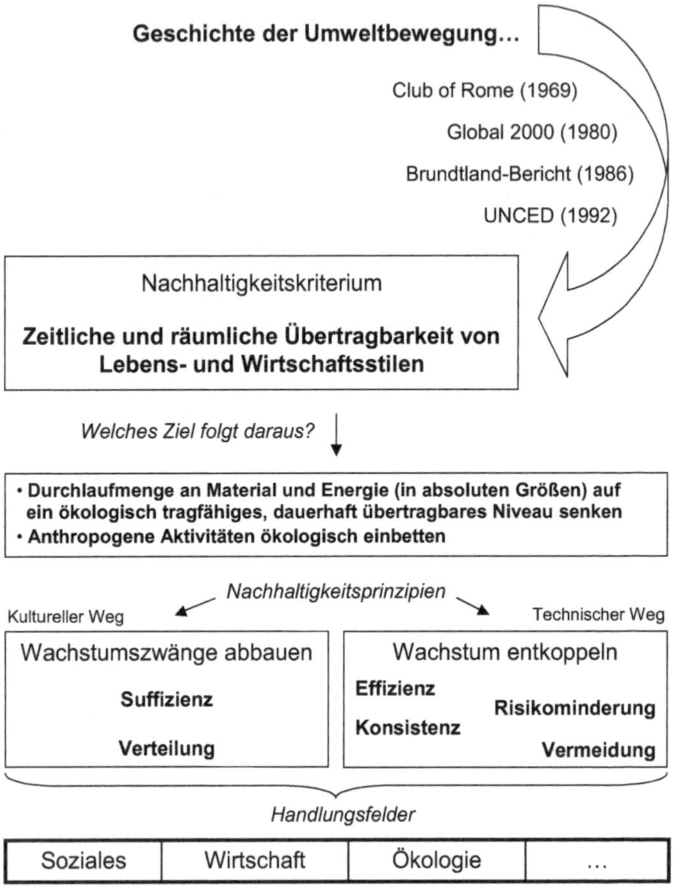

2.4 Nachhaltige Entwicklung als Suchprozess: Die Richtung zählt

Im Unterschied zum althergebrachten Politikverständnis, das auf punktuelle und reaktive Schadensbeseitigung zielt, kann nachhaltige Entwicklung nur als langfristiger Anpassungsprozess verstanden werden. Die damit verbundenen Erfordernisse im Sinne eines tief greifenden Wandels lassen sich nicht durch ein Set operationaler Ziele erfassen. Eine in allen relevanten Details genaue Beschreibung jenes Zustandes, der dem Kriterium der dauerhaften Übertragbarkeit entspricht, muss schon an der Komplexität ökologischer, technischer und gesellschaftlicher Zusammenhänge scheitern. Außerdem zeigt die bisherige Erfahrung, dass sich vermeintliche Gewissheiten im Hinblick auf Nachhaltigkeitserfordernisse infolge des ständigen Aufdeckens neuer Sachverhalte schnell als Verharmlosungen entpuppen. Deshalb würde sich eine Fixierung numerischer oder quantifizierbarer Nachhaltigkeitsziele, die ständig zu revidieren wären, selbst widerlegen und böte vor allem keine verlässliche Orientierung oder Planungsgrundlage.

Ebenfalls zu berücksichtigen ist, dass Ziele, die gemessen an momentan oder absehbar vorhandenen Umsetzungspotenzialen kaum erreichbar erscheinen, nicht notwendigerweise zum erforderlichen Wandel motivieren, sondern hemmende Frustration auslösen können. Das Beispiel des Klimaschutzes verdeutlicht, wie eine systematische Abweichung zwischen Zielvorgabe und Ist-Zustand dazu führen kann, dass bislang für notwendig erachtete Zielhöhen nach unten korrigiert werden – und zwar nicht etwa, weil neuerlich eine entspannte Problemlage eingetreten wäre, sondern damit die Ziele überhaupt erreichbar werden.[76]

Im Übrigen widerspräche es dem Prozesscharakter des Nachhaltigkeitskonzeptes und käme geradezu einem Rückfall in überkommene umweltpolitische Strategien gleich, wenn nach der Erfüllung bestimmter Zielvorgaben keine weitere Motivation verbliebe, die Anpassung an ein übertragbares Stadium fortzusetzen. Schließlich geht es nicht um die Erfüllung einer irgendwann abgeschlossenen Mission, sondern um die langfristige Verankerung eines erweiterten Vorsorgeprinzips. Was nützt z.B. das Ziel, die Ressourcen- und Energieeffizienz um einen bestimmten Faktor zu erhöhen, wenn schon im Vorhinein klar ist, dass nach dessen Umsetzung weitere Produktivitätsfortschritte nicht nur wünschenswert, sondern auf lange Sicht sowieso unabdingbar wären? Auch wenn unbestritten ist, dass der Planet nie wieder in seinen Urzustand zurückversetzt werden kann[77], lässt sich aus den Problemlagen, die der Nachhaltig-

---

[76] Vgl. hierzu Krahl/Splett 1999.

[77] Hierzu vermerkt Böhme (1989, 79): „In der durchgearbeiteten und verwohnten Natur Europas findet die Sehnsucht nach der Natur, ‚wie sie an sich sein mag‘, schon lange keinen Ort mehr, auf den sie sich richten könnte.“

keitsdiskurs offen legt, immerhin folgendes schlussfolgern: Wenn sich überhaupt ein langfristig tragfähiges Ziel für die Ressourcen- und Energieverwendung formulieren ließe, dann vermutlich nur die generelle Vermeidung oder Minimierung von Stoffflüssen und anthropogenen Eingriffen in die Ökosphäre.

Gesichert ist letztendlich allein die Erkenntnis, dass derzeitige Konsum- und Wirtschaftsstile von diesem Leitbild sehr weit entfernt sind. Die Gefahr, über das Ziel hinauszuschießen, d.h. im Sinne einer Fehlallokation zuviel Gewicht auf den Schutz der Lebensgrundlagen zu legen, dürfte sich bis auf weiteres kaum begründen lassen. Aber gerade aus dieser Gewissheit lässt sich ein Orientierungsrahmen und auf dessen Grundlage eine konsistente *Zielrichtung* für Strategien und Maßnahmen ableiten. Da sich das Kriterium einer dauerhaften Übertragbarkeit ohnehin nur schrittweise erfüllen lässt, kommt per se jedem zusätzlichen Beitrag, der in diese Richtung weist, eine Bedeutung zu. Nachhaltigkeit ist somit keine Frage des „entweder oder", sondern des „mehr oder weniger". Nicht Zustände (absolute Größen), sondern Veränderungen, Entwicklungsschritte oder Handlungen (relative Größen) sind dementsprechend zu beurteilen, und zwar anhand des Kriteriums, ob sie in die „richtige" Richtung weisen.

Um das Ausscheren aus kulturell verankerten Paradigmen und Routinen zu erleichtern, sollten die Übergänge „niedrigschwellig, kleinschrittig und vor allem vorstellbar" (Hilgers 1997, 177) gestaltet werden. Der Weg in Richtung Nachhaltigkeit entspräche demnach keinem großen Wurf, sondern einer Kette dezentraler kleiner Schritte, die jeweils als Erfolgserlebnis kommuniziert werden können und folglich zu weiteren Schritten motivieren. Eine derartige Strategie verweist auf die Rolle vorgelebter Beispiele, übertragbarer Projekte und von Pionieren[78]. „Die Chance zu Veränderungen [...] liegt in der Überzeugungskraft von Minderheiten und konkret erfahrbarer Modelle vor Ort. Entscheidend ist nicht ihre anfänglich geringe Zahl, sondern die Frage, ob die vorgelebten Modelle attraktiv und nachahmenswert erscheinen und ob sich Mehrheiten mit der Minorität identifizieren können und wollen" (ebd.).

Der Versuch, Nachhaltigkeit über einen Richtung weisenden Orientierungsrahmen hinaus – womöglich sogar numerisch – zu fixieren, wider-

---

[78] Ebenso gut könnte von (funktionalen) Eliten gesprochen werden. Zur „Elitesoziologie" vgl. etwa Hartmann 2004.

spräche auch dem dialogisch-partizipativen Wissenschaftsmodell, das in diesem Zusammenhang erforderlich zu sein scheint. Die Ablehnung des „Drei-Säulen-Modells" erspart nicht die Integration verschiedener Handlungsfelder, womit Risiko-, Interessen- und Wertkonflikte vorprogrammiert sind. Damit verliert die Wissenschaft zumindest im Bereich der Nachhaltigkeitsforschung ihren Objektivitäts-Nimbus und sieht sich zusehends mit einer neuen Aufgabe konfrontiert: nämlich der eines qualitativ hochwertigen Managements von Unsicherheit sowie der Gestaltung von interaktiven Kommunikationsprozessen, die nur transdisziplinär, also unter Beteiligung eines breiten Akteursspektrums denkbar sind.[79] Dieser Sachverhalt legt für Nachhaltigkeitsschritte, die auf indirekte Weise wirken – deshalb aber, wie der nächste Abschnitt zeigen wird, sogar wichtiger als direkte Veränderungen sein können – eine Akzentverschiebung von der Ziel- zur Maßnahmenorientierung nahe. Das bedeutet, dass in manchen Fällen für eine Erfolgsmessung in erster Linie der Erfüllungsgrad von Maßnahmen und weniger von Zielen bedeutsam sein kann, solange die Wirkungsrichtung konsistent mit einem Orientierungsrahmen für nachhaltige Entwicklung verknüpft ist.

Betriebswirtschaftlich erscheint diese Vorgehensweise noch aus einem weiteren Grund geboten. Die Umsetzung einer bestimmten Zielvorgabe – speziell im Bereich der Ressourcen- und Energieverwendung – wirft die Frage nach einer effizienten Allokation der jeweiligen Zielbeiträge auf. Angenommen, das Ziel würde „Verringerung des deutschen Kupferverbrauchs um den Faktor 10" lauten. Dann könnte sich aufgrund der firmenspezifischen Heterogenität von Kostenstrukturen, Kernkompetenzen, Innovationsfähigkeiten etc. herausstellen, dass es insgesamt kostengünstiger (und damit überhaupt erst durchsetzbar!) wäre, wenn manche Unternehmen ihren Verbrauch um den Faktor 15 senken, während andere Unternehmen maximal den Faktor 1,5 realisieren. Da Erreichungsgrade unterhalb des Faktors 10 immerhin einen Schritt in die richtige Richtung darstellen und ebenso jedes höhere Erfüllungspotenzial abgeschöpft werden sollte, erweist sich das anfängliche Ziel zumindest auf betrieblicher Ebene als obsolet.

Als noch drastischeres, aber nicht weniger realistisches Beispiel ließe sich eine Internetfirma anführen, die als „Freelancer-Börse" auch Programmierern aus Entwicklungs- oder Schwellenländern den Zugang zu

---

[79] Vgl. Brand 2000.

einem globalisierten Markt für virtualisierbare Projektleistungen verschafft.[80] Der Nachhaltigkeitseffekt bestünde hier in einem Beitrag zur globalen Einkommensumverteilung und damit in einer Abmilderung armutsbedingter Wachstumszwänge. Diese Maßnahme erschließt sich einer genauen Quantifizierbarkeit des Zielbeitrags ebenso wenig, wie das Beispiel einer Firma, in deren Kantine nur noch fair gehandelter Kaffee angeboten wird und die ihre Belegschaft durch Einführung eines Jobtickets motiviert, den Weg zum Arbeitsplatz nicht mit dem PKW, sondern per ÖPNV zu bewältigen. Hier ließen sich aufgrund des indirekten Nachhaltigkeitsbeitrags der Maßnahmen lediglich Indikatoren anwenden, die den Erfüllungsgrad der Maßnahme messen können. Dennoch dürfte kein Zweifel daran bestehen, dass diese Maßnahmen in die gewollte Richtung weisen.

Prinzipiell sind der Phantasie und Vielfalt an unternehmensspezifischen Nachhaltigkeitspotenzialen keine Grenzen gesetzt. Dementsprechend grenzenlos und damit praktisch nicht erfüllbar wäre die Aufgabe, den hiermit verbundenen Möglichkeitsraum durch die Benennung von (Handlungs-) Zielen vorweg zu nehmen. Dies bedeutet aber keineswegs, dass Nachhaltigkeitsmaßnahmen sich einer Quantifizierbarkeit oder Beurteilung mittels Indikatoren entziehen (müssen). In den obigen Beispielen ließe sich etwa der Kantinenumsatz an fairem Kaffee ebenso messen, wie die Anzahl der indischen Programmierer, denen ein Projektauftrag vermittelt werden konnte[81], wobei es sich allerdings um Maßnahmenerreichungsgrade handelt.

2.4.1 Direkte und indirekte Effekte

Hinsichtlich der Unmittelbarkeit und jeweiligen Zeithorizonte von Nachhaltigkeitsbeiträgen bietet sich eine Unterscheidung zwischen direkt und indirekt wirkenden Maßnahmen an. Während in die erstgenannte Kategorie Effekte fallen, die zu einer direkt quantifizierbaren Umweltentlastung führen, können indirekte Wirkungen einer Maßnahme nur kausal anhand ihrer konsistenten Zielrichtung beurteilt werden. Aber auch für derartige

---

[80] Vgl. Aulinger/Paech 2005.

[81] Alternativ zur Anzahl der Einkommensbezieher könnte auch die Summe des transferierten Einkommens als Indikator herangezogen werden.

Effekte lassen sich u.U. geeignete Indikatoren benennen, die sowohl eine Erfolgskontrolle als auch Vergleichbarkeit mit alternativen Optionen erlauben. Der Akzent liegt hier allerdings eher auf dem Erfüllungsgrad einer grundsätzlich in die „richtige Richtung" wirkenden Maßnahme.

Beispiel 1: Ein Unternehmen reduziert den absoluten Verbrauch an elektrischer Energie im Rahmen eines Contracting-Modells um 35 %. Der quantitative und damit direkte Zielbeitrag, gemessen in Primärenergieeinheiten, ließe sich problemlos ermitteln (direkter Effekt). Wenn die Firma zusätzlich ein sog. „Rest-Cent-Projekt"[82] durchführen würde, ließe sich zwar eine konsistente Zielrichtung im Sinne globaler Umverteilung und der damit verbundenen tendenziellen Minderung von Wachstumszwängen begründen. Außerdem könnte der Erfüllungsgrad dieser Maßnahme mittels geeigneter Indikatoren gemessen werden (z.B. Gesamtvolumen des Fonds oder Anzahl der von dem finanzierten Vorhaben profitierenden Personen in dem betreffenden Entwicklungsland). Dennoch ließe sich der direkte Beitrag zum eigentlichen Nachhaltigkeitsziel (Ressourcen- und Energieeinsparung, ökologische Einbettung) entweder gar nicht oder nur unter sehr vagen Annahmen abschätzen (indirekter Effekt).

Beispiel 2: Eine Kommune entschließt sich, den Innenstadtparkraum in Verbindung mit Kampagnen zur Attraktivitätssteigerung des ÖPNV und des Fahrradverkehrs kontinuierlich zu reduzieren, um den motorisierten Individualverkehr (MIV) einzudämmen. Die direkten Effekte in den Bereichen Klimaschutz, Emissionsschutz, Energieeinsparung, Reduktion des Flächenbedarfs und Lärmminderung sind messbar, wenngleich sie sich zum Teil möglicherweise als schwer zurechenbar erweisen. Immerhin können mit vergleichsweise akzeptablem Aufwand Verkehrszählungen durchgeführt und unter realistischen Annahmen eingesparte Energieverbräuche und vermiedene Emissionsmengen abgeschätzt werden. Lärmmessungen sowie eine Erfassung der eingesparten Fläche infolge nicht mehr benötigter Parkplätze sind ebenfalls möglich (direkter Effekt).

Darüber hinaus lassen sich weitere Nachhaltigkeitseffekte identifizieren, die sehr vage sind, weil sie sich nicht nur einer direkten Quantifizie-

---

[82] Diese Maßnahme besteht darin, dass Mitarbeiter ihre Lohnzahlung auf den reinen Euro-Betrag abrunden lassen und den verbleibenden Cent-Betrag in einen Fond für Entwicklungsprojekte spenden.

rung entziehen, sondern insgesamt ein unsicheres Ereignis darstellen. Derartige indirekte Effekte lassen sich ebenfalls am obigen Beispiel erläutern.

Kommunikationswirkungen

Unabhängig vom eigentlich angestrebten Effekt einer Reduktion des innerstädtischen MIVs hat die Maßnahme – insbesondere deren Ankündigung und die damit einhergehende Auseinandersetzung – eine Signalwirkung, die nicht nur unmittelbar betroffene Autonutzer erreicht. Alle in der Kommune ansässigen Bürger können die Maßnahme als Veränderung der Rahmenbedingungen für innerstädtische Mobilität wahrnehmen und daraus Konsequenzen für das eigene Mobilitätsverhalten ziehen. Weiterhin kann die Maßnahme weit über ihren direkten (räumlichen) Wirkungsradius hinaus Beispielcharakter für ähnliche Vorhaben erlangen. Die Durchführung von Nachhaltigkeitsprojekten schafft in einem positiven Sinne auch immer vollendete Tatsachen: theoretische Vorbehalte gegen die grundsätzliche Durchführbarkeit bestimmter Maßnahmen werden auf praktische Weise widerlegt. „Alles, was existiert, ist auch möglich…“ (Hawken/Lovins/Lovins, 2000, 447). Die Existenz positiver Beispiele bedeutet für die Realisierbarkeit vergleichbarer Nachhaltigkeitsschritte – auch in anderen Städten, Regionen oder Staaten – eine argumentative „Schützenhilfe“.

Synergien

Wenn in der Kommune weitere, von anderen Akteuren durchgeführte Projekte existieren, die ebenfalls auf zukunftsfähige Mobilität zielen, wird die oben beispielhaft angenommene Parkraumreduktion Teil einer konzertierten Aktion, die systemische Charakteristika aufweisen kann. Das heißt, der Gesamteffekt aller ähnlichen oder gleichgerichteten Nachhaltigkeitsmaßnahmen ist größer als die Summe der Einzeleffekte. Konkret könnte dies bedeuten, dass ein bisheriger Autonutzer sein Verhalten erst überdenkt, wenn er neben allen bisherigen Signalen, die in eine ähnliche Richtung weisen, z.B. einer von ADFC und VCD organisierten Kampagne zur autofreien Innenstadt, *zusätzlich* mit der Parkraumverknappung konfrontiert wird. Gerade die Kumulation ähnlicher, gleichgerichteter oder komplementärer Nachhaltigkeitsschritte erzeugt einen Gesamtkontext, der Verhaltens- und Strukturveränderungen wahrscheinlich(er) werden lässt.

Lerneffekte und Verhaltensänderungen

Personen, die als Reaktion auf eine erfolglose Suche nach Parkplätzen oder aufgrund der bloßen Ankündigung einer bevorstehenden Parkraumverknappung auf Autofahrten in die Innenstadt verzichten, erlernen die Nutzung anderer Mobilitätsformen oder den bewussten Verzicht auf („unwichtige“) Fahrten. Der Impuls dieses wenn auch zunächst nur punktuell veränderten Mobilitätsverhaltens kann sich auf andere Mobilitätsentscheidungen übertragen. Der Abbau von Hemmschwellen und die Entstehung von Routinen im Hinblick auf die ÖPNV-Nutzung kann die Einsicht bestärken, dass nicht nur die Fahrt zur Innenstadt zwecks Einkaufs, sondern auch zum Bahnhof per ÖPNV sehr einfach zu bewerkstelligen ist. Daraus ergäbe sich eine Anschlussfähigkeit an das Verkehrsnetz der Bahn und zugleich die Chance, eine zunächst nur anhand der innerstädtischen Fortbewegung erlernte Mobilität ohne PKW auf größere Entfernungen auszudehnen. Weiterhin kommunizieren Personen, die ihr Mobilitätsverhalten anlässlich der obigen Maßnahme ändern, ein „vorgelebtes Beispiel“. Dieses kann sich auch auf solche Personen übertragen, die von dem direkten Effekt der Parkraumreduktion nicht betroffen sind und dementsprechend darauf nicht reagiert hätten.

Eigendynamiken, „Spillover“-Effekte und „kritische Massen“

Wenn die Anzahl an Personen, die bislang per MIV die Innenstadt aufsuchten und nun aufgrund der Parkraumverknappung andere Mobilitätsformen (ÖPNV, Radverkehr) nutzen oder Mobilitätsverzicht üben – genau damit wäre zunächst nur der direkte Effekt beschrieben –, eine kritische Grenze erreicht, treten weitere, nachgelagerte Wirkungen auf. So könnte eine verbesserte Auslastung des ÖPNV die Ausdehnung des Liniennetzes und eine Erhöhung der Taktfrequenz betriebswirtschaftlich sinnvoll werden lassen. Die damit verbundene Attraktivitätssteigerung dieses Verkehrsmittels könnte wiederum – vollkommen unabhängig von der ursprünglichen Parkraumreduktion – weitere Substitutionspotenziale mobilisieren: Viele Autofahrer hätten möglicherweise schon längst den Bus oder die Straßenbahn nutzen wollen, wenn hinreichend akzeptable Fahrpläne und Streckennetze dies nur zugelassen hätten.

Eine weitere positive Rückkopplung könnte in Verbindung mit einer Zunahme des Radverkehrs entstehen. Indem MIV-Nutzer auf das Rad umsteigen, entstehen Impulse und Nachfrageschübe zur Verbesserung der entsprechenden Infrastruktur. Dies betrifft sowohl den Markt für Produkte und Dienstleistungen rund um das Fahrrad als auch die radfahrerfreundliche(re) Gestaltung der Einkaufsmöglichkeiten innerhalb des privaten Sektors. Weiterhin nimmt der Druck auf Politik und Verwaltung zu, die Fahrradinfrastruktur zu verbessern: Ausdehnung des Wegenetzes (Verkehrsplanung), Erhöhung der Sicherheit, Informationsdienste, Abstellmöglichkeiten, Einrichtung von Fahrradstationen etc. Die damit erzielten Verbesserungen induzieren ihrerseits wiederum weitere Substitutionen zwischen MIV und Radverkehr, womit die Attraktivität dieser Verkehrsform weiter steigt…

Auch ein punktueller Mobilitätsverzicht als Reaktion auf die Parkraumverknappung könnte indirekte Multiplikatoreffekte begünstigen. Wenn etwa anstelle einer Einkaufsfahrt in die Innenstadt nahe gelegene Geschäfte, Gastronomiebetriebe etc. aufgesucht werden, kann der damit verbundene Nachfrageimpuls die Entwicklung lebendiger Stadtteile tendenziell begünstigen. Die Ausweitung sowohl privater als auch öffentlicher Angebote vor Ort würde die Aufenthaltsqualität des unmittelbaren Wohnumfeldes erhöhen. Die räumliche Zusammenführung wichtiger Daseinsgrundfunktionen im Sinne einer „Stadt der kurzen Wege" würde Mobilitätszwänge abbauen helfen, die vormals dem Ausbluten dezentraler Stadtteile und der Entstehung zentraler mobilitätsintensiver Strukturen Vorschub leisteten.

Weitere Eigendynamiken zugunsten einer nachhaltigen Mobilität können darin bestehen, dass mit der allmählichen Substitution der Autonutzung dessen genereller Besitz zur Disposition gestellt wird. Aus der Perspektive mancher Haushalte, die den PKW im Stadtbereich nicht mehr oder nur noch selten nutzen, kann es sich lohnen, das Auto komplett abzuschaffen oder im Bedarfsfall durch Car-Sharing zu ersetzen. Ein tendenzieller Rückgang des PKW-Besitzes könnte wiederum die Stadt-, Raum- und Verkehrsplanung von dem Druck entlasten, dem Leitbild der autogerechten Stadt zu folgen und damit Strukturen fortzuschreiben, die im Sinne einer nachhaltigen Entwicklung zu durchbrechen wären.

Ein gemeinsames Merkmal der hier nur beispielhaft angedeuteten indirekten Wirkungen besteht u.a. darin, dass deren Eintreten vom Zusammenspiel schwer steuerbarer Randbedingungen abhängt. Oft erfordert der „Domino"-Charakter bestimmter nachgelagerter Effekte das Erreichen einer „kritischen Masse" (Schelling 1978, 91ff.) auf der vorherigen Stufe, die sich erst langfristig im Zuge einer Kumulation bildet.[83] Hinzu treten Einschränkungen hinsichtlich einer unmittelbaren Messbarkeit und Zurechenbarkeit. Dennoch können gerade derartige Effekte nicht nur von hoher Bedeutung, sondern in bestimmten Situationen sogar alternativlos sein:

- Wenngleich indirekte Nachhaltigkeitswirkungen aufgrund ihres unsicheren Eintretens oftmals nur eine Chance darstellen, steht dieser möglicherweise kein Risiko gegenüber. Im worst case tritt zwar kein Erfolg ein, aber eben auch kein Schaden. Wenn nachhaltige Entwicklung als Innovations- und damit Suchprozess aufgefasst wird, dürfte einer Strategie, die möglichst viele Chancen eröffnet, denen keine oder nur geringfügige Risiken entgegenstehen, ein hoher Stellenwert zukommen – insbesondere eingedenk des Nachhaltigkeitsprinzips der Risikominderung. Die anhand des obigen Mobilitäts-Beispiels skizzierten Effekte verdeutlichen, dass es gerade die indirekten Wirkungen sind, die mit einem Höchstmaß an Richtungssicherheit korrespondieren.
- Viele Nachhaltigkeitsprobleme sind das Resultat fehlgeleiteter und langfristig gewachsener Strukturen.[84] Folglich müssen ursachenadäquate Maßnahmen genau an diesen Strukturen ansetzen, wenngleich dies im Extremfall bedeuten kann, dass deren Wandel (oder Abschaffung) genauso viel Zeit beansprucht wie deren Entstehung. Eine Überwindung übermächtiger Strukturen, die „Sachzwänge" generieren und bestimmte Verhaltensweisen hervorrufen, gelingt möglicherweise eben nur auf Basis sehr vager und indirekt wirkender Nachhaltigkeitsmaßnahmen.

---

[83] Nur wenn infolge der Parkraumreduktion die Anzahl der Umsteiger (direkter Effekt), die fortan den ÖPNV nutzen, eine kritische Grenze erreicht, kann von einem Nachfrageimpuls ausgegangen werden, der den Busbetreiber zu einer Ausdehnung des Angebots veranlasst, welches wiederum neue ÖPNV-Nachfrage stimuliert (indirekter Effekt).

[84] Gerade der Mobilitätsbereich bietet hier ein hervorragendes Beispiel.

- Insoweit Nachhaltigkeitsprobleme auf kulturelle Ursachen zurückzuführen sind, lassen sie sich nicht allein mittels neuer Technologien, Produkte oder effizienter Organisationsprinzipien lösen. Stattdessen sind Verhaltensänderungen gefordert, die sich jedoch angesichts einer zusehends ausdifferenzierten und am Konsensprinzip orientierten Demokratie nicht mehr erzwingen lassen. An die Stelle der politischen Steuerbarkeit treten gesellschaftliche Lernprozesse und ein autonomer kultureller Wandel. Deren Beeinflussung im Sinne einer nachhaltigen Entwicklung gelingt – wenn überhaupt – nur über die kommunikativen und somit indirekten Effekte von Nachhaltigkeitsmaßnahmen.

2.4.2 Gesellschaftliche Entscheidungsdimensionen und Innovationstypen

Um Nachhaltigkeitsmaßnahmen und -projekte präziser identifizieren und im Hinblick auf ihre Ursachenbezogenheit beurteilen zu können, bietet sich deren Verortung innerhalb eines Systems relevanter gesellschaftlicher Entscheidungsdimensionen an. Hierbei handelt es sich um die Dimensionen „Technik“, „Nutzungsregime“[85] und „Kultur“[86], deren Beziehung mit einer „Gliederung von Sachverhalten nach ihrer holistischen Kapazität“ (Wilber 1999, 78) oder dem „Holarchie“-Gedanken von Koestler (1968, 53ff.) vergleichbar ist. Kultur bildet in diesem Gefüge die höchste Abstraktionsstufe; sie umschließt alle darunter liegenden. Die kulturelle Dimension lässt sich mit der Konkretisierung und Ausformung von Bedürfnissen assoziieren. Aus ihr gehen die Ursprünge und Zwecke wirtschaftlicher Aktivitäten hervor, die sich nachgelagert in Form von physischer Produktion manifestieren *können.*

---

[85] Die Begriff „Nutzungssystem“ bzw. „Nutzungsregime“ werden hier sysnonym verwendet.

[86] Damit soll nicht behauptet werden, dass etwa keine weiteren gesellschaftlichen Entscheidungsdimensionen existieren. Die hier vorgenommene Beschränkung auf drei Dimensionen erfolgt lediglich im Sinne einer Systematisierung von Nachhaltigkeitsmaßnahmen.

Abb. 2: Dimensionen einer nachhaltigen Entwicklung

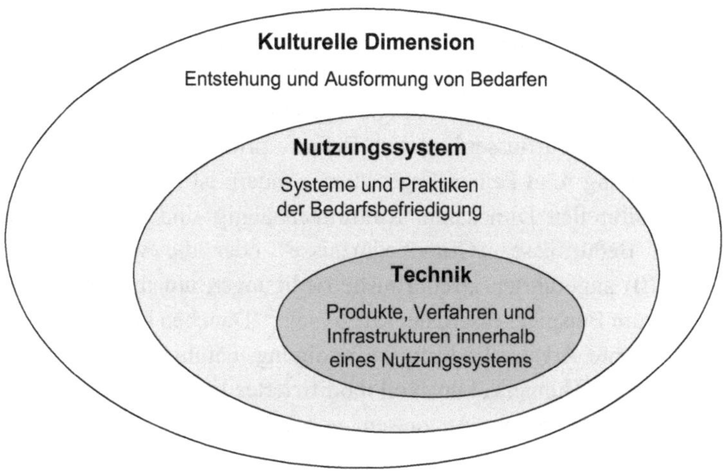

Der Versuch, einen direkten Zusammenhang zwischen Bedürfnissen einerseits und der Nachfrage nach Gütern, Technologien oder sonstigen anthropogenen Eingriffen in die physische Sphäre andererseits herzuleiten, scheitert aus zwei Gründen: Zunächst muss Bedürfnisbefriedigung nicht notwendigerweise in materielle Leistungserstellung einmünden. Manche Bedürfnisse, wie etwa Muße, erfordern per se keine Produktion. Wiederum andere Bedürfnisse, deren Befriedigung zwar prinzipiell nicht ohne Produktion auskommt, verursachen unter bestimmten Bedingungen keine zusätzlichen Ressourcenflüsse, nämlich dann nicht, wenn die Nutzung bereits vorhandener Güter auf weitere Nachfrager ausgedehnt werden kann.[87] Umgekehrt muss physische Produktion nicht zwingend auf ein bestimmtes Bedürfnis zurückzuführen sein. Der Bedarf an Produktion – auf die Bedeutung des Unterschieds zwischen Bedarf und Bedürfnis hat Kambartel (1975) hingewiesen – kann auch organisationsbedingt oder auf Eigendynamiken wie etwa die „Verselbständigung von Wachstumsorientierungen“ (ebd., 111) zurückzuführen sein.

[87] Dabei kann es sich um Fälle des sog. „nicht rivalisierenden Konsums“ bei öffentlichen Gütern oder um Systeme des Leihens, Tauschens, Verschenkens, Teilens oder des Remanufacturing von Gütern handeln.

Geht man wie Pfriem (1996, 265) davon aus, dass Bedürfnisse „als solche nicht geweckt werden“, sondern „elementar und gegeben“ sind, während Bedarfe deren „spezifischere Ausformung darstellen“, so folgen daraus bestimmte Konsequenzen. Bedarfe verkörpern die höchste Abstraktionsstufe, auf der sich Ansatzpunkte für gesellschaftliche Veränderungen und somit auch Nachhaltigkeitsmaßnahmen verorten lassen. Im Gegensatz zu Bedürfnissen[88] stehen Bedarfe prinzipiell zur Disposition. Ihre Entstehung folgt keinen Urgesetzen, sondern ist integraler Bestandteil der kulturellen Dimension. Kulturunabhängig sind bestenfalls „essentielle“ Bedürfnisse, „Grundbedürfnisse“ oder die von Kambartel (1975, 110) angeführten „Bedürfnisbefriedigungen um ihrer selbst willen“ wie zum Beispiel „essen, um satt zu sein.“ Daneben könne aber auch eine bestimmte Art der Bedürfnisbefriedigung, nämlich ein unabhängig vom Stillen des Hungers „kunstvoll modifiziertes Essen“ um seiner selbst willen ausgeübt werden. An diesem von Kambartel als „Genuss“ bezeichneten Fall zeigt sich die Kulturabhängigkeit von Bedarfen, und zwar losgelöst davon, ob sie als konkretere Ausformung essentieller Bedürfnisse oder als Artefakt – etwa im Sinne von „Bedarfsweckung“ – wahrgenommen werden. Denn weder was Genuss ist, noch die Beantwortung der Frage, ob zum reinen Hungerstillen Reis oder Kartoffeln adäquat sind, folgt einer Natur gegebenen Zwangsläufigkeit.

Die Vielfältigkeit, mit der Bedarfe in Erscheinung treten oder generiert werden können, legt eine mittlere Entscheidungsdimension nahe, die als Bindeglied zwischen Bedarfen (Dimension Kultur) und physischer Produktion (Dimension Technik) fungiert. Sie kann als Nutzungsregime oder -system bezeichnet werden und umschreibt eine bestimmte Praktik der Bedarfsbefriedigung. Eine solche stellt etwa der motorisierte Individualverkehr dar. Durch dieses spezifische Nutzungssystem wird beispielsweise ein zugrunde liegender Mobilitätsbedarf in die konkrete Pro-

[88] Bedürfnisse werden oft – in Abgrenzung zu Bedarfen – mit „angeborenen“ oder „natürlichen“ Eigenschaften assoziiert. Nicht zur Disposition zu stellende Grundbedürfnisse finden ihren Ursprung u.a. in der Vorstellung des Menschen als „Mangelwesen“ (Gehlen 1997) oder als „schwächstes aller Lebewesen“ (Fromm 1974). Allerdings hat die Frage, ob Bedürfnisebenen jenseits von Kultur eine sinnvolle Konstruktion darstellen, zu Kontroversen geführt. Vgl. z.B. Gronemeyer 1988, Illich 1992 oder Sachs 2002b. Im vorliegenden Kontext hat die Differenz zwischen Bedürfnissen und Bedarfen lediglich den Zweck, anthropologische Grenzen für die Gestaltung einer nachhaltigen Entwicklung anzuerkennen.

duktion von Autos sowie einer dazugehörigen Infrastruktur „übersetzt". Alternative Nutzungssysteme wie etwa der öffentliche Personenverkehr oder Flugreisen würden denselben Bedarf in andere Produkte und Technologien übersetzen.

Die drei Dimensionen korrespondieren jeweils mit bestimmten Innovationstypen und Nachhaltigkeitsprinzipien. Außerdem sind sie durch einen unterschiedlichen Grad an gesellschaftlicher Interaktion gekennzeichnet. Produkt- und Prozessinnovationen können der Technikdimension zugeordnet werden, die nach gängiger Auffassung als originäres Handlungsfeld der Unternehmung gilt. Die nachhaltige Gestaltung von Produkten und Verfahren erfolgt hier mittels technischer Effizienz, Konsistenz oder der gänzlichen Vermeidung solcher Produkte, die sich technisch nicht anpassen lassen.[89] Von dieser Ebene sind nur begrenzte Impulse für Verhaltensänderungen oder einen kulturellen Wandel zu erwarten.

Verglichen damit weisen System- und Dienstleistungsinnovationen, die mit der zweiten Ebene assoziiert werden können, insoweit eine höhere kommunikative Reichweite auf, als ihre Umsetzung ein neues Nutzungsregime und damit Verhaltensänderungen seitens der Nachfrager erfordern kann. Die hier relevanten Nachhaltigkeitsprinzipien erstrecken sich ebenfalls auf Effizienz, Konsistenz und Vermeidung, allerdings bezogen auf Nutzungsroutinen. Während Effizienz auf der technischen Ebene die Optimierung eines bestimmten Produktes zum Ziel hat, kommt auf der zweiten Ebene ein veränderter Effizienzbegriff zum Tragen, nämlich Nutzeneffizienz[90]: Die effiziente Bereitstellung einer bestimmten Funktion ist nicht mehr auf eine Anpassung des bisher genutzten Produktes beschränkt, sondern kann z.B. durch Outsourcing zu einer Dienstleistung werden. In ebenso differenzierter Weise ist hier das Konsistenzprinzip zu verstehen.

---

[89] Inbegriffen ist damit die vollständige Substitution alter Produkt- oder Prozesslösungen durch neue Varianten.

[90] Vgl. hierzu auch Schmidt-Bleek 2000, 184ff.

Abb. 3: Entscheidungsdimensionen und Innovationstypen

Schließlich werden in der kulturellen Dimension nicht nur Produkte sowie bisherige Verhaltensweisen und Nutzungssysteme in Frage gestellt, sondern generell das Ausmaß der zu produzierenden Güter und Leistungen. Verbunden damit sind zunächst Lebensstilfragen. Aber insoweit suffiziente(re) Nutzungsformen im Konsumbereich an organisatorische Voraussetzungen gekoppelt sind, die letztlich nur von Unternehmungen erfüllt werden können, lassen sich dieser Dimension organisationale Innovationen zuordnen. Neben einer Kultur „des rechtes Maßes", die auf eine kritische Reflexion sowohl der generellen Sinnhaftigkeit als auch des quantitativen Umfangs von Konsumansprüchen verweist, ist in dieser Dimension das zweite zentrale Nachhaltigkeitsprinzip des kulturellen Weges von Bedeutung: Bedarfe müssen nicht notwendigerweise durch neue Produktion – ganz gleich ob neue Produkte oder neue Dienstleistungen –, sondern können stattdessen auch durch eine andere Verteilung vorhandener Werte befriedigt werden. Dies schließt die Umverteilung von Nutzungsansprüchen ein, die sich aus Einkommen und Vermögen ergeben, aber nicht notwendigerweise durch politische Maßnahmen. Wie gezeigt wurde, kommen hierzu auch erleichterte Marktzugänge, also eine

Intensivierung des Wettbewerbs in Betracht. So kann bisherigen Arbeitnehmern durch unterstützende Dienstleistungen (Beratung, Vermittlung von Kooperationspartnern, Coaching etc.) der Weg in die Unternehmensgründung erleichtert werden. Wer als bisheriger Arbeitnehmer ein Mikrounternehmen gründet, koppelt seine Einkommenssicherung vom wachstumsabhängigen Arbeitsmarkt ab.[91]

2.4.3 Rebound-Effekte

Sog. „Rebound"- oder „Bumerang-Effekte" treten auf, wenn Maßnahmen, denen bei isolierter Betrachtung ein positiver Nachhaltigkeitsbeitrag bescheinigt werden kann, weitere Effekte verursachen, die sich in einer anderen Dimension, einem anderen Handlungsbereich oder einem anderen (Teil-) System negativ auf Nachhaltigkeitsbelange auswirken. Derartige Wirkungsbrüche können technischen Ursprungs oder auf Interdependenzen zurückzuführen sein, die sowohl zwischen Produktion und Konsum als auch zwischen der Mikro- und Makroebene anzutreffen sind. Die meisten Rebound-Effekte lassen sich als Rückkoppelungen innerhalb des obigen Drei-Dimensionen-Schemas darstellen. Oft handelt es sich um verzögerte indirekte Effekte, die dem intendierten direkten Nachhaltigkeitseffekt zuwiderlaufen (anstatt zu unterstützen, wie im Abschnitt 2.4.1 dargestellt).

Technische Rebound-Effekte: Die Einführung eines neuen Produktes oder Verfahrens, das auf der Basis eines bestimmten Nachhaltigkeitsprinzips vorteilhaft erscheint, kann sich aus der Perspektive eines anderen Nachhaltigkeitsprinzips als kontraproduktiv erweisen. In der Automobilindustrie hat sich beispielsweise eine Leichtbauweise durchgesetzt, die zu erheblichen Energieeinsparungen führt. Die Gewichtseinsparung wurde im Wesentlichen durch die Substitution von Metallen durch Kunststoffe erzielt, deren Produktion und Entsorgung neue ökologische Probleme aufwerfen kann. Somit wird der Effizienzvorteil mit einem Konsistenznachteil erkauft, denn die verwendeten Materialien können am Ende der Nutzungsdauer nicht mehr schadlos in natürliche oder technische Kreisläufe zurückgeführt werden. Weiterhin ist nicht auszuschlie-

---

[91] Auf das Drei-Dimensionen-Schema wird im Kapitel 7 näher eingegangen, um auf dieser Grundlage ein unternehmerisches Managementinstrument zu entwickeln, das sich im Einklang mit dem kulturellen Weg befindet.

ßen, dass die Produktion der zur Leichtbauweise erforderlichen Materialien (Kunststoffe, Aluminium) sehr energieintensiv ist.

Wachstumseffekte: Nachhaltigkeitsinnovationen in Form effizienter Produkte und Verfahren können Wachstumseffekte generieren, wenn sie nicht in hinreichendem Maße zur Substitution bisheriger (weniger nachhaltiger) Lösungen führen. So kann etwa die Einführung eines 1,5-Liter-Autos dazu führen, dass viele Haushalte dieses Fahrzeug in Addition zum vorhandenen Fuhrpark, quasi als „Drittauto", anschaffen. Ebenso kann die flächendeckende Ausweitung der Windenergie- oder Photovoltaiknutzung zusätzliche Ressourcen- und Energieströme induzieren, wenn der Energiemarkt die zusätzliche Menge an regenerativ erzeugtem Strom absorbiert, statt im selben Umfang das Angebot an fossilem und atomarem Strom zu reduzieren. Selbst dann, wenn nachhaltige Produktinnovationen auf Seiten der Nachfrager zur Substitution führen, besteht die Möglichkeit eines nachgelagerten Wachstumsstimulus. Beispielsweise die Diffusion des „Hyperautos"[92] könnte gerade dann, wenn der negative Drittauto-Effekt ausbliebe, eine Expansion des Gebrauchtwagenangebots nach sich ziehen. Die dadurch verursachte Tendenz zur Preissenkung in Verbindung mit einem Automarkt, der zumindest innerhalb der EU grenzenlos ist, würde die Anzahl der genutzten Autos insgesamt steigern. Weitere Wachstumswirkungen können infolge komplementärer Beziehungen zwischen Produktgruppen entstehen. So ließ der in den 80er Jahren einsetzende Fahrradboom neue Märkte für eine unüberschaubare Palette an ressourcenintensivem Zubehör (Bekleidung, Computer, Helme, Taschen, etc.) entstehen.

Psychologische Rebound-Effekte: Technische Nachhaltigkeitsinnovationen können negative Rückkoppelungen zur Ebene des Konsumverhaltens verursachen. Die bevorstehende Serienreife des Hyperautos könnte ähnliche Konsequenzen wie z.B. die Einführung des geregelten Drei-Wege-Katalysators zeitigen. Letzterer hatte aufgrund seines „integrierten Alibimoduls" die überfällige gesellschaftliche Auseinandersetzung mit motorisiertem Individualverkehr verhindert. Gerade umweltbewusste Personen, die den Besitz eines Autos bislang *noch* abgelehnt hatten, könnten nun infolge einer „technisch-ökologischen Gewissensberuhigung" zu Autofahrern werden. Weiterhin würden Autobesitzer, die ihr

[92] Es handelt sich um PKWs, die über einen Hybrid-Antrieb in Verbindung mit einer Brennstoffzelle verfügen.

Fahrzeug bislang nur dort eingesetzt haben, wo es ohne Alternative war, nun möglicherweise auch kurze Wege mit dem Auto zurücklegen. Insgesamt würde die Akzeptanz des motorisierten Individualverkehrs steigen, obwohl sich die Folgen einer flächendeckend motorisierten Gesellschaft eben nicht nur am Energieverbrauch des isoliert betrachteten Fahrzeugs festmachen lassen. Denn neben der Zementierung einer Infrastruktur, die insgesamt nicht mit nachhaltiger Entwicklung vereinbar ist, würde einer Verlagerung vom Umweltverbund (Bahn, Bus, Rad und Fußgängerverkehr) zum motorisierten Individualverkehr Vorschub geleistet (indirekter Effekt). Dabei ist ein negativer Gesamteffekt selbst dann nicht auszuschließen, wenn vorwiegend Hyperautos verkehren würden.

Verschiedentlich wird die Rebound-Problematik auf Basis einer anderen Systematik, nämlich der Unterscheidung zwischen Effekten primärer, sekundärer und tertiärer Ordnung behandelt:[93]

Primäre Effekte resultieren aus dem Material-, Energie- und sonstigen Umweltverbrauch, den eine Neuerung nebst zugehöriger physischer Infrastruktur generiert. Damit sind die kumulierten direkten Umwelteffekte entlang des Lebenszyklus – „von der Wiege bis zur Bahre“ – gemeint. Inbegriffen ist also nicht nur die Herstellung, sondern auch die Nutzung und gegebenenfalls anschließende Entsorgung.

Sekundäre Effekte einer Neuerung erstrecken sich auf Umweltwirkungen, die aus einer Veränderung von Marktaustauschbeziehungen oder Produktionsprozessen hervorgehen. Ein relevantes Beispiel ist der oft vermutete Strukturwandel, den der Einsatz neuer Informations- und Kommunikationstechnologien insbesondere durch die Verbreitung des E-Commerce hervorruft. Gerade auf der Vision einer virtuellen Ökonomie, in der bisherige Stoffströme durch Datenströme substituiert werden, gründen sich die Dematerialisierungshoffnungen.

Tertiäre Effekte greifen Umweltwirkungen infolge sozialer Veränderungen, insbesondere bezogen auf Lebensstil- und Konsumaspekte, auf. Recht kontrovers lässt sich beispielsweise die Frage diskutieren, ob das Internet-Portal „eBay“ einen Ressourcen sparenden Konsumstil anregt,

---

[93] Diese Vorgehensweise wenden Berkhout/Hertin (2001) im Rahmen einer OECD-Studie zur Nachhaltigkeitswirkung der Informations- und Kommunikationstechnologie an. Allerdings werden bei Berkhout/Hertin nur die Effekte dritter Ordnung als Rebound-Effekte bezeichnet. Bei Schauer (2002) findet sich eine Unterteilung in primäre und sekundäre Rebound-Effekte.

weil der hier erstmals in großem Stil ermöglichte Gebrauchtgüterhandel zur Rezyklierung und Nutzungsdauerverlängerung beiträgt.[94] Die Antithese hierzu lautet, dass eBay aufgrund seines „Spaßfaktors“ und der vereinfachten Tansaktionsbedingungen viele Nutzer dazu verleitet, insgesamt mehr zu konsumieren.[95]

Ganz gleich welche der beiden Rebound-Typologien angewandt wird, die Frage nach dem Gesamt- oder Nettoeffekt stößt auf Schwierigkeiten in Form mangelnder Messbarkeit und Zurechenbarkeit. Hinzu kommen die Umwege und Verzögerungen, mit denen speziell die eher indirekten Sekundär- und Tertiäreffekte auftreten. Umweltökonomische Gesamtrechnungen, wie sie beispielsweise das Statistische Bundesamt für Deutschland bereitstellt, liefern durchaus relevante Daten, jedoch auf einem hohen Aggregationsniveau. So wird etwa festgestellt, dass in der Zeit von 1991 bis 2003 ein signifikanter Rückgang sowohl der Material- und Energieverbräuche als auch der Emissionen festzustellen sei.[96] Aber auf welche Ereignisse, Maßnahmen und technischen Entwicklungen ist dieser Umstand zurückzuführen? Abgesehen davon, dass eine Effizienz- oder Konsistenzrevolution – das würden vermutlich sogar deren Befürworter einräumen – noch gar nicht eingesetzt hat und daher kaum als Ursache geltend zu machen ist, spielen exogene Schocks wie der komplette Zusammenbruch ostdeutscher Produktionskapazitäten eine mögliche Hauptrolle.[97] Aber dann ließe sich der vorliegende Befund als Ergebnis eines drastischen Schrumpfungsprozesses, also einer partiellen Umkehrung des Wirtschaftswachstums interpretieren und eben nicht als Folge erhöhter Effizienz oder Konsistenz.

Hinzu kommt, dass gegenläufige Tendenzen oft nicht saldiert werden können, weil sie die Ökosphäre auf nicht vergleichbare Weise tangieren. Es liegt nahe, sich diesen Aspekt in Verbindung mit der Informations- und Kommunikationstechnologie vor Augen zu führen, denn sie stellt das argumentative Flaggschiff der Anhänger des technischen Weges dar.

---

[94] Dieser Frage wird im Kapitel 10 nachgegangen.

[95] Vgl. Henseling/Fichter 2004.

[96] Die Resultate der umweltökonomischen Gesamtrechnung für Deutschland finden sich in übersichtlicher Form auf der Internet-Seite des Statistischen Bundesamtes (http://www.destatis.de/basis/d/umw/ugrtxt.php).

[97] „Die Entwicklung des Energieverbrauchs wurde auch durch den deutlichen Rückgang des Energieeinsatzes in den neuen Ländern zu Beginn der neunziger Jahre beeinflusst“ (Statistisches Bundesamt 2004, 17).

Selbst wenn sich irgendwann nachweisen ließe, dass die virtuelle Ökonomie tatsächlich zur Dematerialisierung des Produktionswachstums führt, müsste den eingesparten Ressourcenkategorien die Zunahme an Elektronikschrott[98] und der steigende Energiehunger privater Haushalte[99] entgegengehalten werden. Weiterhin gilt sowohl für mengenmäßig sinkende Input- als auch für Abfallaggregate, dass die Qualität ihrer jeweiligen Zusammensetzung eine besondere Rolle spielt. Wenn beispielsweise die Gesamtmenge an Abfällen (gemessen in Gewicht) abnimmt, ist nicht auszuschließen, dass die darin enthaltene absolute Menge an besonders problematischen Fraktionen dennoch gestiegen ist. Zu berücksichtigen ist auch der unterschätzte Energieverbrauch der Server.

Auch die Zunahme der durch den Mobilfunk verursachten Strahlenbelastung ließe selbst für den unrealistischen Fall, dass drahtlose Kommunikation Materialflüsse substituiert (anstatt deren Wachstum zu induzieren), bestenfalls auf eine Problemverlagerung zwischen verschiedenen Umweltmedien schließen.[100]

Wenn zur Abschätzung der Umweltwirkungen hingegen eine Beschränkung auf Teilaspekte vorgenommen wird, drohen die Sekundär- und Tertiäreffekte vernachlässigt zu werden. Im Übrigen ist selbst dann nicht von zweifelsfreier empirischer Evidenz auszugehen. Williams/ Tagami (2003) haben sich in einer Fallstudie allein auf die Energiebilanz des E-Commerce im japanischen Büchermarkt konzentriert. Dennoch fällt das Ergebnis mager aus: „The evaluation of the environmental effects of the adoption of ICTs (Information and Communication Technology, NP) is extremely difficult; methodologies and data collection systems are still in their infancy. In this climate, there is a palpable risk of ‚greenwash', wherein partial analyses are used as a public relations/ sales tool of firms and other organizations" (Williams/Tagami 2003, 113). Auch Berkhout/Hertin (2001) gelangen in ihrem OECD-Report zu

---

[98] Das Bundesumweltministerium geht momentan von einem jährlichen Elektronikschrottaufkommen in Höhe von 1,8 Mio. Tonnen aus und unterstellt ein jährliches Wachstum von 4 % (http://www.bmu.de/fb_abf/?fb=3014). Die Informations- und Kommunikations-Hardware erweist sich als zukünftiger Schrittmacher dieser Entwicklung.

[99] Siehe hierzu die Tabelle „Direkter Energieverbrauch nach Wirtschaftsbereichen im Inland" des Statistischen Bundesamtes für die Zeit zwischen 1990 und 2002 (http://www.destatis.de/basis/d/umw/ugrtab3.php).

[100] Vgl. Grassberger/Kotteder 2002, Weder 2002.

den Nachhaltigkeitswirkungen des I-u-K-Technikeinsatzes zu keinem empirisch eindeutigen Befund, warnen aber ausdrücklich vor folgender Gefahr: „There is even the possibility of what might be termed a process of ‚re-materialisation' of the New Economy as prices for raw material fall and consumers become increasingly distanced from the environmental consequences of their consumption."

Um Rebound-Effekte trotz ihrer kaum möglichen Quantifizierbarkeit weitgehend zu vermeiden, könnte eine Orientierung an folgenden Kriterien sinnvoll sein.

(1) Wenn nachhaltige Entwicklung als Suchprozess verstanden wird, würde die Akzentuierung solcher Innovationsprojekte, die von vornherein entweder keine oder nur abschätzbar geringfügige Rebound-Wirkungen entfalten, ein wichtiges Auswahlkriterium darstellen.

(2) Sollte die These zutreffen, dass Rebound-Probleme systematisch durch technische Neuerungen und Produktinnovationen verursacht werden, ließen sich zwei Konsequenzen ziehen:

- Nachhaltigkeitsmaßnahmen, die nicht auf der Technik- bzw. Produktebene, sondern in der Dimension des Nutzungsregimes ansetzen, könnte eine Priorität eingeräumt werden.
- Dort, wo Technik- oder Produktinnovationen zur Diskussion stehen, könnte ein weiteres Auswahlkriterium darin bestehen, dass die physischen Neuerungen positive Rückkoppelungen zu den Dimensionen des Nutzungsregimes und ggf. der Kultur auslösen sollten. Damit sind Maßnahmen gemeint, deren direkte und indirekte Effekte einander verstärken.[101]

(3) Politische und volkswirtschaftliche Rahmenbedingungen – auch wenn dieser Aspekt den Fokus der vorliegenden Arbeit grundsätzlich sprengt – könnten geeignet sein, selbst die im Fall von Produktinnovationen systematisch auftretenden Rebound-Effekte weitgehend einzudämmen. So könnte etwa eine zeitgleich mit dem Hyperauto eingeführte „Ökosteuer" (oder deren *spürbare* Erhöhung) dazu führen, dass anstelle eines unerwünschten Mobilitätswachstums tatsächlich ein Substitutionseffekt einsetzt.

---

[101] Beispiel: Nicht Hyperautos, sondern „Hyperzüge" oder „Hyperfahrräder" wären als Produktinnovation wünschenswert, weil sie ein insgesamt nachhaltigeres Nutzungsregime und ein vom MIV abgekoppeltes Mobilitätsverhalten unterstützen.

(4) Innovationsstrategien, die auf Umweltentlastung zielen, müssen zwei Herausforderungen meistern, die bislang zu wenig Aufmerksamkeit fanden. Zunächst gilt es, die Dimension des Nutzerverhaltens einzubeziehen, um konterkarierende Verhaltensweisen zu vermeiden. Eng verbunden damit ist eine zweite Hürde, die sich zusehends als strukturelles Selektionsproblem offenbart. Darauf wird in den nächsten Kapiteln dieser Arbeit noch näher einzugehen sein.

2.5 Identifikation von Nachhaltigkeitspotenzialen: Ein Suchkorridor

Wenn also eine Vorwegnahme allzu rigider und undifferenzierter Zielformeln schon deshalb ausscheidet, weil sie der Heterogenität auf Unternehmensebene und damit dem vorab unbekannten Fundus an kreativen Lösungspotenzialen nicht gerecht werden kann, worin besteht dann die Alternative? Sinnvoll erscheint die Gestaltung von Suchprozessen zur Aufdeckung oder Neuschöpfung von Maßnahmen, Instrumenten und Strategien, deren potentieller Nachhaltigkeitsbeitrag im Sinne einer konsistenten Zielrichtung zu begründen ist. Damit einerseits die Ergiebigkeit derartiger Suchprozesse nicht durch zu eng geführte Zielvorgaben erstickt wird, andererseits aber ein Maximum an Zielsicherheit erreicht wird, ist hierzu ein Orientierungsrahmen erforderlich. Er hat die Funktion, dem vielfältigen Spektrum an möglichen Entwicklungspfaden in Richtung Nachhaltigkeit hinreichenden Raum zu lassen, diesen Raum oder Zielkorridor jedoch mit sicheren Grenzen zu versehen. Der in Abb. 1 schematisierte Zusammenhang zwischen dem räumlichen und zeitlichen Übertragbarkeitskriterium, sechs Nachhaltigkeitsprinzipien und der Benennung von Handlungsfeldern ist bereits ein erster von insgesamt vier Schritten zur Vervollständigung dieses Orientierungsrahmens.

Aus den oben erläuterten Gründen wird bewusst Abstand von der häufig praktizierten Vorgehensweise genommen, den Begriff der nachhaltigen Entwicklung zu einem Set weniger Kennziffern oder Indikatoren zu verdichten. Ein derartiger Versuch, die hier hergeleitete Systematik enger zu schnüren, hätte mindestens die folgenden Konsequenzen:

- Ein Teil des Spektrums möglicher Entwicklungsmuster und Ansatzpunkte für Nachhaltigkeit würde ausgeblendet.

- Eine kritische Maßnahmenbeurteilung unter dem Aspekt Ursachen- versus Symptombekämpfung erschiene kaum möglich.
- Rebound-Effekte und andere konterkarierende Fehlentwicklungen ließen sich nicht präzise aufschlüsseln.

Damit soll eindimensionalen Ansätzen und Kennziffersystemen wie etwa dem „MIPS“-Konzept (Schmidt-Bleek 2000), dem „Ökologischen Fußabdruck“ (Wackernagel/Rees 1997) oder dem „IPPsylon-Faktor“ (Rosemann/Meerkamm 2002), um drei prominente Beispiele zu nennen, keine generelle Absage erteilt werden. Ihr nicht zu leugnender Vorteil liegt in einer Komplexitätsreduktion, die zur leichteren Kommunizierbarkeit und praktischen Handhabbarkeit des ansonsten vielschichtigen Nachhaltigkeitsbegriffs beiträgt.[102] Aber Komplexitätsreduktion ist nicht zum Nulltarif zu haben. Eine undifferenzierte Gleichsetzung derartiger Indikatoren mit Nachhaltigkeitszielen würde nicht nur viele inhaltliche und konzeptionelle Widersprüche heraufbeschwören, sondern tendenziell die aus dem kulturellen Weg resultierenden Potenziale und Erfordernisse vernachlässigen. Innerhalb des hier vorgeschlagenen Orientierungsrahmens kommen derartige Indikatorkonzepte als flankierende Instrumente zur Geltung.

Im Folgenden sollen vier Kriterienebenen beschrieben werden, die zur Identifikation und Beurteilung von Nachhaltigkeitspotenzialen herangezogen werden können. Diese vier Ebenen – sie könnten ebenso gut als „Leitplanken“ eines Orientierungsrahmens oder Suchkorridors bezeichnet werden – fassen die vorangegangen Abschnitte zu einer aufeinander aufbauenden Systematik zusammen.

Kriterium 1: Aufgrund welcher Kausalität wirkt die Maßnahme? Zunächst gilt es, die Wirkungsrichtung einer Maßnahme, eines Projektes oder einer Innovation auf Basis eines oder mehrerer der vorgestellten Nachhaltigkeitsprinzipien zu begründen. Da dem sechsten Prinzip, nämlich Risikominderung, eine übergeordnete Rolle zukommt, ist es Gegenstand eines eigenständigen Kriteriums, das der Richtungssicherheit von Innovationsprozessen Rechnung trägt.

Kriterium 2: Wie (un-) mittelbar wirkt die Maßnahme? Den Kern dieses Kriteriums bildet die Unterscheidung zwischen direkten und indirekten Nachhaltigkeitseffekten.

[102] Ein gelungenes Beispiel: „MIPS für KIDS“ (Baedeker/Kalff/Welfens 2001)

Kriterium 3: In welcher Entscheidungsdimension setzt die Maßnahme an? Von dieser Frage hängt u.a. ab, wie ursachenadäquat eine Maßnahme wirkt. Weiterhin lassen sich anhand des Drei-Dimensionen-Schemas unterschiedliche Formen eines Strukturwandels mit Zielrichtung Nachhaltigkeit darstellen und analysieren, wie sich im weiteren Verlauf dieser Arbeit zeigen wird.

Kriterium 4: Wie sicher sind der Erfolg und die Zielrichtung der Maßnahme? Um die Nachhaltigkeitswirkung einer Maßnahme zu begründen, reichen die beiden vorherigen Stufen nicht aus. Zu prüfen ist, inwieweit Rebound- und Risikoeffekte auftreten können.

Abb. 4: Systematik zur Identifikation von Nachhaltigkeitspotenzialen

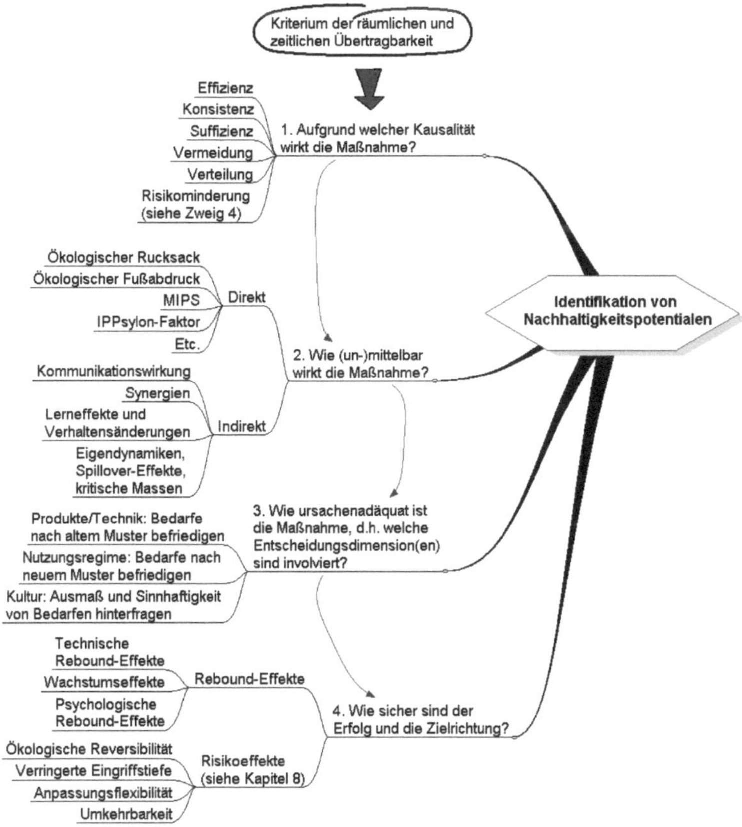

Kapitel 3
Nachhaltigkeit aus unternehmerischer Perspektive: Konzepte und Ansatzpunkte

Der in den vorangegangenen Kapiteln umrissene Orientierungsrahmen gibt zunächst noch keine Auskunft darüber, auf Basis welcher Neuerungsprozesse sich der Wandel mit Zielrichtung Nachhaltigkeit vollziehen könnte. Mit dem kulturellen und technischen Weg stehen sich zwei Grundrichtungen gegenüber, die mit unterschiedlichen Ansatzpunkten, Innovationstypen und Auffassungen hinsichtlich des gesellschaftlichen Veränderungsbedarfs korrespondieren. Um die Frage nach adäquaten, insbesondere ursachenbezogenen Szenarien des Wandels vertiefen zu können, soll zuvor ein Blick auf die Empirie geworfen werden. Aus einer Beobachtung aktueller Trends im Bereich des nachhaltigen Wirtschaftens lassen sich nicht nur Hinweise auf bereits bewährte Konzepte, sondern auch auf Defizite und Fehlentwicklungen gewinnen. Den ersten empirischen Schwerpunkt der vorliegenden Arbeit bildet daher eine systematische Darstellung und Auswertung von Nachhaltigkeitskonzepten, die sich speziell an Unternehmen richten oder von diesen selbst kommuniziert werden. Die hierbei zum Vorschein kommenden Ansätze werden zu einer überschaubaren Anzahl von Leitkonzepten verdichtet, die zwar keinen Anspruch auf Vollständigkeit erheben, aber wichtige Trends innerhalb der aktuellen Diskussion andeuten. Weiterhin wird analysiert, welchen Handlungsfeldern, Nachhaltigkeitsprinzipien, Unternehmensbereichen und Innovationstypen die untersuchten Konzepte zugeordnet werden können. Dies erlaubt vorsichtige Rückschlüsse auf den Wandel, der durch die gegenwärtige Praxis unternehmerischer Nachhaltigkeit befördert wird.

3.1 Vorgehensweise und Datenbasis

Die im Folgenden vorgestellte Recherche basiert auf Ergebnissen, die im Rahmen des vom BMBF geförderten Forschungsprojektes SUMMER[103] (SUstainable Markets eMERge) erarbeitet wurden. Um ein möglichst repräsentatives Bild der aktuellen Nachhaltigkeitsdiskussion im Unternehmensbereich skizzieren zu können, wurde bewusst von der Analyse einzelner Unternehmen oder Best Practices Abstand genommen. Abgesehen von den damit verbundenen methodischen Schwierigkeiten – wie umfangreich müsste eine auch nur annähernd repräsentative Stichprobe sein? – hätte der Ressourcenaufwand für eine aussagefähige empirische Analyse die Grenzen des Projektes gesprengt. Stattdessen wurde ein alternativer Ansatz gewählt: Nicht die Unternehmen selbst, sondern Institutionen und Akteure, die als deren Beobachter in weitesten Sinne fungieren, wurden in die Recherche einbezogen. Daraus ergibt sich eine Beobachtung höherer Ordnung im Sinne Luhmanns (1992, S. 86). Im Fokus stehen dabei unternehmensnahe Institutionen und andere gesellschaftliche Akteure, die unter anderem auf folgende Weise in Erscheinung treten, nämlich als

- „Seismographen“ des Unternehmensbereichs, die durch ihre Interaktion oder Kommunikation mit einer Vielzahl von Unternehmen aktuelle Trends aufnehmen, bündeln und zu quasi aggregierten Aussagen verdichten und als
- „Multiplikatoren“, die als Interessenvertretung oder Kommunikationskanal für den nachhaltigkeitsorientierten Teil des Unternehmenssektors fungieren.

Zu den typischen Vertretern beider Kategorien zählen Unternehmensnetzwerke, Verbände, Kammern, Anbieter spezieller Leistungen für Unternehmen, Intermediäre für gebündelte oder integrierte Angebote, Forschungseinrichtungen, Forschungsprojekte, NGOs, Stiftungen, Verwaltungseinrichtungen, politische Institutionen, ministerielle und europapolitische Initiativen, bestimmte Informationsbörsen für Unternehmen, relevante Medien etc. Um den Fokus zielführend einzugrenzen, konzentrierte sich die Recherche auf Institutionen und Akteure, deren Kommuni-

---

[103] Die Laufzeit des Projektes erstreckte sich auf 3 Jahre. Nähere Informationen finden sich unter http://www.summer-net.de.

kationsinhalte in einer direkten oder mindestens indirekten Weise relevant für unternehmerisches Handeln sind. Eine weitere Einschränkung bestand darin, dass die Darstellungen oder publizierten Informationen einen Bezug zur nachhaltigen Entwicklung aufweisen. Im Übrigen lag das Schwergewicht auf Akteuren und Institutionen, die sich des Internets (World Wide Web) bedienen und damit an einer räumlich übergreifenden Diskussion und Darstellung von unternehmerischen Nachhaltigkeitskonzepten partizipieren.

Die untersuchten Akteure lassen sich drei prägnanten Kategorien zuordnen: unternehmensnahe Institutionen im weiteren Sinne, nachhaltigkeitsorientierte Finanzdienstleister sowie Berater mit Nachhaltigkeitsbezug. Eine Gemeinsamkeit der einbezogenen Einrichtungen oder Akteure besteht darin, dass sie als übergreifende Rezeptionen oder Anbieter bestimmter Leistungen entweder eine Vielzahl unterschiedlicher Interessen, Erfahrungen und Sichtweisen von Unternehmen subsumieren oder einem möglichst breiten Spektrum an heterogenen Anforderungen und Bedingungen genügen müssen.

Beispiele: Der von der UNO initiierte „Global Compact" oder die Richtlinien der „Global Reporting Initiative" (GRI) sind nur dann funktionsfähig, wenn die damit implizit kommunizierte Nachhaltigkeitsauffassung universell genug ist, um auf möglichst viele Unternehmenskontexte anwendbar zu sein. Ähnliches gilt für einen Berater wie etwa Arthur D. Little, dessen angebotene Dienstleistungen im Bereich des nachhaltigen Wirtschaftens ein möglichst breites Spektrum an potenziellen Klienten abdecken müssen. Vor vergleichbaren Herausforderungen steht ein Unternehmensverband wie B.A.U.M. e.V., der nicht lebensfähig wäre, wenn die von ihm kommunizierten Nachhaltigkeitsaspekte nicht dem breiten Konsens seiner Basis entsprächen. Vergleichbare kumulative (Neben-) Effekte ergeben sich für Dienstleister aus dem Finanzsektor. So hat etwa die Rating-Agentur Ökom ein Kriteriensystem entwickelt, mit dem Unternehmen verschiedenster Branchen und Prägungen im Hinblick auf Nachhaltigkeit bewertet werden können. Zusätzlich muss das Kriteriensystem den Anforderungen der Ökom-Klienten genügen. Andernfalls könnte sich Ökom am Markt nicht gegen die beträchtliche Anzahl an Konkurrenten behaupten, die mit vergleichbaren Dienstleistungen aufwarten. Auch Finanzintermediäre wie beispielsweise die GLS-Bank befinden sich in einer derartigen Situation. Für diesen Akteurstyp gilt nicht minder, dass er – als Nebeneffekt seiner eigentlichen Geschäftstätigkeit –

zum Kristallisationspunkt einer Nachhaltigkeitsauslegung wird, die über den Markt permanent im Hinblick auf hinreichende Akzeptanz getestet wird.

Jedes einzelne der auf dieser Grundlage (indirekt) kommunizierten Nachhaltigkeitskonzepte, die aus dem Unternehmensbereich stammen oder sich an diesen richten, erlangt damit bereits eine repräsentative Aussagekraft. Mittels dieser Methodik lassen sich Trends und Konturen innerhalb des unternehmerischen Nachhaltigkeitsdiskurses andeuten, die weitaus repräsentativer sind, als die Stichprobengröße zunächst suggeriert.[104] Die unterschiedlichen Stichprobenumfänge reflektieren die Bedeutung der jeweiligen Kategorie im Sinne der obigen Ausführungen. Die räumliche Zuordnung der recherchierten Plattformbetreiber geht aus der folgenden Darstellung hervor, wobei sich einige Akteure aus der ersten Kategorie – insbesondere Netzwerke oder international agierende Institutionen – einer Lokalisierung entziehen. Sie fallen in die Sparte „Global“, da sie sich als räumlich umfassendes, an kein bestimmtes Land gebundenes Netzwerk bezeichnen.

Abb. 5: Räumliche Zuordnung der untersuchten Akteure

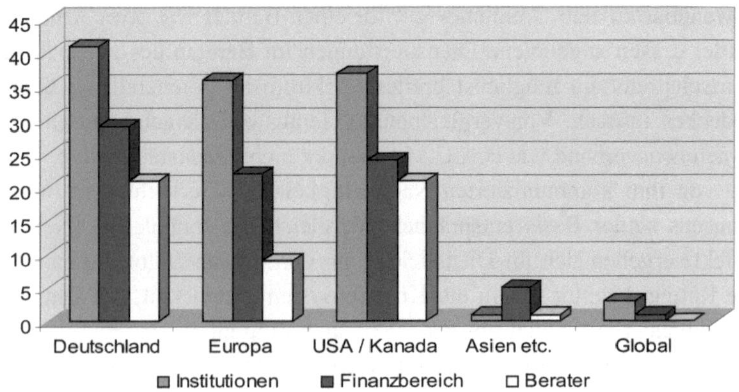

[104] Es wurden 120 unternehmensnahe Institutionen, 80 Finanzdienstleister und 50 Berater mit Nachhaltigkeitsausrichtung untersucht.

Weiterhin wurden die Akteure entsprechend ihrer fachlichen Herkunft den Kategorien „Theorie/Wissenschaft", „Politik/Gesellschaft" und „Unternehmensbereich" zugeordnet. Für die beiden erstgenannten gilt dabei, dass nur solche Nachhaltigkeitskonzepte in die Recherche aufgenommen wurden, die von expliziter Relevanz für Unternehmen sind oder aus denen sich indirekt Konsequenzen für unternehmerisches Agieren ableiten lassen. Im Übrigen sind hier Doppelzählungen inbegriffen.

Abb. 6: Fachliche Zugehörigkeit der untersuchten Akteure

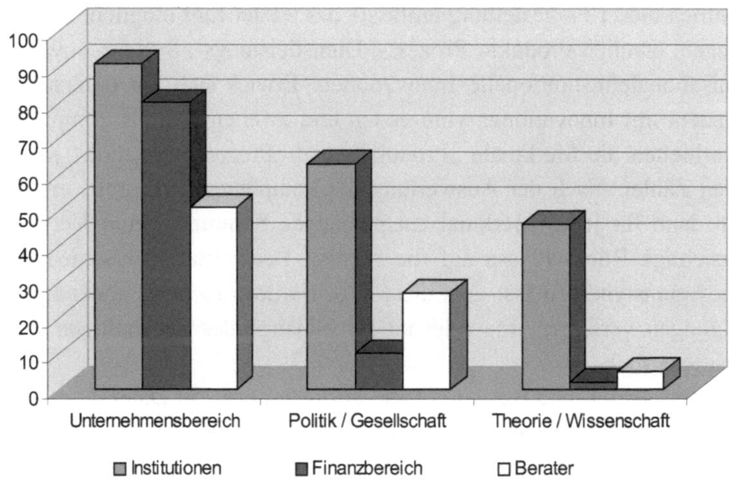

Für jeden der Akteure wurde ein Datensatz angelegt, der sich auf ein umfangreiches Set an Merkmalen erstreckt. Dabei sind drei Typen von Informationen zu unterscheiden:

1. Textbausteine und stichwortartige Kurzdarstellungen, die sich – zum Teil als direkte Zitate – den vom jeweiligen Akteur publizierten Inhalten entnehmen lassen (vorwiegend Download-Dokumente oder direkte Informationen aus Internetplattformen)
2. Hyperlinkverbindungen zu entsprechenden Online-Quellen
3. Binäre Zuordnungen innerhalb bestimmter Merkmalsraster in Anlehnung an den vorangegangen Theorieteil dieser Arbeit

Dem letztgenannten Informationstyp kommt eine besondere Bedeutung zu; er bildet die Grundlage des weiteren Gangs der Untersuchung und bedarf daher einer genaueren Erläuterung. Mit binärer Zuordnung ist gemeint, dass die jeweils auszuwertenden Aussagen oder Informationen zum Komplex der unternehmerischen Nachhaltigkeit ein bestimmtes Merkmal erfüllten (Vergabe des Wertes 1) oder eben nicht (Vergabe des Wertes 0). Von einer graduellen Charakterisierung (etwa im Sinne eines Notenspektrums) wurde aufgrund der damit einhergehenden Auslegungsspielräume abgesehen.

Beispiel: Alle recherchierten Konzepte wurden u.a. im Hinblick darauf ausgewertet, mit welchem Innovationstyp sie korrespondieren. Hinsichtlich dieser Fragestellung umfasste das Raster fünf mögliche Ausprägungen, nämlich Produkt-, Prozess-, Dienstleistungs-, System- sowie organisationale/institutionelle Innovationen. Erwies sich ein untersuchtes Konzept mit Innovationen vom ersten und zweiten Typ als kompatibel, so erhielten die Merkmale „Produkt"- und „Prozessinnovation" jeweils einen Zähler. Nach der Auswertung der kompletten Stichprobe ergeben sich dann für jedes Merkmal entsprechende Summen, deren Vergleich vorsichtige Rückschlüsse auf die relative Bedeutung unterschiedlicher Innovationstypen zulässt. Auf diese Weise wurde auch mit anderen Ausprägungen verfahren, die relevant für Belange des nachhaltigen Wirtschaftens sind.

Nachfolgend wird das komplette, auf jeden der 250 Datensätze angewandte Raster aufgeführt. Dabei ist in Klammern vermerkt, um welchen Auswertungstyp es sich jeweils handelt. Die unterschiedlichen Ausprägungen innerhalb des dritten Auswertungstyps sind durch ein * getrennt.

- Internetadresse (2)
- Betreiber (1)
- Deutschland * Europa * USA/Kanada * Asien etc. * Global (3)
- Branche, Herkunft, Akteurstyp (1)
- Unternehmensbereich * Politik/Gesellschaft * Theorie/Wissenschaft (3)
- Nachhaltigkeitsdefinition oder vergleichbare Zielsetzungen (1)
- Handlungsfelder (1)

- Einbezogene Unternehmensbereiche: Strategisches Management * Operationales Management * Produktion * FuE * Beschaffung * Controlling * Personal * Marketing * Kommunikation Logistik * Keine Angabe (3)
- Leitkonzepte: Sustainable Product Design * Stoffstrom- u. Life-Cycle-Konzepte * Umweltmanagement * Ökoeffizienz * Ökoeffektivität * Integrierte Produktpolitik * Industrial Ecology * Corporate Social Responsibility * Stakeholderdialog * Sustainable Reporting * Codes of Conduct * Keine Angabe (3)
- Konkrete Handlungsempfehlungen, Instrumente, Maßnahmen, Projekte (1)
- Effizienz * Konsistenz * Suffizienz * Verteilung * Risikominderung * Vermeidung (3)
- Innovationsbezug (1)
- Innovationstypen: Produktinnovation * Prozessinnovation * Systeminnovation * Dienstleistungsinnovation * organisationale/institutionelle Innovation * Keine Angabe (3)
- Bezug zur Entwicklung neuer Märkte (1)
- Ergänzende Quellen, Downlaods etc. (2)

3.2 Unternehmensnahe Institutionen

Handlungsfelder. Innerhalb der insgesamt fünf Handlungsbereiche, die sich herauskristallisierten – Globale Verantwortung, Ökologie, Soziales, Wirtschaft und Kultur –, erweist sich die Triade Wirtschaft-Soziales-Ökologie als dominant, wobei Wirtschaft von den betreffenden Institutionen meistens im Sinne von Unternehmenserfolg verstanden wurde. Dieser Befund führt allerdings zu keiner empirischen Untermauerung des Drei-Säulen-Paradigmas, sondern unterstreicht zunächst Handlungsfelder, die aus der Unternehmensperspektive für relevant erachtet werden. Eine Beantwortung der Frage, ob die drei Dimensionen als gleichrangige Ziele oder Handlungsfelder interpretiert werden, scheint für die Praxis weniger bedeutend zu sein als für den wissenschaftlichen Diskurs. Erläuterung bedarf das Handlungsfeld Kultur. Es wurde dem Raster hinzugefügt, weil sich während der Recherche herausstellte, dass nicht wenige Akteure einen Beitrag zur nachhaltigen Entwicklung in einer finanziellen, logistischen oder personellen Unterstützung bestimmter gesellschaftlicher Bereiche sehen, die dem Handlungsfeld „Soziales" oder „globale Verantwortung" nur um den Preis einer sehr undifferenzierten Betrachtung zugerechnet werden könnten. Dazu zählen Investitionen in Aus- und Weiterbildung oder in infrastrukturelle Einrichtungen. Weiterhin sind davon künstlerische und kulturelle Maßnahmen oder Einrichtungen betroffen, die keineswegs dafür prädestiniert sein müssen, sozial benachteiligten Gruppen zugute zu kommen (z.B. Theater).

Abb. 7: Handlungsfelder (unternehmensnahe Institutionen)

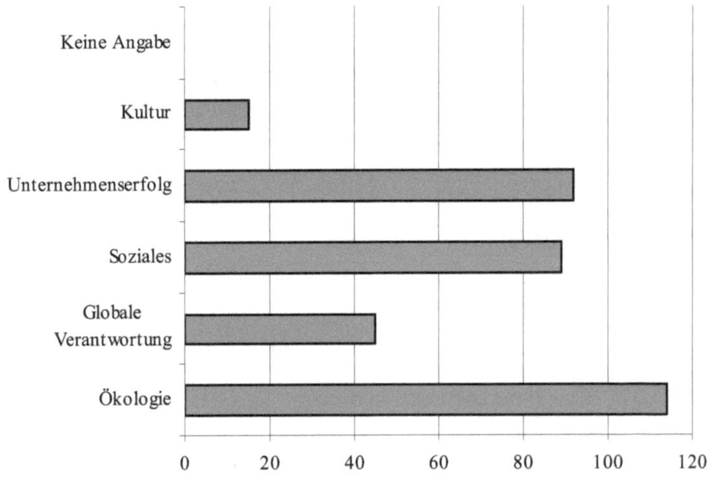

Nachhaltigkeitsprinzipien. Die Mehrzahl der recherchierten Nachhaltigkeitskonzepte favorisiert das Effizienz- und/oder Konsistenzprinzip. Dieser Befund lässt sich jedoch nicht als eindeutiges Bekenntnis zur reinen Optimierung vorhandener Produkte und Verfahren innerhalb der technischen Dimension interpretieren. Neben dem technischen Effizienzbegriff unterstreichen nicht wenige der analysierten Akteure die Bedeutung der Nutzeneffizienz. Letztere zielt gerade auf ein funktionsorientiertes Management und damit das Bestreben, bestimmte Bedarfe nicht notwendigerweise durch technische Innovationen, sondern durch Systeminnovationen innerhalb der Dimension des Nutzungsregimes effizienter zu befriedigen.

Abb. 8: Nachhaltigkeitsprinzipien (unternehmensnahe Institutionen)

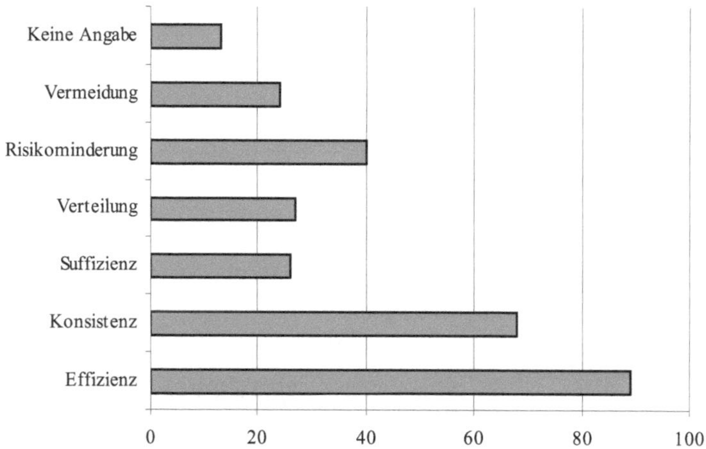

Abb. 9: Unternehmensbereiche (unternehmensnahe Institutionen)

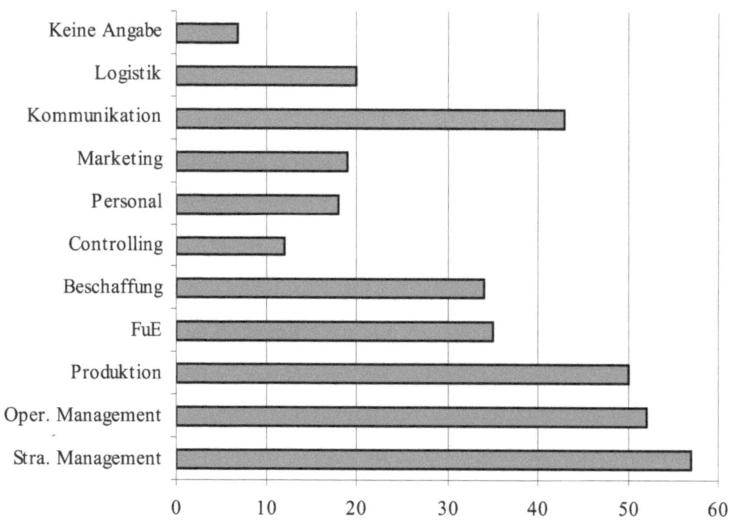

Unternehmensbereiche. Auffallend ist hier die Bedeutung des strategischen Managements sowie der Unternehmenskommunikation (insbesondere Stakeholderdialog). Parallel dazu rangieren operatives Management, Produktion, FuE sowie Beschaffung als weiterhin relevante Funktionsbereiche, deren Einfluss eher innerhalb der technischen Dimension zu verorten ist.

Abb. 10: Innovationstypen (unternehmensnahe Institutionen)

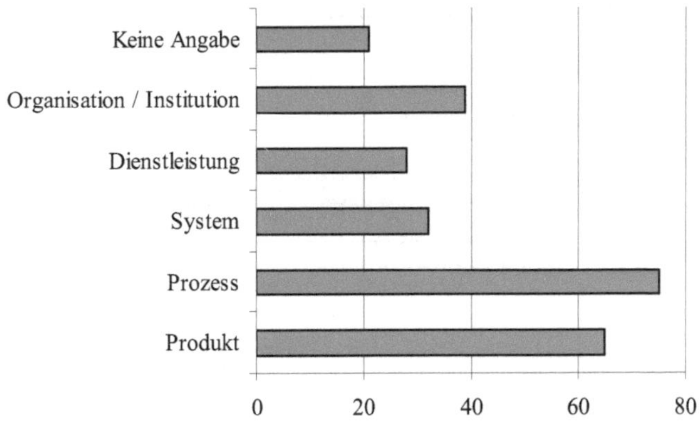

Innovationstypen. Die von den analysierten Nachhaltigkeitskonzepten favorisierten Ansatzpunkte oder konkreten Handlungsoptionen unterstreichen einen bestimmten Erneuerungsbedarf, der sich unterschiedlichen Innovationstypen zuordnen lässt. Auffällig ist eine Dominanz von Innovationstypen, die der technischen Dimension zuzuordnen sind. Innovationsprozesse, die anstelle technischer Verbesserungen – so unausweichlich diese nach wie vor sein mögen – neue Nutzungssysteme sowie einen organisationalen und institutionellen Wandel hervorbringen, scheinen erst wenig ausgeprägt zu sein.

3.3 Finanzdienstleister mit Nachhaltigkeitsausrichtung

3.3.1 Der Kapitalmarkt als Indikator für unternehmerische Nachhaltigkeit

Durch die Nachfrage nach unterschiedlichsten Finanzprodukten, die direkt oder indirekt zu Investitionen in Unternehmen werden, üben Geldanleger eine „wirtschaftliche und gesellschaftliche Lenkungsfunktion“ (Devries 2001, 427) aus. Diese gewinnt insoweit an Bedeutung, als die Wirksamkeit der nationalen und internationalen Gesetzgebung aufgrund fortschreitender Globalisierung an ihre Grenzen gelangt ist. Die Kapitalmarkttransaktionen privater oder institutioneller Anleger stellen neben der Lenkungsfunktion des Absatzmarktes und der öffentlichen Meinungsbildung ein drittes noch verbleibendes Marktregulativ dar.

Finanzdienstleistungen, die nicht allein auf Rentabilität, sondern zusätzlich auf eine Integration ökologischer, sozialer oder anderer ethischer Aspekte zielen, werden seit einigen Jahrzehnten angeboten. Franck (2001, 415) unterscheidet Spar-, Spenden-, Investment- und Beteiligungsprodukte. Die im Rahmen dieser Arbeit vorgenommene Recherche konzentriert sich auf beiden letztgenannten. Mit Beginn der neunziger Jahre – offensichtlich beflügelt durch den Nachhaltigkeitsdiskurs – verzeichnet dieses Segment des Kapitalmarktes eine bis dato ungekannte Dynamik. Die inhaltliche Ausrichtung der in diesem Bereich aktiven Finanzintermediäre und -dienstleister erweist sich (zumindest indirekt) als Indikator für jene Prioritäten, Erwartungen und Konzepte des Wirtschaftens, die von einem immer breiteren Publikum mit nachhaltiger Entwicklung assoziiert werden. Aus diesem Grund bietet es sich für die vorliegende Fragestellung an, auf Basis einer repräsentativen Auswahl an nachhaltigkeitsorientierten Finanzdienstleistern Trends des nachhaltigen Wirtschaftens zu identifizieren. Analog zu der bereits dargestellten Analyse unternehmensnaher Institutionen entspricht auch diese Vorgehensweise einer Beobachtung dritter Ordnung. Betrachtet wird folglich nicht das Verhalten einzelner Unternehmen, in die investiert wird, sondern der Intermediäre, die als Bindeglied zwischen der Kapitalangebots- und Nachfrageseite fungieren. Die von ihnen angewandten und kommunizierten Beurteilungskriterien können als verdichtete oder kumulierte Grundrisse unternehmerischer Nachhaltigkeit verstanden werden.

Unter der inzwischen gängigen Bezeichnung des „Social Responsible Investing“ (SRI) werden Investitionen in Unternehmen und Projekte verstanden, die – in welcher Form und in welchem Ausmaß auch immer – den Grundsätzen einer nachhaltigen Entwicklung genügen. Die im deutschsprachigen Raum weiterhin gebräuchlichen Begriffe wie „nachhaltige“, „alternative“, „ethische“, „ökologische“ oder „sozialverträgliche“ Geldanlagen werden im Folgenden als Synonyme für diesen Sachverhalt behandelt. Die Ursprünge des SRI lassen sich in der Umwelt-, Friedens und Bürgerrechtsbewegung verorten und beruhen hauptsächlich darauf, dass deren Aktivisten dem als paradox empfundenen Verhalten, sich einerseits gegen Umweltzerstörung, Aufrüstung und Rassendiskriminierung aufzulehnen, andererseits aber durch eigene Spareinlagen eben derartige Entwicklungen ungewollt mitzufinanzieren, eine Alternative entgegensetzen wollten.[105] Auch kirchliche Initiativen waren und sind Treiber einer Entwicklung, die durch bewusste Investitionsentscheidungen eine Verankerung ethischer Aspekte in der Wirtschaft bezweckt.[106] Während in den 1960er Jahren die mit dem Vietnamkrieg entstandene Friedensbewegung einen ersten Schub für ethisches Investment in den USA einläutete, hielten ökologieorientierte Anlageprodukte in Deutschland ab Anfang der siebziger Jahre Einzug und zwar durch die Gründung der ersten ethisch-ökologischen Bank Europas, der GLS-Gemeinschaftsbank.[107]

Im Zuge seines weltweiten Wachstums hat das Angebotsspektrum des Marktes für nachhaltige Geldanlagen beträchtlich zugenommen. Dies betrifft nicht nur die Vielzahl unterschiedlicher Anlageprodukte und entsprechender Beratungs- oder Intermediärdienstleistungen, sondern auch die fortwährende Entstehung neuer Typen von Finanzdienstleistern. Neben der Ausfächerung von nachhaltigen Geldanlagen, die sich längst nicht mehr auf spezielle Fonds beschränken, sondern Segmente des Aktienmarktes einschließen, fällt auf, dass der von einem wachsenden Bewusstsein der Anleger ausgehende Nachfrageimpuls zusehends konventionelle Finanzanbieter erreicht. Viele konventionelle Banken, die bislang kaum oder überhaupt keine Anlageoptionen unter Einbeziehung ethischer Kriterien bereitstellten, haben ihre Angebotspalette inzwischen um entsprechende Investitionsalternativen erweitert.[108]

---

[105] Vgl. Deml/May 2003, 1.

[106] Vgl. Hoffmann/Scherhorn 2002, 17.

[107] Von Flotow/Häßler/Schmidt 2001, 15.

[108] Vgl. Deml/May 2003, 11.

Darüber hinaus versuchen verschiedene Großbanken, ein kodifiziertes Bekenntnis zur „verantwortungsvollen“ Unternehmenspolitik zu kommunizieren. So haben sich im Juni 2003 zehn weltweit agierende Großbanken zur Einhaltung der sog. „Equator Principles“ verpflichtet. Dabei handelt es sich um ökologische und soziale Richtlinien, die für Bank-Investitionen mit einem Volumen über 50 Millionen Euro einzuhalten sind. Sie wurden gemeinsam mit der Weltbanktochter IFC entworfen. Im Oktober 2003 war die Zahl der Unterzeichner bereits auf 18 angewachsen. Kritiker wenden ein, dass die „Equator Principles“ beliebig interpretierbar seien und sogar einen Rückschritt gegenüber den strengeren Öko- und Sozialstandards der Weltbank bedeuten würden.[109] Im Rahmen dieser Prinzipien werden Projekte mittels eines Umwelt- und Sozialbewertungsverfahrens analysiert. Die ökologischen und sozialen Aspekte umfassen dabei unter anderem:[110]

- Nachhaltige Entwicklung, Verwendung erneuerbarer Rohstoffe;
- Schutz der menschlichen Gesundheit, Kulturgüter sowie der Artenvielfalt einschließlich bedrohter Arten und sensibler Ökosysteme;
- Vermeidung gefährlicher Substanzen;
- Arbeitssicherheit und Gesundheitsschutz;
- Einbeziehung betroffener Parteien in Entwurf, Überprüfung und Umsetzung des Projekts;
- Berücksichtigung von aus ökologischer und sozialer Sicht vorteilhafteren Alternativen;
- Effiziente Energieerzeugung, -bereitstellung und -nutzung sowie
- Vermeidung von Umweltverschmutzung und Abfall, Umweltschutz (Abwasser und Abgase) sowie Entsorgung fester und chemischer Abfälle.

Anhand dieser Kriterien wird das Sozial- und Umweltrisiko auf Basis dreier Kategorien eingestuft. Weist ein Projekt ein mittleres oder gar hohes Risiko auf, so wird von den Kreditnehmern eine Umweltverträglichkeitsprüfung (UVP) durchgeführt. Sie bildet die Basis für einen Um-

---

[109] Vgl. http://www.equator-principles.com.

[110] Vgl. http://www.equator-principles.com.

weltmanagementplan, der gemeinsam mit lokalen oder anderweitig betroffenen Interessengruppen aufgestellt wird und zur Überwachung der Risiken sowie zur Festlegung von sogenannten „Ausgleichsmaßnahmen" dient.

3.3.2 Aktuelle Entwicklung des Marktes für nachhaltige Kapitalanlagen

Im ethisch-ökologischen Marktsegment sticht die vergleichsweise hohe Nachfrage nach Anlageoptionen vom Typ „Fond" hervor.[111] Das Angebot reicht von reinen ökologieorientierten Produkten wie etwa Ökoeffizienz-Fonds, Ökopionier-Fonds, Umwelt-Fonds, Umwelttechnologie-Fonds über Ethik-Fonds bis hin zu explizit als „Nachhaltigkeitsfonds" bezeichneten Anlagemöglichkeiten. Dabei fokussieren die beiden Letztgenannten in stärkerem Maße soziale Belange.

Abb. 11: Anzahl der Fonds vom Typ „Social Responsible Investing"

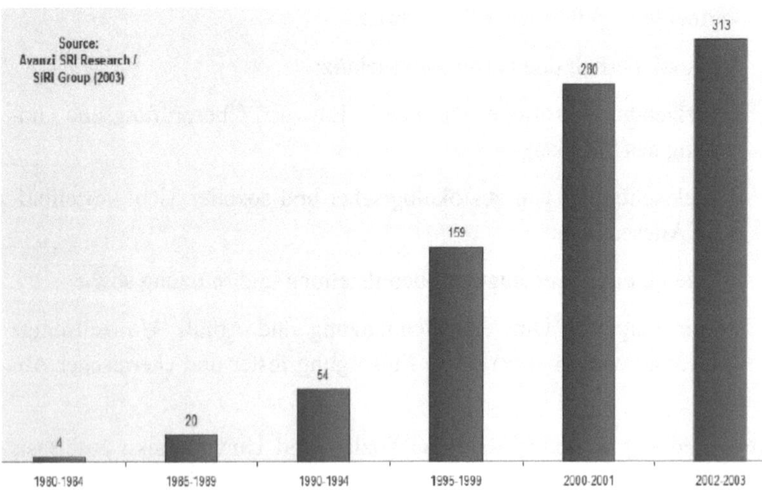

Quelle: Avanzi SRI Research/ SiRi Group 2003, 7.

[111] Vgl. Hoffmann/Scherhorn 2002, 48.

Allein im Jahr 2001 verzeichneten nachhaltigkeitsorientierte Investmentfonds im deutschsprachigen Raum einen Anlagezuwachs von über 60 % im Vergleich zum Vorjahr.[112] Zeitgleich erwies sich der Einfluss sog. „grüner" Banken (von denen in Deutschland momentan zwei existieren, nämlich die Umwelt- und die GLS-Bank) gegenüber den Großbanken als äußerst gering.[113]

Abb. 12: Entwicklung des „Natur-Aktien-Index" (NAI)

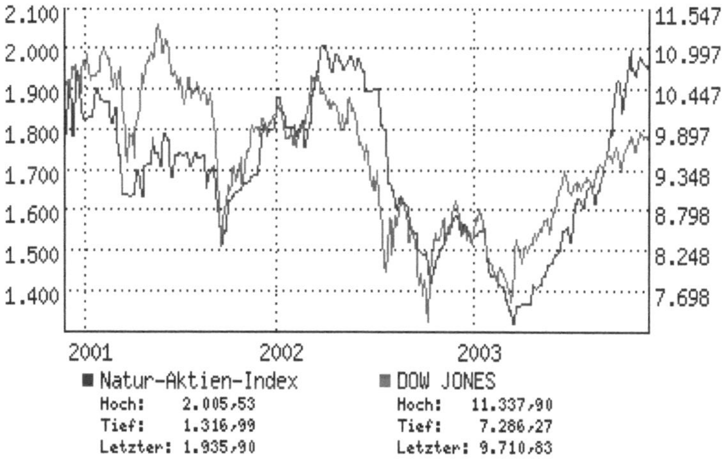

Quelle: http://www.finanztreff.de (20.11.2003).

Einen ersten Durchbruch erreichten nachhaltige Investmentfonds auf dem deutschen Markt zu Beginn der neunziger Jahre. Begünstigt durch den Anstieg der Rohölpreise sowie die Verabschiedung des Erneuerbare-Energien-Gesetzes unternahmen zahlreiche Unternehmen aus dem Bereich der erneuerbaren Energien erfolgreiche Börsengänge.[114] Hinzu gesellten sich verstärkt Unternehmen aus den Gebieten Umwelttechnologie, Wasser, Ernährung, Kosmetik, Bildung, Gesundheit und nachhaltige Fi-

[112] Vgl. Deml/May 2003, 4.

[113] Ebd., 11.

[114] Ebd., 40.

nanzdienstleistung, so dass Quantität und Vielfalt an nachhaltigen Aktien stark zunahmen. Die rasant gestiegenen Kurse der Jahre 1999 und 2000 bescherten Aktien-Umweltinvestmentfonds aus dem deutschsprachigen Raum überdurchschnittliche Wertzuwächse von 32 % bzw. 11 %. Nach einem Einbruch in den Folgejahren, in denen sich ein Minus von 16 % und 37 % ergab, wurde inzwischen wieder das vorherige Niveau erreicht. Bis September 2003 zeichnete sich eine Performance von durchschnittlich 4,9 % ab.[115]

Obwohl das Investitionsvolumen ethisch-ökologischer Publikumsfonds bei deutschen Privatanlegern im Jahr 2003 ca. 2,41 Milliarden Euro und bei institutionellen Anlegern bereits 3,5 Milliarden Euro betrug, belief sich der Anteil am Gesamtmarkt auf weniger als ein Prozent.[116] In den USA entspricht das von institutionellen Anlegern nach ethischen und/oder ökologischen Kriterien investierte Vermögen mittlerweile fast 15 % des gesamten Kapitals.[117] Mehr als jeder zehnte Dollar wird in den USA bereits in nachhaltige Kapitalanlagen, also „Social Responsible Investing“ (SRI) investiert.[118] Die zunehmende Bedeutung des nachhaltigkeitsorientierten Kapitalmarktes zeigt sich auch an den speziell für dieses Marktsegment konzipierten Aktien-Indizes. So entwickelte sich der „NAI“ (Natur-Aktien-Index) zeitweilig vorteilhafter als der Welt-Leit-Index „Dow Jones“, wie die obige Abbildung verdeutlicht. Deml/May (2003, 140f.) verweisen darauf, dass sowohl der „Dow Jones Sustainability Index“ als auch der „FTSE4Good“-Index – zwei weitere an Nachhaltigkeit orientierte Indices – in den vergangenen Jahren mit der Entwicklung des MSCI-Welt-Index[119] Schritt halten konnten. Die unter der Schirmherrschaft des UNEP-Direktors Klaus Töpfer betriebene Informationsplattform „Nachhaltiges Investment“ hat eine Auflistung nebst Portraits aller bekannten Nachhaltigkeitsindizes bzw. -indexfamilien zusammengestellt. Für jeden Index existiert eine Internetpräsenz.

---

[115] http://www.oeko-invest.de.

[116] Vgl. Deml/May 2003, 4.

[117] Ebd., 5.

[118] Vgl. http://www.scoris.de/download/pensionskassen_2003.pdf

[119] Der Index beinhaltet Aktien aus 23 Ländern und wird seit dem 31. Dezember 1969 (Startwert: 100 Punkte) berechnet.

Tabelle 1: Nachhaltigkeitsindices im Bereich des Socially Responsible Investment

Index / -familie	Index Provider	Land	Auflage
ASPI	VIGEO in Zusammenarbeit mit STOXX Ltd.	FR	07/2001
Calvert Social Index	Calvert Group	US	03/2000
DJSI World	SAM Group und Dow Jones & Company	CH	09/1999
DJSI STOXX	Dow Jones & Company, STOXX Ltd. und SAM Group	CH	10/2001
Domini 400 Social Index	Domini Social Investments / KLD	US	1990
Ethibel Sustainability Index	Ethibel vzw	BE	06/2002
Ethical Index	E.Capital Partners	IT	01/2000
Ethinvest Environmental Index	Corporate Monitor	AU	06/1996
FTSE4GOOD	Financial Times und Börse London	GB	07/2001
Humanix Ethical Index	Humanix Holding AB	SE	06/2001
Jantzi Social Index	Michael Jantzi Research Associates (MJRA)	CA	01/2000
Natur-Aktien-Index (NAI)	SECURVITA	DE	04/1997
UBAI – UmweltBank-Aktien-Index	UmweltBank AG	DE	09/2002
Westpac-Monash Eco-Index	Westpac Investment Management in Kooperation mit Monash University	AU	01/1999

Quelle: http://www.nachhaltiges-investment.org/

3.3.3 Absolute und relative Bewertungskonzepte

Die Vielzahl unterschiedlicher Anlageoptionen und -typen sowie inhaltlicher und qualitativer Ausrichtungen hat derweil zahlreiche Fondverwaltungen und Rating-Agenturen auf den Plan gerufen. Ein gemeinsames Merkmal der meisten Bewertungskonzepte besteht in einem mehrdimensionalen Ansatz. Gemäß der „Drei-Säulen"- oder „Triple-Bottom-Line"-

Logik wird neben der wirtschaftlichen Performance (Liquidität, Rentabilität sowie Sicherheit) die soziale, ökologische[120] und in manchen Fällen eine weitere, z.B. die kulturelle Dimension herangezogen. Ungeachtet der inhaltlichen Prioritäten und Details können hinsichtlich des Bewertungsmaßstabes zwei Grundströmungen unterschieden werden, nämlich eine Orientierung an absoluten und eine an relativen Kriterien. Portefeuilles, die auf der Grundlage des erstgenannten Ansatzes zusammengestellt werden, schließen Unternehmen aus, deren Geschäftsfelder, Produkte, Leistungserstellungsprozesse oder sonstige Aktivitäten per se für inakzeptabel gehalten werden. Hierbei kommen Negativkriterien zur Anwendung, die u.a. Rüstung, Atomenergie, Kinderarbeit, Rassismus, Gentechnik, Glücksspiel, Pornografie, Alkohol oder Tabak umfassen können. Zusätzlich können Positivkriterien angewandt werden wie etwa die Zugehörigkeit zu einer Branche (z.B. regenerative Energien), ein bestimmter Outputtyp (pflanzliche Arznei) oder eine bestimmte Verfahrensweise (ökologischer Landbau), also Charakteristika, die strukturell als wegweisend im Sinne einer nachhaltigen Entwicklung eingestuft werden.

Ein weniger strenges, aber häufig auszumachendes Portfolio-Screening beruht auf dem relativen Nachhaltigkeitsbeitrag einer Unternehmung. Im Falle derartiger „hellgrüner" – im Gegensatz zu den zuvor beschriebenen „dunkelgrünen" (Schäfer 2001, 405) – Anlagefazilitäten werden Geldanlagen bei Unternehmen vorgenommen, die durchaus einer als problematisch angesehenen Branche angehören können, sich aber unter Nachhaltigkeitsaspekten von ihren Mitbewerbern deutlich absetzen. Damit werden sog. „schmutzige" Produkte, Verfahren oder Märkte nicht ausgeschlossen. Dieser „Best-in-class"-Ansatz zielt darauf, *gerade* in den Geschäftsfeldern und Branchen, die strukturell weit von einer nachhaltigen Entwicklung entfernt scheinen, Motivationen für eine Einbeziehung ökologischer oder sozialer Aspekte zu schaffen.

Da die Bewertung eines Unternehmens auf den Vergleich seiner Nachhaltigkeits-Performance mit dem jeweiligen Branchendurchschnitt hinausläuft oder am „Best-in-class"-Status orientiert ist, „wird ein ethischer Wettbewerb in die Branchen hineingetragen, durch den zunehmend eine ethische Durchdringung der gesamten Wirtschaft in Gang gesetzt wird" (Hoffmann/Scherhorn 2002, 41). Dieser Ansatz stellt weitaus höhere Informationsanforderungen an ein Vertrauen schaffendes Rating als

---

[120] Vgl. Von Flotow/Häßler/Schmidt 2001, 15.

bei einer Beschränkung auf „dunkelgrüne" Anlagen. Während sich Anleger im letztgenannten Fall oft mit der strikten Einhaltung von absoluten Kriterien, wie etwa der Zugehörigkeit des betreffenden Unternehmens zur Photovoltaik-Branche zufrieden geben, steht die relative Bewertung vor dem Problem einer genaueren Charakterisierung oder sogar Quantifizierung jener Eigenschaften, die beispielsweise ein Chemieunternehmen als „relativ nachhaltig" auszeichnen. Hierbei wird oft auf das Vorhandensein bestimmter Management-Instrumente oder -praktiken zurückgegriffen, die auf eine (hinreichende) Verankerung von Nachhaltigkeitsaspekten innerhalb der Unternehmensstrategie schließen lassen.

Die Ökom Research AG liefert seit Jahren als unabhängige Rating-Agentur Informationen über die ökologische und soziale Performance von Unternehmen. Das dabei zum Einsatz kommende sog. „Corporate Responsibility Rating" basiert auf dem „Frankfurt-Hohenheimer Leitfaden", wobei es sich um eine der weltweit umfangreichsten Kriteriensammlungen zur Bewertung von Unternehmen unter Nachhaltigkeits- und Ethik-Gesichtspunkten handelt. Grundlage des Corporate Responsibility Ratings sind 200 Untersuchungskriterien, die sich auf die Bereiche Social Cultural Rating und Enviromental Rating aufteilen lassen.[121] Diese wiederum sind dreifach untergliedert. Informationen zur Kultur- und Sozialverantwortlichkeit der Unternehmen werden anhand der Kriterien Management (Unternehmensleitbild und -ziele, Audits, Reporting, Mitbestimmung), Beziehungen zu Mitarbeitern (Arbeitszeit, Entlohnung, Arbeitsplatzsicherheit, Gesundheit und Sicherheit am Arbeitsplatz, Chancengleichheit) sowie Beziehungen zu externen Anspruchsgruppen (Zulieferer, Kunden, Produktverantwortung, Corporate Governance, Staat und Gemeinwesen, Soziale Standards im Ausland, Korruption, Kartellverstöße) bewertet. Im Rahmen der Umweltperformance dienen Umweltmanagement (Unternehmensleitbild und -ziele, Programm, Ökobilanz, Controlling, Reporting, Kooperationen, Büroökologie, Beschaffung), Ökologische Produkt- und Dienstleistungsentwicklung (Ökologische Produktentwicklung nach Kriterien der Langlebigkeit, Verbrauchs- und Emissionsreduktion sowie Vermeidung umweltschädlicher Materialien, ökologische Optimierung von Dienstleistungen) und Öko-Effizienz (Energieverbrauch, Wasserverbrauch, Abfallaufkommen, Abfallzusam-

[121] Vgl. http://www.oekom.de/ag/german/index_research-universum.htm.

mensetzung, Schadstoffe im Abwasser, Emissionen) als wesentliche Anhaltspunkte der Beurteilung.

Für ethisch orientierte Investoren, die Unternehmen meiden möchten, die zwar in der relativen Bewertung gut abschneiden, jedoch kontrovers diskutierte Geschäftsfeldern und Geschäftspraktiken aufweisen, führt Ökom ebenfalls ein Negativ-Screening durch. Dieses ähnelt der oben beschriebenen absoluten Bewertung. Dieser mehrstufige oder kombinierte Ansatz bildet kein Spezifikum der Firma Ökom (die hier nur als repräsentatives Beispiel herangezogen wurde), sondern findet sich auch bei anderen Dienstleistern im Rating-Bereich. Ein nicht minder geeignetes Beispiel liefert der Corporate-Research-Ansatz des IMUG Instituts. Neben inhaltlichen Parallelen zum Ökom-Kriterienkatalog wird auch hier die Option des Ausschlusses von Unternehmen gewahrt.[122]

3.3.4 Resultate aus dem nachhaltigkeitsorientierten Finanzbereich

Handlungsfelder. Hinsichtlich der für relevant erachteten Handlungsfelder ergibt die Auswertung hier eine Übereinstimmung mit der Kategorie der unternehmensnahen Institutionen. Die Triade Ökologie-Soziales-Wirtschaft erweist sich als dominant, gefolgt von globaler Verantwortung. In Relation dazu spielt kulturelles Engagement eher eine untergeordnete Rolle, jedoch auf einem keineswegs vernachlässigbaren Niveau (siehe Abb. 13).

Nachhaltigkeitsprinzipien. Auffällig ist die Bedeutungslosigkeit des Suffizienzprinzips. Die demgegenüber herausragende Rolle von Verteilungsaspekten könnte dem Umstand geschuldet sein, dass nachhaltigkeitsorientierte Finanzdienstleister traditionell von kirchlichen und entwicklungspolitisch motiviertem Engagement geprägt sind. Die ebenfalls hohe Ausprägung des Prinzips der Vermeidung kann insofern nicht überraschen, als die Definition ethischer oder an Nachhaltigkeit orientierter Finanzanlagen fast immer auch Ausschluss- oder Negativkriterien (keine Rüstung, keine Atomenergie etc.) umfasst. Für die weiterhin hoch eingestufte Risikominderung könnte der Befund ausschlaggebend sein, dass ökologische Risiken langfristig zu finanziellen Risiken werden (siehe Abb. 14).

---

[122] Vgl. http://www.ethisches-investment.de/.

Abb. 13: Handlungsbereiche (Finanzdienstleister)

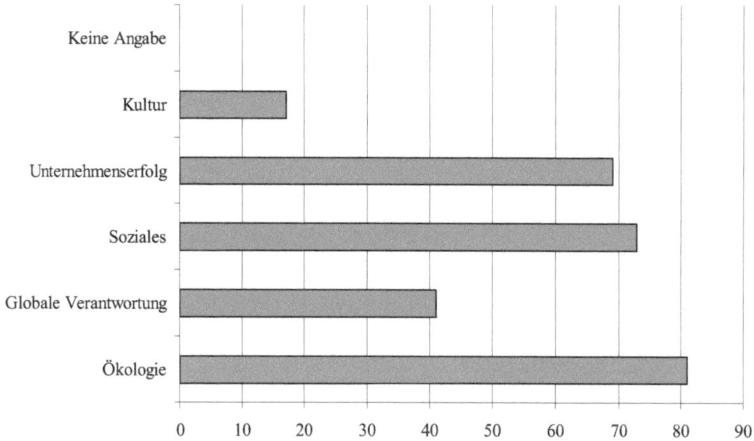

Abb. 14: Nachhaltigkeitsprinzipien (Finanzdienstleister)

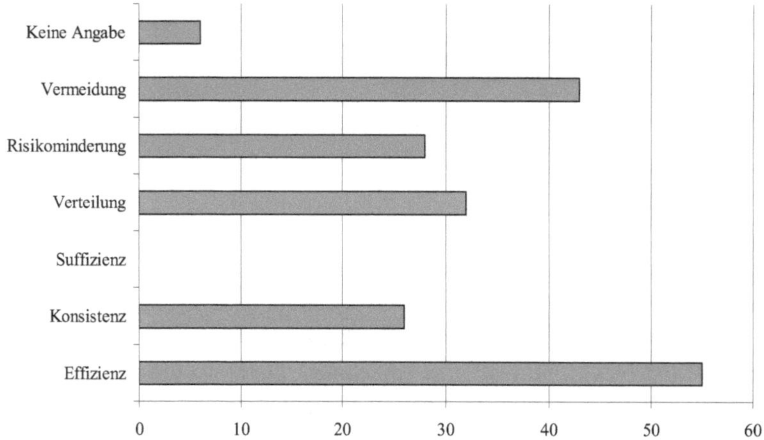

Unternehmensbereiche. Neben dem strategischen Management und der Produktion fallen hier insbesondere die Bereiche Kommunikation und Personal in Gewicht. Die Existenz einer Nachhaltigkeitsberichterstattung sowie ein intensiver Stakeholderdialog zählen zu den typischen Grundvoraussetzungen dafür, dass ein Unternehmen überhaupt in die Auswahl nachhaltiger Anlageobjekte gelangt. Die hohe Ausprägung personalpolitischer Belange kann wiederum als Konsequenz der im Finanzsegment äußerst relevanten sozialen Dimension angesehen werden. Ein Unternehmen könnte kaum glaubhaft die Berücksichtigung sozialer Standards kommunizieren, wenn dies nicht mindestens auf das eigene Personal zutrifft.

Abb. 15: Unternehmensbereiche (Finanzdienstleister)

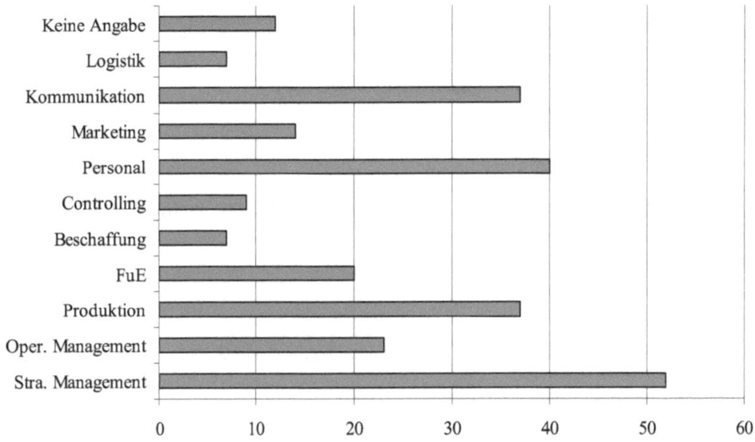

Innovationstypen. Als Konsequenz daraus, dass nachhaltige Finanzanlagen zu einem Gutteil über Ausschlusskriterien definiert werden, lassen sich den Darstellungen oftmals keine konkreten Angaben über die für relevant erachteten Innovationen entnehmen. Dort, wo dies dennoch der Fall ist, scheint die eher „traditionelle" Sichtweise zu dominieren, wonach Produkt- und Prozessinnovationen anzustreben sein. Etwas relativiert wird dieses Bild lediglich durch die immerhin nicht vernachlässigbaren Ausprägungen von Dienstleistungs- und ferner organisationalen/ institutionalen Innovationen.

Abb. 16: Innovationstypen (Finanzdienstleister)

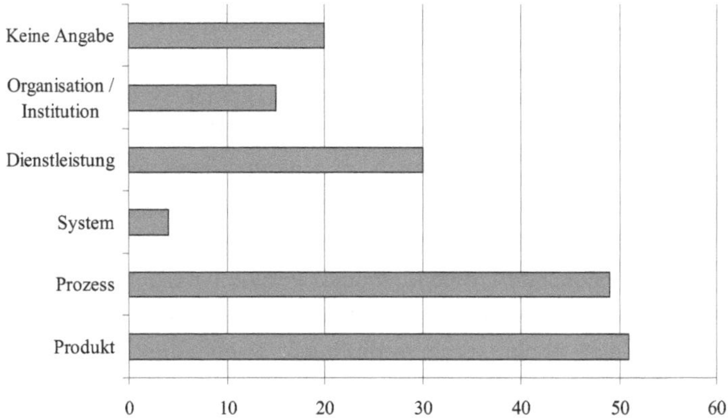

3.4 Nachhaltigkeitsorientierte Berater und Dienstleister

3.4.1 Unternehmensberatung und nachhaltiges Wirtschaften

Mit zunehmender Restrukturierung und Vernetzung von kleinen und mittelständigen Unternehmen steigt die Bedeutung der Unternehmensberatung als externe Dienstleistung zur Wissensgenerierung und zum Wissenstransfer. Birke/Schwarz/Göbel (2003, 25) sehen als weitere Triebkraft die intensive Diskussion neuer Managementsysteme sowie die geforderten Auditierungs- und Zertifizierungsverfahren in Verbindung mit Qualitätsmanagement- und Umweltmanagementsystemen. Neben der Umweltberatung (Umwelttechnik und Zertifizierung) öffnen sich in zunehmendem Maße andere Beratungsfelder den Belangen des nachhaltigen Wirtschaftens. Dazu zählen die Marketingberatung, die Organisationsberatung und die Strategieberatung, deren Leistungsangebote verschiedentlich um ökologieorientierte Instrumente und Methoden ergänzt werden.

Eine Beschränkung auf derartige Partialdienstleistungen wird jedoch vielfach für nicht ausreichend gehalten, um den komplexen Anforderungen an Lernprozesse und an organisationalen Wandel gerecht zu werden, die sich aus der Integration von Nachhaltigkeitsbelangen ergeben. So weisen Birke/Schwarz/Göbel (2003, 80) darauf hin, dass die bisher angewandten Standardtools der Umweltberatung zwar zu einem „gerichtsfesten“ und technikorientierten Umweltschutz verhelfen, jedoch keine „kontinuierliche, selbsttragende und deshalb beteiligungsintensive Weiterentwicklung des Managementsystems“ gewährleisten. Nachhaltigkeitsorientierte Unternehmensmodernisierung sei nicht als Einführung funktional spezialisierter und separierter Managementsysteme zu verstehen, sondern vielmehr als „unternehmensindividuelles Meta-Management“ (Birke 2003, 523). Demnach sei Unternehmensnachhaltigkeit als Querschnittsaufgabe zu werten, die nicht nur alle Managementprozesse und betrieblichen Funktionen zu durchdringen habe, sondern anschlussfähig an das bestehende Geschäftsmodell gestaltet werden müsse. Diese sei ohne externes Know-how, insbesondere für die Entwicklung und Anwendung bislang noch wenig verbreiteter Nachhaltigkeitsinstrumente (Sustainable Balanced Scorecard, Sustainable Total Quality Management, Sustainable Controlling) nur selten zu leisten.

Für die Nachhaltigkeitsberatung folgt daraus die Notwendigkeit, Nachhaltigkeitsaspekte in bestehende Beratungsprodukte und -prozesse zu integrieren. Martinuzzi (2003, 494f.) weist auf Zielkonflikte hin, die aus Verteilungsfragen einer intergenerativen Gerechtigkeit einerseits und der Kurzfristigkeit von Preisbildung und Gewinnberechnung andererseits resultieren. Weiterhin fehlten „Konzepte der Wissensorganisation, die dem Leitbild der Nachhaltigkeit als Such- und Lernprozess angemessen sind“ (Birke/Schwarz/Göbel 2003, 26). Klienten mangele es an der Fertigkeit, Wissen zu generieren, zu selektieren und anzuwenden. Zu vermitteln sei die Fähigkeit der Selbstreflexion, um Lernprozesse zu initiieren und im Sinne der regulativen Idee „Nachhaltigkeit“ in Gang zu halten. Gerade diese Anforderungen lassen nach Auffassung Birkes (2003, 523) einen „Berater neuen Typs“ nötig werden. Dieser nähme die Rolle eines Know-how-Vermittlers ein, der die Instrumentenanwendung mit Coaching-, Trainings- und Moderationsfunktionen begleiten könnte. In diesem Sinne sehen auch Mohe/Pfriem (2003, 511) Berater als Promotoren und Moderatoren dafür, dass „Unternehmen die (für die Beurteilung gesellschaftlicher Kommunikationsangebote) erforderlichen Fähigkeiten entwickeln.“

Martinuzzi (2003, 496) hebt bestimmte Funktionen hervor, die den Kern einer an Nachhaltigkeit orientierten Beratung bilden müssten: Informations- und Stabilisierungsfunktion, Optimierungsfunktion, Diffusionsfunktion, Vernetzungsfunktion, Moderationsfunktion und Feedbackfunktion. Birke (2003, 528) fasst die Aufgaben eines Nachhaltigkeitsberaters zusammen, erstens in Problemlösungsangebote für

- kontextspezifischen und problemorientierten Wissensbedarf,
- profilierte Qualifikations- und Lernansprüche,
- ambitionierte Erfolgserwartungen und Evaluationsansprüche,
- legitimatorische, interessen- und machtpolitische Funktionen,

und zweitens in Problemlösungskompetenzen für

- „maßgeschneiderte“ Wissensgenerierung und problembasierte Neuanwendung von Wissensbeständen,
- projektbezogene Kombination von Fach- und Prozessberatung und die dazu gehörende transdisziplinäre Verknüpfung aller erforderlichen Fachkompetenzen sowie
- lernorientiertes Beratungsprozess-Management mit fallspezifisch operationalisierten Partizipations- und Evaluationskriterien.

Wichtig erscheint die Frage, auf welche Weise Beratung zu einem Treiber für Nachhaltigkeitsinnovationen werden kann. Dies kann letztlich nur indirekt erfolgen, nämlich durch den Aufbau von Kompetenzen, welche die allen Innovationsprozessen innewohnende Gratwanderung zwischen Erfolg und Misserfolg meistern hilft. Insbesondere die Herausbildung von strategischen und operativen Managementfähigkeiten bei der[123]

- Geschäftsfeldplanung, Produkt- und Marketingpolitik,
- Integration funktional differenzierter Managementsysteme,
- Reorganisation interner wie externer Wertschöpfungsprozesse und
- Entwicklung von funktions- und disziplinübergreifendem Wissensmanagement und Organisationslernen

werden hier genannt. Angesichts der beschriebenen Anforderungen sieht Martinuzzi (2003, 498) die Beratungspraxis im Spannungsfeld zwischen Individualisierung und Standardisierung. Beratungsangebote bedürften einer klientenspezifischen Anpassung, die mit Hilfe standardisierter Managementkonzepte, Tools und Instrumente kaum zu leisten sei. Stattdes-

---

[123] Vgl. Birke 2003, 523.

sen sollte sich die Darstellung von Beratungsleistungen auf Anwendungsfelder konzentrieren, die hinreichende Differenzierungsmöglichkeiten erlauben. Birke/Schwarz/Göbel (2003, 114) nennen in diesem Zusammenhang u.a. die

- prozessorientierte Integration von IT- und Managementsystemen,
- Koordinierung und Optimierung interner und externer Geschäftsprozesse, Wertschöpfungsketten und Logistiknetzwerke,
- Entwicklung, Implementierung nebst Marketing einer integrierten Produktpolitik,
- Neuformatierung bisher entwickelter ökologischer Finanzierungs-, Contracting- und Public-Private-Partnership-Modelle.

3.4.2 Resultate aus dem nachhaltigkeitsorientierten Beratungsbereich

Handlungsfelder. Die Nachhaltigkeitskonzepte der insgesamt 50 ausgewerteten Berater und Dienstleister (mit Beratungsfunktion im weiteren Sinne) lassen sich hinsichtlich der als wichtig erachteten Handlungsfelder wie folgt einordnen. Abermals kommt dabei eine Akzentuierung der Triade Ökologie-Soziales-Wirtschaft zum Vorschein.

Abb. 17: Handlungsfelder (Berater)

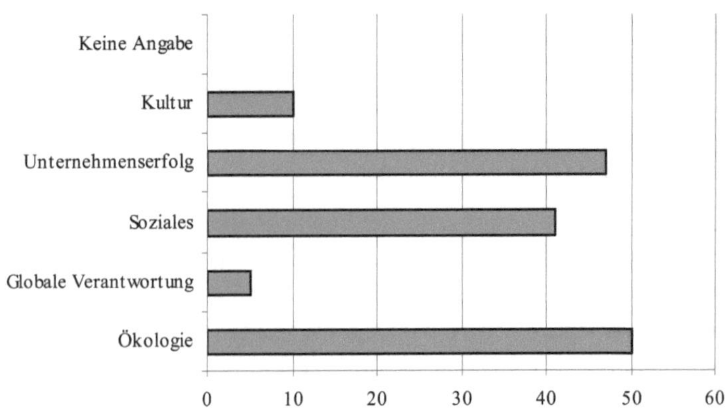

Nachhaltigkeitsprinzipien. Hier lässt sich eine Priorität für Effizienz und Risikominderung ausmachen. Letzteres könnte darin begründet sein, dass viele nachhaltigkeitsorientierte Beratungsfirmen hohe Nachfragepotenziale in der Chemiebranche sehen. Das Handling von Chemikalien, Gefahrenstoffen etc. scheint inzwischen Gegenstand umfassender Outsourcing-Maßnahmen geworden zu sein.

Abb. 18: Nachhaltigkeitsprinzipien (Berater)

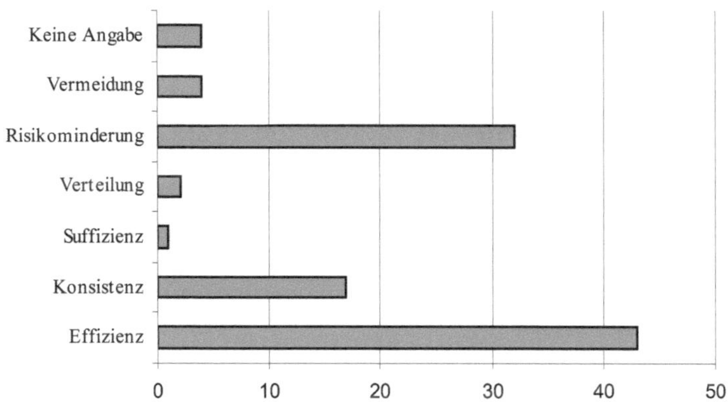

Abb. 19: Einbezogene Unternehmensbereiche (Berater)

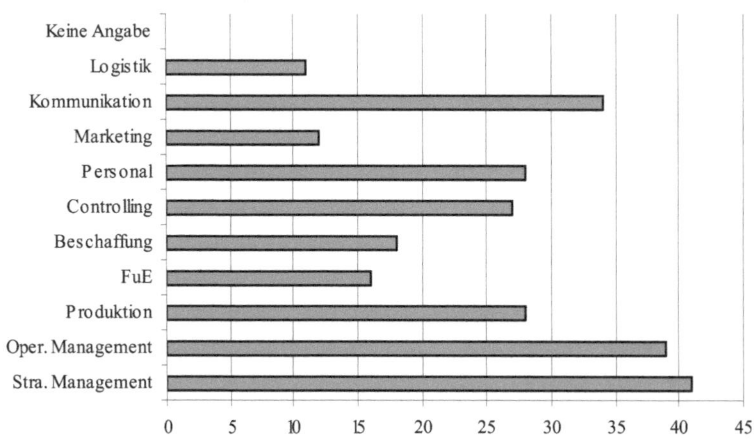

Unternehmensbereiche. Auch in dieser Akteursgruppe dominieren von den direkt oder indirekt einbezogenen Unternehmensbereichen das strategische und operative Management sowie die Unternehmenskommunikation (siehe Abb. 19).

Abb. 20: Innovationstypen (Berater)

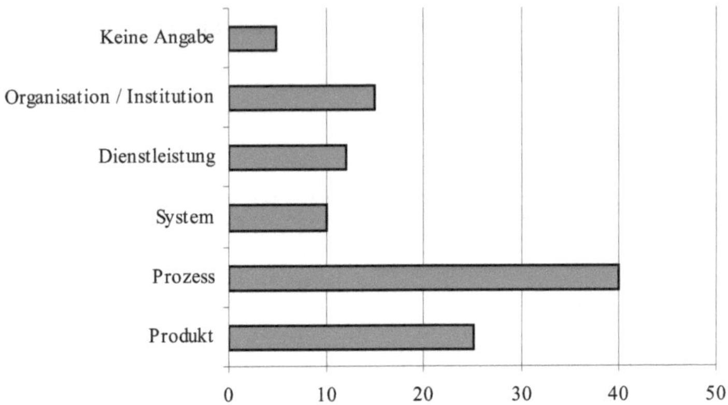

Innovationstypen. Als äußerst prägnantes Merkmal dieser Akteursgruppe erweist sich eine Orientierung an Prozessinnovationen. Dieser Befund deckt sich mit der obigen Feststellung, wonach Effizienz und Risikominderung als wichtigste Nachhaltigkeitsprinzipien in Erscheinung treten.

Kapitel 4
Leitkonzepte des nachhaltigen Wirtschaftens

Um ein überschaubareres und aussagekräftigeres Bild der im Unternehmensbereich kommunizierten Deutungen, Auslegungen oder Konkretisierungen des Nachhaltigkeitsbegriffs zu gewinnen, bietet es sich an, die recherchierten Ansätze zu Leitkonzepten des nachhaltigen Wirtschaftens zu verdichten. Darunter sind prägnante, derzeit die Diskussion beherrschende Einzelkonzepte zu verstehen, die jeweils einen spezifischen Zugang zum nachhaltigen Wirtschaften repräsentieren. Hierbei kommen unterschiedliche Schwerpunktsetzungen und Problemwahrnehmungen zum Vorschein. Ein gemeinsames Merkmal der hier als „Leitkonzepte des nachhaltigen Wirtschaftens" bezeichneten Konstrukte besteht darin, dass sie auf eine Komplexitätsreduktion zielen. Sie projizieren den aus der Praktikerperspektive recht diffusen Nachhaltigkeitsbegriff durch eine Fokussierung bestimmter Nachhaltigkeitsprinzipien oder unternehmerischer Handlungsoptionen auf die Ebene der konkreten Umsetzung.

Allerdings sind dabei sehr unterschiedliche Abstraktionsgrade auszumachen. Manche Leitkonzepte beschränken sich auf die Fokussierung eines bestimmten Nachhaltigkeitsprinzips, andere verbinden damit bereits bestimmte Nachhaltigkeitsindikatoren, wiederum andere reichen bis zur Benennung konkreter Instrumente und Methoden des betrieblichen Managements. Es fällt auf, dass zwischen manchen Ansätzen große Gemeinsamkeiten oder Schnittmengen existieren. Gemein ist den hier benannten Leitkonzepten, dass sie zwar einen (horizontal) selektiven Zugang zum Nachhaltigkeitsbegriff darstellen, der jedoch zugleich eine (vertikale) Integration erlaubt, nämlich von der Problemsicht über Ziele, Nachhaltigkeitsprinzipien, Handlungsfelder, Indikatoren bis evtl. zur Benennung konkreter Maßnahmen.

Genau aus diesem Umstand folgen aber auch blinde Flecken, die sich auf Basis ihrer kommunikativen Reichweite innerhalb der drei relevanten Dimensionen (Technik, Nutzungsregime und Kultur) darstellen lassen. Im folgenden Abschnitt werden zunächst die insgesamt 11 Leitkonzepte grob skizziert. Dabei wird jeweils eine kleine Auswahl an repräsentativen Akteuren sowie deren Internetportal angefügt.

4.1 Kurzdarstellung der Leitkonzepte

4.1.1 Corporate Social Responsibility (CSR)

Die Europäische Kommission stellt in ihrem Grünbuch zur sozialen Verantwortung von Unternehmen das Konzept der „Corporate Social Responsibility" (CSR) als einen Beitrag zur nachhaltigen Entwicklung vor.[124] Dabei definiert sie CSR „als ein Konzept, das den Unternehmen als Grundlage dient, auf freiwilliger Basis soziale und ökologische Belange in ihre Unternehmenstätigkeit sowie in die Wechselbeziehungen mit den Stakeholdern zu integrieren."[125] Immer mehr Unternehmen erkennen, so die grundlegende Annahme, dass eine Berücksichtigung der verschiedenen Stakeholder-Interessen relevant für den eigenen Erfolg ist. Laut EU-Kommission besteht trotz der Vielzahl von CSR-Ansätzen weitgehender Konsens über die folgenden Grundzüge:

- Eine Orientierung an CSR impliziert Maßnahmen und Verhaltensweisen, die über gesetzliche Verpflichtungen hinausgehen. Unternehmen orientieren sich am CSR-Konzept zwar freiwillig, gehen aber davon aus, dass es ihrem langfristigen Interesse dient.
- Ein erster Schritt besteht darin, dass Unternehmen die wirtschaftlichen, ökologischen und sozialen Auswirkungen ihres Handelns kritisch reflektieren. Auf dieser Basis lassen sich Verknüpfungen zur nachhaltigen Entwicklung herstellen.
- CSR wird nicht dem Kerngeschäft von Unternehmen – sozusagen als „add on" – übergestülpt, sondern beruht darauf, über das operative und strategische Management in die Handlungsweise der Unternehmen integriert zu werden.[126]

Aufgrund der Vielzahl an unterschiedlichen CSR-Ansätzen sieht sich die EU-Kommission veranlasst, für eine weitgehend einheitliche und damit

---

[124] Vgl. http://europa.eu.int/comm/employment_social/soc-dial/csr/csr2002_ de.pdf.

[125] Ebd., 3.

[126] Ebd., 6.

vergleichbare Auslegung dieses Konzepts unter den Mitgliedsländern einzutreten. Auch außerhalb Europas lässt sich kein allgemeinverbindlicher Standard für das CSR finden. Nach Auffassung des „Social Venture Network“ (SVN) wäre eine Standardisierung, die ungeachtet der Art, Größe und Branche auf alle Unternehmen anzuwenden wäre, ungeeignet.[127] Vielmehr gehe es darum, die genaue Ausgestaltung unter Berücksichtigung der speziellen Situation des Unternehmens und im Rahmen eines fortdauernden Dialogs mit den Stakeholdern zu entwickeln.[128] Andererseits käme einer international übergreifenden CSR-Richtlinie gerade deshalb hohe Bedeutung zu, weil Unternehmen im globalen Wettbewerb auf unterschiedlichste nationale Gesetzeslagen (Umweltschutzauflagen, Arbeitsschutzregelungen etc.) stoßen. Eine „Identifikation von gemeinsamen Rahmenbedingungen für die globale Dimension der CSR“[129] könnte, wie die EU-Kommission meint, ökologischen und sozialen Verwerfungen, die aus Wettbewerbsverzerrungen resultieren, entgegenwirken.

Eine Orientierung am CSR-Konzept kann nach Auffassung des Instituts für Markt-Umwelt-Gesellschaft (IMUG) auf verschiedene Weise den Unternehmenswert steigern.[130] Die Berücksichtigung von Stakeholder-Gruppen – sowohl interne als auch externe – erhöht die Attraktivität des Unternehmens z.B. durch

- eine hohe Lebensqualität der Mitarbeiter und der Kommune(n), in der (denen) das Unternehmen tätig ist,
- Kundenzufriedenheit auf Grund einer nachhaltigkeitsorientierten Unternehmensstrategie und ökologischer Produkteigenschaften,
- geringere Risiken sowie verbesserte Zugriffsmöglichkeiten auf Finanzierungsquellen und Ressourcen,
- eine gute Reputation in der Öffentlichkeit (Politik, Medien etc.).[131]

---

[127] Vgl. http://www.svn.org/initiatives/PDF_standards.pdf, 2.

[128] Ebd., 3.

[129] Vgl. http://europa.eu.int/comm/employment_social/soc-dial/csr/csr2002_de.pdf.

[130] Vgl. http://www.imug.de/

[131] Vgl. z.B. http://www.ihei.org, http://www.csrcampaign.org/, http://www.csreurope.org, http://www.eldis.org/csr/index.htm,

So werden gemeinwohlorientierte Unternehmensaktivitäten – neben CSR taucht auch der Begriff „Corporate Citizenship“ auf – zumeist als Investition in das gesellschaftliche Umfeld betrachtet.[132] Unternehmen erzielen Public-relations-Effekte und treten als Akteure in Erscheinung, die sich für gesellschaftliche Belange engagieren.[133] Corporate Citizenship umfasst als Teilaspekte „Corporate Giving“ und „Corporate Volunteering“. Corporate Giving findet seinen Niederschlag z.B. darin, dass Unternehmen ihre Mitarbeiter motivieren, Projekte oder soziale Einrichtungen durch Spenden zu unterstützen. Zu jeder Spende eines Mitarbeiters wird vom Unternehmen ein bestimmter Betrag addiert.[134] Corporate Volunteering bezeichnet Situationen, in denen Unternehmen ihre Mitarbeiter darin unterstützen, sich für soziale oder gesellschaftliche Belange durch eigene Mitwirkung einzusetzen. Zu diesem Zweck können die Mitarbeiter freigestellt werden und/oder unternehmenseigene Ressourcen zur Verfügung gestellt bekommen.[135]

4.1.2 Stakeholderdialog

Das „Stakeholder“- oder „Anspruchsgruppenkonzept“ beruht auf der Prämisse, dass sich die externe Unternehmenskommunikation nicht nur auf Aktionäre („Shareholder“) beschränken kann, sondern auch andere Akteursgruppen einbeziehen muss.[136] Gemäß Freeman (1983) handelt es sich bei Stakeholdern um gesellschaftliche Akteure (Gruppen oder Einzelpersonen), deren Interessen von den Aktivitäten einer Organisation tangiert werden oder die selbst Einfluss auf die Organisation ausüben. Dabei ist zwischen internen und externen Anspruchsgruppen zu unterscheiden. Während sich zu den internen Anspruchsgruppen Eigentümer, Mitarbeiter und das Management zählen lassen, gehören zu den externen Anspruchsgruppen u.a. Lieferanten, Kunden, Umweltverbände, die Presse und staatliche Einrichtungen. Gesellschaftliche Anspruchsgruppen können einen erheblichen Legitimations- und Veränderungsdruck auf

---

[132] Vgl. http://www.ifm-bonn.org/ergebnis/cc-kurzfassung.pdf, 1.

[133] Ebd., 2.

[134] Vgl. Mutz 2001, 26.

[135] Ebd.

[136] Vgl. Freeman 1983, 198.

Unternehmen ausüben. Unternehmen stehen insofern nicht nur unter dem Wettbewerbsdruck, der vom Markt ausgeht, sondern müssen sich dem Dialog mit der Öffentlichkeit stellen.[137]

Aus Sicht der Unternehmenspraxis ergeben sich aus einer (pro-) aktiven Gestaltung der Kommunikation mit Stakeholdern u.a. folgende Vorteile:

- Ein offener Dialog dient als vertrauensbildende Maßnahme zwischen den Parteien. Oft geht ihm eine Konfrontation voraus, die sich im direkten Kontakt auflösen lässt. Dazu müssen allerdings beide Gesprächspartner bereit sein, ihre Positionen in Frage zu stellen.
- Ein Dialog kann als Frühwarnsystem dienen, um externe Entwicklungen und ihre Auswirkungen auf ein Unternehmen besser abzuschätzen. Daraus können sich „Dialoge mit der Zukunft" entwickeln. Hierzu muss das Vertrauensverhältnis zu den Stakeholdern jedoch recht belastbar sein.
- In einem fortgeschrittenen Stadium des Dialogs, können gemeinsame Projekte in Angriff genommen werden, die insgesamt zu einer noch stärkeren Verbindung zwischen den Dialogpartnern führen können. Allerdings dürfte dabei die Balance zwischen Gemeinsamkeiten und notwendiger Abgrenzung eine nicht geringe Herausforderung bilden. Ein Beispiel für derartige Koalitionen ist „emission 55 – Business for Climate", ein Zusammenschluss von Unternehmen für das Kyoto-Protokoll, der unter maßgeblicher Beteiligung von NGOs (Germanwatch, WWF) zustande gekommen ist.

Stakeholderkommunikation zielt also nicht nur auf eine Vermeidung negativer Folgen, sondern auf eine Offenlegung von Chancen, die dem tendenziell selbstreferenziellen System „Unternehmung" andernfalls verborgen bleiben. Da die unternehmensinterne Agenda oft von völlig anderen Schwerpunkten geprägt ist als von äußeren Entwicklungen, entspringt die Stärke von Stakeholderdialogen gerade dem Perspektivwechsel von der Innen- zur Außensicht. Für eine Sensibilisierung im Hinblick auf Nachhaltigkeit – gerade bei Mitarbeitern, die ein hohes Maß an Verant-

---

[137] Vgl. Fichter 1998, 227.

wortung tragen – ist die externe und interne Stakeholderkommunikation ein wesentlicher Faktor.[138]

Die durch Stakeholderdialoge bedingte Öffnung von Unternehmen erhöht die Wahrscheinlichkeit, dass der Einfluss externer Standpunkte und Interessen die Nachhaltigkeitsausrichtung der Unternehmensstrategie erhöht. Unter der Prämisse, dass nachhaltige Entwicklung eine regulative Idee darstellt, bedarf deren Konkretisierung eines Diskurses. „Erst wenn der individuelle Transfer von einer abstrakten Definition hin zu einer unternehmensspezifischen und in der Branchensprache formulierten Definition geglückt ist, kann man sich auf den Weg zur Strategieentwicklung und -umsetzung begeben" (Hardtke 2001, 178). Instrumente des Stakeholderdialogs unterstützen Unternehmen dabei, den Begriff im Einklang mit dem Umfeld zu klären und mit Inhalten zu besetzen. Im Sinne eines gesellschaftlichen Such- und Lernprozesses gilt es dabei, die teilweise divergierenden Interessen von Stakeholdern auszutarieren. Während z.B. Kunden tendenziell eine gemäßigte Preispolitik favorisieren, verwahren sich andere Stakeholder gegen dadurch verursachte unsoziale Arbeitsbedingungen in Billiglohnländern oder sog. „Sweatshops".

Mit dem „Accountancy-1000-Standard" hat sich in England bereits eine Norm für Stakeholderdialoge herausgebildet. AccountAbility, der Initiator dieses Standards, hat Qualitätskriterien für einen erfolgreichen Stakeholderdialog entwickelt. Der jüngst aufgelegte nachhaltigkeitsorientierte Börsenindex „FTSE4Good" hat den Stakeholderdialog inzwischen als Kriterium aufgenommen, mit der Begründung, dass dies zur Minimierung wirtschaftlicher Risiken beitrage. Insgesamt sichern sich Unternehmen durch die Interaktion mit Stakeholdern gegen das Risiko ab, im Falle später aufgedeckter ökologischer oder sozialer Schäden eine Alleinverantwortung zu tragen. Unter der Voraussetzung, dass die Form des Dialogs Akzeptanz und Vertrauen schafft, also nicht wirkungslos ist, kann auf dieser Basis zumindest langfristig ein Teil der Verantwortung für Modernisierungsrisiken auf andere Teile der Gesellschaft übertragen werden: Mitgestalten heißt eben auch mitverantworten.

Mittlerweile findet speziell in Verbindung mit CSR der Begriff des Multistakeholderdialogs vermehrte Anwendung. So hat die Europäische Kommission im Herbst 2002 das „European Multistakeholder Forum on

[138] Vgl. Hardtke 2001, 176.

CSR“ eröffnet.[139] Über das eigens dafür eingerichtete Portal koordiniert auch die NGO „World Economy, Ecology und Developement“ (WEED) Multistakeholderdialoge.[140] In noch größerem Maßstab erfolgt dies durch das international operierende „Stakeholder Forum for our Common Future.“[141]

4.1.3 Umweltmanagement

Neben langfristigen Kostensenkungen, einer höheren Mitarbeitermotivation und positiven Imageeffekten werden Ansätze des Umweltmanagements von vielen der untersuchten Institutionen und Akteure als Unternehmensbeitrag zur nachhaltigen Entwicklung gesehen und dementsprechend kommuniziert. Im Rahmen der Recherche wurden auch solche Nachhaltigkeitskonzepte, die im wesentlichen auf betrieblichen Umweltschutzmaßnahmen beruhen und nähere Angaben im Hinblick auf sonstige Leitkonzepte vermissen ließen, der Rubrik Umweltmanagement zugeordnet.

Bereits in den achtziger Jahren begann sich innerhalb der Betriebswirtschaftslehre die Auffassung durchzusetzen, dass eine Kontrolle und Reduktion von Umweltbelastungen zukünftig zu den essentiellen Managementaufgaben von Unternehmen zählt. Zahlreiche Unternehmen haben mittlerweile Umweltmanagementsysteme aufgebaut.[142] „Unter Umweltmanagement versteht man betriebswirtschaftliche Aktivitäten, die eine Entlastung der Umwelt zum Ziel haben“ (Schaltegger 2000, 133). Umweltmanagementsysteme regeln die Organisationsstruktur, Zuständigkeiten, Verhaltensweisen, förmliche Verfahren, Abläufe und Mittel für die Festlegung und Durchführung der Umweltpolitik. Mittlerweile existieren internationale, insbesondere europäische Normen für Umweltmanagementsysteme, so etwa die ISO 14001 und die europäische Öko-Audit-Verordnung EMAS. Sie bieten einen Rahmen zum Aufbau eines Umweltmanagementsystems, das nach Auffassung von Müller-Christ (2001, 197f.) zumeist folgende Bausteine enthält:

---

[139] Vgl. http://europa.eu.int/comm/enterprise/csr/forum.htm.

[140] Vgl. http://www.corporate-accountability.org

[141] Vgl. http://www.unedforum.org/index.htm.

[142] Vgl. Figge 2001, 8.

- Unternehmensphilosophie (Bekenntnis des Managements zur Umweltverantwortung)
- Umweltpolitik (Aufstellen von übergeordneten Umweltschutzzielen)
- Umweltorientierte Unternehmensplanung
- Umweltprogramm (Systematisierung der Umweltschutzmaßnahmen)
- Umweltaudit (Durchführung periodischer Umweltbetriebsprüfungen)
- Wiederaufnahme der umweltorientierten Unternehmensplanung

Die inzwischen erfolgten Weiterentwicklungen des Umweltmanagements haben dessen Kompatibilität und Überschneidungen mit anderen Ansätzen des nachhaltigen Wirtschaftens weiter erhöht. „Ziel ist es, in den Unternehmen zuerst ein Bewusstsein für die bewegten Stoff- und Energieströme zu schaffen [...]. Diese Transparenz ist Voraussetzung dafür, die Steuerung der Stoff- und Energieströme in den herkömmlichen Managementprozess aufzubauen: Reduzierungsziele setzen, Maßnahmen planen, Verantwortlichkeiten festlegen, ihre Durchführung kontrollieren und in Abhängigkeit des Resultats wieder neue Reduzierungsziele festlegen" (Müller-Christ 2001, 534). Die regelmäßige Kontrolle sowie Anpassungen an neu formulierte Ziele, wie u.a. von ISO 14001 und EMAS gefordert, stellen eine interessante Parallele zur Auslegung des Nachhaltigkeitsleitbildes als „regulative Idee" dar.[143]

Übereinstimmungen mit anderen Leitkonzepten des nachhaltigen Wirtschaftens bestehen u.a. in der Betonung der Ressourcenproduktivität, Kreislaufwirtschaft, Risikoprävention, des Stoffstrommanagement und bedingt der Gestaltung von Stakeholder-Beziehungen.[144]

4.1.4 Ökoeffizienz, Dematerialisierung und MIPS

Schmidheiny (1992, 142) definiert „Ökoeffizienz" als „Verhältnis zwischen Ressourcenverbrauch und Emissionen zur Produktionsmenge". Während der Ressourcenverbrauch Materialien und Rohstoffe beinhaltet, treten Emissionen u.a. als Folge des Energieverbrauchs während des Pro-

---

[143] Vgl. z.B. http://www.umis.de, http://www.emas.org.uk/, http://www.ioew.de, http://www.future-ev.de/home.html.

[144] Vgl. Dyckhoff 2000, 169ff.

duktionsprozesses sowie durch vor- und nachgelagerte Transporte auf. Seiler-Hausmann/Liedtke (2001, 25) verbinden mit Ökoeffizienz insbesondere die folgenden Ziele:

- „Reduktion der Materialintensität von Produkten und Dienstleistungen
- Reduktion der Energieintensität von Produkten und Dienstleistungen
- Minimierung toxischer Substanzen
- Erhöhung der Rezyklierbarkeit
- Maximierung der nachhaltigen Verwendung erneuerbarer Ressourcen
- Verlängerung der Produktlebensdauer
- Erhöhung der Service-Intensität von Produkten und Dienstleistungen."

Gemäß Schmidt-Bleek (1993, 140) können die Begriffe „Ökoeffizienz" und „Ressourcenproduktivität" gleichgesetzt werden. Unter der Ressourcenproduktivität eines Gutes versteht er „die Gesamtheit der verfügbaren Einheiten an Dienstleistungen, dividiert durch den Gesamtverbrauch an Material für das dienstleistende Gut, gerechnet ‚von der Wiege bis zur Wiege', einschließlich der für den Energieverbrauch bewegten Stoffströme" (ebd.). Der von Schmidt-Bleek eingeführte Indikator „MIPS" (= Materialinput pro Service-Einheit) steht in einem inversen Verhältnis zur Ressourcenproduktivität. Die zu minimierende Größe MIPS setzt auf der Ebene der (Dienst-) Leistung, der Funktion bzw. des durch eine bestimmte Konsumhandlung zu generierenden Nutzens an. Folglich kann die Ressourcenproduktivität nicht nur durch eine graduelle Dematerialisierung der Produktion erhöht werden, sondern auch durch veränderte Nutzungssysteme oder Verhaltensweisen.

Daran knüpft die Idee an, „Nutzen statt Produkte zu verkaufen". Produkte seien, so Schmidt-Bleek (2000, 77), nichts anderes als „Dienstleistungserfüllungsmaschinen". Sie würden nicht um ihrer selbst willen, sondern aufgrund der von ihnen erfüllten Funktionen oder geleisteten Dienste erworben. Gefragt seien folglich „ökointelligente Dienstleistungen", um „vorgegebene Funktionen mit weniger Material-, Energie- und Flächeneinsatz zu erfüllen" (Schmidt-Bleek 2000, 67). Die dabei oft angeführten Beispiele wie etwa „Rasenmäher-Sharing" oder Straßenbahnnutzung anstelle einer Autofahrt zum Arbeitsplatz verdeutlichen indes, dass eine besitzlose Bedarfsbefriedigung nicht notwendigerweise produktionslos ist. Um die Befriedigung eines bestimmten Bedarfs – bezogen auf eine Nutzen- oder Service-Einheit – unter Nachhaltigkeitsaspekten beurteilen können, müssen daher die kumulierten Ressourcenverbräuche entlang aller Stufen der Prozesskette in Betracht gezogen werden. Dies erfolgt anhand des sog. „ökologischen Rucksacks", der zuzüglich des Eigengewichts des „dienstleistungsfähigen Produkts" ins Verhältnis zu einer Service-Einheit gesetzt wird, um den MIPS-Wert zu errechnen.

Damit werden alle Varianten zur Erfüllung einer bestimmten Konsumfunktion, die sich innerhalb des Spektrums unterschiedlicher Verfügungsrechte ergeben, vergleichbar. Der Kauf eines Produktes und der Konsum einer „reinen" Dienstleistung markieren dabei die Randpunkte dieses Intervalls. Aus der Angebotsperspektive bedeutet der Übergang vom Produkteigentum zur Nutzung einer „Dienstleistungserfüllungsmaschinen", dass sich Produzenten zu Dienstleistern wandeln. Beispiele aus dem Bedarfsfeld Mobilität bilden etwa die Leasingangebote von Daimler Chrysler oder die Autovermietung Sixt. Derartige Besitzverhältnisse haben Auswirkungen auf die Motivation der Anbieter, zu einer höheren Ressourcenproduktivität beizutragen.[145] Bierter (2000, 10) nennt drei Ansatzpunkte: Die Strategie einer längeren Nutzung, die Strategie einer intensiveren Nutzung und die Strategie der Abfallverminderung. Eine längere Nutzungsdauer kann bereits als Qualitätseigenschaft in die Herstellung von Produkten einfließen. Dabei gilt es, insbesondere die Wiederverwendbarkeit, Reparaturfähigkeit und die Option auf technologische Updates zu berücksichtigen. Eine Nutzungsintensivierung kann durch Multifunktionalität und Komponentenstandardisierung bei Produkten erreicht werden. Darüber hinaus sind Organisationsprinzipien und Infrastrukturen, die für eine hohe Auslastung sorgen, von Bedeutung (z.B. Car-Sharing oder Waschsalons).

4.1.5 Sustainable Product Design

Gemäß Charter/Tischner (2001) zielt „Sustainable Product Design" darauf ab, die ökologischen Auswirkungen von Produkten bereits bei deren Gestaltung und Entwicklung zu berücksichtigen. Unter Einbeziehung aller Phasen des Produktlebenszyklusses gelte es, soziale, ethische, ökolo-

---

[145] Vgl. z.B. http://www.wbcsd.org, http://www.nachhaltigwirtschaften.at, http://www.oekoeffizienz.de/deutsch.

gische sowie ökonomische Aspekte zu integrieren sowie ein Maximum an Konsumnutzen zu erzielen. Als Lebenszyklusphasen werden Vorproduktion, Produktion, Transport, Nutzung und Entsorgung genannt. „egeneration“, ein Institutionen und Unternehmen übergreifendes Netzwerk, vertritt eine ähnliche Linie: „Sustainable product development design (SPDD) is concerned with balancing economic, environmental, ethical and social aspects in the creation of products and services.”[146]

Die „Green Design Initiative” sieht darin einen Ansatz „to improve environmental quality and product quality while enhancing economic development.“[147] Das Portal „Greener by Design“ unterhält eine Datenbank mit ca. 700 Beispielen für „Sustainable Products“, die insbesondere folgende Charakteristika aufweisen:[148]

- „Cyclic: The product is made from organic materials, and is recyclable or compostable, or is made from minerals that are continuously cycled in a closed loop.
- Solar: The product uses solar energy or other forms of renewable energy that are cyclic and safe, both during use and manufacture.
- Safe: The product is non-toxic in use and disposal, and its manufacture does not involve toxic releases or the disruption of ecosystems.
- Efficient: The product's efficiency in manufacture and use is improved by a factor of ten, requiring 90 % less materials, energy and water than products providing equivalent utility did in 1990.
- Social: The product and its components and raw materials are manufactured under fair and just operating conditions for the workers involved and the local communities.“

Damit ergeben sich Überschneidungen zu anderen Leitkonzepten, wie etwa Ökoeffizienz, Stoffstrommanagement und Integrierte Produktpolitik.

---

146 http://www.egeneration.co.uk/centre/modules/sustainable_productdesign/1.asp

147 http://www.ce.cmu.edu/GreenDesign/, vgl. auch http://www.cfsd.org.uk.

148 http://www.biothinking.com/btintro.htm

4.1.6 Stoffstrommanagement, Supply-Chain-Management, Product Stewardship

Der Begriff des „Stoffstrommanagements“ hat sich Anfang der 90er Jahre etabliert.[149] Die daran beteiligte Enquête-Kommission des Deutschen Bundestages „Schutz des Menschen und der Umwelt“ (1994, 549) schlägt folgende Definition vor: „Stoffstrommanagement ist die zielorientierte, verantwortliche, ganzheitliche und effiziente Beeinflussung von Stoffströmen, wobei die Zielvorgaben aus dem ökologischen Bereich kommen, unter Berücksichtigung von sozialen Aspekten.“ Die Ziele werden auf betrieblicher Ebene, von den am Stoffstrom beteiligten Akteure oder auf der staatlichen Ebene entwickelt. Ein ähnliches, daran anknüpfendes Konzept stellt das Supply-Chain-Management dar.

„Supply Chain Management, auch Lieferantenkettenmanagement, ist die unternehmensübergreifende Koordination der Material- und Informationsflüsse über den gesamten Wertschöpfungsprozess von der Rohstoffgewinnung über die einzelnen Veredelungsstufen bis hin zum Endkunden mit dem Ziel, den Gesamtprozess sowohl zeit- als auch kostenoptimal zu gestalten“ (Scholz-Reiter/Jakobza 1999, 8). Busch/Dangelmaier (2002, 6) betonen die Unterschiedlichkeit der bislang vorliegenden Definitionen im Hinblick auf Ergänzungen wie beispielsweise um Material- und Dienstleistungsflüsse. Nach Auffassung von Werner (2000, 5) kennzeichnet das Supply Chain Management „die integrierten Unternehmensaktivitäten von Versorgung, Entsorgung und Recycling, inklusive die sie begleitenden Geld- und Informationsflüsse.“ Dabei gelte es, diese drei Hauptbereiche, die zugleich Schnittstellen zwischen den Unternehmen und bestimmten Dimensionen der Unternehmensumwelt darstellen, an den Erfolgsfaktoren Kosten, Zeit, Qualität und Flexibilität auszurichten.

Wenngleich die Optimierung der Lieferkette entsprechend dieser Faktoren positive Nachhaltigkeitswirkungen – etwa eine Reduzierung von Umweltbelastungen infolge von Materialeinsparungen – einschließt, ist dies nicht das vorrangige Ziel. Im Unterschied zum Supply-Chain-Management – zumindest ausgehend von seinem Ursprungsgedanken – berücksichtigt das Stoffstrommanagement von vornherein Nachhaltigkeitsaspekte. Anstelle einer nur wertmäßigen Betrachtung von Güterströmen werden hier die Stoff- und Energieströme fokussiert. Deren Auswirkun-

[149] Vgl. Wietschel 2002, 3.

gen, so Wietschel (2002, 4), würden sich anhand monetärer Bewertungsmaßstäbe nicht vollständig erfassen lassen, da die Preise für Rohstoffe, Energie und Endprodukte die externen Effekte nicht widerspiegeln würden. Aus dem Umstand, dass auch in absehbarer Zeit von keiner hinreichenden Internalisierung ausgegangen werden könne, ergebe sich folglich die Notwendigkeit für ein Stoff- und Energiestrommanagement.

Gemäß Seuring (2001, 55f.) besteht die Gemeinsamkeit beider Konzepte darin, dass im Gegensatz zur Optimierung einzelner Anlagen oder Betriebsstätten die integrierte Betrachtung von Liefer- und Stoffstromketten, somit also Optimierungsmöglichkeiten entlang der gesamten Kette im Vordergrund stehen. Die folgende Tabelle fasst die Unterschiede zusammen.

Tabelle 2: Stoffstrommanagement und Supply Chain Management im Vergleich

Merkmal	Stoffstrommanagement	Supply Chain Management
Physische Basis	Stoffflüsse	Material-, Informations und Wertflüsse
Konzeptionelle Basis	Ökobilanzen	Logistik
Akteure	Unternehmen und Stakeholder	Unternehmen
Kooperationen	Vielfältig	Vertikal in der Kette
Zielsetzung	Umweltbelastungen senken	Lieferkette optimieren

Quelle: Seuring 2001, 30.

Dennoch erscheint eine Trennung schon deshalb nicht sinnvoll, weil viele Akteure offensichtlich auch im Supply-Chain-Management hohe Potenziale zur Integration von Nachhaltigkeitsaspekten in die Prozesskette sehen, so etwa das Netzwerk Sustainable Business in Action (SABINA). „A supply chain can be defined as: The co-operation between a participant company and its suppliers (excluding supply relationships with other project participants and suppliers of items not relating to manufacturing processes) which leads to a net environmental benefit, particularly to the main company, for example:

– How materials are packaged for supply,

- Changes to the specification of supplies to reduce waste processing,
- Development of alternative processing methods which are based on the supplier working with the main company, and
- Co-ordinated transport strategies to minimise the movement of empty vehicles."[150]

Ein vergleichbarer Ansatz firmiert unter der Bezeichnung „Produktverantwortung", „Life-Cycle-Approach" oder „Product Stewardship", den etwa die EPA (U.S. Environmental Protection Agency) wie folgt definiert: „Product stewardship is a product-centered approach to environmental protection. Also known as extended product responsibility (EPR), product stewardship calls on those in the product life cycle-manufacturers, retailers, users, and disposers to share responsibility for reducing the environmental impacts of products."[151] Der Northwest Product Stewardship Council hebt dabei den Life-Cycle-Aspekt hervor. „Product Stewardship is an environmental management strategy that means whoever designs, produces, sells, or uses a product takes responsibility for minimizing the product's environmental impact throughout all stages of the product's life cycle."[152]

Das Product Stewardship Institute (PSI) unterstreicht die Orientierung an einer Akteure übergreifenden Verantwortung auf ähnliche Weise. „The concept of 'product stewardship' recognizes that local and state governments have limited resources to manage a growing list of environmental challenges, and that industry and consumers must take greater responsibility in this process."[153]

4.1.7 Sustainability Reporting

Die Nachhaltigkeitsberichterstattung entwickelt sich derzeit zu einem Instrument der internen und externen Kommunikation, um zu dokumentieren, auf welche Weise Unternehmen der von Stakeholdern eingeforderten

---

[150] http://www.sabina.co.uk/frames.htm.

[151] http://www.epa.gov/epaoswer/non-hw/reduce/epr/about/index.html.

[152] http://www.productstewardship.net/, vgl. auch http://www.productstewardshipinstitute.org

[153] http://www.productstewardshipinstitute.org/joinPSI.htm.

Verantwortung in den Bereichen Ökonomie, Ökologie und Soziales nachkommen. Gemäß Schulz/Burschel/Losen (2001, 3) kommt dabei der integrativen Perspektive im Sinne einer synchronen Optimierung der drei Zieldimensionen eine überragende Bedeutung zu. Nachhaltigkeitsberichte, die lediglich einen um soziale Aspekte erweiterten Umweltbericht darstellen, erfüllen diese Anforderung nicht. Die Veröffentlichung eines Umweltberichts (zusätzlich zum Geschäftsbericht) hat sich zumindest bei einer Vielzahl großer Unternehmen mittlerweile als Praxis etabliert. Immer mehr mittelständische Unternehmen schließen sich dieser Vorgehensweise an. Dabei besteht der Trend, die reine Umweltberichterstattung zu einer Nachhaltigkeitsberichterstattung zu erweitern.

Nachhaltigkeitsberichte entstehen auf freiwilliger Basis und sind daher an keine (gesetzlich) vorgegebene Form gebunden. Aus diesem Grund ist eine Vertrauensbasis vonnöten, um der nahe liegenden Vermutung entgegenzuwirken, dass willkürlich nur positive oder geschönte Aspekte hervorgehoben werden. Inzwischen existieren einige Initiativen zur Entwicklung eines Standards, auf dessen Basis Nachhaltigkeitsberichte vergleichbar, glaubwürdig und transparent gestaltet werden können. Der momentan wichtigste Versuch einer Harmonisierung der Nachhaltigkeitsberichterstattung geht von der international agierenden Global Reporting Initiative (GRI) aus. Sie wurde 1997 von der Coalition of Environmental Responsible Economies (CERES) gegründet und hat sich zum Ziel gesetzt, einen branchenunabhängigen, global anwendbaren Leitfaden für Nachhaltigkeitsberichte zu erstellen.[154] Eine erste Version wurde bereits im März 1999 vorgestellt. Inzwischen liegt ein umfangreicher Leitfaden vor, der vom GRI-Portal abgerufen werden kann. „The GRI Guidelines are a framework for reporting on an organisation's economic, environmental, and social performance. The Guidelines:

- present reporting principles and specific content to guide the preparation of organisation-level sustainability reports;
- assist organisations in presenting a balanced and reasonable picture of their economic, environmental, and social performance;
- promote comparability of sustainability reports, while taking into account the practical considerations related to disclosing information

[154] Vgl. Schulz et al 2001, 21 sowie http://www.wbcsd.org/sdportal.

across a diverse range of organisations, many with extensive and geographically dispersed operations;

- support benchmarking and assessment of sustainability performance with respect to codes, performance standards, and voluntary initiatives; and
- serve as an instrument to facilitate stakeholder engagement."[155]

Abb. 21: GRI family of reporting documents

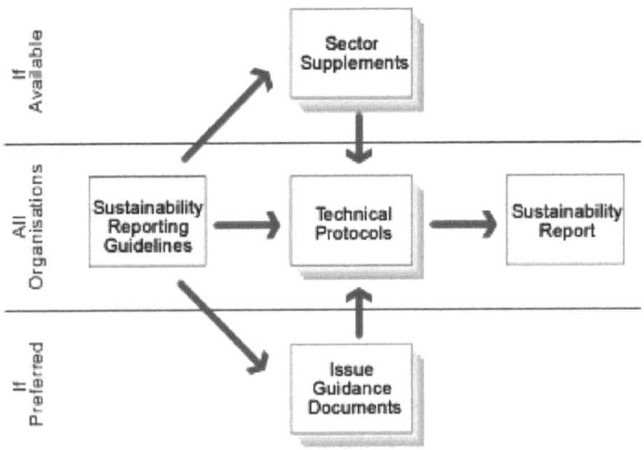

Quelle: http://www.globalreporting.org/guidelines/framework.asp

Das IMUG und das Institut für ökologische Wirtschaftsforschung (IÖW) haben die internationalen Standardisierungsversuche zur Berichterstattung, insbesondere durch die GRI kritisch begleitet und ebenfalls einen Leitfaden zur Nachhaltigkeitsberichterstattung erstellt.[156]

155 http://www.globalreporting.org/guidelines/2002/a08.asp.

156 http://www.imug.de/themen/pdfs/imug_ioew_2001.pdf.

4.1.8 Integrierte Produktpolitik (IPP)

Laut dem von der Europäischen Union vorgelegten Grünbuch zur Integrierten Produktpolitik handelt es sich bei diesem Leitkonzept um die „Strategie zur Stärkung und Neuausrichtung produktspezifischer umweltpolitischer Maßnahmen mit dem Ziel, die Entwicklung eines Marktes für umweltfreundlichere Produkte zu fördern und eine öffentliche Diskussion zu diesem Thema auszulösen.“[157] Die Integrierte Produktpolitik (IPP) zielt darauf, bereits vorhandene Ansätze der (betrieblichen) Umweltpolitik aufzugreifen und zu einem konsistenten Konzept zu verdichten. Als drei wesentliche Bausteine stehen „Integration“, „Information/Kommunikation“ und „Kooperation“ im Vordergrund.[158] Die integrative Komponente der IPP bezweckt, alle Stufen der Wertschöpfungskette eines Produktes – von der Ressourcengewinnung bis zur Entsorgung bzw. Wiederverwertung – hinsichtlich ihrer Auswirkungen auf die Umweltmedien zu betrachten. Ziel ist dabei, die Summe der Umweltbelastungen eines Produktes im Laufe des Produktlebenszyklus so gering wie möglich zu halten. Es werden Maßnahmen angestrebt, die sowohl ökonomische als auch ökologische Vorteile mit sich bringen, um für eine breite Akzeptanz bei den beteiligten Akteuren zu sorgen.

Durch die kooperative Komponente wird eine Abkehr von bisherigen umweltpolitischen Ansätzen betont, die in erster Linie darin bestanden, dass der Staat durch ordnungsrechtliche Maßnahmen auf die wirtschaftenden Akteure einwirkte. Auf diese Weise – so die Kritik aus der IPP-Perspektive – seien viele Probleme von einer Stufe des Produktlebenszyklus zu einer anderen verschoben worden. Demgegenüber seien effizientere Lösungen erzielbar, wenn Kooperationen zwischen den Unternehmen entlang des Produktlebenszyklus zustande kämen. Wirksame Maßnahmen würden auf diese Weise von einer Übereinkunft aller beteiligten Akteure getragen und damit durchsetzbarer. Weiterhin ergeben sich dadurch Synergieeffekte, die Projekte ermöglichen, mit denen einzelne Unternehmen überfordert wären.[159]

Die Informations- und Kommunikations-Komponente beinhaltet einen zweiseitigen Austauschprozess, nämlich zwischen Staat und Wirtschaft

---

[157] http://europa.eu.int/scadplus/leg/de/lvb/l28011.htm.

[158] Vgl. Rubik/Hoffmann/Simshäuser 2000, 15.

[159] Vgl. Schwarz 1999, 130.

und außerdem zwischen den Akteuren entlang des Produktlebenszyklus.[160] Dem Staat kommt die Rolle eines Moderators zu, der „Orientierungen erarbeitet, motiviert, koordiniert sowie Dialog- und Kommunikationsstrukturen schafft" (Rubik/Hoffmann/Simshäuser 2000, 12), d.h. die Politik beschränkt sich auf die Gestaltung der Rahmenbedingungen.[161]

Zur Erfolgsmessung wurde der sog. „IPPsilon"-Faktor eingeführt. Er gibt die graduelle Vorteilhaftigkeit eines Produktes oder einer Dienstleistung im Hinblick auf IPP-Kriterien gegenüber bisherigen Lösungen an. Der Vergleich bezieht sich auf Produkte mit gleichwertigem Gebrauchsnutzen. Die Kennzahl trägt somit dazu bei, die komplexen Inhalte der IPP kommunizierbar zu machen.[162]

Die IHK in München und Oberbayern hat Leitfäden und Checklisten zur IPP-Anwendung entwickelt.[163] Im Gleichklang damit wurden vom bayerischen Umweltministerium IPP-Pilotprojekte gefördert. Auch das IÖW hat die Potenziale dieses Konzeptes an konkreten Praxisbeispielen untersucht.[164] Die von der IPP explizit angestrebte themen-, organisations- und branchenübergreifende Kooperation und Kommunikation führt zu einer simultanen Berücksichtigung anderer Leitkonzepte, nämlich u.a. Stoffstrom- bzw. Supply-Chain-Management, Ökoeffektivität, Ökoeffizienz und Sustainable Product Design. Weiterhin sieht die EU „Umweltmanagement- und Umweltbetriebsprüfungssysteme wie EMAS [als] wichtige Instrumente, [die] zur Verbreitung der IPP beitragen"[165] können.

4.1.9 Codes of Conduct

Unter „Codes of Conduct" werden freiwillige Selbstverpflichtungen verstanden, mit denen sich Unternehmen einem bestimmten System von Verhaltenskodizes unterwerfen. Die wichtigsten Ursprünge dieses Leitkonzeptes finden sich im angloamerikanischen Raum. „A code of con-

---

160 Vgl. Rubik/Hoffmann/Simshäuser 2000, 31.

161 Vgl. EU-Kommission 2001, 7.

162 Vgl. http://www.ipp-bayern.de/index.php?ID=56.

163 Vgl. http://www.ipp-bayern.de/index.php?ID=65.

164 Vgl. http://www.ioew.de/index2.html.

165 http://europa.eu.int/scadplus/leg/de/lvb/l28011.htm.

duct is a formal statement of the values and business practices of a corporation. A code may be a short mission statement, or it may be a sophisticated document that requires compliance with articulated standards and have a complicated enforcement mechanism. As business becomes globalized, companies are being encouraged by interest groups, governments, educational institutions, industry associations and others to adopt codes of conduct."[166] Die Deutsche Gesellschaft für Technische Zusammenarbeit (GTZ) spricht in einem ähnlichen Zusammenhang von „Grundsätzen integeren Verhaltens."[167]

Gegenstand der meisten Codes of Conduct (CoC) waren bislang Arbeitsverhältnisse, Arbeits- und Gesundheitsschutz, Mindestlöhne, Diskriminierungsverbote, der Ausschluss von Kinderarbeit und ähnliche soziale Aspekte. Darüber hinaus haben Qualitätsstandards, Belange der Produktsicherheit sowie Gewährleistungsverpflichtungen eine entscheidende Rolle gespielt. Derartige Selbstverpflichtungen sind für multinationale Konzerne und global agierende Unternehmen relevant, da sich ihre Produktionsstandorte oft in Ländern befinden, deren arbeitsrechtlichen Bestimmungen und Sozialstandards in den Heimatländern der Unternehmen auf Kritik stoßen – insbesondere bei Kunden und anderen Stakeholdern. „Die meisten dieser CoC wurden von den Konzernen selbst entwickelt und sollen Schäden am Ruf von Markennamen verhindern."[168]

Speziell für kleinere Unternehmen, für die ein normatives Management oder die Erarbeitung eines Leitbildes, auf dessen Grundlage eigene CoC entwickelt werden können, nicht in Betracht kommt, besteht die Möglichkeit, sich einem bereits bewährten System anzuschließen. Aber auch aus der Perspektive größerer Unternehmen lebt die Außenwirkung und Vertrauensbildung mancher CoC-Systeme gerade davon, dass diese bereits eine gewisse Verbreitung und Anerkennung gefunden haben. Dies trifft insbesondere dann zu, wenn die CoC von einer weitestgehend akzeptierten, möglichst unabhängigen Institution erstellt werden. Diese kann auch die Einhaltung beobachten oder zumindest durch ein geeignetes Monitoring für Transparenz sorgen. Mittlerweile existieren verschiedene CoC-Ansätze, die in inhaltlicher Nähe zum Leitbild einer nachhaltigen Entwicklung verortet werden können, so etwa die „Global-Sullivan-

---

[166] http://www.codesofconduct.org.

[167] http://www.gtz.de/unternehmen/deutsch/profil/code_of_conduct.htm.

[168] http://www.gtz.de/social-standards/deutsch/begriffe/begriffe.htm.

Principles“[169], die „CERES-Principles“[170], der von der UNO initiierte „Global Compact“[171] oder die bereits 1991 von der International Chamber of Commerce (ICC) entwickelte, aus 16 Teilprinzipien bestehende „Business Charter for Sustainable Development.“[172]

4.1.10 Ökoeffektivität

Die 1987 von Michael Braungart gegründete „EPEA“ (Environmental Protection Encouragement Agency) hat den Begriff „Ökoeffektivität“ in bewusster Abgrenzung zum Ökoeffizienz-Konzept geprägt: „Bei vielen natürlichen Prozessen wird sowohl Energie als auch Material verschwendet. Pflanzen und Tiere produzieren große Mengen ‚Abfall‘. Sie sind nicht ökoeffizient. Aber sie sind trotzdem ökoeffektiv, weil sie Teil eines nachhaltigen Systems sind, das jedes Stück Abfall wiederverwendet, zum Beispiel als Dünger. Analog dazu kann eine technische Produktion effektiv sein, wenn sie Stoffe abgibt, die in anderen Produktionen einsetzbar sind. [...] Das Prinzip für diesen Lösungsansatz lautet: Abfall ist Nahrung. Alle Produkte werden so entwickelt, dass sie entweder als Nährstoffe in biologische Kreisläufe zurückgeführt werden können, oder als technische Nährstoffe kontinuierlich in technischen Kreisläufen gehalten werden.“[173]

Das zu diesem Zweck entwickelte „System für Intelligente Produkte“ (IPS) setzt an der Verbesserung der Produktqualität an und zielt darauf, jedes Produkt entlang seines individuellen Lebenszyklus zu optimieren. Produkte einschließlich der entstehenden Reststoffe bzw. Abfälle werden einem der folgenden Typen zugeordnet: „Unveräußerliche Güter“, „Gebrauchsgüter“ und „Verbrauchsgüter“. Ähnlich wie bei einigen Instrumenten des Umweltmanagements werden im IPS die Stoffströme erfasst und hinsichtlich ihrer Auswirkungen beurteilt. Zu diesen Stoffströmen gehört neben den Roh-, Hilfs-, Betriebs- und Reststoffen auch das Produkt selbst. Im Gegensatz zu anderen Methoden zielt das IPS weniger

[169] http://www.globalsullivanprinciples.org.

[170] http://www.ceres.org/, vgl. auch http://www.citizensbank.ca/menuId/60833.

[171] http://www.unglobalcompact.org.

[172] http://www.iccwbo.org/home/environment/charter.asp.

[173] http://www.epea.com/german/oeko-effektiv.html.

auf die Vermeidung und Reduktion von Materialinputs, sondern mehr auf die Qualität von Stoffströmen und deren Gestaltung zu Kreisläufen. Außerdem werden die wesentlichen Materialströme, die zur Herstellung eines Produktes benötigt werden, bereits während der laufenden Analyse optimiert.

Tabelle 3: Ökoeffizienz versus Ökoeffektivität aus Sicht von EPEA

Ökoeffizienz	Ökoeffektivität
Den Benzinverbrauch um fünfzig Prozent reduziert, aber die Gesamtzahl der Autos weltweit verdreifachen.	Emissionen einfangen und für neue Produkte oder Brennstoffe verwenden. Energiequellen nutzen, die direkt von der Sonne stammen.
Die Effizienz von Computern alle achtzehn Monate verdoppeln, aber die jährliche Produktionsmenge an nicht wieder verwertbaren Chips steigern.	Die Computerchips über ein Service-Konzept in ein Produktions- und Recyclingsystem integrieren, unabhängig davon, wie viele insgesamt produziert werden.
Bremsbeläge so entwickeln, dass sie weniger Partikel abgeben, aber dennoch insgesamt Tausende von Tonnen an Schadstoffen auf den Straßen lassen.	Bremsbeläge aus einem Material herstellen, das unbedenklich in biologische Kreisläufe zurückgeführt werden kann.
Den Anteil von recyceltem Material in Polymerprodukten erhöhen, ohne auf die Qualitätsminderung des recycelten Materials zu achten.	Plastikprodukte gezielt so entwickeln, dass sie demontiert und rezykliert werden können.
Das Abwasservolumen in der Textilherstellung verringern, aber die Anzahl der Additive erhöhen und daher am Ende immer noch ein nicht wieder verwendbares Produkt zu haben.	Das Gesamtprodukt auf biologische oder technische Kreisläufe abstimmen.

Quelle: http://www.epea.com/german/oeko-effektiv.html

Gebrauchsgüter erbringen während ihrer (wiederholten) Anwendung eine Dienstleistung. Aufgrund ihrer chemischen Zusammensetzung lassen sie sich nicht in biologische Kreisläufe integrieren, da sie stabil und nicht biologisch abbaubar sind. Beispiele sind Waschmaschinen, Fernsehgeräte und Autos. Aber auch Chemikalien wie z.B. Lösemittel können als Gebrauchsgut klassifiziert werden. Ihre Stabilität gegenüber natürlichen Abbauprozessen unterscheidet sie von den Verbrauchsgütern. Um eine Anreicherung von Chemikalien in der Umwelt zu vermeiden und die Ressourcen für die weitere Nutzung verfügbar zu halten, werden Gebrauchsgüter gemäß dem EPEA-Konzept für technische Kreisläufe entwickelt. So wird sichergestellt, dass die für eine hochwertige Weiternutzung der Ressourcen nötige Information während aller Phasen der Lebenszyklen verfügbar ist.

Abb. 22: Ökoeffektive Behandlung von Gebrauchsgütern gemäß EPEA

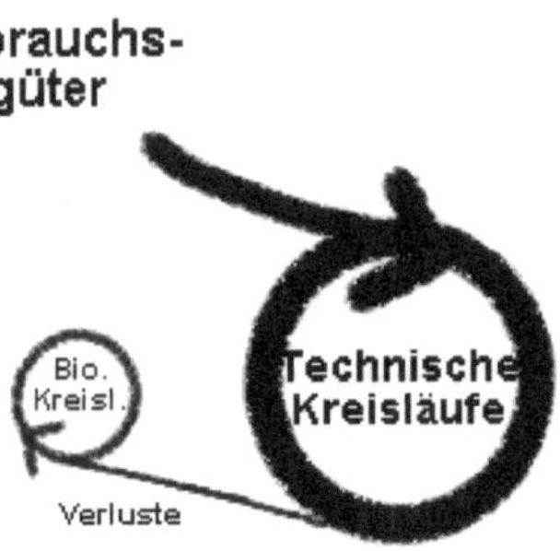

Quelle: http://www.epea.com/german/ips_gebrauch.html

Gebrauchsgüter sind Teil eines technischen Metabolismus, denn sie werden nach ihrer Nutzung als Rohstoffe für die nachfolgende Produktgeneration eingesetzt. Sie werden daher auch technische Nährstoffe genannt. Um eine hochwertige Weiternutzung der Ressourcen zu ermöglichen, können Gebrauchsgüter nach ihrer Verwendung z.B. wieder an den Hersteller zurückgehen. Anstelle des Verkaufes stellt dieser das Produkt dem Nutzer auf Miet- oder Leasingbasis zur Verfügung.

Verbrauchsgüter sind alle Stoffe, die nach ihrer Nutzung nahtlos in biologische Kreisläufe übergehen oder zumindest mit dem biologischen System kompatibel sind. Sie sind so entwickelt, dass sie in die Umwelt entlassen und in natürliche Prozesse aufgenommen werden können, ohne kumulative Auswirkungen auf die Natur oder die menschliche Gesundheit zu haben. Produkte, die sich während ihrer Anwendung „verbrauchen", sind typische Beispiele für biologische Nährstoffe: Waschmittel, Haarshampoo, Seifen etc. Aber auch andere Anwendungen wie Textilien, Leder oder auch Emissionen aus technischen Prozessen können Verbrauchsgutcharakter aufweisen. All diese Produkte sind Teil des biologischen Metabolismus. Daher können sie auch als biologische Nährstoffe bezeichnet werden.[174]

Abb. 23: Ököeffektive Behandlung von Verbrauchsgütern gemäß EPEA

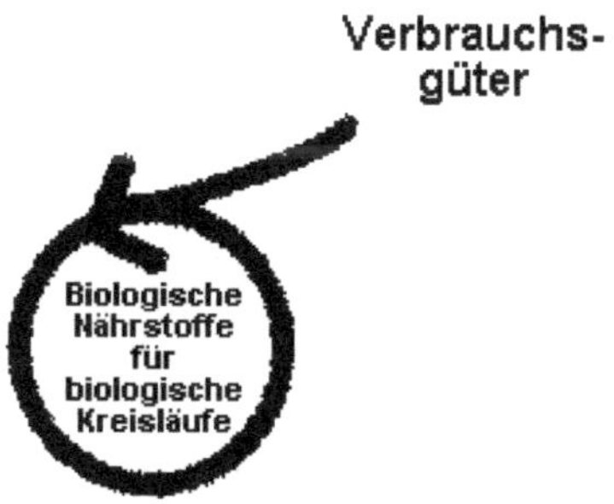

Quelle: http://www.epea.com/german/ips_verbrauch.html

Weiterhin definiert das EPEA-Konzept *unveräußerliche Güter*, die keinen Wert und keine Funktion haben, weil sie häufig als Sonderabfall auftreten und daher zusätzliche Kosten verursachen. Sie können nicht in technische oder biologische Kreisläufe zurückgeführt oder ohne Umweltrisiken gelagert werden. Computer zum Beispiel enthalten einige wertvolle Stoffe, aber andere Komponenten werden nach wenigen Jahren Nutzung als besonders überwachungsbedürftiger Sonderabfall eingestuft. Die meisten Produkte, die heute im Umlauf sind, enden schließlich als unveräußerliche Güter. Diese in ökoeffektive Produkte, d.h. in biologische oder technische Nährstoffe zu verwandeln, ist ein Ziel des Ansatzes. Mit Hilfe eines „innovativen Designs [...] sind diese Produkte in biologische oder technische Metabolismen integrierbar und durchlaufen einen

[174] Vgl. http://www.epea.com/german/ips_verbrauch.html.

regenerativen Produktzyklus ‚von der Wiege zur Wiege' anstelle der herkömmlichen Produktlinie ‚von der Wiege zur Bahre'."[175]

Als Life Cycle Development wird ein zweiter Baustein des Ökoeffektivitätskonzeptes bezeichnet. Demnach werden Produkte mit dem Ziel der Kreislaufschließung verbessert und gegebenenfalls neu gestaltet. Die Verwendung unerwünschter oder ungeeigneter Substanzen wird schrittweise beendet und durch bessere Stoffe ersetzt. Dieses parallele Vorgehen reduziert den Aufwand und führt zu Kosteneinsparungen für Hersteller und Verbraucher. Das Life Cycle Development besteht aus drei Phasen:

- Inventarisierung von Stoffströmen
- Risikoabschätzung entlang eines Lebenszyklusszenarios
- Optimierung für einen ökoeffektiven Kreislauf

Bei den Optimierungsschritten steht die Vermeidung irreversibler Auswirkungen im Vordergrund. Die Bewertungskriterien berücksichtigen daher Auswirkungen auf

- Organismen, die mit den Substanzen in Kontakt gelangen,
- nachfolgende Generationen von Organismen und
- die Verfügbarkeit von Rohstoffen.

Die 1994 von Gunter Pauli ins Leben gerufene „Zero Emissions Research and Initiative" (ZERI) orientiert sich an einer ähnlichen Vision: „Zero Emissions calls for the complete use of all raw materials – making use of existing resources rather than adding expensive inputs – to eliminate environmental impacts, increase productivity and create new jobs. Business must UpSize: become competitive by adding value, not just cutting costs, outsourcing and downsizing. Zero Emissions allows an industry to use its own wastes as a raw material, or another industry to use them, to achieve total throughput – with industries reorganizing into ‘clusters' so that waste or by-products without value in one activity can be converted into value-adding inputs for others. Zero Emissions builds on zero defects (Total Quality Management), zero inventory (Just-in-Time) and zero complaints (enhanced customer satisfaction), and could well become the next industrial standard (ISO 21,000), to drive the busi-

[175] http://www.epea.com/german/ips_unverkaeuflich.html.

ness revolution for the 21st century."[176] Die ZERI-Methode lässt sich wie folgt zusammenfassen:[177]

1. "TOTAL THROUGHPUT: A review of the industry identifies opportunities to minimise inputs and maximise outputs. The target is full use of inputs; i.e. total throughput. If this cannot be achieved, the next step of the methodology is applied.
2. OUTPUT-INPUT MODELS: An inventory is made of all 'wastes', i.e. outputs not consumed in the final product or its process of manufacture. An active search is then initiated to identify industries which could use the outputs, or modified versions of them, as inputs.
3. INDUSTRIAL CLUSTERS: The Output – Input models are used to determine potential candidates for clustering. The next step is to identify optimal clusters in terms of size and number of participating industries.
4. BREAKTHROUGH TECHNOLOGIES: In cases where present engineering know-how, product and process technologies are not yet able to secure effective and economical coupling of outputs and inputs, research into breakthrough technologies or system designs is initiated.
5. INDUSTRIAL POLICY: Identification of clusters and isolation of the breakthroughs required must be accompanied by the design of appropriate government policies. As sectors with no previous tradition of working together are combined, collaborative efforts involving policy makers, industry representatives and academia are launched.
6. THE GLOBAL INFORMATION ECONOMY: The rapid spread of the Internet opens up an additional information channel for ZERI design dialogues. We can now publish our existing models online and invite the world to critique and improve them through a global dialogue about Zero Emissions – which is the ultimate function of this website."

---

[176] http://www.zeri.org/archive/five2.htm.

[177] Ebd.

Im Gegensatz zur EPEA erfolgt hier keine so harsche Abgrenzung vom Ökoeffizienz-Konzept. „For industry, Zero Emissions means greater competitiveness and represents a continuation of its inevitable drive towards efficiency. First came productivity of labour and capital, and now comes the complete use of raw materials – producing more from less. Zero Emissions can therefore be viewed as a standard of efficiency, much like Total Quality Management (zero defects) and Just-In-Time (zero inventory)."[178]

Das Zero Emissions Forum (ZEF) bildet eine weitere, von der United Nations University gegründet Institution, die diesem Leitkonzept des nachhaltigen Wirtschaftens zugerechnet werden kann. „A core component of the Zero Emissions approach is the concept of integrated industrial systems in which waste products of one industry/sector become value-added inputs for another."[179] Aus einer historischen Perspektive verortet sich ZEF als höchste Stufe einer industriellen Entwicklung in Richtung Nachhaltigkeit:

1. "End of pipe – use of pollution control technologies to treat process wastes
2. Cleaner Production – redesign of processes and products such that less emissions are produced in the first place.
3. Zero Emissions – conversion and use of process outputs as inputs for other processes"[180]

"The Zero Emissions concept envisions all industrial inputs being used in final products or converted into value-added inputs for other industries or processes. In this way, industries are reorganized into clusters such that each industry's wastes/by-products are fully matched with the input requirements of another industry, and the integrated whole produces no waste."[181]

---

[178] Ebd.

[179] http://www.unu.edu/zef/.

[180] Ebd.

[181] http://www.unu.edu/zef/about.html.

Abb. 24: Historische Abfolge von Entwicklungsschritten des nachhaltigen Wirtschaftens gemäß ZEF

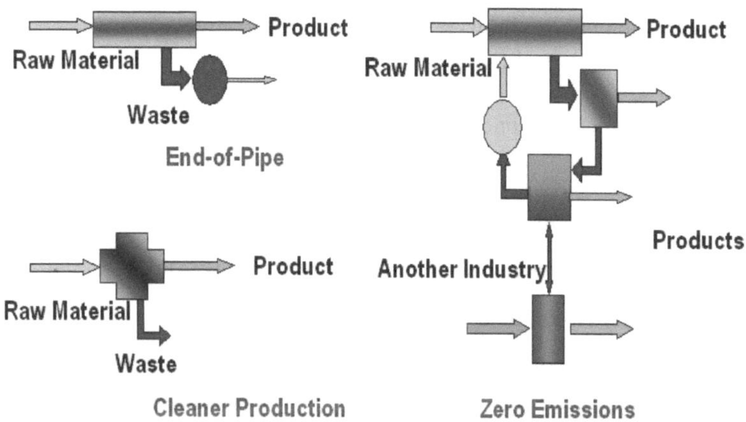

Quelle: M. Suzuki, UNU (http://www.unu.edu/zef/about.html)

4.1.11 Industrial Ecology

Wenngleich sich innerhalb des Nachhaltigkeitsdiskurses im Unternehmensbereich regelmäßige Bezugnahmen auf den Begriff der Industrial Ecology finden lassen, erweist sich seine Abgrenzung oder Definition als schwierig. Mithin handelt es ich bei Industrial Ecology um eine sehr allgemeine Umschreibung, die andernorts separat behandelte Konzepte bündelt. White (1994, 4) definiert Industrial Ecology als „the study of the flows of materials and energy in industrial and consumer activities, of the effects of these flows on the environment, and of the influences of economic, political, regulatory, and social factors on the flow, use and transformation of resources.“

Frosch/Nicholas (1989, 152) verknüfen mit dem Industrial-Ecology-Konzept, die Idee „to understand how the industrial system works, how it is regulated, and its interaction with the biosphere; then, on the basis of what we know about ecosystems, to determine how it could be restructured to make it compatible with the way natural ecosystems function.“ Darauf aufbauend sieht die International Society for Industrial Ecology (ISIE) folgende Forschungs- und Praxisfelder:[182]

- „material and energy flow studies (industrial metabolism)
- dematerialization and decarbonization
- technological change and the environment
- life-cycle planning, design and assessment
- design for the environment (eco-design)
- extended producer responsibility (product stewardship)
- eco-industrial parks (industrial symbiosis)
- product-oriented environmental policy
- eco-efficiency“

Gemäß Lifset/Graedel (2002, 10) kann Industrial Ecology insbesondere drei Ebenen zugeordnet werden, nämlich erstens der Unternehmensebene bei der Gestaltung von Produkten, bei der Vermeidung von Abfallstoffen und Schadstoffen sowie auch allgemein bei der Steigerung der Ökoeffizienz, zweitens zwischen Unternehmen, um die ökologischen Auswirkungen innerhalb des gesamten Produktlebenszyklusses zu berücksichtigen und schließlich drittens auf regionaler sowie globaler Ebene hinsichtlich des Ziels einer Dematerialisierung von Material- und Energiekreisläufen. Der ausdrückliche Verweis auf Stoffkreisläufe von Ökosystemen, in denen Produkte oder Reststoffe, die nicht originär beabsichtigt sind, als Inputs in neue oder andere Produktionsprozesse einfließen, unterstreicht zusätzlich die Nähe zum Konzept der Ökoeffektivität.

„Ecosystems are the supreme learning organizations. Using finite resources, they operate sustainably, according to simple principles that create extraordinary abundance. These principles of advanced productivity are not reserve to nature alone. Industrial Ecology applies the same principles to business, showing how to leverage small amounts of physical resources into tremendous creativity, productivity, and profit.“[183] Diese Sichtweise unterstützt auch das vom U.S. Department of

[182] http://www.is4ie.org//history.html.

[183] http://www.globalff.org/Global_F/frm-gf.htm.

Energy initiierte Projekt „Smart Communities Network". „Industrial Ecology aims to incorporate the cyclical patterns of ecosystems into designs for industrial production processes that will work in unison with natural systems."[184] Das Department of Energy benennt sechs essentielle Prinzipien:[185]

1. „Industrial Ecosystems: Fostering cooperation among various industries whereby the waste of one production process becomes the feedstock for another.
2. Balancing industrial input and output to the constraints of natural systems: Identifying ways that industry can safely interface with nature, in terms of location, intensity, and timing, and developing indicators for real-time monitoring.
3. Dematerialization of industrial output: Striving to decrease materials and energy intensity in industrial production.
4. Improving the efficiency of industrial processes: Re-designing production processes and patterns for maximum conservation of resources.
5. Development of renewable energy supplies for industrial production: Creating a world-wide energy system that functions as an integral part of industrial eco-systems.
6. Adoption of new national and international economic development policies: Integrating economic and environmental accounting in policy options."

Eine ähnlich weitgefasste Ansammlung von Methoden und Konzeptbausteinen assoziiert auch die Global Futures Foundation mit diesem Leitkonzept. „Industrial Ecology is more than a corporate environmental program. It is a system that uses incentives and feedback loops to speed the pace by which companies adapt to changing conditions. The tools of Industrial Ecology can be applied in management, accounting, product development, environmental affairs, and throughout businesses."[186]

---

[184] http://www.sustainable.doe.gov/business/parkintro.shtml.

[185] http://www.sustainable.doe.gov/articles/indecol.shtml.

[186] http://www.globalff.org/Global_FF/frm-gff.htm.

4.2 Verdichtung der Recherche-Ergebnisse

Im Folgenden werden die Häufigkeitsverteilungen der obigen Leitkonzepte innerhalb der drei untersuchten Akteurskategorien dargestellt.

Unternehmensnahe Institutionen

Bei näherer Betrachtung der verdichteten Resultate dieser Akteursgruppe werden – grob zusammenfassend – drei Tendenzen sichtbar, die sich jedoch mit unterschiedlichem Gewicht niederschlagen:

1. Technik/Produktion: Diese mit Abstand wichtigste Ausprägung deckt die Leitkonzepte Ökoeffektivität, Sustainable Product Design, Umweltmanagement, Ökoeffizienz und Stoffstrom- bzw. Life-Cycle-Ansätze ab.

2. Kommunikation/Prozessgestaltung: Viele der kommunizierten Konzepte bewegen sich auf einer Abstraktionsstufe oberhalb konkreter Maßnahmen. Inbegriffen sind sowohl ethische als auch das strategische Management adressierende Ansätze. Hier scheint die Auffassung zugrunde zu liegen, dass unternehmerische Nachhaltigkeit einer langfristigen Verankerung bedarf, die nur oberhalb produktionstechnischer oder operativer Anpassungen erzielt werden kann. Flankierend dazu wird die Öffnung der Unternehmung in Richtung externer Anspruchsgruppen und gesellschaftlicher Diskurse als relevant erachtet. Getragen wird diese Tendenz von den Konzepten Stakeholderdialog, CSR, Sustainable Reporting und Codes of Conduct.

3. Unternehmensübergreifende Ansätze: Weit abgeschlagen in der Auswertung erscheinen Industrial Ecology und die Integrierte Produktpolitik (IPP). Dies mag wenig verwundern, zumal es sich hierbei um Ansätze handelt, die eher einer volkswirtschaftlichen Betrachtung entsprechen und damit nur zum Teil den Aktionsradius von Unternehmensakteuren abdecken. Dennoch könnte derartigen Konzepten zukünftig stärkere Bedeutung zukommen. Wenngleich sich Industrial Ecology und IPP nur schwer eingrenzen lassen und bisweilen einem Sammelsurium verschiedenster Maßnahmen gleichen, die wiederum mit verschiedenen Entscheidungsebenen korrespondieren, schließen sie eine bislang vernachlässigte Lücke: Zwischen der politischen und

der mikroökonomischen Ebene eröffnen sie eine integrierende Perspektive, die neben der Angebots- auch die Nachfrageseite sowie alle sonstigen gesellschaftlichen Akteure umfasst. Darüber hinaus werden durch diese Ansätze branchenübergreifende Aspekte einbezogen.

Abb. 25: Nachhaltigkeitskonzepte unternehmensnaher Institutionen

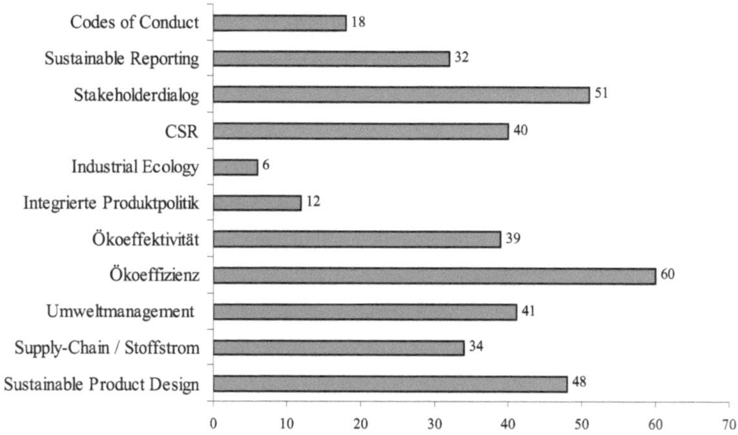

Nachhaltigkeitsorientierte Finanzdienstleister

Bei den 80 ausgewerteten Dienstleistern aus dem Finanzbereich deckt ungefähr die Hälfte der Zuordnungen „weiche“ Konzepte ab, wie Stakeholderdialog, CSR, Sustainable Reporting und Codes of Conduct. Anstelle konkreter Angaben dominieren Verweise auf die Unternehmenskommunikation sowie Ansätze der Prozessgestaltung und des Managements. Dort, wo konkretere Nachhaltigkeitsauslegungen zu finden sind, erstrecken sie sich auf den Produkt- bzw. Technikbereich, wie Ökoeffizienz, Sustainable Product Design und Umweltmanagement. Neuere Ansätze, insbesondere solche, die eher integrativen Charakters sind oder wenigstens die komplette Wertschöpfungskette einbeziehen (Industrial Ecology, Integrierte Produktpolitik, Stoffstrom- und Life-Cycle-Ansätze), spielen fast keine Rolle. Das im Finanzsektor vermittelte Nachhaltigkeitsbild ist also entweder sehr vage oder stützt sich auf technischen Fortschritt.

Abb. 26: Nachhaltigkeitskonzepte im Finanzbereich

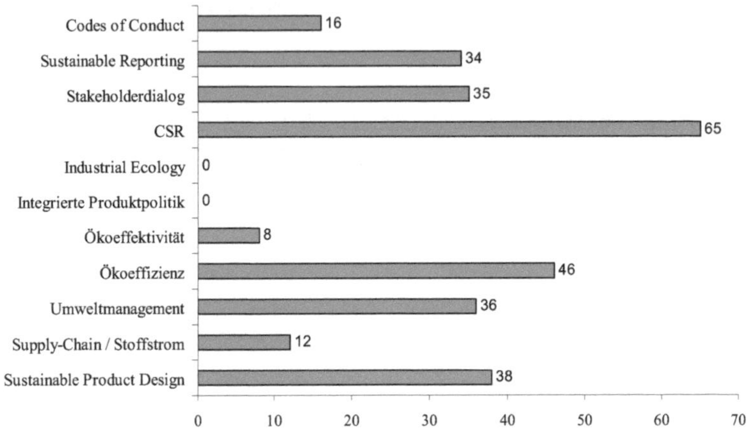

Beratungsunternehmen

Hier zeigt die Verdichtung auf Basis der 11 Leitkonzepte, dass Ansätze des Umweltmanagements, gefolgt von Ökoeffizienz sowie Stoffstrom- und Life-Cycle-Konzepten im Vordergrund der nachhaltigkeitsorientierten Beraterbranche stehen. Kosteneinsparpotenziale, die sich durch Outsourcing erschließen lassen, könnten ein Grund für diese Beobachtung sein. Weiterhin wird dem Stakeholderdialog ein hoher Stellenwert eingeräumt, was aus zwei Gründen wenig überrascht. Zunächst deckt sich dieser Befund mit der Bedeutung, die der Unternehmenskommunikation (siehe oben) eingeräumt wird. Zum anderen zählt die Gestaltung, Organisation und Moderation des Stakeholderdialogs zu den Dienstleistungen, die in zunehmendem Maße von Beratungsunternehmen angeboten werden.

Abb. 27: Nachhaltigkeitskonzepte der Beraterbranche

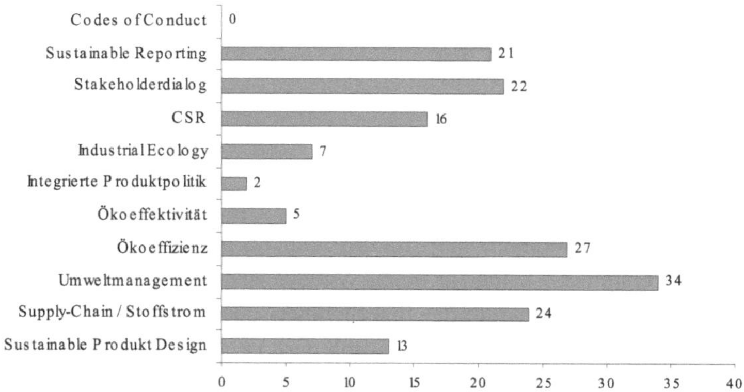

4.3 Unternehmerische Nachhaltigkeit und Strukturwandel

4.3.1 Produkt- und Verfahrensneuerungen als Hoffnungsträger

Die Schwerpunkte des Wandels, der durch unternehmerische Nachhaltigkeitsinnovationen angestoßen wird, lassen sich weiter verdichten.

Abb. 28: Häufigkeitsverteilung der Leitkonzepte (alle Akteursgruppen)

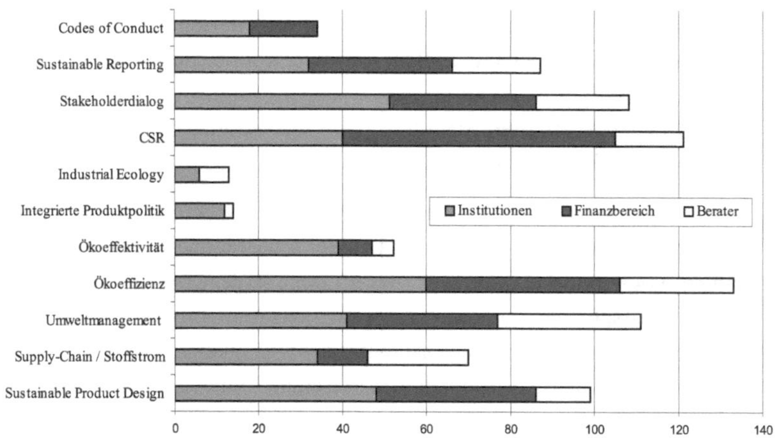

Im vorigen Abschnitt wurden separate Häufigkeitsverteilungen der Leitkonzepte dargestellt, um etwaige Spezifika der jeweiligen Akteurskategorien berücksichtigen zu können. Verdichtet man die Resultate zu einer Darstellung, die sämtliche Akteursgruppen umfasst, so bestätigen sich die drei in Verbindung mit unternehmensnahen Institutionen skizzierten Tendenzen: Technik/Produktion, Kommunikation/Prozessgestaltung sowie – in sehr schwacher Ausprägung – unternehmensübergreifende Ansätze. Die unterschiedliche Gewichtung dieser drei Schwerpunkte bestätigt zunächst die Dominanz des Produkt- und Technikbereichs. Dennoch lassen sich erste Anzeichen für einen Wandel ausmachen, der die Technikzentrierung um Elemente der unternehmerischen Prozess- und Kommunikationsgestaltung erweitert – zumindest im Vergleich zum Referenzpunkt des „reinen“ betrieblichen Umweltschutzes. Dafür sprechen verschiedene Beobachtungen:

- *Von der isolierten Produktionsstätte zur Wertschöpfungskette.* Ansätze wie das Stoffstrommanagement, Life-Cycle-Konzepte und Sustainable Product Design bleiben zwar der physisch-materiellen Sphäre weitgehend verhaftet, befördern aber eine langsame Akzentverschiebung vom „klassischen” betrieblichen Umweltschutz zum Produktlebenszyklus und zur gesamten Prozesskette.
- *Vom Produktdesign zur Systemlösung.* Viele Auslegungen der Konzepte Ökoeffizienz, Ökoeffektivität, IPP, aber auch Sustainable Product Design – obwohl gerade die Bezeichnung „Product” etwas anderes suggeriert – orientieren sich an einem erweiterten Effizienz- bzw. Konsistenzbegriff, der nicht allein auf dem technischem Weg erreichbar ist, sondern eine Verknüpfung zwischen Produkt, Nutzungssystem und Anwenderverhalten erfordert. „Product-Service-Systems” (PSS) sind ein derzeit viel diskutiertes Beispiel dafür.[187]
- *Vom abgetrennten Zuständigkeitsbereich zur übergeordneten Managementaufgabe:* Während das Umweltmanagement in seinen Anfängen noch einen auf der operativen Ebene angesiedelten Funktionsbereich vorsah, der innerhalb einer Organisation mit allen erdenklichen Akzeptanz- und Durchsetzungsschwierigkeiten belastet war, scheinen Nachhaltigkeitsbelange inzwischen Eingang in das strategische Management zu finden. Darauf deutet nicht nur der hohe Stel-

[187] Vgl. Scholl/Tischner 2004.

lenwert des CSR, sondern auch die zunehmende Verbreitung von Codes of Conduct hin.

- *Vom reinen Erlös-Kosten-Kalkül zum Stakeholderdialog:* Die Motivation zum Aufbau von Umweltmanagementsystemen wurde zumeist auf der Basis möglicher Kosteneinsparungen, Imagegewinnen und einer Risikovorsorge im Hinblick auf gesetzliche Konflikte begründet. Mittlerweile haben sich Kommunikationskanäle jenseits von Preis-Absatz-Funktionen und Kostenüberlegungen etabliert. Dem auf Unternehmen lastenden Legitimationsdruck lässt sich längst nicht mehr allein durch Markterfolge begegnen. Die Rückkoppelung mit einem kritischen Umfeld verlangt weitergehende Zugeständnisse in Richtung Nachhaltigkeit. Vor allem die zunehmende Institutionalisierung des Stakeholderdialogs und ein Wandel von der Umwelt- zur Nachhaltigkeitsberichterstattung (Sustainable Reporting) unterstreichen diese Öffnung.

Aus diesen Indizien könnte zunächst geschlussfolgert werden, dass die mit dem „herkömmlichen" Umweltmanagement verbundene Produkt-, Technik- und Betriebszentrierung langsam einer systemischen und umfassenderen Orientierung weicht. Damit ließen sich zwei Tendenzen oder Stadien benennen, nämlich Ansätze des bisherigen Umweltmanagements (Phase I) und eine umfassendere, über die Grenzen des einzelnen Unternehmens hinaus reichende Systemorientierung (Phase II), die sich – natürlich nur in einer sehr vereinfachten und vorsichtigen Interpretation – als Kristallisationspunkte einer dogmenhistorischen Entwicklung betrachten lassen. Beide Phasen, die sich durchaus überlagern oder parallel existieren können, korrespondieren jeweils mit einem bestimmten Typus von Strukturwandel.

Momentan ist allerdings noch von einer ungebrochenen Dominanz des Produkt- und Technikbereichs auszugehen. Dies verrät ein Blick auf die Häufigkeitsverteilung der mit den Leitkonzepten korrespondierenden Innovationstypen. Dennoch kommt Innovationstypen, die dem Bereich der Systeme, Organisationen, Institutionen und Dienstleistungen zuzuordnen sind, innerhalb der Rechercheergebnisse ein nicht vernachlässigbarer Stellenwert zu.

Abb. 29: Häufigkeitsverteilung der Innovationstypen (alle Akteure)

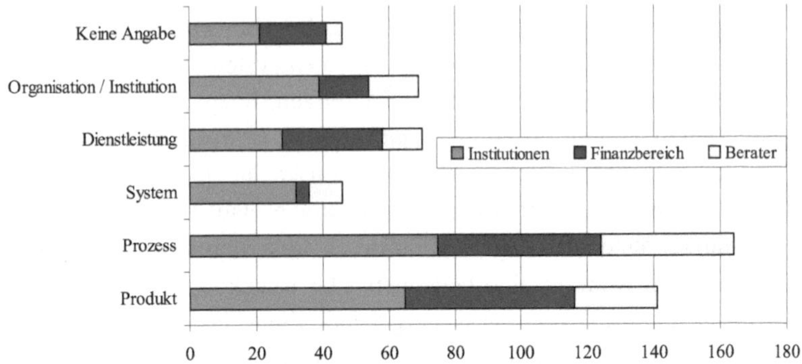

Korrespondierend mit den im Abschnitt 2.4.2 beschriebenen Entscheidungsdimensionen lassen sich grob vereinfacht drei Typen (oder Phasen) eines möglichen Strukturwandels beschreiben, von denen die ersten zwei, wie sich zeigte, bereits praxisrelevant sind.

1. Technischer Wandel (Anpassung von Produkten und Verfahren)
2. Systemischer Wandel (Dienstleistungsorientierung, Veränderung des Nutzungsregimes, neue Formen der Bedarfsbefriedigung)
3. Kultureller Wandel (Veränderung von Bedarfen und Konsumroutinen)

Wenngleich der dritte Typus, dessen Konturen weitgehend den Ausführungen zum kulturellen Weg entspricht, empirisch noch ohne Belang ist, lässt sich seine zukünftige Notwendigkeit aus den Unzulänglichkeiten der beiden anderen Tendenzen ableiten, wie sich im Folgenden zeigt.

4.3.2 Strukturwandel I: Substitution im Produkt- und Technikbereich

Bereits die Darstellung des technischen Weges, insbesondere der beiden Nachhaltigkeitsprinzipien Effizienz und Konsistenz, deren Dominanz sich auf der Ebene praxisrelevanter Leitkonzepte bestätigte, deutete auf konzeptionelle Defizite eines Wandels hin, der allein auf Innovationen im Produkt-, Technik- oder Verfahrensbereich beruht. Als wichtigstes

Symptom kann dafür die längst zur Normalität gewordene Reboundproblematik[188] angeführt werden: Trotz immer kleinerer Hardware-Komponenten wächst die Elektronikschrottmenge, trotz vermeintlich papierloser Büros wächst der Papierverbrauch, trotz Anbruch des Informationszeitalters nehmen Reiseaktivitäten zu, trotz zunehmend fortschrittlicher Behandlungsmethoden wächst der Ressourcenaufwand im Medizinsektor… Die Auflistung ließe sich beliebig fortsetzen und wirft die Frage auf, ob derlei konterkarierende Wachstumsschübe *trotz* oder *wegen* technischer Neuerungen auftreten.

Auch wenn die Antwort hierauf differenziert ausfällt, legt sie eine generelle Konsequenz für diesen Typus von Strukturwandel nahe. Innovationsstrategien, die auf Umweltentlastung zielen, müssen das Nutzerverhalten und ein strukturelles Selektionsproblem meistern. Insbesondere für Produkt- und Verfahrensinnovationen gilt, dass ihre Wirksamkeit unter Nachhaltigkeitsaspekten von einer möglichst streng substitutionalen Beziehung zu den Vorgängervarianten innerhalb ihres Bedarfsfeldes abhängig ist. Denn von einem Mangel an kreativen Produkt- oder Techniklösungen, die sich am Markt behaupten, kann längst keine Rede mehr sein. Ihr Nachhaltigkeitseffekt scheitert aber oft daran, dass sie vorhandene Ursachen für Ressourcen- und Energieverbräuche unangetastet lassen. Unter den gegenwärtigen Rahmenbedingungen mangelt es an Auslese- oder Anreizmechanismen, die für eine Substitution bisheriger durch neue, d.h. nachhaltigere Produkt- oder Technikvarianten sorgen. Das Innovationsprinzip wird daher oft zum Additionsprinzip.[189] An die Stelle des Struktur*wandels* tritt eine profane Struktur*aufblähung*. In marktwirtschaftlichen Systemen, denen per se keine physischen Expansionsschranken auferlegt sind, tragen Innovationen oft nur zur wachsenden Vielfalt einer „Multioptionsgesellschaft“ (Gross 1994) bei, statt sich ihren Platz durch eine Verdrängung alter Lösungen erobern zu müssen.

Den Autoverkehr stört es nicht, wenn neben dem vorhandenen Straßennetz zusätzlich eine Fahrradinfrastruktur entsteht. Dem Betreiber eines Kohlekraftwerks kann es nichts anhaben, wenn ringsherum Windkraft- und Photovoltaikanlagen sprießen, solange der Markt die gesamte Elektrizitätsmenge absorbiert. Den energetisch ineffizienten Gebäudebestand tangiert es nicht, wenn zusätzlich Passivhäuser entstehen…

---

[188] Vgl. die Ausführungen im Abschnitt 2.4.3 sowie Radermacher 2002, 31ff.

[189] Vgl. Paech 2003.

Ohne Selektion bleiben vermeintliche Nachhaltigkeitsinnovationen nicht nur wirkungslos, sondern verschärfen das Problem, denn auch sie kommen nie ohne Ressourceninputs aus. Mit anderen Worten: Der *relative* Nachhaltigkeitsvorteil einer neuen Lösung, so zweifelsfrei er auch nachzuweisen sein mag, führt keineswegs automatisch zu einer *absoluten* Reduktion von Stoffflüssen – das genaue Gegenteil kann sogar eintreten. Dies gilt speziell für Produkt- und Verfahrensinnovationen, die nur wirksam werden, wenn sie in einer möglichst streng substitutionalen Beziehung zu den Vorgängervarianten innerhalb ihres Bedarfsfeldes stehen. Auf Märkten für Produkte und Dienstleistungen überfordert die Gestaltung von Substitutionsvorgängen jedoch bisweilen das betriebliche Innovationsmanagement, denn dieses orientiert sich naturgemäß an der Formel „nachhaltiges Design des Innovationsobjektes plus Durchsetzung am Markt gleich Nachhaltigkeit". Diese Gleichung geht indes nicht auf, denn der Markterfolg tritt auch dann ein, wenn sich die neue Lösung auf Basis einer gleichsam geschaffenen Nische behauptet, also zusätzliche Nachfrage generiert. Damit ergibt sich die Notwendigkeit eines integrierten Ansatzes, der nicht nur über den betrieblichen Handlungsradius, sondern auch über die viel diskutierten (und selbstverständlich unverzichtbaren) Life-Cycle- und Supply-Chain-Konzepte hinaus reicht. Einzubeziehen sind alle für marktliche Substitutionsvorgänge relevanten Akteure und Institutionen bis hin zur Politik. Ordnungspolitische Instrumente, die günstige Rahmenbedingungen für das Entstehen neuer, aber nicht das Verschwinden alter Lösungen liefern, verfehlen allerdings das Ziel. Der überfällige Strukturwandel gelingt nur auf Basis eines Zusammenspiels von Innovation *und* „Exnovation"[190].

Zentral ist dabei die Integration der Nachfrageseite, denn aus dieser Perspektive bedeutet Exnovation nicht mehr aber auch nicht weniger als den Umstieg auf andere Produkte, den Wechsel von Anbietern oder den Bruch mit Konsumroutinen. Dass die Voraussetzungen dafür von keinem einzelnen Akteur – auch der Politik nicht – zu schaffen sind, zeigt eindrucksvoll das Beispiel Ökostrom. Sechs Jahre nach der Liberalisierung des Strommarktes haben gerade vier Prozent der Verbraucher ihren Anbieter gewechselt.[191] Dringend notwendig erscheinen neue Akteursnetze,

[190] Auf diesen Begriff wird im Abschnitt 6.3 näher eingegangen.

[191] Hinzu kommt, dass diese vier Prozent nur teilweise zu Ökostromanbietern gewechselt sind. Im Übrigen lässt sich die Trägheit weder mit (1) relativen Preisen

die für eine Synchronisierung von angebots- und nachfrageseitigem Wandel sorgen. Um Substitutionsprozesse im Konsumbereich anzustoßen, bedürfen unternehmerische Innovationen flankierender Maßnahmen auf anderen Entscheidungsebenen. An geeigneten Management-, Kommunikations- und Politikinstrumenten fehlt es nicht, wohl aber an deren Verzahnung und genauerer Abstimmung.

Entsprechende Erfahrungen lieferte auch eines der sechs Praxismodule des Forschungsprojektes SUMMER, bestehend aus einem vertikalen Unternehmensnetzwerk im Bedarfsfeld Bauen/Wohnen.[192] Im Unterschied zu bereits erprobten Formen des Supply-Chain-Managements wurde hier eine umfassendere Integration angestrebt. Ziel war es, das vielfältige Spektrum an Akteuren, die auf eine wie auch immer geartete Weise zu einer nachhaltigeren Kultur des Bauens und Wohnens beitragen können, einzubinden. Dazu zählten Vertreter aus Politik und Verwaltung (insbesondere Planung) ebenso wie Verbände, Kammern, Bildungseinrichtungen, Medien und kulturprägende Organisationen. Ein weiterer Akzent lag auf Kooperationen mit regional eingebetteten Branchen (z.B. Gastronomie und Tourismus), um eine Verbindung zwischen ostfriesischer Kultur, hoher Lebensqualität und nachhaltigem Bauen/Wohnen herstellen und mit entsprechender Multiplikatorwirkung kommunizieren zu können. Die Integration von Endnutzern erfolgte auf Basis umfangreicher Beratungs- und Informationsangeboten (Veranstaltungen, Pressearbeit, Online-Medien, Messen, Events etc.) bis hin zur Durchführung von Lead-User-Workshops und der Einrichtung einer gemeinsamen Koordinations- und Beratungsstelle in Aurich. Gewerke übergreifende Weiterbildungsmaßnahmen dienten schließlich dazu, auch Praktiker (Handwerker und andere Bauausführende) als Partner zu gewinnen. Inhaltlich konzentrierte sich das Projekt keineswegs nur auf den Neubaubereich, sondern schloss Sanierungsmaßnahmen ein. Damit sollten die für dieses Bedarfsfeld typischen Rebound-Effekte vermieden werden: Ökologische Baustoffe, energieeffiziente Gesamtkonzepte sowie Innovationen im Bereich der Haustechnik können zum „Alibi“ für Neubauten werden, ob-

---

noch (2) absoluten Stromkosten begründen. Ad (1): Inzwischen existieren Ökostromtarife, die sogar geringer als manche Tarife im konventionellen Bereich sind. Ad (2): Der Einkommensanteil für die insgesamt aufzuwendenden Stromkosten eines durchschnittlichen Haushalts war noch nie geringer.

[192] Es handelt sich um das als Verein organisierte „Institut für Bauen und Wohnen“ (IBW) in Aurich. Vgl. http://www.summer-net.de und http://www.ibw-info.com.

wohl umfangreiche Bestandssanierungen unter dem Aspekt der Energie-, Ressourcen- und vor allem Flächeneinsparung das Gebot der Stunde darstellen.

Trotz flankierender Maßnahmen dieser und ähnlicher Art bleibt ein Strukturwandel, der auf Produkt- und Technikinnovationen beruht, systematisch der Gefahr ausgesetzt, weiteres Wachstum zu stimulieren. Da neue Produkte und technische Verfahren direkt Stoffflüsse generieren, ergibt sich ihr Nachhaltigkeitspotenzial nur im Vergleich zur bisher genutzten und damit zu verdrängenden Referenzlösungen. Demnach könnte ein neuer Markt als nachhaltig bezeichnet werden, wenn er alte Märkte ganz oder teilweise ersetzt. Wie lange beide Märkte parallel existieren, hängt vom Grad der technisch und kulturell bedingten Substitutionalität ab. Im günstigsten Fall wird der bisherige Markt durch Innovationen direkt „ausgehöhlt", so dass die temporäre Addition eines neuen Marktes praktisch entfällt. Im umgekehrten Fall stellt sich dauerhaft eine „friedliche Koexistenz" zwischen bisheriger und neuer Lösung ein (z.B. Drittauto), so dass die Generierung zusätzlicher Ressourcenströme nicht auszuschließen ist. Von der Bewältigung dieses Selektionsproblems, auf das weiter unten näher eingegangen wird, hängt die Wirksamkeit von Nachhaltigkeitsinnovationen ab.

4.3.3 Strukturwandel II: Rekombination statt Produktion durch neue Dienstleistungen

Eine mögliche Antwort auf das Problem fehlender Selektion besteht in der gezielten Auswahl von Innovationstypen, die ihrerseits keine technisch-physischen Fakten schaffen, sondern durch organisatorische Maßnahmen – quasi „produktionslos" – Bedarfe befriedigen. Dazu zählen übergreifende Systeminnovationen, die das bereits existierende Potenzial an „Hardware" (Produkte, technisches Equipment, Infrastrukturen etc.) dergestalt rekombinieren, dass daraus neue, andere oder dauerhafte(re) Nutzenströme resultieren. Beispiele sind Nutzungssysteme in Verbindung mit Sharing, Leasing, Pooling, Remanufacturing, Rebuilding, Second-Hand-Märkten sowie andere Formen der Nutzungsintensivierung oder -verlängerung. Als Intermediäre würden Unternehmen daran verdienen, bereits produzierte Werte möglichst lange und intensiv auszuschöpfen.

Anstelle von Hardware würde Nutzen, somit also eine Dienstleistung angeboten. Dieser Umstand darf allerdings nicht zu dem Umkehrschluss verleiten, dass die oft beschworene Dienstleistungsgesellschaft per se mit Nachhaltigkeit zu assoziieren wäre. Erfahrungen der letzten anderthalb Jahrzehnte belegen eher, dass die meisten Dienstleistungen weitere Stoffflüsse generieren. Das Gros derzeit vermarkteter Dienstleistungen bildet eine vermeintlich immaterielle Fassade, hinter der sich bisweilen wahre Exzesse an ökologischer Zerstörung verbergen.[193] Zudem handelt es sich nicht selten um additiven Konsum, der gerade deshalb nicht ohne spezielle Hardware auskommt. Aus der Nachhaltigkeitsperspektive ist der Unterschied zwischen Services, die neue Bedarfe generieren, und solchen, die existierende Bedarfe mittels neuer Nutzungssysteme befriedigen, eklatant.

Systeme und Dienstleistungen, die dem Fundus des materiell Vorhandenen neue Nutzungsoptionen abringen, statt zusätzliche Hardware zu schaffen, führen zu neuen Märkten, die einen Dematerialisierungsbeitrag leisten können. Insoweit aber die Marktfähigkeit der gehandelten Dienstleistungen darauf beruht, die Transaktionskosten für bestimmte Praktiken der Bedarfsbefriedigung zu senken, ist nicht ausgeschlossen, dass es insgesamt zu einer Nachfragesteigerung kommt. Dieser Aspekt wird weiter unten vertieft.

4.3.4 Strukturwandel III: Kultureller Wandel

Um die Nachhaltigkeitspotenziale der zuvor skizzierten, dem momentanen Stand der Praxis entsprechenden Entwicklungslinien auszuschöpfen, sind flankierende Maßnahmen vonnöten. Insbesondere das Problem fehlender Selektion bildet dabei den Kristallisationspunkt für weiteren Handlungsbedarf, der zum Strukturwandel beitragen kann:

- Synchronisation von angebots- und nachfrageseitigem Wandel
- Verzahnung der relevanten Akteursebenen zwischen Unternehmung und Politik
- Branchenübergreifende Systeminnovationen

[193] Die wohl besten Beispiele sind Telekommunikation und Tourismus, insbesondere die sog. „Billigflieger“.

Ob derartige Ergänzungen ausreichen, um die im Strukturwandel I und II immanent vorhandenen Wachstumsimpulse zu mildern, bleibt weiter zu hinterfragen. Schließlich verschwindet das Kernproblem jener Szenarien, die der Philosophie des technischen Weges entsprechen, damit nicht: Nicht das Ausmaß und Wachstum von Bedarfen, sondern deren Folgen sollen durch entsprechende Innovationen auf technischem oder organisatorischem Wege neutralisiert werden. Genau hier liegen möglicherweise wichtige Ursachen für die beschriebenen Wirkungsbrüche. Damit ließe sich die Notwendigkeit eines dritten Typs von Strukturwandel begründen, nämlich kultureller Wandel, der das Gestaltungsrepertoire nachhaltigkeitsorientierter Unternehmen um Aspekte der Suffizienz ergänzt. Denn dort, wo die nachhaltige Befriedigung bestehender Bedarfe auf Basis vorhandener Möglichkeiten innerhalb der Paradigmen I und II schlicht unmöglich ist, verbleibt prinzipiell eine weitere Option: Die Bedarfe selbst werden zum Gegenstand des Wandels. Auf diesen Aspekt wird im Kapitel 7 näher eingegangen.

Die mit einem derartigen Wandel einhergehenden Konkurrenzbeziehungen gingen weit über Produkte, technische Verfahren oder Nutzungssysteme hinaus. Sie würden sich auf die Ebene der Konsumroutinen und -ansprüche erstrecken, die damit zur Disposition stünden, aber eben nicht notwendigerweise im Sinne eines ersatzlosen Verzichts.

Abb. 30: Strukturwandel in Richtung Nachhaltigkeit

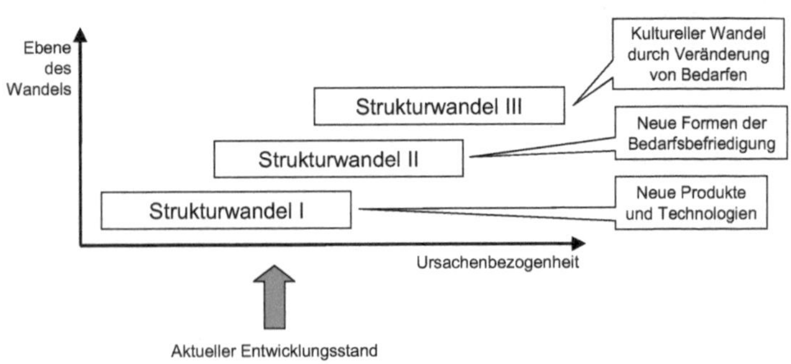

Fasst man die als Strukturwandel I und II bezeichneten Phasen als erste Welle der Nachhaltigkeit auf, so werden Parallelen zu der von Raskin (2003, VI) beschriebenen „Great Transition“ oder „zweiten Welle der Nachhaltigkeit“ sichtbar: „Die erste Welle der Nachhaltigkeit konzentrierte sich auf bessere Technologien, die Bekämpfung der Armut und eine nach oben gerichtete Anpassung marktgeleiteter Entwicklung. Jetzt brauchen wir eine zweite Welle, die Werte, Lebensstile und Institutionen in den Vordergrund der Debatte und Aktionen rückt.“

Angesichts der aufgezeigten Grenzen und Defizite aktueller Entwicklungslinien muss die Frage, welchen Wandel nachhaltige Entwicklung braucht und wie dieser zu organisieren ist, zunächst in einen breiteren Kontext gestellt werden. Insbesondere ob das dominierende Innovationsprinzip einen probaten Veränderungsmodus darstellt, bedarf der Klärung. Vorherrschende Auffassungen suggerieren, dass hierzu nur eine „ökologische Umsteuerung“ (E. U. von Weizsäcker 1992) oder ein „Kurswechsel“ (Schmidheiny 1992) vonnöten sei, so als handele es sich bei der alles in ihren Sog ziehenden Innovationsdynamik um ein neutrales Vehikel, das sich – quasi auf Zuruf – jederzeit in den Dienst der „guten“ oder „richtigen“ Sache stellen ließe. Dieses Vehikel selbst scheint innerhalb der kritischen Auseinandersetzung mit unerwünschten Modernisierungsfolgen absolute Immunität zu genießen. Mehr noch: Der Handlungsmodus „Innovation“, also das gezielte Eingehen neuer Wagnisse zwecks Aufdeckung bislang unbekannter Optionen, wird geradezu unhinterfragt als Triebfeder einer nachhaltigen Entwicklung inthronisiert.

Dass die ökologische und soziale Zerstörungskraft jener Modernisierungsprozesse, die den Nachhaltigkeitsdiskurs überhaupt auf den Plan riefen, selbst allesamt das Resultat früherer Innovationen sind, hat die Auseinandersetzung mit Fragen des nachhaltigen Wirtschaftens bislang kaum irritiert. Die Zeit scheint reif, diesen lange verdrängten Aspekt näher zu beleuchten.

Kapitel 5

Wachstum, Risiko und Beschleunigung als Wegbegleiter des Innovationsparadigmas

Die Beschwörung einer immer währenden Veränderungs- oder Innovationsdynamik ist mittlerweile auch zum Grundtenor des Nachhaltigkeitsdiskurses gediehen. Nachhaltiges Wirtschaften, so die kaum noch Widerspruch duldende These, sei nur eine Frage der „richtigen", durchgreifenden oder gar radikalen Innovationen. Derlei Bekenntnisse verwundern insofern kaum, als zwischen der „Durch-Deutschland-muss-ein-Ruck-gehen"-Mentalität[194] und einer undifferenzierten Gleichsetzung von Innovation und Problemlösung nur ein kleiner Schritt liegt. „Das Neue ist besser als das Alte. In dieser allgemeinen Fortschrittsstimmung hat schon die Frage ‚Was soll warum anders werden?' geradezu etwas ‚Aufwieglerisches', und ein Bekenntnis, dass z.B. eine Strategie auf alten Ideen basiere, käme deren politischem Todesurteil gleich" (Minx/Preissler 2004, 256). Dass sich die folgenden Ausführungen dennoch um eben diese Frage drehen, hat mindestens zwei Gründe.

Zum einen ist nicht auszuschließen, dass die vordergründig zur Schau gestellte Innovationsgeschäftigkeit nur einen Schutzwall liefert, hinter dem sich all das verbergen lässt, was im Zuge einer ursachenadäquaten Problemlösung tatsächlich zu verändern wäre. Einmal mehr würde sich Virilios (1992) düsterer Slogan vom „rasenden Stillstand" als zutreffend erweisen, diesmal bezogen auf den Nachhaltigkeitskontext. Einen vagen Anhaltspunkt dafür liefert die überragende Bedeutung von Produkt- und Prozessinnovationen (siehe Abb. 29) innerhalb unternehmerischer Nachhaltigkeitsauslegungen. Demnach werden Veränderungserfordernisse grundsätzlich dort hin delegiert, wo sie in sicherer Entfernung von jener Sphäre harren, in der Bedarfe, Konsumansprüche und Lebensweisen zu

[194] Dieses Zitat aus der vielbeachteten „Ruck-Rede" Roman Herzogs (Berliner Rede am 26.04.1997 im Hotel Adlon: „Aufbruch ins 21. Jahrhundert") hat inzwischen den Status einer Metapher erlangt und prangte gar auf Werbeplakaten.

hinterfragen wären. Wenn die naheliegende Vermutung, dass Innovationen zum Prinzip des „Wasch mir den Pelz, aber mach mich nicht nass" neigen, einen wahren Kern hat, was wären dann alternative Modi eines Wandels?

Zum anderen – und diese Kritik geht noch einen Schritt weiter – könnte sich herausstellen, dass Wandel als solcher, zumal in seiner zwanghaften, beschleunigten und auch zerstörerischen Ausprägung thematisiert werden muss. Die innovationsgetriebene Fortschrittsgläubigkeit hat ihre Unschuld nicht erst mit Beginn der Wachstums- oder späteren Nachhaltigkeitsdiskussion verloren. Schon Benjamins (1955/1961) berühmte Beschreibung des Klee-Bildes „Angelus Novus" nimmt viel von der späteren Modernisierungsskepsis vorweg: „Ein Engel ist darauf dargestellt, der aussieht, als wäre er im Begriff, sich von etwas zu entfernen, worauf er starrt. Seine Augen sind aufgerissen, sein Mund steht offen und seine Flügel sind ausgespannt. Der Engel der Geschichte muss so aussehen. Er hat das Antlitz der Vergangenheit zugewendet. Wo eine Kette von Begebenheiten vor uns erscheint, da sieht er eine einzige Katastrophe, die unablässig Trümmer auf Trümmer häuft und sie ihm vor die Füße schleudert. Er möchte wohl verweilen, die Toten wecken und das Zerschlagene zusammenfügen. Aber ein Sturm weht vom Paradiese her, der sich in seinen Flügeln verfangen hat und so stark ist, dass der Engel sie nicht mehr schließen kann. Dieser Sturm treibt ihn unaufhaltsam in die Zukunft, der er den Rücken kehrt, während der Trümmerhaufen vor ihm in den Himmel wächst. Das, was wir den Fortschritt nennen, ist dieser Sturm" (ebd., 272).

Würde Benjamin heute anstelle des letzten Satzes womöglich „Das, was wir die *Innovationsdynamik* nennen, ist dieser Sturm" sagen? Zumindest sind manche Parallelen prägnant: Genau gegen das obige Szenario, so könnte eine Negativdefinition lauten, wendet sich letztendlich das Bemühen um Nachhaltigkeit. Einige Details dieser zugespitzten Kehrseite moderner Entwicklungen sind hier von besonderem Interesse.

- Wachstum: Das unablässige Auftürmen ungelöst zurück bleibender Probleme („Trümmerhaufen") findet seine Entsprechung in kumulierten Ressourcenverbräuchen, ökologischen Schäden und einer Zunahme der Entropie[195].

---

[195] Vgl. Geogescu-Roegen 1971; Rifkin 1985; Daly 1999, 48ff.

- Beschleunigung: In Benjamins Beschreibung gleicht der Fortschritt einer nicht zu bändigenden Bewegung. Der „Sturm“ schafft schneller neue „Begebenheiten“, als die alten, inzwischen zum Problem gediehenen, verarbeitet werden können.
- Risiko: Das durch den Fortschritt generierte Neue ist ambivalent. Was vordergründig wie eine „Kette von Begebenheiten“ wirkt, wird damit erkauft, dass es andernorts nicht vermutete Schäden anrichtet, die zu einer schleichenden „Katastrophe“ beitragen. Dies ist allerdings nur aus einer umfassenderen und langfristigen Perspektive (die der Engel einnimmt) sichtbar. Aber welcher Veränderungsmodus tritt typischerweise derart janusköpfig in Erscheinung, dass Chancen nie von den eng damit verwobenen Risiken isoliert werden können?

Das damit implizit angesprochene Innovationsprinzip erweist sich als prägender Charakterzug der Moderne. Seine Ambivalenz zwischen Problemlösung und -verursachung gilt selbst für den defensiven oder „bescheidenen“ Fall, in dem Innovationen benennbare Probleme aus der Welt schaffen sollen; erst recht aber für die relevantere Motivlage, auch ohne speziellen Problemdruck, also um seiner selbst willen zusätzliche Handlungsoptionen und Wohlfahrtsgewinne zu erobern. „Ambivalenz nennen wir die Erfahrung, dass wir, gerade wenn wir etwas Angestrebtes erreicht oder verwirklicht haben, entdecken müssen, dass es eigentlich nicht das Angestrebte, sondern vielleicht sogar dessen Verhinderung war“ (C. F. von Weizsäcker 1977, 80).

Verarbeitet wird diese keineswegs neue Erkenntnis durch immer ausgefeiltere Managementkonzepte, institutionelle Regelungen und technische Lösungen, die den Abstand zwischen maximalen Wohlfahrtsgewinnen und möglichst minimierten Nebenwirkungen stetig vergrößern sollen. So gesehen gilt die trotz dessen fortschreitende Kumulation von Modernisierungsschäden als eine Art Betriebsunfall, der sich spätestens dann ausmerzen lässt, wenn hinreichend geschärfte Mittel zur Verfügung stehen: Wachstum lässt sich dematerialisieren, Risiken lassen sich managen und Beschleunigungsfolgen lassen sich therapieren. Dahinter steht der beinahe alchemistisch anmutende Traum, zwei Seiten einer Medaille separieren zu können. Verdrängt wird damit, dass die untrennbare Verbindung von Chancen und Risiken einen unvermeidlichen Wesenszug des Innovationsprinzips darstellt.

5.1 *Geschichte und Kultur des Wandels*

5.1.1 *Das Steigerungsprinzip*

Von der antiken Weisheit, dass niemand zweimal in denselben Fluss steigen kann (Heraklit) bis zum momentan tobenden „Innovationskrieg“ (Braun 1994) hat der gesellschaftliche und technische Wandel eine lange Geschichte zurückgelegt. Er hat sich selbst gewandelt. Dabei fallen zwei Aspekte auf, die Schulze (2000, 47) als

- Wandel in Form systematischer Möglichkeitserweiterungen, wobei das allgegenwärtige Ziel darin besteht, „mehr und immer mehr zu können“, und
- Tendenz zur Verdichtung von Möglichkeitserweiterungen pro Zeiteinheit

charakterisiert. An Versuchen, die vom „Innovationsfieber“ (M. Gronemeyer 2000) getriebene Gegenwartsdynamik zu analysieren, dürfte es kaum mangeln. Einen Beitrag zur Verallgemeinerung und Konsolidierung der vielen Einzelphänomene könnte das von Gross (1994) und Schulze (2003) beschriebene „Steigerungsprinzip“ leisten. Demnach ist ein tief „in die modernen Gesellschaften eingemeißelter und ins Herz der modernen Menschen implantierter Wille zur Steigerung, zum Vorwärts, zum Mehr“ zu beobachten (Gross 1994, 11). In dieser alles beherrschenden Entwicklungslogik sieht Schulze (2003, 25) eine „unerschöpflich erscheinende Quelle von Anschlussfähigkeit, Organisierbarkeit, Kalkulierbarkeit und Regulierbarkeit trotz ständiger Bewegung. [...] Manager, Politiker und Medienmacher sind davon überzeugt, dass es auf nichts so sehr ankomme wie die Fortsetzung und Radikalisierung der Idee der Steigerung.“ Sie durchziehe alle gesellschaftlichen Bereiche und „eint Anbieter und Konsumenten, Pessimisten und Optimisten, Globalisierungsgegner und Konzernvorstände, Liberale und Sozialisten; sie verbindet die empirische Wissenschaft, die Bildungsreformer und Trendgurus“. Zudem erlaube sie „eindeutige Definitionen von Erfolg und Misserfolg und leuchtet jedermann ein“ (ebd., 18).

Das Prinzip einer ständigen Vorwärtsbewegung und des permanenten Erweiterns verfügbarer Möglichkeiten genießt per se, d.h. losgelöst von den jeweiligen Inhalten, den Status einer positiv besetzten Kategorie. Das Streben nach dem Neuem, Anderen oder Einzigartigen sowie nach dem „Immer mehr, immer schneller, immer besser“ erweist sich als die flächendeckende Manifestation einer zum Selbstzweck mutierten Ausdehnungsbewegung, und zwar ganz gleich in welche Richtung. „Nachdem Steigerung als kollektives Projekt in Gang gekommen war, wurde die ursprüngliche Bedürfnisorientierung immer mehr von einem anderen Prinzip überlagert – es ging immer mehr um Vorwärtsbewegung *an sich* statt um Vorwärtsbewegung *für etwas*“ (ebd., 45; Hervorhebungen im Original).

Je mehr auf dem Steigerungspfad bereits erreicht worden ist, desto kleiner werde der Schritt vom Nützlichen zum Absurden. Genau unter diesem Gesichtspunkt deutet Schulze das Steigerungsprinzip, insbesondere in Anlehnung an Camus und den Sisyphos-Mythos. Eine essentielle Herausforderung an die menschliche Existenz bestehe darin, das Gefühl des Absurden zu vermeiden. Die durch dieses Gefühl geweckten Ängste und Sehnsüchte legten es nahe, dem Absurden Sinn entgegenzusetzen, statt sich mit ihm abzufinden, wie Camus vorschlägt. Die „Pointe“ bestehe nun darin, dass es keine Strafe der Götter sei, den Stein immer wieder nach oben wälzen zu müssen, sondern eine selbst gewählte Existenzform, die in Angst und Sehnsucht wurzelt: Angst vor Leere, Sehnsucht nach Sinn. „Das Gefühl des Absurden bringt viele erst dazu, sich wie Sisyphos zu verhalten“ (ebd., 45).

Wer sich auf dem Steigerungspfad vorwärts bewege, so Schulze, könne ein auf zweierlei Weise begründbares Sinngefühl entwickeln. Zum einen schaffe dieses Prinzip „Einheitlichkeit in einer Welt, in der abertausend Einzelzwecke auseinanderstreben“. Zum anderen trage es zur Befriedigung des psychologischen Grundbedürfnisses bei, „sich in geordneter Weise zu beschäftigen“ (ebd., 46). Gerade im Weitermachen lasse sich die Sehnsucht nach tieferen Sinnerlebnissen vergessen.

Das Steigerungsprinzip offenbart u.a. drei Perspektiven, deren Bearbeitung nicht nur unter dem Blickwinkel einer nachhaltigen Entwicklung sinnvoll erscheint, sondern die Antriebe und Folgen einer zum Selbstzweck mutierten Veränderungsdynamik verstehen hilft:

- Horizontale Steigerung: ständige Ausdehnung des Güter- und Möglichkeitenraumes durch neue Varianten
- Vertikale Steigerung: quantitative Ausdehnung; Vertiefung und Perfektionierung vorhandener Optionen und Strukturen
- Beschleunigung: Entkoppelung der Konsum- und Leistungserstellungsprozesse von den jeweiligen Eigenzeiten der relevanten Systeme

5.1.2 Kulturelle Ausdifferenzierung des Konsumverhaltens als Schrittmacher für Innovationen

Der in nahezu allen Bedarfsfeldern beobachtbare Expansionsdrang des Güterraums lässt sich längst nicht mehr mit typischen Knappheitsmustern erklären, ganz gleich wie künstlich erzeugt oder gar „manipuliert“ die dahinter befindlichen Bedarfe sein mögen. Begründungen, die auf Hedonismus (Rosen 1974), symbolischen Konsum im Sinne Veblens (1899/ 1986) oder „positionalen Konsum“ (Hirsch 1976/1980) verweisen, sind dabei zwar äußerst hilfreich, stoßen aber auch auf Grenzen. Dies gilt schon deshalb, weil das Schema des „immer-mehr-wollen“ und „niemals-genug-kriegen“ zusehends Bereiche jenseits klassischer Konsumbegriffe erschließt, wie etwa inszenierte Erlebniswelten und eine ausufernde Eventkultur. Dabei fällt neben der stetigen Intensivierung, Perfektionierung oder Vertiefung bereits vorhandener Optionen der Bedarfsbefriedigung zusehends eine weitere Steigerungsdimension ins Gewicht, nämlich Proliferation. Die damit angesprochene horizontale Differenzierung wurde bereits in den 70er Jahren mit einem Phänomen erklärt, das als „Love-of-varity“-Ansatz (Dixit/Stiglitz 1977; Lancaster 1966, 1979) in die Theorie des intra-industriellen Handels[196] einfloss, allerdings im Wesentlichen bezogen auf materielle Konsumgüter. Demnach scheint sich in Industrieländern, deren Konsumenten die höchste Stufe der sog. „Bedürfnis-Pyramide“ von Maslow (1973) erklommen haben, eine Präferenz für Variantenreichtum und möglichst breit gefächerte Auswahlspektren herauszubilden. Beim allmählichen Übergang von materiellem Konsum zu Aktivitäten der Selbstverwirklichung oder -inszenierung dürfte dieser Aspekt an Bedeutung gewinnen.

Anstelle technischer Primärfunktionen treten zunehmend sozialpsychologisch und kulturell zu deutende Sekundärfunktionen von Gütern und Dienstleistungen in den Vordergrund. Das Resultat ist eine mittlerweile schier überwältigende Heterogenität an Selbstfindungsangeboten, die sich irgendwo zwischen den Polen der Identifikation und Distinktion verorten lassen. Im nachmetaphysischen Zeitalter, so konstatiert Schulze (1999, 9), „besteht das Höchste, für das man im Diskurs noch Respekt einklagen kann, in nichts weiter als dem menschlichen Leben. Man betrachtet das eigene Leben als eine Art Gott – ihm gilt es zu dienen, von

---

[196] Vgl. Krugman 1979.

ihm bezieht man seine grundlegenden Maßstäbe." Die Subjektbezogenheit des gegenwärtigen Marktgeschehens hat den Raum denkbarer Konsum- und Erlebnisoptionen inzwischen so dicht besetzt, dass auch jeder theoretisch mögliche Gegensatz darin enthalten ist. Abgrenzung, Widerwillen oder sogar Ekel sind ebenfalls – quasi als Teil einer Negativdefinition – integraler Bestandteil des individuellen Selbstdarstellungsrepertoires. Für das glücksuchende und erlebende Subjekt ergeben sich damit unendlich viele Möglichkeiten, durch eine einzigartige Komposition des Gewählten und Abgelehnten – „Ich bin, womit ich mich umgebe" (Schulze 1999, 17) – Authentizität zu erlangen.

Ein Lehrstück zur „neuen Unübersichtlichkeit" lieferte die in den neunziger Jahren thematisierte „Generation X" (Coupland 1992). „Lebensästheten, [die] ihr Leben zwischen Chaos und Unverbindlichkeit organisieren", so stellen Goebel/Clermont in ihrer „Tugend der Orientierungslosigkeit" (1997) fest, seien zwar einerseits ein Massenphänomen, andererseits finde sich jedoch „keine passende Schublade für die vielfältigen und widersprüchlichen Einstellungen und Handlungen dieser Generation" (ebd., 13). Eine Rückschau auf die Achtziger offenbart bereits erste Vorstufen dieses Prozesses der radikalen Individualisierung. Den seinerzeit kreierten Rollenmodellen, wie etwa „Punk", „Yuppie", „Gruftie" etc., war immerhin noch eines gemein, nämlich ein „Primat der Ästhetik über die Tugend" (ebd., 15). Aber irgendwann konnte selbst ein mittlerweile um Retro-Modelle (z.B. „Neo-Hippies" in Batikshirts und Schlaghosen) aufgeblähtes Tableau an ästhetischen Entwürfen nicht verhindern, dass die Identifikation mit einem auch noch so krassen, aber inzwischen zum Klischee verschlissenen Rollentyp eher wie eine Anpassung wirken musste. Als nächste – und letzte? – Steigerungsstufe verblieb die Erfindung und Gestaltung der eigenen Biographie, „jenes Gesamtkunstwerk namens Ich [...], das über die Teilhabe an bestimmten ästhetischen Chiffren seinen Seelenzustand kundzutun" (ebd., 16) hofft.

Die fortschreitende Atomisierung all dessen, was vormals einer überschaubaren Palette an kulturellen Merkmalen zugeordnet werden konnte, bildet eine Grundlage für fortschreitende unternehmerische Innovationstätigkeit. Im Sinne einer „Ökonomie als kulturelle Veranstaltung" (Pfriem 2000, 448) steigt der Bedarf an Innovationen, die über Veränderungen der instrumentellen Produktfunktionen hinausgehen, ins Unermessliche. Um das immer dichtere Spektrum der Selbstverwirklichungs- und Selbstinszenierungsoptionen abdecken zu können, ist eine permanente Neuschöpfung symbolischer Funktionen vonnöten. Die Rolle der Unternehmen als Sinn- und Kulturproduzenten lässt den Innovationsdruck ausufern.

5.2 Innovation und Wachstum

5.2.1 Vom Additionsprinzip zum Gegengiftsyndrom

Wann immer von nachhaltigem Wirtschaften die Rede ist, lässt die Forderung nach vermehrter Innovationsfähigkeit nicht lange auf sich warten. Diese Blickrichtung – oder Blick*verengung*? – lässt sich keineswegs damit begründen, dass jeder zielführende Veränderungs- oder Anpassungsvorgang quasi selbstverständlich Innovationscharakter haben muss. Das implizit unterstellte Was-denn-sonst-wenn-nicht-Innovation führt zu einer Tautologisierung des Innovationsbegriffs. Dabei erweist sich dieser keineswegs als beliebig dehnbare Begriffsmasse, sondern verinnerlicht markante Wesenszüge, die per se nicht neutral im Hinblick auf Nachhaltigkeitsanforderungen sind. Ein Blick in den Dschungel der inzwischen vorliegenden Definitionen des Innovationsbegriffs verrät zwei prägende Charakteristika, die eine Konsenslinie bilden:

- Innovationen bezeichnen eine unstetige, nicht lineare Veränderung, den Bruch mit allem Vorhandenen und Bekannten, zumindest bezogen auf den Kontext der jeweiligen Neuerung. Entsprechend der Kernfrage „Wie kommt das Neue in die Welt?“ beruht das Problemlösungspotenzial von Innovationen darauf, den Fundus an vorhandenen Optionen um neue Lösungen – ganz gleich ob Produkte, technische Verfahren, Organisationsstrukturen, Institutionen etc. – zu erweitern.
- Innovationen bedeuten einen Vorstoß ins Ungewisse. Sie entziehen sich einer exakten Prognose und Steuerung im Sinne der traditionell-ökonomischen Optimierung. Sie stellen bewusst eingegangene Wagnisse dar, die mit Chancen und Risiken einhergehen. Für die Aufdeckung bislang unbekannter Optionen gilt daher: No risk no innovation!

Die Innovationslogik beschreibt nur eine von mehreren möglichen Antworten auf den Problemlösungsbedarf einer nachhaltigen Entwicklung. Anstatt neue Lösungen *in die Welt* zu setzen, wäre es nicht weniger logisch, die vorhandenen Problemursachen *aus der Welt* zu schaffen. Insoweit letzteres nicht an Substitution oder Ersatz gebunden sein muss, bildet es als „Subtraktionsprinzip" geradezu die Antithese zum Innovations- bzw. „Additionsprinzip" (Paech 2003). Eine weitere un-innovative, irgendwo zwischen diesen Extremen liegende Option besteht darin, auf längst bekannte und erprobte, aber zwischenzeitlich in Vergessenheit geratene Lösungen zurückzugreifen. Auch an Suffizienz orientierte Verhaltensänderungen bieten einen veritablen, wenngleich verpönten und alles andere als innovativen Lösungsansatz.

Dass Innovationen unablässig als Voraussetzung für eine nachhaltige Entwicklung beschworen werden, muss also tiefere Ursachen haben. Sie sind eng verbunden mit einer Innovations*kultur*, die aus dem Zeitalter der Moderne hervorgegangen ist und sich flächendeckend auf jegliche Art der Entwicklung oder Gestaltung niederschlägt.[197] Besonders prägend ist dabei das Zusammenspiel zwischen dem Additionsprinzip und einem Effekt, der im Folgenden als „Gegengiftsyndrom" bezeichnet werden soll.

Die Suche nach dem Neuen, noch nicht Vorhandenen, soll Probleme lösen, deren Ursachen jedoch – gerade im Fall von Nachhaltigkeitsdefiziten – alles andere als nicht vorhanden oder etwa unbekannt sind. Ein schlichter Vergleich verdeutlicht das Fatale an dieser Logik: Anstatt die Folgen eines eingenommenen Giftes ursachenadäquat zu beheben, also das Gift abzusetzen, wird ein Gegengift verabreicht. Damit wird die Problemlösung der Ursache, die unangetastet bleibt, einfach hinzu addiert. Gift und Gegengift sollen sich dabei in ihren Wirkungen exakt so ausgleichen, dass der ursprüngliche Schaden verschwindet ohne seine Ursache beseitigen zu müssen. Sollte nun auch das Gegengift unterwartete Nebenfolgen offenbaren, wird nach einem weiteren „innovativen" Gegengift für das Gegengift gesucht und so weiter. Diese endlose Kette von Additionen hat erhebliche Konsequenzen:

(1) Nachhaltigkeitsinnovationen beruhen auf der impliziten Hoffnung, dass der Saldo „Problemlösungsbeitrag minus Verursachung neuer Probleme" positiv ist. Aber der zweite Summand entspricht einem amorphen Konglomerat aus Ungewissheiten, Verzögerungseffekten, Interaktionen und der permanenten Auslösung neuer Eigendynamiken. Die Gleichung erweist sich folglich als nicht berechenbar. An die Stelle der kalkulier-

[197] Vgl. z.B. Gronemeyer 2000, 2003; Gross 1994 und Nowotny 1997.

baren Lösung tritt der Glaube. Und von da aus ist es kein weiter Weg zum „Mythos Innovation“.

(2) Die Forderung nach Kreativität und Innovation – zwei oft in einem Atemzug genannte Schlagworte – impliziert einen Anpassungsbedarf, dessen Inhalt und Gegenstand ex ante unbekannt ist. Paradoxerweise wird im Vorhinein zu Taten aufgefordert, die erst im Nachhinein als kreativ erkennbar sind. Das Einfordern von Leistungsbereitschaften, ohne genau sagen zu müssen, worin die Leistungen bestehen sollen, bedient Motive, die auf den Erhalt eines Status quo oder eine Abwehr unbequemer Konsequenzen setzen. Der proklamierte Handlungsbedarf lässt sich außerdem auf andere abwälzen. „Die Rede von der Kreativität gesteht den Lernbedarf ein, setzt jedoch auf stellvertretendes Lernen, dessen unangenehme Effekte nicht bei einem selbst, sondern bei den anderen anfallen. (…) Als kreativ wird gelobt, dem nicht nur etwas Neues einfällt, sondern der gleichzeitig fast alles beim Alten belässt“ (Baecker 1997, 6).

(3) Das Innovationsprinzip hebt den Widerspruch zwischen den Polen auf, sich einerseits mit den Gefahren der Moderne auseinander zu setzen und sogar vehement Reformbedarf einzuklagen, andererseits aber keinen Status quo und keine Verhaltensweisen – insbesondere die eigenen – antasten zu wollen. Problemlösungen werden grundsätzlich in der Zukunft verortet, irgendwo draußen im Bereich des *noch* unerschlossenen Neuen. Genau deshalb können daraus niemals Forderungen an die Gegenwart erwachsen. Getragen von der Sehnsucht nach einer besseren Welt – aber möglichst so, dass sich niemand in seinen Ansprüchen mäßigen muss und niemandem Verhaltensänderungen zugemutet werden – bekräftigt der Ruf nach Innovationen die Fortschrittsillusion der Moderne.

(4) Das Additionsprinzip versinnbildlicht geradezu die Negation ursachenadäquater Lösungsansätze. Insoweit nämlich die Verursachung von wahrnehmbaren Nachhaltigkeitsproblemen nur in der Vergangenheit liegen kann, also längst existent und bekannt ist, würde deren Beseitigung gerade nicht etwas Neues *in* die Welt, sondern das vormals Neue und Innovative, aber inzwischen zum Problemfall gediehene, wieder *aus* der Welt schaffen müssen.

(5) Ähnlich einem Schneeballeffekt kommt es zu einer systematischen Komplexitäts- und Risikoausweitung. Aus dem Versuch, ein anfängliches Problem zu lösen, erwachsen neue Probleme, deren Lösung wiederum neue additive Gegenmaßnahmen erfordern, die ihrerseits neue Probleme generieren ohne die vorhandenen vollständig auszuschalten. Da-

raus ergibt sich eine Zirkularität, denn das Innovationsprinzip enthält „eine selbst-erfüllende Prophezeiung, dass nämlich nur weitere Innovationen das Mittel sind, um mit den Problemen, die auch die Innovation schafft, fertig zu werden“ (Nowotny 2005, 167). Dieser Aspekt verdient besondere Aufmerksamkeit, denn er scheint eng mit einem Grundmuster moderner Entwicklungsdynamik verbunden zu sein.

5.2.2 Heterogonie der Zwecke

Die von Schumpeter (1934, 99ff.) geprägte Sichtweise, wonach das Grundphänomen der wirtschaftlichen Entwicklung durch „spontane und diskontinuierliche Veränderungen“, insbesondere die „Durchsetzung neuer Kombinationen“ gekennzeichnet ist, hat ihren Dreh- und Angelpunkt in der Frage, wie individuelle oder gesellschaftliche Bedarfe entstehen. Von den dabei beobachtbaren Entstehungsmustern sollen zwei, die für den vorliegenden Kontext besonders relevant sind, hervorgehoben werden:

- *Gezielte Generierung neuer Bedürfnisse als Strategie des Innovationswettbewerbs:* Es „vollziehen sich Neuerungen in der Wirtschaft doch in der Regel nicht so, dass erst neue Bedürfnisse spontan bei den Konsumenten auftreten und durch ihren Druck der Produktionsapparat umorientiert wird […], sondern so, dass neue Bedürfnisse den Konsumenten von der Produktseite her anerzogen werden“ (Schumpeter 1934, 100). Dieser Aspekt wird weiter unten behandelt.
- *Bedürfnisentstehung als Resultat einer durch Erneuerungsprozesse entfachten Eigendynamik:* Das von Wundt (1886/1923) als „Heterogonie der Zwecke“ bezeichnete Phänomen beruht darauf, „dass in dem gesamten Umfang menschlicher Willensvorgänge die Wirkungen der Handlungen mehr oder weniger weit über die ursprünglichen Willensmotive hinausreichen, so dass hierdurch für künftige Handlungen neue Motive entstehen, die abermals neue Wirkungen hervorbringen, an denen sich nun der gleiche Prozess der Umwandlung von Erfolg in Motiv wiederholen kann” (ebd., 284f.).

Gemäß Wundt deckt sich der Effekt einer Handlung „infolge nie fehlender Nebeneinflüsse“ (ebd.) nur selten mit dem ursprünglich intendierten Zweck. „Gerade solche außerhalb des ursprünglichen Motivs liegende

Bestandteile des Erfolgs können aber zu neuen Motiven oder Motivelementen werden, aus denen neue Zwecke oder Veränderungen der ursprünglichen hervorgehen" (ebd.). In Anlehnung daran spricht Vaihinger (1911) gar von einem „Gesetz der Überwucherung des Mittels über den Zweck", das gleichermaßen in technischen und sozialen Bereichen gelte. Speziell die letztgenannten (auf die technischen wird später in Verbindung mit Innovationsrisiken eingegangen) haben Schumpeter (1950/1980, 213) dazu bewogen, die Möglichkeit, „dass die wirtschaftlichen Bedürfnisse der Menschheit eines Tages so völlig befriedigt wären, dass wenig Anlass bliebe, noch weitere produktive Anstrengungen zu unternehmen", auszuschließen. Unter expliziter Bezugnahme auf Wundts „Heterogonie der Zwecke" sieht er vielmehr, dass „Bedürfnisse sich automatisch ausdehnen und neue Bedürfnisse entstehen oder geschaffen werden" (ebd.).

Diese Eigendynamik einer schneeballartigen Expansion von Bedürfnissen ist vor allem ein Wesenszug des Innovationsprinzips, denn aufgrund seiner Ambivalenz ist die „Ausbeute" an unbeabsichtigten Zwecken, deren Verfolgung nach weiteren Innovationen verlangt, die wiederum weitere Innovationen stimulieren und so weiter, denkbar groß. „Selbst die Irrtümer, die einem beim Befolgen des Imperativs der Innovation unvermeidlich unterlaufen, lassen sich in einem allgemeineren Rahmen als produktive Verstärkung der Hauptmaxime verstehen, verlangt doch die Korrektur der Irrtümer ebenfalls nach Innovationen" (Schulze 2000, 48).

Aus der Perspektive einer wachstumsorientierten Gesellschaft ist die über Verästelungen und Nebenfolgen stimulierte Expansionsdynamik indes durchaus intendiert. Das Innovationsparadigma „spielt mit dem Zufall und dem Versuch, ihn zu instrumentalisieren [...], die Vielfalt neuer Formen zu erhöhen, denn nur so kann Neues außerhalb eines bereits festgelegten Möglichkeitsraumes entstehen, nur so kann sich – ohne das Neue im vorhinein bestimmen zu wollen – seine Wirkung über den Entstehungsprozess hinaus fortsetzen, indem es zu weiteren Neuerungen führt. Die – neue – Kombination bereits bekannter oder vorhandener Bestandteile, von der Joseph Schumpeter meinte, dass sie dass Innovationsgeschehen bestimmt, weist in die Richtung einer potentiell immer größer werdenden Vielfalt. Denn je mehr Neuerungen es gibt, desto größer ist die Anzahl der Bestandteile, aus denen sich in rasch wachsender Kombinatorik neue Kombinationen produzieren lassen, ohne dass deren Inhalte vorhersehbar sind oder bereits Kategorien zu deren Beschreibung vorhanden sind" (Nowotny 2005, 18).

5.2.3 Innovation als Problemlöser: Ein Wettlauf zwischen Hase und Igel

Unter marktwirtschaftlichen Bedingungen führt Schumpeters schöpferischer Wettbewerb zu einer ausufernden und unkontrollierbaren Expansion des Güterraums. Niemand kann heute wissen, welche neuen Varianten oder Produktkreationen morgen auf den unzähligen Gütermärkten zum Vorschein kommen. Die permanente Generierung zusätzlicher Bedarfe und Nachfragemuster entzieht sich jeder Prognose. Ein Wesenszug des Innovationswettbewerbs besteht gerade in der ständigen Produktion von Überraschungen.

Erst im Nachhinein, wenn neue Güter oder Dienstleistungen bereits eine vollendete Tatsache des Marktgeschehens sind, wird die Notwendigkeit sichtbar, den damit geschaffenen Ursachen für zusätzliche Ressourcenverbräuche mit Nachhaltigkeitsinnovationen zu begegnen. Dieser Reparaturmechanismus kann den neuen Problemen, die vor ihrer Entstehung nicht bekannt sein können, folglich immer nur hinterher eilen. Dematerialisiert, angepasst oder verbessert werden kann nur, was bereits vorhanden ist. Konstellationen, unter denen Nachhaltigkeitsmaßnahmen bereits im Vorhinein greifen, würden ein umweltpolitisches Regime erfordern, das erstens eine umfassende Kontrolle aller Innovationsprozesse ausüben und zweitens jede Neuerung unterbinden müsste, die im Saldo mit zusätzlichen Umweltverbräuchen einhergeht. Eine wie auch immer geartete Governance-Struktur, die von vornherein alle Innovationen verhindert, die zusätzliche Stoffströme induzieren, wäre schon vor Eintritt ins Globalisierungszeitalter utopisch, insbesondere mit marktwirtschaftlichen Strukturen kaum zu vereinbaren gewesen.

Während also an einer bestimmten Stelle mühsam versucht wird, nachhaltige Alternativen für etablierte Leistungserstellungs- und Konsumprozesse zu implementieren, sprießt andernorts ein Vielfaches an neuen Problemquellen aus dem Boden – fast einer Hydra ähnelnd, der für einen abgeschlagenen Kopf stets mehrere nachwachsen. Dabei besteht kaum Aussicht, für die sich ständig wandelnde Flut an neuen Gütern und Konsumaktivitäten überhaupt nachhaltige Ersatzlösungen zu finden, die erstens denselben Konsumnutzen stiften und zweitens mehr bewirken als eine graduelle Verbesserung, die das Problem letztendlich nur aufschiebt. Wie könnten beispielsweise Inliner, Woks, Scanner, Mobiltelefone, Gameboys, Offroad-PKWs etc. entsprechend dem technischen Weg dematerialisiert oder ökologisch neutralisiert werden? Auf Basis welcher Nutzungssysteme könnten nachhaltige Alternativen zum Urlaubsflug nach Indien bereitgestellt werden?

Selbst wenn für gegenwärtig genutzte Produkte und Dienstleistungen eine nachhaltige(re) Alternative existiert, kommt deren Anwendung einer Aufholjagd gleich. Die Ablösung der bisherigen Variante durch eine effizientere Lösung erfolgt nicht auf Knopfdruck, sondern gestaltet sich als langsamer Prozess der Entwicklung, Diffusion und – hoffentlich – Verdrängung. Aber bis zu diesem Zeitpunkt hat die kumulierte Menge an Ressourcen- und Umweltverbräuchen, die mit der Vorgängerversion einherging, in aller Regel beträchtliche Ausmaße erreicht. Wie viele Autos mit einem 12-Liter-Verbrauch mussten erst produziert, verschlissen und entsorgt werden, bis sich die 8-Liter- und irgendwann später die 5-Liter-Varianten durchsetzen konnten?

5.2.4 Innovationswettbewerb als Wachstumsmotor

Was Schumpeter (1934) bereits zu Beginn des vergangenen Jahrhunderts theoretisch vorwegnahm, hat sich längst zu einem dominanten Wesenszug moderner Marktwirtschaften fort entwickelt: Die Konkurrenzbeziehungen zwischen Unternehmen lassen sich zu einem Gutteil als Innovationswettbewerb darstellen.[198] Zu Lebzeiten Schumpeters galt die Versorgung mit materiellen Gütern als entscheidender Engpassfaktor für zukünftige Entwicklungen.

Ökologische Grenzen des Wachstums entzogen sich bis zum Ende der Fünfziger Jahre jeglicher Wahrnehmung.[199] Uneinigkeit konnte innerhalb

---

[198] Mit der Abgrenzung von „statischem“ Preiswettbewerb und „dynamischem“ (Innovations-) Wettbewerb haben sich u.a. Arndt (1949), Clark (1961) und Kantzenbach (1967) beschäftigt.

[199] Selbst die bahnbrechenden Arbeiten von Pigou (1920) oder Coase (1960) sahen kein epochales Umweltproblem heraufziehen, sondern widmeten sich eher (reparablen) Teilaspekten eines allokativen Systemversagens. Erste alarmierende Hinweise fanden sich bei Kapp (1950/1979) und Carson (1962).

der ökonomischen Profession bestenfalls darüber bestehen, auf Basis welcher Systembedingungen und Politikinstrumente wachsender materieller Wohlstand zu gewährleisten sei. Einen vorläufigen Höhepunkt erreichte die makroökonomische Wachstumstheorie im Anschluss an den zweiten Weltkrieg, als sie sich mit den Herausforderungen des Wiederaufbaus konfrontiert sah. Außerdem musste sich die ökonomische Theorie infolge des Entstehens zweier Machtblöcke, die sich nicht nur politisch und militärisch, sondern auch als konkurrierende Wirtschaftssysteme diametral gegenüberstanden, einer neuen Frage öffnen: Verzeichnen Marktwirtschaften aufgrund immanenter Tendenzen zur Monopolisierung langfristig einen Wachstumsnachteil gegenüber sozialistischen Systemen? Den auf Basis traditioneller Preistheoriemodelle begründeten Wachstumspessimismus versuchte Schumpeter (1950) speziell in seinem letzten Werk zu entkräften, in dem er den Blick auf eine völlig andere Komponente des unternehmerischen Wettbewerbs richtete. Die konzeptionelle Vorarbeit dazu hatte er bereits zuvor geleistet. Demnach setzen sich Innovatoren durch „neue Kombinationen" (Schumpeter 1934) von der Konkurrenz ab und weichen damit dem üblicherweise angenommenen Preiswettbewerb aus.

Mittlerweile wird unternehmerische Innovationsfähigkeit nicht nur als die entscheidende Quelle für Wettbewerbsvorteile gesehen, sondern schlicht zur „Existenzfrage" (Hübner 2002, 3) hoch stilisiert. Drastisch, aber durchaus den Nerv der Zeit *treffend* – hier im doppelten Wortsinn – verkündet etwa Hamel (2001, 22) das Credo der Innovationsorientierung: „Irgendwo da draußen existiert eine Kugel, auf der der Name Ihres Unternehmens steht. Irgendwo da draußen gibt es einen Konkurrenten, noch ungeboren und unbekannt, der dafür sorgen wird, dass Ihre Strategie veraltet. Sie können der Kugel nicht ausweichen. Sie müssen als Erster schießen. Sie müssen die Innovatoren an Innovation übertreffen." Konsequenterweise gibt Hamel sich nicht mehr mit Managementimperativen vom Typ „Das Innovationsrad schneller drehen" (ebd., 340) zufrieden, sondern hat schon das nächste Zeitalter der wirtschaftlichen Entwicklung im Visier: Erfolgreiche Innovationen, so das neue Leitbild, hätten zukünftig derart radikal zu sein, dass gar nicht mehr von Innovationen, sondern von „Branchenrevolutionen" (ebd., 26), also „revolutionären Alternativen zum Status quo" (ebd., 141) und schließlich, entsprechend dem Titel des zugehörigen Bestsellers, von „revolutionären Unternehmen" die Rede sein müsse.

Übersetzt man diese Logik in die etwas moderatere Terminologie der ökonomischen Theorie, so wird daraus ein schlichter Zusammenhang, auf den bereits Chamberlin (1933) und Robinson (1933) unabhängig voneinander gestoßen sind: Durch die Nichtimitierbarkeit ihrer Leistungen oder Produkte kann eine Unternehmung die auf sich vereinigte Nachfrage zu einem Preis bedienen, der überdurchschnittliche Profite erlaubt, zumindest in der kurzen Frist.[200] In der Betriebswirtschaftslehre hat diese Strategieausrichtung, die auch als Eroberung oder Erschließung einer „Nische"[201] aufgefasst werden könnte, durch die Mitte der achtziger Jahre entstandene „Ressource-based View"[202] eine neue theoretische Fundierung erhalten und als theoretischer Gegenpol zur „Market-based View" viel Aufmerksamkeit erregt. Allerdings wird verschiedentlich auch darauf hingewiesen, dass dieser vermeintlich neue Ansatz nur bestätigt, was im Strategischen Management schon „immer zum selbstverständlichen Ausgangspunkt genommen wurde, dass nämlich Unternehmen auch innerhalb einer Branche – etwa durch ausgezeichnete Führung oder gutes Marketing – signifikante Unterschiede aufweisen und systematisch ausbilden können" (Schreyögg 1999, 402).

Zur Erzielung überdurchschnittlicher Profite kann diese Strategieausrichtung unter plausiblen Annahmen, insbesondere

- zunehmenden Skalenerträgen,
- permanentem technischen Fortschritt und
- potentieller Konkurrenz[203]

langfristig nur erfolgreich sein, wenn dadurch neue Nachfrage geweckt wird. Denn würde der Wettbewerbsvorteil eines Innovators lediglich darin bestehen, sich innerhalb der Konkurrenz um ein konstantes Nachfragequantum zu behaupten, wären zwei Szenarien wahrscheinlich, die unter obigen Annahmen nicht mit der langfristigen Erzielung überdurchschnittlicher Gewinne vereinbar sind.

---

[200] „Überdurchschnittliche Profite" sind hier im Vergleich zum neoklassischen Referenzfall der vollkommenen Konkurrenz zu verstehen.

[201] Bei Mintzberg (1987, 15) finden sich neben „niche" auch Begriffe wie „unique place" oder „product-market domain".

[202] Vgl. hierzu z.B. Wernerfeld 1984, Schulze 1994 und Teece/Pisano/Shuen 1997.

[203] Diese Annahme deckt sich mit Schumpeters (1934, 213) Vorstellung von „nachströmender Konkurrenz".

Szenario 1: Es könnten weitere Innovatoren in den Markt eintreten, die ebenfalls „unverwechselbar“ im Sinne von vertikaler oder horizontaler Differenzierung sind und deshalb einen Teil der konstanten Nachfrage auf sich ziehen. Dieser Eintrittsprozess erhöht die Anzahl der Anbieter und verringert damit schleichend deren durchschnittlichen Marktanteil. Infolge zunehmender Skalenerträge (z.B. infolge von Fixkosten) existiert eine Obergrenze für die Anzahl profitabel agierender Marktteilnehmer.[204] Sollten danach weitere Newcomer eintreten, wäre ein Verdrängungskampf mit anschließenden Marktaustritten die Konsequenz. Die Möglichkeit, dass sich einzelne Anbieter diesem Mechanismus systematisch mit einer höheren Wahrscheinlichkeit entziehen können als andere, lässt sich ohne Ad-hoc-Annahmen nicht begründen. Aus der Sicht eines einzelnen Unternehmens könnte ex ante keine Innovationsstrategie existieren, die erstens sicherstellt, ein im Vergleich zu Konkurrenten höheres „aquisitorische Potenzial“ oder „goodwill“ zu erlangen[205] und auf die

---

[204] Auf genau diesen Aspekt hat bereits Kaldor (1935) in seiner Kritik am Modell der monopolistischen Konkurrenz von Chamberlin (1933) und Robinson (1933) hingewiesen.

[205] Dass in der Empirie regelmäßig dominante Anbieter auszumachen sind, deren Angebote aus Nachfragersicht von besonderer Attraktivität sind und deren Wettbewerbsvorteil kaum einholbar erscheint (z.B. Autos der Marke „Mercedes-Benz“), widerspricht diesem Sachverhalt nicht. Die Gründe für das überragende Standing etwa der Marke „Mercedes-Benz“ sind auch einer historischen Entwicklung geschuldet, aus der sich nicht notwendigerweise eine Strategie extrahieren lässt, die mit demselben Erfolg wiederholt werden könnte. Diese „Erfolgsgeschichte“ nahm ihren Anfang gerade in einer Situation, die durch eine unbefriedigte Nachfrage und die Abwesenheit von Konkurrenten, also einen wachsenden Markt gekennzeichnet war. Die hieraus folgende strategische Asymmetrie zugunsten des Autoherstellers ist einem „First-mover-Vorteil“ und eben nicht einer wie auch immer gearteten Innovationsfähigkeit zu verdanken. Damit ist nicht ausgeschlossen, dass die langfristige Aufrechterhaltung dieses einmal erlangten Wettbewerbsvorteils kontinuierliche Innovationen erfordert. Das bedeutet aber auch: Ein gegenwärtig ebenso innovativer, aber erst später in Erscheinung tretender Kontrahent könnte daran scheitern, dass er nicht auf dieselbe Historie – insbesondere die kumulierte Reputation – zurückblicken kann. Weiterhin zu beachten ist, dass in manchen Situationen ein bestimmtes Quantum an Nachfrage in Verbindung mit hohen Fixkosten keinen Raum für mehr als einen Anbieter zulässt. Die Frage, welcher von mehreren potentiellen Konkurrenten den Markt letztendlich besetzt, hängt im Fall sequentieller Markteintritte davon ab, wer zuerst in irreversibles Kapital investiert, und kann im Fall simultaner Markteintritte nicht systematisch beantwortet werden.

zweitens andere Marktakteure grundsätzlich nicht zugreifen könnten.[206] Folglich kann die Differenzierungsstrategie nur dauerhaft erfolgreich sein, wenn damit ein neues Marktsegment, d.h. zusätzliche Nachfrage generiert wird, um die mit niemandem konkurriert werden muss. „Indeed, what is the meaning of the word ‚niche' but a position that is occupied to *avoid* competition" (Mintzberg 1987, 15; kursive Hervorhebung im Orginal). In manchen Marktsituationen können sich bereits im Markt befindliche Firmen durch strategische Eintrittsbarrieren gegen nachfolgende Wettbewerber schützen. Aber diese zusätzliche Option ändert an der für den vorliegenden Kontext entscheidenden Konsequenz dieses Szenarios nichts, im Gegenteil: Abgeschottete Märkte lassen Newcomern erst recht keine andere Wahl, als eine neue Nische einzurichten und damit neue Nachfrage zu generieren.

Szenario 2: Unter der Annahme, dass Nichtimitierbarkeit ein nur temporär aufrecht zu erhaltenes Attribut ist, könnten zu einem späteren Zeitpunkt Imitatoren in den Markt eintreten, die aufgrund verbesserter Techniken oder Organisationsprinzipien in der Lage sind, das Angebot einer etablierten Firma, die vormals als Differenzierer in Erscheinung trat, hinreichend genau zu kopieren, den Preis zu unterbieten und damit dessen Nachfrage an sich zu reißen. Nun könnte der etablierte Anbieter durch weitere Innovationsaktivitäten versuchen, derartigen „Angriffen" auszuweichen. Dies würde aber im Falle von Produktinnovationen, also dem Versuch, durch eine erneute Angebotsdifferenzierung abermals Unverwechselbarkeit zu erlangen, nur bedeuten, ein neues Marktsegment und damit neue Nachfrage zu erschließen.

Folglich hat die Strategie, durch Innovationen äußerliche Unverwechselbarkeit und damit langfristig supra-normale Gewinne zu erzielen, nur dann Aussicht auf Erfolg, wenn sie darauf beruht, aus der Beschränkung einer konstanten Nachfragemenge, um die eine tendenziell zunehmende Anzahl von Firmen konkurriert, auszubrechen. Zu diesem Zweck muss neue Nachfrage kreiert werden. Es ist daher nahe liegend, den Innovationswettbewerb, insbesondere in seinen neueren Spielarten der Ressorcebased View einer differenzierten Betrachtung zu unterziehen, zumal wenn damit der Anspruch verbunden ist, die systematische Generierung von Wettbewerbsvorteilen zu erklären: Gegen wen „konkurriert" denn noch ein Innovator, der sich jeglicher Vergleichbarkeit mit anderen An-

[206] Mit dieser Problematik beschäftigen sich auch Fischer/Nicolai 2001.

bietern dadurch entzieht, dass er etwas nie da Gewesenes oder zumindest Neues[207] verkörpert bzw. produziert? Die Erschließung einer Nische und neuer Nachfrage erfolgt doch gerade, um einem direkten Preiswettbewerb auszuweichen. Folglich wäre „Wachstum statt Wettbewerb" eine passendere Bezeichnung für diesen Strategietypus.

Damit vollzieht sich hier bereits im Kleinen, was für die volkswirtschaftliche Ebene durch die berühmte „Kuchenmetapher" Erhards (1957, 216) zum Inbegriff der Wachstumsorientierung wurde. Statt sich um die Verteilung eines gegebenen Kuchens zu streiten, sei es demnach zweckmäßiger, den Kuchen wachsen zu lassen. An die Stelle nachkriegsbedingter Güterknappheit ist zwischenzeitlich der Kampf gegen Wachstumshemmnisse getreten, die zum einen Marktsättigungserscheinungen im Bereich des Grundbedarfs geschuldet sind und zum anderen daraus resultieren, dass Kaufanreize, die allein dem Erneuerungsbedarf ausrangierter Konsumgüter entsprechen, keine hinreichende Expansionsbasis bilden. Ein Ausweg besteht deshalb in der Generierung neuer Bedarfe und der horizontalen und vertikalen Differenzierung jener Güter und Leistungen, durch die vorhandene Bedarfe bislang befriedigt wurden. Gerade diese Konsequenz wird von aktuellen Vertretern der Ressource-based View implizit eingeschlossen und wurde seinerzeit von Schumpeter (1934, 133) sogar ausdrücklich hervorgehoben: „Unser Mann der Tat folgt nicht einfach gegebener Nachfrage. Er nötigt seine Produkte dem Markte auf". Nicht Preiswettbewerb, sondern Innovationswettbewerb, d.h. „schöpferische Zerstörung", sei aufgrund des Hervorbringens von neuen Konsumgütern der „fundamentale Antrieb, der die kapitalistische Maschine in Bewegung setzt und hält" (Schumpeter 1950, 137), womit nichts anderes gemeint ist, als „der mächtige Sauerteig, der auf lange Sicht die Produktion ausdehnt" (ebd., 140).

Überlagert und verstärkt wird dieser Wachstumsmechanismus durch einen weiteren Faktor, nämlich der Frequenz, mit der neue Kombinationen hervorgebracht werden. Hübner (2002, 8) sieht den Zwang zu immer

---

207 „Neu" kann in einer relativen Betrachtung auch die Rückbesinnung auf oder die Wiedereinführung von in Vergessenheit geratener Produkte oder Kombinationen sein, z.B. Schlaghosen in den 90er Jahren. Deshalb beschreiben „neu" und „nie dagewesen" nicht notwendigerweise einen identischen Sachverhalt.

kürzeren Innovationszeiten als Ursache für „Scheininnovationen“[208] und konstatiert: „Was Schumpeter nicht voraussehen konnte, ist das Faktum, dass aufgrund der Sättigungserscheinungen in den Industriestaaten Innovation zum primären Instrument des Wettbewerbs geworden ist und mehr und mehr zum Selbstzweck tendiert“ (ebd., 240). Insoweit als diese Dynamik systematisch den Massenkonsum anheizt und Anreize für das Design immer kurzlebigerer Produkte schafft, scheint der Weg „von Schumpeters schöpferischer Zerstörung zur globalen Gefährdung der Menschheit“ (ebd.) kein besonders weiter zu sein. Keine Unternehmung, die im Kontext des marktwirtschaftlichen Innovationswettbewerbs agiert, kann sich dauerhaft dieser Problematik entziehen – auch dann nicht, wenn sie in Richtung Nachhaltigkeit innoviert. Nachhaltigkeitsinnovationen beschreiben somit eine Gradwanderung zwischen dem unvermeidlichen Wachstumsstimulus und der angestrebten Nachhaltigkeitswirkung.

Das im Abschnitt 4.3.2 bereits angesprochene Selektionsproblem wird damit umso brisanter. Die zielgenaue Substitution nicht nachhaltiger Produkte und Techniken wird umso schwieriger, je „innovativer“ im Sinne von Unverwechselbarkeit oder Einzigartigkeit die neuen Lösungen sind. Denn was sich nicht vergleichen lässt, kann auch nicht gegeneinander substituiert werden. Folglich sind Rebound-Effekte kein misslicher Ausnahmefall, sondern eine systematische Begleiterscheinung unternehmerischer Strategiebildung, falls diese auf Imitationsbarrieren zielt.

5.3 Das Selektionsdilemma

Insbesondere in Verbindung mit physisch-materiellen Nachhaltigkeitsinnovationen (Produkte, technische Verfahren, Infrastrukturen) kommt es zu einer Verschmelzung von Wachstums- und Risikowirkungen. Unerwünschte Wachstumsimpulse, die den relativen Nachhaltigkeitsvorteil einer neuen Lösung konterkarieren können, sind im Vorhinein kaum exakt zu bestimmen, weil sie von komplexen Systembedingungen abhängen. Sie äußern sich erst später als Auflösung zuvor eingegangener Risiken. Zu derartigen latenten Wachstumsrisiken kommt es, weil keine neue

---

[208] Darunter können neue Produkte oder Kombinationen verstanden werden, deren Abstand zum bereits erreichten Standard im Hinblick auf neue Problemlösungspotenziale gering sind. Sie unterscheiden sich eher aufgrund optischer, ästhetischer oder symbolischer Eigenschaften und stellen somit auf Sekundärfunktionen ab.

ökonomische Aktivität zum ökologischen Nulltarif zu haben ist. Den Zusatz „nachhaltig" verdienen Innovationen deshalb nur, wenn die damit erreichten ökologischen Einspar- oder Entlastungswirkungen dem „investierten", also selbst verursachten Aufwand an Ressourcen, Energie sowie anderen ökologischen Verbräuchen übertreffen. Das heißt aber: Wenn etwas Neues in die Welt gesetzt wird, das den anvisierten Nachhaltigkeitseffekt verfehlt, wird es automatisch zum Teil des Problems, weil es im Saldo zusätzliche Stoffflüsse induziert.

5.3.1 Der Mangel an effektiven Auslesemechanismen

Wenn neue Lösungen die alten nicht verdrängen, kommt es anstelle eines Strukturwandels zu einer Strukturaufblähung. In modernen Marktwirtschaften existiert kein ökonomischer oder politischer Selektionsmechanismus, der die Substitution bisheriger gegen nachhaltige(re) Lösungen sicherstellen könnte. Dies gilt erst recht angesichts zunehmender Globalisierung und gesellschaftlicher Ausdifferenzierung. Die Hartnäckigkeit, mit der sich das einmal in die Welt Gesetzte gegen jeden Nachhaltigkeitsfortschritt behauptet, hat viele Gesichter. Routinen und Gewöhnungseffekte auf der Nachfrageseite zählen ebenso dazu wie irreversible Maßnahmen in Verbindung mit strategischem Marktverhalten auf der Anbieterseite.[209] Hinzu kommen politische Fehlsteuerungen in Form von Subventionen (z.B. Kohle, konventionelle Landwirtschaft) oder mangelnder Internalisierung ökologischer Kosten (z.B. Auto- und Flugverkehr).

Als schwierig erweist sich insbesondere der Ausstieg aus einem umfassenden technologischen System, wenn sich dieses nicht nur ökonomisch, sondern auch durch allmählich gewachsene soziale Abhängigkeiten und daran ausgerichtete Forschungsaktivitäten als starrer Rahmen für weitere Entwicklungen etabliert hat. Eine Überwindung derartiger „technologischer Paradigmen" (Dosi 1982) gelingt möglicherweise nur, wenn unterschiedliche für einen Wandel „günstige" Bedingungen simultan eintreten. Nill/Weiner/Zundel (2003) bezeichnen derartige Konstellationen als Zeitfenster (windows of opportinity), die sich durch eine „ökologische Innovationspolitik" nutzen lassen. Was aber, wenn ein derartiges

---

[209] Vgl. Paech 1995, 35ff.

Zeitfenster, das sich wohl kaum gezielt herbeiführen lässt, allzu lange auf sich warten lässt?

Die vielleicht größte Barriere gegen eine effektive Auslese zugunsten nachhaltiger Lösungen besteht – so verblüffend oder beinahe tautologisch dies zunächst klingen mag – in der Wachstumsorientierung selbst. In einem System, dessen alles dominierende Entwicklungslogik nichts anderes als eine permanente Expansion des Möglichkeitsraumes darstellt, muss sich das Neue keinen Platz durch eine Verdrängung des Alten schaffen. Es wird schlicht dem Vorhandenen hinzugefügt. Marktwirtschaftliche Konkurrenzbeziehungen können nicht darüber hinwegtäuschen, dass ein hierdurch bedingter Verdrängungswettbewerb bestenfalls im Kleinen und nur sehr kurzfristig stattfindet. Auch wenn die „Furie des Verschwindens" (Liessmann 2000) mit unerbittlicher Regelmäßigkeit einzelne Produkt- oder Technikvarianten und so manchen Anbieter aus dem Markt treibt, verhindert sie nicht, dass Vielfalt und Quantität im makroökonomischen Saldo stetig zunehmen. Eine besondere Stärke der Marktdynamik besteht gerade darin, alles Neue zu addieren, zu absorbieren und damit in Wachstum zu transformieren. Dieses Phänomen reicht weit über die Funktionsweise des (kapitalistischen) Marktmechanismus hinaus.

Ein kultureller Wesenszug der Moderne scheint darin zu bestehen, dass sie sich nur über den Vorgang des Erweiterns von Möglichkeiten oder – in umgekehrter Blickrichtung – durch Entgrenzung zu artikulieren vermag. Auf diese Weise hat sie sich längst gegen emanzipatorische Wirkungen immunisiert, die von Innovationen ausgehen könnten. „Die Orientierung am Neuen", so konstatiert Groys (1992, 33), habe „ihre frühere politisch oppositionelle Rolle aufgegeben." Selbst das kritische oder aufbegehrliche Neue lässt sich assimilieren, indem es in den Kanon des kulturell Akzeptablen oder sogar kommerziell Vermarktbaren aufgenommen wird und letztlich den Expansionskurs stabilisiert.

Deshalb endet der Versuch, den Folgen des materiellen Wachstums durch Innovationen beizukommen, die selbst nie gänzlich immateriell sein können, zumeist in einem Widerspruch. Dieser Sachverhalt wird noch verständlicher, wenn in umgekehrter Blickrichtung nach den Bedingungen gefragt wird, die zwecks effektiver Auslese vorhanden sein müssten: Selektion braucht Enge. Voraussetzung wäre ein physischer, monetärer oder wie auch immer gearteter Engpassfaktor, der eben nicht alles überdauern lässt, was im Zuge von Variation hervorgebracht wird.

Aber das Credo der Moderne besteht in einer umfassenden Befreiung von Expansionshindernissen, insbesondere von technischen, räumlichen und zeitlichen Beschränkungen. Die Akzeptanz ökologischer und damit physischer Grenzen, aus der sich automatisch Selektionskriterien ergäben, befände sich im krassen Gegensatz zur geltenden Fortschrittskonstruktion, die auf einer Entfesselung möglichst vieler Optionen und Handlungsspielräume beruht. Den letztgenannten Aspekt hat Gross (1994) mit seiner „Multioptionsgesellschaft“ beschrieben.

Nun könnte eingewandt werden, dass der marktwirtschaftliche Kosmos schon deshalb nicht alles aufnehmen kann, weil zumindest die Kaufkraft auf Grenzen stößt. Aber auch damit lässt sich kein Ausleseprozess zugunsten einer nachhaltigen Entwicklung begründen. Erstens ist die monetäre Bewertung von Produkten und Leistungen zu Marktpreisen kein Gradmesser für den Input an Umweltverbräuchen, zumindest solange externe Kosten unberücksichtigt bleiben. Geringere Konsumausgaben bedeuten nicht zwangsläufig eine geringere Beanspruchung des ökologischen Kapitals.[210] Zweitens schafft jede Innovation, die marktwirtschaftlich verwertet wird, automatisch neues Einkommen. Eine aus sich heraus beständige Wachstumsdynamik, die darauf basiert, dass zunehmende Produktion und Investition gleichzeitig das notwendige Einkommen schaffen, um die Nachfrageseite mitwachsen zu lassen, ist seit jeher Gegenstand der ökonomischen Wachstumstheorie und -politik. Und selbst dort, wo die klassische Vorstellung eines derartigen „Gleichgewichtswachstums“ (Rose 1991) nicht oder nur zyklisch funktioniert, sind es Maßnahmen zur Behebung temporärer Wachstumsschwächen, die ausschließlich thematisiert werden, nicht Abstriche am Wachstumsziel.

Die alles ermöglichende und jeder Neuerung Raum schaffende Multioptionsgesellschaft findet ihre evolutorische Entsprechung darin, dass an die Stelle des „Survival of the fittest“ ein „Leben und leben lassen“ tritt. Ein schrankenlos expandierender Möglichkeitenraum lässt selbst die Koexistenz widersprüchlichster Optionen zu. Wie viele Atom- und Kohlekraftwerke konnten bisher durch Solaranlagen und Windkraftanlagen ersetzt, vom Netz genommen und schließlich abgetragen werden? Solange die Gesamtnachfrage mitwächst, um gleichermaßen den Öko-, Kohle-

[210] Das aktuell vielleicht beste Beispiel dafür, wie mit wenig Kaufkraft exorbitante ökologische Schäden verursacht werden können, sind die sog. „Billigflieger“.

und Atomstrom zu absorbieren, gelangt im Energiesektor zwar viel Neues in die Welt, aber nichts Altes aus der Welt.

Derartige Wachstumseffekte, so ließe sich zunächst schlussfolgern, könnten dadurch vermieden werden, dass neue Lösungen in einer möglichst streng substitutionalen Beziehung zu den Vorgängervarianten stehen, damit es zu einer Verdrängung kommen kann. Aber abgesehen davon, dass die Erfüllung dieser Bedingung einer kaum praktikablen Feinsteuerung bedürfte, würde sie ein Dilemma herauf beschwören: Was geschähe, wenn es infolge effektiver Selektionsmechanismen tatsächlich gelänge, vorhandene Güter, Produktionsanlagen und Infrastrukturen durch einen permanenten Umwälzungsprozess zu verdrängen, um im Sinne eines „echten" Strukturwandels endlich Substitution an die Stelle von Addition treten zu lassen? Intakte Bestandteile der materiellen Sphäre würden entwertet und schließlich in Entsorgungsfälle umgewandelt. Die Gefahr, dass durch vorzeitiges Ausrangieren, eine Verkürzung von Nutzungs- und Produktlebenszyklen letztlich das Kind mit dem Bade ausgeschüttet würde, ließe sich nur schwer bändigen. Anstatt eines Wachstums von Produkten und Technologien (Addition) ergäbe sich nun ein Wachstum an Objekten, die zu entsorgen sind (Subtraktion).

Gerade dort, wo marktliche Auslesemechanismen zum Strukturwandel führen, offenbart die Beschleunigung von Innovationsaktivitäten eine andere Kehrseite, nämlich die Kultivierung eines allumfassenden Wegwerfsyndroms. „Destruction is cool!" heißt es im vielbeachteten Werk „The Circle of Innovation" vom Erfolgsautor Peters (1998, 35) – und zwar gleich als Kapitelüberschrift. Hierzu vermerkt Nowotny (1989, 12): „[...] der Prozess der fortlaufenden ‚schöpferischen Zerstörung', wie Schumpeter die Innovationstätigkeit nannte, führt zu einem anderen Zivilisationsproblem: dem der Obsoleszenz, dem Altern von Technologien, der Produktion von Abfall. Die Vergangenheit kann den Abfall nicht schnell genug aufnehmen. Durch die Schaffung von immer mehr Neuem nimmt zwangsläufig das zu, was beseitigt werden muss. Beide Prozesse bedürfen einer veränderten Balance – in einer gestreckten Gegenwart."

Das zuvor angesprochene Problem mangelnder Selektion wird damit zu einem Selektionsdilemma, denn die Verdrängung alter durch neue Lösungen stellt zwar eine notwendige, aber keine hinreichende Bedingung dar, insbesondere, wenn sie zu früh erfolgt. Nur ein äußerst enger Weg führt aus diesem Dilemma. Die Frage nämlich, wann eine Produkt- oder

Technikneuerung zu einem Nachhaltigkeitsvorteil führt, hängt von drei unsicheren Ereignissen ab, die miteinander verwoben sind:

- Die Neuerung muss im direkten Vergleich mit der bisherigen Lösung, also relativ vorteilhaft sein.
- Es muss zur Substitution kommen.
- Die Substitution muss zum richtigen Zeitpunkt erfolgen.

Die erstgenannte dieser drei Bedingungen bedarf einer differenzierten Behandlung, wie der folgende Abschnitt zeigt.

5.3.2 Das vernachlässigte Kriterium der Irreversibilität

Produkte, Technologien und Infrastrukturen erfordern grundsätzlich Investitionen in materielles Kapital. Oft stellen diese Aufwendungen nicht nur ein Fixum dar, sondern können irreversibel sein. Dabei kann zwischen ökologischer und ökonomischer Irreversibilität unterschieden werden. Die letztgenannte ist untrennbar mit sog. „sunk costs" (irreversible Kosten) verbunden, die aus nicht liquidierbaren Investitionen oder Aufwendungen resultieren. Im Gegensatz zu reinen Fixkosten, die bei einer Produktionsbeendigung entfallen (z.B. Mieten, Löhne), lassen sich sunk costs nicht mehr zurückgewinnen. Sie stellen einen unvermeidbaren Liquidationsverlust dar. Wenn beispielsweise eine Firma der Stahlbranche in einen Hochofen investiert und kurze Zeit danach aus dem Markt scheidet, steht sie vor dem Problem, die Anlage zu liquidieren. Wenn der Hochofen nicht zu veräußern ist, wären die fixen Investitionskosten vollständig irreversibel, fallen also zu 100 % als Liquiditätsverlust an. Sollte eine Wiederveräußerung möglich sein, entsprächen die sunk costs der Differenz zwischen dem Wiederverkaufspreis und den Investitionskosten.

Unter Wettbewerbsgesichtspunkten haben irreversible Investitionen eine hohe strategische Bedeutung, denn das „versenkte" Kapital ist anschließend nicht mehr entscheidungsrelevant. Der Hochofenbetreiber hätte gegenüber einem neuen Konkurrenten, der erst noch in das irreversible Kapital investieren müsste, einen Vorteil. Für den Newcomer lohnt sich der Markteintritt nämlich nur, wenn der zu erwartende Gewinn alle – auch die irreversiblen – Kosten mindestens abdeckt. Dagegen sind für den etablierten Anbieter nur die um den irreversiblen Anteil verminderten Kosten relevant. Er könnte daher durch die Aufrechterhaltung eines hohen Outputniveaus implizit einen Preiskampf androhen, der beiden Firmen einen Verlust bescheren würde. Wenn dieser Verlust geringer ist als die sunk costs, die im Falle des Marktaustritts unvermeidbar als Verlust anfielen, ist die Drohung glaubwürdig und der Newcomer wäre gut beraten, nicht in den Markt einzutreten. Auf Strategien dieser Art, die auch als „commitment" oder Selbstbindung bezeichnet werden, hat erstmals Schelling (1960, 22) hingewiesen.[211]

Auch wenn die wettbewerbsstrategischen Implikationen dieses Prinzips, das innerhalb der Industrieökonomik und Spieltheorie seit Jahrzehnten angewandt wird, keine direkte Bedeutung für die hier vorliegende Fragestellung haben, ergibt sich daraus eine interessante Analogie. Um aktuell genutzte Produkt- oder Techniklösungen unter Nachhaltigkeitserwägungen mit neuen Alternativen zu vergleichen, ließe sich ein ökologischer Kostenbegriff oder nicht monetärer Indikator für alle relevanten Umweltverbräuche zugrunde legen, der ebenfalls in fixe, variable und irreversible Anteile zerlegt werden kann. Angenommen, es steht ein neuer Hochofen zur Verfügung, der nicht nur durch geringere variable Energieverbräuche und Ressourceninputs, sondern auch geringere Fixkosten (im Sinne von Energie, Material, Fläche etc.) gekennzeichnet ist. Dann ließe sich daraus keineswegs schließen, dass eine Substitution der alten Anlage vor Ablauf der technischen Nutzungsdauer vorteilhaft wäre. Denn während die einmaligen, also fixen Aufwendungen zur Produktion und Bereitstellung der Anlage für die neue Anlage in vollem Umfang zu Buche schlagen, weil sie noch nicht „versenkt" wurden, sind sie für die Beurteilung der Altanlage nicht mehr entscheidungsrelevant. Die fixen Materialinputs des alten Ofens sind weitgehend irreversibel, weil alle in die Herstellung eingeflossenen Inputs unwiederbringlich verbraucht sind, zumindest wenn das Recycling zwecklos oder selbst zu energie- und ressourcenaufwändig ist.[212] Eine Substitution vor Ablauf der technischen Nutzungsdauer wäre also nur sinnvoll, wenn die ökologischen Aufwendungen der Altanlage abzüglich des irreversiblen Anteils höher als die Gesamtaufwendungen der Alternativlösung sind.

---

[211] Später aufgegriffen und für die Industrieökonomik nutzbar gemacht wurde dieser Strategietypus u.a. von Selten (1965), Caves/Porter (1977), Spence (1977), Salop (1979) und Dixit (1980).

[212] Dies gilt erst recht unter dem Aspekt der Entropie.

Bei vielen Konsumgütern, die nicht den Charakter einer Anlage oder Maschine haben, ist der Anteil irreversibler Materie und gebundener Energie sogar noch weitaus höher. Während der Sunk-cost-Anteil ökonomischer Kosten davon abhängt, welchen Restwert das Objekt im Falle seiner Veräußerung oder Verschrottung noch erzielt, hat dies auf die ökologische Irreversibilität keinen Einfluss. Selbst wenn die ökonomischen sunk costs infolge eines (fiktiven) Wiederverkaufspreises in Höhe der ursprünglichen Investitionskosten auf Null sinken würden, bliebe der fixe ökologische Aufwand möglicherweise vollständig irreversibel. Bereits das Entropiegesetz verhindert, dass ein ökologisch-ökonomischer Prozess jemals vollständig rückgängig gemacht werden könnte.[213] Deshalb kann ökologische Irreversibilität bestenfalls minimiert werden, wobei u.a. zwei Faktoren eine wichtige Rolle spielen, nämlich die

- Rezyklierung der gebundenen Materie und die
- Reversibilität des ökologischen Eingriffs.

Demnach ergibt sich die ökologische Irreversibilität als Differenz zwischen investierter und zurückgewonnener Inanspruchnahme an Ressourcen und ökologischen Funktionen. Während die Rezyklierbarkeit auf das bereits vorgestellte Konsistenzprinzip verweist, knüpft die Reversibilität an das Prinzip der Risikominderung an. Damit wird deutlich, dass ökologische Reversibilität eine Doppelfunktion erfüllt. Zum einen wird damit das Risiko der Unumkehrbarkeit, zum anderen das latente Wachstumsrisiko verringert. Welche Schlussfolgerungen zur Lösung des Selektionsdilemmas bei Innovationen im Produkt- und Technikbereich lassen sich daraus ableiten?

- Eine hohe Rezyklierbarkeit und ökologische Reversibilität materieller Objekte verringern das Risiko, dass durch eine zu frühe Verdrängung kontraproduktive Wirkungen auftreten. Aber abgesehen von sehr wenigen, kaum verallgemeinerungsfähigen Beispielen des Upcycling dürfte momentan davon auszugehen sein, dass die fixen Energie- und Materialaufwendungen der meisten Produkte und Anlagen weitgehend irreversibel sind. Im Übrigen: Konsistente Produkte, die also entweder biologisch assimilierbar sind oder deren Bestandteile als „technische

[213] Vgl. Ebeling 1994, 29.

Nährstoffe" in neue Kreisläufe eingespeist werden können, stellen ohnehin kein primäres Nachhaltigkeitsproblem dar.

- Lediglich Bedarfsfelder, in denen Produkte mit kurzer technischer Lebensdauer gehandelt werden, entgehen dem Risiko, dass eine zu frühe Verdrängung durch Produktinnovationen Wachstumseffekte verursacht. Dies dürfte nur auf reine Verbrauchsgüter zutreffen und ist Einschränkungen unterworfen, auf die noch einzugehen sein wird.
- Je höher der irreversible Anteil ökologischer Verbräuche eines materiellen Objektes ist, umso unwahrscheinlicher ist es, dass sein Austausch durch neue Lösungen Nachhaltigkeitsvorteile mit sich bringt, wenn dies vor Ablauf der Produktlebensdauer erfolgt. In diesem Fall dürften Strategien der Produktlebens- und Nutzungsdauerverlängerung, also Dienstleistungsinvestitionen, erfolgversprechender sein. Durch Maßnahmen der Instandhaltung, des Rebuilding oder der Renovation könnten die ohnehin nicht rückholbaren Ressourcen und ökologischen Schäden wenigstens intensiv ausgeschöpft werden. Güter, auf die dies zutrifft, sind zum einen Gebäude, nicht intensiv genutzte Fahrzeuge und andere ressourcenaufwändige Konsum- sowie insbesondere Investitionsgüter.

Insbesondere aus dem zweiten der aufgelisteten Aspekte ließe sich zunächst schlussfolgern, das Selektionsdilemma beträfe nur *Ge*brauchsgüter, zumal die Nutzungsdauer bei *Ver*brauchsgütern keinen relevanten Aktionsparameter darstelle. Insoweit sich aber Innovationen von den bisherigen Varianten eines bestimmten Verbrauchsgutes signifikant abheben können – zumindest aus der Nachfragerperspektive, weil hier die symbolischen Konsumfunktionen zum überragenden Entscheidungskriterium werden können –, ist eine tendenzielle Aufblähung des Spektrums an Produktvarianten nicht auszuschließen. Allein für ein einzelnes Lebensmittel (z.B. Marmelade) oder einen Hygieneartikel (z.B. Shampoo) scheinen dem Variantenreichtum keine Obergrenzen gesetzt zu sein. Aber macht es überhaupt einen Unterschied, ob ein bestimmtes Nachfragequantum auf Basis eines „Einheitsproduktes" oder einer nicht überschaubaren Vielzahl an Differenzierungen befriedigt wird?

Zunächst muss davon ausgegangen werden, dass mit jeder neuen Variante ein eigenständiger Bedarf an produktspezifischem Kapital, Logistik und Transport einhergeht – und nichts von alledem ließe sich gänzlich dematerialisieren. Dies gilt selbst dann, wenn die Neuerung von einem

Anbieter stammt, der in dem betreffenden Bedarfsfeld bereits etabliert ist, also keine gänzlich neue Produktionskapazität schaffen muss. Denn würde es sich bei der Neuheit lediglich um das Redesign einer bisher vermarkteten und nun direkt vom Anbieter substituierten Variante handeln, ließe sich kaum mehr von einer Innovation sprechen. Der in diesem Fall maßgebliche Veränderungsmodus entspräche eher einer Optimierung, Anpassung oder Renovation[214]. Demgegenüber verhindert die horizontale und vertikale Ausdifferenzierung des „Charakteristikaraumes" (Lancaster 1966) für ein bestimmtes Gut nicht nur die Ausschöpfung „ökologischer Skalenerträge", also einer Degression der Energie-, Materie- und Flächeninputs pro Outputeinheit, sondern verursacht irreversible Umweltverbräuche. Dies gilt für jede Variante, deren Produktion oder Bereitstellung ein spezifisches Fixum an materiellem Kapital erfordert. Die Substitution des eigentlichen Produkts wirft zwar kein Selektionsdilemma auf, d.h. die Gefahr einer zur frühen Verdrängung entfällt aufgrund seines Verbrauchsgutcharakters. Aber für die dahinter liegende Produktionsanlage und Logistik gilt das eben nicht.

Weiterhin stellt sich die Frage, ob die Nachfrage nach Verbrauchsgütern unabhängig vom Variantenreichtum ist oder ob durch seine Ausdehnung nicht vielmehr neue Kaufanreize geschafft werden. Dieser Aspekt knüpft direkt an den im Abschnitt 5.2.4 dargelegten Zusammenhang zwischen Innovationswettbewerb und Wachstumsgenerierung an.

Um also die ökologische Irreversibilität, von der die Sinnhaftigkeit und das Timing eines Ersatzes materieller Objekte abhängt, abschätzen zu können, reicht eine Unterscheidung zwischen sog. „passiven" und „aktiven" Gütern nicht aus.[215] Vielmehr muss die gesamte Prozesskette, insbesondere die zur Bereitstellung erforderlichen Neuinvestitionen in Hardware einbezogen werden.

---

[214] Dieses Veränderungsprinzip, das offensichtlich eine Alternative zum Innovationsprinzip darstellt, wird im Abschnitt 6.3 behandelt.

[215] Der Unterschied zwischen aktiven und passiven Konsumgütern besteht darin, dass erstere während ihrer Nutzung systematisch Energie und/oder Ressourcen verbrauchen (Flugzeuge, Kühlschränke), während die Verbräuche der Letzteren fast ausschließlich in der Herstellungsphase anfallen (Möbel, Schraubenschlüssel). Natürlich sind dies nur die Randpunkte eines eng besetzten Ausprägungsspektrums, wie das Beispiel eines Einfamilienhauses zeigt, denn zumindest dessen Energieverbräuche entlang der Prozesskette sind sowohl während der Produktion als auch Nutzung signifikant.

Für Produkt- und Prozessinnovationen – indirekt sind damit Verbrauchsgüter eingeschlossen, wenn deren Ersatz neue Produktionsanlagen erfordert – gilt also insgesamt, dass sie erst am Ende der technischen Lebensdauer eines zu ersetzenden Konsumobjektes bzw. einer Produktionsanlage zur Anwendung kommen sollten. Um Wachstumseffekte zu vermeiden, wäre also nicht Verdrängung, sondern eher Ersatz oder Ablösung am Ende einer intensiv ausgeschöpften und ggf. optimierten Nutzungsdauer das maßgebliche Prinzip. Was jedoch zunächst wie ein Ausweg aus dem Selektionsdilemma aussehen mag, ist tatsächlich ein enger Zielkorridor, der leicht zu verfehlen ist und damit das latente Wachstumsrisiko kaum beseitigt.

5.4 Risikokumulation im Innovationsroulette

Die sozialen, ökologischen und ökonomischen Wirkungen von Innovationen offenbaren sich erst im Zuge ihrer Anwendung. Da unbeabsichtigte Nebenfolgen simultan mit der Schaffung von Tatsachen aufgedeckt werden, ist es für Gegenmaßnahmen in aller Regel zu spät. Was sind die Gründe dafür, dass trotzdem permanent neue Modernisierungsrisiken eingegangen werden?

Im Sinne einer „Zweideutigkeit der Moderne“ (Banse/Bechmann 1998, 34) impliziert Handeln unter Unsicherheit eben nicht nur Risiken, sondern auch Chancen. Beides will – sowohl auf individueller als auch kollektiver Ebene – gegeneinander abgewogen werden. Im Nachhinein betrachtet sind dann nicht nur ökologische Schäden eine Realisierung dessen, was vormals Risiko war, sondern die Errungenschaften des technisch-ökonomischen Fortschritts eine Realisierung dessen, was vormals nur als Chance gedacht werden konnte. Wer aber ersteres nicht gewollt hat, dürfte demnach, so die landläufige Interpretation, letzteres konsequenterweise ebenfalls nicht gewollt haben. Somit sind die nach Ausschöpfung aller Potenziale des Eingrenzens oder Beherrschens von Risiken – eben nicht des Vermeidens, denn dann entfiele ja auch die verlockende Positivseite der Medaille – verbleibenden „Restrisiken“ nichts anderes als der Preis für prosperierenden Wohlstand, zumindest wo dieser die Entfesslung wirkmächtiger Produktivkräfte verlangt.

Trotz aller Unerwünschtheit durchlaufen Modernisierungsrisiken einen Prozess der sozialen Anerkennung. Zunächst sind sie Vermeidungsgüter, *„deren Nichtexistenz bis auf Widerruf unterstellt wird* – nach dem Motto: ‚in dubio pro Fortschritt', und das heißt: in dubio pro Weggucken. [...] Risiken können nämlich dadurch legitimiert werden, dass man ihre Produktion *weder gesehen noch gewollt hat.*" Folglich entsteht „eine Art Freibrief, ein zivilisatorisches Naturschicksal, das vermeidenswerte Folgen zugleich eingesteht, selektiv verteilt und rechtfertigt" (Beck 1986, 45; Hervorhebungen im Original).

Auch Nachhaltigkeitsinnovationen – daran ändert die zugrunde liegende Intention nichts – unterliegen der Ambivalenz von Chancen und Risiken. Möglichen Nachhaltigkeitseffekten steht die Produktion von Ungewissheiten gegenüber. Aufgrund des erreichten Niveaus an technischem Fortschritts bestand nie zuvor eine so extreme Kluft zwischen der Reichweite menschlicher Handlungen in Zeit und Raum auf der einen, und dem Wissen über die möglichen Folgen auf der anderen Seite. Auch die momentan wahrgenommenen Nachhaltigkeitsprobleme verkörpern letztendlich nichts anderes als eine Auflösung zuvor eingegangener Modernisierungsrisiken. Diese „Verantwortungslücke" (Von Gleich 1997) abermals durch Innovationen, also mittels neuer Wagnisse schließen zu wollen, könnte leicht in dem Versuch enden, Feuer mit Benzin zu löschen. Deshalb ist die Entstehung und Kumulation von Modernisierungsrisiken, die eine generell unvermeidbare Kehrseite der durch Innovationen erschlossenen Chancen darstellen, näher zu charakterisieren.

5.4.1 Typologien und theoretische Zugänge zum Risikobegriff

Das Auftauchen des Risikobegriffs fällt in jene historische Epoche, „da die Welt erstmals als durch menschliches Handeln veränderbar begriffen wurde, da die Vision von göttlicher Vorsehung und von Schicksal mit der säkularisierenden Bereitschaft zum eigenverantwortlichen Handeln und mit der Auffassung von einer Ausdehnung des Handlungsraumes menschlicher Intervention konfrontiert wurde" (Nowotny/Maranta 1999, 13). Bonß (1995, 49) weist darauf hin, dass in den italienischen Seestädten des 12. und 13. Jahrhunderts damit begonnen wurde, sich im Zuge der seinerzeit expandierenden Handelsschifffahrt gegen unbestimmbare und unwägbare Risiken zu versichern. Als markant erweist sich der Übergang von Naturgefahren zu sozio-technischen Risiken, die ein Erkennen von offenen Optionen voraussetzen. Zunehmend sichtbar wurd ein Trade-off zwischen ungewissen Vorteilen und Nachteilen, der zum Gegenstand eigenverantwortlicher Entscheidungen wird. Gemäß Luhmann (1991, 30f.) sind Risiken immer die Folgen eigenen Handelns oder Unterlassens. Demgegenüber seien Gefahren auf Ereignisse oder Entscheidungen zurückzuführen, die von den Betroffenen selbst nicht verantwortet werden, so z.B. Naturkatastrophen.

Für die Technologiedebatte bedeutet dies, dass die mit technischem Fortschritt verbundenen Schäden kein Schicksal, sondern (verspätete oder indirekte) Folgen konkret getroffener Entscheidungen sind. Insoweit die Handelsschiffe des Mittelalters auf ihre Weise ebenfalls technischen Fortschritt darstellten, lässt sich ein zweiter, qualitativer Übergang im Hinblick auf Risikobetrachtungen ausmachen: Während der maximale Schaden eines verschollenen Handelsschiffes eingrenzbar ist und von einer überschaubaren Anzahl an Akteuren getragen wird, werden im fortgeschrittenen Modernisierungsprozess systematisch Risiken in Gestalt latenter Nebenwirkungen mitproduziert, die inzwischen das „Projekt der Moderne" überschatten. Dieses von Beck (1986) als „Risikogesellschaft" apostrophierte Phänomen findet seine – zumindest physisch-technologischen – Ursachen in der zwischenzeitlich erreichten „Wirkmächtigkeit" und „Eingriffstiefe" anthropogener Neuerungen. Etwaige Folgenabschätzungen scheitern nicht nur an einer neuen Qualität der Unsicherheit, sondern auch an der kumulativen Komplexität gesellschaftlicher Zusammenhänge.

Die neue Risikoqualität wirft eine soziale Dimension auf, die der zunehmenden zeitlichen und räumlichen Entkopplung von Ursache und Wirkung geschuldet ist. In ökonomischer Terminologie wird sie zumeist als Externalisierungsproblem umschrieben: Das allmähliche Verschwinden eines nachweisbaren Kausalzusammenhangs zwischen Handlungen und Folgen geht damit einher, dass Chancen, die mit Risiko behafteten Aktivitäten korrespondieren, vom jeweiligen Entscheidungsträger internalisiert werden können, während mögliche Negativfolgen auf spätere Perioden und andere Gesellschaftsmitglieder abgewälzt oder „wegverteilt" (Beck 1986, 26) werden. Begünstigt wird diese Tendenz durch den Komplexitätszuwachs weltumspannender Wertschöpfungsnetze.

Der Anreiz, sich selektiv auf Wagnisse einzulassen, deren Chancen kurzfristig und zum eigenen Nutzen, deren Negativseiten aber erst später und/oder andernorts realisiert werden, betrifft keineswegs nur Unternehmensakteure als Produzenten oder Investoren, sondern gleichermaßen die

Politik als Träger weitreichender öffentlicher Maßnahmen oder Großprojekte[216] und zukünftig in immer stärkerem Maße die Konsumenten. Daraus resultiert eine veränderte Risikoqualität, auf die im nächsten Abschnitt näher eingegangen wird. Zuvor ist jedoch ein kurzer Blick auf die wichtigsten Risikotypologien erforderlich.

Tabelle 4: Risikotypologie des WBGU

Risikotypen	Beispiel	Eintrittswahrscheinlichkeit	Schaden/ Auswirkungen
Zyklop	Seuchen, Vulkanausbrüche, Dürren	ungewiss	bestimmbar
Pytia	Freisetzung transgener Pflanzen	ungewiss aufgrund unbekannter bio-chemischer Prozesse	ungewiss
Damokles-Schwert	Großtechnologien: Chemie, Kernkraftwerke, Megastaudämme	gering	hoch
Büchse der Pandora	Anreicherung der Biosphäre mit Schadstoffen aufgrund unkontrollierbarer Verbreitung (z.B. DDT)	ungewiss aufgrund räumlicher und ökologischer Komplexität	ungewiss
Kassandra	Schleichende Beeinträchtigung der Ökosysteme (z.B. Klimakatastrophe); hohe zeitliche Differenz zwischen Ursache und Wirkung	hoch	ungewiss
Medusa	Überschätzte Gefahren der ionisierenden und elektromagnetischen Strahlung im Mobilfunk	gering	wissenschaftlich nicht nachweisbar

Quelle: Pilardeux 1999, 25f.

Roller (1999) unterscheidet zwei Risikotypen, von denen der erste auf durchaus bekannten Ursachenzusammenhängen beruht. Wenngleich seine Eintrittswahrscheinlichkeit nur innerhalb einer bestimmten Fehler-

---

[216] Damit soll nicht behauptet werden, dass es an politischen Konzepten mangelt, die als Korrektiv vorgeschlagen werden, so etwa Haftungsregeln oder die Umkehr der Beweislast.

bandbreite bestimmt werden kann, sind die möglichen Folgen erkennbar und lassen sich durch „erfahrungsbasierte Vorsorge“ (ebd., 55) reduzieren.[217] Der zweite Typ ist durch eine derart hohe Ungewissheit charakterisiert, dass selbst die möglichen Auswirkungen kaum zu prognostizieren sind.[218] An einer ähnlichen, jedoch stärker ausgefächerten Typologisierung orientiert sich der Wissenschaftliche Beirat der Bundesregierung für Globale Umweltveränderungen (WBGU). Er unterscheidet sechs Risikotypen (siehe Tabelle 4).

Von Gleich (1997, 38) unterscheidet drei Risikotypen, nämlich solche, deren Schadenspotenziale

- qualitativ-punktuell („auf einen Schlag“), d.h. durch extreme Eingriffstiefe in natürliche Zusammenhänge und sehr wirkmächtige Technologien,
- abhängig vom extrem instabilen Zustand des Systems, in das eingegriffen wird oder
- quantitativ-kumulativ („nach und nach“), d.h. durch quantitative Steigerung einzelner, jeweils für sich vergleichsweise harmloser Eingriffe

zur Geltung kommen. Dabei sei ein ökologischer Technologiekonflikt zu befürchten, der darin bestehe, dass die quantitativ-kumulative zukünftig gegen die qualitativ-punktuelle Problematik ausgespielt werden könne, etwa im Sinne von „Effizienzrevolution durch Risikotechnologien“ (ebd., 32). Denn auch die thermische Abfallverwertung, die Gentechnik, die synthetische Chemie und neuerdings wieder die Atomenergie, um nur die prominentesten Beispiele zu nennen, werden von ihren Befürwortern aufgrund der Effizienzgewinne, die sich durch ihre Anwendung entfesseln lassen, als Beiträge zu einer nachhaltigen Entwicklung gehandelt.

Als weniger problematisch sieht von Gleich (1999) quantitativ-kumulative Risikoszenarien. In derartigen Situationen sei der Umgang mit Nichtwissen auf Grundlage des Trial-and-Error-Prinzips adäquat, zumindest wenn eine hinreichende Fehlerfreundlichkeit dafür sorge, dass „auch einmal etwas schief gehen darf“ (ebd., 289). Dennoch kann hinsichtlich

---

[217] Beispiel: Das Risiko einer Kernschmelze.

[218] Beispiel: Während die Wahrscheinlichkeit des Auskreuzens einer transgenen Pflanze aus einem Versuchsfeld schon kaum prognostizierbar ist, erweist sich die Abschätzbarkeit der möglichen Folgen eines derartigen Gentransfers als nahezu unmöglich.

dieses Risikotyps von Entwarnung keine Rede sein. Im Gegenteil: Er könnte sich als der zukünftig relevanteste für eine nachhaltige Entwicklung herausstellen. Gerade die vermeintliche Beherrschbarkeit quantitativ-kumulativer Risiken begünstigt ihre Vernachlässigung. Dieser Aspekt wiegt umso schwerer, als der Umgang mit Modernisierungsrisiken zusehends zum Resultat eines breiten gesellschaftlichen Verständigungsprozesses wird. Was keinen „Leidensdruck“ oder Ängste schürt, hat in einer Mediendemokratie möglicherweise auch keine Aussicht darauf, Gegenstand eines breiten Risikodialogs zu werden.

Einen anderen theoretischen Zugang zur Ambivalenz von Innovationen bilden die sog. „Innovationsparadoxien“. Die sozialwissenschaftliche Technikforschung unterscheidet gemäß Sauer (1999, 14ff.) vier Typen:

- Paradoxie der globalen/regionalen Innovationsbedingungen,
- Paradoxie der Kontextualisierung,
- Paradoxie der rechtlichen Steuerungsfähigkeit und
- Paradoxie der Zukunftsfähigkeit.

Der Letztgenannte, für die vorliegende Fragestellungen besonders belangreiche Typus wird von Simonis (1999, 149) folgendermaßen beschrieben: „Mehr Innovationen erzeugen mehr Ungewissheit. Wir müssen mit der paradoxen Situation umgehen, dass technische Innovationen mit der Lösung bekannter Probleme und der besseren Befriedigung bestehender Bedürfnisse neue Bedarfe und zuvor unbekannte Probleme hervorbringen“.

5.4.2 Kumulative Modernisierungsrisiken als zukünftige Herausforderung

Die erste Phase der wissenschaftlichen Aufarbeitung ökologischer Modernisierungsrisiken bezog sich noch auf Schäden, die nicht nur lokalisiert, eingrenzt und zugerechnet, sondern auch kompensiert oder beseitigt werden konnten.[219] Es folgte die Thematisierung großtechnischer Risiken

[219] Vgl. z.B. Pigou 1920, Coase 1960 oder Mishan 1971.

in den siebziger und achtziger Jahren.[220] Hier erschien weiterhin die Identifikation von Verursachern und Geschädigten möglich. Darüber hinaus lösten die alarmierenden Dimensionen möglicher Schäden eine breite Diskussion aus. So kam es zumindest ansatzweise zu einer Aufarbeitung, weil die Hinnehmbarkeit von Risiken erstmals zum Gegenstand gesellschaftlicher Verständigungsprozesse wurde. Wenngleich diese Phase weiter andauert (allein wegen der Gentechnikkontroverse), erlangen parallel dazu insbesondere solche Risikotypen zunehmende Bedeutung, die auf kumulativen ökologischen Schädigungen und Ressourcenverbräuchen beruhen. Dabei kommen bestimmte Merkmale einer veränderten Risikostruktur zum Vorschein:

(1) Die Grenze zwischen Verursachern und Geschädigten verschwimmt. Nicht mehr die Investitions- und Produktionsentscheidungen einer vergleichsweise geringen Anzahl von Unternehmen, sondern die dezentralen Handlungen einer kaufkräftigen „globalen Konsumentenklasse" (Sachs 2002b, 21) drohen zum Hauptproblem zu werden. Das brisante Niveau, zu dem sich die kaum mehr überschaubaren Konsumaktivitäten aufsummieren, lässt sich nicht nur innerhalb wichtiger Bedarfsfelder wie z.B. Mobilität, Telekommunikation, Bauen/Wohnen und Konsumgüter (im weitesten Sinne) nachzeichnen, sondern ist auch dem Heranreifen komplett neuer Konsumgesellschaften wie z.B. China geschuldet. Daraus folgt eine wichtige Konsequenz: Praktisch jedes Individuum gerät zunehmend in die Doppelrolle des Verursachers und Opfers von Risiken. Dies bedeutet indes nicht, sich durch eigene Verhaltensänderungen der Opferrolle entledigen zu können, denn es ist nach wie vor die Summe aller Handlungen, die das Risiko heraufbeschwört.

(2) Insoweit die Kumulation und massenhafte Ausbreitung vieler einzelner Aktivitäten, die jeweils für sich genommen kein großes Schadenspotenzial bergen, Risiken erzeugen, verlagert sich das Problem vom technischen in den sozialen Bereich. Nicht die falschen Produktdesigns oder schädlichen Produktionsprozesse, sondern deren überbordende Quantität wird zur Hauptursache.[221] Deshalb greifen technische Maßnah-

---

[220] Typische Vertreter sind Koch/Vahrenholt 1978; Perrow 1987; Beck 1986, 1988. Zu erwähnen sind jedoch auch frühe Vorläufer wie Anders (1956) und – oft übersehen – Wagner (1964).

[221] Steffen et al (2005) weisen in diesem Zusammenhang auf das Phänomen der sog. „sprunghaften Veränderungen" des Systems Erde hin. Gemeint sind damit ab-

men ins Leere. Für diese Tendenz spricht im Übrigen auch, dass der Anteil des Dienstleistungs- und Erlebniskonsums steigt. Damit partizipieren Konsumenten im Sinne eines leicht uminterpretierten „Co-Produzenten-Ansatzes" (Hansen/Henning 1995, 310ff.) in zunehmendem Maße an der Leistungserstellung und folglich auch an der Risikoproduktion.

(3) Die alte Idee der paretianischen Wohlfahrtsökonomie, wonach Aktivitäten solange als vorteilhaft gelten, wie die „Gewinner" die „Verlierer" kompensieren können[222], scheitert nicht nur zunehmend daran, dass alle Beteiligten gleichzeitig Gewinner und Verlierer sind. Erschwerend kommt hinzu, dass die Verliererrolle aufgrund der kumulativen und damit zugleich komplexen sowie langfristigen Risikoentwicklung nicht abschätzbar ist. Wer vermag heute zu prognostizieren, wann und auf welche Weise ihn der Klimawandel oder die Strahlenbelastung zukünftig tangieren könnte?

(4) Chancen und Risiken werden zunehmend in getrennten Medien realisiert, so dass sie nicht vergleichbar und folglich auch nicht gegeneinander aufrechenbar sind. Typische Kontroversen der vergangenen Jahrzehnte, die eine bestimmte Produktionsanlage oder ein einzelnes Produkt betrafen, konnten noch durch Kompromisse oder Entschädigungsleistungen gelöst werden. Aber die möglichen Schäden einer schleichende Kumulation und Interaktion von Emissionen (auch Strahlungen), Verlusten an Artenvielfalt, Abfällen, Flächen-, Ressourcen- und Energieverbräuchen sind irreparabel. Dass solche Risiken im Zuge gesellschaftlicher Entscheidungsprozesse zumeist geringer veranschlagt werden, als die sich kurzfristig realisierenden Chancen in Form von zusätzlicher Wertschöpfung und Konsumnutzen, ändert daran nichts. Vergleiche im Stil von Kosten-Nutzen-Analysen können, so alternativlos sie für viele Entscheidungssituationen auch sind, nur zu einem fiktiven Saldo gelangen. Dieser kann die gesellschaftlichen Präferenzen durchaus zutreffend zum Ausdruck bringen.

Selbst wenn die Entscheidung nach einer Realisierung von Chancen und Risiken ex post eine Bestätigung erfährt, weil die nunmehr faktischen Vorteile nach wie vor höher als die absehbaren Nachteile bewertet

---

rupte und unerwartet schnell eintretende Systemveränderungen, die durch „pseudolineare" Prozesse, die einen quantitativen Schwellenwert erreicht haben, ausgelöst werden können.

[222] Vgl. Varian 1992, 405.

werden, verbleibt ein ungelöstes Problem: Die Schäden lassen sich nicht beheben, auch dann nicht, wenn Teile des positiven Saldos in deren Beseitigung oder Kompensation investiert werden. Wie ließen sich Unternehmensgewinne oder konsumtive Optionen dergestalt umwandeln, dass damit die Freisetzung eines bestimmten Quantums an CO_2-Emissionen oder das Verschwinden einer Spezies rückgängig zu machen wäre? Irreparable Umweltschäden und wirtschaftliche Nutzenkategorien lassen sich nicht in ein gemeinsames Tauschmedium transferieren. Oder mit anderen Worten: Die Auflösung von Chancen und Risiken manifestiert sich in unterschiedlichen „Währungen", für die kein „Wechselkurs" existiert. Vester (1983) hat zwar versucht, den monetären Wert eines Blaukehlchens anhand der von ihm erbrachten ökologischen Funktionen zu errechnen. Aber selbst wenn der ermittelte Wert plausibel wäre, ließe sich die innerhalb einer Region ausgestorbene Blaukehlchenpopulation nicht durch das Aufbringen des monetären Gegenwerts „zurückkaufen". Wieterhin bemerkt Bierhals (1984/2005) dazu: „Ich nehme an, dass Vester den Gesang des Blaukehlchens kennt. [...] Wer käme je auf die Idee, den Wert einer Chopin- oder Liszt-Sonate in DM auszudrücken?".

Was sind die gegenwärtigen Folgen der hiermit grob angedeuteten neuen Risikostruktur? Verglichen mit den Entrüstungsstürmen, die während der zweiten Phase des Risikodiskurses (Seveso, Tschernobyl) noch ausgelöst wurden, scheint die dritte Phase von einer Lähmung geprägt zu sein. Das Fehlen klarer Konfrontationslinien, insbesondere die Gefangenschaft in der Doppelrolle von Verursacher und Opfer erschwert eine Aufarbeitung. Zwar entzünden sich vordergründig durchaus noch Konflikte im alten Stil, wie etwa in der Gentechnik und bei lokaler Betroffenheit infolge von Industrieansiedlungen oder Infrastrukturmaßnahmen. Aber für die zunehmend brisante, alles überdeckende und punktuell wenig spektakuläre Schadenskumulation scheint sich ein Schema der Separation zu etablieren. Während die Nutzung von Innovationschancen das Hier und Jetzt bereichern, lassen sich die atomisierten Beiträge zur Risikokumulation auf eine abstrakte Wahrnehmungsebene verlagern, deren mögliche Relevanz bestenfalls für eine unbestimmte Zukunft zu erwarten ist. Diese Tendenz des Tolerierens von Risikoszenarien wird durch eine gravierende Ungewissheit begünstigt, denn unsicher sind nicht nur die Eintrittswahrscheinlichen, sondern auch die Ausprägungen möglicher Schäden und – gerade aufgrund der Globalisierung von Risikofaktoren – deren Verteilung.[223]

Dieser Aspekt lässt es nahe liegend erscheinen, die Liste der Innovationsparadoxien um einen fünften Typus zu ergänzen: das Paradox der Chancen-Risiken-Separation. Einerseits sind Risiken untrennbar mit den Chancen innovationsgetriebener Modernisierungswellen verbunden; sie lassen sich nicht separieren, sondern bleiben die unvermeidbare zweite Seite der Medaille. Hinzu kommt, dass sich die Verursacher-Opfer-Rollenzuweisungen, wie sie noch in der Theorie externer Effekte üblich war, zunehmend auflöst. Andererseits findet gleichzeitig eine neue Form der Separierung statt. Chancen und Risiken realisieren sich auf Wahrnehmungsebenen, die räumlich, zeitlich und insbesondere im Hinblick auf ihren Abstraktionsgrad so weit voneinander entfernt sind, dass sie in zwei getrennten Welten gedacht werden.

Die Schadenspotenziale in der sich andeutenden „Risikogesellschaft II“ mögen auch noch so gravierend sein, solange sie zu abstrakt sind, lassen sie sich verdrängen und erzeugen keinen Handlungsdruck. Dafür bildet die Klimaveränderung ein treffendes Beispiel. „Gefahr bedeutet also vor allem die größte anzunehmende Katastrophe, solange sie ausbleibt, ist nichts wirklich bedrohlich. [...] Das Leben im Schatten der Apokalypse führt nicht zu verängstigten Individuen“ (Goebel/Clermont 1997, 45). Die gut verteilte und gestreckte Risikokumulation wird zu einem Hintergrundrauschen, das niemanden mehr aufschreckt.

5.4.3 Wer nicht wagt, der nicht gewinnt – von Überforderung keine Spur?

Reaktionen auf die Risikoproblematik erstrecken sich weitgehend auf das Streben nach effektiverer Risikosteuerung und Technikfolgenabschätzung. Ein angemessener Umgang mit Nichtwissen, vor allem aber dessen allmähliche Beseitigung, so die verbreitete Hoffnung, sei nur eine Frage des wissenschaftlichen Fortschritts, insbesondere in der Risikoforschung und Prognosetechnik. Auf dieser Grundlage werde sich über lang oder kurz ein ausgefeiltes Risikomanagement herausbilden, dass die uner-

223 Bezogen auf den Klimawandel scheint das Eintreten des fraglichen Ereignisses kaum mehr in Frage zu stehen, sondern nur noch die Details seines Ablaufs.

wünschten „Modernisierungs*bei*produkte" (Beck 1986, 35) im Sinne von drohenden oder möglichen Noch-Nicht-Ereignissen auf ein akzeptables Maß – was immer das sein mag – beschränken könne.

Insoweit als der bewusste Verzicht auf eine ausufernde Risikoproduktion – in dubio re Fortschritt? – nicht zur Diskussion steht, verbleibt neben der Beschwörung eines adäquaten Risikomanagements als weitere Alternative die Flucht in den Dialog. In diesem Zusammenhang ist mittlerweile von „diskursiver" (Saretzki 1999), „plebiszitärer" (Vorwerk 1999) oder „partizipativer" (Hennen 1999; Looß 1999, 19) Technikfolgenabschätzung die Rede. Besonderer Stellenwert wird dabei der „Risikokommunikation" (Obermeier 1999, 36) von Unternehmen und der „Wachhund-Funktion" (Schanne 1999, 33) des Journalismus beigemessen.

Aber auch hier liegt der Tenor insgesamt auf einer immer perfekteren Beherrschung von Risiken, während die Forderung nach deren genereller Vermeidung oder Minderung eher als Randerscheinung auftritt und sich zudem nur auf besonders eklatante Risikoquellen konzentriert.[224] Die Risikopolitik fungiert dabei quasi als Reparaturwerkstatt für punktuelle Beschädigungen des gesellschaftlichen Sicherheitsempfindens. Was spricht schließlich dagegen, dass die Politik im Sinne eines lernenden Systems langfristig die richtigen Rahmenbedingungen und Vorschriften zwecks verantwortungsvollem Umgang mit Risiken erlassen kann – vorausgesetzt, dass sie sich von jenem anderen Teilsystem mit wirksamen Rezepten beliefern lässt, das für die Produktion neuen Wissens (oder den Abbau alten Unwissens?) zuständig ist, nämlich der Wissenschaft? Gegen Möglichkeit einer Risikosteuerung, die nicht nur vorhandenen Risiken gerecht wird, sondern den Wettlauf gegen die beschleunigte Hervorbringung immer neuer Risiken gewinnen könnte, sprechen allerdings einige Bedenken.

Politik? Aus systemtheoretischer Perspektive konstatiert Luhmann (1991, 155): „Die Unmöglichkeit, andere Systeme vom politischen System aus effektiv mit ausreichender Folgenübersicht und begrenzten Risiken zu steuern, steht in umgekehrtem Verhältnis zur Leichtigkeit, mit der solche Entscheidungen in Geltung gesetzt und, wie immer sporadisch, durchgesetzt werden können. Die erstaunliche Kompetenzerweiterung

---

[224] Beispiele sind Atomenergie, Gentechnik oder gefährliche Produktionstechniken der Chemieindustrie.

des Wohlfahrtsstaates läuft auf eine riesige und unkontrollierbare Maschinerie der Steigerung von Risiken hinaus". Verstärkt werde dieses Problem noch infolge einer „zweiten Codierung, nämlich der von Regierung und Opposition". Und diese könne gerade deshalb, weil Entscheidungen unter dem Gesichtspunkt ihrer Auswirkungen auf politische Wahlen getroffen werden, auf eine erhöhte Risikobereitschaft hinauslaufen.

Wissenschaft/Forschung? Die Hoffnung auf hinreichende Verbesserungen im Bereich der Risikoforschung und Technikfolgenabschätzung hieße nichts anderes, als auf Basis derselben Fortschrittsgläubigkeit, die den Weg in die Risikogesellschaft geebnet hat, nun den Ausweg finden zu wollen. Das hieße, die Problem verursachenden Mittel, nämlich wissenschaftlich-technischer Fortschritt, sollen nun – etwa durch bloßen Zuruf? – zum Problemlöser umfunktioniert werden. Schließlich stellt sich die Frage, ob gerade Wissenschaft und Forschung als Generator neuen Wissens Teil der Lösung oder selbst Teil des Risikoproblems sind. „Ein Skeptiker könnte fragen: Was ist neu an dieser Situation? Waren Menschen nicht schon immer Ungewissheiten ausgesetzt? War die Zukunft nicht stets offen und fragwürdig? Die Antwort auf alle drei Fragen lautet: Ja. Entscheidend ist nicht, dass unsere Lebensumstände heute weniger vorhersagbar sind als früher, sondern dass die Unvorhersagbarkeit andere Ursachen hat. Viele der sich gegenwärtig einstellenden Unsicherheiten wurden vom Wachstum des menschlichen Wissens selbst hervorgebracht" (Giddens 1996, 317).

Partizipation/Dialog? Breit angelegte Risikodiskurse mögen die Transparenz von Zielkonflikten, die Inter- oder Transdisziplinarität der Risikoforschung und schließlich eine effizientere Entscheidungsfindung unter Unsicherheit begünstigen. Weiterhin erlauben sie eine weitgehend konsensuale Ermittlung der Grenzen gesellschaftlicher Zumutbarkeit. Aber es fragt sich, welches Problem damit eigentlich zu lösen ist. Werden sich die Bedenkenträger gegen die Nutznießer einer fraglichen Neuerung durchsetzen oder dient die Einbeziehung ersterer lediglich einer eleganteren Legitimation dessen, was ohnehin nicht zu verhindern war? Vor allem: Was geschieht in den Fällen, wo Bedenkenträger und Nutznießer nie zu unterscheiden sind, weil Chancen und Risiken „nicht ungleich genug" verteilt sind, um daraus soziale Interessenkonflikte erwachsen zu lassen, deren Lösung die eigentliche Risikoquelle in Frage stellt? Ein aktuelles Fallbeispiel stellt das Aufbegehren vieler neu entstandener Initiativen gegen die Strahlenbelastung durch Mobilfunkanlagen dar. Dabei ist ungeklärt, ob nicht die dieselben Personen, die abends als Bedenkenträger auftreten, tagsüber zu den Nachfragern und damit Nutznießern eben jener fragwürdig gewordenen Technik zählen?[225] Konflikte, die nicht zwischen verschiedenen Akteuren, sondern zwischen (Teil-) Interessen liegen, deren Träger jedes einzelne Individuum selbst ist, lassen sich auch durch Umweltmediation[226] – ein weiteres Instrument des partizipativen Umgangs mit Modernisierungsrisiken – nicht lösen. In dieser Konstellation verbleibt als einziges Veränderungspotenzial die bloße Optimierung einer an sich nicht in Frage gestellten Neuerung. Eingeschlossen bleibt so aber die Möglichkeit, dass auch ein technisch nach bestem Wissen und Gewissen perfektioniertes Mobilfunksystem schnurstracks in die Elektrosmogmisere führt. Damit wird die Risikoquelle nicht angetastet. Risikoproblematiken, die sich nicht auf eine Ungleichverteilung von Chancen und Risiken zurückführen, also in einen interpersonellen Konflikt überführen lassen, haben kaum Aussicht auf eine Lösung durch partizipative oder dialogische Methoden. Sie liegen tiefer, nämlich in jedem einzelnen Individuum selbst.

5.5 Beschleunigung versus Kontinuität: Der Planet leidet unter Innovationsstress

So unterschiedlich die diskutierten Auslegungen und Konkretisierungen des Nachhaltigkeitsleitbildes auch sein mögen, in einem wesentlichen Punkt müssen sie sich zwangsläufig immer wieder begegnen: in dem Imperativ, eine – wie auch immer beschriebene – Qualität von Lebensgrundlagen und Zukunftsoptionen zu bewahren. Menschliche Entfaltung innerhalb eines begrenzten irdischen Raumes in die Zukunft fortschreiben zu können, setzt den Erhalt dieses Raumes oder zumindest einiger

[225] Die „Interessengemeinschaft Mobilfunk Oldenburg" (IMOO) wendet sich gegen die von Mobilfunkantennen verursachte Strahlung. Gleichzeitig wird Wert auf die Feststellung gelegt, dass IMOO „nicht gegen den Mobilfunk eingestellt [ist], sondern sich vielmehr für einen verantwortungsbewussten und möglichst risikoarmen Umgang mit dieser Technik einsetzt" (http://www.mobilfunk-oldenburg.de/wir_uber_uns/wir_uber_uns.html). Konsequenterweise findet sich auf der IMOO-Internetseite die Handy-Nummer des Sprechers der Initiative.

[226] Vgl. Zilleßen 1998.

seiner Grundeigenschaften voraus. Bereits diese Minimalforderung, um deren genauen Inhalt im Spannungsfeld zwischen „schwacher“ und „starker“ Nachhaltigkeit[227] gerungen wird, lässt Kategorien des Wandels, der Veränderungsdynamik oder Innovationsfähigkeit doppelgesichtig erscheinen. „[U]nsere Epoche ist gegenüber allen anderen dadurch gekennzeichnet, dass sie das Prinzip der Dauer durch das der Veränderung ersetzt hat“ (Beck 1988, 13). Bevor also der Frage danach, welchen Wandel Nachhaltigkeit erfordert, nachgegangen werden kann, ist Wandel als solcher zu thematisieren. Denn wie Erfordernisse der Bewahrung mit permanentem Veränderungsdruck vereinbart werden können, zählt zu den ungelösten Problemen der Moderne. Und überhaupt: Wie kann nachhaltige Entwicklung pauschal mit Wandel gleichgesetzt werden?

5.5.1 Leben auf der Beschleunigungsspur

Oberbegriffe wie „Eigenzeit“ (Nowotny 1989), „Ökologie der Zeit“ (Held/Geißler 1993), „Kreativität der Langsamkeit“ (Reheis 1998) oder „Zeitwohlstand statt Güterwohlstand“ (Scherhorn/Reisch 1999) markieren eine rege Diskussion, die sich mit den Auswirkungen eines allgegenwärtigen Geschwindigkeitsrausches befasst. Reheis (1998, XI) sieht den zum „zentralsten Kennzeichen moderner Gesellschaften“ gewordenen „Sachzwang der Beschleunigung“ als Ursache für eine „Abkoppelung des Lebens von natürlichen und traditionellen Rhythmen.“ Referenzpunkt für derartige Betrachtungen ist das Konzept der sog. „inhärenten Systemzeit“ (Kümmerer 1993, 88). Demnach liegt jedem ökologischen und sozialen System ein spezifisches „Wechselspiel von Ruhe und Aktivität“ (Held/Geißler 1995, 193) zugrunde. Auf dieses „ökologische Grundgesetz ist alles Leben auf der Erde angewiesen, um mit den Kräftevorräten richtig zu haushalten“ (Reheis 1998, 34). Zyklische Verläufe von Austauschprozessen sorgen für Systemstabilität, weil Störungen andernfalls nicht abgepuffert werden könnten. Nach jeder aktiven Phase bedarf es einer Ruhephase, deren Länge ausreichend sein muss, damit sich das System reproduzieren oder die Störung ausgeglichen werden kann. Systeme, denen nicht genügend Regenerationszeit verbleibt, um nach einem Impuls oder einer produktiven Leistung wieder in den Aus-

[227] Vgl. hierzu Abschnitt 1.3.4.

gangszustand – gegebenenfalls auch in ein neues Gleichgewicht – zurückzukehren, sind in ihrer Existenz bedroht.

Während kleine Systeme wie Zellstrukturen oder Mikroorganismen auf Impulse binnen Sekunden reagieren, wurde z.B. die Anreicherung der Biosphäre mit PCB erst ca. 50 Jahre nach dessen Einführung im großtechnischen Maßstab bemerkt. „Organisationseinheiten und Systeme haben jeweils ein für sie mehr oder weniger charakteristisches Verhältnis von Dauer und Veränderung“ (Kümmerer 1999, 33). Die Ökosphäre ist dementsprechend durch vielfach miteinander verwobene Netze von Rhythmen gekennzeichnet. Polyrhythmische Strukturen sind ein Garant dafür, dass übergeordnete Systeme hinreichende Pufferkapazitäten und eine Elastizität besitzen, durch die Störungen innerhalb einer gewissen Bandbreite abgedämpft werden.

Vor diesem Hintergrund lässt sich die Entstehung ökologischer Krisenszenarien auch dergestalt deuten, dass die Kombination aus technischem Fortschritt und Industrialisierung genau jene Grenzen überwunden hat, die bislang durch eine natürliche Periodizität gegeben waren. Besonders prägnant lässt sich dies in den Bereichen Agrarwirtschaft, Energieerzeugung und Transport/Logistik nachzeichnen. Die Beschleunigung von Konsum und Produktion scheint dabei dem Diktat des „alles gleichzeitig überall“ (Kümmerer 1999, 33) zu folgen. Letzteres erfordert eine „*moderne Produktionslogik*, die aufgrund der fortwährenden Rückkoppelung von Gewinn und Investition *prinzipiell rhythmuslos*“ (Reheis 1998, 88; Hervorhebungen im Original) ist, d.h. eine allmähliche Angleichung aller Zeitskalen erzwingt. Daraus folgt ein interessanter Gegensatz. Während das Steigerungsprinzip[228] in der horizontalen Dimension zu einer stetigen Ausdifferenzierung von Gütern und Optionen führt, kommt es in der temporalen Dimension zum gegenteiligen Effekt: Die Aneignung immer neuer Möglichkeiten, insbesondere die Expansion produktionsbedingter Aktivitäten erzwingt die Vereinheitlichung vormals heterogener Zeitformen.

Dies lässt sich an der ganzjährigen Verfügbarkeit von Produkten und Leistungen, die bislang dem Wechsel der Saison oder Jahreszeit unterworfen waren, genauso ablesen wie an der zunehmenden Unabhängigkeit des wirtschaftlichen Geschehens vom Tag-Nacht-Rhythmus. Jede Art des Wartens, insbesondere das vorübergehende Nichtvorhandensein von

---

[228] Vgl. dazu die Ausführungen im Abschnitt 5.1.1.

Gütern oder Optionen wird als Hindernis wahrgenommen, dessen Beseitigung längst zum Leitmotiv der viel beschworenen Dienstleistungsgesellschaft geworden ist. Wo im Winter keine Kirschen und im Sommer kein Skiurlaub angeboten werden, droht das Verdikt „Service-Wüste".

Auch wenn in manchen Marktsegmenten bereits die „All-Inclusive-Rund-um-die-Uhr"-Leistungsobergrenze erreicht zu sein scheint, geht die Suche nach Steigerungsmöglichkeiten der „Nonstop-Gesellschaft" (Moore-Ede 1993) weiter. Nun ließe sich das permanente Hervorbringen neuer Dienstleistungen, die immer schnellere Zugriffe auf nutzen- oder glückstiftende Objekte bzw. Erlebnisse ermöglichen, recht schlüssig mit Hilfe ökonomischer Konkurrenzmodelle erklären.[229] Aber dies würde nur die Angebotsperspektive und damit bestenfalls die halbe Wahrheit abdecken. Ein Blick auf die gegenüberliegende Marktseite lässt eine andere Frage virulent werden: Woher stammt die vielen Konsumenten im Nacken sitzende Angst davor, etwas zu versäumen?

M. Gronemeyer (1993, 1999) datiert die Ursachen eines neuen Zeitgefühls auf das ausgehende 14. Jahrhundert. Damals hatte der „Schwarze Tod" binnen weniger Jahre ungefähr die Hälfte der europäischen Bevölkerung hingerafft. Die grauenvolle Singularität dieser Erfahrung hat sich tief in das europäische Bewusstsein gegraben, zunächst in Form eines veränderten Verhältnisses zum Tod. Dieser wurde fortan nicht mehr allein als heilsgeschichtliches, von Gott gegebenes Ereignis akzeptiert, sondern forderte seine Bekämpfung heraus. Mit dem Todesbild musste sich zwangsläufig die Vorstellung von dem, was das Leben sei, wandeln. „Wenn wirklich der Tod das endgültige Ende ist, dann wird das Leben zur begrenzten Lebensspanne. Eingezwängt zwischen Geburt und Tod wird es zur Frist, zur chronisch zu kurzen Frist." Neben den Tod „tritt ein beinah noch ärgerer Widersacher: die Angst, in diesem zur einzigen und letzten Gelegenheit geschrumpften Leben, das Beste, das Wichtigste zu versäumen" (M. Gronemeyer 1999, 30).

Wenngleich „der kühne Gedanke an die technisch herstellbare Unsterblichkeit" (M. Gronemeyer 1999, 30) zum unterschwelligen Wegbegleiter der Moderne wurde, lässt seine Aussichtslosigkeit doch nur eine

[229] Neben Ansätzen des Innovationswettbewerbs (Schumpeter 1934, Clark 1961) kämen hierzu Modelle der vertikalen oder horizontalen Produktdifferenzierung (Spence 1977; Shaked/Sutton 1982) in Betracht. Hohen Erklärungswert hat für diesen Kontext auch die im Abschnitt 5.2.4 angesprochene Ressource-based View.

Konsequenz zu: „Gemäß der Devise, was dem Leben an Länge abgeht, soll durch Intensität und Schnelligkeit wettgemacht werden, versucht der auf der Überholspur lebende Zeitgenosse, durch Zeitspartechniken und Zeitmanagement Zeit zu gewinnen, um mehr von der Welt zu haben“ (Baeriswyl 1999, 17).

Die mittlerweile zahlreichen Versuche, das Beschleunigungssyndrom kulturalistisch zu erfassen[230], sind schon deshalb von Belang, weil es in einem unmittelbaren Zusammenhang mit Wachstum steht. Beschleunigungstendenzen laufen in den meisten Fällen direkt auf eine zunehmende Wachstumsrate (Zuwachs pro Zeiteinheit) an Umweltverbräuchen hinaus. Aus der Perspektive ökologischer Aufnahmekapazitäten stellt sich die Wachstumsproblematik aber nicht immer als Frage des Entweder-oder im Sinne absoluter Obergrenzen, sondern des Mehr-oder-weniger dar. Langfristig lässt sich vieles absorbieren, was kurzfristig den Zusammenbruch herbeiführt. So simpel dieser Sachverhalt auch erscheinen mag, er verdeutlicht immerhin, dass Beiträge zur nachhaltigen Entwicklung nicht den rigorosen Verzicht auf Optionen bedeuten müssen. Der Quotient aus Zunahme und Zeitintervall verringert sich eben auch, wenn der Nenner gestreckt wird. Die Regenerationspotenziale der in Anspruch genommenen Systeme würden nicht überfordert, wenn Zuwächse an die spezifischen Rhythmen und Reaktionszeiten angepasst wären. Im Gegensatz zu Verzichtsbotschaften vom Typus „Du darfst nicht“ könnte sich der Appell an mehr Geduld, nämlich „Du darfst – aber in angemessenen Zeitabständen“, positiv auf die Vermittelbarkeit ursachenadäquater Nachhaltigkeitsmaßnahmen auswirken.

5.5.2 Vom Innovationsfuror zur Innovationsüberlastung

„Innovation ist der Inbegriff der Einstweiligkeit. Bis auf weiteres wird das Vorfindliche überboten, aber jede Innovation ist ihrerseits zur Überbietung bereits gekürt“ (M. Gronemeyer 2000, 123). Daraus resultierende Beschleunigungstendenzen beanspruchen nicht nur ökologische, sondern in besonderem Maße auch gesellschaftliche Teilsysteme. Diese nehmen insofern eine Doppelfunktion ein, als sie zugleich Impulsgeber und Objekt des „Steigerungsspiels“ (Schulze 2003) sind. Dabei lässt sich eine

---

[230] Vgl. z.B. Nowotny 1989, Virilio 1992.

Gratwanderung zwischen kulturellem Wandel und kultureller Persistenz beobachten. Die Kolonialisierung kulturell begründeter Systemzeiten erfolgt eben nicht reibungslos, wie allein die Diskurse hinter den Schlagwörtern „Globalisierung“ und „Turbokapitalismus“ zeigen. Einen Vorgeschmack darauf hatte bereits der gewerkschaftliche Kampf um soziale Schutzzonen im Arbeitsleben geliefert.

Vielleicht lauert die nächste Eskalationsstufe dort, wo das beschleunigte Individuum die Verarbeitung der Reizlawine schlicht nicht mehr leisten kann und aus der Kurve geschleudert zu werden droht. Jahrzehntelang schien es so, als sei die von Anders (1956/1980, 19) vorausgeahnte „scheiternde Synchronisierung“ zwischen der menschlichen Natur und einer sich immer schneller drehenden Technik- und Güterwelt, abwendbar. Was aber, wenn das verkraftbare Maß bislang nur noch nicht ausgeschöpft war oder die Beschleunigungstendenzen irgendwann sogar auf die physischen Grenzen des menschlichen Körpers stößt? Ökologische und soziale Verwerfungen lassen sich durch die Flucht in künstliche Welten verdrängen, nicht aber der eigene Gesundheitszustand. Es könnte sich herausstellen, dass selbst alle ausgeklügelten Wellness-Rezepturen am Ende nicht ausreichen, um das erlebnisgestresste Individuum vor dem schleichenden Kollaps zu bewahren. Der Widerspruch zwischen seiner Subjektrolle als Nachfrager vielfältigster Optionen und seiner Objektrolle als Beschleunigungsopfer nimmt immer deutlichere Konturen an. Inzwischen ist die Palette an Lösungsvorschlägen und Therapieangeboten für Personen, denen das Hamsterrad zu schnell geworden ist, kaum mehr überschaubar. Die Ratgeberliteratur boomt[231] – die Ratlosigkeit auch. Abzuwarten bleibt, ob das erwachende Interesse an den alarmierenden Symptomen eines flächendeckenden Burn-outs nur eine kurzlebige Erscheinung bleibt oder einen dauerhaften Konflikt andeutet. Sollte letzteres der Fall sein, ließen sich daraus Motivallianzen für einen „Wandel des Wandels“ ableiten, die viel weiter reichen als das Thematisieren ökologischer Engpässe, die bekanntlich über keine eigene Stimme verfügen.

Aus der Endlichkeit des menschlichen Lebens, die gleichermaßen zur Schnelligkeit und zur Langsamkeit zwinge, schlussfolgert Marquard (1998), dass Innovation und Kontinuität zusammen gehören. „Beim

[231] Es würde den Rahmen dieser Arbeit sprengen, einen auch nur annähernd repräsentativen Literaturüberblick zu diesem Komplex zu geben.

Menschen gehört zu jeder Belastung mit Innovationsleistungen die Entlastung durch Kontinuitätskultur: sonst zerstört er sich" (ebd., 28). Seit Beginn der Neuzeit sei die Balance zwischen diesen beiden Polen zunehmend verloren gegangen. Wie weit die sich daraus ergebende Hilflosigkeit gediehen ist, veranschaulichen die verbliebenen Kompensationen. „Je mehr – durch die Modernisierungspotenzen der Neuzeit: Wissenschaft, Technik, Wirtschaft, sozialer Wandel – aus Innovation Innovationsüberlastung wird, braucht es eine eigene und sozusagen zweite Anstrengung, um [...] die nötige Kontinuitätskultur zu leisten. [...] die Menschen halten dieser Überlastung stand, indem sie es machen, wie die ganz jungen Kinder. [Sie] tragen ihre eiserne Ration an Vertrautem ständig bei sich und überall mit sich herum: ihren Teddybären. [...] Darum wird gegenwärtig zwar mehr weggeworfen als je zuvor, aber es wird gegenwärtig auch mehr respektvoll aufbewahrt als je zuvor: das Zeitalter der Entsorgungsdeponien ist zugleich auch das Zeitalter der Verehrungsdeponien, der Museen, der konservatorischen Maßnahmen, der Hermeneutik als Altbausanierung im Reiche des Geistes, der Bewahrungskultur des historischen Sinns, der Erinnerung" (ebd., 31).

Kapitel 6

Vom Wandel des Wandels: Nachhaltigkeit zwischen Veränderungsdynamik und Bewahrung

6.1 Was lässt sich aus der Ambivalenz des Innovationsprinzips lernen?

Die Ausführungen des vorangegangenen Kapitels zeigten, dass Wachstums- und Risikoeffekte eine immanente Begleiterscheinung des Innovationsprinzips darstellen. Natürlich kann daraus nicht die Schlussfolgerung gezogen werden, dass Innovationen abzulehnen seien. Aber die grundsätzliche Frage, wie der Wandel in Richtung Nachhaltigkeit zu organisieren ist, muss vor diesem Hintergrund neu gestellt werden. Eine optimierte Gestaltung von Innovationsprozessen oder ausgefeiltere Designs für Produkte, Technologien oder Systeme – so als sei nicht längst eine Inflation an Managementmethoden oder kreativen Lösungen zu verzeichnen – reichen dazu nicht aus, denn allein auf dieser Handlungsebene sind die aufgezeigten Ambivalenzen nicht zu bewältigen. Vonnöten erscheint vielmehr eine umfassendere Systematisierung des Wandels, die zwischen relevanten Abstraktionsebenen unterscheidet und dabei die Veränderungsdynamik selbst zum Thema macht. „Nicht die Veränderung der Verhältnisse ist das Ziel, sondern die Veränderung der Veränderung, genauer: die Drosselung der verselbständigten Gefahr, das Zurückschrauben der Tat ins Vorstellbare, Steuerbare, Verantwortbare“ (Beck 1988, 161). Dies ließe sich auch als Veränderung zweiter Ordnung bezeichnen.

Anknüpfend an die vorangegangenen Ausführungen und gleichsam zusammenfassend lassen sich fünf Ebenen unterscheiden, auf denen der Wandel mit Zielrichtung Nachhaltigkeit zu thematisieren ist. Bevor darüber entschieden werden kann, welcher Veränderungsmodi sich ein für erforderlich gehaltener Wandel bedienen sollte (II), in welcher Entscheidungsdimension er ansetzen kann (III), wie er unter dem Aspekte der Richtungssicherheit zu gestalten ist (IV) und was sein konkreter Gegenstand ist (V), wäre demnach zu klären, inwieweit ein zum Selbstzweck mutierter, nicht mehr steuerbarer Veränderungsdruck selbst das eigentliche Problem darstellt (I).

Abb. 31: Umrisse eines Forschungsprogramms „Welchen Wandel braucht Nachhaltigkeit"

I — Wo erfordert Nachhaltigkeit Wandel und wo Kontinutiät? Inwieweit ist die aus der Veränderungsdynamik resultierende und kaum mehr beherrschbare Beschleunigung aller Lebensverhältnisse das eigentliche Problem? (Abschnitt 6.2)

↓

II — Was sind adäquate Prinzipien der Veränderung, auch jenseits des Innovationsmodus? (Abschnitt 6.3)

↓

III — In welchen Dimenisonen des Wandels – Technik/Produkte, Nutzungssysteme und Kultur – sollten Nachhaltigkeitsstrategien ansetzen? (Kapitel 7)

↓

IV — Wie lassen sich Innovationsprozesse gestalten, so dass sie angesichts der Wachstums- und Risikoambivalenzen an Richtungssicherheit gewinnen? (Kapitel 8)

↓

V — Was sind geeignete Objekte, Projekte oder konkrete Maßnahmen der Erneuerung für ein bestimmtes Bedarfsfeld? (Kapitel 9 und 10)

Ohne Anspruch darauf, jede der fünf Ebenen vollständig zu durchdringen, folgt der weitere Verlauf dieser Arbeit dem obigen Schema. Zugleich wird damit eine Systematik angedeutet, an der sich zukünftige Forschungsprogramme zum nachhaltigen Wirtschaften orientieren könnten. Jeder der involvierten fünf Fragenkomplexe knüpft an die Antwort auf den jeweils vorangegangen an und konkretisiert sie, mit Ausnahme des ersten, der aus der vorangegangenen kritischen Bestandsaufnahme moderner Entwicklungsdynamiken schöpft.

6.2 Innovationsgeschwindigkeit und die Beschleunigungsfalle

6.2.1 Die kritische Innovationsgeschwindigkeit

Die sich nach wie vor steigernde Geschwindigkeit, mit der Neuerungen auf dem Markt erscheinen, ist zu einem dominierenden Merkmal des Innovationswettbewerbs geworden. Zusehends im Vordergrund des Innovationsgeschehens steht der Zeitwettbewerb. Neben Qualität, Beschaffenheit, Funktion und Preis ist die „rechtzeitige Verfügbarkeit neuer Produkte und Verfahren am Markt" (Hübner 2002, 7) zu einem, wenn nicht *dem* entscheidenden Wettbewerbsfaktor geworden. Insbesondere dem unternehmensspezifischen Zeitbedarf, der zur Umsetzung naturwissenschaftlicher Erkenntnisse oder kreativer Ideen in marktfähige Problemlösungen erforderlich ist, also der „Innovationszeit", kommt eine immer stärkere Bedeutung zu. Entsprechend ihrem programmatischen Monographietitel „Zeitwettbewerb: Schnelligkeit entscheidet auf den Märkten der Zukunft" sehen Stalk/Hout (1990) in diesem Zusammenhang gar den Beginn einer neuen Wettbewerbsära. Ein weiterer Beschleunigungsfaktor besteht nach Auffassung von Fichter/Paech (2003, 17) in dem zunehmenden Einsatz von Online-Medien im Innovationsmanagement. Mit dem schnelleren Zugriff auf Informationen und der ebenfalls beschleunigten Rückkoppelung zwischen den beteiligten Akteuren steigt zwangsläufig die Innovationsgeschwindigkeit.

Aber welche Konsequenzen folgen aus dieser Beschleunigung, die sich infolge der Verfügbarkeit digitaler Medien ins Unermessliche zu steigern scheint? Drastisch vermerken Fischer/Bösel (1999, 18) hierzu: „Rastlos und in panischer Angst zu veralten versorgt die Wirtschaft ihre Kunden mit immer neuen ‚updates' und ‚upgrades' einmal entworfener Produkte und sich selbst mit zahllosen modischen Veränderungsprogrammen.[232] Das Ergebnis sind eine überbordende Produktion kaum mehr nützlicher Waren, gelangweilte, selbst von ‚sensationellsten Neuentwicklungen' nicht mehr überraschte Kunden und erschöpfte Mitarbeiter, denen man Imagination, Intuition und Motivation – also die Voraussetzungen für kreative Leistungen – abgewürgt hat".

Zudem ergeben sich daraus u.a. zwei Risikoqualitäten. Während ein hoher Innovationsgrad bisweilen mit eingriffstiefen Neuerungen einher-

[232] Aktuell: „just-in-time", „total-quality-management", „benchmarking" „customer orientation" oder „outsourcing".

geht, werden bei eher inkrementellen Veränderungen vorhandene Varianten entwertet oder gar zu Entsorgungsfällen degradiert. Für beide Fälle gilt: Beschleunigung und Nonstop-Aktivität setzen das grundlegende Entwicklungsprinzip von Versuch und Irrtum außer Kraft, denn dieses erfordert den Rhythmus von Tun und Lassen, Handeln und Betrachten, bezieht damit also auch die lebensnotwendigen Existenzformen des Anhaltens, Innehaltens und Pausierens ein. Für die Praxis des innovativen Erneuerns würde dies bedeuten, dass auf den Versuch die Phase des Anwendens und des Sammelns von Erfahrungen erfolgen müsste, bevor die nächste Neuerung in Angriff genommen wird. Zu hohe Geschwindigkeiten, die dieses Zeitmuster durchbrechen, verhindern das Lernen. Der Verlust an „Fehlerfreundlichkeit“ (C. von Weizsäcker/E. U. von Weizsäcker 1984) betrifft keineswegs nur Innovationen mit großer Eingriffstiefe, sondern auch solche, die durch eine kumulative Risikostruktur gekennzeichnet sind. Zu den Letzteren zählen die weiter oben behandelten latenten Wachstumsrisiken. Der Umgang mit Modernisierungsrisiken wirft nicht nur die Frage der Eingriffstiefe und Wirkmächtigkeit auf, sondern auch die der Innovationsgeschwindigkeit, d.h. bei „wissenschaftlich-technologischen wie auch bei anderen Abenteuern kommt es nicht nur auf die Fallhöhe, sondern auch die Fallgeschwindigkeit an“ (C. von Weizsäcker 1998, 178).

„Die kritische Innovationsgeschwindigkeit ist die Geschwindigkeit, jenseits derer es regeltechnisch und lerntheoretisch schwierig bzw. unmöglich wird, die Innovationsrichtung sinnvoll zu steuern. Die Tendenz zur permanenten Hochgeschwindigkeit in der Non-Stop-Gesellschaft, die Rhythmen von Ruhe und Aktivität nicht verstehen kann und in Ruhezeiten ausschließlich Rationalisierungsreserven erkennt, unterminiert damit ein zentrales Prinzip, auf dessen Wirksamkeit sie aufbaut: das Prinzip von Versuch und Irrtum“ (C. von Weizsäcker 1998, 171). Jenseits davon herrscht „‚Neuerung ohne Steuerung‘ und man kann aus Schaden nicht mehr klug werden“ (ebd., 179). Dieser Fall tritt insbesondere infolge der in vielen Branchen zunehmend verkürzten Produktlebens- oder Innovationszyklen auf. Wenn Produkte (aber auch Dienstleistungen oder Systemlösungen) so schnell ersetzt werden, dass ihre Schwächen oder Nebenfolgen erst sichtbar werden, nachdem sie bereits durch eine Lösung substituiert wurden, wird nicht nur die Technikfolgenabschätzung, sondern jedes Lernen ad absurdum geführt. Daraus folgt eine „technisch-autistische Beliebigkeit dafür, was als innovationsrelevant erklärt wird“

(ebd., 180). Welche Konsequenzen lassen sich daraus für Veränderungsprozesse ableiten, die auf neue Produkte zielen?

6.2.2 Langlebigkeit von Produkten und entschleunigte Innovationsprozesse

Zunächst erscheinen Konzepte des nachhaltigen Wirtschaftens prädestiniert, die den Aspekt der Dauerhaftigkeit verankern, denn damit würden Produktlebenszyklen- und Innovationsaktivitäten tendenziell entschleunigt, ohne dass damit notwendigerweise Konkurrenznachteile hinzunehmen sind. Ansatzpunkte für die Langlebigkeit von Produkten erstrecken sich auf

- die technische Beschaffenheit (Materialauswahl, Konstruktion, Modularität, Reparatur- und Wartungsfreundlichkeit etc.),
- ein ästhetisches Design, das auf Langlebigkeit zielt,
- begleitende, die Produktlebensdauer erhöhende Services,
- Nutzungssysteme, die auf einer langlebigen Hardware basieren sowie
- institutionelle Arrangements.

Zu den Nutzungssystemen, die einen hohen Anreiz für langlebige Produkte oder Hardware-Elemente schaffen, zählen grundsätzlich alle Dematerialisierungsstrategien, die Güterbesitz durch Service-Nachfrage ersetzen.[233] Für den Leistungs-Anbieter sind der Einsatz möglichst langlebiger Geräte und das Hinauszögern der Neuanschaffung profitabel. Ansätze dieser Art lassen sich dem bereits vorgestellten Leitkonzept der Ökoeffizienz zuordnen. Eine etwas neuere Variante stellen die sog. „Product-Service-Systems“ (PSS) dar. Sie zielen u.a. darauf, die Langlebigkeit von Produkten auf drei verschiedenen Wegen zu erreichen[234], nämlich mittels produktorientierter (Reparatur, Upgrading etc.), gebrauchsorientierter (Sharing, Leasing etc.) und resultatorientierter (Facility Management, Energie-Contracting etc.) Systeme. Einer Studie von Scholl/Tischner (2004, 19) zufolge wären viele Konsumenten einer dauerhaften Produktnutzung gegenüber aufgeschlossen, „wenn es mehr

[233] Darauf wird im Kapitel 9 näher eingegangen.

[234] Vgl. Scholl/Tischner 2004, 17.

Möglichkeiten gäbe, defekte Geräte einfach und günstig reparieren zu lassen". Wenn zukünftig ein stärkerer Akzent auf die Dauerhaftigkeit materieller Objekte gelegt würde, ergäbe sich daraus eine Verlagerung der Wertschöpfung, durch die neue Geschäftsfelder erschlossen werden könnten. Langlebigere Produkte bedeuten zwar tendenziell einen Rückgang des absetzbaren Outputs, erzielen dafür aber höhere Preise. Weiterhin könnten völlig neue Geschäftsfelder für bisherige Produzenten und für neue Dienstleister entstehen, die an der Aufwertung und Nutzungsdauerverlängerung des Güterbestandes verdienen. Ein damit möglicherweise einhergehender Strukturwandel wurde bereits im Abschnitt 4.3.3 angedeutet.

Ein Beispiel für den letztgenannten der oben aufgezählten Ansatzpunkte stellt das ebenfalls bereits vorgestellte Product Stewardship dar. Verstanden wird darunter „an environmental management strategy that means whoever designs, produces, sells, or uses a product takes responsibility for minimizing the product's environmental impact throughout all stages of the products' life cycle. The greatest responsibility lies with whoever has the most ability to affect the lifecycle environmental impacts of the product".[235] Durch die Übernahme einer übergreifenden Verantwortung, die bis zu den Lebenszyklusstadien reicht, die sich an die Nutzungsdauer anschließen, geht das Unternehmen eine bindende Selbstverpflichtung ein. Damit erfolgt eine Internalisierung von Nebenfolgen und Risiken, die über den Innovationszyklus hinausreichen. „The product stewardship approach provides incentives to manufacturers to consider the entire life-cycle impacts of a product and its packaging, [...] and to take increasing responsibility for the end-of-life management of the products they produce."[236] Auf indirekte Weise könnte sich dieses Instrument entschleunigend auf Innovationsprozesse auswirken. Ökologische und gesundheitliche Risiken, die daraus resultieren, dass neue Varianten entwickelt werden, bevor aus den unerwünschten Nebenfolgen der vorherigen gelernt werden konnte, werden hier teilweise in betriebswirtschaftliche Risiken transformiert, weil das Unternehmen eine Verantwortung übernommen hat, deren spätere Verweigerung zu hohen Reputationsverlusten führen würde. Ansätze der Integrierten Produktpolitik

---

[235] http://www.productstewardship.net/.

[236] http://www.productstewardship.us/whatisproductstewardship.html.

und des Umweltmanagements unterstreichen ebenfalls die Bedeutung der Produktverantwortung.

6.2.3 Synchronisation anthropogener und ökologischer Zeitskalen

Neben den Risiko- und Steuerungsaspekten werfen zu hohe Neuerungsfrequenzen ein Problem der stofflichen Reproduktivität auf: Industrielle Produktion und ökologische Reproduktion fallen zusehends auseinander. In diesem Zusammenhang meint Reproduktion „die Wiederherstellung eines Zustandes, der dem Ausgangszustand insoweit entspricht, als er die Voraussetzungen für den Neubeginn des Wirtschaftsprozesses schon in sich trägt" (Hofmeister 1998, 190). Um die Entkoppelung der beschleunigten Leistungserstellungsprozesse von den stofflichen Eigenzeiten des beanspruchten Naturhaushalts zu mildern, sind zwei Regeln zu beachten:

(1) „Den gesamten physischen Reproduktionsprozess in der Zeit in die Produktentwicklung vorausschauend einzubeziehen, bedeutet in der Konsequenz nicht weniger, als die üblichen Konstruktionspläne um *Reduktionspläne* für das Produkt und seine stofflichen Bestandteile zu erweitern. Auf einer solchen Grundlage lässt sich erkennen, auf welche Weise und in welcher Zeit die verwendeten Stoffe in den anthropogenen oder in den ökologischen Haushalt wieder eingebunden werden" (ebd., 196; Hervorhebung im Original).

(2) „Vorzugsweise wären solche Stoffe und Stoffverbindungen zu entwickeln und zu verwenden, deren ökologische Wirkungen weitgehend überschaubar sind und deren Gegenwart im anthropogenen Haushalt über möglichst *lange* Zeiträume andauert, von denen also Dauerhaftigkeit in der *anthropogenen Nutzung* erwartet werden kann („Langlebigkeit" der Produkte, Wiederverwendbarkeit der Stoffe). In der Umkehrung dazu gilt es, mit Blick auf den ökologischen Haushalt solche Stoffe vorrangig zu entwickeln und zu verwenden, die in möglichst *kurzen* Zeiträumen eine produktive Verbindung mit dem Stoffhaushalt des *ökologischen* Systems einzugehen vermögen, die also „kurzlebig" und in diesem Sinne zukunftsfähig sind" (ebd., 197; Hervorhebung im Original).

Interessanterweise hebt die zweite Regel in gewisser Weise den beiderseitig oft betonten Widerspruch zwischen dem Effizienz- und Konsistenzprinzip auf.[237] Der Blick öffnet sich für eine zyklische Zeitauffassung. „Es wird und wurde so viel an Neuem produziert, dass das Alte zuviel wird. Damit wächst der Druck auf Begrenzung. […] Doch es genügt nicht, dem linearen Denken folgend, in Quantitäten verhaftet zu bleiben oder sich der Illusion hinzugeben, es sei damit getan, weniger zu produzieren. Die Zyklizität will hier Abhilfe schaffen" (Nowotny 1989, 75). Gemeint ist damit das „Modell des Wiedereinfließens in den zyklischen Ablauf […], das Re-zyklieren" (ebd.).

6.2.4 Der Innovationskrieg und die Beschleunigungsfalle

Die Frage nach den Konsequenzen beschleunigter Innovationsaktivitäten stellt sich nicht nur aus der Nachhaltigkeitsperspektive. Auf manchen Märkten hat die Verkürzung der Produktlebenszyklen inzwischen dramatische Formen angenommen. Von Braun (1994) sieht den Grund dafür in einer Eskalationsdynamik, die von einem übersteigerten Innovationswettbewerb ausgeht und in Analogie zum früheren Wettrüsten der Supermächte als „Innovationskrieg" zu bezeichnen sei. Die hierbei als „Waffe" eingesetzten FuE-Budgets vieler Großunternehmen seien inzwischen derart außer Kontrolle geraten, dass der Umsatzzuwachs durch neue Produkte systematisch hinter den Kosten zurückbleibt, die von Innovationsprozessen verursacht werden. Die hohe Taktfrequenz, mit der neue Produkte in den Markt gedrückt und damit zugleich eine schnellere Überalterung der vorhandenen Angebot ausgelöst werde, führe zwar kurzfristig zu Konkurrenzvorteilen und einem Umsatzwachstum. Aber dieser Effekt wird mittelfristig aufgehoben oder sogar überkompensiert, weil mit den verkürzten Produktlebenszyklen Umsatzströme vorzeitig abgeschnitten werden. Darauf kann das Unternehmen nur durch eine Forcierung der Innovationsaktivitäten reagieren, d.h. durch eine weitere Aufstockung der FuE-Ausgaben und – bedingt dadurch – eine abermalige Verkürzung des Produktlebenszyklus. Aber beide Komponenten dieser Reaktion müssen früher oder später unweigerlich auf Grenzen stoßen: Kein FuE-Budget kann unendlich wachsen und Untergrenzen für die Zyklusdauer eines Produktes sind nicht nur technischer Art, sondern werden nach Meinung von Brauns bereits früher erreicht, weil die Bereit-

[237] Vgl. Schmidt-Bleek 2000, 15 und Braungart/McDonough 2001, 139f.

schaft der Nachfrager zum beschleunigten Neuerwerb der Innovationen erschöpft sei. „In Zukunft werden Abnehmer verstärkt nicht nur Qualität, sondern auch die Dauerhaftigkeit von Produkten fordern" (ebd., 182).

Dennoch lässt der FuE- und Technologiewettlauf vielen Firmen keine andere Wahl, als am Innovationskrieg teilzunehmen und damit in eine „Beschleunigungsfalle" zu geraten. Deren Funktionsweise beruht darauf, dass der Innovationswettbewerb durch ein Wechselspiel zwischen Vorstößen und nacheilender Konkurrenz, die den Neuerungsvorsprung aufholen, charakterisiert ist. Unternehmen können zunächst einen Vorteil erzielen, wenn sie die Geschwindigkeit, mit der neue Produkte entwickelt werden, erhöhen. Selbst unter der optimistischen Annahme, dass der Lebensumsatz eines Produktes, das beispielsweise anstatt bislang nach 12, nun nach 10 Jahren durch eine neue Variante ersetzt wird, konstant bleibt, ergibt sich folgendes Szenario:[238] Der Gesamtumsatz nimmt zunächst zu, weil der Anfangsumsatz der Zehnjahresprodukte schneller wächst als der von Zwölfjahresprodukten. Umgekehrt nimmt der Endumsatz langlebigerer Produkte nicht so schnell ab wie der kurzlebigerer Produkte. Aber wenn alle Zwölfjahresprodukte vom Markt verschwunden sind, fällt der Gesamtumsatz wieder auf das alte Niveau zurück. Wenn die unrealistische Annahme konstanter Lebensumsätze nun fallen gelassen wird, verändert sich die Situation dahingehend, dass der Gesamtumsatz ab diesem Zeitpunkt sogar unter das Anfangsniveau fällt. Die Konsequenzen der Beschleunigungsfalle sind vielschichtig:

- Selbst wenn es gelingt, den Umsatz pro Produktlebensdauer trotz seiner Verkürzung aufrecht zu erhalten, kommt es zu einer Erhöhung des betriebswirtschaftlichen Risikos. Nach der Umstellung auf kurzlebigere Produkte befinden sich durchschnittlich pro Zeitpunkt weniger Produkte als zuvor[239] im Markt, auf die sich der Gesamtumsatz verteilt. Aber die Wahrscheinlichkeit, mit der sich eine Innovation als

[238] Es wird der Vereinfachung halber angenommen, dass die betrachtete Firma bislang jedes Jahr ein neues Produkt in den Markt einführt hat, dass nach einem Zyklus von 12 Jahren vom Markt verschwunden ist und nun zu einem bestimmten Zeitpunkt dazu übergeht, diesen Zyklus mittels entsprechender FuE-Anstrengungen auf 10 Jahre zu verringern.

[239] Im obigen Beispiel befinden sich vor der Umstellung jederzeit 12 Produkte im Markt. Wenn der Übergang zu einer Zykluslänge von 10 Jahren abgeschlossen ist, d.h. wenn alle Zwölfjahresprodukte verschwunden sind, sind nur noch 10 Produkte im Markt.

Misserfolg entpuppt, bleibt unverändert. Wenn dieser Fall aber eintritt, ist der damit verbundene Verlust entsprechend höher, d.h. die Folgen eines Produktfehlschlags verschärfen sich.

- Kürzere Produktlebenszyklen lassen dem Unternehmen weniger Zeit zum Korrigieren etwaiger Fehler, die sich nach der Markteinführung zeigen.
- Außerdem „lassen kurze Lebenszyklen [die] Phasen der Produktentwicklung unter alptraumartigem Zeitdruck ablaufen. Bei allgemeiner Vernachlässigung führen sie sogar zu der *Gefahr eines branchenweiten Verfalls der Produktqualität*" (ebd., 167; Hervorhebung im Original).
- „Die überhastete und sich vielfach überschlagende Einführung immer neuer Produkte bedeutet [...], dass Erfahrungseffekte nie wirklich ausgenutzt und Produktkosten nie soweit sinken, wie dies an sich möglich wäre" (ebd., 178).
- Mit dem Übergang zu immer kürzeren Produktlebenszyklen tritt „eine gefährliche Verkürzung des unternehmerischen Zeithorizonts" (ebd., 190) ein.
- „[In] der Eile, ein Produkt, *irgendein* Produkt in kurzer Zeit auf den Markt zu bringen", werden oft „die falschen Produkte entwickelt" (ebd.; Hervorhebung im Original) oder solche, die nur scheinbare Verbesserungen oder Leistungssteigerungen gegenüber der Vorgängervariante verzeichnen. Den Grund sieht von Braun darin, dass unter dem Zeitdruck „ein großer Teil der Aufgaben, die zu einem vernünftigen Innovationsmanagement gehören, von vielen Herstellern einfach nicht erledigt werden (können)" (ebd., 179).
- „Die nutzbare Lebensdauer eines Produktes, d.h. die Zeit, während der es technisch funktionsfähig ist bzw. während der es sich lohnt, diesen Zustand zu erhalten, ist heute bei sehr vielen Gütern länger als die Dauer ihrer Verkaufbarkeit. Einfacher ausgedrückt: Produkte sind eher technisch überholt als kaputt" (ebd., 180). Deshalb müsse der Anbieter eines neuen Produkts, das ein altes ersetzt, berücksichtigen, dass damit „zugleich Vermögenswerte eines früheren eigenen oder fremden Kunden im wirtschaftlichen Sinne vernichtet oder zumindest deren Wert [ver]mindert" (ebd., 181) werde.

Dass von Brauns Überlegungen in keinem Bezug zur Nachhaltigkeitsdiskussion stehen, lässt den letztgenannten Aspekt umso interessanter erscheinen. Ein Mindestmaß an „Produktkontinuität" und Nutzungsdauer sei schon aufgrund der „begrenzte[n] Aufnahmekapazität für Innovationen" auf Seiten der Nachfrager unabdingbar, weil andernfalls nicht nur der Wertverfall (allein aufgrund des Erscheinens einer neueren Variante), sondern auch Umstellungskosten zu hoch seien. Anhand verschiedener Beispiele erläutert von Braun die Schwierigkeiten, in die „innovative" oder „Time-to-market"-orientierte Unternehmen geraten, wenn die „minimale Anwesenheits- und Nutzungsfrist beim Kunden" (ebd., 177) vom Produktlebenszyklus unterschritten wird. Aber damit gewinnen Unternehmensstrategien an Bedeutung, die aus dem fatalen „Innovations"- oder „Time-To-Market"-Krieg ausscheren, um sich auf eine Abschöpfung jener Preisvorteile und profitabler Service-Angebote zu konzentrieren, die an der Kontinuität und langen Nutzungsdauer der materiellen Hardware ansetzen – worin Maßnahmen des Updating oder Upgrading inbegriffen wären.

6.2.5 Kontinuitätsmanagement

Auch die innere Stabilität und Funktionsfähigkeit von Unternehmen kann Schaden nehmen, wo Innovation, „zum besinnungslos befolgten Dogma" (Schulze 2000, 49) wird. Je größer nämlich „der Veränderungsbedarf in der technisch-ökonomischen, d.h. materiellen Sphäre des Unternehmens ist, desto größer wird der Kontinuitätsbedarf in der kulturellen Sphäre" (ebd.). Es entstünden „Innovationskosten" für den Aufbau neuen sozialen Kapitals, das erforderlich sei, um das ständig steigende Innovationstempo verkraften zu können. Andernfalls drohten „Missverständnisse, Verzögerungen, Machtkämpfe, Motivationsblockaden, Phasen des Herumprobierens mit hoher Irrtumsrate" (ebd., 50). Notwendig werde ein „innovationsausgleichendes Kontinuitätsmanagement" (ebd., 46).

6.3 Innovation, Exnovation, Imitation und Renovation als Veränderungsprinzipien

Wie die Darstellung des Selektionsdilemmas zeigte, sind Expansion und Substitution nur durch einen schmalen Grat getrennt. Ein nachhaltigkeitsorientiertes Innovationsmanagement müsste daher neben dem Neuen auch das identifizieren, was künftig ersetzt und damit vermieden oder reduziert werden soll. An diesem bislang fehlenden Dualismus des Hinzugewinnens und Aufgebens von materiellen Bedarfen müssen sich unternehmerische Nachhaltigkeitsstrategien messen lassen, wenn sie der Substitutionslogik im Sinne wachstumsvermeidender Lösungen folgen wollen. In physisch-materieller Perspektive kann Wachstumsneutralität bedeuten, dass zu den natürlichen Rhythmen des Wachsens und Schrumpfens zurück gefunden wird. Im Sinne eines stofflichen Nullsummenspiels wäre Expansion an eine kompensatorische Kontraktion gebunden. Letztere müsste nicht notwendigerweise am selben Ort, Gegenstand und Zeitpunkt erfolgen.

Dieses materielle Nullsummenspiel kann grundsätzlich auf zweierlei Weise bestritten werden: (1) Veränderungen konzentrieren sich auf eine Umnutzung, Aufwertung oder Rekombination des bereits in Anspruch genommenen ökologischen Raumes. (2) Jede Addition materieller Objekte und Inanspruchnahme ökologischer Kapazitäten muss mit einer entsprechenden Subtraktion verbunden sein, durch welche die benötigten Ressourcen und Räume aus dem bereits okkupierten Reservoir freigegeben werden. Beide Ansätze lassen sich am Beispiel der Flächenversiegelung, die mittlerweile in der Bundesrepublik ein bedrohliches Ausmaß erreicht hat, verdeutlichen. Die erste Strategie würde bauliche Aktivitäten nur auf bereits versiegelten Flächen zulassen, etwa durch Maßnahmen des Umbaus, der Sanierung, der Nachverdichtung, der Nutzungsintensivierung oder Konversion. Im zweiten Fall wäre eine weitere Flächenversieglung zwar denkbar, allerdings durch eine entsprechende Entsiegelung an anderer Stelle auszugleichen. Derartige Kompensationsmaßnahmen sind längst zu einem Instrument der kommunalen Flächenbewirtschaftung geworden, wenngleich einzuräumen ist, dass die gegenwärtige Praxis der „Kompensation“ oftmals eher symbolischer Art ist. Weiterhin ist zu fragen, inwieweit Eingriffe in Ökosysteme tatsächlich jemals kompensierbar sind.

Der Fundus des Bestehenden – ganz gleich ob es sich dabei um materielle Objekte wie Produkte, technische Verfahren und Infrastrukturen oder um immaterielle Objekte wie Verhaltensmuster, Organisationsprinzipien und Institutionen handelt – kann grundsätzlich entlang zweier Dimensionen verändert werden. Zunächst kann sein Bestand durch das Hinzuaddieren neuer Optionen ausgedehnt werden. Dies entspricht dem

Innovationsprinzip. In entgegengesetzer Richtung können Optionen entfernt werden. Damit ist das Prinzip der „Exnovation“[240] angesprochen. Zugang und Abgang von Elementen des Möglichkeitenraumes stehen in keiner strengen Beziehung zueinander. Exnovation ist nicht an Ersatz gebunden, sondern beschreibt ein eigenständiges Prinzip der Problembehebung. Selbst dort, wo Exnovation als alleiniger Handlungsparameter am Anspruch auf adäquaten Ersatz scheitert, muss letzterer nicht notwendigerweise in Form von Innovationen bereitgestellt werden.

Dies lässt sich am Beispiel transportintensiver Lebensmittel verdeutlichen. Sollte es (in einer fiktiven Situation) jemals zu einer angemessenen Internalisierung der durch Gütertransporte verursachten Schäden kommen, könnten bestimmte Nahrungsmittel, die einen weiten Transportweg haben, in besonderem Maße von einem Nachfragerückgang betroffen sein, weil der prozentuale Preisaufschlag hier entsprechend spürbar ausfiele. Dies könnte sich u.a. zu Lasten des Exports von Südfrüchten, die eine lange Flug- oder Schiffsreise erfordern, auswirken. Wenn aber nun Kiwis aus Neuseeland nicht mehr nachgefragt würden, ließe sich der Bedarf an vitaminreichem und frischem Obst durchaus auf Basis bereits vorhandener Optionen, nämlich heimischer Früchte decken. In diesem Fall wäre die Exnovation zwar an eine Substitution gebunden, aber nicht in Form von Innovationen. Der hier zugrundeliegende Veränderungsmodus entspräche eher einer „Imitation“. Damit ist der Rückgriff auf Lösungen gemeint, die nicht das Resultat einer diskontinuierlichen Neuerung, also Innovation sind, sondern längst bekannt, bewährt und ggf. unter Nachhaltigkeitsaspekten „geprüft“ sind. Letzteres dürfte zutreffen, wenn die Lösung eine lange Entstehungs- und Verwendungsgeschichte hinter sich und damit die denkbar beste Umweltverträglichkeitsprüfung absolviert hat. Wenn also anstelle von Kiwis u.a. verstärkt auf heimische Apfelsorten zurückgegriffen wird, kommen dabei Anbau-, Verarbeitungs- und Logistikmethoden zum Einsatz, über die hinreichendes Wissen vorliegt.

Zwei andere Exnovationsszenarien lassen sich am Beispiel des politisch legitimierten Ausstiegs aus der deutschen Atomenergie erkennen.

---

[240] Näher beschäftigt mit dem Zusammenhang zwischen Erneuerung und Exnovation haben sich unter anderem Kimberly (1981, 91f.) und Clark/Staunton (1989, 12 u. 205ff.). Die erstmalige Erwähnung dieses Begriffs findet sich bei Yin (1979), allerdings im Hinblick auf organisationalen Wandel.

Hier ergeben sich zwei weitere. Zum einen könnte die entfallende Energie durch Maßnahmen der Effizienz oder Suffizienz schlicht eingespart werden. Damit entfiele der Atomstrom quasi ersatzlos. Das andere, derzeit propagierte Szenario hält am Erfordernis einer (wenigstens teilweisen) Substitution fest und fokussiert dabei neue Technologien der regenerativen Energieproduktion. Hier käme es also zur Kopplung zwischen Exnovation und Innovation.

Ein viertes, hier als „Renovation" bezeichnetes Veränderungsprinzip besteht darin, vorhandene Optionen aufzuwerten oder so aufzuarbeiten, dass aus ihnen verlängerte oder neue Nutzungsmöglichkeiten hervorgehen. Das beste Beispiel entstammt dem Bedarfsfeld Bauen/Wohnen, denn die Renovation der vorhandenen Bausubstanz ist unter Klimaschutzgesichtspunkten eine der momentan dringlichsten Aufgaben. Hinzu kämen enorme Einsparungen an Ressourcen und Flächen, wenn sich diese Strategie als Alternative zum Neubau durchsetzt. Dieser Veränderungsmodus ist auf prinzipiell alle materiellen Objekte anwendbar, die sich aufarbeiten, instandsetzen oder im Sinne von Konversion umnutzen lassen. Das gilt auch für weniger wertvolle Konsumgüter, die durch Maßnahmen der Nutzungsdauerverlängerung und/oder Rezyklierung sowohl zeitlich als auch funktionell erweiterte Verwendungsmöglichkeiten offenbaren können.

Abb. 32: Veränderungsmodi

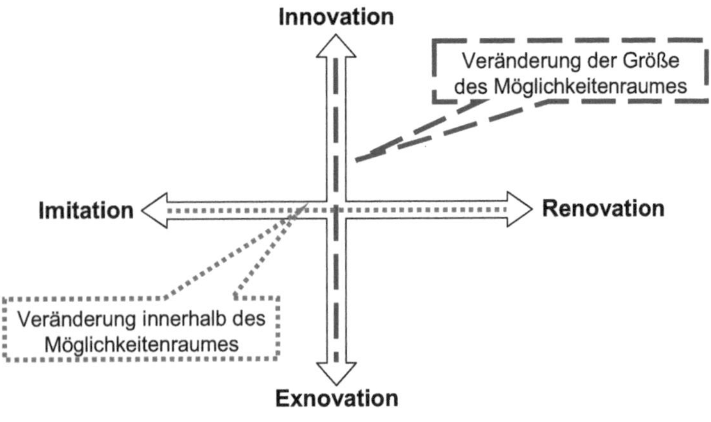

Im Unterschied zur Innovation und Exnovation, die den Bestand vorhandener Möglichkeiten durch Addition bzw. Subtraktion verändern, setzen Imitation und Renovation am Fundus vorhandener Lösungen an, ohne ihn auszudehnen oder zu verringern. Daraus ergeben sich zwei Veränderungsrichtungen, die jeweils zwei Prinzipien in sich vereinen. Welche Schlussfolgerungen legen die vorangegangenen Ausführungen zur Ambivalenz des innovationsgetriebenen Wandels für die Anwendung dieser vier Veränderungsprinzipien nahe?

Gleichwertige Behandlung verschiedener Veränderungsmodi: Abschied von „Einbahnstraßenoptionen"

Wie im vorangegangenen Kapitel dargelegt wurde, können es wohl kaum die systematisch begründbaren Problemlösungspotenziale des Innovationsmodus sein, die ihn fast zu einem Dogma heranreifen ließen. Umso überfälliger dürfte ein unvoreingenommener Umgang mit den insgesamt verfügbaren Veränderungsmodi sein. Folglich sind Exnovation, Imitation und Renovation als prinzipiell gleichwertige Alternativen in die Gestaltung von Veränderungsprozessen einzubeziehen. Nur so ergibt sich eine hinreichende Offenheit und Vielfalt an Lösungswegen, die Ambivalenzen vermeiden helfen. Die Beschränkung auf Innovationen entspricht einem Lösungsweg der besonderen Art, nämlich einer Einbahnstraße. Dieser Weg kennt nur eine Richtung, nämlich das Vorwärts in die Gefilde des nie da Gewesenen. Erst die Ergänzung um andere Veränderungsmodi trägt zur Vermeidung dieser Einseitigkeit bei.

Risikotausch

Um latente Wachstumsrisiken zu vermeiden, scheint speziell für Produkte und Technologien – also materielle Objekte der Veränderung – eine Blickwende erforderlich, durch die das Motto „Wie kommt das Alte aus der Welt?" zum Ausgangspunkt des Managements von Veränderungsprozessen wird. Erst daran anschließend wird die Frage „Wie kommt das Neue in die Welt?" – wenn überhaupt etwas Neues adäquat ist – virulent. Durch diesen Prioritätenwechsel wird die bisherige Chancen-Risiken-Ambivalenz in ihr genaues Gegenteil verkehrt. Nicht mehr der unbedingte Anspruch auf Erschließung neuer Möglichkeiten ist hier die exogene Variable, an die sich alles andere, unter anderem auch die ökologische Bedingung anpassen muss. Vielmehr genießt die Letztere den Vorrang. Indem erst das aus der Welt zu schaffende Problem benannt wird und dann der mögliche Ersatz thematisiert wird, werden die Modernisierungsrisiken verlagert. Die Aussicht auf weiteres Wachstum an konsumtiven Möglichkeiten wird hier zum Risikoträger, während die Chancen der Ökologie zugute kommen. Es leuchtet unmittelbar ein, dass ein derartiger Risikotausch nicht leicht durchzusetzen ist, weil er der bisherigen Innovationskultur diametral entgegensteht. Aber zumindest für nachhaltigkeitsorientierte Neuerungsprozesse käme es einer Blickverengung gleich, wenn allein die Frage nach dem zusätzlichen Neuen zur Richtschnur würde, jedoch ausgeblendet bliebe, was es zu ersetzen oder aus der Welt zu schaffen gilt. Es ist kein Zufall, dass der Exnovationsbegriff in der Innovationsforschung, im Bereich des organisationalen Lernens und sogar im Wissensmanagement gerade dort Verwendung findet, wo das Verharren alter Lösungen die Entfaltung des Neuen behindert. „Exnovation, it turns out, is as important to a firm's health as innovation – and perhaps is a necessary precursor to innovation" (Demarest 1997, 19).

Es könnte sich herausstellen, dass nachhaltiges Wirtschaften in manchen Fällen nicht nur das bislang ausschließlich thematisierte Innovationsmanagement, sondern auch ein Exnovationsmanagement benötigt. Ansonsten impliziert die Kombination beider Veränderungsmodi im Sinne des Risikotauschs ein Werturteil. Was hat im Zweifelsfall Vorrang: Die Ökologie oder weiterer materieller Wohlstand? Gegenwärtig hat die Ökologie das Nachsehen, weil sie nach der Verwirklichung aller Modernisierungsansprüche als Residualgröße verbleibt, deren Integrität von den gerade vorherrschenden technischen und organisatorischen Möglichkeiten abhängt. Sie gerät damit in kritische Abhängigkeit (oder „Geiselhaft") des umwelttechnischen Fortschritts und einer wachstumsneutralen Substitution. Im umgekehrten Fall würde das Problem eliminiert, bevor die Ersatzlösung eingeführt wird.

Bekenntnisse zu einem nachhaltigen Wirtschaftsstil werden sich zukünftig an der Bereitschaft zu einer Prioritätenveränderung messen lassen müssen. Dies gilt gerade angesichts des inzwischen erreichten Niveaus an materieller Bedürfnisbefriedigung.

Direkte und indirekte Koppelung von Veränderungsmodi

Bereits die Behandlung des Selektionsdilemmas verdeutlichte, dass ein Strukturwandel im Bereich neuer Produkte und Verfahren nur auf Basis eines Zusammenspiels von Innovation und Exnovation gelingen kann. Zusätzlich muss ein hinreichend abgestimmtes Timing dafür sorgen, dass keine vorzeitige Verdrängung, sondern ein Ersatz am Ende der Nutzungsdauer des zu exnovierenden Objektes stattfindet. Diese Koppelung zweier Veränderungsmodi ist nur eine von insgesamt drei möglichen, wie die obigen Beispiele (Kiwi, Atomkraft) zeigten.

Abb. 33: Exnovation in Koppelung mit anderen Veränderungsprinzipien

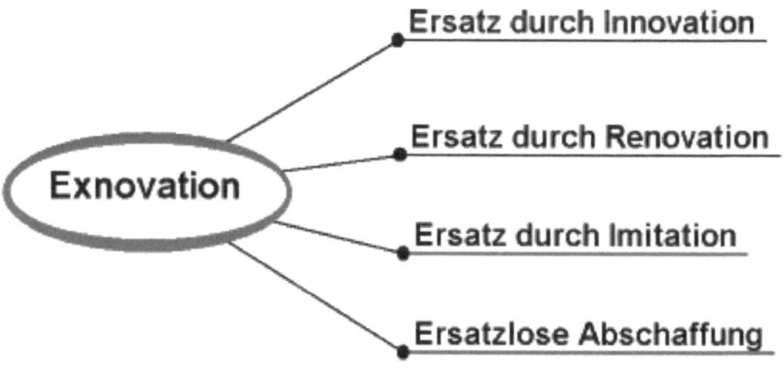

In der obigen Darstellung ist das ersatzlose Verschwinden eines Objekts als veritable Möglichkeit der Veränderung weiterhin enthalten. Außerdem wurde der zuvor erläuterte Risikotausch berücksichtigt, d.h. die Exnovation bildet den Ausgangspunkt des Veränderungsprozesses. Darüber hinaus ist eine andere, vorwiegend im Bereich technischer Investitions- und Konsumgüter anzutreffende Konstellation relevant, die von den zuvor behandelten Beispielen abweicht. So kann beispielsweise die Effizienz einer Produktionsanlage, eines Fahrzeugs, eines Gebäudes oder eines technischen Haushaltsgerätes durch reine Addition eines technischen Moduls erhöht werden. Dabei kann es sich um Filtersysteme, Heizungssteuerungen, Katalysatoren bis hin zu wassersparenden Aufsätzen für Badezimmer- oder Küchenarmaturen handeln. Hier ist der Innovationsmodus nicht mit dem der Exnovation gekoppelt, denn das betreffende

Objekt verschwindet nicht, sondern wird durch eine technische Ergänzung modifiziert. Es läge daher eine Koppelung zwischen Innovation und Renovation vor.

Weitere Konstellationen ergeben sich, wenn immaterielle Objekte der Veränderung einbezogen werden. So sind beispielsweise neue Nutzungssysteme[241] im Konsumbereich vorstellbar und zum Teil längst gängige Praxis, die darauf beruhen, lediglich eine elektronische Infrastruktur für die Rezyklierung von Produkten bereitzustellen. Derartige Systeminnovationen gehen nicht mit der Verursachung irreversibler ökologischer Kosten einher, sondern beruhen auf einer Nutzungsdauerverlängerung oder -intensivierung längst produzierter Güter. Auf diese Weise wird das zuvor beschriebene latente Wachstumsrisiko vermieden. Weiterhin fällt auf, dass hier abermals eine Koppelung zwischen Innovation und Renovation vorliegt, allerdings eine indirekte.[242] Im Unterschied zum obigen Beispiel setzen die gekoppelten Veränderungsmodi nicht am selben Veränderungsobjekt an. Während sich die Innovation auf ein neues System bezieht, handelt es sich beim Gegenstand der Renovation um Produkte, also materielle Objekte.

Wenn Innovationen als Veränderungsmodus zum Einsatz kommen, können latente Wachstumsrisiken dadurch gemindert werden, dass die Innovation entweder mit dem Modus der Renovation oder Exnovation gekoppelt wird. Im letztgenannten Fall könnte zusätzlich die Option des Risikotauschs erwogen werden.

---

[241] Darauf wird im Kapitel 9 näher eingegangen.

[242] Eine Systematik verschiedener Kopplungen zwischen den Veränderungsmodi wird im Kapitel 8 entwickelt.

Kapitel 7
Unternehmerische Nachhaltigkeit als kulturelle Herausforderung

7.1 Von der technischen zur kulturellen Dimension

Anknüpfend an die Systematik des Wandels für eine nachhaltige Entwicklung (Abb. 31) stellt sich nach der Behandlung verschiedener Veränderungsmodi als nächstes die Frage, in welcher gesellschaftlichen Entscheidungsdimension neue Lösungen ansetzen sollten. Grundlegend dafür sind die im Abschnitt 2.4.2 beschriebenen drei Dimensionen, nämlich Technik/Produkte, Nutzungssystem und Kultur. Wenngleich diese Dimensionen viele Interdependenzen und Verschränkungen aufweisen, bergen sie für sich genommen unterschiedliche Problemlösungspotenziale. Zudem verkörpern sie differierende Abstraktionsgrade des Wandels, weil Produkte und Technologien das Resultat zuvor getroffener Entscheidungen über Nutzungssysteme (Praktiken der Bedarfsbefriedigung) darstellen. Letztere wiederum lassen sich als notwendige Konsequenz aus dem Vorhandensein bestimmter Bedarfe ableiten. Die drei Dimensionen bilden damit ein offenes hierarchisches System, das die relevanten Sachverhalte nach ihrer holistischen Kapazität gliedert. Im Übrigen korrespondieren diese Dimensionen mit den Strukturwandelszenarien, die vor dem Hintergrund momentaner Tendenzen des nachhaltigen Wirtschaftens skizziert wurden, dessen Umsetzung momentan allerdings noch in der ersten und teilweise zweiten Phase verharrt.[243]

Der Zusammenhang zwischen den drei Dimensionen, die jeweils unterschiedliche Gestaltungsmöglichkeiten beinhalten, lässt sich am Bedürfnis „Musik“ demonstrieren, dessen Ausformung meistens zu Bedarfen an Tonträgern und Audio-Wiedergabegeräten führt.

[243] Vgl. die in Abschnitt 4.3 gekennzeichneten drei Typen eines Strukturwandels.

Gestaltungsoption I: Innerhalb der technischen Dimension können Tonträger besonders langlebig und ressourceneffizient gestaltet werden (CDs).

Gestaltungsoption II: Im Bereich des Nutzungsregimes lassen sich weitergehende Effekte erzielen, wenn die Funktion „Musikhören" nicht durch die Produktion neuer Tonträger, sondern durch Verleih und/oder Wiederverkauf gebrauchter CDs sowie den Transfer von MP3-Files erfüllt wird.

Gestaltungsoption III: In der kulturellen Dimension entscheidet sich, wie hoch die Quantität des Besitzes bzw. des Konsums an unterschiedlichen Musikträgern pro Individuum überhaupt ist. Schließlich sind alternative Bedarfe denkbar, die das zugrundeliegende Bedürfnis nicht minder effektiv befriedigen. Den Musikkonsum auf Radiosendungen, Konzertbesuche oder eigenes Musizieren zu konzentrieren, war immerhin bis vor wenigen Jahrzehnten gang und gäbe.

Abb. 34: Entscheidungsdimensionen (Beispiel: Bedürfnis „Musik")

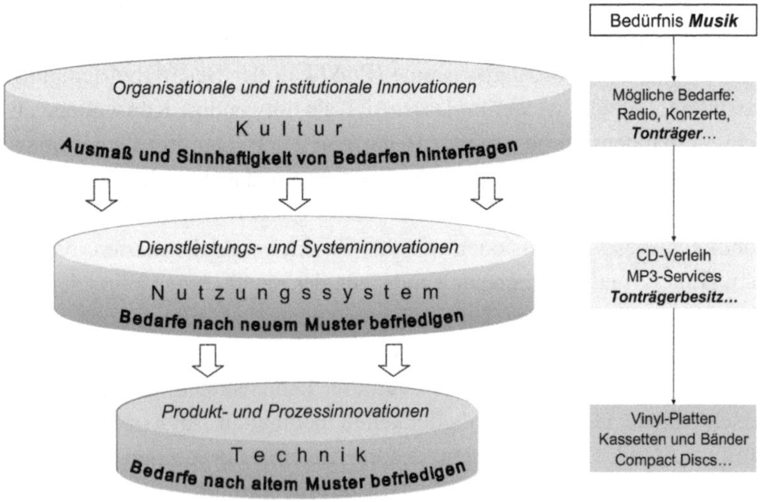

Weiterhin korrespondieren die drei Entscheidungsdimensionen jeweils mit bestimmten Innovationstypen, denn mit der Folge Technik-Nutzungsregime-Kultur nimmt der Grad an gesellschaftlicher Interaktion zu. Produkt- und Prozessinnovationen lassen sich auf der Technikebene verorten, die nach bisher gängiger Auffassung als unmittelbares Handlungsfeld der Unternehmung gilt. Verglichen damit weisen Dienstleistungs- und Systeminnovationen eine höhere Reichweite auf, weil ihr Erfolg auf der Ebene des Nutzungsregimes Verhaltensänderungen der Nachfrager erfordert. Organisationale und institutionale Innovationen, die bis zur kulturellen Ebene durchdringen, stellen nicht nur bisherige Verhaltensroutinen in Frage, sondern das Ausmaß oder die generelle Sinnhaftigkeit von Nachfragemustern. Derartige Innovationen könnten – um beim Musikbeispiel zu bleiben – in der Schaffung neuer Infrastrukturen bestehen, die Konzerte, Musiker-Sessions, verbesserte Möglichkeiten des Musikunterrichts, Instrumentenverleih etc. begünstigen. Maßnahmen solcher Art könnten zu einer teilweisen und allmählichen Substitution des kulturell verankerten Bedarfs an Tonträgern und der damit einhergehenden Produktion von Audio-Geräten führen.

Mit zunehmender Distanz von der technischen Dimension verändern sich die unternehmerischen Gestaltungsmöglichkeiten. Sie schließen die Kommunikation mit weiteren gesellschaftlichen Akteuren ein. Da ein Strukturwandel in Richtung Nachhaltigkeit nicht allein durch Prozess- oder Produktinnovationen zu bewerkstelligen ist, sondern neue Muster der Bedarfsbefriedigung – folglich einen kulturellen Wandel – erfordert, gewinnen Innovationsprozesse mit größerer Reichweite an Bedeutung. Die Rolle eines an Nachhaltigkeit orientierten Unternehmens beschränkt sich somit nicht auf das Hervorbringen neuer Produkte oder technischer Innovationen, sondern schließt die des Initiators und Mitgestalters gesellschaftlicher Lernprozesse ein. Darüber hinaus können Unternehmen als kulturprägende Akteure[244] in Erscheinung treten und damit einen auf Nachhaltigkeit zielenden Bewusstseins- und Strukturwandel unterstützen. Dieser ließe sich demnach als ein ständiger Rückkoppelungsprozess zwischen beiden Marktseiten vorstellen, der eben nicht auf den eindimensionalen Preismechanismus beschränkt bliebe, denn neue Optionen der Bedarfsbefriedigung sind Träger einer eigenen Symbolik und Sinnzuweisung.

[244] Vgl. Pfriem 2000.

7.2 Chancen und Grenzen eines funktionsorientierten Managements

Wie die im dritten Kapitel vorgestellte Recherche zeigt, scheint im Unternehmensbereich zumindest ansatzweise die Erkenntnis zu reifen, dass nachhaltiges Wirtschaften Innovationen voraussetzt, die über technische Lösungen hinausreichen. Dafür dürften weniger die in der vorliegenden Arbeit vertieften Ambivalenzen des Innovationsprinzips ausschlaggebend sein, als eine andere Erfahrung: Wenn sich das Streben nach erhöhter Ressourceneffizienz nicht an Produkten, sondern dem daraus erwarteten Nutzen oder Service orientiert, ergeben sich für Unternehmen zusätzliche und weitaus effektivere Gestaltungsmöglichkeiten.[245]

Bisherige Versuche, diese Erkenntnis in die momentan diskutierten Leitkonzepte des Nachhaltigen Wirtschaftens einfließen zu lassen, erstrecken sich insbesondere darauf, betriebliche Innovationsprozesse zunächst von der reinen Produktfixierung zu lösen und stattdessen für die Entwicklung von Dienstleistungen zu öffnen. Deshalb stehen effiziente Nutzungssysteme entsprechend der im Abschnitt 4.3.3 angesprochenen Dienstleistungs- und Systeminnovationen, insbesondere solche Konsumformen, die nicht an den Besitz von Produkten gebunden sind, hoch im Kurs. Als Vorreiter dieser Grundidee gilt Jantsch (1973), der eine stärkere Orientierung an den eigentlichen Zwecken und Funktionen konsumtiver Handlungen vorschlug. Schließlich sind die Produktion und der Konsum von Gütern nur eine von mehreren Optionen, um einen bestimmten Bedarf zu befriedigen oder eine angestrebte Funktion zu erfüllen.[246]

Im Zuge der Nachhaltigkeitsdiskussion erlebte Jantschs' Funktionsorientierung, die sich innerhalb des obigen Schemas (Abb. 34) in der mittleren Dimension, also der Befriedigung von Bedarfen nach neuem Muster wieder findet, eine kleine Renaissance. Nachdem die in den siebziger Jahren geführte Auseinandersetzung mit den Auswüchsen der sog. „Konsumgesellschaft“[247] bisweilen in Forderungen nach Mäßigung oder (partiellem) Verzicht einmündete, ist seit den neunziger Jahren haupt-

---

[245] Dieser Sachverhalt kann als eine der wichtigsten Quintessenzen des MIPS-Konzeptes betrachtet werden. Vgl. Schmidt-Bleek 2000.

[246] Auf den engen Zusammenhang zwischen „Bedarf“ und „Funktion“ hat Pfriem (1996, 265) hingewiesen. Deshalb werden diese Begriffe im Folgenden synonym verwendet.

[247] Vgl. z.B. Schmidbauer 1972/1984, Pasolini 1975/1978 oder Hirsch 1976/1980.

sächlich von nachhaltigem Konsum die Rede. Die seinerzeit an Begrifflichkeiten wie „Maßlosigkeit“, „Verschwendung“ oder „Überfluss“ gekoppelte Konsumkritik ist mittlerweile einer moderateren Auffassung gewichen: Nicht die Konsumansprüche als solche, sondern die Mittel und Wege zu deren möglichst nachhaltiger Verwirklichung werden thematisiert. Vorreiter unter den genannten Leitkonzepten ist hierbei die Ökoeffizienz. Deren Vertreter verbinden mit dem Konzept der Funktionsorientierung die Hoffnung, eine Dematerialisierung von Leistungsströmen erreichen zu können. Demnach sollen sich Konsumaktivitäten nicht mehr auf den Besitz physischer Produkte, sondern stattdessen auf Services oder den angestrebten Nutzen konzentrieren. Im Hinblick auf das Ausmaß der damit erreichbaren Dematerialisierung und die entsprechenden Gewinne an Ressourcen- und Energieeffizienz ergeben sich allerdings Abstufungen.

Dies lässt sich beispielhaft anhand der Funktion „gemähter Rasen im Vorgarten“ demonstrieren. Üblicherweise erwerben Eigenheimbesitzer einen eigenen Rasenmäher. Hinzu kommt oft ein „Rasentrimmer“ oder eine „Motorsense“, um Stellen, die für den Rasenmäher nicht zugänglich sind, ebenfalls bequem pflegen zu können. Mittlerweile verfügen viele Hausbesitzer über ein ganzes Arsenal an Gartengeräten. Natürlich ließe sich die Energie- und Ressourceneffizienz derartiger Geräte durch Technik- oder Produktinnovationen stetig verbessern. Aber durch einen Wechsel des Nutzungssystems – diese Gestaltungsoption korrespondiert in Abb. 34 mit der mittleren Ebene – ergäben sich für die Erfüllung der zugrunde liegenden Funktion weitaus höhere Freiheitsgrade:

- Services (Typ a): Die benötigten Gartengeräte könnten über einen Verleih-Service in Anspruch genommen werden. Der Besitz eigener Gartengeräte entfiele damit. Über die Erhöhung der Nutzungsintensität einer insgesamt geringeren Anzahl an benötigen Maschinen ergäben sich Effizienzgewinne.
- Services (Typ b): Es könnte ein Gartenbaubetrieb mit der Pflege der Rasenfläche beauftragt werden. Hier entfiele nicht nur der Besitz an Gartengeräten, sondern sogar deren Nutzung.
- Access/Zugang:[248] Anstelle eines eigenen Vorgartens können Eigenheimbesitzer, Wohnungsbesitzer und Mieter die Berechtigung erwer-

[248] Vgl. Rifkin 2000.

ben, eine bestimmte Rasenfläche zu nutzen. Damit entfielen nicht nur Besitz und Nutzung von Gartengeräten, sondern auch jede Notwendigkeit, sich überhaupt mit der Pflege eines Rasens zu beschäftigen. Dies würde der Besitzer oder ein kommunales Grünflächenmanagement übernehmen.

7.2.1 Funktionsorientierte Lösungen scheitern an symbolischen Konsumfunktionen

Ob die beiden Service-Varianten tatsächlich zu einem Effizienzgewinn führen, hängt davon ab, welche Energie- und Ressourcenverbräuche (inklusive notwendiger Transporte der Geräte) die dazu erforderlichen Infrastrukturen im Vergleich zum individuellen Gerätebesitz verursachen. Dieser Vorbehalt dürfte die Access-Variante kaum treffen, insbesondere wenn möglichst viele Personen eine bestimmte Rasenfläche nutzen.[249] Aber genau hier setzt das Dilemma der Funktionsorientierung ein. Aus einer kulturalistischen Perspektive treten die instrumentellen Funktionen oder Gebrauchswerte von Konsumobjekten zusehends hinter symbolische Funktionen zurück. Dabei handelt es sich insbesondere um sozialpsychologisch begründete Motive[250], zu denen die Suche nach identitätsstiftenden Sinngehalten zählt. Diese können sowohl auf sozialer Anerkennung und dem Streben nach Zugehörigkeit oder – dies ist der zunehmend wahrscheinlichere Fall – auf Distinktion beruhen. Vieles deutet darauf hin, dass der Selbstinszenierungs- oder Demonstrationseffekt symbolträchtiger Konsumgüter deren Eigentum voraussetzt.

Hinzu kommt, dass Eigentum als solches auch dort, wo es nicht die Qualität eines Symbolträgers aufweist, per se einen Nutzen stiften kann. Eigentum generiert unbegrenzte (Verfügungs-) Macht und bildet damit eine Voraussetzung für Freiheiten, die der Dienstleistungskonsum, also das „nur" geliehene Objekt, prinzipiell nicht gewähren kann. Produkteigentum verkörpert den Inbegriff des modernen Emanzipations- oder Freiheitsideals und erzeugt ein Gefühl der Sicherheit. Geräte oder Rasenflächen mit anderen Nutzern teilen zu müssen, kann daher als Verlust an

---

[249] Damit ergäbe sich im Übrigen ein weiterer wichtiger Nachhaltigkeitseffekt: verringerte Flächenverbräuche.

[250] Vgl. Karmasin 1998 und Fischer 2002.

individueller Autonomie und Entscheidungsfreiheit wahrgenommen werden.

Je höher die Intensität einer gemeinschaftlichen Hardware-Nutzung ist, als desto größer stellt sich der Verlust an sekundären Konsumfunktionen im Vergleich zum Produkteigentum dar. Vor diesem Hintergrund beruhen die überragenden Ressourcen- und Energieeinsparpotenziale eigentumsersetzender Dienstleistungen, insbesondere von Access-Lösungen, keineswegs darauf, bisherige Konsumfunktionen nur auf andere Weise zu erfüllen. Legt man den nach kulturwissenschaftlicher Lesart auszudifferenzierenden Funktionsbegriff zugrunde, so ergeben sich die weitreichenden Nachhaltigkeitseffekte vielmehr daraus, dass Endnutzer Abstriche an bisherigen Sekundärfunktionen hinnehmen. Beibehalten werden lediglich die instrumentellen Primärfunktionen, nicht aber die darüber hinausgehenden Sinnzuweisungen. Folglich scheitert das Konzept der Funktionsorientierung, denn zumindest die symbolischen Funktionen werden teilweise verändert. Als ebenso fehl am Platze erweist sich in diesem Zusammenhang der Effizienzbegriff, zumal in seiner üblichen Auslegung, wonach ein bestimmtes Ergebnis mit möglichst geringem Mitteleinsatz zu erreichen ist. Hier ist es eben nicht mehr dasselbe Ergebnis, zumindest gemessen am Komfort, Image und Sinnzusammenhang, den das vorherige Produkteigentum generierte.

Vonnöten erscheint ein modifizierter Suffizienzbegriff, der die partielle Aufgabe bisheriger (Sekundär-) Funktionen zu erfassen vermag. In Abgrenzung zu vielen klischeehaften Auslegungen der Suffizienz muss damit nicht ein Verzicht ohne Gegenleistung gemeint sein. Neue Nutzungsformen gehen nicht nur mit einem Verlust an bisherigen, sondern unter Umständen auch mit der Generierung zusätzlicher, wenngleich anders wahrgenommener sozialpsychologischer Funktionen einher. Offensichtlich lassen sich nennenswerte Nachhaltigkeitswirkungen, die nicht von Rebound-Effekten konterkariert werden, in den meisten Fällen nur über eine Substitution oder zumindest Modifikation von Funktionen oder Bedarfen erzielen. Die Erschließung zusätzlicher Gestaltungsoptionen, die über eine bloße Funktionsorientierung hinausgehen, erfordern neue Managementkonzepte.

7.2.2 Die Funktionsorientierung dringt nicht bis zu den Ursachen vor

Funktionsorientierung ist eine konsequent weitergedachte Auslegung des Effizienzprinzips, das nicht auf eine bloße Optimierung von technischen Verfahren und Produkten beschränkt bleibt, sondern systemischen und organisationalen Wandel bis hin zu Verhaltensänderungen einschließt, aber nie das eigentliche Ziel zur Disposition stellt. Die implizite Unterstellung, dass sich mittels der hinzu gewonnenen Optionen für jede *beliebige* qualitative und quantitative Bedarfsausprägung eine Lösung finden lässt, die wenigstens annähernd mit nachhaltiger Entwicklung vereinbart werden könnte, entbehrt jeder Grundlage. Solange die Willkür, mit der neue Konsumansprüche kreiert oder geweckt werden, praktisch unermesslich ist, eilen die Ziele den Mitteln ihrer nachhaltigen Erfüllung mit wachsendem Vorsprung davon. Dies lässt sich gerade anhand einiger Bedarfsfelder illustrieren, die zu den Achillesfersen einer nachhaltigen Entwicklung zählen.

Fallbeispiel „Mobilität"

Technische Dimension: Für die Befriedigung von Mobilitätsbedarfen bieten sich verschiedene Nutzungssysteme an, unter denen der motorisierte Individualverkehr eine dominante Stellung einnimmt. Unter Beibehaltung dieses Systems liegen die vorhandenen Anpassungsmöglichkeiten allein in der technischen Dimension. Nach einer treibstoffsparenden Leichtbauweise, dem geregelten Drei-Wege-Katalysator und der Einführung des 3-Liter-Autos zeichnete sich vorübergehend als nächste Neuerung eine Kombination zwischen der Brennstoffzellen-Technologie und dem sog. „Hybridantrieb"[251] ab. Auf die damit verbundene Reboundproblematik und das Selektionsdilemma derartiger Lösungen wurde bereits an anderer Stelle eingegangen. Die Rolle des technologischen Hoffnungsträgers im Bereich des motorisierten Individualverkehrs (MIV) hat inzwischen die Elektromobilität übernommen.

Dimension des Nutzungsregimes: Löst man sich hingegen von der rein technischen, an einen bestimmten Produkttypen – in diesem Fall das Automobil – gebundenen Sichtweise, so ergeben sich in der nächst um-

---

[251] Ein guter Überblick über den aktuellen Stand der Technik im Automobilbereich findet sich bei Hawken/Lovins/Lovins (2000, 59ff.).

fassenderen Dimension zusätzliche Gestaltungsoptionen, nämlich durch einen Wechsel des Nutzungsregimes. Alternative Nutzungssysteme, die ebenfalls eine Erfüllung des zugrunde liegenden Mobilitätsbedarfs erlauben, beruhen auf anderen physisch-materiellen Voraussetzungen und gehen daher auch mit anderen ökologischen Wirkungen einher. Neben dem Umweltverbund (Fußgänger, Radverkehr, Fahrradtaxi, ÖPNV und ÖPV) bestehen hier effiziente Optionen der Nutzungsintensivierung durch sog. „Pooling“ und „Sharing“[252]. Die Gestaltungsmöglichkeiten dieser Dimension entsprechen dem Konzept der Funktionsorientierung.

Kulturelle Dimension: Weitaus mehr Freiheitsgrade ergeben sich innerhalb der dritten, also kulturellen Dimension. Sie kann als die Sphäre betrachtet werden, in der sich Bedürfnisse zu Bedarfen ausformen. Deren Art, Ausprägung und Umfang folgt dabei – im Gegensatz zu Bedürfnissen – keiner anthropologischen Gesetzmäßigkeit, sondern ist hochgradig kulturabhängig. Ob etwa das Bedürfnis nach Freizeit oder Entspannung am Wochenende in den Bedarf einmündet, einen 500 Kilometer oder 5 Kilometer entfernten Ort aufzusuchen, resultiert aus einer zwanglosen Entscheidung, deren Sinn sich jederzeit hinterfragen ließe. Während in der ersten und zweiten Dimension lediglich unterschiedliche Mittel zur Erfüllung eines bestimmten Konsumanspruchs zur Wahl stehen, wird in der kulturellen Dimension der Anspruch selbst zur Disposition gestellt.

Gerade an diesem hochaktuellen Beispiel lässt sich die begrenzte Reichweite der Funktionsorientierung verdeutlichen. Es hängt offenkundig von der Art und quantitativen Ausprägung eines Bedarfs ab, ob seine nachhaltige Befriedigung technisch oder durch ein geeignetes Nutzungssystem überhaupt möglich ist. So können beispielsweise Bedürfnisse vom Typ „Erholung am Wochenende“ durchaus unterschiedliche Ausprägungen annehmen, die mit entsprechenden Mobilitätsbedarfen korrespondieren. Sie sind in der folgenden Abbildung, die nichts anderes als eine Anwendung des Drei-Dimensionen-Modells für ein bestimmtes Bedürfnis darstellt, beispielhaft schematisiert und zwar für einen Bewohner Norddeutschlands. Als drei mögliche Ausprägungen des Mobilitätsbe-

[252] Vgl. z.B. Hirschl et al 2001, 28ff.

darfs wurden Ziele ausgewählt, die das für ein (verlängertes) Wochenende in Frage kommende Entfernungsspektrum grob abdecken.[253]

Abb. 35: Nachhaltigkeitsdimensionen am Beispiel „Erholung am Wochenende"

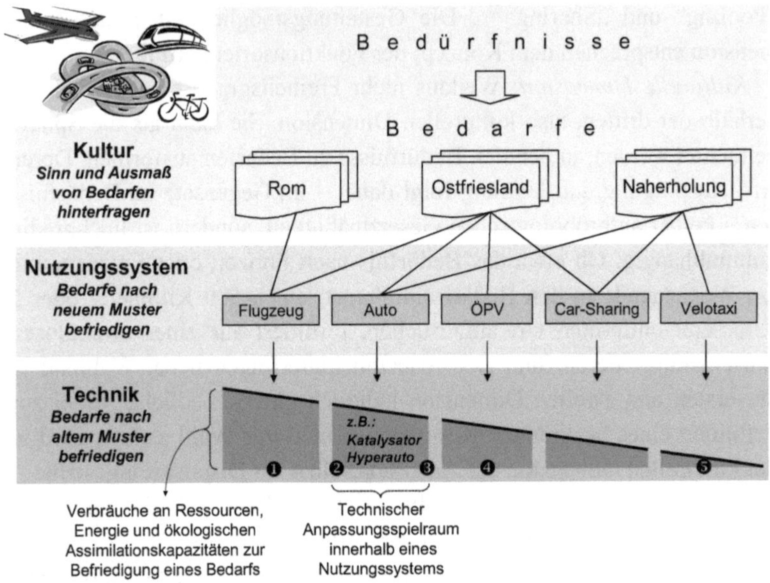

Jedem Mobilitätsbedarf lassen sich in der nächst konkreteren Dimension sämtliche Nutzungssysteme zuordnen, auf deren Basis er alternativ erfüllt werden könnte (siehe die Verbindungslinien). Die dabei zu Tage tretenden Freiheitsgrade bilden die Grundlage für ein funktionsorientiertes Management. Für ein gegebenes Nutzungsregime, das mit bestimmten physisch-materiellen Erfordernissen einhergeht, bestehen in der technischen Dimension weitere Anpassungsspielräume, jedoch nur innerhalb vergleichsweise enger Grenzen. So könnte das Nutzungssystem (eigenes)

[253] Dabei ließe sich selbstverständlich Rom gegen New York oder London, Ostfriesland gegen Bayern und Naherholung gegen Baggersee, Schrebergarten oder gar „Balkonien" ersetzen. An der folgenden Argumentation würde dies nichts ändern.

„Auto" durch die Einführung der Wasserstofftechnologie zur Emissionsvermeidung beitragen.[254] Aber die ökologischen Rucksäcke der Fahrzeuge, die Infrastruktur und die Entsorgung vernutzter Autos führen dazu, dass dieses System auch bei Anwendung des sich abzeichnenden technischen Fortschritts nicht über ein bestimmtes Niveau an Energie- und Ressourceneinsparung hinaus gelangt. In der obigen Abbildung sind die verschiedenen Alternativen so angeordnet, dass die zugehörige ökologische Inanspruchnahme nach rechts abnimmt.[255] Innerhalb der technischen und damit ökologisch relevanten Dimension resultiert daraus ein fallender Graph, der die Nachhaltigkeitswirkung der einzelnen Lösungen andeutet. Entscheidend ist dabei dessen *unstetiger* Verlauf. Um vom Referenzpunkt 2 nach 3 zu gelangen, reicht eine technische Anpassung innerhalb der ersten Dimension aus. Um vom Punkt 2 nach 4 zu gelangen, muss hingegen das Nutzungssystem gewechselt werden. Dies gelingt nur auf Basis der Funktionsorientierung in der nächst höheren Dimension. Wenn darüber hinaus der Punkt 5 angestrebt wird, müsste die Funktion selbst in Frage gestellt werden. Für den mit einem Ostfrieslandaufenthalt korrespondierenden Mobilitätsbedarf existieren auch unter Einbeziehung der Funktionsorientierung keine Lösungen, mit denen Einsparungen erzielt werden können, die über den rechten Endpunkt des vorletzten Intervalls hinausreichen.

---

[254] Dies gilt nur unter der auf absehbare Zeit kaum erfüllbaren Voraussetzung, dass der Wasserstoff mittels regenerativer Energien gewonnen wird.

[255] Die Abbildung erhebt dabei keinen Anspruch auf eine getreue Wiedergabe der tatsächlichen Relationen zwischen den verschiedenen Alternativen. Es handelt sich lediglich um die vereinfachte Darstellung einer Verfahrensweise, die in der Praxis näher zu konkretisieren ist.

Abb. 36: Die Reichweite unterschiedlicher Typen des Wandels

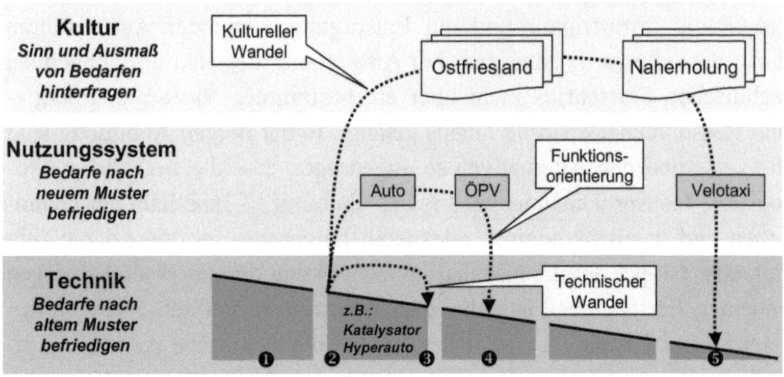

Weitaus eklatanter wirkt sich der begrenzte Handlungsspielraum der Funktionsorientierung dort aus, wo ein bestimmtes Ziel nur mittels eines einzigen Nutzungsregimes erfüllt werden kann, das zudem an eine kaum anpassungsfähige Technologie gekoppelt ist. So lässt sich der für ein verlängertes Wochenende geplante Kurzurlaub nach Rom lediglich mittels des Nutzungssystems „Flugzeug" realisieren (siehe Referenzpunkt 1). Um eine signifikante ökologische Entlastung zu erzielen, ist keine technische Lösung in Sicht und ein Wechsel des Nutzungssystems im Sinne der Funktionsorientierung nicht möglich. Erst wenn hier der Bedarf zugunsten eines näher gelegenen Ziels verändert wird (z.B. Ostfriesland), sind nachhaltigere Nutzungssysteme und Technologien überhaupt anwendbar. Um in dieser Situation nennenswerte Einsparungen an Umweltverbräuchen erzielen zu können, ist der „Umweg" über die kulturelle Dimension unerlässlich. Daraus lassen sich verschiedene Schlussfolgerungen ziehen.

Keine auch noch so effizienten technischen oder funktionsorientierten Lösungen können die Folgen einer grenzenlosen Expansion von Bedarfen auffangen. Selbst nach Ausschöpfung aller Nachhaltigkeitspotenziale, die aus Technik-, Dienstleistungs- und Systeminnovationen resultieren, könnte sich folgendes herausstellen: Zukunftsfähige Mobilität erfordert im Wesentlichen, das inzwischen erreichte Ausmaß an Fortbewegung sowie bestimmte Mobilitätsformen (z.B. Flugreisen) grundsätzlich zu hinterfragen. Aber das Ausmaß, die generelle Sinnhaftigkeit und schließlich die Legitimität von Konsumansprüchen sind eine kulturelle Frage. Obwohl sich diese Folgerung auch anhand vieler anderer Bedarfsfelder verifizieren lässt, würde schon das obige Fallbeispiel ausreichen und zwar aus einem simplen Grund: Allein die aus den überbordenden Mobilitätsansprüchen resultierenden Energieverbräuche sind inzwischen zu einem Kernproblem angewachsen, ohne dessen Lösung eine nachhaltige Entwicklung nicht mehr vorstellbar erscheint.

Eine Kultur der Nachhaltigkeit beinhaltet qualitative und quantitative Komponenten. Der Umstand, dass für Mobilitätsbedarfe, die eine bestimmte Entfernung überschreiten, weder technische noch funktionsorientierte Möglichkeiten ihrer dauerhaft übertragbaren Befriedigung existieren, wirft folgende Frage auf: Sind Flugreisen per se mit einer nachhaltigen Entwicklung unvereinbar? Die in der obigen Abbildung skizzierten Vergleiche beziehen sich auf einzelne Akte einer Bedarfsbefriedigung und nicht auf die insgesamt darauf entfallende Nachfragemenge. Diese Vorgehensweise ist aus Unternehmenssicht unabdingbar, zumal deren wichtigster Einflussbereich in der Gestaltung von Produkten, Dienstleistungen, Nutzungssystemen etc. liegt. Ein Anbieter, dessen Nachhaltigkeitsstrategie darin bestünde, die auf seinen Output entfallende Nachfrage zu beschränken, wäre nicht überlebensfähig.

Gerade deshalb ist der Unterschied zwischen nachhaltigen Marktlösungen und nachhaltigen Konsumstilen von erheblicher Bedeutung. Während im erstgenannten Fall die Qualität der für sich betrachteten, also einzelnen Lösungen im Vordergrund steht, gilt für die Beurteilung von Konsumstilen ein anderer Maßstab, der zusätzlich eine quantitative Komponente enthält. Wird das Konsumverhalten eines Individuums über einen bestimmten Vergleichszeitraum betrachtet, so hängt dessen Beurteilung im Hinblick auf Nachhaltigkeit nicht allein von den Eigenschaften der nachgefragten Güter ab, sondern davon, wie oft oder in welchem Ausmaß von bestimmten Alternativen Gebrauch gemacht wird. Ein Konsument, der beispielsweise sein Leben lang auf ein (eigenes) Auto verzichtet und sich stattdessen in maßvollen Abständen einen Urlaubsflug „gönnt“, verursacht möglicherweise weniger Stoffströme und Emissionen als ein Zeitgenosse, der zwar seltener fliegt, aber mit seinem 3-Liter-Auto pro Tag durchschnittlich 100 Kilometer zurücklegt.

Die Thematisierung des „rechten Maßes“ als kulturelle Herausforderung ist mit jeder (vermeintlichen) Nachhaltigkeitslösung verknüpft. Es zeigt sich, dass die im Abschnitt 2.2 als kultureller Weg bezeichnete

Denkweise nicht nur für die Makroperspektive, sondern jeden Einzelfall relevant ist. Dies gilt aus zwei entgegengesetzten Blickrichtungen. Zum einen lassen sich für besonders schwerwiegende Nachhaltigkeitsprobleme – insbesondere im beherrschenden Energiebereich – schlicht keine anderen Lösungen als eine Mäßigung der dafür ursächlichen Konsumansprüche finden. Die hierzu unumgänglichen Modifikationen der Bedarfe können quantitativer oder qualitativer Art sein. Bezogen auf obiges Fallbeispiel würde quantitative Anpassung bedeuten, den Flug nach Rom nur entsprechend selten in Anspruch zu nehmen. Im Sinne einer qualitativen Mäßigung könnte das zugrundeliegende Bedürfnis „Erholung an einem Wochenende" von vornherein zu einem Bedarf ausgeformt werden, dessen Befriedigung mittels sanfter Systeme und Technologien möglich ist.

Umgekehrt existieren für viele Bedarfsfelder praktisch keine Marktangebote, die per se als nachhaltig bezeichnet werden könnten, denn ihre Wirkung hängt davon ab, in welchem Gesamtumfang oder wie oft sie nachgefragt werden. Mit anderen Worten: Jede auch noch so effiziente oder konsistente Lösung kann zum Problem werden, wenn die darauf entfallende Nachfrage ins Unermessliche steigt. Die unternehmerische Herausforderung besteht deshalb darin, nicht nur nachhaltige Konsumalternativen bereitzustellen, sondern bei der qualitativ veränderten Ausformung von Bedarfen eine aktive Rolle einzunehmen. Wie attraktiv der Aufenthalt in Ostfriesland oder Naherholungsangebote sind, hängt nicht zuletzt von Infrastruktur-, Service- und Erlebnisangeboten ab, die von den lokalen Unternehmen entscheidend mitgestaltet werden.

Dennoch lassen sich auch typische Fälle nennen, in denen die kulturelle Herausforderung kaum von Unternehmen gemeistert werden kann. Auf besonders krasse Weise trifft dieser Sachverhalt auf das Bedarfsfeld „Telekommunikation" zu.

Fallbeispiel „Mobilfunk"

Bevor geklärt werden kann, in welchen Entscheidungsdimensionen den durch Mobiltelefone verursachten ökologischen Schäden ursachenadäquat begegnet werden könnte, ist zunächst ein kurzer Problemumriss vonnöten:

- Die Produktion von Mobiltelefonen geht mit einem nicht vernachlässigbaren ökologischen Rucksack einher. Hinzu kommen weitere Schäden, die durch verschiedene Emissionen und (Sonder-) Abfälle hervorgerufen werden und die sich einer rein quantitativen Bemessung entziehen.

- Die Mobiltelefon-Nutzung hat zu einer schlagartigen Erhöhung der ohnehin schon problematischen Elektrosmogbelastung geführt. Insbesondere ungeklärt ist, wie sich die unmittelbare Strahlung während des Telefonierens langfristig auf den Gesundheitszustand der Nutzer (insbesondere Kinder) auswirkt.[256]

- Die massenhafte Verbreitung von Mobiltelefonen bedingt den Aufbau eines entsprechend dichten Netzes an Mobilfunkanlagen. Die Vielzahl der in jüngster Zeit entstandenen Sendemasten bedeutet sowohl ästhetisch als auch ökologisch einen schwerwiegenden Eingriff in das Landschaftsgefüge und Stadtbild. Abgesehen davon, dass jede einzelne Anlage mit einem nicht vernachlässigbaren Bedarf an Fläche, Ressourcen und Energie einhergeht, führt sie zur Entstehung einer extrem intensiven Strahlenquelle (zusätzlich zum eigentlichen Mobiltelefon).

Welche nachhaltigkeitsrelevanten Vorteile, also Entlastungseffekte, könnten diesen Schäden gegenüberstehen? Ähnlich der inzwischen als Schimäre entpuppten Vision des papierlosen Büros, die seinerzeit den Siegeszug des PCs begleitete, wird bisweilen auch der Mobilfunk-Technologie ein Beitrag zur ressourcenlosen Informationsgesellschaft zugeschrieben. Dies würde allerdings erstens voraussetzen, dass eine nennenswerte Substitution von Stoff- bzw. Energieflüssen durch Mobilfunk überhaupt möglich ist. Zweitens müsste dieser Substitutionseffekt die oben skizzierten Schäden überkompensieren. Drittens wäre neben dem positiven Substitutionseffekt – wenn er denn einträte – ein Wachstumseffekt zu berücksichtigen. Neue Kommunikationstechnologien senken bestimmte Transaktionskosten. Aber damit werden neue Handelsströme, Transporte und sonstige Transaktionen häufig erst möglich. Mittlerweile mehren sich die Indizien dafür, dass Mobiltelefone keinerlei Substitutionswirkungen im Sinne einer effizienteren Befriedigung vorhandener Bedarfe zeitigen, sondern nur zusätzliche Kommunikation um ihrer selbst willen generieren. Demnach befriedigt die Mobilfunk-Technologie einen Bedarf, der mit ihrer Einführung überhaupt erst kreiert wurde.

---

[256] Vgl. hierzu Grasberger/Kotteder 2002 und Weder 2002.

Der Versuch, die von der Mobiltelefon-Nutzung ausgehenden Schäden auf der technischen Ebene zu lösen, scheitert offensichtlich daran, dass weitgehend dematerialisierte (Effizienz) und im Hinblick auf Emissionen und Abfallentstehung (Konsistenz) unschädliche Mobiltelefon-Typen bis auf absehbare Zeit kaum vorstellbar sind. Eine derartige Anpassung der Mobiltelefone hätte im Übrigen keinen Einfluss auf die Elektrosmog- und Sendeanlagenproblematik, die zusätzlich zu lösen wäre. Auch auf der Nutzungsebene dürften für den Bedarf „akustische, drahtlose und völlig ortsungebundene Kommunikation" bis auf weiteres keine Alternativen existieren.[257] Folglich verbliebe allein die kulturelle Dimension, in der die Mobiltelefon-Technologie generell zu hinterfragen wäre.

7.3 Unternehmerische Suchprozesse gestalten: Die OHS-Analyse

Die drei Dimensionen Kultur, Nutzungsregime und Technik/Produkte beschreiben zunächst eine grobe Entscheidungsstruktur, die Gestaltungsoptionen systematisieren hilft. Angelehnt an die von Koestler (1968) formulierte Theorie sog. „Offener Hierarchischer Systeme" (OHS) handelt es sich dabei zugleich um Hierarchieebenen. Die einzelnen Elemente einer Dimension bzw. Hierarchieebene werden als „Holone" bezeichnet. Sie können einerseits als Ausformung oder Konkretisierung eines „darüber liegenden", also abstrakteren Sachverhalts gesehen werden. Andererseits lassen sie sich selbst in verschiedene Subsysteme oder Unterfälle ausdifferenzieren, die auf einer darunter befindlichen Ebene Gestalt annehmen. Dieser Dualismus zwischen Teil und Ganzem findet sich sowohl in sozialen als auch biologischen Systemen wieder. So stellt z.B. ein menschliches Individuum eine wohlgeordnete Hierarchie von Molekülen, Zellen, Organen und Organsystemen dar. Analog dazu bilden technische Lösungen, Nutzungssysteme, Bedarfe und Bedürfnisse ebenfalls ein System aufeinander aufbauender Abstraktionsebenen oder – aus der umgekehrten Richtung betrachtet – Konkretisierungsebenen.

Das OHS-Konzept eignet sich als Managementinstrument zur Beurteilung und Gestaltung unterschiedlicher Optionen des Wandels, wie sich bereits am Beispiel des Rasenmähens zeigte. Ein spezifischer Bedarf wie

---

[257] Abgesehen von Buschtrommeln, Rauchzeichen und Telepathie.

etwa „Gemähter Rasen am eigenen Gebäude“ kann als Holon innerhalb der kulturellen Dimension betrachtet werden. Die Bandbreite seiner möglichen Konkretisierungen fächert sich auf der unmittelbar darunter liegenden Ebene in Form verschiedener Nutzungssysteme aus, die abermals Holoncharakter haben. So stellt die Variante „Eigener Rasenmäher“ eine von mehreren Möglichkeiten dar, den zunächst noch abstrakt formulierten Bedarf „Gemähter Rasen“ zu erfüllen. Nun lässt sich aber das Nutzungsregime des Rasenmäherbesitzes selbst weiter konkretisieren, weil zwischen vielen Gerätetypen mit unterschiedlichen Energie- und Ressourcenverbräuchen gewählt werden kann. Diese Variationsmöglichkeiten liegen innerhalb des zugehörigen Anpassungsintervalls in der technischen Dimension. Wichtig für das OHS-Konzept ist, dass für jedes Holon bestimmte Regeln und flexible Operationen existieren, die Reaktionen auf veränderte Situationen oder Impulse ermöglichen. Die Anpassungsspielräume eines Holons sind dabei begrenzt. Innerhalb des Nutzungssystems „Eigener Rasenmäher“ kann auf Nachhaltigkeitsanforderungen reagiert werden, indem der Nutzer ein möglichst langlebiges und sparsames Gerät auswählt. Außerdem können Produktinnovationen das Typenspektrum erweitern. Aber die auf diese Weise erzielten Effizienzgewinne bleiben auf technische Variationen begrenzt.

Ähnlich wie im Mobilitätsbeispiel können zusätzliche Veränderungsoptionen erst dadurch erreicht werden, dass auf der nächsthöheren Hierarchieebene das Nutzungsregime gewechselt wird, etwa durch den Übergang vom Produkteigentum zum Geräteverleih. In einem OHS sind Entscheidungsstrukturen dadurch gekennzeichnet, dass die innerhalb eines Holons nicht lösbaren Probleme „nach oben delegiert“ werden. Entlang einer vertikalen Bewegung nimmt die Flexibilität nach oben zu, nach unten nimmt dagegen die Starrheit zu, bis hin zur „Mechanisierung von Gewohnheiten“ (Koestler 1968, 122).

Wenn die Bedarfsausprägung „Gemähter Rasen am eigenen Haus“ im Sinne einer rigiden Vorgabe nicht zur Disposition steht, beschränken sich die Gestaltungsoptionen auf funktionsorientierte Lösungen. Folglich befindet sich auf der kulturellen Ebene des zugehörigen OHS nur ein einziges Holon, das dem spezifischen Bedarf bzw. der Funktion entspricht.

Abb. 37: Funktionsorientiertes Management am Beispiel „Rasenmähen“

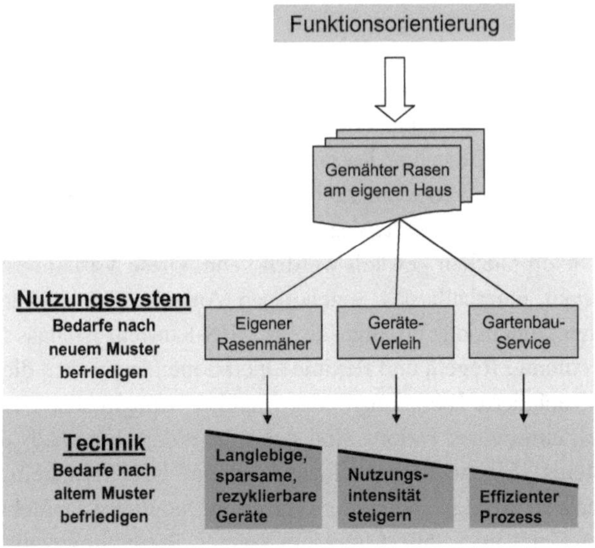

Die verbleibenden Veränderungsspielräume erstrecken sich demnach auf die beiden tieferen Ebenen. Zunächst kann ein Nutzungssystem gewählt werden, das der Erfüllung des Bedarfs gerecht wird. Innerhalb dieses Holons ergeben sich dann auf der technischen Ebene begrenzte Anpassungsmöglichkeiten. In der Darstellung (siehe Abb. 37) fehlt in der Dimension des Nutzungsregimes die Access-Variante, weil sie sich, wie im vorangegangenen Abschnitt erklärt, als kaum vereinbar mit dem zugrunde liegenden Bedarf erweist.

Erst wenn die bislang fixierte Bedarfsausformung selbst zum Gegenstand einer Veränderung wird, ergeben sich weitere Freiheitsgrade auf der höchsten Abstraktionsstufe des OHS, die zugleich identisch mit der kulturellen Dimension ist. Insoweit Bedarfe kulturell geformt sind, also keine unumstößlichen anthropologischen Setzungen darstellen, können ihre quantitativen und qualitativen Ausprägungen im Sinne eines kulturellen Wandels modifiziert werden. Andererseits ist das Infragestellen von Bedarfen, die letztlich nichts anderes als Konsumansprüche sind, leicht dem Verdacht des Verzichtpredigens ausgesetzt. Unternehmerisches Handeln, das den zukünftigen Herausforderungen einer nachhaltigen Entwicklung gerecht werden will, muss sich auf einen Weg zwischen diesen beiden Polen einlassen, der immer wieder neu auszubalancieren ist. Damit ist gemeint, Bedarfen, die unter Ausschöpfung aller Gestaltungspotenziale der Dimension des Nutzungsregimes und der Technik nicht dauerhaft übertragbar erfüllt werden können, nachhaltigere Alternativen entgegen zu setzen. In bewusster Abgrenzung zum üblichen Suffizienzbegriff wird diese Strategie als *Bedarfssubstitution* bezeichnet. Dass der Übergang zu einem anderen Bedarf immer auch eine Aufgabe bisheriger Sekundärfunktionen bedeutet, stellt besondere Anforderungen an die Unternehmenspolitik. Dabei erweist sich die Suche nach Motivallianzen als Dreh- und Angelpunkt. Wenn es gelingt, nachhaltige Lösungen als Erweiterung individueller Handlungsmöglichkeiten anstatt als Einschränkung zu kommunizieren, steigen die Akzeptanzchancen.

Die Access-Lösung – um im Rasenbeispiel zu bleiben – ließe sich als gemeinsam genutzte Rasenfläche um diverse Zusätze ergänzen (gartengestalterische Elemente, Teiche, Bänke, besondere Pflanzen etc.), deren Umsetzung auf einer eigenen Rasenfläche am Haus nie möglich wäre. Kosteneinsparungen und eine höhere Bequemlichkeit infolge des Wegfalls eigener Pflegemaßnahmen sind weitere Pluspunkte. Im Hinblick auf die symbolische Anschlussfähigkeit bleibt allerdings eine Ambivalenz. Wie wichtig wird zukünftig Besitz um seiner selbst willen sein? Steigen angesichts einer nie da gewesenen Anhäufung – besser: Überhäufung – mit materiellem Güterbesitz die Aussichten, dass dessen partielle Aufgabe als Befreiungsschlag, als wohltuende „Entrümpelung“ empfunden wird? Werden diejenigen, die diese Haltung demonstrativ vorleben, Distinktionsgewinne davontragen?

Nicht nur Bedarfssubstitutionen, die kompatibel mit Access-Lösungen sind, verdienen Aufmerksamkeit. So besteht beispielsweise auch die Möglichkeit, einen Hausgarten inklusive Rasen von einem Gartenbauunternehmen so gestalten zu lassen, dass eine Biotopästhetik entsteht. Das Gras müsste dann vielleicht nur zweimal im Jahr gemäht werden. Eine derartige Gartenanlage böte einem weitaus umfangreicheren Flora- und Faunaspektrum Raum. Sowohl sein Erholungswert als auch seine symbolische Funktion können die Attraktivität üblicher „Standardgärten“ oder regelmäßig gemähter Rasenflächen durchaus überflügeln.

Abb. 38: OHS-Analyse zur Aufdeckung erweiterter Gestaltungsoptionen

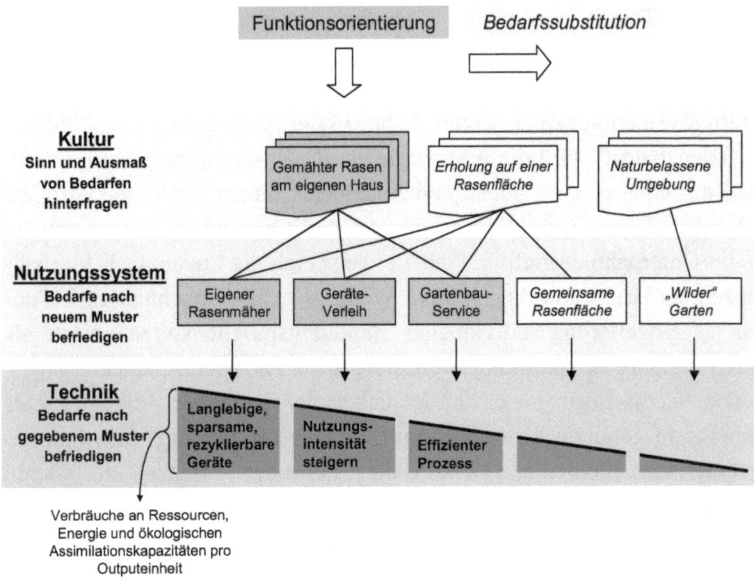

Das OHS in Abb. 38 enthält die beiden Alternativen „Erholung auf einer Rasenfläche" und „Naturbelassene Umgebung" als Abwandlungen der ursprünglichen Bedarfsausprägung. Diese Beispiele zeigen, dass oft keine Aufgabe von Konsumansprüchen, sondern nur eine erhöhte Flexibilität bei deren Konkretisierung erforderlich ist, um innerhalb des OHS nachhaltige Lösungen in der Dimension des Nutzungssystems und der Technik erreichen zu können.

Die Entwicklung, Bewertung und Kommunikation möglicher Bedarfssubstitutionen könnte zukünftig zu einer Kernaufgabe des nachhaltigkeitsorientierten Innovationsmanagements werden. Das hier angedeutete Suchschema wird im Folgenden als OHS-Analyse bezeichnet. Dieses Instrument lässt sich universell einsetzen. Für praktisch jedes Marktsegment oder Bedarfsfeld lässt sich auf Basis der drei Dimensionen Kultur, Nutzungssystem und Technik ein OHS konstruieren. Es liefert die Grundlage für eine gezielte Suche nach Veränderungspotenzialen, die über bloße Effizienz hinausreichen und damit ursachenadäquate Lösungen jenseits neuer Produkte und Verfahren freilegt. Zudem löst sich ein

OHS-basiertes Management von der herrschenden Wachstumsphilosophie (ohne sie per se zu verdammen), weil es den Blick für Strategien des Weniger-kann-mehr-sein öffnet. Die Kombination aus Funktionsorientierung und Bedarfssubstitution – das Hauptmerkmal der OHS-Analyse – erweitert unternehmerische Suchkorridore damit um Lösungswege, die zukünftig möglicherweise unvermeidbar werden.

7.4 Kultureller Wandel als Managementaufgabe: Bedarfssubstitution

7.4.1 Substitution als pragmatischer Weg zwischen Expansion und Verzicht

Auf der Suche nach Konzepten und Lösungen, die den für eine nachhaltige Entwicklung als notwendig herausgestellten „Wandel des Wandels" ermöglichen, erweist sich die in diesem Kapitel näher betrachtete kulturelle Dimension als zentral. Sie repräsentiert das Medium, aus dem Konsumansprüche oder Bedarfe erwachsen, um deren Erfüllung die verschiedenen Produkt-, Technik- und Systemlösungen konkurrieren. Das bisherige Nachhaltigkeitsparadigma – es wurde zu Beginn als technischer Weg apostrophiert – bearbeitet diese Ziel-Mittel-Relation selbst in seiner ausgereiftesten Form, nämlich der Funktionsorientierung, nur in einer Richtung. Die offensichtliche Kluft zwischen davon eilenden Bedarfen und den Möglichkeiten ihrer Befriedigung im Sinne einer nachhaltigen Entwicklung soll demnach allein durch effektivere Mittel geschlossen werden. Damit werden wirksame Auswege praktisch ausgeschlossen, weil für die quantitative und qualitative Ausprägung mancher Bedarfe keine solchen Mittel existieren. Dies wurde mit Hilfe der OHS-Analyse anhand einiger einschlägiger Beispiele verdeutlicht. Folglich lässt sich das Festhalten am technischen Weg nur mit der Erwartung begründen, dass sich die hierzu fehlenden Mittel zukünftig finden lassen. Aber damit werden Problemlösungen nicht nur bis auf unbestimmte Zeit verschoben, sondern geraten in die Abhängigkeit des ambivalenten Innovationsprinzips.

Wie jede andere hat auch diese Kluft zwei Seiten: Der Unzulänglichkeit von Mitteln steht die Unersättlichkeit von Konsumansprüchen gegenüber. Eine ursachenbezogene Lösungsstrategie müsste deshalb die Divergenz zwischen Zielen und Mitteln grundsätzlich aus beiden Richtungen reflektieren: Anstatt sich immer wieder auf das zusehends aussichtslosere Unterfangen einzulassen, das Mittelarsenal an die Ziele anzupassen, ließe sich die Kluft auch auf umgekehrtem Weg schließen. Demnach gilt es, die *Konsumansprüche an die vorhandenen Möglichkeiten einer nachhaltigen Entwicklung heranzuführen* oder – in den Worten M. Gronemeyers (1988, 147) – das „Zuhandene zum Hinreichenden“ werden zu lassen. Dass die damit verbundene kulturelle Herausforderung an Tabugrenzen kratzt, spricht nicht gegen ihre Dringlichkeit, sondern erklärt nur, warum sie so lange gemieden wurde. In welcher Gestalt kann sie zum Thema eines nachhaltigkeitsorientierten Managements werden?

Mit dem dreidimensionalen OHS-Konzept wurde ein Suchraster vorgestellt, das nicht nur den technischen und funktionsorientierten, sondern darüber hinaus den kulturellen Wandel zu erfassen vermag. Letzterer bedarf einer näheren Klassifizierung. Die Erschließung zusätzlicher Freiheitsgrade innerhalb der kulturellen Dimension wurde bereits anhand des Rasenbeispiels erläutert und als Bedarfssubstitution bezeichnet. Sie bildet den Kern eines erweiterten Konzepts der Gestaltung, die bis zur Reformulierung von Konsumansprüchen reicht. Wenn kultureller Wandel bedeutet, Bedarfe an die Möglichkeiten ihrer nachhaltigkeitskonformen Erfüllung heranzuführen, ist damit noch nicht geklärt, welche Ansatzpunkte dafür existieren.

Ein Wesenszug neuer Produkte, Technologien oder Nutzungssysteme, die den Zusatz „innovativ“ verdienen, liegt definitionsgemäß darin, zusätzliche Handlungsmöglichkeiten und Freiräume zu schaffen. Deren Erschießung durch die Nutzer geht mit der Bildung neuer oder der Ausdehnung vorhandener Konsumfunktionen einher, die schnell zur Routine werden können. Jedes Infragestellen wird damit begründungsbedürftig. Wer z.B. die Handlungsoptionen kritisch beurteilt, die erst vor kurzem durch die Mobilfunk oder durch sog. „Billigflieger“ eröffnet wurden, findet sich in der Defensive wieder und trägt die Beweislast, dass eine Befriedigung der daraus insgesamt erwachsenen Konsumansprüche kaum in Einklang mit einer nachhaltigen Entwicklung zu bringen ist. Die Transformation neuer Möglichkeiten in zementierte Forderungen erfolgt bisweilen schon, bevor erstere überhaupt existieren, wie sich an der momentan geführten Gentechnikdiskussion nachzeichnen lässt. Die permanente Weckung neuer Bedarfe scheint einem simplen Muster zu folgen: „Sobald das Wünschenswerte in den Bereich des Möglichen rückt, wird es in die Kategorie des Notwendigen aufgenommen“ (Bruckner 2001, 60).

Nun lassen sich einmal erschlossene Handlungsoptionen und -freiheiten ebenso wenig rückgängig machen wie ein erreichtes Niveau an technischem Fortschritt oder Wissen. Auswege aus dieser Problematik können deshalb für Unternehmensakteure nur darin bestehen, konkurrierende Angebote und Freiräume bereitzustellen. Diese müssten allerdings in Bedarfe einmünden, deren Befriedigung nicht nur mit geringeren materiellen Auswirkungen einhergeht, sondern andere Bedarfe verringert oder ersetzt. Durch eine derartige Koppelung des Zuwachses an eine gleichzeitige Kontraktion von Handlungsoptionen erweist sich die elementare Logik der Substitution als pragmatischer Ansatz zwischen Expansion und Verzicht. Hinzu kommen zwei weitere Bedingungen. Entscheidend ist zunächst, dass sich die Substitution nicht allein auf Produkte oder Nutzungssysteme erstreckt, sondern – zumindest verbunden damit – auf Bedarfsausformungen. Wenn sich etwa das Gartenbauunternehmen im obigen Rasenbeispiel darauf beschränkte, sein Technik- und Logistikpotenzial als effizientere Erfüllung des konventionellen Bedarfs „Gemähter Rasen am eigenen Haus“ anzubieten, würde die resultierende Lösung nicht über die Grenzen einer Funktionsorientierung hinauskommen, daher weder das Selektionsdilemma meistern, noch bis zu den Problemursachen durchdringen. Erst dadurch, dass technische und organisatorische Maßnahmen mit einer veränderten Bedarfsformulierung („Naturbelassene Umgebung“) verbunden werden, erschließt das komplette Angebot wietergehende Nachhaltigkeitspotenziale.

Bewirkt wird damit ein *Tausch von Konsumfunktionen mit unterschiedlichem Materialisierungsgrad.* Ein an Bedarfssubstitution orientiertes Management steht vor der Herausforderung, Bedingungen zu schaffen, unter denen dieser Tausch als attraktive Alternative wahrgenommen werden kann und zugleich dem langfristigen Unternehmenserfolg dient. Daraus ergeben sich Aufgabenbereiche, die im Folgenden weiter ausgeführt werden sollen. Sie umfassen u.a.

- das Aufdecken, Gestalten und Kommunizieren von Motivallianzen für maßvolle Bedarfsausformungen,
- die kulturelle Aufwertung von Bedarfen, die mit weniger materiellem Aufwand zu befriedigen sind,
- die explizite Einbeziehung der zu substituierenden Bedarfsausprägungen in die Unternehmens- oder Innovationsstrategie sowie

– die Bereitstellung der Produkte, Techniken und Nutzungssysteme zur Befriedigung maßvoll gewandelter Bedarfe.

Gerade der letztgenannte Aspekt zeigt, dass Bedarfssubstitution zunächst, d.h. ohne Berücksichtigung weiterer Kriterien zur Eingrenzung des unternehmerischen Suchfeldes, keine Abstinenz von Entwicklungen innerhalb der unteren beiden OHS-Ebenen bedeutet, zumindest solange sie den Weg für maßvolle Konsumansprüche bereiten. Einzelne Nachhaltigkeitsmaßnahmen innerhalb der Produkt- oder Systemdimension können durchaus Wirkungen entfalten, die sich bis in die kulturelle Dimensionen fortpflanzen. Durch direkte und indirekte Wirkungen, die von einer einzelnen Maßnahme ausgehen, sind Rückkoppelungen zwischen allen drei Dimensionen möglich. Fälle, in denen der kulturelle Effekt einer technischen Neuerung kontraproduktiv ist, weil er die Bedingungen für maßvolle Bedarfsausprägungen unterläuft oder in ihr Gegenteil verkehrt, wurden im Abschnitt 2.4.3 als psychologische Rebound-Effekte bezeichnet. Aber derartige Rückkoppelungen können auch die umgekehrte Wirkung erzielen, wie sich an folgendem Beispiel zeigen lässt.

Die Deutsche Bahn AG erlaubt neuerdings zusätzlich zum herkömmlichen Fahrradtransport die kostenlose Mitnahme von Fahrrädern, wenn diese zusammenklappbar sind und wie ein größeres Gepäckstück am Sitzplatz untergebracht werden können. Damit wurde eine preisgünstige und zugleich flexible Mobilitätsoption eröffnet, die zu einer kleinen Renaissance des noch aus den siebziger Jahren bekannten Klappfahrrades führte. Dies hat wiederum Fahrradhersteller auf den Plan gerufen, die mit einer völlig neuen Klappradtechnologie aufwarten konnten (Rückkopplung zur Produktebene). Inzwischen scheint das vormals von unfreiwilliger Komik bestimmte Image des „Campingrades" einer attraktiven High-Tech-Symbolik gewichen zu sein. Insgesamt profitiert davon das Fahrrad als präsentables Fortbewegungsmedium – nicht nur die neue Klappradgeneration, sondern Fahrräder generell – und kann damit indirekt eine maßvolle Ausformung von Mobilitätsbedarfen unterstützen (Rückkopplung zur kulturellen Ebene). Wer die Möglichkeiten einer auf Bahn und Fahrrad basierenden Mobilität entdeckt und für sich erschließt, passt unter Umständen Ziele und Entfernungen an dieses Nutzungsregime an. Dies dürfte zumindest auf Situationen zutreffen, in denen Mobilitätsentscheidungen hohe Freiheitsgrade haben, so etwa speziell in Verbindung mit Freizeitgestaltung. Flankiert werden derartige Bedarfssubstitutionen dadurch, dass eine prägnante Optik und auffällige Technik der neuen Klappradgeneration jenseits ihres Gebrauchswertes weitere sozialpsychologische Sekundärfunktionen erfüllen. Nicht nur Textilien, sondern auch andere Produkte – in diesem Fall Fahrräder als „Eyecatcher“ – können zu Kommunikationsmedien werden, die kulturell geprägt sind, ihrerseits aber auch Kultur prägen.[258]

7.4.2 Motivallianzen für maßvolle Bedarfsausformungen

Die Modifikation oder das gänzliche Fallenlassen von Bedarfsausprägungen, deren Befriedigung mit hohen ökologischen Aufwendungen einhergeht, lässt sich oft durch andere, nicht materielle Funktionen oder Nutzenzuwächse kompensieren. Sie erstrecken sich auf Kategorien, die oft unter Oberbegriffen wie beispielsweise Zeitwohlstand, Entspannung, Stressfreiheit, Gesundheit, Übersichtlichkeit und Entschleunigung rangieren. Weiterhin sind Genusssteigerungen denkbar, die durch eine „Konzentration auf das Wesentliche“ erreicht werden können. Damit ist die freiwillige Beschränkung auf eine gezielte Auswahl an Konsumaktivitäten gemeint. Dieses in der Suffizienzdebatte allgegenwärtige Prinzip des „Weniger kann mehr sein“ wird umso relevanter, je tiefer und breiter das Angebot an Konsum- und Erlebnisoptionen ist, mit dem sich ein einzelnes Individuum auseinandersetzen muss. „Überflüssigen Besitz“[259] zu vermeiden bedeutet nicht nur, knappe Zeit, knappen Raum und finanzielle Mittel zu sparen, sondern kommt einer generellen „Entrümpelung“ des Lebens gleich. Das im Feng Shui[260] zentrale „Space Clearing“ (Kingston 2001) hat nicht nur eine physische, sondern zugleich symbolische und geistige Bedeutung: „Gerümpel ist aufgestaute Energie“ (ebd., 21) – hier nicht in Form ökologischer Rucksäcke, sondern als Lebensenergie verstanden. Der englische Begriff für Dinge, die als überflüssig oder hinderlich empfunden werden, wie etwa „Kram“, „Gerümpel“, „Krempel“, „Plunder“, „Wirrwarr“ oder schlicht Unordnung, nämlich „clutter“, entstammt dem mittelenglischen Wort „clotter“. Und dieses

---

[258] Vgl. hierzu Fischer 2002, 124ff.

[259] Dieser Terminus wird im neunten Kapitel erläutert.

[260] Feng Shui gilt als „chinesische Kunst, Häuser so zu bauen und Räume so einzurichten, dass Menschen sich darin wohl fühlen und ihr Energieniveau behalten oder sogar stärken“ (Kingston 2001).

wiederum bedeutet Gerinnen, also die extremste Form einer ins Stocken geratenen Bewegung.

Eine Befreiung von hinderlichem Ballast, das „Ausmisten“ oder Aufräumen des eigenen Lebens hat – darüber können die ebenfalls anzutreffenden esoterisch anmutenden Bedeutungszuweisungen nicht hinwegtäuschen – hohe praktische Relevanz für den oft schwer zu konkretisierenden Suffizienzbegriff. Die Auflistung und Begründung der Negativseiten des „Gerümpels“ bei Kingston liest sich wie eine Sammlung alltagstauglicher Motivallianzen für suffiziente Lebensstile. Die „Ansammlung von Gerümpel“ und der „Besitz von Krempel“, so Kingston (2001, 32ff.),

- „macht müde und lethargisch,
- hält einen in der Vergangenheit fest,
- verstopft den Körper,
- kann sich auf das Köpergewicht auswirken,
- verwirrt einen,
- hat Einfluss darauf, wie einen die Leute behandeln,
- lässt zaudern,
- ruft Disharmonie hervor,
- kann Scham verursachen,
- kann das ganze Leben beherrschen,
- macht depressiv,
- führt zu mehr Gepäck,
- trübt die Sensibilität und Lebensfreude,
- erhöht den Putzaufwand,
- macht chaotisch,
- kann ein Gesundheits- und Brandrisiko darstellen,
- kann eine unerwünschte Symbolik haben,
- kostet Geld und
- lenkt von wichtigen Dingen ab“.

Aus dem Umstand, dass die Auswahl an Konsumoptionen geradezu explodiert, der Tag aber nach wie vor nur 24 Stunden aufweist, resultiert ein Zielkonflikt, der sich in Form von permanenter Zeitknappheit niederschlägt. Um den einzelnen Konsumaktivitäten überhaupt Nutzen abgewinnen zu können, muss ihnen ein Minimum an Zeit gewidmet werden. Deshalb existiert für die individuelle Güterausstattung eine Obergrenze, ab der die Lebensqualität nicht mehr mit wächst, wenn weitere Konsumakte hinzukommen. Gefragt ist deshalb die „Kunst der Auswahl, des Neinsagens", damit das „Viel-Haben [nicht] dem Gut-Leben in die Quere" (Sachs 2000, 12) kommt.[261] Auf diesen Sachverhalt stieß bereits Leiss (1978; hier übersetzt): „Wir brauchen so viele Dinge, dass wir es uns nicht leisten können, den besonderen Qualitäten jedes einzelnen viel Pflege und Aufmerksamkeit zu widmen" (ebd., 54).

Nicht nur bezogen auf materiellen Besitz, sondern auch für den Service- und Erlebniskonsum gilt, dass eine bewusste Reduktion zur notwendigen Schutzvorkehrung gegen Reizüberflutung werden kann. „Im Chaos der Angebote wird Freizeit zum Stress" (Bolz 2003, 25). Die zur Verarbeitung und genussvollen Ausschöpfung konsumtiver Stimuli erforderliche psychische Kapazität ist nicht beliebig dehnbar, zumal sie auch von anderen Handlungen beansprucht wird. Als Antwort auf die zunehmende Komplexität des modernen Alltags proklamiert die florierende „Simplify your life"-Welle ein „Grundbedürfnis nach Einfachheit" (Küstenmacher/Seiwert 2002, 14). Hier wird nicht nur „*ent*-rümpelt", sondern „*ent*-wirrt", „*ent*-ärgert", „*ent*-krampft", „*ent*-schlackt", „*ent*-zerrt" etc. Die Gliederung des zitierten Vereinfachungsratgebers umfasst nicht weniger als 33 solcher in der „*ent*"-Form verbalisierter Befreiungsschläge, die praktisch alle Lebensbereiche abdecken. Was vormals als schmerzliche Entsagung gebrandmarkt wurde, könnte in einer von kaum mehr zu bewältigender Komplexität, Überhäufung und Beschleunigung gezeichneten Lebenssituation zur reinsten Befreiung werden. In diesen Zusammenhang passt ein von Schwartz (2004) als „Paradox of Choice" bezeichnetes Phänomen. Demnach führt eine überbordende Optionenvielfalt zu permanentem Entscheidungsstress und kann ab einer kritischen Grenze das Wohlbefinden verringern.[262] Experimente zeigen, dass

[261] Vgl. auch Pfriem 1992.

[262] Aus diesem Grund wollte der Psychologe Schwartz sein Buch ursprünglich „The Tyranny of Choice" nennen.

Konsumenten sich dagegen zusehends durch eine verblüffende Verhaltensweise schützen: Sie bevorzugen Entscheidungssituationen, die ein vergleichsweise geringes Spektrum an Wahlmöglichkeiten aufweisen.[263]

Inmitten einer Optionenvielfalt, die schon längst kein Individuum mehr überschauen kann und die bisweilen zu einer schleichenden Überforderung führt, gewinnt Verzicht eine völlig neue Bedeutung, ganz gleich ob damit Abstriche am bereits Erreichten oder nur der Verzicht auf weitere Zuwächse gemeint sind. Freiheit und Souveränität eines menschlichen Individuums manifestieren sich ebenso in der Fähigkeit des Unterlassens wie in der des Bewirkens. „Die Kunst des Unterlassens setzt Entschiedenheit, Kundigkeit und Selbstbegrenzung (also eine durch und durch aktive Einstellung zum Leben) voraus. [...] sie richtet sich auch gegen den Optimierungswahn und Selbstverwirklichungsimperativ im eigenen Leben und begünstigt die Gelassenheit" (M. Gronemeyer 1988, 249f.). Wie sich Gelassenheit und Entschleunigung gar zu einem Instrument der Selbstinszenierung ausbauen lassen, beschreibt Bolz (2003, 29): „Diese Form des demonstrativen Konsums richtet sich heute auf den immateriellsten Wert: die Zeit. Seit jeder einen Mercedes fahren, ein Eigenheim bauen und nach Florida fliegen kann, beginnen einige, Zeitwohlstand zu demonstrieren. Erziehungsurlaub nehmen, Briefe mit der Hand schreiben – ein Dasein ohne Handy".

7.4.3 Abschied von der Wachstumslogik

Suffiziente Lebensstile können mit der generellen Vermeidung oder graduellen Reduktion von Bedarfen einhergehen. In beiden Fällen kann die Mäßigung ersatzlos oder durch das Ausweichen auf eine alternative Bedarfsausformung erfolgen, wobei hier der Rückgriff auf vorhandene oder neu zu schaffende Lösungen möglich ist. Deshalb schließt das Suffizienzprinzip keineswegs nur „Verzichtslösungen" ein, sondern bedeutet schlicht eine erhöhte Flexibilität gegenüber der genaueren Beschaffenheit von Konsumansprüchen. Auf diese Weise entstehen Spielräume, in denen unterschiedliche Bedarfe als gegeneinander austauschbare Alternativen in Betracht kommen.

[263] Vgl. auch Schwartz 2004.

Für ein an Bedarfssubstitution orientiertes Management stellt sich die Frage: Wie nahe müssen alternative Bedarfsformulierungen in funktionaler und kultureller Hinsicht beieinander liegen, damit sie noch substituierbar sind? Hier bietet es sich an, nochmals auf das Beispiel des Musikkonsums zurückzukommen. Angesichts zunehmender Belastungen durch akustische Berieselungen – welches Verkaufsareal, welche Arztpraxis oder welches öffentliche Gebäude kommt noch ohne Hintergrund- oder Pausenmusik aus? – und lautstarker Lärmbelästigung (Urbanisierung, Verkehr, Telekommunikation, Produktion etc.) drohen der industrialisierten Hemisphäre inzwischen die Ruhepole auszugehen. Deshalb könnte ein bewusster Abstand vom Tonträger basierten Musikkonsum in vielen Fällen eine nutzensteigernde Entlastung darstellen. Im Übrigen lässt sich ohnehin darüber nachdenken, ob „Musik“ oder „Musikhören“ überhaupt als ein unumstößliches Bedürfnis gelten kann. Wenn es sich beim Genuss von Musik nur um die konkretere Ausformung einer höheren Bedürfnisabstraktion handelt, ließe deren Befriedigung auch vollkommen andere Bedarfsausprägungen zu. Dabei könnte es sich um Freizeit- und Kulturangebote, aber auch Momente der Ruhe und Entspannung handeln. Auch deren Bereitstellung setzt mittlerweile eine professionelle Organisation voraus, die von Unternehmen zu leisten wäre. Auf diese Weise eröffnen sich vollkommen neue Ebenen der Konkurrenz und damit breitere Spielräume für Bedarfssubstitutionen zugunsten nachhaltiger Entwicklungsmuster.

Darin zeigt sich, dass nachhaltige Unternehmensstrategien nicht darauf beruhen müssen, Produkten, Services oder Nutzungssystemen vergleichbare oder ähnliche ressourcensparendere Alternative entgegenzusetzen. Auch durch abweichende Angebote der Freizeitgestaltung und der Selbstverwirklichung – kurz: des Zeitverbringens an sich – können bisherige Konsumanlässe obsolet werden oder lassen sich gar verdrängen. Solange ein Tag nur 24 Stunden zählt, kann ein einzelnes Individuum eben nicht alle Optionen gleichzeitig in Anspruch nehmen, sondern muss seine Konsum- bzw. Freizeit sinnvoll verteilen. Daraus könnten sich Möglichkeiten einer Substitution von Bedarfen ergeben, deren Konkurrenzbeziehung allein darin besteht, dass sie gleichermaßen Zeit und Geld kosten. Allerdings: So plausibel diese Argumentation theoretisch zunächst auch sein mag, sie setzt einen zeitlichen oder finanziellen Engpass voraus. Andernfalls bereichern neue Möglichkeiten des Konsumierens und Zeitverbringens nur die ständig expandierende Multioptionsgesellschaft und befeuern einmal mehr den Wachstumsmechanismus. Die zunehmende Beschleunigung aller Lebens-, insbesondere Konsumbereiche, sowie die mittels ausufernder Kommunikationstechnologien erzielte Erlebnisintensität begründen hier zunächst keinen Optimismus. Jedenfalls gebiert der Hang, das Eine stets tun zu können, ohne das Andere lassen zu müssen – das entspräche keiner Substitution, sondern einer Aufblähung von Bedarfen –, ständig neue Steigerungsformen, die von Zeitmanagementkursen an der Volkshochschule bis hin zur Optimierung des menschlichen Multi Tasking reichen.

Andererseits werden jedoch inzwischen die Grenzen der psychisch und physisch verkraftbaren Beschleunigung, Reizüberflutung oder einfach Optionenüberhäufung sichtbar. Damit steigen die Chancen, dass das Alles-jederzeit-überall-Syndrom einer zunehmend bewussteren Auswahl von und Konzentration auf wesentliche Konsumoptionen weicht. Aufgrund der oben genannten Motivallianzen zugunsten maßvoller Lebensstile könnten Entschleunigung, Übersichtlichkeit und Dauerhaftigkeit zu einem wichtigen Charakteristikum zukünftiger Bedarfsausprägungen werden. Als flankierend erweisen sich dabei weitere Tendenzen.

Das herrschende Entwicklungsparadigma, demzufolge jede Problemlösung und jeder Veränderungsimpuls als Wachstum begriffen wird, bekommt erste Risse. Nicht nur die zusehends sichtbarer werdende Erschöpfung ökologischer Ressourcen und Aufnahmekapazitäten mausern sich zum Wegbegleiter absehbarer Szenarien, sondern auch Einkommensrückgänge infolge des Umbaus sozialer Systeme, dessen Notwendigkeit mit globaler Lohnkonkurrenz erklärt wird, Schrumpfungen urbaner Infrastrukturen infolge leerer öffentlicher Kassen und Zusammenbrüche altindustrieller Strukturen in den neuen Bundesländern. Eingedenk der Überlegungen des vorangegangenen Abschnitts ergeben sich daher zukünftig mehr als „nur" ökologische und kulturelle Wachstumsgrenzen, die einen „Abschied von den Zeiten des unbedachten Verbrauchs" (R. Gronemeyer 1998, 18) wahrscheinlich werden lassen. „Der eine verzichtet aus Überdruss auf die Karibik, der andere aus Geldmangel auf Mallorca. […] *Den Gürtel enger schnallen* und *sich von dem Plunder befreien*" (ebd., 19; Hervorhebungen im Original), sind zwar insofern nicht zwei Seiten einer Medaille, als ersteres die bedrückende Konsequenz eines derweil konkursreifen Wohlfahrtsstaates darstellt, während letzteres von Überdruss zeugt; aber es bleiben parallele Tendenzen, die in dieselbe Richtung weisen.

Bislang waren Unternehmen ausschließlich dafür zuständig, die Expansion von Konsummöglichkeiten zu organisieren. Zukünftig könnte sich eine andere Herausforderung stellen, nämlich die Erschließung von Handlungsoptionen innerhalb eines Rahmens, der nicht nur aufgrund ökologischer, sondern auch sozialer und finanzieller Engpässe keine Ausdehnung mehr zulässt. Folglich geht es darum, einem konstanten oder sogar abnehmenden Fundus an materiellen Objekten, Fläche und Mobilität hinreichende Möglichkeiten der Bedarfsbefriedigung abzuringen. Dazu werden Effizienz- und Konsistenzstrategien demnächst allein nicht mehr ausreichen, weil sie das Ausmaß an Konsumansprüchen nicht nur immun gegen jeden kulturellen Wandel im Sinne einer Mäßigung machen, sondern implizit sogar deren weiteres Wachstum versprechen. Dieser Ansatz übersieht, dass die Wachstumsepoche eben nicht nur auf physische, sondern auch ökonomische Grenzen stößt. Weder die Entwicklung der öffentlichen Haushalte, noch die der privaten Kaufkraft lässt eine entsprechende Grundlage vermuten. Was sich mittlerweile in den neuen Bundesländern vollzieht, könnte absehbar auch andere europäische Regionen erfassen: ein kaum umkehrbarer Prozess der Schrumpfung. Gefragt ist daher eine Kombination aus technischem und kulturellem Weg, die hier als Bedarfssubstitution verstanden wird. In dieser Gemengelage finden sich durchaus Ansatzpunkte für unternehmerische Kreativität, insbesondere solche, die einen kulturellen Wandel in Richtung Nachhaltigkeit unterstützen.

7.4.4 Handlungsfelder für wachstumsneutrale Unternehmensstrategien

Die Wiederentdeckung der Region: Abbau von Mobilitätszwängen und geschlossene Produktionskreisläufe

Verringerte Mobilitätserfordernisse, insbesondere kürzere Distanzen erhöhen den Zeitwohlstand. Davon profitieren Unternehmen, die sich auf die Versorgung ihrer lokalen oder regionalen Umgebung spezialisieren und damit die Voraussetzungen für einen stressfreieren Lebensstil der kurzen Wege erfüllen. Dies beträfe zahlreiche Branchen. Derzeit werden allein in Deutschland *pro Tag* 2,6 Millionen Barrel Rohöl (ein Barrel entspricht 159 Liter) verbraucht, woran die weiter steigende Mobilitätsnachfrage besonderen Anteil hat. Bisher erzielte und zukünftig erwartbare Effizienzfortschritte in der Dimension des Nutzungsregimes und der Technik vermitteln ein düsteres Bild. Nach Angaben der Internationalen Energieagentur (IEA) hat sich der Fortschritt in der Energieintensität[264] in den vergangenen Jahrzehnten verlangsamt. Zwischen 1973 und 1982 sank die Energieintensität pro Jahr durchschnittlich um 2,5 %, zwischen 1983 und 1990 um 1,5 % und 1991 waren es nur noch 0,7 %.[265] Um Energie- und damit CO_2-Reduktionspotenziale zu erschließen, kommt einer Senkung der Mobilitätsnachfrage hohe Bedeutung zu.

Dass technische Lösungen mit Rebound-Effekten behaftet sind und alternative Nutzungssysteme oft scheitern, weil sie mit vielen Bedarfen schlicht nicht kompatibel sind, wurde ausführlich dargelegt. Nur wenn es gelingt, vorherrschende Mobilitätsbedarfe kulturell im Sinne eines Lebensstils der kurzen Wege zu wandeln, kommen Lösungen in Sichtweite. Dringend erforderlich hierzu ist die Wiederentdeckung der Region. Die Aufenthaltsqualität, insbesondere der Erholungswert von lokalen Umgebungen, Städten und Regionen wird entscheidend von unternehmerischen Angeboten geprägt. Hinter vielen Mobilitätsansprüchen stehen Bedürfnisse, die sich auch als weniger mobilitätsintensive Bedarfe ausformen ließen. Deren Attraktivität zu steigern, hat nicht nur Nachhaltigkeitswirkungen, sondern bindet Kaufkraft an regional operierende Firmen. Maßnahmen, die zur Identifikation mit der regionalen Wirtschaft führen, reichen von Komplementärwährungen wie dem „Chiemgauer" über Projekte wie „Tag der Regionen" bis hin zu Unternehmensnetzwerken wie etwa „ONNO"[266] in Ostfriesland. Kulturell verankerte, gesunde und aufgrund kurzer Wege stressfrei erreichbare Konsumoptionen erhöhen die Lebensqualität und verhelfen kleinräumigen Wirtschaftsstrukturen zu einer Existenzgrundlage inmitten globaler Stürme. Durch regionale Netzwerkstrategien können Unternehmen daran verdienen, dass sie Konsumenten davon abhalten, stets „in die Ferne zu schweifen".

---

264 Darunter ist der Energieeinsatz je monetärer Produktionseinheit zu verstehen. Folglich ist der Kehrwert dieser Größe ein Maß für Effizienz.

265 Vgl. http://www.iea.org, zitiert nach Harribey 2004, 10.

266 http//:www.onno-net.de.

Dauerhaftigkeit: Flächen- Ressourcen- und Energieeinsparung durch Bestandspflege

Die Langlebigkeit, Pflege und kulturelle Aufwertung der vorhandenen Substanz an Produkten, Kapitalgütern und Gebäuden (Renovation) anstelle ihres permanenten Verschleißes infolge immer kürzerer Produktlebenszyklen könnte zukünftig an Bedeutung gewinnen. Ganz gleich ob nach Maßgabe der von Marquard (1998, 31) als nötig erachteten „Kontinuitätskultur" oder des von Schulze (2000, 49) angemahnten „Kontinuitätsmanagements" – die intensivere und längere Ausschöpfung vorhandener Werte schafft Sicherheit und Identifikation. Daran lassen sich vielfältige Geschäftsfelder für neue Services und Nutzungskonzepte anknüpfen, um die Lebensdauer materieller Objekte zu erhöhen. Eine weitere unternehmerische Aufgabe besteht darin, Produkten ein an Dauerhaftigkeit orientiertes Design zu verleihen. Dies betrifft nicht nur die physischen Eigenschaften, sondern mehr noch die ästhetischen. Denn „kultureller Verschleiß" – nicht selten handelt es sich dabei um eine besondere Form geplanter Obsoleszenz –, der zum Erlöschen symbolischer Konsumfunktionen vor dem technischen Verschleiß führt, bedingt das allzu frühe Ausrangieren oder Anhäufen von redundantem Eigentum und damit die Generierung zusätzlicher Bedarfe.

Von besonderer Bedeutung für eine Strategie der Dauerhaftigkeit ist das Bedarfsfeld „Bauen/Wohnen". Kaum anderswo schlummern derart hohe Einsparpotenziale an Energie, Fläche und Ressourcen, wie im Gebäudebestand. Dessen Aufwertung und Sanierung – als Alternative zum Neubau – könnte zu einem Kernprojekt des nachhaltigen Wirtschaftens werden. Pro Tag werden allein in Deutschland durchschnittlich 120 Hektar an neuer Fläche verbraucht. Hier gilt es, die Bausubstanz durch entsprechende Renovierungsmaßnahmen aufzuwerten. Im Gegensatz zum Neubau, der zunehmend als standardisierte Leistung von einer immer geringeren Anzahl großer Anbieter organisiert wird, liegen die wirtschaftlichen Potenziale des modernisierungsbedürftigen Bestandes weitgehend brach. Deren Erschließung mittels findiger Unternehmensstrategien, insbesondere vertikaler Netzwerke entlang der Wertschöpfungskette wie das vorgestellte Projekt IBW, könnte sich mit der Entwicklung neuer Geschäftsfelder und Dienstleistungen verbinden lassen. Obendrein profitieren die Nutzer durch eine gesunde und angenehme Wohnqualität sowie Kosteneinsparungen. Weiterhin können Bestandssanierungen durch Umnutzungen oder Konversionen gänzlich neuen Wohnraum schaffen, der eine sparsame Alternative zum Neubau darstellt. Hier verdienen Unternehmen an der Umwandlung von Bedarfen, deren Erfüllung bislang mit der Versiegelung von Flächen, zusätzlichen Stoffströmen und Energieverbräuchen einherging.

Entrümpelung und Vermeidung von Ballast: Rezyklierender Konsumgüterbesitz

Überbordender Konsumgüterbesitz kann einer hohen Lebensqualität abträglich sein. Je intensiver sich Konsumenten mit einer Konsumoption beschäftigen, d.h. je mehr Zeit sie ihr widmen, umso mehr Nutzen lässt sich ihr abringen.[267] Hier sind Unternehmen gefragt, durch neue Dienstleistungen, Ansätze der Dematerialisierung oder die Rezyklierung von überflüssigem Eigentum Alternativen zu schaffen. Durch die Bereitstellung geeigneter Nutzungssysteme können sie dazu beitragen, Konsumenten die Last des überflüssigen Konsumgüterbesitzes zu ersparen. Nicht nur solche Innovationen, die darauf beruhen, Nutzen statt Produkte zu verkaufen, sondern mehr noch „Cybermediäre“, die mit Hilfe Internet gestützter Koordinationsmechanismen für eine Rezyklierung gebrauchter Konsumgüter sorgen[268], deuten auf ein interessantes Potenzial.

Dieser Ansatz erweist sich dort als nützlich, wo eine Dematerialisierung mittels eigentumsersetzender Dienstleistungen an kulturellen Barrieren scheitert. Konsumgüterrezyklierung hält am Paradigma des Eigentums fest, kanalisiert die Güterströme allerdings dergestalt, dass sie sich „drehen“, also produktionslos durch mehrmaligen Besitzerwechsel zusätzlichen Nutzen erzeugen. Möglich und vor allem für Verbraucher attraktiv werden derartige Systeme durch institutionelle Innovationen. Unternehmen treten dabei als Intermediäre in Erscheinung. Unter Nutzung neuer Online-Medien koordinieren sie nicht nur einen benutzerfreundlichen und effektiven Second-Hand-Markt, sondern generieren neue Motivallianzen, durch die sich Konsumenten trotz eines Verlustes an sekundären Funktionen, die originär mit der Produktneuanschaffung verbunden sind, am Ende besser stellen. Möglicherweise werden Unter-

---

[267] Vgl. Sachs 2002b, 214.

[268] Vgl. Kapitel 10.

nehmen zukünftig mehr mit der Entrümpelung als mit einer weiteren Aufblähung von Konsumstilen verdienen. Überhaupt dürfte der Sinngehalt des bekannten Slogans „Reduced to the max“ nicht nur einzelnen Gütern vorbehalten sein, sondern ließe sich ebenso treffend auf den Gesamtumfang des individuellen Konsums übertragen.

Die Beispielliste möglicher Bedarfssubstitutionen ließe sich fortsetzen. Die oben vorgestellte OHS-Analyse gibt eine Orientierungshilfe bei der Suche nach zukunftsfähigen Alternativen für bisherige Bedarfsmuster. Deren Reformulierung muss allerdings das Erfordernis der kulturellen Anschlussfähigkeit berücksichtigen. Aber mit der Entwicklung und Bereitstellung neuer Lösungen endet der Handlungsradius unternehmerischer Gestaltung keineswegs, weil die Grenzen des kulturell Akzeptablen zumindest langfristig kein Datum sind. Das Beispiel eBay verdeutlicht dies: Der Handel mit Gebrauchtgütern ist so alt wie Handel treibende Kulturen an sich. Dass er nach einem langen Nischendasein auf Flohmärkten plötzlich einen derart überraschenden Auftrieb erlebt, ist allein dem neuen Kontext zuzuschreiben, in den eBay ihn gestellt und damit kulturell aufgewertet hat.

Kapitel 8
Richtungssicherheit im Innovationsmanagement

Nachdem im vorangegangenen Kapitel die gesellschaftlichen Entscheidungsdimensionen dargestellt wurden, in denen sich ein Wandel mit Zielrichtung Nachhaltigkeit vollziehen kann, soll nun konkreter auf das Management der dazu erforderlichen Veränderungsprozesse eingegangen werden. Im Abschnitt 6.3 wurde zwar unterstrichen, dass Innovationen nur einen von insgesamt vier ebenbürtig zu behandelnden Veränderungsmodi darstellen, aber dies schmälert nicht deren Bedeutung. Als Resultat einer unvoreingenommenen Auswahl jener Veränderungsprinzipien, die für eine bestimmte Problemsituation angemessen erscheinen, bleibt der Innovationsmodus nach wie vor eine veritable, möglicherweise sogar die wichtigste Alternative. Die Gestaltung unternehmerischer Innovationsprozesse ist somit weiterhin unerlässlich. Im Folgenden soll u.a. gezeigt werden, dass sich die Ambivalenzen des Innovationsprinzips durch eine direkte oder indirekte Kopplung mit anderen Veränderungsmodi abmildern lassen.

Die ambivalente oder „paradoxale" Struktur von Innovationen ergibt sich daraus, dass sie „auf Bedingungen angewiesen sind, die zum Zeitpunkt der Innovation eben deshalb nicht erfüllt sein können, weil es sich um die Hervorbringung von Neuem handelt – Bedingungen, die vielmehr im Zuge der Innovation selbst erst entdeckt, hergestellt und erprobt werden müssen" (Sauer 1999, 14). Zusätzlich zu der im „konventionellen" Innovationsmanagement primär als Herausforderung betrachteten Einbettung des Innovationsobjektes in herrschende Verwendungskontexte und der daraus letztendlich folgenden Marktfähigkeit (Rekontextualisierung), die ex ante ungewiss ist, erfordert ein auf Nachhaltigkeit zielender Innovationsprozess den Umgang mit weiteren Ungewissheiten. Oft gestellte Anforderungen an Innovationsprozesse zwecks hinreichender Richtungssicherheit schlagen sich u.a. auf folgende Bereiche nieder:

1. Begrenzung der „Wirkmächtigkeit“ und „Eingriffstiefe“ (Von Gleich 1997, 35); Vermeidung von Technologien, durch deren Risiken ganze Generationen zu Versuchsobjekten werden.

2. „Fehlerfreundlichkeit“ (C. von Weizsäcker/E. U. von Weizsäcker 1984): Die zu entwickelnde Neuerung sollte korrigierbar sein, falls nach der Markteinführung Schäden oder Gefahren auftreten.

3. Reversibilität: Die Neuerung sollte keine „Lock-in“-Effekte und keinen „Strukturkonservatismus“ (Simonis 1999, 153) befördern.

Neben ökologischen Risiken sind kontraproduktive Wachstumswirkungen eine weitere Komponente jener Ambivalenz, die es bei der Gestaltung von nachhaltigkeitsorientierten Neuerungsprozessen zu vermeiden gilt. Deshalb umfasst Richtungssicherheit sowohl Belange der Risikominderung als auch die Vermeidung möglicher Rebound-Effekte. Voraussetzungen, unter denen die Wahrung eines hohen Maßes an Richtungssicherheit möglich ist, werden bereits zu Beginn des Innovationsprozesses geschaffen. Insbesondere die Option der Pfadkorrektur bedarf der frühzeitigen Verankerung. Der Versuch, einen theoretisch zunächst akzeptabel erscheinenden, sich aber während der Umsetzung als problematisch herausstellenden Erneuerungsprozess ex post zu korrigieren, kann auf folgende Hindernisse stoßen:

- Ökonomische Irreversibilität I (Anbieterseite): Aus der Anbieterperspektive sind neue Produkte oder Technologien oft mit Investitionen in irreversibles Kapital verbunden. Deshalb führt der Ausstieg aus einer Technologie oder einem Markt zu Liquidationsverlusten, deren Vermeidung ein Motiv für das Festhalten an einmal getroffenen Entscheidungen bildet.
- Ökonomische Irreversibilität II (Nachfrageseite): Aufgrund der Eigendynamik des Marktmechanismus kann der „Siegeszug“ eines neuen Produktes oder einer neuen Leistung bereits unmittelbar nach der Markteinführung zu einer unaufhaltsamen Entwicklung werden. Dies gilt insbesondere dann, wenn simultan folgende Bedingungen erfüllt sind: (1) Das Produkt stößt bereits innerhalb einer kurzen Zeitspanne auf ein hohes Nachfragevolumen. (2) Das Produkt kreiert einen neuen Bedarf oder erfüllt bestimmte Funktionen auf eine Art und Weise, für die kein unmittelbares Substitut existiert. Beispiele für neuartige und

einmalige Primärfunktionen[269] sind Inliner, Mobiltelefone, Mountainbikes, Off-Road-Autos, Surfbretter, ISDN-Anschlüsse, Scanner, Mikrowellengeräte, Woks etc. Ähnliches kann für Sekundärfunktionen gelten. So stellt beispielsweise jede neue Jeans-Kollektion aus Konsumentensicht stets ein vollkommen neues, faktisch bislang nie da gewesenes Modedesign dar. Dasselbe gilt für eine neue Automobilbaureihe, die zwar keine neue Primärfunktion erfüllt, wohl aber über andere Features distinktive oder soziale Funktionen erfüllen kann.

– Ökologische Irreversibilität: Investitionen können „vollendete Tatsachen" schaffen, die technologisch bedingt sind. Selbst wenn der Ausstieg aus einem Markt oder einer Technologie auf keinerlei einzelwirtschaftliche Hindernisse entsprechend der beiden obigen Punkte trifft, verbleiben möglicherweise physische Hinterlassenschaften von hoher ökologischer Relevanz. So stößt etwa der Rückbau einer vierspurigen Autobahn, einer Landebahn oder eines Kohlekraftwerks auf physische Barrieren, die auch unabhängig von Kostenerwägungen kaum zu überwinden sind, d.h. das ökologisch spurlose Verlassen eines vorübergehend verfolgten Entwicklungspfades misslingt. Ähnliches trifft auf die Diffusion neuer Produkte zu, wie sich am Mobiltelefon-Beispiel zeigen lässt. Selbst wenn – hypothetisch betrachtet – morgen ein Ausstieg aus der Produktion und Nutzung dieser Technik vollzogen würde, verbliebe als ökologische „Altlast" der bis zu diesem Zeitpunkt kumulierte Mobiltelefon-Output, die Sendeanlagen, Abfälle aus der Fertigung und möglicherweise Produktionsanlagen, die aufgrund hoher Produktspezifität keiner anderen Nutzung zugänglich sind.

Steuerungsoptionen, die während der Umsetzungsphase einer Innovation verfügbar sind, knüpfen an die zuvor erfolgte Auswahl eines Innovationsobjektes an. Ob damit vollendete Tatsachen entstehen und welche Freiheitsgrade für eine Pfadkorrektur oder Verhinderung nachfolgend auftretender Schadenspotenziale dann noch verbleiben, hängt davon ab, wie weit die nähere Konkretisierung des Innovationsobjektes vorweggenommen wurde. Anpassungs- und Gestaltungsspielräume, die auch nach dem Prozessbeginn fortbestehen, erfordern eine bestimmte strukturelle Charakteristik des Innovationsprozesses. Dabei sind vier Ansatzpunkte

[269] Die Bedeutung unterschiedlicher Konsumfunktionen wird im neunten Kapitel näher beleuchtet.

zu berücksichtigen, die in Abb. 39 skizziert sind und den Gegenstand der folgenden Überlegungen bilden.

Abb. 39: Ansatzpunkte zur Wahrung der Richtungssicherheit

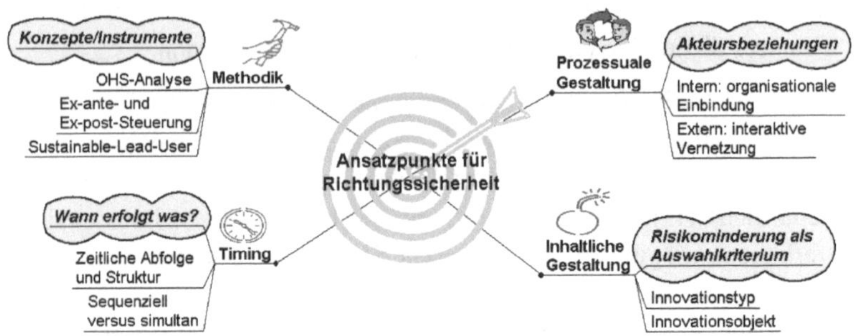

Die *prozessuale Gestaltung* von Innovationsprojekten lässt sich vereinfacht in eine interne und externe „Leitplanke" aufteilen. Erstere subsumiert den Einfluss unternehmensinterner Akteure und Maßnahmen des Innovationsmanagements. Dazu zählen auch die organisationale Einbindung des Innovationsgeschehens und das innerbetriebliche Innovationsklima. Die zweite Leitplanke beruht auf Interaktionen mit externen Akteuren, die in den Prozess einbezogen werden. Diese Differenzierung soll nicht darüber hinweg täuschen, dass die Koordination der externen Interaktionen natürlich ebenfalls zum Aufgabenbereich des Innovationsmanagements zählt. Sowohl auf die *inhaltliche Gestaltung* als auch das *Timing* wird im Folgenden aufgrund ihres bzw. seines besonderen Einflusses auf die Richtungssicherheit gesondert eingegangen. Parallel dazu wird dann die jeweils zum Einsatz kommende *Methodik* sichtbar.

8.1 Inhaltliche Gestaltung

Die Auswahl eines Innovationstyps erstreckt sich auf die Kategorien Produkt, Verfahren, Dienstleistung, Nutzungssystem, Organisation oder Institution. Das eigentliche Innovationsobjekt ist eine Ausformung des gewählten Typs. So lässt eine Produktinnovation in der Fahrzeugindustrie die Frage offen, ob es sich bei dem konkreten Innovationsobjekt um ein Flugzeug, Fahrrad oder Auto handelt und – falls ein Auto gemeint ist – was genau für ein Auto entstehen soll. Ähnliches gilt, wenn es sich bei dem Innovationstyp um ein Nutzungssystem handelt, mit dem beispielsweise die Konsumfunktion/der Bedarf, Löcher in die Wand zu bohren, um ein Regal oder Bilder aufzuhängen, erfüllt werden soll. Dann sind u.a. folgende Konkretisierungen, d.h. Innovationsobjekte denkbar:

- Kauf einer neuen Bohrmaschine
- Kauf einer gebrauchten Bohrmaschine
- Nutzung eines kommerziellen Bohrmaschinenverleihs
- Werkzeug-Sharing (Nachbarn unterhalten einen gemeinsamen „Werkzeugpool“)
- Beauftragung des Hausmeisters (begleitender Service für Mieter)
- Auftragsvergabe an einen Handwerksbetrieb

Sowohl die Auswahl des Typs als auch dessen Entwicklung zu einem bestimmten Objekt, das als Resultat am Ende des Innovationsprozesses steht, hat jeweils großen Einfluss auf die Richtungssicherheit. In beide Teilentscheidungen kann die Vermeidung von strukturellen Risiken und Rebound-Effekten als zusätzliches Selektionskriterium einfließen. Demnach könnte ein Innovationsvorhaben, dessen theoretisch begründbare Nachhaltigkeitswirkung lediglich eine Chance darstellt, der erhebliche Nachhaltigkeitsrisiken gegenüberstehen, zugunsten eines alternativen Projektes fallengelassen werden, dessen theoretischer Nachhaltigkeitseffekt zwar geringer ausfällt, das aber weniger Risiken heraufbeschwört. Die Beurteilung von Innovationstypen und -objekten im Hinblick auf Richtungssicherheit kann sich an folgenden Kriterien orientieren. Sie knüpfen an die oben genannten Aspekte an und konkretisieren sie.

8.1.1 Kriterien zur Auswahl risikomindernder Innovationstypen und -objekte

Ökologische Reversibilität: Innovationen sollten auch dann, wenn sie prinzipiell eine Ausstiegsoption beinhalten, ökologische „Hinterlassenschaften“ vermeiden. Damit sind irreversible ökologische Schäden gemeint, die nach der Beendigung eines technologischen Pfades oder einer Marktentwicklung zurückbleiben: Kumulierte Emissionen, Ressourcenverbräuche, versiegelte Flächen, Abfälle, Baumaßnahmen, geschädigte oder zerstörte Biotope, Verlust an Biodiversität etc. Prädestinierte Ansatzpunkte für Nachhaltigkeitsinnovationen, die diesem Kriterium genügen, liegen weniger in der stofflich-technischen Sphäre, als im Bereich des Nutzungsregimes und der organisatorischen Erneuerung. An die Stelle der permanenten Schaffung physikalischer, chemischer oder biochemischer Fakten bzw. Veränderungen könnte die Rekombination – und damit zugleich effizientere Ausschöpfung – bereits vorhandener Produkte, Strukturen und anderer physischer Tatbestände treten. Eine derartige Prioritätensetzung hätte Maßnahmen mit kürzeren raum-zeitlichen Wirkungsketten zur Folge.

Abb. 40: Anpassung einer ungeplant verlaufenden Entwicklung

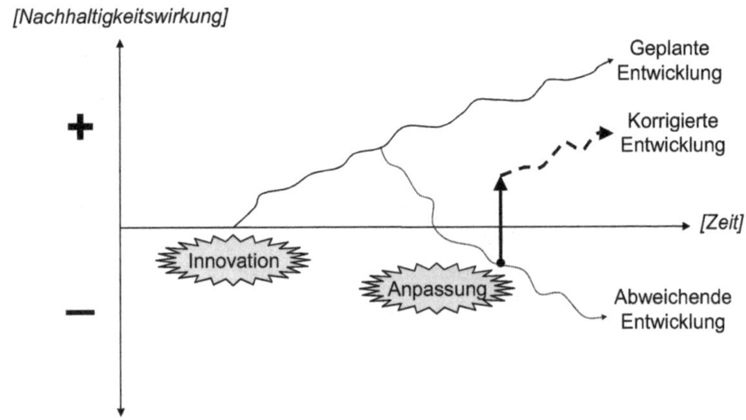

Anpassungsflexibilität: Die Korrigierbarkeit eines begonnenen Entwicklungspfades ist zunächst eine Frage der technischen Veränderbarkeit. Dies betrifft insbesondere das Design von Produkten, technischen Verfahren und Infrastrukturelementen. Als Beispiele aus dem technischen Bereich lassen sich u.a. updatefähige Hausgeräte, Modulbauweisen, demontierbare und anpassungsfähige Bauwerke, multifunktionale und fungible Fertigungsanlagen oder reversible Verkehrswege[270] nennen. Handelt es sich hingegen um immaterielle Innovationstypen (Dienstleistungen, Systeme, Organisationen oder Institutionen), so ist deren Anpassungsflexibilität keine technische, sondern eine kommunikative Frage. Dazu zählen kybernetische Steuerungseigenschaften und Interaktionen. Modelle der Partizipation können Kommunikationskanäle öffnen, um Stakeholderdialoge als Informationslieferant oder Frühwarnsystem zu nutzen. Derartige Mechanismen erlauben außerdem eine Rückkoppelung zwischen dem betrieblichen Innovationsprozess und dem öffentlichen „Meinungsbarometer".

Abb. 41: Vorzeitige Beendigung einer ungeplant verlaufenden Entwicklung

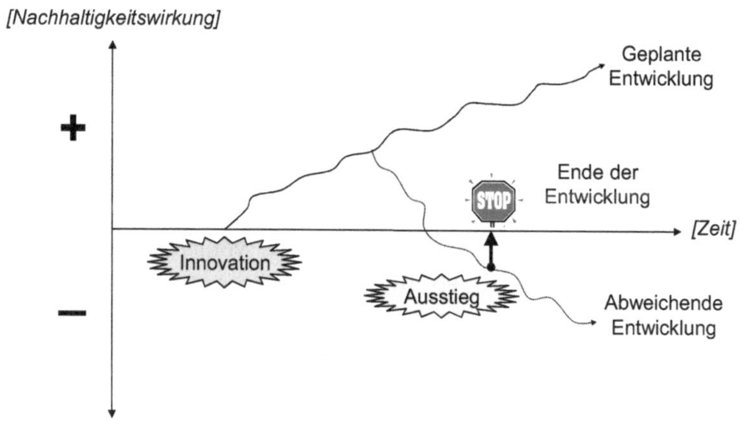

Umkehrbarkeit: Die ökonomische Reversibilität eines Innovationsprojektes kann auf zweierlei Weise gesteigert werden. Angebotsseitige „Lock-ins" können vermieden werden, wenn Investitionen in immobiles und produktspezifisches, also irreversibles Kapital vermieden werden. Nachfrageseitige „Lock-ins" können eingegrenzt werden, wenn die neue Leistung bzw. das neue Produkt keine zusätzlichen Konsumansprüche weckt,

[270] Beispiele sind gepflasterte Straßenbeläge sowie demontierbare Schienensysteme.

sondern vorhandene Bedarfe auf nachhaltigere Weise befriedigt oder im Sinne der oben beschriebenen Bedarfssubstitution modifiziert.

Verringerung der Eingriffstiefe und Wirkmächtigkeit: Wenn stofflich-technische Neuerungen oder Eingriffe anstehen, kann versucht werden, möglichst aus dem Fundus jener ökologischen Lösungen zu schöpfen, die im Zuge ihrer koevolutionären Entstehungsgeschichte bereits die denkbar beste Umweltverträglichkeitsprüfung absolviert haben.[271] Weiterhin könnten Neuerungen bevorzugt werden, die kurze raum-zeitliche Wirkungsketten aufweisen. Dabei gilt es, die Kluft zwischen der Reichweite menschlicher Handlungen in Zeit und Raum auf der einen, und dem Wissen über die möglichen Folgen des Handelns auf der anderen Seite zu verringern.

8.1.2 Richtungssicherheit als Frage des Innovationstyps?

Nicht nur diese Kriterien, sondern auch die Ausführungen der vorangegangenen Kapitel lassen Schlussfolgerungen zur Beurteilung unterschiedlicher Innovationstypen zu. Naheliegend erscheint eine stärkere Fokussierung von Innovationstypen, die eine Abkehr von den bislang dominanten, vorwiegend technik- oder produktzentrierten Konzepten des nachhaltigen Wirtschaftens vollziehen. Die Eingrenzung des Suchfeldes kann aus zwei unterschiedlichen Richtungen vorgenommen werden, nämlich zunächst aus einer „Positiv-Perspektive“: Auf Basis welcher Innovationstypen lassen sich ursachenbezogene Nachhaltigkeitsschritte im Sinne eines kulturellen Wandels unterstützen? Aus der „Negativ-Perspektive“ stellt sich die Frage: Sollten bestimmte Innovationstypen aufgrund der systematischen Generierung von Rebound- und Risikoproblemen nach Möglichkeit vermieden oder zumindest mit verminderter Priorität verfolgt werden?

Positivperspektive: Nachhaltigkeit als kultureller Wandel

Wenn nachhaltiges Wirtschaften als kulturelle Herausforderung verstanden wird, sind Neuerungen gefragt, die gesellschaftliches Lernen und Verhaltensänderungen unterstützen. Hierzu bieten sich Innovationen an,

---

[271] Beispiele: Ökologischer Landbau, Verwendung von Naturmaterialien etc.

die Formen der Bedarfssubstitution in Verbindung mit Funktionsorientierung begünstigen. Prädestiniert erscheinen systemische, organisationale oder institutionale Maßnahmen sowie Dienstleistungen zum Aufbau neuer Nutzungssysteme. Die Richtungssicherheit ließe sich steigern, wenn derartige Innovationen zunächst am *vorhandenen* Güter- und Technikbestand ansetzen, statt neue physisch-materielle Fakten zu schaffen. Gewandelte Verwendungskontexte, die nicht nur eine Herausbildung neuer Konsumroutinen, sondern das bewusste Hinterfragen bestimmter Bedarfe (oder deren Ausmaß) anregen, stehen dabei im Vordergrund. Angesichts der Wachstumsproblematik können insbesondere solche Innovationen als ursachenadäquat gelten, die Suffizienzeffekte integrieren, anstatt technische „Alibis“ für individuelle und gesellschaftliche Lernresistenzen zu befördern. Damit sind keine Verzichtsbotschaften gemeint, sondern erweiterte Handlungsoptionen für nachhaltige Konsumstile.

Immateriellen Innovationstypen zukünftig eine höhere Priorität einzuräumen, heißt indes nicht, andere Innovationstypen für obsolet zu erklären. Wenngleich Produkt- und Verfahrensinnovationen hinsichtlich ihrer primären Ansatzpunkte naturgemäß in der technischen Dimension zu verorten sind, verschließen sie sich nicht grundsätzlich einer Rückkoppelung mit der systemischen und kulturellen Dimension. Produktinnovationen können z.B. ein bestimmtes, insgesamt vergleichsweise nachhaltiges Nutzungssystem unterstützen, dessen Anwendung wiederum mit Verhaltensänderungen im Sinne maßvoller Lebensstile einhergeht. Beispiele dafür liefert das Bedarfsfeld der Mobilität. Anstelle der lange angekündigten und sehnsüchtig erwarteten Hyperautos wären auch „Hyperzüge“ oder gar „Hyperfahrräder“ denkbar. Sie würden ein insgesamt nachhaltigeres Nutzungsregime und ein vom motorisierten Individualverkehr abgekoppeltes Mobilitätsverhalten unterstützen. Demgegenüber wirken technische Innovationen im Automobilsektor strukturkonservativ und legitimieren Mobilitätsansprüche, die sich möglicherweise nicht nachhaltigkeitskonform befriedigen lassen.

Ein anderes Beispiel stellen Produkt- und Verfahrensinnovationen zur energetischen Gebäudesanierung dar. Sie unterstützen nicht nur ein im Vergleich zum Neubau nachhaltigkeitskonformeres Nutzungssystem zur Befriedigung von Wohnbedarfen, sondern begünstigen überdies eine Abwandlung derselben: Der Bedarf nach neuen Gebäuden und Wohngebieten wird durch Nutzungsmöglichkeiten der bereits vorhandenen, in ihrer Attraktivität gesteigerten Bausubstanz (teilweise) substituiert.

Abb. 42: Kommunikative Reichweite als Kriterium für ursachenadäquate Nachhaltigkeitsinnovationen

Derartige indirekte Effekte können dazu führen, dass Innovationen innerhalb der technischen Dimension eine kommunikative Reichweite bis in die Dimension des Nutzungssystems (Funktionsorientierung, Veränderung von Konsumroutinen) und der Kultur (Bedarfssubstitution) entfalten. Auf diese Weise erfolgt eine Integration der Nachfrageseite, die mehr bedeutet, als lediglich neue Produkte zu akzeptieren.

Für die Gestaltung unternehmerischer Suchprozesse erscheint es dennoch ratsam, immateriellen Neuerungen eine Priorität einzuräumen, so dass Bedarfe gewandelt oder wenigstens auf direkte Weise durch neue Konsumroutinen anstatt nur durch effizientere Technologien oder Produktdesigns befriedigt werden. Lösungen, die oberhalb des Produktbereichs ansetzen, erhöhen die mit der Rekontextualisierung von Innovationen verbundenen Unsicherheiten. Hier stellt die Anschlussfähigkeit einer Neuerung an Alltagsroutinen und Konsumkulturen – insbesondere hinsichtlich symbolischer Wirkungen – eine besondere Herausforderung dar. Innovationen, die eine Kultur der Nachhaltigkeit unterstützen sollen, verweisen auf eine veränderte Rolle der Nutzer: Aus Verbrauchern werden aktive „Prosumenten" (Toffler 1983, Kotler 1986) oder „Co-Produzenten" (Hansen/Henning 1995). Dies gilt für die systemische und kulturelle Dimension.

- Systemischer Wandel: Wenn neue Nutzungssysteme dazu führen, dass übliche Produktkäufe durch Dienstleistungen oder Second-Hand-Alternativen ersetzt werden oder dass Produkte sowie andere Hardwareelemente durch begleitende Dienstleistungen in ihrer Nutzungsdauer oder -intensität optimiert werden, wird den Verbrauchern eine eigene „produktive" Leistung für das Zustandekommen der intendierten Konsumfunktion abverlangt.
- Kultureller Wandel: Wenn die eigenen Leistungen der Nachfrager sogar einen Teil der bisher durch reinen Konsum befriedigten Bedarfe substituieren, greift das Suffizienzprinzip. Beispiele sind Formen der

Subsistenzwirtschaft und Eigenarbeit[272], die von der Lebensmittelproduktion bis zur selbständigen Übernahme von Reparaturleistungen zwecks Nutzungsdauerverlängerung reichen.

Stärkere Beachtung verdienen aus diesem Blickwinkel Neuerungen, die verschiedene Nachhaltigkeitsprinzipien, nämlich Effizienz, Konsistenz und Suffizienz auf sich vereinigen, wie z.B. Konzepte der Nutzungsdauerverlängerung und -intensivierung[273], Wiederverwendung, Rekombination, Umnutzung, Rezyklierung von Konsum- und Investitionsgütern. Zusammenfassend lassen sich erste Ansatzpunkte nennen, die teilweise im weiteren Verlauf dieser Arbeit vertieft werden:[274]

- Innovatoren sollten zukünftig in erster Linie nicht die Rolle von Produzenten, sondern die von Intermediären für neue Nutzungsoptionen einnehmen. Dazu zählt, dem Fundus an bereits geschaffenen Produkten, Techniken, stofflichen Verbindungen etc. neue Nutzungspotenziale abzugewinnen, anstatt ihn durch Generierung neuer Stoffflüsse oder die Schaffung neuer technisch-physikalischer Fakten zu vergrößern.
- Wichtig erscheint die Schaffung von Nutzungskontexten, die auf Seiten der Nachfrager mit neuen Routinen einhergehen.
- Neue Nutzungsroutinen im Konsumbereich sollten Suffizienzfortschritte ermöglichen, die auf andere Bedarfsfelder und Kontexte übertragbar sind, damit generelle Verhaltensänderungen und gesellschaftliche Lernprozesse unterstützt werden.
- Institutionelle Innovationen könnten darin bestehen, Bedarfe durch eine vermehrte Umverteilung oder Transaktion vorhandener materieller Werte anstatt durch Produktion neuer Werte zu befriedigen.
- Neben dem Konsum- bietet sich der Erwerbsbereich als Ansatzpunkt für richtungssichere Nachhaltigkeitsinnovationen an, insbesondere durch Intermediäre, die Erwerbsoptionen durch Umverteilung anstatt durch Produktionsausdehnung schaffen. Auf diese Weise können

---

[272] Vgl. hierzu die Ausführungen im Abschnitt 2.2.2.

[273] Vgl. hierzu z.B. Stahel 2001 und Bierter 2002.

[274] Diese Auflistung erhebt weder Anspruch auf Vollständigkeit, sondern beschränkt sich auf eine Auswahl an Aspekten, die eine notwendige Schwerpunktverlagerung innerhalb der Diskussion angemessener Nachhaltigkeitsinnovationen andeuten.

Wachstumszwänge gemildert werden, die aus dem chronisch ungleichgewichtigen Arbeitsmarkt resultieren.[275]

Negativperspektive: Vermeidung von Rebound-Effekten

Neue Produkte und technische Verfahren entfalten aufgrund ihrer Nähe zur physisch-materiellen Sphäre eine direkte ökologische Relevanz, weil sie notwendigerweise Stoff- und Energieflüsse induzieren oder verändern. Dienstleistungen, Systemlösungen sowie organisationale oder institutionelle Innovationen haben ihren Ansatzpunkt demgegenüber in der immateriellen Sphäre. Materielle Effekte entfalten sie nur indirekt, nämlich über den Umweg veränderter Organisationsstrukturen, Regeln und Verhaltensweisen. Ihre Wirkungskette ist damit erstens weitreichender im Sinne von Ursachenbezogenheit[276] und zweitens formbarer, weil die Schaffung ökologisch relevanter Tatsachen erst am Ende einer längeren, insbesondere abgestuften Kausalkette steht. Es ist daher kein Zufall, dass Modernisierungsrisiken, die grundsätzlich nie etwas anderes als Innovationsrisiken darstellen, zumeist unter der Rubrik „Technikfolgenabschätzung" behandelt werden. Tendenziell sind es also vorwiegend Produkt- und Technikinnovationen, die systematisch mit Risiko- und Rebound-Effekten in Verbindung stehen.

Aus dieser Perspektive ließe sich also ebenfalls die Notwendigkeit einer Prioritätenverlagerung zugunsten „sanfterer", d.h. eher verhaltens- anstatt technikrelevanter Innovationstypen begründen. Genauso wie im vorangegangenen Abschnitt folgt auch aus diesem Kontext keineswegs die Schlussfolgerung, dass die materielle Sphäre als Ansatzpunkt für Nachhaltigkeitsinnovationen zu diskreditieren ist, sondern zunächst, dass die Suchfelder und Suchrichtungen unternehmerischer Neuerungsprozesse neu zu definieren sind. Nicht für jede Marktsituation oder Unternehmung lassen sich Problemlösungen, Geschäftsfelder oder Wettbewerbsvorteile jenseits von Produkt- und Technikinnovationen generieren. Die Möglichkeiten einer Modifikation oder veränderten Art der Befriedigung von Bedarfen variieren zwischen Branchen und Akteuren.

---

[275] Vgl. Aulinger/Paech 2005 sowie die Ausführungen im Abschnitt 2.2.2.

[276] Ähnlich argumentieren auch Bierter (2002), Schmidt-Bleek (2000, 67ff.) und Stahel (2001, 155), die neuen Services und Systemlösungen grundsätzlich höhere Effizienzvorteile zutrauen als Produkt- und Technikinnovationen.

Zudem haben die Ausführungen des Abschnitts 6.3 gezeigt, dass Innovationsambivalenzen, insbesondere das Selektionsdilemma, von der Koppelung verschiedener Veränderungsmodi abhängen kann. Damit gelangt die materielle Sphäre sowohl direkt als auch indirekt in den Zielbereich von nachhaltigkeitsorientierter Innovationen. Insbesondere vier Koppelungen zwischen dem Innovationsmodus und anderen Veränderungsprinzipien sind von hoher Bedeutung:

1. *Direkte Kopplung*[277] *zwischen Innovation und Exnovation.* Beispiel: Produktinnovationen gewähren ein hohes Maß an Wachstumsneutralität, wenn sie keine neuen Konsumfunktionen generieren, sondern die bisherigen effizienter oder konsistenter erfüllen, so dass weder eine Motivation zum vorzeitigen Ausrangieren noch zur Parallelanschaffung geweckt wird. Es kommt lediglich zum Ersatz von Produkten, deren Nutzungsdauer mittels aller dazu verfügbaren und sinnvollen Potenziale nicht mehr zu verlängern ist.

2. *Direkte Kopplung zwischen Innovation und Renovation.* Beispiel: Dämmstoffe aus nachwachsenden Rohstoffen (Produkt*innovation*) können zur Wärmedämmung alter Gebäude (Produkt*renovation*) eingesetzt werden.

3. *Indirekte Kopplung zwischen Innovation und Renovation.* Beispiel: Bestimmte Dienstleistungs*innovationen*, wie z.B. die Instandhaltung, Aufarbeitung oder Reparatur können zur Erhöhung der Nutzungsdauer oder -intensität des vorhandenen Produktbestandes (Produkt*renovation*) beitragen. Institutionelle *Innovationen* wie etwa die Einrichtung wirkungsvoller Intermediäre für den Gebrauchtgüterhandel können ebenso die *Renovation* – hier nicht als materielle, sondern kulturelle Aufwertung verstanden – von Konsumobjekten ermöglichen.

4. *Indirekte Kopplung zwischen Innovation und Exnovation.* Beispiel: Der Ansatz des Car-Sharings als System- und Dienstleistungs*innova-*

---

[277] Mit direkter Kopplung zweier Veränderungsprinzipien ist gemeint, dass sie am selben Objekttyp ansetzen. In diesem Fall wird eine *Produkt*innovation von einer *Produkt*exnovation begleitet. Indirekte Kopplung besagt, dass die Veränderungen an unterschiedlichen Objekttypen ansetzen. Eine indirekte Kopplung zwischen Innovation und Exnovation könnte z.B. bedeuten, dass eine *Dienstleistung*sinnovation materielle Objekte ersetzt, also zu einer *Produkt*exnovation führt.

tion kann bewirken, dass bisherige Besitzer eines Autos nach dessen Ausrangieren kein neues Fahrzeug anschaffen (Produkt*exnovation*), sondern stattdessen eine Mobilitätsdienstleistung konsumieren.

Abb. 43: Innovationstypen in Koppelung mit anderen Veränderungsmodi

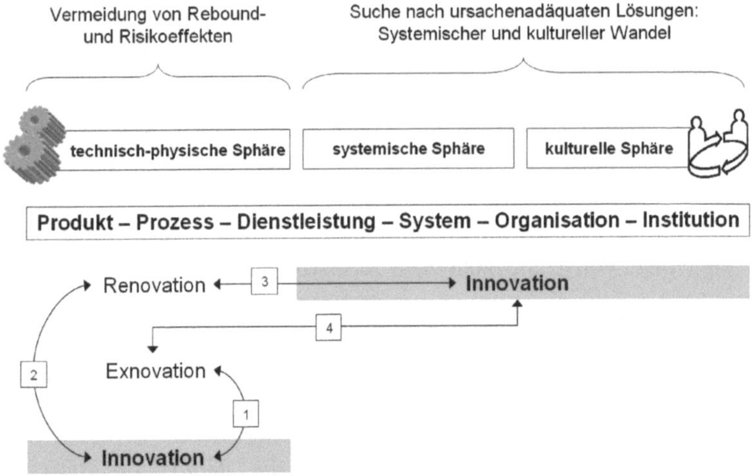

Allen vier Szenarien ist gemein, dass zwar der Veränderungsmodus der Innovation zum Einsatz gelangt, jedoch keine Expansion des Bestandes an materiellen Objekten stattfindet – mit Ausnahme der zweiten Variante. Aber selbst in diesem Fall beschränkt sich die stoffliche Addition darauf, vorhandene Objekte aufzuwerten und zwar im Hinblick auf Funktionserhalt, technische Effizienz und Langlebigkeit. Auch die erste Option basiert auf materiellen Innovationen, die zu keiner Aufblähung, sondern zu einer Veränderung des Bestandes führen. Im Gegensatz zum zweiten Fall kommt es hier durch die direkte Kopplung an den Exnovationsmodus zu einem Ersatz vorhandener Objekte. Im Sinne materieller Nullsummenspiele wird das der Innovation innewohnende Additionsprinzip durch eine Kopplung an andere Veränderungsmodi (weitgehend) neutralisiert.

Wenngleich sich daraus bereits erste Orientierungspunkte für wachstumsneutrale Erneuerungsprozesse ergeben, bestehen zwischen den vier

Strategien erhebliche Unterschiede hinsichtlich der erzielbaren Verringerung des absoluten Niveaus an Stoffströmen.[278] Die erste Option beruht darauf, den Bestand an Objekten lediglich zu ersetzen, möglicherweise jedoch durch effizientere oder konsistentere Alternativen. Durch die direkte Kopplung zwischen Innovation und Exnovation – ein Objekt verschwindet, ein neues Objekt kommt hinzu – schlägt sich jeder Effizienzfortschritt einer Produkt- und Verfahrensinnovation unmittelbar als Verringerung von Ressourcenströmen nieder. Es verbleibt dennoch ein ungelöstes Problem, nämlich die Kumulation irreversibler Hinterlassenschaften und Veränderungen (Entropie). Auch das bloße Auswechseln materieller Objekte kommt solange einem ökologischen Verschleiß gleich, wie die ausrangierte Masse nicht vollständig in natürliche Kreisläufe und Systeme reintegriert werden kann und zwar unter Berücksichtigung der dafür maßgeblichen Zeitskalen. Weiterhin wären Materietranslokationen und Transporte zu berücksichtigen.

Eine Minimierung – aber nicht gänzliche Vermeidung – derartiger Nebeneffekte verspräche die bereits im Abschnitt angesprochene Regel:[279] Stoffliche Objekte sollten einerseits im Sinne einer hohen Konsistenz möglichst vollständig in den ökologischen Haushalt zurückgeführt werden können und andererseits im Sinne hoher Effizienz möglichst lange im anthropogenen Haushalt verbleiben. Aber mit der letztgenannten Bedingung ist die Trennlinie zum zweiten und dritten Szenario erreicht. Letzteres bewirkt über Innovationen im immateriellen Bereich, dass dem vorhandenen Bestand – quasi produktionslos – längere oder zusätzliche Nutzungsmöglichkeiten abgerungen werden. Noch einen Schritt weiter geht das vierte Szenario, weil es insgesamt auf eine Reduktion des Bestandes zielt, d.h. Produkte werden durch Dienstleistungen ersetzt. Daraus ergibt sich für die vier obigen Innovationsstrategien eine Prioritäten- oder Rangfolge, an der sich unternehmerische Suchprozesse orientieren können. Erst wenn sich im Rahmen des vierten Strategietyps keine Lösungen finden lassen, die vereinbar mit den Kompetenzen und Prägungen des Innovators sowie den relevanten Marktbedingungen sind, sollte die

[278] Unter dem Aspekt einer nachhaltigen Entwicklung dürfte allein die Eindämmung weiteren stofflichen Wachstums kaum ausreichen. Vonnöten erscheint darüber hinaus eine Senkung des bereits erreichten Niveaus an Energie-, Materie- und Flächenbeanspruchung.

[279] Gemeint ist die im Abschnitt 6.2.3 zitierte Regel von Hofmeister (1998).

Suche auf Basis des dritten und dann – falls auch hier keine Lösungen existieren – ggf. zweiten und schließlich ersten Strategietyps fortgesetzt werden usw. Zu materiellen Innovationen käme es dann nur, wenn die Suche nach anderen Alternativen in Form von organisationalen, systemischen oder Dienstleistungsinnovationen zu keinen kompatiblen Resultaten geführt hat.

8.1.3 Instrumente zur Auswahl richtungssicherer Innovationsobjekte

Im Folgenden sollen zwei sich ergänzende Instrumente vorgestellt werden, die als Orientierungs- und Entscheidungshilfe zur Vermeidung von Rebound-Effekten und Risiken dienen können. Sie knüpfen an die im vorigen Abschnitt dargestellten Kopplungen zwischen verschiedenen Innovationstypen an und sind insbesondere dort relevant, wo – wie im ersten und zweiten Fall – materielle Innovationstypen ausgewählt werden, in deren Ausformung zu einem konkreten Innovationsobjekt Kriterien der Risikovermeidung einfließen sollen. Dabei stellen sich in der Praxis insbesondere zwei Fragen:

- Soll ein mit bestimmten Risiken behaftetes Innovationsobjekt überhaupt durchgeführt werden?
- Falls ja, welche der dann verbleibenden Auswahlmöglichkeiten sollte unter Rebound- und Risikoaspekten in Betracht gezogen werden?

Das von Döring/Ott (2001) vorgeschlagene „false-negative/false-positiv"-Kriterium eignet sich in besonderem Maße für Situationen bei Unsicherheit und Risiko. Es zielt auf die Wahl derjenigen Option, die im Falle eines Irrtums das „moralisch akzeptabelste Ergebnis" (ebd., 326) herbeiführt. Zur Erläuterung wird hier ein weiteres Mal das Mobiltelefon-Beispiel herangezogen. Angenommen, vor der Realisierung des Innovationsobjektes „Mobiltelefon" gilt die Hypothese: „Mobiltelefone generieren keine Strahlungen, die langfristig gesundheitsschädlich sind." Dann ergeben sich vier Situationen, die als empirische Realisation des Innovationsprozesses in Betracht kommen. Sie werden in der nachfolgenden Tabelle dargestellt.

Tabelle 5: Darstellung des „false-negative/false-positiv"-Kriteriums (Beispiel „Mobiltelefon")

Empirie Auflösung der Unsicherheit / **Optionen**	Hypothese ist wahr	Hypothese ist falsch
Einführung des Mobiltelefon	Kein Fehler	Gesundheitliches (und ökologisches) Desaster
Keine Einführung	Entgangener Nutzen	Kein Fehler

Unter Berufung auf die „kantische Intuition" plädieren Döring/Ott (2001, 327) grundsätzlich für eine Entscheidung zugunsten der risikoaversen Variante[280], da „es im Zweifel besser sei, einen Schaden zu verhindern als einen Nutzen (etwa gleichen Ausmaßes) zu stiften". Für das hier gewählte Mobiltelefon-Beispiel könnte sogar hinzugefügt werden, dass es sich bei dem „entgangenen Nutzen" bestenfalls um eine hypothetische und äußerst subjektive Größe handelt, da hier eine technische Neuerung zur Disposition steht, die niemals zuvor verfügbar war – im Gegensatz zu den weithin als schutzwürdig eingestuften Gütern „Gesundheit", „körperliche Unversehrtheit" oder „ökologische Integrität".

Ein weiteres, hier als „Rebound- und Risikoprofil" bezeichnetes Instrument fasst unterschiedliche Ambivalenzen zusammen. Wenn es zu einer Checkliste erweitert wird, kann es einen vorläufigen, jedoch nur groben Überblick über mögliche Gefahrenpotenziale geben. Da eine numerische Quantifizierung und Vergleichbarkeit der verschiedenen Rebound- und Risikodimensionen kaum möglich erscheint, verbleibt eine qualitative Aufbereitung. Ohne Anspruch auf Vollständigkeit sind in der nachfolgenden Tabelle für jeden der sieben Rebound- und Risikoaspekte *beispielhaft* zwei bzw. drei Gefahrenpotenziale ausgewiesen, die in einer ersten Näherung entsprechend einem binären Code als „vorhanden = 1" oder „nicht vorhanden (oder vernachlässigbar) = 0" eingestuft werden können. Darauf aufbauend können Rebound- oder Risikotypen, für die mindestens eine Gefahrenquelle ausgemacht wurde (d.h. einen Wert grö-

[280] Die zitierten Autoren argumentieren nicht auf der Basis des hier gewählten Mobiltelefon-Beispiels, sondern anhand der grundsätzlicheren Fragestellung, ob dem schwachen oder starken Nachhaltigkeitsprinzip der Vorrang gebührt.

ßer als Null aufweisen), dann jeweils einer genaueren Betrachtung unterzogen werden. Dieses Instrument stellt lediglich eine sehr vereinfachte Entscheidungshilfe für ein nachhaltigkeitsorientiertes Innovationsmanagement dar. Es dient dazu, den am Innovationsprozess beteiligten Akteuren einen ersten Überblick darüber zu ermöglichen, welche Rebound- oder Risikofaktoren überhaupt relevant (im folgenden Beispiel dunkel markiert) sind und aufgrund welcher Kausalitäten sie wirken. Die in der linken Spalte aufgeführten Komponenten entsprechen den im Abschnitt 2.4.3 dargestellten drei Reboundtypen und den im Abschnitt 8.1.1 behandelten Risikokriterien.

Tabelle 6: Rebound- und Risikoprofil (Beispiel)

Dimension	Typen von Gefahrenquellen	Summe relevanter Gefahrenquellen
Technischer Rebound-Effekt	Konsistenzverlust	1
	Effizienzverlust	
	...	
Wachstumseffekt	Keine Substitution	3
	Freisetzung ausrangierter Altprodukte	
	Komplementaritäten	
	...	
Psychologischer Rebound-Effekt	Alibifunktion I: Zementierung nicht zukunftsfähiger Verhaltensweisen	0
	Alibifunktion II: Motivierung neuer, nicht nachhaltiger Verhaltensweisen	
	...	
Ökologische Reversibilität	Quantitative Hinterlassenschaften (z.B. Flächenversiegelung, Ressourcenbindung in Form von irreversibler Bausubstanz)	1
	Qualitative Hinterlassenschaften (z. B. toxische Stoffe, kumulierte Abfälle bis zum Ausstieg)	
	...	
Umkehrbarkeit	Anbieterperspektive: Selbstbindungseffekt infolge irreversibler Investitionen	1
	Nachfragerperspektive: Schaffung neuer Funktionen/Generierung neuer Bedarfe	
	...	
Eingriffstiefe	Freisetzung neuer stofflicher Verbindungen	2
	Hohe Potenziale an unkalkulierbaren sozialen und ökologischen Systemrückkoppelungen	
	...	
Anpassungsflexibilität	Permanente technisch-physische Steuerbarkeit (z.B. Austauschbarkeit von Stoffen und Modulen)	0
	Räumliche und organisationale Fungibilität; Multifunktionalität	
	...	

Abb. 44: Rebound- und Risikoprofil (komprimierte Darstellung)

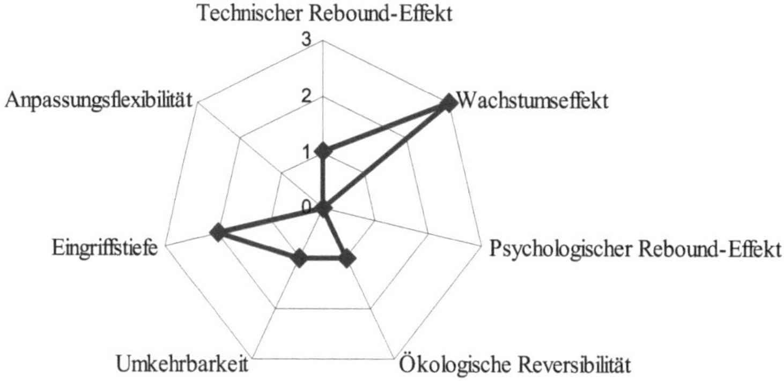

8.2 Das Timing von Innovationsprozessen

8.2.1 Gestaltungsspielräume und Entscheidungssequenzen

Wählt man den Umsetzungsbeginn, d.h. die Realisierung eines konkreten Innovationsobjektes als zeitlichen Referenzpunkt, so ergibt sich eine sequentielle Entscheidungsstruktur, die mindestens ein Vorher (ex ante) und ein Nachher (ex post) kennt. Folglich lassen sich alle vorherigen Prozessphasen im Bereich der Ex-ante-Steuerung verorten, während die mit der Entwicklung des konkreten Innovationsobjektes einsetzende Phase als Ex-post-Steuerung bezeichnet werden kann.

Innerhalb dieser zeitlichen Grobstruktur kommt der Ausdifferierung und genauen Abfolge von Entscheidungsschritten hohe Bedeutung zu: Je länger die Konkretisierung des eigentlichen Innovationsobjektes offen bleibt, desto größer ist die Chance, auf etwaige ökologische oder soziale Schadenspotenziale durch entsprechende Anpassungen reagieren zu können. Ein möglichst ergiebiges, vom Innovationsobjekt zu durchlaufendes „Experimentierstadium" hat den Vorteil, dass der Prozess offener für Lerneffekte und Interaktionen ist, die zur Stabilisierung der (nachhaltigen) Innovationsrichtung beitragen können. Mit anderen Worten: Das Innovationsobjekt sollte möglichst lange „formbar" im Sinne einer hohen Nachhaltigkeitswirkung bleiben. Dies kann u.a. dadurch erzielt werden, dass sich die anfänglichen Vorgaben für den Neuerungsprozess zunächst auf einen Zielkorridor beschränken, der noch hinreichenden Raum zum experimentieren, anpassen oder optimieren lässt. Anstelle einer frühzeitigen Vorwegnahme des Innovationstyps oder gar des konkreten Innovationsobjektes könnte zunächst nur das Ausgangsproblem formuliert werden, um dieses im weiteren Prozessverlauf schrittweise zu lösen. Die dabei zu absolvierende Entscheidungssequenz böte die Option, jeden einzelnen der aufeinander aufbauenden Konkretisierungsschritte interaktiv, d.h. jeweils in Rückkoppelung mit der externen „Leitplanke" zu gestalten. Dabei ergibt sich eine sequentielle Schrittfolge, die im Folgenden weiter erläutert wird.

Abb. 45: Entscheidungssequenz durch Rückwärtsintegration

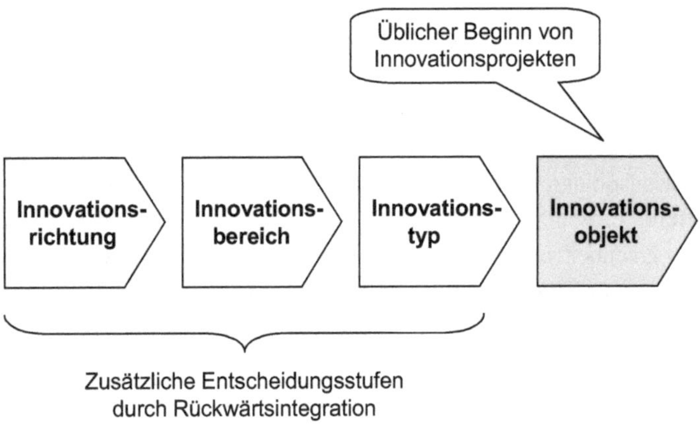

Von besonderer Bedeutung ist die Einbeziehung vorangegangener Entscheidungsstufen, die im Folgenden als „Rückwärtsintegration" bezeichnet wird. Sie rekonstruiert vorgelagerte Grundsatzentscheidungen, durch welche die „Weichen" für ein bestimmtes Innovationsobjekt gestellt werden. Prinzipiell könnte die obige Sequenz für jeden einzelnen Prozess immer wieder neu durchlaufen werden, denn dies würde die Wahrscheinlichkeit erhöhen, dass unternehmerische Routinen, die bestimmte Innovationstypen und -objekte prädestinieren, durchbrochen werden. Genau dies erfolgt aber meistens nicht, wie sich z. B. an der Automobilbranche zeigt. Seit beinahe einem Jahrhundert bietet diese Branche zur Befriedigung von Mobilitätsbedarfen ausschließlich Lösungen an, die dem Typ „Produkt" und dem Objekt „Auto" entsprechen. Folglich wird die vorgelagerte Entscheidungsstufe, auf der die Frage zu klären wäre, ob nicht andere Innovationstypen (z.B. Mobilitätsdienstleistungen) oder -objekte (z.B. Fahrräder oder Schienenfahrzeuge) in Frage kämen, schlicht übersprungen oder ignoriert. Ein hochmoderner Automobilkonzern wie Daimler AG beginnt seine Innovationsprozesse also auf Basis einer etwa 100 Jahre zurück liegenden Grundsatzentscheidung. Auf diese Weise werden ursachenadäquatere und risikoärmere Lösungen von vornherein ausgeblendet.

8.2.2 Rückwärtsintegration

Der Weg aus dieser strategischen Sackgasse führt über eine Reaktivierung aller vorgelagerten Entscheidungsstufen, so dass sich die eingerosteten Weichen – um bei der Metapher zu bleiben – wieder bewegen lassen und andere als die eingefahrenen Innovationsrichtungen möglich werden. Insbesondere ein an Funktionsorientierung und Bedarfssubstitution angelehntes Management müsste auf einer höheren Abstraktionsstufe ansetzen als jener, auf der nur noch der Antrieb und die Innenausstattung eines an sich feststehenden Objektes namens Auto verhandelt werden.

Die in Abb. 45 enthaltene vierstufige Entscheidungssequenz entspricht einer „Gliederung von Sachverhalten nach ihrer holistischen Kapazität" (Wilber 1999, 78). Durch Rückwärtsintegration werden der Realisierung des Innovationsobjektes drei Entscheidungsstufen vorgeschaltet, die aufgrund ihres zunehmenden Abstraktionsgrades als Ebenen eines offenen hierarchischen Systems betrachtet werden können. Deshalb entstehen – entsprechend der Logik des im Kapitel 7 vorgestellten OHS-Schemas – umso mehr Freiheitsgrade, je höher die Abstraktionsstufe ist, auf der die Entscheidung zugunsten einer nachhaltigen Innovation getroffen wird. Überwinden lässt sich die in vielen Branchen verhärtete Produkt- und Technikzentrierung also nur mittels einer Rekonstruktion der „darüber liegenden" Entscheidungsebenen, auf denen nicht nur nach alternativen Nutzungssystemen zur Erfüllung eines bestimmten Bedarfs gefragt, sondern möglicherweise die generelle Sinnhaftigkeit ganzer Geschäftsfelder oder einer bestimmten Unternehmensausrichtung hinterfragt werden kann.

In umgekehrter Blickrichtung gilt damit: Ein Neuerungsprozess, der die obersten Hierarchieebenen auslässt und direkt auf der Ebene des Innovationstyps startet, hat kaum Chancen, über den Radius bisheriger Neuerungspraktiken hinaus zu gelangen. Er dringt nicht bis zu den „Schaltstellen" vor, an denen (bisherige) Strukturen, Organisationsformen oder Nutzungssysteme zur Disposition stehen. Er bleibt gefangen in einem Geflecht von Innovationsroutinen, die meistens nicht die technische Dimension verlassen. Unter diesen Bedingungen können ausgerechnet Innovationen zu einem Instrument des „Strukturkonservatismus" (Simonis 1999, 153) werden, weil sie verhindern, dass ein etabliertes technologisches Paradigma überwunden wird.

Abb. 46: Phasenmodell eines Innovationsprozesses

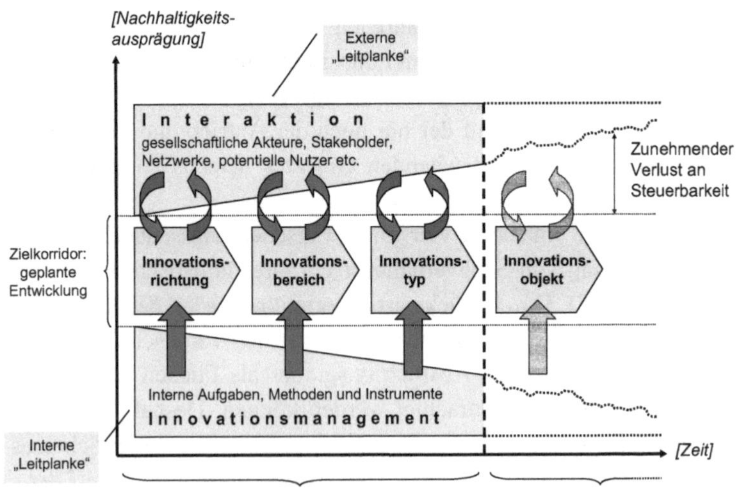

Das in Abb. 46 skizzierte Ablaufschema verbindet die bereits erläuterten konzeptionellen Elemente sowie typische Wesenszüge des Innovationsprinzips:

- Mit zunehmender Konkretisierung – ganz gleich in welchem Stadium des Prozesses – geht prinzipiell ein stetiger Verlust an Formbarkeit bzw. Steuerbarkeit des Innovationsobjektes einher. Der durch das Innovationsmanagement einhaltbare Zielkorridor, in dem sich das allmählich reifende Innovationsobjekt entlang der Zeitachse bewegt, öffnet sich deshalb trichterförmig.
- Je weiter der Prozess dadurch „gestreckt" wird, dass die Innovationsentscheidung in sukzessive Konkretisierungsstufen zerlegt wird, umso mehr Rückkopplungsschleifen mit der externen Leitplanke sind möglich.
- Der Übergang von der Ex-ante- zur Ex-post-Steuerung (senkrechte gestrichelte Linie in der Abbildung) bedeutet eine zusätzliche Veränderung des Prozesses. Mit Beginn der Umsetzungsphase erfolgt zugleich die Auflösung von Unsicherheit, d.h. es werden „vollendete Tatsachen" geschaffen. Eine Steuerbarkeit ist also nur noch bedingt möglich. Der Idealfall eines bis zur Marktreife vollends kontrollierbaren Innovationspfades ist zwar theoretisch nicht auszuschließen, dürfte aber in der Praxis kaum anzutreffen sein und würde zudem die Frage aufwerfen, inwieweit dann überhaupt noch von einer „Innovation" gesprochen werden könnte.

Dennoch ist der Übergang zur Ex-post-Steuerung nicht als „point of no return" zu interpretieren. Es verbleiben – wenn auch nur rudimentär – Gestaltungsoptionen. Wenngleich die systematisch abnehmende Steuerbarkeit den unausweichlichen Hintergrund eines jeden Innovationsprozesses bildet, kann sie in Abhängigkeit von den jeweiligen Risikocharakteristika des Innovationsobjektes stark variieren. Mithin ist Steuerbarkeit weniger eine Frage des Entweder-oder als des Mehr-oder-weniger. Die Ausgestaltung der ersten drei Entscheidungsstufen wird im Folgenden der Ex-ante-Steuerung und die inhaltliche Konkretisierung des Innovationsobjektes, also vierte Stufe, der Ex-post-Steuerung zugerechnet.

8.3 Ex-ante-Steuerung

Innovationsrichtung

Die Nachhaltigkeitsausrichtung eines Innovationsvorhabens findet in keinem luftleeren Raum statt, sondern steht in enger Beziehung zur Historie, den Kompetenzen, den Rahmenbedingungen sowie weiteren spezifischen Merkmalen des Innovators. Dazu zählt auch eine strategische Positionierung, mit der sich Unternehmen innerhalb der für sie relevanten Marktbeziehungen verorten. Es hängt von den resultierenden Pfadabhängigkeiten ab, in welche Richtungen die Unternehmung innovieren *kann*, ohne das eigene Selbstverständnis zur Disposition zu stellen oder die gewachsenen Kernkompetenzen zu überschreiten. Erst wenn auf dieses *Können* ein bestimmtes *Wollen* trifft, ergibt sich eine intendierte, an Nachhaltigkeit orientierte Innovationsrichtung.[281] Die Grundlage für eine derartige Intention kann u.a. ein normatives Management liefern, das Ulrich/Probst (1988, 269f.) als „Entwicklung und Durchsetzung eines Wertesystems für die Unternehmung [...], das in der Lage ist, die zukünftigen Unternehmensaktivitäten aus übergeordneter Sicht zu begründen und zu legitimieren und einen Sinn gebenden Kontext für alle Beteiligten und Betroffenen zu schaffen“ definieren. In Anlehnung an Ulrich (1981) und Pfriem (1996, 169ff.) lässt sich das normative Management als höchste aller Managementebenen darstellen. Das hier zu schaffende Fundament an Werten und Normen soll in Form von Orientierungswissen in allen unternehmenspolitischen Aktivitäten wirksam werden und erreicht damit über die Kette „Normatives Management“ → „Strategisches Management“ → „Operatives Management“ auch das Innovationsmanagement.

Neben einer solchermaßen zielgerichteten oder offensiven Bestimmung einer nachhaltigkeitsorientierten Innovationsrichtung kommen selbstverständlich auch defensive Momente in Betracht. Auch eine sich spontan bietende Chance, etwa im Sinne von „technology-push“, kann der Auslöser sein, falls die sich daraus ergebende Option der Zielrichtung Nachhaltigkeit entspricht. Weiterhin können extrinsische Impulse (Marktsignale, neue gesetzliche Rahmenbedingungen, „Greenpeace ante

[281] Damit soll nicht behauptet werden, dass alle unternehmerischen Nachhaltigkeitsinnovationen das Resultat zielgerichteter Prozesse sein müssen.

portas" etc.) auf das Unternehmen von außen Druck ausüben, der sich schließlich in einem Innovationsprojekt niederschlägt.

Innovationsbereich

Als Innovationsbereich kommt ein internes, also den innerbetrieblichen Ablauf und den Produktionsprozess betreffendes, oder ein extern wirksames, d.h. marktrelevantes Aktionsfeld in Betracht. Im erstgenannten Fall wären die entsprechenden Unternehmensbereiche zu bestimmen, um Produkte und Leistungen aus der bereits vorhandenen Angebotspalette entlang der Prozesskette zu optimieren. Im anderen Fall könnte eine Bestandsaufnahme und ggf. Modifikation der relevanten Bedarfsfelder, Funktionsbereiche oder Geschäftsfelder erfolgen. Für einen Chemieproduzenten, der eine nachhaltigere Gestaltung seines Textilreinigungsangebots (Innovationsrichtung) anstrebt und bislang bestimmte Wachsmittelprodukte vermarktet hat, könnte dies bedeuten, abgewandelte Bedarfe (Funktionen) mit höheren Freiheitsgraden zu entwickeln. Dabei könnte das Konzept der Bedarfssubstitution, insbesondere die OHS-Analyse eine gezielte Suche nach geeigneten Ausformungen unterstützen. Anstelle der Optimierung eines Waschmittels könnten Bedarfs- bzw. Funktionsausprägungen schlicht an der Verfügbarkeit sauberer Textilien orientiert sein.

So könnte ein verändertes Nutzungssystem in Verbindung mit der Dienstleistung „saubere Textilien" entwickelt werden.[282] Auch (inter-) organisationale und institutionelle Neuerungen wären denkbar, wenn die relevante Bedarfsausformung Kooperationen mit anderen Anbietern wie etwa Textilreinigung, Textilproduktion, Textilverleih etc. nahe legt.

Innovationstyp

Dadurch, dass sich der Prozess sukzessive über die vorherige Bestimmung der Innovationsrichtung und des Innovationsbereichs der Ausformung des Objekts nähert, kommt es zu einem Perspektivwechsel. Dieser kann dazu verhelfen, den nächsten Konkretisierungsschritt unvoreinge-

[282] Zu nachhaltigen Nutzungsstrategien im Textilwäschebereich vgl. Hirschl et al. 2001, 54ff.

nommen hinsichtlich bisheriger Routinen zu behandeln. Während die Gestaltung des Innovationsbereichs Raum für Bedarfssubstitutionen bietet, ist auf dieser Konkretisierungsstufe die Funktionsorientierung relevant. Ausgehend von einem bestimmten zu befriedigenden Bedarf oder einer zu erfüllenden Funktion rangieren systemische und organisationale Neuerungen innerhalb des Spektrums möglicher Innovationstypen gleichberechtigt neben technischen Verfeinerungen oder neuen Produkten. Gerade die Überlegungen zur Ambivalenz des Innovationsprinzips legen es nahe, Innovationstypen eine stärkere Priorität einzuräumen, die ihre Wirkung auf Basis neuer Dienstleistungen, Nutzungssysteme und eines Wandels der Konsumkultur entfalten, also per se mit geringeren Rebound- und Risikoeffekten behaftet sind. Zu diesem Zweck sollten sich die Gestaltungsoptionen dieser Prozessstufe nicht auf die Wahl eines Innovationstyps beschränken, sondern die oben erläuterten Kopplungen mit anderen Veränderungsmodi anwenden.

Abb. 47: Sequenzieller Innovationsprozess

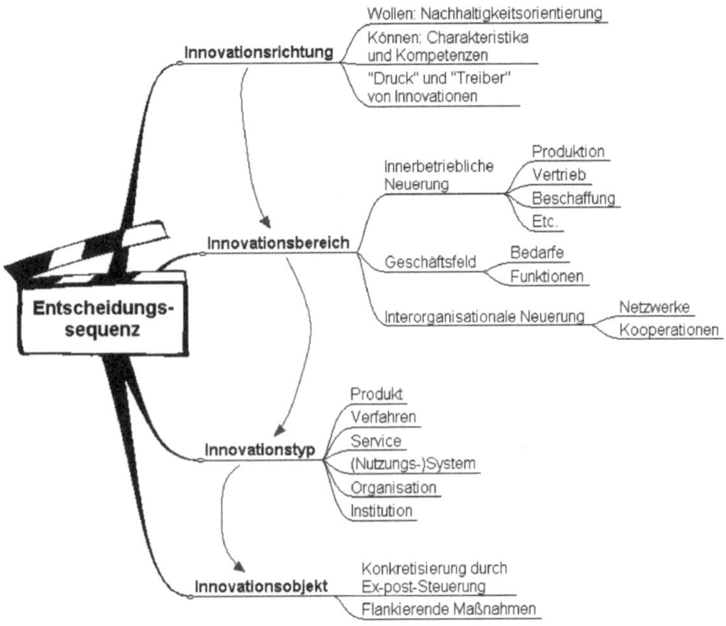

8.4 Ex-post-Steuerung

Mit der Ausformung eines bestimmten Innovationsobjektes setzt die Ex-post-Steuerung und letzte Phase vor der Diffusion ein. Sie ist durch eine allmähliche Auflösung von Unsicherheit gekennzeichnet. Im Zuge der Umsetzung werden einerseits im Vorhinein nicht abschätzbare Nebenfolgen aufgedeckt, woraus sich gegebenenfalls ein Interventions- bzw. Steuerungsbedarf ableiten lässt. Andererseits erfolgt die Aufdeckung simultan mit der Schaffung von Fakten, weshalb eine Steuerbarkeit des Prozesses erheblich eingeschränkt ist. Obwohl diese strukturelle Ambivalenz prinzipiell nicht zu vermeiden ist, verbleiben einige Ansatzpunkte für Kontroll- und Steuerungsfunktionen. Ihre Wirksamkeit hängt davon ab, ob sich die Ausgestaltung der Ex-ante-Steuerung hinreichend an den Kriterien der Risikominderung orientiert hat. Verbleibende Aufgaben der Ex-post-Steuerung erstrecken sich u.a. auf:

- Kontrolle und Monitoring
- Anpassung, Optimierung oder Substitution technischer und organisatorischer Details
- Ausstieg bzw. Abbruch des Projektes, falls sich im Zuge der Markteinführung Nebenfolgen einstellen, für die eine angemessene oder vertretbare Korrektur nicht möglich ist
- Rückrufaktionen
- Flankierende kommunikative Maßnahmen, die das Nutzerverhalten beeinflussen und entsprechende Lernprozesse ermöglichen

Auch die Präzisierung des eigentlichen Innovationsobjektes erlaubt noch Anpassungsspielräume zwecks Erhöhung der Nachhaltigkeitswirkung. Angenommen, der obige Chemieproduzent würde sich ex ante nicht nur für die Entwicklung eines neuen Produktes (Innovationstyp), sondern in einer ersten Näherung bereits für das Innovationsobjekt „neues Textilwaschmittel“ entscheiden, dann verbleiben ex post trotzdem weitere Optionen für das konkrete Design: Soll es sich um ein Kompaktwaschmittel handeln? Soll es in Pulverform oder flüssig angeboten werden? Soll es für die Nutzung nach dem Bausteinsystem aufgebaut sein? Welche Ressourcen und Inputs mit welcher Herkunft sollen in die Produktion einfließen? Wie soll es verpackt und auf Basis welcher Distributionssysteme soll es anschließend vermarktet werden? Durch welche begleitenden

Kommunikationsmaßnahmen (Gebrauchsanweisung etc.) kann die Nutzung im Sinne einer Schadensminimierung optimiert werden etc.

8.5 Vorwärtsintegration durch eine Testphase mit potenziellen Nutzern

Viele Nebenfolgen einer Innovation offenbaren sich erst im Zuge der Erprobung, Nutzung oder Markteinführung des Objektes, weil die Nachhaltigkeitswirkung einer Neuerung hochgradig vom Anwenderverhalten abhängt. Um die Charakteristika und Routinen der für das Innovationsobjekt „typischen“ Nutzer studieren oder abschätzen zu können, bietet es sich an, den Innovationsprozess um eine zusätzliche Experimentierphase zu ergänzen. Sie könnte an der Nahtstelle zwischen dem Ex-ante- und Ex-post-Stadium eingefügt werden und würde darauf zielen, einen möglichst realitätsgetreuen Verwendungskontext herzustellen. Zu diesem Zweck könnten „Testnutzer“ einbezogen werden, um mögliche negative Nachhaltigkeitseffekte aufzudecken. Besonderes Augenmerk liegt hierbei auf Rebound-Effekten, deren Eintreten auf technischen, verhaltensbedingten und systemübergreifenden Wirkungen beruht.

Diese Vorgehensweise erinnert zunächst an von Hippels (1988) „Lead-User“-Ansatz, weicht von diesem aber insoweit ab, als die einzubeziehenden Nutzer speziell hinsichtlich einer Antizipation von Nachhaltigkeitseffekten, die sich erst während der Verwendung des Innovationsobjektes offenbaren, geeignet sein müssen. Zum Zuge kommen dabei – ähnlich wie bei von Hippel – Trend bestimmende, besonders interessierte oder kreative Nutzer, die auch als Ideengeber oder gar Erfinder in Erscheinung treten können. Allerdings sollte es sich dabei um „Sustainable Lead User“ handeln, also um Akteure, die den Innovationsprozess um nachhaltigkeitsrelevante Erfahrungen und Kompetenzen bereichern können. Mindestens so sinnvoll dürfte eine (Zufalls-) Auswahl von Nutzern sein, die nicht als Sustainable Lead User, sondern unbefangen von Nachhaltigkeitserwägungen mit einer neuen Lösung konfrontiert werden. Eine derartige „Vorwärtsintegration“ (Hübner 2002 337) zielt darauf, Nachhaltigkeitspotenziale und -risiken einer Neuerung, die verhaltens- und kulturabhängig sind, besser abschätzen zu können.

Abb. 48: Erweiterung des Innovationsprozesses um eine Testphase

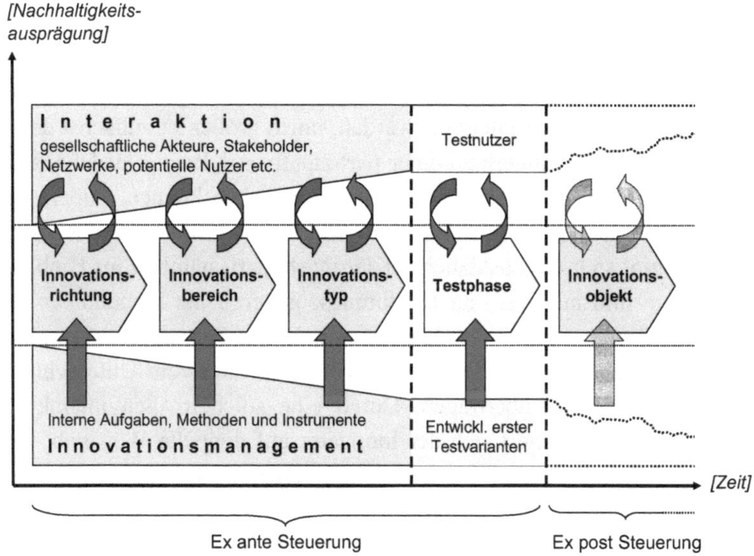

8.6 Innovating Innovation

Zum Abschluss dieses Kapitels sollen einige Maßnahmen zur Erhöhung der Richtungssicherheit angesprochen werden, die über alle zuvor genannten Phasen hinweg Anwendung finden können. Dazu zählen Instrumente des Wissensmanagements, insbesondere die Beschaffung von relevanten Informationen, Daten, wissenschaftlichen Analysen, Gutachten, Expertenmeinungen etc., um die Risikostruktur der in Frage kommenden Innovationsobjekte zunächst theoretisch beurteilen zu können. Zur Vertiefung dienen etwa Fallstudien, Praxisbeispiele, dokumentierte Projektverläufe von vergleichbaren Vorhaben sowie Best Practices. Auch der Erfahrungsaustausch durch Experten-Netzwerke oder Kooperationen mit anderen Unternehmen könnten einen weiteren Beitrag zur Risikoabschätzung leisten. Ein verstärkter Einsatz neuer Kommunikationsmedien kann die Kontrolle und das Monitoring verbessern, denn der Vernetzung zwischen den von der Neuerung betroffenen Subsystemen und Funktionsräumen kommt eine hohe Bedeutung zu. Möglichst unverzögerte Rückkoppelungen sorgen hier für ein Mehr an Richtungssicherheit.

Neben seiner Aufgabe als Frühwarnsystem kommt einem moderierten Stakeholderdialog eine strategische Rolle zu. Die Risikogenerierung und -verteilung bedarf einer gesellschaftlichen Legitimation, ansonsten drohen konfliktreiche Aushandlungsprozesse. Je rechtzeitiger gesellschaftliche Anspruchsgruppen integriert werden, umso größer ist zunächst deren Einflussmöglichkeit innerhalb einer partizipativen Klärung, welche Risiken überhaupt als (gesellschaftlich) zumutbar gelten können. Zudem bedeutet jede Innovation zugleich einen Transfer von Chancen und Risiken. Daraus ergibt sich ein zusätzlicher Klärungsbedarf, nämlich im Hinblick darauf, wie und auf wen ein bestimmtes, generell als hinnehmbar betrachtetes Risiko verteilt wird. Aber durch die Partizipation externer Gruppen wird gleichsam ein Teil der Verantwortung vom Unternehmen auf die Gesellschaft übertragen. Durch eine solchermaßen interaktive Prozessgestaltung sichert sich der Innovator auf doppelte Weise ab: Zunächst sinkt die Eintrittswahrscheinlichkeit eines Schadens, weil das dezentrale, bisweilen implizite Wissen externer Akteure als Ressource für die Richtungssicherheit nutzbar gemacht wird. Als zweites kommt hinzu, dass die Wahrscheinlichkeit, im Falle eines Schadens zum alleinigen Ziel von Schuldzuweisungen zu werden, gleichsam sinkt.

Es lassen sich vier unterschiedlich stark ausgeprägte Niveaus an sozialer Interaktion zwischen Innovationsmanagement und externen Akteuren benennen.[283]

1. Koordination der Richtungssicherheit im weiteren Sinne: Externe Kommunikation als Frühwarnsystem, mit dem Gefährdungspotenziale und Schäden rechtzeitig diagnostiziert werden können, um gegenzusteuern: z.B. allgemeiner Informationsaustausch über Online- und Printmedien

2. Erhöhte Reflexivität und diskursive Klärung dessen, was Nachhaltigkeit in der konkreten Umsetzung durch einen Innovationsprozess bedeutet: z.B. aktives Engagement von Unternehmen in Nachhaltigkeits- und Risikodialogen, etwa in Agenda 21-Projekten

3. Rückkoppelungen mit Stakeholdern, relevanten Akteuren und gesellschaftlichen Teilsystemen, um die Innovation im speziellen und das

[283] Die Reihenfolge entspricht einer zunehmenden Intensität an Einbindung.

Ausmaß der Risikotransformation im allgemeinen zu legitimieren; Institutionalisierung eines „sozialen Frühwarnsystems“: z.B. von Unternehmen initiierte und durchgeführte Runde Tische oder Symposien, an denen auch kritische Interessengruppen und NGOs beteiligt werden

4. Integration von potenziellen Nutzern als Mitgestalter oder Mitwirkende an der Innovation selbst:[284] z.B. regelmäßige Workshops mit Nutzern und Ideenlieferanten

Nicht nur die Ausführungen dieses, sondern bereits des fünften Kapitels legen nahe, dass nachhaltiges Wirtschaften eben auch bedeuten kann, im Zweifelsfall auf das „Roulettespielen“ zu verzichten. Ein damit korrespondierendes Nachhaltigkeitsverständnis muss die prozessuale Komponente des erforderlichen Wandels dergestalt thematisieren, dass Aspekte wie Steuerbarkeit, Sicherheit und Überschaubarkeit – kurz: Risikominderung – eigenständigen Zielcharakter erlangen. Erhöhte Richtungssicherheit von Neuerungsprozessen bedeutet aber nicht nur eine Minderung von Risiken im Stil von Seveso oder Tschernobyl, sondern auch von kumulativen Wachstumsrisiken. Die daraus folgenden Konsequenzen für das betriebliche Innovationsmanagement ließen sich gemäß De Wilde (2001) treffend als „Innovating innovation“ bezeichnen. Eine Öffnung für Innovationstypen, die veränderte Nutzungssysteme und Verhaltensweisen involvieren, also aufgrund ihres immateriellen Charakters sicherer sind, hängt hochgradig von der sequenziellen Entscheidungsstruktur ab. Eine Verfeinerung der klassischen Instrumente des Innovationsmanagements reicht hierzu nicht aus.

Der Neuerungsprozess als solcher bedarf einer anderen Strukturierung, nämlich dergestalt, dass er nicht erst mit der Optimierung eines kaum zur Disposition stehenden Innovationstyps – meistens ein Produkt oder Produktionsverfahren – einsetzt. Sein Beginn sollte bis zu jenen Entscheidungsebenen zurück verlagert werden, auf denen die Innovationsrichtung, der Innovationsbereich und darauf aufbauend unterschiedliche Innovationstypen zur Auswahl stehen (Rückwärtsintegration). Damit werden zum einen zusätzliche Freiheitsgrade im Sinne einer potenziellen Auflösung von Pfadabhängigkeiten erlangt. Zum anderen wird der Vor-

[284] Hier lassen sich z.B. die von Meyer-Krahmer/Jochem (1997) vorgeschlagenen „Anbieter/Nutzer-Strategien“ nennen.

gang des Erneuerns auf diese Weise überhaupt erst zu einem *Prozess,* nämlich als sequentielle Folge von Entscheidungsstufen mit zunehmendem Konkretisierungsgrad. Auf jeder dieser Stufen kann Risikominderung als zusätzliches Selektionskriterium verankert werden. Richtungssicherheit gewinnt dann einen Stellenwert, der über bloßes Fein-Tuning hinausreicht: Nachhaltigkeit im Innovationsgeschehen heißt nicht nur, vorhandene Risiken einfach besser zu managen, sondern durch die Wahl strukturell sicherer Alternativen möglichst gar nicht erst entstehen zu lassen. Dazu zählt auch der bewusste Ausschluss risikobehafteter Optionen. „Das Bewusstsein vom Nichtwissen ist darum ein Plädoyer für *Behutsamkeit.* Behutsamkeit aber ist mit der Fähigkeit des *Unterlassens* viel mehr im Bunde als mit der Fähigkeit des Bewirkens. Nicht das Menschenmögliche zu tun, sondern es zu unterlassen, ist im gegenwärtigen Zustand der Welt geboten“ (M. Gronemeyer 1988, 223; Hervorhebungen im Original).

Kapitel 9
Nachhaltiger Konsum: Produkte oder eigentumslose Dienstleistungen?

Nachdem die ersten vier Ebenen des im Abschnitt 6.1 vorgestellten Schemas für eine nachhaltigkeitsorientierte Transformation behandelt wurden, soll als nächstes ein Handlungsfeld vertieft werden, dem auf der fünften und konkretesten Ebene eine Schlüsselrolle zukommt: Konsum. Worin liegt dessen hohe Bedeutung?

Im siebten Kapitel wurde die Notwendigkeit eines kulturellen Wandels damit begründet, dass nur so den Ursachen vieler Nachhaltigkeitsdefizite beizukommen ist. Dabei kehrt die Grundidee der Bedarfssubstitution das vorherrschende Denkmuster, wonach die Lücke zwischen ökonomischen Zielen und Mitteln stets durch einen Fortschritt der Letzteren zu schließen sei, während erstere ungebremst expandieren können, in ihr Gegenteil um. Wenn aber Bedarfe an die Möglichkeiten ihrer nachhaltigkeitskonformen Befriedigung herangeführt werden sollen, ist die Thematisierung von Konsumansprüchen und -stilen unausweichlich. Kultureller Wandel zielt – in Abgrenzung zur technischen und systemischen Dimension – auf eine stärkere Berücksichtigung des Suffizienzprinzips, insbesondere eine flexiblere Ausformung von Bedarfen, die letztlich nichts anderes als Konsumansprüche verkörpern. Eine Substitution zwischen Bedarfen, die mit unterschiedlichen Nutzungssystemen und Materialisierungsgraden in der technischen Dimension korrespondieren, erweist sich als pragmatische Perspektive zwischen Verzicht und Expansion. Daran anknüpfend sollen in diesem Kapitel die Möglichkeiten nachhaltiger Konsumstile ausgelotet werden, insbesondere im Hinblick auf neue Geschäftsfelder für Unternehmen. Fokussiert werden Ansätze, die das Ausmaß der im Umlauf befindlichen Objekte nicht ausdehnen, sondern ihnen durch neue Organisationsprinzipien weitere Qualitäten und Nutzungsmöglichkeiten abgewinnen.

Kultureller Wandel, so wie er in der vorliegenden Arbeit verstanden wird, leitet sich aus einem problemadäquaten Nachhaltigkeitsleitbild ab, das aus den dargelegten Gründen mit der vorherrschenden Wachstumsorientierung bricht. Seine Umsetzung stößt auf folgendes Dilemma: Einerseits ist ein Leitbild, das angesichts des grassierenden Verlustes an politischer Steuerbarkeit nicht „von oben" oktroyiert werden kann, dazu verdammt, gesellschaftliche Akteure oder Teilsysteme aus sich heraus zu überzeugen, d.h. mit möglichst vielen anderen Zielen und Interessen zu harmonieren – kurz: kulturell anschlussfähig zu sein. Andererseits sind es zumindest im industrialisierten Norden gerade die vorherrschenden kulturellen Muster, die einer nachhaltigen Entwicklung entgegenstehen und deshalb konsequenterweise zu verändern, wenn nicht gar abzuschütteln wären.

Konstruktiv gewendet ließe sich dieses Spannungsfeld auch so deuten, dass der Kulturbegriff eine inhaltliche und eine methodische Seite offenbart. Die Erstgenannte beschäftigt sich mit dem normativen Gehalt einer mit Nachhaltigkeit kompatiblen Kultur, also der Entstehung und Ausformung von Konsumansprüchen, und hat somit Zielcharakter. Entschleunigte und maßvolle Konsumstile anstelle des unbedingten Ausschöpfens jeder sich bietenden Option akzentuieren dabei das Suffizienzprinzip, allerdings ohne es zu verabsolutieren, denn kultureller Wandel lässt die Dimensionen des Nutzungsregimes und Technik nicht obsolet werden. Im Gegenteil: Veränderte Bedarfsstrukturen wirken sich, wie im siebten Kapitel gezeigt wurde, immer auch auf die beiden anderen Sphären des Wandels aus.

Die methodische Seite ist umsetzungsbezogen. Sie widmet sich der Diskrepanz zwischen den tatsächlichen und den aus der Nachhaltigkeitsperspektive anzustrebenden Konsummustern, wobei Anreize eine besondere Rolle spielen. Praktische Relevanz kommt kulturell relevanten Konsumfunktionen zu, weil davon die Attraktivität neuer Lösungen abhängt. Die Identifikation, Kommunikation und Ausschöpfung von Motivallianzen wird oft als kulturalistische Alternative zum traditionell ökonomischen Paradigma, demzufolge in erster Linie die relativen Preise handlungsleitend sind, aufgefasst. Aber dieses Instrumentarium könnte in den Dienst jeder beliebigen Zielausrichtung gestellt werden. Auch technischer Wandel, der lediglich veränderte Produkte hervorbringt, bedürfte nach dieser Lesart einer kulturellen Anschlussfähigkeit.

Bezogen auf das Handlungsfeld des Konsums ergibt sich daraus eine kulturelle (Inhalte, Ziele) und eine kulturwissenschaftliche (Motive, Anschlussfähigkeit) Herausforderung. Konkret bedeutet dies, Motivallianzen zu erschließen, die den oft unterstellten Widerspruch zwischen einer attraktiven Lebensqualität und gemäßigten Konsumformen mindern. Zu diesem Zweck soll im Folgenden sowohl die inhaltliche Seite übertragbarer Konsumstile als auch die Frage ihrer kulturellen Anschlussfähigkeit diskutiert werden.

9.1 Unternehmerische Nachhaltigkeit und Suffizienz

Im Abschnitt 2.2.3 wurde darauf hingewiesen, dass die zunehmende Bedeutung des Konsumverhaltens als Einflussfaktor für zu hohe Verbräuche an Energie, Ressourcen und ökologischen Aufnahmekapazitäten mittlerweile nicht mehr bestritten wird. Trotzdem scheinen Ansätze und Konzepte, die auf einen Wandel des Nachfrage- und Konsumverhaltens zielen, innerhalb unternehmerischer Nachhaltigkeitskonzepte nur von untergeordneter Bedeutung zu sein, zumindest im Hinblick auf Suffizienz und Bedarfssubstitution.

Abb. 49: Nachhaltigkeitsprinzipien im Unternehmensbereich

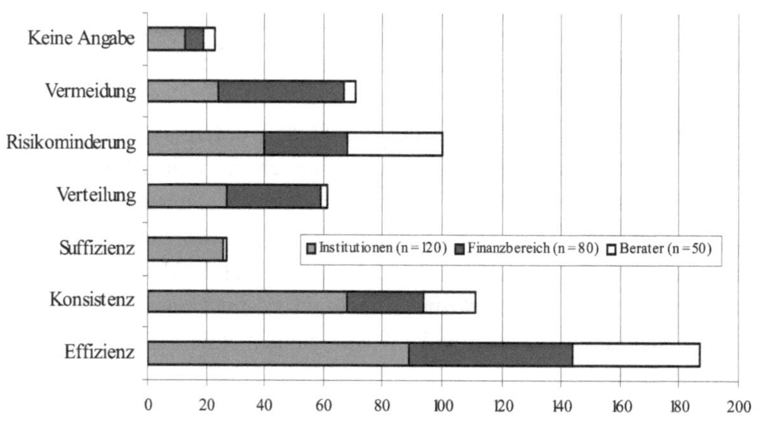

Diese Einschätzung wird durch eine Verdichtung der im Kapitel 3 vorgestellten Rechercheresultate hinsichtlich der wichtigsten Nachhaltigkeitsprinzipien unterstrichen. Es stellt sich heraus, dass Suffizienz – obwohl hier nur als undifferenzierter Sammelbegriff für konsumseitige Maßnahmen im weitesten Sinne verstanden – vergleichsweise ohne Relevanz ist (siehe Abb. 49). Insgesamt mag die Vernachlässigung des Suffizienzprinzips, speziell wenn es um die unternehmerische Praxis geht, unterschiedliche Gründe haben. Folgende Auflistung bildet nur einen kleinen, argumentativ unverbundenen Auszug daraus:

(1) Die traditionelle Umweltökonomik hält den Versuch, ökologische Probleme auf Basis von Nachfrage- oder Verhaltensänderungen zu therapieren, seit jeher für aussichtslos, zumindest insoweit dies einen Wandel der als unabänderlich geltenden Präferenzstrukturen erfordern würde. „[I]n der wirtschaftswissenschaftlichen Theoriebildung sind wir es gewohnt, gerade keine inhaltlichen Forderungen an individuelle Präferenzen zu stellen“ (Weimann 1991, 67). Dabei entpuppen sich keineswegs „egoistische“ Präferenzen, wie oft missverständlich angenommen wird, als die von der ökonomischen Theorie ausgemachte Hauptursache für Externalitäten. Als grundlegend angesehen wird vielmehr ein Zusammenhang, der auch jeden „Altruisten“ in seinem am Gemeinwohl orientierten Engagement bremsen würde. „Wer verzichtet z.B. freiwillig auf das Autofahren, wenn die Luftqualität sich ebenso stark dadurch verbessert, dass *andere* ihre Wagen nicht benützen“ (Frey 1972, 38; Hervorhebung im Original), denn „Altruismus impliziert nicht Irrationalität, und ein rationaler Autofahrer weiß, dass sein Verzicht die Lage der Innenstadt nicht verbessern kann – niemand würde es merken, wenn *ein* Auto weniger in die Stadt fährt“ (Weimann 1991, 68; Hervorhebung im Original). Unter der Annahme rationalen Veraltens würden also selbst solche Präferenzstrukturen, die eine wie auch immer geartete „Umweltethik“ (Frey 1972, 37) einschließen, keine Problemlösung bieten, weil ein aus individueller Sicht unlösbares Dilemma verbliebe. Letzteres wird auch oft als „Trittbrettfahrerproblem“ (Alchian/Demsetz 1973/1982, 178) bezeichnet und dem Umstand zugerechnet, dass die Charakteristika sog. „öffentlicher Güter“ auf sämtliche Ausprägungen einer verbesserten Umweltqualität zutreffen.

Die traditionelle Umweltökonomik betrachtet daher politische Instrumente und Rahmenbedingungen, die eine Internalisierung negativer externer Effekte herbeiführen, als einzig verlässlichen Ausweg aus diesem

Dilemma. Allerdings dürfte schwer abzuschätzen sein, ob das obige Rechercheresultat als empirische Bestätigung dieser Auffassung gewertet werden kann. Möglicherweise ist die von den Wirtschaftswissenschaften bislang fast ausschließlich vertretene Position, wonach allein der Preismechanismus handlungsleitend ist, mittlerweile zu einer sich selbst erfüllenden Erwartung gediehen.[285]

(2) Das Infragestellen von Konsummustern liefe letztlich auf eine Unterscheidung zwischen „wahren" und „falschen Bedürfnissen" (M. Gronemeyer 1988, 26) hinaus, also würden „dem Individuum die Hoheitsrechte über seine Bedürfnisse" (ebd.) abgesprochen. Aber wer wollte sich auf Basis welcher Beurteilungskriterien anmaßen, Eingriffe in die „Konsumentensouveränität" vorzunehmen oder auch nur vorzuschlagen?

(3) Aspekte der Konsumkultur gelten als „weiche" Faktoren. Konsumfunktionen, die im Zuge eines postmateriellen Individualismus durch zunehmende Intangibilität und Flüchtigkeit gekennzeichnet sind, lassen deren Erfassung – ganz zu schweigen von einer systematischen Beeinflussung – zu einem vagen Unterfangen werden. Die im Universum der lebensästhetischen Ausdifferenzierung anzutreffende „Tugend der Orientierungslosigkeit" (Goebel/Clermont 1997) stellt proaktive Unternehmen und politische Entscheidungsträger vor schwierige Herausforderungen. An welchen Milieus, Lebensentwürfen oder subjektiven Sinnzuwiesungen könnte sich der Versuch orientieren, für hinreichende Attraktivität oder Anschlussfähigkeit nachhaltiger Konsumstile zu sorgen?

(4) Suffizienz, konsumtive Mäßigung oder ökologisch angepasste Lebensstile werden generell mit Verzichtsbotschaften assoziiert. Sie verkörpern daher einen Affront gegen den Fortschrittsbegriff der Moderne. Dieser transportiert – als quasi letzten, gegen alle sonstige Veränderungsdynamik gewappneten Konsens – den Imperativ eines sich möglichst bedingungslos selbstverwirklichenden und von allen Zwängen zu befreienden Individuums. Um dem inzwischen erreichten Stadium dieser Emanzipationsentwicklung gerecht werden zu können, wenden sich Soziologie und Philosophie gar einem „Glücksdiskurs" (Schulze 1999, 9) zu. Zum Vorschein kommt dabei eine kaum Widerspruch duldende Präambel: „Wir haben heute alle Rechte außer dem einen, unglücklich zu sein" (Bruckner 2001, 11). Solange die vorherrschende Glückskonstruktion al-

---

[285] Generationen von Managern und Unternehmern wurden in wirtschaftswissenschaftlichen Fakultäten ausgebildet, die nur dieses Paradigma lehren.

lein mit Steigerung, Erschließung und Befreiung von allem, was auch nur im Entferntesten als individuelle Einschränkung gelten könnte, assoziiert wird, muss Suffizienz als Antithese dazu erscheinen.

(5) Selbst dort, wo anstelle von oder wenigstens parallel zu der viel zitierten Effizienzrevolution die Notwendigkeit einer „Suffizienzrevolution" (Gaßner/Mettler-von Meibom/Schulz 1997, 96) erwogen wird, scheint weitestgehend Einigkeit darüber zu herrschen, dass die Letztere nicht, nur teilweise oder bestenfalls indirekt Gegenstand unternehmerischen Handelns sein kann. Die Idee, auf Basis eines an Suffizienz orientierten Nachfrageverhaltens profitable Geschäftsfelder zu generieren, würde die bislang dominanten Strategien der Bedarfsweckung geradezu auf den Kopf stellen.

9.2 Ansatzpunkte für nachhaltigen Konsum: Ein kurzer Überblick

Ausgangspunkt der folgenden Überlegungen ist ein Lebensstilbegriff, der Einstellungen und Handlungen eines einzelnen Individuums umfasst. Eine Teilmenge daraus bilden Konsumaktivitäten im weitesten Sinne, die sich insgesamt zu einem Konsumstil formieren. Jeder einzelne Konsumakt ist als Handlungskette darstellbar, die ihren Ursprung in der Sphäre individueller Bedürfnisse hat und nachfolgend verschiedene Stufen einer zunehmenden Konkretisierung durchläuft, bis sie schließlich in technisch-physische, somit also ökologisch relevante Folgen einmündet. Bei diesen Stufen handelt es abermals um die drei Dimensionen des bereits vorgestellten OHS-Ansatzes. Da es den Rahmen der vorliegenden Arbeit sprengen würde, alle möglichen Facetten des nachhaltigen Konsums zu beleuchten, soll hier ein schematischer Überblick genügen, der zunächst die Handlungsoptionen enthält, über die Nachfrager verfügen. Sie knüpfen an die OHS-Ebenen an und umfassen drei Fragestellungen.

Was konsumieren: Wenn sowohl bisherige Bedarfe als auch Nutzungsformen beibehalten werden, verbleibt innerhalb des dominanten Nutzungsregimes (besitzgebundener Konsum von Produkten) als Entscheidungsoption die Auswahl möglichst nachhaltiger Produktvarianten. Als Kriterien kommen das Design, der notwendige Herstellungsprozess sowie flankierende Produkteigenschaften in Betracht.

Wie konsumieren: Wenn das Nutzungssystem zur Disposition gestellt wird, ergibt sich Entscheidungsbedarf hinsichtlich der beiden Alternativen „Produkteigentum" und „eigentumsersetzende Dienstleistungen", die jeweils weiter auszudifferenzieren und zu konkretisieren sind.

Wie viel konsumieren: Schließlich kann das Ausmaß aller oder einzelner Konsumaktivitäten eines Individuums zum Entscheidungsgegenstand werden. Hier ist vor allem das Suffizienzprinzip in Verbindung mit Bedarfssubstitution von Bedeutung.

Abb. 50: Entscheidungsdimensionen für nachhaltige Konsumstile

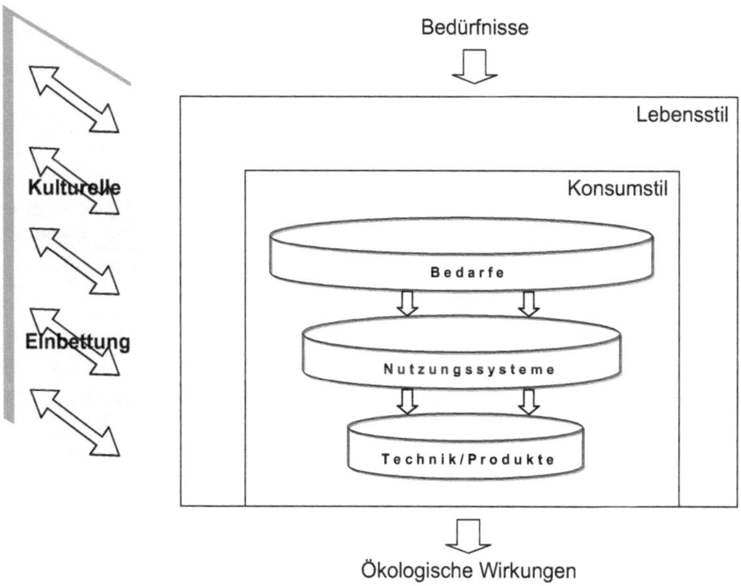

Auf der dritten Ebene („Wie viel konsumieren?") lassen sich Ansätze der Entkommerzialisierung verorten, die im Zusammenhang mit dem Nachhaltigkeitsprinzip der Umverteilung (Abschnitt 2.2.2) angesprochen wurden. Anstatt durch Arbeit monetäres Einkommens zu erzielen, kann sie auch direkt – also ohne Umweg über das Geld- und Marktsystem – in die Aufrechterhaltung und Gestaltung der Daseinsbedingungen investiert werden. Gemüseanbau im eigenen Garten, Essenszubereitung, Kindererziehung, selbstständige Reparatur und Instandhaltung der Haushaltsinfrastruktur, Nachbarschaftshilfe oder Tauschringe sind einige von vielen Beispielen.

Abb. 51: Entscheidungskriterien und Handlungsalternativen im Bereich des nachhaltigen Konsums

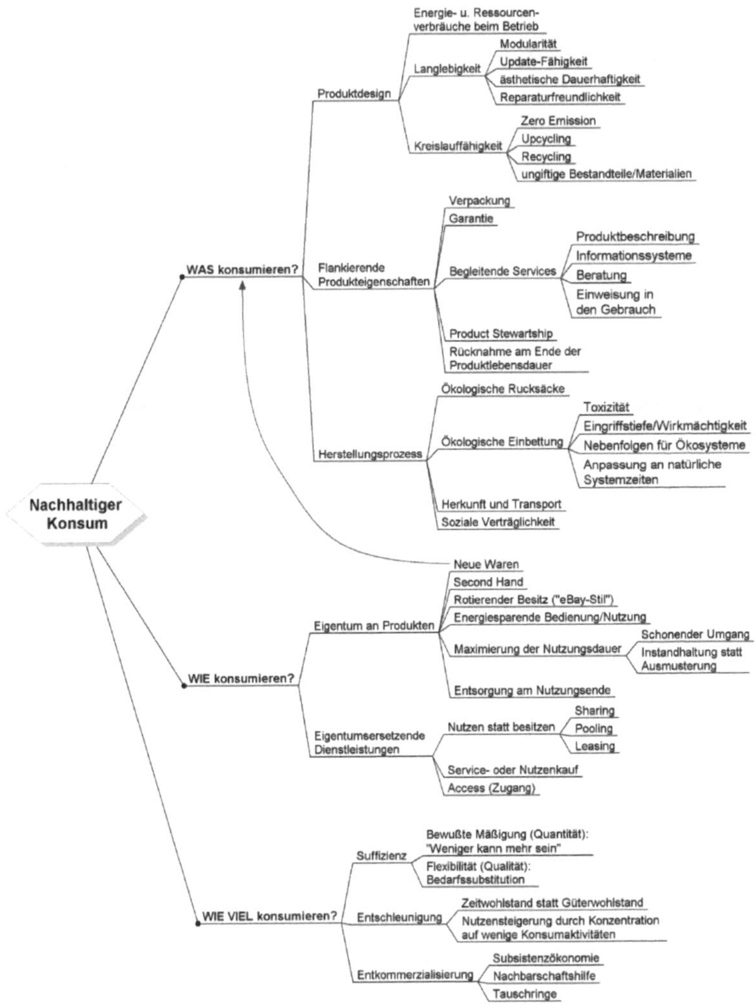

Die Fähigkeit zu „selbsterhaltenden Tätigkeiten“ (M. Gronemeyer 1988, 44) schafft nicht nur individuelle Autonomie, sondern bildet eine von verschiedenen möglichen Antworten auf die „Großfrage unserer Zeit

[…]: wie ist soziale Sicherheit, wie ist ein annehmliches Leben möglich ohne eine wachsende Wirtschaft?“ (Sachs 1993, 99). Das inzwischen dominante Verbrauchsmodell greift „auf Produkte zurück, deren Herstellung und deren Konsum zwei getrennte Sphären sind. Damit kristallisiert sich die Grundidee des Konsums heraus: sich anderweitig geleistete Arbeit zunutze zu machen“ (Schulze 2003, 50). Gronemeyer (1988, 44) hebt die Rivalität von Subsistenztätigkeit und Produktion hervor, denn letztere „verdrängt Selbsterhaltungsfähigkeit in jedem Lebenssektor“, weil es „ein Nebeneinander beider nicht gibt“. Demgegenüber beruhe „Daseinsmächtigkeit“ auf einer allgemeinen Zugänglichkeit der Lebensgüter, einer „ausgeglichenen Ziel-Mittel-Relation“ und der „Ingebrauchnahme von Fähigkeiten“. Die beiden letztgenannten Bedingungen zielen auf die „Vermeidung eines Missverhältnisses von ‚Bedürfnissen‘ und Vorhandenem“ (ebd.), nämlich folgendermaßen:

- „Leben-in-Daseinsbedingungen: [...] Die ‚Bedürfnisse‘ werden angeglichen an das, was vorhanden ist; die Ziele werden so bestimmt, dass die Mittel hinreichen. Das ermöglicht Wohlstand auch bei eingeschränkten Mitteln“ (ebd.).
- „Leben-in-Fähigkeiten: [...] Die Fähigkeiten werden so ausgebildet, dass das Angestrebte in gemeinschaftlicher Tätigkeit erreicht werden kann“ (ebd.).

Derartige Lebensstilaspekte werden hier nicht weiter vertieft. Sie können jedoch auch für unternehmerisches Handeln dort an Bedeutung gewinnen, wo nachhaltigkeitsorientierte Dienstleistungen und Nutzungssysteme zur Diskussion stehen, denn deren Funktionsfähigkeit kann den Konsumenten in manchen Fällen produktive Leistungen abverlangen.

9.3 Auswirkungen konsumtiver Handlungen

Um die Inanspruchnahme ökologischer Quellen- und Senkenfunktionen abschätzen zu können, die aus einer bestimmten Konsumaktivität resultiert, sind die Inputs an Ressourcen, Energie und Fläche entlang des gesamten Lebenszyklus des Konsumobjektes sowie alle durch Produktion und Nutzung verursachten Emissionen und Abfälle zu berücksichtigen. Konsumobjekte lassen sich hinsichtlich ihres Materialisierungsgrades den Kategorien Produkt, Dienstleistung und „Access“ (Rifkin 2000) oder einer Kombination daraus zuordnen. Die Access-Variante umschreibt den Zugang oder die Partizipation an nutzenstiftenden Prozessen, Ereignissen oder Infrastrukturen, insbesondere solchen, die sich durch den Begriff der Dienstleistung nur unvollständig umschreiben lassen. Formen des Erlebniskonsums sind darin eingeschlossen, deshalb werden die Begriffe Access und Erlebnis im Folgenden oft synonym verwendet. Jede dieser drei Kategorien lässt sich mit einer bestimmten Konsumform, wie etwa Besitz, Nutzung oder Teilnahme assoziieren, die wiederum ein Nutzungsregime darstellt.

Die Nachhaltigkeitswirkungen einer Konsumaktivität lassen sich zu vier Ausprägungskategorien bündeln, auf die Unternehmen und Nutzer in unterschiedlicher Weise Einfluss nehmen können. Im Unterschied zur umfassenden Darstellung im vorangegangenen Abschnitt (Abb. 51), die alle direkt und indirekt konsumrelevanten Optionen auflistet, sollen nun die unmittelbaren Wirkungen eines Konsumobjektes – ganz gleich welcher der drei genannten Materialisierungsgrade vorliegt – skizziert werden. Dies geschieht zunächst unabhängig von der Nachfragemenge, die auf das Objekt entfällt.

(1) *Produktions- oder Bereitstellungsprozess entlang der Wertschöpfungskette inklusiv aller Transporte:* Während die Minimierung der stofflichen Inputs aller involvierten Prozessstufen (ökologische Rucksäcke) dem Effizienzgedanken Rechnung trägt, kann zusätzlich im Sinne ökologischer Konsistenz die biologische oder technische Kreislauffähigkeit anvisiert werden. Zu den Leitkonzepten des nachhaltigen Wirtschaftens, die an den materiellen und energetischen Spezifika des Herstellungsprozesses ansetzen, zählen neben Ökoeffizienz und Ökoeffektivität das Umweltmanagement, das Supply-Chain-Management, die Integrierte Produktpolitik sowie Industrial Ecology.

(2) *Beschaffenheit des Produktdesigns oder der Hardware:* Das nachhaltige Design eines Produktes erstreckt sich im Wesentlichen auf drei Optionen:

- Zunächst kann die materielle Zusammensetzung des Objektes so beschaffen sein, dass sie sich auf ökologisch verträgliche Stoffe beschränkt. Im Extremfall sind alle physischen Bestandteile komplett rezyklierfähig, wie es etwa das Konzept der Ökoeffektivität nahe legt. Ein Beispiel bilden Verpackungen oder Textilien, die biologisch vollkommen abgebaut werden oder als „technische Nährstoffe“ in andere Nutzungen oder Leistungserstellungsprozesse eingehen können.

- Die Minimierung variabler Energie- und Ressourcenverbräuche während der Nutzung ist ein weiterer Aspekt des Produktdesigns. So ist beispielsweise der Strom-, Wasser- und Reinigungsmittelverbrauch eines Geschirrspülers oder der Benzinverbrauch eines PKW eine unmittelbare Konsequenz des Produktdesigns, die sich im Zuge der laufenden Nutzung offenbart.
- Das Design beeinflusst ebenfalls die Lebens- und Nutzungsdauer des Produktes. Im erstgenannten Fall sind Verschleißminimierung, Reparaturfreundlichkeit und eine modulare Konstruktion zwecks effizienter Instandsetzung wichtige Maßnahmen. Der zweite Gesichtspunkt betrifft eine (zeitlose) Ästhetik, die Nutzer davon abhält, das Produkt vor Beendigung der technischen Funktionsfähigkeit auszurangieren oder zu entsorgen.

(3) *Art der Nutzung:* Die Inanspruchnahme eines Konsumobjektes hat erheblichen Einfluss auf die Produktlebensdauer sowie die variablen, nutzungsbedingten Verbräuche an Energie und Ressourcen.

- Nutzerverhalten: Anhand der obigen Beispiele (Geschirrspüler/Auto) wird unmittelbar ersichtlich, dass Nutzer die Häufigkeit (Anzahl Waschgänge/Fahrten), Intensität (Wahl des Waschprogramms, der Fahrgeschwindigkeit) und Art der Nutzung (Waschmittel/Treibstoff) unmittelbar beeinflussen können, sogar unabhängig davon, in wessen Besitz sich die genutzte Hardware befindet.
- Nutzungsregime: Bestimmte Arrangements und Organisationsprinzipien können zur Nutzungsintensivierung beitragen, so etwa die Prinzipien „Pooling“, „Sharing“, „Leasing“, „Contracting“, Tauschen, Second-Hand-Handel etc.
- Nutzungsdauer/Entsorgung/Rezyklierung: Speziell bei Produkten liegt es im Einflussbereich des Besitzers, ob am Ende der Nutzungsdauer eine Entsorgung oder – soweit möglich – weitgehende Rezyklierung erfolgt.

(4) *Erforderliche Infrastruktur:* Für alle drei Materialisierungsgrade (Produkt, Dienstleistung, Access) kann das Erfordernis einer bestimmten Infrastruktur bestehen. Die Nutzung einer eigenen Golfausrüstung (Pro-

dukt) erfordert ein entsprechend präpariertes Areal zur Ausübung der Konsumaktivität „Golfen". Sollte die Golfausrüstung nur geleast werden (Dienstleistung), so verbleibt exakt dasselbe Erfordernis. Die Partizipation an Golftunieren als Zuschauer (Access) setzt diese Infrastruktur ebenfalls voraus; zusätzlich evtl. spezielle Zuschauerränge oder eine Tribüne. Eine wichtige, oft übersehene Schlussfolgerung daraus ist, dass der Übergang zu dematerialisierten Konsumobjekten nicht notwendigerweise mit einer Dematerialisierung ihrer Bereitstellung einhergeht. Der Bedarf an physischen Infrastrukturen kann sogar steigen, womit gegenläufige Effekte möglich sind.

Abb. 52: Auswirkungen konsumtiver Handlungen (Beispiel)

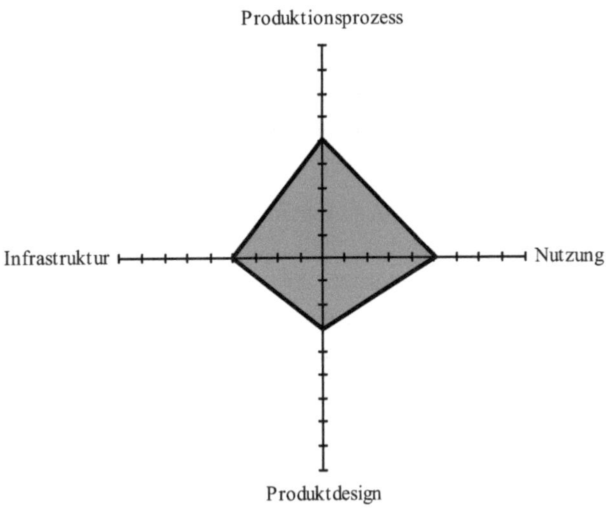

Alle vier oben genannten Ausprägungen werden zwangsläufig zum Gegenstand von Konsumentscheidungen. Dennoch gilt dies für den Produktionsprozess, das Produktdesign und die erforderliche Infrastruktur nur auf indirekte Weise. Nachfrager können zwar bewusst Objekte wählen, die z.B. ein unter Nachhaltigkeitserwägungen besonders vorteilhaftes Produktdesign aufweisen, aber die eigentliche Gestaltung des Designs entzieht sich ihrer direkten Beeinflussung. Ähnliches gilt für den Produktionsprozess und die Infrastruktur. Demgegenüber erweist sich die Art und Weise der Nutzung als elementar abhängig vom Konsumentenverhalten. Daher fokussieren Ansätze des nachhaltigen Wirtschaftens, die auf eine stärkere Integration der Nachfrageseite zielen, gerade die Frage des Nutzungssystems oder -regimes. Hierzu zählen insbesondere Konsumformen, die nicht an Produkte oder deren Besitz gebunden sind.

Der Einfluss veränderter Nutzungssysteme kann jedoch weiter reichen als bis zur effizienteren Befriedigung eines fixierten Bedarfs im Sinne der Funktionsorientierung. Nicht nur Konsumobjekte, sondern auch Nutzungssysteme können Träger einer Symbolik oder anderer sozial-psychologischer Konsumfunktionen sein. Daraus erwachsen sowohl Schwierigkeiten als auch Chancen. Zunächst können effizientere Nutzungssysteme allein aufgrund einer mangelnden kulturellen Anschlussfähigkeit scheitern. Umgekehrt bergen Nutzungssysteme, die aus Nachfragersicht besonders attraktiv sind und zugleich mit Möglichkeiten einer Bedarfssubstitution harmonieren, besondere Potenziale. Aus diesem Grund verdient die Frage des Nutzungsregimes besondere Aufmerksamkeit.

9.4 Dematerialisierung durch eigentumslosen Konsum

Wo immer die auf Jantschs' Funktionsorientierung zurückgehende Idee, Bedarfe nicht einzuschränken, sondern nur anders oder „intelligenter" zu befriedigen, konkretisiert wird, spielen zwei Visionen eine entscheidende Rolle, nämlich die einer ökologisch angepassten (konsistenten) und die einer weitgehend dematerialisierten (effizienten) Ökonomie. Die Erstgenannte stellt praktisch gar keine Anforderungen an das Konsum- oder Nutzerverhalten, zumindest aus der Sicht von Braungart/McDonough (1999, 22), den Befürwortern der Ökoeffektivität: „Nicht derjenige, der wegwirft, ist das Umweltproblem, sondern derjenige, der eine Verpackung so konstruiert, dass sie nicht weggeworfen werden kann oder werden sollte." Nach dieser Konzeption ist Endnutzern keine aktive Rolle zugedacht. Sie sollen lediglich die „richtigen" Produkte auswählen, aber nicht ihr Verhalten oder die Nutzungsform ändern.

Im Gegensatz dazu werden unter dem Banner der Effizienzrevolution durchaus neue Konsumstile diskutiert, die zur Dematerialisierung von Leistungsströmen beitragen sollen. Angestrebt wird, dass sich Konsumaktivitäten nicht mehr auf physische Produkte, sondern stattdessen auf

Services oder den angestrebten Nutzen konzentrieren. Im Hinblick auf das tatsächliche Ausmaß an Dematerialisierung und die damit verbundenen Gewinne an Ressourcen- und Energieeffizienz ergeben sich allerdings Abstufungen, wie bereits mit Hilfe des Rasenbeispiels im Abschnitt 7.2 gezeigt wurde. Der Vollständigkeit halber und in Anlehnung an die oben genannten Materialisierungsgrade sollen die insgesamt vier Alternativen nochmals genannt werden:

- Produkte: Üblicherweise erwerben Eigenheimbesitzer einen Rasenmäher. Hinzu kommt neuerdings oft ein „Rasentrimmer“ oder eine „Motorsense“, um Stellen, die für den Rasenmäher nicht zugänglich sind, ebenfalls bequem pflegen zu können. Mittlerweile verfügen viele Hausbesitzer über ein ganzes Arsenal an Gartengeräten.
- Services (Dematerialisierung I): Eigenheimbesitzer können die Funktion oder den Bedarf „gemähter Rasen“ durch den Konsum einer Dienstleistung erfüllen. Dabei lassen sich zwei Alternativen unterscheiden.
  (a) Die benötigten Gartengeräte könnten über einen Verleih-Service in Anspruch genommen werden. Der Besitz eigener Gartengeräte entfiele damit.
  (b) Es könnte ein Gartenbaubetrieb mit der Pflege der Rasenfläche beauftragt werden. Hier wäre nicht nur der Besitz an Gartengeräten, sondern sogar deren Nutzung obsolet.
- Access (Dematerialisierung II): Anstelle eines eigenen Vorgartens könnten Eigenheimbesitzer, Wohnungsbesitzer und Mieter die Berechtigung erwerben, eine bestimmte Rasenfläche zu nutzen. Damit entfielen nicht nur Besitz und Nutzung von Gartengeräten, sondern auch jede Notwendigkeit, sich überhaupt mit der Pflege eines Rasens zu beschäftigen.

Wenngleich sich beide Dematerialisierungsvarianten, nämlich Service (Ia und Ib) und Access (II), dadurch auszeichnen, die Bereitstellung der nachgefragten Funktion ohne das Eigentum an üblicher Hardware oder sogar an eigener Rasenfläche zu erfüllen, verdeutlicht das oben gewählte Rasen-Beispiel ebenfalls die begrenzten Möglichkeiten einer tatsächlichen Dematerialisierung. Dies dürfte zumindest für das Gros an Konsumaktivitäten gelten, weil sich deren materielle Komponente – im genannten Beispiel das Vorhandensein von Gartengeräten – durch den

Übergang eigentumslosen Konsum keineswegs in Luft auflöst, sondern lediglich auf eine vorgelagerte Wertschöpfungsstufe verschoben wird. Auch unter Nutzung der Service- und der Access-Option, deren Effizienzpotenziale (zunächst) nicht in Abrede zu stellen sind, verbleibt das Erfordernis, den Rasen mittels technischer Geräte zu pflegen, allerdings von anderen Akteuren und auf Basis einer veränderten Infrastruktur. Folglich sind nach Maßgabe der oben skizzierten Nachhaltigkeitswirkungen (Design, Prozess, Nutzung, Infrastruktur) Trade-off-Beziehungen nicht auszuschließen: Den Vorteilen der effizienteren Nutzung steht die Schaffung einer zusätzlichen Infrastruktur für den Service- oder Access-Markt gegenüber.

Gerade die in diesem Zusammenhang oft propagierte „Sustainable Service Economy" gemäß dem Prinzip „selling performance instead of goods" (Stahel 2001, 55) bedeutet per se keine Dematerialisierung, sondern nur eine Veränderung der Eigentums- und Besitzverhältnisse an Konsumgütern. Allein daraus lassen sich keine positiven Nachhaltigkeitseffekte ableiten. Auch wenn der bislang vom Nutzer gekaufte Rasenmäher, PKW, Kopierer oder Kühlschrank nunmehr Eigentum eines Dienstleisters ist, bleibt er hinsichtlich seiner technisch-physischen Eigenschaften exakt dasselbe Objekt. Effizienzvorteile könnten lediglich durch eine Nutzungsintensivierung, Nutzungsdauerverlängerung oder die Rezyklierung wiederverwendbarer Module und Ressourcen am Nutzungsende erreicht werden. Damit ergeben sich folgende Fragen, auf die näher einzugehen sein wird:

- Wenn Ansätze des eigentumslosen Konsums Trade-offs im Hinblick auf Ressourcen- und Energieeffizienz herauf beschwören, wie lassen sich diese darstellen?
- Dematerialisierung I: Pragmatische Ansätze des eigentumslosen Konsums, die zumeist mit dem Konsum einer Dienstleistung und dem Motto „Nutzen statt Besitzen" (BUND/Misereor 1997, 218)[286] in Ver-

[286] Dieses oft verwendete Motto ist insofern irreführend, als damit der Unterschied zwischen Besitz und Eigentum verwischt wird. Die Dienstleistungsvariante Ia schließt nämlich den Besitz der Hardware (z.B. Rasenmäher) seitens des Nutzers durchaus ein. *„Besitz bedeutet immer Rechte zur Verfügung über und damit die physische Nutzung von bestimmten Gütern oder Ressourcen* und ist unabhängig davon, ob Eigentum existiert oder nicht" (Heinsohn/Steiger 1996, 89; Hervorhebung im Original). Daher ist im Weiteren von eigentumslosen Nutzungssystemen die Rede,

bindung gebracht werden, kommen nicht ohne Hardware aus, sondern sind an die Existenz und Nutzung von „Dienstleistungserfüllungsmaschinen“ (Schmidt-Bleek 2000, 76) gebunden. Dies wirft die Frage auf, unter welchen Bedingungen und Anreizstrukturen sie zu höherer Effizienz und zugleich hinreichend profitablen Geschäftsfelder führen können.

- Dematerialisierung II: Der nächsthöhere Grad an Dematerialisierung entspräche Situationen, in denen die Erfüllung einer bestimmten Funktion nicht nur vom Produkteigentum, sondern auch (weitgehend) von Dienstleistungserfüllungsmaschinen abgekoppelt wäre. Dort wo es gelingt, derartige über den pragmatischen Ansatz hinaus gehende Dematerialisierungseffekte zu erzielen, stellt sich die Frage, ob es sich dabei um erhöhte Effizienz oder nicht vielmehr um Anpassungen der Funktionen bzw. Bedarfe handelt.

9.5 Nachhaltigkeitseffekte eigentumsloser Konsumformen

Effizienzwirkungen infolge neuer, nicht an das Eigentum von Konsumgütern gekoppelter Nutzungssysteme werden zumeist durch eine intensivere oder längere Nutzung der eingesetzten Hardware erreicht. Sie erstrecken sich insbesondere auf

- Nutzungsintensivierung,
- Nutzungsdauerverlängerung,
- Erhöhung der physischen Lebensdauer der eingesetzten Hardware und

---

denn diese Bezeichnung kann auch besitzlose Konsumformen einschließen. Bei genauerer Betrachtung stellt sich heraus, dass manche – aber eben nicht alle – denkbaren Fälle innerhalb der Servicevariante Ib nicht nur eigentums-, sondern außerdem auch besitzlos sind. Dies gilt für das Rasenbeispiel, denn im Rahmen der Option Ib besitzt der Endnutzer keine Hardware. Die Gartengeräte werden allein vom Dienstleister eingesetzt, d.h. der Nutzer hat im Gegensatz zur Variante Ia keinen Zugriff auf die Hardware. Für die Konsumfunktion „Lebensmittelkühlung“ oder „Wärmeversorgung“ gilt dies nicht. Auch hier bedeutet die Option Ib definitionsgemäß, dass lediglich ein Resultat oder Nutzenergebnis gekauft wird, aber die Verfügung über ein Kühlgerät oder ein Heizaggregat ist dennoch unabdingbar. Access kann hingegen in den meisten Fällen als besitz- und eigentumslose Nutzungsform betrachtet werden.

– Ausschöpfung technischer Effizienzpotenziale (nutzungsvariable Energie- und Ressourcenverbräuche).

Abb. 53: Relevante Zeitskalen und Gestaltungsoptionen

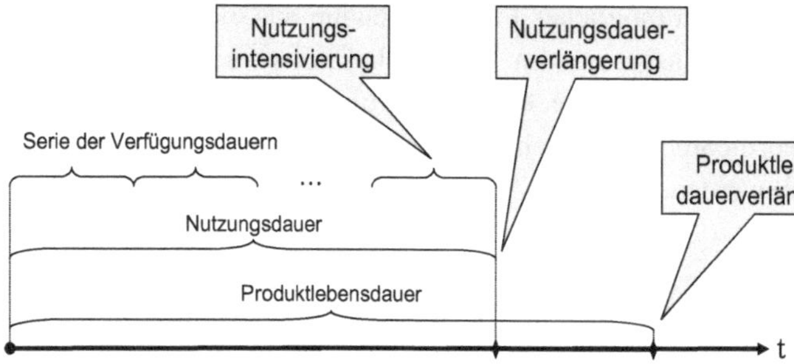

Die Wirkungen einer Nutzungsintensivierung, Nutzungsdauer- und Produktlebensdauerverlängerung werden nun unter Zuhilfenahme der erläuterten vier Ausprägungen (Design, Prozess, Nutzung, Infrastruktur) skizziert, um auf mögliche Zielkonflikte hinzuweisen. Effizienzgewinne aufgrund veränderter Nutzungsformen erfordern zusätzliche Infrastrukturen, die zur Bereitstellung entsprechender Service-Angebote unabdingbar sind. Ganz gleich, ob der neue Service in Form von Unternehmensgründungen oder als Angebotserweiterung bei etablierten Firmen in Erscheinung tritt, Investitionen in physisches Kapital sowie zusätzliche Transporte sind in beiden Fällen nicht auszuschließen. Im Folgenden dient das in Abb. 52 verwendete Schema zur Illustration derartiger Trade-offs. Um Vergleiche zu ermöglichen, bildet die Konsumform des „klassischen" Produkteigentums dabei den Referenzpunkt. Neben dem obigen Rasenbeispiel wird der Bedarf „Lebensmittelkühlung im Haushalt" als zweites Anwendungsbeispiel eingeführt, um die Abhängigkeit der Effizienzeffekte vom konkreten Einzelfall zu demonstrieren.

9.5.1 Dematerialisierung Ia: Leihen und Nutzen

Insoweit der Übergang zur Dematerialisierungsvariante Ia lediglich auf ein verändertes Nutzungsregime hinausläuft, ansonsten aber dieselben Produkte zum Einsatz kommen, reduziert sich der mögliche Effizienzeffekt auf eine Nutzungsintensivierung. Anwendung finden können dabei Konzeptionen des Sharing, Leasing oder Pooling. Im Falle des Rasenbeispiels resultiert ein möglicher Effizienzgewinn aus einem höheren Auslastungsgrad der insgesamt im Umlauf befindlichen Mähgeräte. Unter dem neuen Nutzungsregime könnte der bisherige Output an gemähter Rasenfläche theoretisch mit einer geringeren Produktionsmenge an Geräten erzielt werden.

Abb. 54: Leihen und Nutzen (Dematerialisierung Ia)

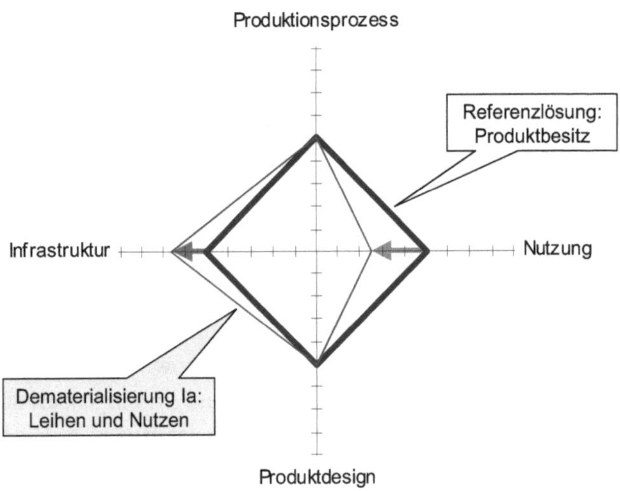

In welchem Verhältnis allerdings die auf diese Weise erreichte Ressourcen- und Energieersparnis zu den Aufwendungen der hierzu erforderlichen neuen Infrastruktur steht, hängt von Bedingungen ab, die sich kaum verallgemeinern lassen, sondern vom jeweiligen Einzelfall abhängen. Von besonderer Bedeutung sind die Transportwege der Leihgeräte sowie die Größe der jeweiligen Rasenflächen. Die Abhängigkeit eines positiven

Nettoeffekts von den Spezifika des jeweiligen Bedarfsfeldes lässt sich anhand des zweiten Beispiels, nämlich der Funktion „Lebensmittelkühlung“ verdeutlichen. Hier würde ein Verleih oder Leasing von Kühlgeräten per se zu keiner Nutzungsintensivierung führen, solange jeder Haushalt erstens ein individuelles und zweitens ein pausenlos im Einsatz befindliches Gerät benötigt. Das Eigentum an Gartengeräten impliziert hingegen Nutzungspausen, die im Regelfall länger als die eigentliche Inanspruchnahme durch einen einzelnen Nutzer sein dürften. Diese Ruhephasen lassen sich durch eine eigentumslose Konsumform weitgehend vermeiden, d.h. in zusätzliche Verfügungsintervalle umwandeln. Für Kühlschränke gilt dies eben nicht: Endnutzer beanspruchen die Funktion „Kühlung“ unterbrechungslos. Folglich ergibt sich keine Nutzungsintensivierung.

Ein zweiter Effizienzgewinn, der Konzepte des Leasings von Konsumgütern oft zugeschrieben wird, besteht darin, dass der Provider die Nutzungsdauer der von ihm vermieteten Geräte maximiert. Dies könnte zum einen durch Wartung- und Reparaturmaßnahmen erfolgen, die ein Dienstleister kompetenter und kostengünstiger als einzelne Haushalte durchführen kann. Außerdem könnte er Geräte einsetzen, deren robustes und reparaturfreundliches Design eine hohe Produktlebens- und damit auch Nutzungsdauer verspricht.[287] Aber haben Endnutzer, die eigene Geräte besitzen, nicht ein mindestens ebenso starkes Motiv, diese schonend zu behandeln? Schließlich müssen sie unter diesem Regime das Risiko des vorzeitigen Verschleißes oder von Reparaturfällen sogar selbst tragen. Im Falle des Leasings ruht dieses Risiko beim Provider, der zugleich Eigentümer ist und den Nachweis, dass ein bestimmter Nutzer das entliehene Gerät unsachgemäß behandelt hat, ohnehin kaum erbringen kann.

9.5.2 Dematerialisierung Ib: Nutzen- oder Service-Kauf

Diese Variante beruht im Rasenbeispiel darauf, dass der Endnutzer über die „Dienstleistungserfüllungsmaschine“ nicht mehr selbst verfügt, sondern direkt ein Ergebnis, einen Nutzen oder einen Service nachfragt. Für den ausführenden Dienstleister bestehen aufgrund von Größenvorteilen, Synergieeffekten und Kernkompetenzen sowohl Möglichkeiten als auch

[287] Vgl. Schmidt-Bleek 2000, 73f.

Anreize, auf ein effizienteres technisches Equipment zurückzugreifen als ein Endnutzer dies könnte.[288]

Abb. 55: Nutzen- oder Service-Kauf (Dematerialisierung Ib)

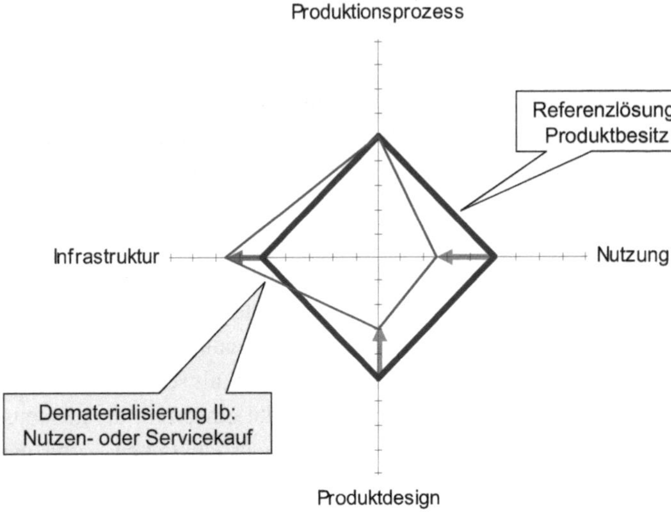

Verglichen mit Variante Ia, deren Vorteil fast ausschließlich darin besteht, ein bestimmtes Ergebnis mit einer geringeren Produktionsmenge an handelsüblichen Rasenmähern zu erzielen, ist hier ein zusätzlicher technischer Effekt zu berücksichtigen, der aus einem anderen Design der eingesetzten Geräte resultiert. Dabei ist nicht nur eine hohe Lebens- und Nutzungsdauer der Geräte, sondern auch eine erhöhte Energieeffizienz während der Nutzung zu berücksichtigen. Ob dies allerdings notwendigerweise zu einem positiven Nettoeinspareffekt führt, ist aufgrund der hierzu notwendigen Infrastruktur, insbesondere der Logistik sowie Ent-

[288] Bezogen auf das Rasenbeispiel kann dies bedeuten, dass der beauftragte Gartenbaubetrieb anstelle handelsüblicher Rasenmäher professionelle Großgeräte einsetzt. Deren Anschaffung und Betrieb würde sich für einen einzelnen Haushalt nicht rentieren.

wicklung oder Beschaffung effizienterer Hardware, genauso fraglich wie im Fall Ia.

Für die Funktion „Lebensmittelkühlung“ ergibt sich abermals, dass jeder Haushalt über ein separates Kühlgerät verfügen müsste, womit eine Nutzungsintensivierung weitgehend ausscheidet. Im Unterschied zur Variante Ia erzeugt der reine Ergebnis- oder Service-Verkauf für den Provider allerdings einen Anreiz, möglichst effiziente Geräte einzusetzen, denn die Ressourcen- und Energieeinsparungen erhöhen seine Gewinnspanne. Aber auch hier stellt sich die Frage, warum ein Kühlschrankkäufer nicht dasselbe Interesse entfalten sollte.

9.5.3 Dematerialisierung II: Access

Wenn an die Stelle eines eigenen Rasens der Zugang zu einer gemähten Rasenfläche tritt, besteht aufgrund der Flächenbündelung die Möglichkeit, eine noch effizientere Hardware einzusetzen als unter dem Regime Ib. Dies gilt insbesondere, wenn es sich um öffentliche Flächen oder Parkanlagen handelt, zu deren Pflege Maschinen im landwirtschaftlichen Maßstab genutzt werden können. Auch der nutzungsbedingte Einspareffekt ist tendenziell größer, weil hier im Vergleich zu den Varianten Ia und Ib nicht nur die Auslastung der Mähgeräte, sondern zusätzlich eine intensivere und damit effizientere Flächennutzung zu Buche schlägt. In diesem Fall wäre die Gefahr, dass der zusätzliche Infrastrukturbedarf die Effizienzeffekte überkompensiert, weitaus geringer zu veranschlagen, da sich die Rasenflächen z.B. in kommunalem Eigentum befinden könnten und deshalb sowieso gepflegt werden müssten.

Bezogen auf die Funktion Lebensmittelkühlung könnte die Access-Option bedeuten, dass die Bewohner eines Miet- oder Mehrfamilienhauses Zugang zu einem gemeinsamen Kühlgerät haben. Damit ergäben sich prinzipiell dieselben Effizienzeffekte wie im Rasenbeispiel, nämlich eine Nutzungsintensivierung und die Möglichkeit, dass der Provider einen Gerätetyp einsetzt, der nicht nur besonders langlebig ist, sondern eine hohe technische Effizienz aufweist. Aber abgesehen davon, dass diese Lösung auf Gebäude beschränkt ist, die von mehreren Nutzern bewohnt werden, verdeutlicht sie generell die Grenzen einer gemeinsamen Nutzung von Konsumgütern. Ein von mehreren Parteien genutztes Kühlgerät würde enorme Anforderungen an deren Flexibilität stellen.

Abb. 56: Access (Dematerialisierung II)

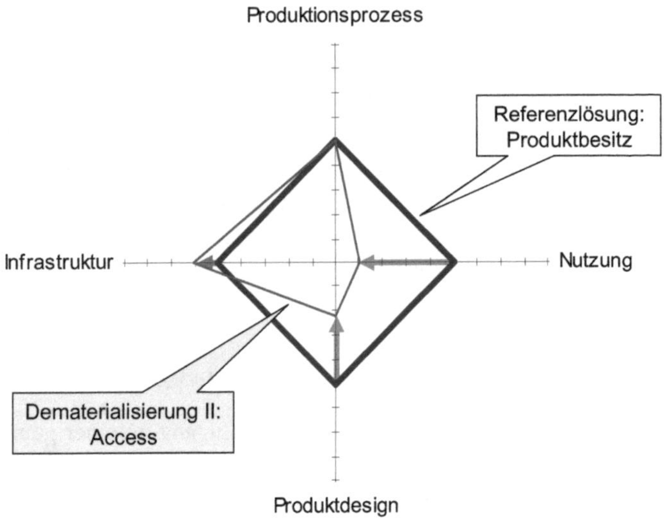

9.6 Grenzen und Hindernisse eigentumsloser Nutzungssysteme

Obwohl die vorangegangenen Ausführungen lediglich auf zwei konkreten Anwendungsbeispielen beruhen, zeigt sich bereits, dass ein positiver Nettoeinspareffekt von Einzelfallbedingungen abhängt, die angesichts der Heterogenität von Nutzungskontexten und Bedarfsfeldern kaum verallgemeinerbar sind. Im Hinblick auf mögliche Wirkungsbrüche lassen sich allerdings durchaus Tendenzaussagen treffen.

9.6.1. Was verbindet immaterielle Konsumobjekte mit dematerialisierter Produktion?

Die momentan diskutierten Nutzungskonzepte konzentrieren sich auf veränderte Verfügungsrechte, insbesondere eigentumsersetzende Dienstleistungen. Eng verbunden damit ist die innerhalb der Nachhaltigkeitsdiskussion oft bemühte Assoziation zwischen einer weitgehend dematerialisierten Ökonomie und Phänomenen wie der Dienstleistungs-, Wissens-

oder auch „Erlebnisgesellschaft“ (Schulze 1992). Angesichts zunehmend gesättigter Märkte für klassische Produktkategorien und Konsumfunktionen vollzieht sich ein inzwischen viel beschriebener Wandel, der die Kreation ständig neuer Informationsangebote und Services bis hin zu neuartigen Erlebniswelten zum primären Träger des wirtschaftlichen Wachstums werden lässt. Aber was sagt dieser Umstand über das Ausmaß von Energie- und Stoffflüssen aus? Die Indizien dafür, dass Dematerialisierung transferierter Konsumobjekte bestenfalls eine Fassade bildet, die keinen Aufschluss über die dahinter liegenden Stoff- und Energieströme zulassen, mehren sich.

Ein Blick auf die Empirie scheint dies zu bestätigen: Gerade der Konsum von Dienstleistungen, Zugangsberechtigungen (Access) oder Erlebnissen erweist sich vielerorts als Schrittmacher der ökologischen Zerstörung, wie nicht nur die Beispiele Tourismus, Mobilität und Telekommunikation zeigen. Auch wenn die am Ende einer Prozesskette stehende Leistung buchstäblich immateriell ist, können die materiellen Erfordernisse zu deren Bereitstellung immens sein. Kein originärer Wesenszug prädestiniert Dienstleistungen oder Services dazu, Materie durch puren Nutzen zu substituieren. Im Gegenteil: Die Beziehung zwischen Service und Hardware ließe sich ebenso stichhaltig als komplementär charakterisieren. Demnach haben Services als immaterielle Objekte von Markttransaktionen keinen anderen Zweck, als eine dahinter liegende Maschinerie in Gang zu halten. Als „weiches Ende“ einer prinzipiell nach wie vor Materie behafteten Prozesskette sorgen sie dafür, produktive Leistungen an die Nachfrageseite anzupassen und zu vermitteln. Die meisten Services lassen sich als zusätzliche Wertschöpfungsstufen umschreiben, die zwischen Angebots- und Nachfrageseite geschaltet werden. Aufgrund ihrer hohen Formbarkeit verleihen sie dem eigentlichen Output, der durchaus alles andere als immateriell sein kann, jedes erdenkliche, seine Attraktivität steigernde Antlitz. Auf die enge „Verflechtung von materiellen Produkten und Dienstleistungen“ hat u.a. Teitscheid (2001, 45) hingewiesen: „Ein Großteil der Dienstleistungen sind produktionsorientierte Dienstleistungen, also bedingt durch und abhängig vom weiterem Wachstum der industriellen Produktion. Sie drängen die Industrie nicht zurück, sondern sind Ausdruck deren veränderten Settings.“

Im Sinne flexibler Bindeglieder bescheren Dienstleistungen der physischen Produktion nicht nur hinreichende Anschlussfähigkeit an heterogene und anspruchsvolle Konsumwünsche, sondern wecken diese überhaupt erst – nicht zuletzt weil die Beschäftigung eines mittlerweile produktiver gewordenen Kapitalstocks entsprechendes Nachfragewachstum verlangt. Auf die vielen begleitenden Services fast sämtlicher Hersteller der Konsum- und Investitionsgüterbranche scheint dies ebenso zuzutreffen wie auf den IuK-Markt. Selbst der „reine" Service eines Zahnarztes, Friseurs oder Pizza-Bringdienstes verfolgt nach dieser Interpretation nur eine Funktion, nämlich die Auslastung eines physischen Kapitalbestandes (Arztpraxis, Friseurstudio, Küchenausstattung) nebst aller zu seiner Beschäftigung erforderlichen Inputströme (Medikamente, Kosmetika, Lebensmittel), Transporte, Zwischenprodukte und Energie. Zugespitzt ließe sich fragen, worin überhaupt der Unterschied zwischen Services und Marketingmaßnahmen besteht. Aber damit würde sich jeder logische Zusammenhang zwischen der oft beschworenen Vision einer Service Economy auf der einen und der Entkoppelung wirtschaftlichen Wachstums von Stoffflüssen auf der anderen Seite vollends auflösen. Umgekehrt käme schließlich niemand auf die Idee, den auch noch so virtuellen Marketing- oder Public-Relations-Aktivitäten von Unternehmen eine dematerialisierende Wirkung zuzuschreiben.

9.6.2 Rebound-Effekte

Selbst für Situationen, in denen neue Service- oder Access-Angebote auf hohe Resonanz stoßen, kann nicht ausgeschlossen werden, dass der Aufwand an Investitionen in die erforderliche Infrastruktur und deren Betrieb die nutzungsbedingten Effizienzvorteile übertrifft. Die maximal erreichbare Nachfrage hängt entscheidend davon ab, in welcher Phase der Marktentwicklung – bezogen auf das Referenzprodukt, dessen Eigentum vermieden oder ersetzt werden soll – die neue Nutzungsform eingeführt wird. Wenn ein hoher Prozentsatz an potentiellen Endnutzern längst einen eigenen Rasenmäher oder ein Kühlgerät besitzt, beschränken sich die Möglichkeiten einer Dematerialisierung auf

- Haushalte, die infolge des Ausrangierens alter Gartengeräte vor der Entscheidung stehen, eine Ersatzanschaffung zu tätigen oder stattdessen ein Service-Angebot in Anspruch zu nehmen oder auf
- weiteres Nachfragewachstum z.B. infolge der Erschließung neuer Wohngebiete.

Im Falle langer Produktlebenszyklen sind Dematerialisierungsoptionen umso wirksamer, je früher sie vor einer Marktsättigung des Referenzproduktes, dessen Eigentum es zu vermeiden gilt, verfügbar sind. Nach Erreichen eines hohen Sättigungsgrades verbliebe als einziges Effizienzpotenzial – und dies gilt auch nur für die Variante Ib – noch die Differenz in den Energieverbräuchen zwischen einem handelsüblichen Gerät und dem ggf. effizienteren Gerät eines Dienstleisters. Wenn Eigentümer ihr Gerät ungenutzt ließen, um den Service Ib in Anspruch zunehmen, entspräche dies einem „Crowding-out"-Effekt. Deshalb wären in einem derartigen Stadium für langlebige Konsumgüter eher solche Dienstleistungen effizient, die gerade nicht auf Dematerialisierungsstrategien zielen, sondern im Gegenteil am bereits vorhandenen Konsumgütereigentum anknüpfen, um durch Instandhaltungs-, Reparatur- und Update-Maßnahmen die Lebens- und Nutzungsdauer der Geräte zu erhöhen.

Eigentumsgebundene und -ungebundene Dienstleistungskonzepte geraten dort in Konflikt, wo die Einführung attraktiver Service-Angebote vom Typ Ib Anreize schaffen[289], die Nutzung bereits angeschaffter Hardware zu beenden, anstatt sie effizient auszuschöpfen. Dieser Problematik könnte die Variante Ia entgehen, falls sie sich auf den Verleih marktüblicher Geräte beschränkt: Welcher Endnutzer würde exakt das in seinem Eigentum befindliche Konsumgut nochmals ausleihen? Aber abgesehen davon, dass hierbei technische Effizienzpotenziale ungenutzt blieben, drohte auf andere Weise exakt derselbe Wirkungsbruch. Im Unterschied zur Variante Ib wären es nun die zusätzlichen Leihgeräte, die den Gesamtbestand an Hardware erhöhen, weil sie aufgrund mangelnder Nachfrage ungenutzt blieben. Beide Varianten des Typs I würden anstelle einer Erhöhung sogar zu einer Senkung der Nutzungsintensität führen.

Vor dem Hintergrund, dass die meisten Konsumgütermärkte längst einen hohen Sättigungsgrad erreicht haben dürften, ergibt sich also folgendes Dilemma: Einerseits erfordert die Wirksamkeit dematerialisierter Nutzungsformen, dass sie sich auf Nachfragepotenziale beschränken, die infolge des Ausrangierens abgenutzter Geräte oder weiteren Marktwachstums entstehen. Andernfalls droht entweder ein crowding out der noch intakten Eigentumsgeräte (Ib) oder ein Überschuss an Leihgeräten (Ia).

---

[289] Bezogen auf das Rasenbeispiel resultiert dieser Konflikt gerade daraus, dass die Inanspruchnahme eines Serviceangebots des Typs Ib aus Endnutzersicht den Komfort generiert, nicht mehr selbst mähen zu müssen.

Beides würde den Gesamtbestand an Hardware erhöhen. Andererseits ist es bei Einhaltung dieser Nachfragebeschränkung gerade sehr unwahrscheinlich, dass der fixe Ressourcen- und Energieaufwand für die Infrastruktur eigentumsersetzender Angebote geringer als der Einspareffekt ist.

Ein zusätzlicher Reboundeffekt, der das genannte Dilemma weiter verkompliziert, könnte daraus resultieren, dass gerade infolge neuer Service-Angebote weiteres Marktwachstum induziert wird. Bedarfsfelder, in denen potenzielle Endnutzer bislang vom Kauf eines Gerätes aufgrund zu hoher Anschaffungskosten absahen, könnten nun zu Nachfragern eines vergleichsweise günstigen Leihangebots werden. Diese Möglichkeit wäre für die Funktion Lebensmittelkühlung zwar vollkommen unrealistisch, dürfte aber für das Rasenbeispiel umso relevanter sein. Selbst Schmidt-Bleek (2000, 68) räumt immerhin folgendes ein: „Schließlich gibt es als vierte Möglichkeit die sog. ‚Nulloption', nämlich das Gras mitsamt seiner Blumenpracht einfach wachsen zu lassen und es allenfalls zweimal – im Spätsommer und Spätherbst – mit der Sense zu schneiden." Attraktive Service-Angebote könnten zu einer Abkehr von dieser Lösung verleiten.

Besonders eklatant dürfte ein derartiger Wachstumseffekt für das Bedarfsfeld der Mobilität sein. So warb beispielsweise das Oldenburger Car-Sharing-Unternehmen „StadtTeilAuto" jahrelang mit dem Slogan „Wem ein Auto zu viel und kein Auto zu wenig ist". Dies impliziert aber letztlich, dass jene, auf die das Motto zutrifft und die bislang über kein Auto verfügten, nun doch zu Autofahrern werden (sollen). Folglich können neue Nutzungssysteme nicht nur zur Dematerialisierung vorhandener, sondern auch zur Generierung neuer Bedarfe führen, womit sich ein zweites Dilemma andeutet: Einerseits müssen eigentumsersetzende Nutzungsangebote sehr attraktiv sein, um als Alternative zum Gütereigentum akzeptiert zu werden. Andererseits kann gerade diese Attraktivität konterkarierendes Nachfragewachstum auslösen.

Die skizzierten Rebound-Effekte basieren auf einer „misslungenen" Nutzungsintensivierung. Deshalb ließe sich einwenden, dass immerhin technische Effizienzeffekte (Produktlebensdauer, variable Energieverbräuche der eingesetzten Hardware) verbleiben. Schließlich könnten „Service-Anbieter einen Anreiz haben, ihre Vermögensgüter so lange wie möglich produktiv zu erhalten, anstatt sie vorzeitig zu verschrotten" (Hawken/Lovins/Lovins 2000, 41). Weiterhin wird vermutet, dass ein unternehmerischer Anreiz besteht, technisch besonders effiziente Produkte oder Geräte als Hardware einzusetzen.[290] Vieles deutet allerdings darauf hin, dass derartige Effizienzpotenziale im Konsumgüterbereich bereits zu einem hohen Grad ausgeschöpft sind, also bestenfalls nur noch geringfügige Verbesserungen ermöglichen. Zudem hängt deren Realisierung von Anreizen ab, deren Vorhandensein – zumindest als unmittelbare Folge eigentumsersetzender Nutzungsformen – äußerst fraglich ist.[291] Daneben stellt sich die grundsätzliche Frage, ob technische Effizienzpotenziale im Konsumgüterbereich nicht eher auf Basis eigentumsgebundener Nutzungsformen abgeschöpft werden können.

9.7 Angebotsseitige Motive für eigentumsersetzende Nutzungssysteme

Die verbreitete Einsicht, dass „echte" Dematerialisierung vom Typ II (Access) entweder technisch schlicht unmöglich oder kulturell kaum anschlussfähig ist[292], hat den Fokus auf die pragmatischeren Ansätze vom Typ I gelenkt. Darauf konzentrieren sich deshalb auch die folgenden Überlegungen zur relevanten Anreizstruktur auf Seiten von Anbietern und Endnutzern. Als konkretes Beispiel bietet sich die Funktion Lebensmittelkühlung an, weil hier der praktische Unterschied zwischen den Systemen Ia und Ib aus der Endnutzerperspektive vergleichsweise gering ist. Entsprechend der Variante Ib würden Endnutzer einen Service- oder Nutzenstrom „Lebensmittelkühlung" kaufen, der jeweils am Monatsende nach Maßgabe eines zuvor gewählten Kühlvolumens abgerechnet würde. Dieser Service ließe sich vom Provider am ehesten durch die Bereitstellung eines Kühlgerätes erbringen. Damit reduziert sich der für den Endnutzer wahrnehmbare Unterschied zur Variante Ia (Kühlgeräteverleih) darauf, dass er am Monatsende anstelle einer Leihgebühr zuzüglich der Energiekosten nun einen kompletten Service-Preis entrichtet, ansonsten aber prinzipiell ein verfügbares Kühlgerät bedient. Das vereinfacht die folgende Betrachtung, weil damit viele Aussagen gleichermaßen auf die Varianten Ia und Ib zutreffen.

---

[290] Schmidt-Bleek (2000, 115) erläutert dies sehr anschaulich am Beispiel des Textil-Leasings.

[291] Darauf wird im nächsten Abschnitt eingegangen.

[292] Dieser Aspekt wird weiter unten vertieft.

Für den Anbieter einer Dienstleistung vom Typ I könnte eine Motivation bestehen, die Nutzungsdauer der eingesetzten Geräte zu maximieren, weil dies die Summe seiner Anschaffungskosten senken würde. Bei Variante Ib ließe sich ein zusätzlicher Anreiz zur Verwendung von Geräten vermuten, die geringe variable Energieverbräuche aufweisen, weil dies die Differenz aus Service-Erlösen und Kosten erhöht. Im Gegensatz dazu wird einem Anbieter, der das Kühlgerät nach altem Muster direkt an den Endnutzer veräußert, eher ein Interesse am schnellen Verschleiß unterstellt, denn damit erhöht sich tendenziell die Frequenz des Ausrangierens und der anschließenden Neuanschaffung, folglich also auch der langfristige Gewinn. Die Plausibilität dieser Standardargumentation[293] zugunsten der Effizienzeigenschaften eigentumsloser Konsumformen fußt allerdings auf Voraussetzungen, deren Erfüllung nicht von vornherein als gesichert gelten kann. Entscheidend ist, ob der Produkthersteller mit dem potenziellen Dienstleister identisch ist.

Fall 1: Provider und Gerätehersteller sind nicht identisch.

Angenommen es handelt sich beim Dienstleister um einen Newcomer, der die im Rahmen seines neuen Service-Angebotes bereitzustellenden Geräte selbst von einem Hersteller ordern muss. Dann würde sich der Anreiz des Herstellers, neuerdings möglichst effiziente und langlebige Hardware zu produzieren, nur dann erhöhen, wenn der Dienstleister im Gegensatz zu Endnutzern über hinreichende Verhandlungs- oder Marktmacht verfügt, die er in diesem Sinne einsetzt. Andernfalls befände sich der Dienstleister in derselben Situation wie jeder Endnutzer: Er kann aus der Palette der angebotenen Kühlgeräte eine möglichst effiziente Variante auswählen und in entsprechender Stückzahl ordern. Aber ob ein Dienstleister allein aufgrund seiner Nachfragemacht über stärkere Optionen verfügt, die Produktion langlebiger und effizienter Hardware anzuregen, entzieht sich einer eindeutigen Beantwortung. Angesichts der zunehmenden Bedeutung von Stakeholderaktivitäten stellt sich vielmehr die Frage, warum der von Konsumenten, kritischen Medien, Umwelt- und Verbraucherschutzverbänden ausgehende Druck nicht mindestens dieselbe Wirkung auf den Hersteller haben sollte – vorausgesetzt die Stake-

293 Vgl. z.B. Stahel 2001, 157.

holder, speziell Endverbraucher sind überhaupt willens, der Ausschöpfung von Effizienzpotenzialen eine Priorität gegenüber anderen Belangen einzuräumen.

Sollte Letzteres nicht in hinreichendem Maße zutreffen, ergäben sich für die neue Dienstleistung ohnehin kaum Aussichten auf Erfolg. Konsumenten, die aufgrund ästhetischer, symbolischer oder sonstiger Sekundärfunktionen die Ausmusterung von Gütern vor Ablauf ihrer technischen Nutzungsdauer in Kauf nehmen, würden ohnehin entweder gar keinen Service-Kontrakt abschließen, um sich möglichst nicht an eine bestimmte Hardware zu binden oder sie würden einen Dienstleister bevorzugen, der seinerseits einen entsprechend häufigen Hardwarewechsel anbietet. Aber in diesem Fall ergäben sich keine systematischen Effizienzvorteile gegenüber der eigentumsgebundenen Nutzungsform. Außerdem würden die damit einhergehenden Investitionen in ständig neue „Dienstleistungserfüllungsmaschinen" und das vorzeitige Ausrangieren alter Geräte die Profitabilität des Service-Geschäfts einschränken, wenn nicht gar obsolet machen. Wenn Konsumenten neuwertige Mietobjekte bevorzugen, haben Provider einen Wettbewerbsvorteil, die einen möglichst vorzeitigen Hardwarewechsel durchführen. Dies würde eine Nutzungsdauerverlängerung konterkarieren.

Fall 2: Provider und Gerätehersteller sind identisch

Wenn es sich bei dem in Frage kommenden Dienstleister um den Gerätehersteller selbst handelt, ergäbe sich für diesen tatsächlich eine veränderte Anreizstruktur im Hinblick auf die Ausschöpfung technischer Effizienzpotenziale. Die Nachteile eines frühen Hardwareverschleißes wären insoweit teilweise internalisiert, als damit der vom Gerät generierte Einnahmenstrom vorzeitig abbrechen würde. Ähnliches gilt für zu hohe Energieverbräuche, denn diese erhöhen die Kosten. Aber unter welchen Voraussetzungen ist ein Gerätehersteller überhaupt motiviert, den Übergang von der Produzentenrolle zum Dienstleister zu vollziehen? Während sich für den reinen Dienstleister (der also die Geräte vom Hersteller beziehen muss) der Aufbau des Service-Geschäftes bereits dann lohnt, wenn dieses überhaupt profitabel ist, gilt für den Hersteller eine höhere Barriere: Das Service-Geschäft muss nicht nur insgesamt profitabel, sondern gewinnbringender als der bisherige Geräteverkauf an die Endnutzer sein. Dies träfe zu, wenn durch den Kühl-Service ähnlich hohe Umsatzerlöse erzielt werden können wie auf Basis des Geräteverkaufs, aber der Service zu geringeren Kosten bereitgestellt werden kann.[294]

Beispiel:[295] Wenn die technische Lebensdauer eines Gerätes, das bislang einen Marktpreis von € 1000 erzielte, von 10 auf 15 Jahre verlängert werden kann, ergäbe sich die Option, das neue Gerät 15 Jahre zu einem Jahresmietpreis von € 100 – x zur Verfügung zu stellen und folglich den Umsatzerlös pro Gerät um € 15 (100 – x) – 1000 zu erhöhen. Dabei bezeichnet x einen Kostenvorteil, der den Endnutzern zugestanden wird, um den Umstieg auf das neue Nutzungssystem attraktiver zu gestalten. Die Tragfähigkeit dieses Geschäftsplanes setzt folgendes voraus:

- Wenn die Produktion dauerhafterer Geräte und/oder die hierzu erforderliche Wartung höhere Kosten verursacht, müssen diese geringer als der obige Erlöszuwachs sein.
- Es darf auf der Grundlage des neuen, dauerhafteren Gerätes kein eigentumsgebundenes Alternativangebot existieren, das sowohl aus Anbieter- als auch Endnutzersicht mindestens so attraktiv ist.

Gerade die letztgenannte Voraussetzung verweist auf ein systematisches Hindernis. Wenn nämlich das neue, langlebigere Gerät zu einem Preis von € 15 (100 – x) angeboten würde, ergäbe sich für beide Marktseiten dasselbe Kostenszenario. Folglich stellt sich die Frage nach weiteren Motiven oder begleitenden Nutzen- sowie Kosteneffekten, die dieses Nutzungssystem dennoch tragfähig erscheinen lassen.

Ein oft genanntes, für Anbieter relevantes Argument ist die durch einen Service-Kontrakt erwirkte langfristige Kundenbindung.[296] Aber abgesehen davon, dass sich Kundenbindungseffekte kaum hinreichend objektivieren lassen, um einen diesbezüglichen Vergleich zwischen verschiedenen Geschäftsmodellen durchführen zu können – auch der Produktverkauf schafft Goodwill und damit Kundenbindung –, stellt sich die

---

[294] Die Erwägung der anderen Möglichkeit, nämlich bei ähnlichen Kosten einen höheren Erlös zu erzielen, würde an den folgenden Überlegungen grundsätzlich nichts ändern.

[295] Aus Vereinfachungsgründen werden mögliche Abdiskontierungen vernachlässigt. Ihre Berücksichtigung würde an den folgenden Argumentationslinien qualitativ wenig ändern.

[296] Vgl. Stahel 2001, 158.

Frage, warum Endnutzer durch einen langfristig bindenden Service-Vertrag die Option aufgeben sollten, jederzeit zu einem günstigeren Provider oder Nutzungssystem wechseln zu können.

9.8 Nachfrageseitige Motive für eigentumslose Nutzungssysteme

9.8.1 Kostenaspekte

Um die Bedeutung finanzieller Anreizeffekte für die Akzeptanz eigentumsersetzender Konsumformen auf Seiten der Endnutzer abschätzen zu können, sind unterschiedliche Konstellationen zu beachten. Diese beziehen sich darauf, wie weit die neue Nutzungsform aus Nachfragersicht vom bisherigen Produkteigentum abweicht.

(1) *Große Ähnlichkeit in der funktionalen Beschaffenheit der Objekte.* Für die Umsetzung von Nutzungsvariante Ia wäre es praktikabel, die üblichen auf den Konsumgütermärkten erhältlichen Produkte als Leihgeräte einzusetzen. Damit stünden sich zwei Angebote gegenüber, die – abgesehen vom Eigentumsstatus – aus der Nachfragerperspektive weitgehend identisch sind: Ein und dasselbe Konsumgut kann nunmehr entweder geleast oder gekauft werden. Speziell in der Handhabung würde sich für Endnutzer nur wenig ändern. Diese Ähnlichkeit könnte zum einen für hohe kulturelle Anschlussfähigkeit sorgen, weil nicht nur die gewünschte Funktion, sondern auch das zur Routine gewordene „Instrument“ zu seiner Erfüllung dasselbe bliebe.

Andererseits folgt aber gerade aus diesem Umstand eine hohe Vergleichbarkeit der Kosten beider Alternativen. Je ähnlicher die aus Endnutzersicht relevanten Funktionen zweier Nutzungsformen sind, umso relevanter wird der Preis, weil er als einziges Entscheidungskriterium verbleibt. Die Attraktivität einer hinsichtlich aller Funktionen ebenbürtigen eigentumsersetzenden Nutzungsalternative hinge folglich davon ab, ob es dem Dienstleister gelingt, diese zu einem Preis anzubieten, der den Umstieg lohnend macht. Dabei dürfte unter den genannten Voraussetzungen ein geringer Preisvorteil ausreichen, zumal kein Verlust an bisherigen Funktionen zu kompensieren ist. Ob dieser fiktive Referenzfall überhaupt eintreten kann, ist allerdings fraglich. Nicht auszuschließen ist immerhin, dass Eigentum als solches eine Nutzenkategorie verkörpert.[297]

(2) *Abweichungen in der funktionalen Beschaffenheit der Objekte zum Nachteil der eigentumsersetzenden Variante.* Mögliche Abweichungen vom gewohnten Produkteigentum, die zu Akzeptanzschwierigkeiten führen können, erstrecken sich insbesondere auf ein verändertes Handling (Bruch mit Routinen, Umgewöhnungsträgheit) und einen Verlust an sozialpsychologischen Funktionen (Symbole, Emotionen). Ob derartige Nachteile monetär kompensiert werden können, hängt u.a. davon ab, welchen Einkommensanteil der Service bzw. die Kosten des Produkteigentums für den jeweiligen Nutzer aufweist. Mit zunehmender Einkommenshöhe dürfte die Neigung eines Individuums, Erwartungen an den Selbstverwirklichungs- oder Selbstinszenierungseffekt eines eigentumsgebundenen Konsumobjektes allein um einer Kosteneinsparung willen aufzugeben, tendenziell sinken.

Dort, wo die monetäre Kompensation aufgrund eines signifikanten Einkommensanteils der Ausgaben prinzipiell möglich erscheint, stellt sich als nächstes die Frage, ob ein entsprechend geringer Service-Preis überhaupt damit vereinbar ist, dass der Dienstleister hinreichend profitabel agieren kann. Dies gelingt wiederum am ehesten, je direkter sich die Effizienzgewinne der Dematerialisierung in betriebliche Kostenvorteile transformieren lassen, die dann teilweise an die Endnutzer weitergegeben werden können. Generell gilt für die drei eigentumslosen Nutzungsformen Ia, Ib und II, dass sich mit steigendem Dematerialisierungsgrad eine zunehmende Entfernung von der funktionalen Beschaffenheit des Produkteigentums einstellt. Gleichzeitig aber steigen die Effizienzgewinne, wodurch sich zumindest theoretisch die Chance ergibt, den monetären Kompensationserfordernissen zu genügen. Daraus lässt sich jedoch keineswegs schlussfolgern, dass jede Destabilisierung „lieb gewonnener" Routinen und jeder Verlust an einzigartigen, vielleicht ohne Eigentum nicht reproduzierbaren Sekundärfunktionen durch Preisvorteile kompensiert werden kann.

(3) *Abweichungen in der funktionalen Beschaffenheit der Objekte zum Vorteil der eigentumsersetzenden Variante.* Wenngleich es für die meisten Bedarfsfelder schwierig ist, Grundlagen für derartige Situationen zu

---

[297] Gerade dieser oft unterschätzte Aspekt wird weiter unten ausführlicher behandelt.

schaffen, lohnt sich deren Vertiefung. Konstellationen dieser Art würden die Durchsetzbarkeit der Nutzungsalternative nicht nur grundsätzlich, sondern vor allem auch ohne allzu hohen Preisdruck erleichtern. Die Wahrnehmung der Nachfrager wäre in diesem Fall nicht von Nachteilen dominiert, die monetär ausgeglichen werden müssten, sondern von Vorteilen, die im theoretisch günstigsten Fall sogar einen im Vergleich zur Eigentumsvariante höheren Service-Preis rechtfertigen könnten. Im Übrigen liegt diese Konstellation bereits vor, wenn trotz diverser Funktionsverluste nur eine oder wenige andere Funktionen einen derart höheren Erfüllungsgrad verzeichnen, dass die Option insgesamt an Attraktivität gewinnt. Natürlich wäre es abwegig, die äußerst vagen und intangiblen sozialpsychologischen Funktionen im Sinne einer Gewinn-und-Verlust-Rechnung operationalisieren zu wollen. Dennoch liefert eine Charakterisierung gerade jener Nutzenkomponenten, die aus Nachfragersicht von besonderer Bedeutung sind, wichtige Orientierungen.

9.8.2 Convenience

Sich nicht mehr selbst um den Betrieb, die Wartung und das Handling von Produkten kümmern zu müssen, sondern nur am Monats- oder Jahresende eine Rechnung für den in Anspruch genommenen Service zu begleichen, mag zunächst bequem erscheinen. Aber Szenarien dieser Art beschränken sich fast ausschließlich auf die Nutzungsoption Ib und zudem auch nur auf bestimmte Bedarfsfelder. Kommt dagegen Variante Ia zur Anwendung, so müsste der Endnutzer exakt denselben Bedienungsaufwand wie bisher erbringen, um das gewünschte Ergebnis (gemähter Rasen, gekühlte Lebensmittel) zu erzielen. Immerhin verbliebe beim Rasenmäherbeispiel die Erleichterung, das Gerät nicht unterbringen und warten zu müssen. Aber dafür tauchen zwei andere Nachteile auf. Zum einen steht das Gerät nicht auf Abruf zur Verfügung, sondern stets nur nach Abwicklung einer Transaktion. Hinzu kommt, dass eben diese Transaktion einen nicht zu unterschätzenden Aufwand bedeuten kann: Über welche Entfernung und von wem wird der Rasenmäher transportiert? Wie flexibel sind die Öffnungszeiten des Verleih-Service? Die Höhe derartiger, keineswegs immer monetär darstellbarer Transaktionskosten kann die Vorteile oder Kostenersparnisse durchaus übertreffen, so dass diese Nutzungsoption schlicht als zu umständlich empfunden wird.

Access-Lösungen (Typ II) haben den Vorteil, dass sich die Problematik einer mangelnden Flexibilität und zu hoher Transaktionskosten relativiert, denn der spontane Zugriff ist hier prinzipiell möglich. Schließlich bedarf die Verfügbarkeit eines gemeinsam genutzten Rasens oder Kühlgerätes keiner vorherigen Transaktion und besteht zu jedem beliebigen Zeitpunkt. Allerdings sind gerade besonders nutzungsintensive Konzepte höchst ambivalent. Sie verschärfen auf andere Weise die Gefahr, dass eigentumsersetzende Services die permanent gesteigerten Nutzenerwartungen im Hinblick auf Convenience systematisch enttäuschen. Legt man die Verlautbarungen der „Faktor X"-Protagonisten zugrunde, so bedeutet höhere Effizienz „etwas anderes als Beschränkungen, Unbequemlichkeit oder Rückständigkeit" (E. U. von Weizsäcker/Lovins/Lovins 1995, 20), nämlich – speziell bezogen auf die Vision einer Service Economy – „high flexibility in the utilisation of goods (something ownership can never give) as well as guaranteed satisfaction" (Stahel 2001, 162). Hawken/ Lovins/Lovins (2000, 201) sprechen gar von „Komfort-Leasing". Nimmt man diese Versprechungen beim Wort und wendet sie auf die Funktion Lebensmittelkühlung an, so müssten sich die Convenience-Vorteile gegenüber dem gewohnten Kühlschrankeigentum sogar erhöhen. Zumindest aber dürften den Endnutzern keine zusätzlichen Flexibilitätsanforderungen abverlangt oder gar Unbequemlichkeiten zugemutet werden. Unter diesem Vorbehalt erschiene die oben skizzierte Access-Lösung (gemeinschaftliche Nutzung eines zentralen Kühlgerätes) kaum akzeptabel. Denn die eigene Küche oder gar Wohnung extra verlassen zu müssen, um das gemeinsam genutzte Kühlgerät zu erreichen, würde diese Bedingung aus der Sicht zeitgenössischer Konsumenten mit hoher Wahrscheinlichkeit verletzen.

Instrumente und Konsumgüter des täglichen Lebens nicht bequem, also in unmittelbarer Reichweite vorzufinden oder direkt bedienen zu können, ruft Erinnerungen an vergangene Epochen der Industrialisierung bis hin zur Nachkriegszeit wach. Diese waren geprägt sowohl von einem geringen Niveau an Einkommen als auch an technischer Entwicklung. Viele Errungenschaften, die vorübergehend als „Komfort" bezeichnet wurden und inzwischen zur Grundbedingung einer menschenwürdigen Existenz hoch stilisiert wurden, waren für weite Teile der Gesellschaft schlicht unerreichbar. Eine möglichst baldige Überwindung eben dieses Zustandes, der sich auch als Knappheit an technischer Ausstattung beschreiben lässt, war und ist eines der Leitmotive moderner gesellschaftlicher Entwicklungen. Das Hervorbringen, Verbreiten und anschließende Zementieren weiterer Steigerungsmöglichkeiten einer Lebensweise, die ein körperlich anstrengungsloses, verzögerungsfreies, ortsungebundenes und begründungsloses Abrufen jeglicher Konsumfunktionen ins Zentrum rückt, durchzieht sämtliche Bedarfsfelder. Dabei ist insbesondere die „Erschließung nicht-anthropogener Energiequellen und die Substitution menschlicher physischer Arbeit“ (Witt 1997, 57) von elementarer Bedeutung. Insoweit eigentumslose Nutzungssysteme diese Entwicklungsrichtung zumindest teilweise umkehren müssen, weil sich andernfalls keine nennenswerten Nachhaltigkeitswirkung erzielen ließen, können sie leicht als Negation vorherrschender Fortschrittskonzeptionen, mithin als Rückschritt wahrgenommen werden. Dies gilt insbesondere für Access-Lösungen.

Darüber hinaus sind gerade besonders effiziente Access-Ansätze von einer weiteren Ambivalenz geprägt. Sie ergibt sich aus einer gravierenden Veränderung des Nutzungskontextes. Auf Basis des klassischen Eigentumsregimes kann die jeweils gewünschte Primärfunktion einer Konsumaktivität innerhalb einer weitgehend geschlossenen Privatsphäre abgerufen werden, die gegen jegliche Kontakte, Beobachtungen oder Konfrontationen beliebig abzuschotten ist. Durch Access-Lösungen verlagern sich Nutzungsaktivitäten nun auf einen mehr oder weniger öffentlichen Raum. Eine Kollision mit dem Bedürfnis nach einer ungestörten, zuweilen von sozialen Interaktionen abgekoppelten Sphäre ist nicht nur denkbar, sondern eher wahrscheinlich und dürfte viele potentielle Nutzer abschrecken. Aber der umgekehrte Effekt ist ebenfalls nicht auszuschließen. Wie schon das oft bemühte Beispiel der Wohngemeinschaft als Extremfall einer Nutzungsintensivierung im Haushaltsbereich zeigt: Ein und derselbe kommunikationsintensive Kontext birgt für manche Individuen einen immensen Zusatznutzen, wenn nicht gar die Hauptmotivation dafür, sich auf alternative Nutzungsformen einzulassen. Für andere verkörpert er den reinen Horror, denn Endnutzern, die systematisch sozialen Kontakten ausgesetzt sind, werden ungewollte kommunikative Leistungen abverlangt. Sie erleben folglich einen Convenience-Nachteil.

Hinzu kommt, dass mit steigender Anzahl an Beteiligten zwar die Nutzungsintensität, zugleich aber auch die Relevanz des Free-rider-Verhaltens steigt. Im Falle gemeinsam verwendeter Ressourcen reicht oft das Fehlverhalten nur einer einzigen Person, um den Nutzen aller anderen Beteiligten signifikant zu beeinträchtigen. Allein die Frage, wann ein

Fehlverhalten vorliegt, kann zu Konflikten führen, weil individuelle Präferenzen im Hinblick auf Hygiene, Sauberkeit, Ordnung und Funktionsfähigkeit stark divergieren können.

Derartige Rekontextualisierungsprobleme – gemeint ist die fehlende Einbettung einer neuen Lösung in den relevanten Anwendungs- und Nutzungskontext[298] – betreffen zunächst kulturelle und soziale Bedingungen, auf die im nächsten Abschnitt näher eingegangen wird. Darüber hinaus sind zwei weitere Typen von Umgewöhnungsträgheiten zu berücksichtigen, die mit der technischen Beschaffenheit der eingesetzten Hardware oder Infrastruktur zusammenhängen und auf sämtliche Dematerialisierungstypen zutreffen. Falls der Provider aus Effizienzgründen andere als die handelsüblichen Geräte verwendet, werden den Endnutzern möglicherweise Lernprozesse abverlangt, weil die Bedienung und das Nutzerverhalten einer Veränderung bedürfen. Wie das Beispiel Lebensmittelkühlung zeigt, geht in manchen Bedarfsfeldern sowohl die Variante Ib (Service- oder Nutzenkauf) als auch II (Access) mit der Bedienung unbekannter Hardware einher. Während der Service-Kauf die Bereitstellung eines individuellen Kühlgerätes erfordert, impliziert die Access-Variante mindestens eine physikalische Infrastruktur.[299] Dort, wo dies nicht der Fall ist, tritt an die Stelle des direkten Umgangs mit Hardware nicht selten die Handhabung einer Informationstechnologie, die ggf. mit neuen Logistiksystemen verbunden ist.[300] Damit ergeben sich nicht minder anspruchsvolle Forderungen an das Nutzerverhalten.

Etwaige daraus resultierende Barrieren erscheinen insoweit handhabbar, als sie durch nutzerorientierte Ansätze des Marketings[301] und des Innovationsmanagements[302] abgemildert werden können. Indes ist zu berücksichtigen, dass Lernprozesse, die den Umgang mit neuer Informations- und Kommunikationstechnologie einschließen, eben durchaus auch Motivallianzen begünstigen können. Neugierde, Spieltrieb sowie Erfah-

---

298 Vgl. Rip/Schot 1999, 129ff.

299 Ein anderes Beispiel für die Accessvariante innerhalb des Bedarfsfeldes Lebensmittelkühlung bilden Lieferservices auf Basis einer sog. „Home-Delivery-Box“.

300 Siehe beispielsweise den virtuellen Lebensmittelmarkt „Bauernfrische“ (http://www.bauernfrische.de). Ansonsten trifft dies generell auf onlinegestützte Dienstleistungen zu.

301 Vgl. z.B. Hansen 1995.

302 Vgl. z.B. Monse/Weyer 1999.

rungen mit hohem Erlebnischarakter können dabei die Attraktivität steigern. Allerdings kommt spätestens dort, wo das Erleben neuer Situationen auf direkten (also nicht virtuellen) sozialen Interaktionen beruht, die weiter oben beschriebene Ambivalenz zum Vorschein.

9.9 Die Macht der Symbole: Sozialpsychologische Konsumfunktionen

9.9.1 Eigentum als Garant für Freiheit und Sicherheit

Die prägnanten Unterschiede zwischen Produkten und Dienstleistungen hinsichtlich ihrer Eigenschaft als Trägermedium für kulturelle Aufladung berechtigen Zweifel an deren Substituierbarkeit. Gerade der für Dematerialisierungsstrategien elementare Übergang vom Eigentum zum Service-Konsum wird dadurch erschwert, dass die mit Produkten assoziierten sozialpsychologischen Funktionen nicht ohne weiteres auf Services übertragen werden können. Weiterhin ist nicht auszuschließen, dass schon Eigentum als solches elementare Bedürfnisse befriedigt. Eigentum garantiert Autonomie und Freiheit. Gerade die „Flucht vor Abhängigkeit" (Hilgers 1992, 38) bildet ein Motiv für materiellen Konsum, das in Verbindung mit Individualisierungsprozessen steht. Sich nicht auf andere – ganz gleich ob Personen, Systeme oder Institutionen – verlassen zu müssen, sondern jederzeit souveräne Handlungen vornehmen zu können, erhöht das Selbstwertgefühl.

Die Möglichkeit, jedem Impuls direkt, d.h. ohne zwischen geschaltete Interaktion oder Abstimmung folgen zu können, wird als Charakteristikum eines „freien" Individuums wahrgenommen. Eigentum generiert Macht und bildet eine Voraussetzung für Freiheiten, die der Dienstleistungskonsum, also das „nur" geliehene Objekt, prinzipiell nicht gewähren kann. Diese Freiheit reicht potenziell – auch wenn sie praktisch nie ausgeübt wird – bis zur Zerstörung des Besitzobjekts. Schon das pure Vorhandensein dieser Option markiert die theoretisch maximale Steigerung des individuellen Emanzipations- oder Freiheitsbegriffs, der bis zur „Flucht aus Verantwortung und sozialen Verpflichtungen" (Hilgers 1992, 112) reichen kann. Demgegenüber impliziert die Inanspruchnahme von eigentumsersetzenden Services zumeist eine Anpassung an Regeln und standardisierte Angebote. „Dies geht [...] zu Lasten der autonomen Entscheidungsfindung, der individuellen Zeitsouveränität und Handlungsflexibilität" (Kraemer 2003, 58).

Weiterhin bietet Eigentum Verlässlichkeit, Schutz und Geborgenheit. Nicht warten, bitten, betteln, verhandeln oder sich einreihen zu müssen, um eine bestimmte Nutzenerwartung erfüllen zu können, begründet ein Gefühl der Sicherheit.

9.9.2 Symbolische Aufladung von Konsumobjekten

Aus einer kulturalistischen Perspektive[303] treten die instrumentellen Funktionen oder Gebrauchswerte von Konsumobjekten zusehends hinter die symbolischen Eigenschaften zurück. Anstelle einer ausführlichen Wiedergabe der bislang vorgeschlagenen Ausprägungen und Typologien sozialpsychologischer Funktionen[304] soll hier lediglich zwischen solchen Motivgruppen unterschieden werden, deren identitätsstiftender Effekt auf (sozialer) Anlehnung oder Distinktion beruht. Nach wie vor ungeklärt erscheint die Frage, ob die Selbstinszenierung durch das Zurschaustellen hochgradig symbolischer Konsumgüter deren Eigentum voraussetzt. Aber gerade davon hängt die Akzeptanz eigentumsersetzender Dienstleistungen ab. Dem von Schmidt-Bleek (2000, 72) bemühten und oft zitierten Beispiel des „schnittigen Sportwagens“, der nicht mehr gekauft, sondern nur noch gemietet werden müsse, um damit „imponieren zu können“, dürfte zumindest dann eine krasse Fehleinschätzung zugrunde liegen, wenn der Demonstrationseffekt auf Distinktion zielt, wie die folgenden Ausführungen zeigen. Der Zusammenhang zwischen Gütereigentum und symbolischen, insbesondere auf Distinktion zielenden Funktionen kann drei Ebenen zugeordnet werden.

Be different

Das „anders sein“ oder „sich abheben“ setzt einen gewissen Vorsprung oder Schutz vor möglichen Nachahmern voraus. Andernfalls wäre der Inszenierungseffekt aufgrund einer unmittelbar einsetzenden Inflationierung von nur kurzer Dauer und würde sich im Extremfall direkt ver-

---

[303] Vgl. z.B. Pfriem 2000, 448ff., Schneidewind 2003, 20ff. Eine umfassendere Charakterisierung der „kulturalistischen Wende“ liefern Hartmann/Janich (1998) und FUGO (2004).

[304] Vgl. Karmasin 1998 und Fischer 2002.

flüchtigen, d.h. gar nicht erst zustande kommen. Zwar hat bereits Simmel (1911) anhand des Modephänomens plausibel dargelegt, dass viele Konsumstile an der Dynamik aus Neuschöpfung, kontinuierlicher Entwertung bis hin zum gänzlichen Verschwinden des symbolischen Gehalts von Produkten ausgerichtet sind.[305] Simmels Betrachtungen beziehen sich jedoch auf eine Welt der Eigentumsgüter. Jeder Wechsel eines Modeartikels verursacht seinem Eigentümer unter der Annahme nicht vernachlässigbarer Anschaffungskosten einen irreversiblen monetären Verlust. Selbst solche Gebrauchsgüter, die naturgemäß einer rapiden Entwertung unterworfen sind, sei es durch materiellen Verschleiß oder kulturelle Degradierung, generieren aufgrund ihrer Anschaffungskosten einen Selbstbindungseffekt. Er resultiert daraus, dass Konsumausgaben sunk costs darstellen, d.h. die getätigten Anschaffungskosten verwandeln sich in einen unwiederbringlichen Verlust, der umso höher ist, je früher das Produkt ausrangiert wird. Einkommensrestriktionen implizieren deshalb eine Untergrenze für die Nutzungsdauer auch solcher Produkte, die üblicherweise sehr kurzlebig sind. Daraus resultiert der – wenn auch nur kurze – Vorsprung, den der „Trendsetter“ zur Realisierung eines Distinktionsgewinns benötigt.

Demgegenüber würde die Service-Alternative den Wechsel des Konsumobjekts ohne Verlust an zuvor investierten Ausgaben ermöglichen, zumindest wenn der Service-Preis pro Nutzungsintervall mit dem fiktiven Abschreibungsbetrag korreliert ist, der im Falle des Eigentums am betreffenden Objekt anzusetzen wäre. Konsumenten, die dem Trendsetter nacheifern, müssen also nicht in demonstrative Objekte investieren, sondern können sie mieten und damit relativ unverzögert gleichziehen. Daraus ergibt sich ein völlig verändertes Szenario, auf das Stahel (2001, 162) indirekt hingewiesen hat (allerdings ohne die hier betonten Konsequenzen auszuführen). „[A]n increasing number of individuals live, mentally, in a multi-option society: they do not want to commit themselves in the medium or long term, either to goods nor to people [...]. They want new toys all the time – and can afford them. Only a service economy can fulfil their needs [...] by selling them performance and service instead of goods, by offering flexibility in utilization instead of bondage by property.” Genau diese Flexibilität ließe sich mit dem Simmelschen Modezyklus kaum mehr vereinbaren, weil sich ein temporärer Vorsprung auf

305 Vgl. hierzu auch Fischer 2002, 125.

Seiten derjenigen, die einen Distinktionsgewinn erzielen können, bevor die Anzahl der Adopter eine kritische Masse erreicht, komplett auflösen würde.

Be rich

Der oft als Urvater kulturalistischer Erklärungsansätze des Konsumverhaltens angesehene Veblen (1899/1986) sieht demonstrativen Konsum „als Zeugnis finanzieller Macht" oder „akkumulierten Reichtums" (ebd., 79). Anstelle purer Individualität, die auch durch Geschick, künstlerische Ambitionen oder einfach frühzeitiges Erkennen von Distinktionspotenzialen zu erlangen wäre, korreliert der Symbolgehalt konsumtiver Handlungen hier mit seinem Preis. Insoweit aber Dienstleistungen die temporäre Verfügbarkeit auch solcher Güter (siehe das Sportwagenbeispiel) erlauben, dessen gesamte Anschaffungskosten der Nutzer niemals tragen könnte, dürften sie als Demonstrationsobjekt im Sinne Veblens nahezu ausscheiden.

Be richer than the others

Die „positionale Auffassung von Wohlfahrt" (Scherhorn 1994) greift Veblens Idee auf und verallgemeinert sie dergestalt, dass der Eifer nach sozialem Prestige nicht nur die Zugehörigkeit zu einer bestimmten Gruppe („leisure class") anvisiert, sondern sämtliche Ebenen der Einkommenshierarchie durchzieht.[306] Demnach „hat der Begriff der Wohlfahrt wohl eher die Bedeutung eines *privilegierten* Lebens – eines Lebens, das Befriedigung aus einer vorteilhaften relativen Position, aus dem Zugang zu sozial begehrten Gratifikationen, aus der Verfügung über knappe Produktionsmittel und Konsumgüter bezieht, und damit aus äußerer Stimulierung" (Scherhorn 1994, 218; Hervorhebung im Original). Folgt man dem dabei zugrunde liegenden, von Hirsch (1976/1980) formulierten Konzept „positionaler Güter", so ist das Konsumverhalten von

---

[306] Der Unterschied zu Veblen besteht darin, dass dieser Distinktion als binäres Prinzip versteht: Entweder eine Person schafft den Sprung in die leisure class (oder kann deren Symbolik imitieren) oder eben nicht, dann entfällt der Distinktionsgewinn.

einem Wettbewerb geprägt, „in dem es grundsätzlich um einen höheren Platz innerhalb einer expliziten oder impliziten Hierarchie geht und somit Gewinne für einzelne nur durch die Verluste von anderen möglich sind" (ebd., 84). Das Streben nach einer verbesserten Position, so wird unterstellt, orientiert sich nicht nur am bereits erreichten Stand, sondern an der Relation zur Stellung anderer Konsumenten. Folglich wird der Blick auf Konsumobjekte gelenkt, die durch Knappheit oder rivalisierenden Konsum geprägt sind.

Diese Tendenz steht in scharfem Kontrast zu der alten, bereits in Simmels (1920) „Philosophie des Geldes" thematisierten Vision[307] „einer Welt, die ohne Streit und gegenseitige Verdrängung aneigenbar ist, zu Werten, deren Erwerb und Genuss seitens des einen den anderen nicht ausschließt, sondern tausendmal dem anderen den Weg zu dem gleichen öffnet" (ebd., 306). Dabei geht es um die Überwindung jener Endlichkeit, die aus einem begrenzten irdischen Materievorrat resultiert. Mit Hilfe der Allokationsmöglichkeiten, die das Universalmedium Geld entfacht, soll den Gütern ein „potentiell unendlicher Fundus von Verwendungsmöglichkeiten [...] entbunden" (Haesler 1994, 71) werden. Der dorthin führende Weg des „funktionellen Fortschritts" – er kann als Vorwegnahme aller späteren Ansätze des qualitativen Wirtschaftswachstums und damit gleichsam einer dematerialisierten Ökonomie gesehen werden – beschreibt ein Positivsummenspiel, das die „Menschheitstragödie der Konkurrenz" mildern soll. Genau diese Vorstellung rückt infolge zunehmender Möglichkeiten einer Dematerialisierung oder Virtualisierung von Konsumobjekten keineswegs näher, sondern wird von der Logik des positionalen Wettbewerbs sowie anderer demonstrativer Konsumfunktionen durchkreuzt. Nur der Konsum solcher Objekte, die aufgrund effektiver Ausschlussmechanismen für andere Nutzer nicht verfügbar sind, eignet sich zur Verteidigung oder zum Ausbau einer sozialen Position. Die damit verbundene Exklusivität des Zugangs bildet geradezu eine Antithese zum Prinzip der Nutzungsintensivierung durch eigentumslosen Konsum.

---

[307] Vgl. Abschnitt 2.2.1.

Folgerungen

Die Akzeptanz eigentumsungebundener Nutzungsformen erweist sich als umso schwieriger, je stärker sich die Symbolik von Konsumgütern auf Distinktion bezieht. Folgt man den meist rezipierten Gegenwartsbeschreibungen (post-) moderner Gesellschaften, dann dürfte an der Dominanz gerade dieser Motivausprägung, die sich auch in Tendenzen zur Individualisierung und kulturellen Ausdifferenzierung widerspiegelt, kein Zweifel bestehen. Durch den Übergang zu effizienten Nutzungsformen, insbesondere die damit erfolgende Dematerialisierung von Konsumgütern, verflüchtigen sich deren distinktive Symbolfunktionen. Dass die symbolische Wirkung eines Konsumgutes dessen Eigentum erfordert, wird beispielsweise von Barone/Shimp/Sprott (1999) auch auf Basis empirischer Erkenntnisse bestätigt.

Um nochmals auf das von Schmidt-Bleek (2000, 72) und Stahel (2001, 162) verwendete Beispiel des schnittigen Sportwagens, der angeblich ebenso gut geliehen werden könnte, zurückzukommen: Gerade weil hier eine Motivallianz zwischen Effizienzgewinnen, bisherigen Konsumfunktionen – instrumentelle *und* sozialpsychologische – auf der einen und Convenience- sowie Kostenvorteilen auf der anderen Seite betont wird, wäre diese Lösung für eine hohe Anzahl von Personen zugänglich. Damit wird die Symbolik des betreffenden Konsumobjekts nicht nur inflationiert, sondern zusätzlich durch einen veränderten Erwartungshorizont konterkariert. Irgendwann ist hinlänglich bekannt, dass der demonstrativ vorgeführte Sportwagen auch „nur" entliehen sein *könnte*. Nun sieht zwar Schrader (2003) Anhaltspunkte dafür, dass „Konsumsymbolik keinesfalls generell als Hemmnis eines Konsums ohne Eigentum gesehen werden darf" und begründet dies ausgerechnet am Beispiel des Car-Sharings. Aber abgesehen davon, dass dieser Service eben nicht zu der erhofften Erfolgsstory geführt hat[308], muten die vorgeschlagenen „Konsequenzen […] für die Kommunikationspolitik", nämlich Slogans wie z.B. „Car-Sharing passt zu mir" oder „Wer ein Auto hat, tut mir leid" (ebd., 228) etwas kümmerlich an. Bis zu welchem Grad lassen sich Kulturmerkmale, die über Jahrzehnte gewachsen sind, einfach aus der Welt kommunizieren? Im Übrigen: Wäre es in diesem Fall nicht beinahe Erfolg versprechender, das Auto als solches in Frage zu stellen und auf Lö-

[308] Vgl. Wilke 2003, 53.

sungen auszuweichen, die schon vom Prinzip her gar kein Eigentum zulassen, wie eine Nutzung des ÖPNV? Gerade angesichts der alle Milieus und Einkommensklassen umfassenden Fetischisierung[309] des Automobils ließen sich durch dessen demonstrative Vermeidung vermutlich höhere Distinktionsgewinne „einfahren".

Selbst in einer Situation, in der eigentumslose Nutzungssysteme zunächst hohe Verbreitung fänden und zur kontinuierlichen Substitution bislang im Eigentumsmodus genutzter Produkte führten, wären konterkarierende Szenarien wahrscheinlich. Nach Maßgabe aller drei oben skizzierten Motivtypen ließe sich der damit verbundene Distinktionsverlust nur dadurch ausgleichen, dass neue Eigentumsobjekte mit hohem Symbolwert erworben werden. Insgesamt würde sich die Nachfrage nach anderen, noch nicht dematerialisierten Gütern erhöhen. Hinzu träte ein angebotsseitiger Anreiz zur Entwicklung neuer materieller Güter, die einen (wenigstens vorübergehenden) Distinktionsgewinn versprechen.

9.9.3 Konsum um seiner selbst willen: Emotionale und religiöse Funktionen

Die bis hierher angesprochenen Konsummotive zeichnen sich dadurch aus, dass sie mehr oder weniger in untrennbarer Beziehung zum Konsumobjekt stehen, das somit als unverzichtbarer Träger sowohl instrumenteller als auch sozialpsychologischer Funktionen fungiert. Oft thematisiert werden inzwischen aber auch Szenarien, in denen sich die Beziehung zwischen Kaufakt und Konsumobjekt zusehends auflöst.

Eine von Beier (1993) entwickelte Typologie enthält nicht weniger als 51 unterschiedliche Ursachen für „fehlgeleiteten Konsum" (ebd.). Hinsichtlich der Rolle des Konsumobjektes komme dabei ein Wandel von der Mittelbarkeit hin zur Unmittelbarkeit zum Vorschein, da „der Kaufakt selbst zum Mittelpunkt des Handelns – zum eigentlichen Bedürfnis – wird" (ebd., 57). DeGraaf/Naylor/Wann (2001, 40) verweisen auf eine Meinungsumfrage, derzufolge „93 % der amerikanischen Mädchen im Teenageralter Einkaufen als ihre Lieblingsbeschäftigung betrachten." Aus Sicht der Therapeutin und Ratgeberautorin Wesson (1990) versteckt sich hinter „Kauflust", „Kaufversessenheit" oder „Kaufrausch" ein „tief-

[309] Vgl. z.B. Sachs 1990 und Hilgers 1992.

sitzendes psychologisches Problem". Die davon betroffenen „Shopaholics" würden ihre Einkäufe „wie eine Art Sport und genießen einfach den Vorgang des Erwerbs einer Ware" (ebd., 20) betreiben. Nun mag es leicht fallen, derlei Verhaltensmuster – zumindest ab einer bestimmten Ausprägung – zu pathologisieren (zumal dies die Entstehung neuer Sparten an Therapiedienstleistungen und Ratgeberliteratur verspricht). Allerdings dürfte die Suche nach einer Trennlinie zwischen Normalität und „pathologischer Disharmonie" in Ermangelung einer „diagnostischen Macht" (M. Gronemeyer 1988, 36), die darüber zu befinden hätte, zusehends scheitern. Was nämlich, wenn sich herausstellt, dass die Symptome der als therapiebedürftig angesehenen „Kaufsucht" (Wesson 1990) längst zum prägenden Kulturmerkmal ganzer Gesellschaften geworden sind? Wer therapiert dann wen?

Ein anderer Ansatz, der die Ursachen einer ausschweifenden Konsumkultur ebenfalls in Distanz zum eigentlichen Kaufobjekt verortet, betont den religiösen Charakter des Konsums. „Die alten vielen Götter, entzaubert und daher in Gestalt unpersönlicher Mächte, entsteigen ihren Gräbern, streben nach Gewalt über unser Leben und beginnen untereinander ihren ewigen Kampf" (Weber 1919/2002, 34). Dieses Zitat aus Webers legendärer Rede „Wissenschaft als Beruf" machen Sellmann/ Isenberg (2000, 12) zum Ausgangspunkt ihrer These, wonach „das Religiöse (oder wahlweise: das Mystische, Kultische, Rituelle usw.) keineswegs durch die Moderne hinweg säkularisiert werden konnte. Im Gegenteil: Es prägt die Gegenwartskultur stärker als jeder andere Faktor." Die Intellektualisierung und technische Beherrschung der Welt komme zwar einer Entzauberung des vormals Mystischen gleich, lasse aber Fragen nach dem „An-sich" unbeantwortet. Gerade die *letzten* Fragen nach dem Sinn drängten sich aber umso mehr auf, je mehr über die *vorletzten* Dinge in sichere Erfahrung gebracht worden sei. Durch die damit geöffnete Hintertür hielte eine Wiederverzauberung Einzug. „Nun tauchen die Götter, die aus dem Himmel der Religionen verschwunden sind", so etwa Bolz (2000, 96), „als Idole des Marktes wieder auf." Konsumismus entfalte sich als Religionssystem, denn „[i]nmitten einer bis zur Sinnlosigkeit aufgeklärten Welt verspricht das Kultische zugleich Ordnung und Faszination" (ebd., 95). Diese Sichtweise findet sich auch bei Jackson (2002, 72): „Der Konsumismus, behaupte ich, ist eine Art säkularisierte Religion."

Die zunehmende Spiritualität des Konsums manifestiert sich u.a. in Marketingstrategien, die als „Gottesdienst am Kunden" zu verstehen sind und sich dabei postmoderner Werte-Zitate bedienen. Deren Unverbindlichkeit und beliebige Montierbarkeit – Bolz (2000, 97) nennt beispielhaft die Kategorien „Solidarität, Menschenwürde, Individualität, das Leben an sich, Umwelt" – spiegele sich in der Dynamik von Moden und Trends wieder. Während die Mode als Impulsgeber für Wechsel und Vergänglichkeit eine Art „Immunsystem der Gesellschaft gegen den Virus der Langeweile" (ebd.) verkörpere, suggerierten Trends Verbindlichkeit. Sie ersparen die Last des kohärenten Glaubenssystems und geben doch Bindung. „Trends sind Kurzzeitreligionen – sie füllen das Wertevakuum" (ebd.). Kristallisationspunkt ist dabei das „Branding". Die Konstruktion von Kultmarken und -produkten zielt darauf, dass Kunden nicht einfach nur kaufen und verbrauchen, sondern eine rituelle Handlung vollziehen.

Neben dem Kultmarketing kommt der Schaffung besonderer Erlebniswelten und -räume eine tragende Rolle zu. Ob gotische Sakralarchitektur, High-Tech-Cockpit-Flair oder Marktplatzatmosphären, die einem mittelalterlichen Basar nachempfunden sind – durch „Mindscapes" (Steinecke 2000) werden abgeschlossene Welten kreiert, die den Konsumakt um stimmige Erlebniskomponenten bereichern. Sie fungieren als Bühne, auf der die emotionalen Eigenschaften einer Marke oder eines Produktes unmittelbar, d.h. sinnlich erfahrbar sind.[310] „Die neuen Götter unseres modernen Polytheismus, als die sie Weber schon zu Anfang des letzten Jahrhunderts benennt (sicher ohne zu ahnen, dass es die Gestalt unpersönlicher *Konsum*mächte sein wird, in der sie auftreten), bevorzugen offensichtlich den begrenzten und gestalteten Raum" (Sellmann/Isenberg 2000, 12; Hervorhebung im Original).

Nun ließe sich daran anknüpfend ein weiteres und vielleicht letztes Entwicklungsstadium imaginieren, in dem allein der Zugang (Access) zu illusionären Erlebniswelten als Konsumobjekt verbliebe. Die Reduktion des Konsums auf „reines" Erleben, auf „reine" Stimulation von Emotionen käme der Vision einer weitgehend dematerialisierten Ökonomie nahe. Aber abgesehen vom substitutionalen Zusammenhang zwischen

---

310 Beispiele sind sog. „Brand Lands" wie etwa die Wolfsburger Autostadt oder „Nike Town" in Berlin. Eine andere Kategorie bilden die sog. „Urban Entertainment Centers" (UEC) wie etwa der Bremer „Space Park" oder das „CentrO" in Oberhausen.

dematerialisierten Konsumobjekten und der aufwändigen Materialisierung hierzu erforderlicher Infrastrukturen[311] verbleibt ein noch gravierenderer Widerspruch: Einschlägige Beispiele für erfolgreiches Branding und Kultmarketing zeigen, dass es gerade die materielle Warenwelt ist, deren sinnliche und räumliche Inszenierung (im Sinne des „Mind Scaping“) jeden Erlebnischarakter anzunehmen oder zu simulieren vermag. Das pure, aller materiellen Konsumobjekte entledigte Erleben hat der Produktwelt also längst nichts mehr voraus. Es kann mit keiner Sinnproduktion und keinem Erlebniswert aufwarten, der sich inzwischen nicht auch durch das Materie behaftete Produkt herbei inszenieren ließe. Im Gegenteil: Es verliert an Boden. Was vormals nur im Theater, Film, Museum, Sportstadion, Urlaub oder im Rahmen sozialer, familiärer und intimer Sphären erlebt werden konnte, bieten zunehmend auch die neu gestalteten Areale des materiellen Konsums.

Im Übrigen erführe die Analogie zwischen Konsum und Religion geradezu ihre Vervollkommnung, wenn das Markenetikett als „säkularisierte Hostie“ (Bolz 2000, 97) und das Produkt als Fetisch gedeutet würde.[312] Dies unterstreicht nicht nur einmal mehr die kulturelle Bedeutung materieller Konsumobjekte, sondern lässt auf einen Mechanismus schließen, der die Bedeutung ehemals als Gebrauchsgüter konzipierter Artefakte auf eine nunmehr dritte Ebene hievt. Um in der Analogie zu bleiben: Hostien haben eben keine primäre (instrumentelle) oder sekundäre (Symbole, Codes etc.) Funktion, sondern dienen dem Ritual allein dadurch, dass sie an Ort und Stelle eingenommen werden. Hier bietet es sich an, von tertiären Funktionen zu sprechen.

---

[311] Interessante Beispiele für den immensen Bedarf an Bausubstanz, Raumausstattung und Infrastruktur zur Kreation adäquater Erlebniswelten finden sich zuhauf: „Die Entleerung der Blase als Verzauberung der Seelen – Über die Architektur von Autobahnraststätten“ (Herrmann 2000), „Traumfabrik und Rüttelsessel – Die Kinowelten der United Cinema International Multiplex GmbH (Rodemann 2000), „Als beträte man eine andere Welt… – Urban Entertainment Centers“ (Franck 2000) oder „Glockenklang im Laserlicht – Die Tanzkathedrale DOM“ (Tenkhoff 2000).

[312] Diese Deutung schreibt Bolz (2000) dem Theologen Harvey Cox zu, allerdings ohne eine nähere Quelle zu nennen.

9.10 Zur Objektbezogenheit primärer, sekundärer und tertiärer Funktionen

Fasst man die bis hierher behandelten Beweggründe für Konsumaktivitäten grob zusammen, so ergeben sich insgesamt drei Funktionstypen, nämlich primäre, sekundäre und tertiäre. Zu einer ähnlichen Unterteilung gelangt Schulze (2003), der drei Kategorien von Konsumsteigerungen sieht. Die Anwendung des bereits im Abschnitt 5.1.1 kurz angesprochenen Steigerungsprinzips erscheint insofern plausibel, als allein die Identifikation und Analyse von Motiven unbeantwortet lässt, warum der Güterraum eine derart frappante quantitative und qualitative Ausdehnung verzeichnet. Schließlich wäre zumindest für primäre und tertiäre Funktionen ein allmählich eintretendes Stadium der Saturiertheit ein ebenso logisches Szenario, zumal damit keine Rückschritte oder Einbußen, sondern schlicht ein Verharren auf dem inzwischen erreichten Niveau verbunden sein könnten. Die Moderne habe jedoch Konsumenten hervorgebracht, so Schulze (2003, 51), „die ihr Wollen als etwas begreifen, das nach oben offen ist. […] Von wenigen überlebenswichtigen Grundbedürfnissen abgesehen, gibt es keine Beschränkung dessen, was Menschen wollen könnten.“ Inzwischen sei „die Fortbewegung auf dem Steigerungspfad des Wollens“ zur „blind praktizierten Gewohnheit“ gediehen. Unterschieden werden dabei drei Steigerungstypen.

Abb. 57: Konsum als Anwendungsfall für Schulzes (2003) Steigerungsprinzip

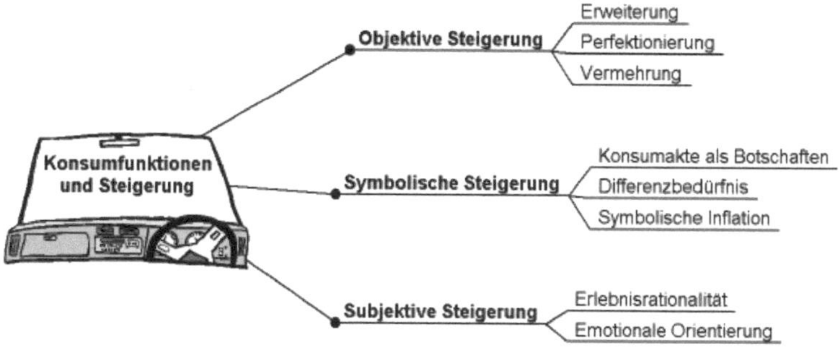

Objektive Steigerung knüpft an die messbaren, zumeist technisch-funktionalen Eigenschaften eines Produktes an. Den Ausgangspunkt dieses Prozesses bilden überlebenswichtige Bedürfnisse wie etwa Essen, Trinken oder Schutz vor Witterung, aus denen sich objektivierbare Zwecke ableiten lassen. „Nach und nach schiebt sich der Zielhorizont über die Grundbedürfnisse hinaus“ (ebd., 51), d.h. die Zwecke[313] werden sukzessive erweitert und damit die Vielfalt an Waren. Da in jeder Zweckdefinition Idealvorstellungen von einem bestimmten Gegenstand schlummern, erwächst daraus die Steigerungsmöglichkeit, Zwecke in optimaler Weise zu erreichen. Über das Feilen am Detail setzt eine Perfektionierung ein. Die dritte Unterkategorie der objektiven Steigerung, die nach Schulzes Auffassung „zur Beschreibung der Konsumgeschichte“ (ebd., 53) benötigt wird, besteht in der Vermehrung, weil vielen Nachfragern ein einziges Produkt zur Erfüllung eines bestimmten Zwecks nicht ausreicht.

Symbolische Steigerung bildet die zweite Kategorie; sie deckt weitgehend die im Abschnitt 9.9 dargelegten Sachverhalte ab: Nicht der objektivierbare Zweck, sondern die Botschaft einer Konsumaktivität steht hier im Vordergrund. Die mit dem Differenzierungsbedürfnis verbundene Erfolgsdefinition entfacht eine Dynamik, die dem unvermeidbaren Verfall der Symbolkraft geschuldet ist. Zumal es nicht möglich ist, den nur relativ zu deutenden Status aller Konsumenten anzuheben, weil Distinktionsvorsprünge von Nachahmern eingeholt werden, kommt es zu „symbolische Wettkämpfen“ innerhalb der verschiedenen Zeichensysteme. Permanent vonnöten ist daher die Neuschöpfung, Modifikation oder Radikalisierung von Symbolen. Schulzes Steigerungsprinzip lässt sich hier somit als Verallgemeinerung jener Dynamik verstehen, die in Verbindung mit positionalem Konsum steht.

Schließlich verbleibt die subjektive Steigerung. Sie zielt direkt auf das Innenleben des Käufers. Hier besteht die Absicht darin, „durch die Aneignung eines Konsumgutes Empfindungen in sich hervorzurufen“, d.h. „beim erlebnisorientierten Konsum spielt der Gefühlserfolg die Hauptrolle“ (ebd., 56). Einen Wandel des Konsumverhaltens sieht Schulze erstens in einem veränderten Mischungsverhältnis der drei Motivarten zugunsten der Letzteren und zweitens in deren Verbindung mit der Steigerungslogik. Als Fortsetzung des klassischen Rationalitätsbegriffs, der

[313] Übersetzt in die Terminologie der vorliegenden Arbeit könnte anstelle von Zwecken auch von Bedarfen gesprochen werden.

zumeist objektiv ausgelegt wurde, gerät zunehmend die Erlebnisrationalität ins Blickfeld. „Je mehr Spielraum die Produkte den Menschen aber gewähren, desto mehr tritt der Wunsch in den Vordergrund, sich im gegebenen Spielraum das Leben schön zu machen“ (ebd., 58). Allerdings verliert damit die materielle Sphäre keineswegs an Bedeutung. „Beim erlebnisrationalen Konsum liegen die Ziele im Subjekt selbst, während als Mittel die konsumierten Güter dienen“ (ebd., 59). Die von Schulze angeführten Beispiele für Erlebniskonsum umfassen keineswegs in erster Linie Services oder Access-Lösungen, sondern im selben Umfang Produkte.

Dennoch unterscheiden sich primäre (objektive), sekundäre (symbolische) und tertiäre (emotionale) Funktionen hinsichtlich ihrer Objektspezifität. Je weiter sich Konsummotive von instrumentellen Zwecken (im Sinne des physischen Gebrauchswertes) entfernen, umso austausch- und formbarer werden zwar die nunmehr im Vordergrund stehenden immateriellen Objekt*eigenschaften*, nicht aber die Existenz des Objektes an sich. Während der Übergang von primären und zu sekundären Funktionen immerhin noch die Unverwechselbarkeit eines Konsumobjektes voraussetzt, weil es als Träger bestimmter Symbole fungiert, sind tertiäre Funktionen nicht mehr notwendigerweise an eine nach außen gerichtete Demonstration bestimmter Objekteigenschaften gebunden.

Abb. 58: Objektbezogenheit konsumtiver Sinnzuweisungen

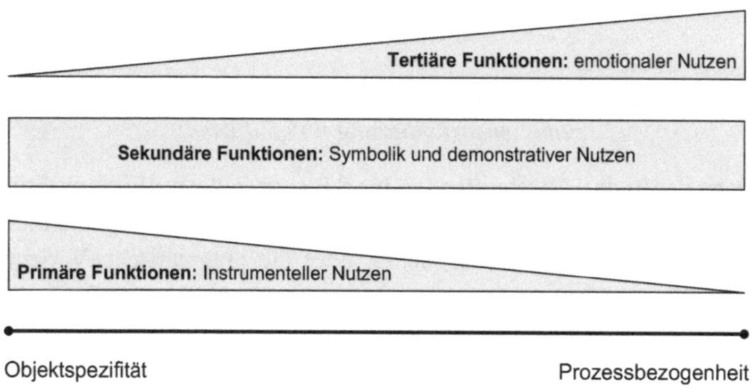

Dennoch: Selbst wenn die Sinnzuweisung von instrumentellen, über symbolische zu emotionalen Zwecken driftet oder sich gänzlich auf den Zeitpunkt des konsumtiven Aktes konzentriert, bleiben es Objekte, die den Gegenstand des Prozesses – im obige Beispiel ließe sich treffender von Ritual sprechen – bilden. Zumindest zwei Gründe legen diese Einschätzung nahe. Ganz gleich, ob die säkularisierte Hostie, um nochmals diese Metapher zu bemühen, ein Etikett mit der Aufschrift „Nike", „Benetton" oder das Logo der Automarke BMW ist, selbst ritualisierter Konsum kommt nicht ohne das materielle Objekt aus. Außerdem kann die Prozessbezogenheit tertiärer Funktionen, gerade weil sie von instrumentellen und symbolischen Zwecken weitgehend abgekoppelt sind, sogar einen höheren Durchlauf und schnelleren Verschleiß von Materie bedingen. Während nicht nur primäre, sondern auch sekundäre (und damit im Extremfall modeabhängige) Charakteristika eine Nutzungsdauer implizieren, die über den Zeitpunkt des Konsumaktes hinaus reicht, gilt dies für einen tertiären Nutzen, der sich nur noch aus dem Konsumakt um seiner selbst willen speist, eben nicht mehr.

Die Hoffnung auf eine „postmaterialistische" Epoche, deren Möglichkeiten in der zunehmend kulturellen Aufladung wirtschaftlicher Prozesse und einer Tendenz zum Erlebniskonsum schlummern, könnte sich als Schimäre entpuppen. Konsum um der symbolischen oder emotionalen Motive wegen substituiert keine Materie. Im Gegenteil: Indem materielle, bislang als profane Gebrauchsgegenstände konzipierte Produkte durch das Hinzufügen einer Erlebniskomponente aufgewertet werden, steigt das Interesse an ihnen und folglich die Nachfrage.

9.11 „Echte" Dematerialisierung zwischen Effizienz, Funktionsorientierung und Suffizienz

Manche der in den Abschnitten 9.6 bis 9.8 angedeuteten Wirkungsbrüche eigentumsloser Nutzungssysteme wären, so ließe sich argumentieren, durch eine hinreichend konsequente, über die pragmatische Variante I hinausreichende Dematerialisierung zu vermeiden. Nicht nur theoretisch, sondern auch anhand der beiden Beispielfunktionen (gemähter Rasen und Lebensmittelkühlung) zeigte sich tatsächlich eine deutliche Überlegenheit von Konsumformen des Typs II (Access), gerade im Hinblick auf Nutzungsintensivierung. Aber abgesehen von wenigen Anwendungsfällen dürfte diese Option in den meisten Bedarfsfeldern und Nutzungskontexten an technischen *oder* kulturellen Barrieren scheitern. Welches dieser beiden zentralen Hemmnisse letztlich ausschlaggebend ist, bleibt pikanterweise der jeweiligen Interpretation anheim gestellt, wie sich abermals mit Hilfe der beiden Beispiele erläutern lässt.

Wie bereits erläutert stehen eigentumslose Konsumformen grundsätzlich unter dem Begründungszwang, genauso komfortabel und kulturell anschlussfähig zu sein, wie das gewohnte Konzept des materiellen Eigentums. Unter diesem Primat wären Access-Lösungen erst dann realisierbar, wenn technische Vorkehrungen dafür sorgen, dass der zuvor erreichte Status Quo an Convenience und sozialpsychologischen Funktionen in keiner Weise geschmälert wird. Natürlich könnten – um auf die Beispielfunktion Lebensmittelkühlung zurückzukommen – architektonische Veränderungen erwogen werden, etwa ein Raumdesign, das die Küchen mehrerer Wohnungen durch eine gemeinsame Wand verbindet. In diese Wand könnte dann ein gemeinsames Kühlgerät eingebaut werden… Aber die mangelnde Praktikabilität, der zusätzliche (Ressourcen-) Aufwand und – weitaus schwerwiegender – die damit verbundene implizite Rückkehr zu Lösungstypen, die letztlich wieder eher der Option Ib ähneln und mit einem dementsprechenden Verlust an Effizienz aufgrund der erforderlichen Infrastrukturerfordernisse einhergehen, ist offensichtlich.

Ähnliches gilt für das Rasenbeispiel. Die Access-Variante würde hier u.a. bedeuten, den genutzten Rasen nicht mehr direkt am eigenen Haus vorzufinden, ihn nicht als Teil eines eigenen Gartens individuell gestalten zu können und sich zudem mit anderen Nutzern arrangieren zu müssen. Auch diesmal ließe sich über stadt- und bauplanerische Konzepte nachdenken, um die Anordnung von Häusern, Eingängen, Grundstücken oder Parkanlagen so zu gestalten, dass ein ähnliches Niveau an Ungestörtheit, Komfort und Bequemlichkeit entsteht wie im Falle des eigenen Grundstücks. Aber letztlich würde selbst dieser immense Aufwand nur auf Neubaugebiete anwendbar sein, damit also das Gros an bebauter Fläche untangiert lassen – und schließlich doch nicht alle essentiellen Funktionen einer eigenen Rasenfläche erfüllen können. Mit anderen Worten: Die kulturelle Anschlussfähigkeit setzt möglicherweise einen technischen Aufwand voraus, der kaum zu realisieren wäre und zudem die angestrebten Effizienzgewinne ad absurdum führen würde.

Genau diese Betrachtung ließe sich auch diametral wenden, indem die Durchführbarkeit von Access-Lösungen nicht auf Basis unantastbarer Konsumansprüche in Forderungen an die technische Machbarkeit transferiert wird – mit dem bekannten Resultat, dass die Lösungen entweder an mangelnder Verbraucherakzeptanz oder an mangelnden Nachhaltigkeitswirkungen scheitern. Wenn umgekehrt der erforderliche Anpassungsbedarf zur Realisierung von Access-Konzepten auf der Nutzerseite verortet würde, mutierte das technische zu einem kulturellen Problem. Dessen Lösung würde nicht nur den Bruch mit Routinen einschließen, sondern mit Abstrichen an Komfort und – vor allem – an sozialpsychologischen Sekundärfunktionen, die speziell aus dem Eigentum an materiellen Gütern resultieren, einhergehen. Deshalb befände sich diese Strategie, wie im Abschnitt 7.2 gezeigt wurde, im krassen Widerspruch sowohl zum Konzept der Funktionsorientierung als auch zum Effizienzprinzip. Aus einer kulturalistischen Perspektive beruhen die überragenden (theoretischen) Ressourcen- und Energieeinsparpotenziale von Access-Lösungen keineswegs darauf, bisherige Konsumfunktionen nur auf andere Wiese zu erfüllen. Weitreichende Nachhaltigkeitseffekte resultieren hier vielmehr daraus, dass Endnutzer Abstriche an bisherigen Funktionen hinnehmen. Welche Folgerungen lassen sich daraus ziehen?

(1) *Bedarfssubstitution auf der Grundlage eines modifizierten Suffizienzbergriffs:* Gerade dort, wo Dematerialisierung im Sinne eines tatsächlichen Verschwindens von Materie erfolgreich ist und nennenswerte Einsparungen durch Nutzungsintensivierung erwirkt werden, führt sich das vermeintlich zur Anwendung kommende Effizienzprinzip ad absurdum. Vonnöten erscheint ein modifizierter Suffizienzbegriff, der die partielle Aufgabe bisheriger (Sekundär-) Funktionen zu erfassen vermag. In Abgrenzung zu vielen klischeehaften Auslegungen des Suffizienzbegriffs muss damit nicht ein Verzicht ohne Gegenleistung gemeint sein. Neue Nutzungsformen gehen nicht nur mit einem Verlust an bisherigen, sondern unter Umständen auch mit der Generierung zusätzlicher, wenngleich anders wahrgenommener sozialpsychologischer Funktionen einher.

(2) *Motivallianzen:* Die Ausführungen dieses Kapitels bestätigen, dass die Erzielung nennenswerter, von Reboundgefahren weitgehend unbelasteter Nachhaltigkeitswirkungen eine Substitution von Funktionen oder Bedarfen erfordert. Zumindest für den Konsumbereich erscheint eine Suche nach Motivallianzen naheliegend, die sekundäre und tertiäre Funktionen hinreichend berücksichtigen.

(3) *Kulturwissenschaftlicher und umweltpsychologischer Forschungsbedarf:* Die schwer zu prognostizierende Wirksamkeit eigentumsloser Konsumformen verweist auf zukünftigen transdisziplinären Forschungsbedarf. Im Abschnitt 9.9 zeigte sich, dass Nutzungskontexte und erst recht Erkenntnisse über deren Veränderbarkeit schon deshalb kaum Verallgemeinerungen zulassen, weil sie hochgradig abhängig sind von Milieus, Lebensstilen und den kulturellen Charakteristika des jeweiligen Bedarfsfeldes. Dies verweist auf die Notwendigkeit kulturwissenschaftlicher und ggf. umweltpsychologischer Ansätze.

(4) *Vom Produkteigentum über Dienstleistungen zurück zum Produkteigentum:* Das bislang nur wenig beachtete oder einfach unterschätzte „Eigentumssyndrom" schlägt sich auf die Nutzenerwartungen von Nachfragern gleich doppelt nieder: Eigentumslose Konsumformen können gerade dort, wo sie zu nennenswerten Einsparungen führen, sowohl erhebliche Komfortnachteile als auch Verluste an symbolischen Funktionen nach sich ziehen. Weiterhin könnte sich die Hoffnung, durch eigentumsersetzende Nutzungssysteme den Ambivalenzen des Innovationsprinzips zu entkommen, als Schimäre entpuppen. Denn gerade um dematerialisierte Lösungen hinreichend attraktiv zu gestalten, sind technische Vorkehrungen und neue Infrastrukturen erforderlich. Es ist kein Zufall, dass die Literatur zur Sustainable Service Economy, Ökoeffizienz und anderen Dematerialisierungskonzepten trotz aller Akzentuierung neuer Nutzungssysteme mit Beispielen für technische Innovationen überbordet. Angesichts der Wirkungsbrüche und Dilemmas, die eigentumsersetzende Dienstleistungen heraufbeschwören, liegt es nahe, den Blick auf die Potenziale eigentumsgebundener Konsumformen zu richten.

9.12 Eigentumsgebundene Nutzungssysteme als Alternative

9.12.1 Unausgeschöpfte Effizienzpotenziale: Die Nutzungslücke

Nachhaltige Nutzungsstile, die mit dem Eigentum an Konsumgütern einhergehen, erstrecken sich im Wesentlichen auf fünf Ansatzpunkte:

1. Die Nutzungsdauer eines Produktes kann von seinem Eigentümer maximal, d.h. bis zum Zeitpunkt des unvermeidbaren Ausrangierens ausgeschöpft werden.

2. Die Bedienung und – wo dies möglich ist – Einstellung oder Programmierung von Produkten kann so erfolgen, dass der variable Verbrauch an Energie und Ressourcen minimiert wird (Auto, Waschmaschine, Heizsysteme, Wohnungsbeleuchtung, Deaktivierung von Stand-by-Modi etc.).
3. Konsumenten können durch einen schonenden Umgang und die Inanspruchnahme von Wartungs-, Instandsetzungs- und Reparaturmaßnahmen die physische Lebensdauer maximieren. Dabei ist jedoch zu beachten, dass die Verlängerung der technischen Lebensdauer nur eine notwendige, jedoch keine hinreichende Bedingung für die Realisierung von Effizienzpotenzialen bedeutet. Erst wenn die intendierte Nutzungsdauer eines Konsumobjektes an die Grenze der physischen Lebensdauer stößt, lassen sich durch erhöhte Langlebigkeit Ressourcen- und Energieeinsparungen realisieren. Andernfalls drohen im Extremfall sogar Rebound-Effekte, denn auch Instandhaltungsaufwendungen kommen nicht gänzlich ohne stofflichen Input aus.
4. Konsumenten können punktuell Second-Hand-Produkte anschaffen.
5. Wenn die maximale Nutzungsdauer nicht die Produktlebensdauer erreicht, etwa weil der Eigentümer keine Verwendung mehr für das Konsumobjekt hat, kann es über den Second-Hand-Handel oder unentgeltlich (über sog. „Verschenkmärkte") an einen anderen Eigentümer transferiert werden.

Der letztgenannte Aspekt verweist auf Potenziale, die aus einer Differenz zwischen Nutzungs- und Produktlebensdauer resultieren. Diese Differenz wird im Folgenden als „Nutzungslücke" bezeichnet. Eine Ausschöpfung von Nutzungslücken ermöglicht Effizienzgewinne, weil damit die Nutzungsdauer verlängert wird. Hierbei stehen die beiden letztgenannten Aspekte in einem besonderen Verhältnis, denn zum limitierenden Faktor des Second-Hand-Marktes kann sowohl die Angebots- als auch Nachfrageseite werden. Obwohl der Handel mit gebrauchten Konsumgütern – etwa in Form von Flohmärkten, stationären Second-Hand-Geschäften oder über Zeitungsinserate – auf eine längere Geschichte verweisen kann als eigentumsersetzende Dienstleitungen, hat er innerhalb der Diskussion nachhaltiger Konsumformen bislang eine eher untergeordnete Rolle gespielt. Dies mag daran liegen, dass die auf dieser Basis erzielbaren Effizienzgewinne für weitgehend erschöpft und/oder kaum erweiterungsfähig gehalten werden. Bei näherer Betrachtung lassen sich jedoch verschiedene Tendenzen ausmachen, die sich in ihrer Parallelität zu einem Kontext verdichten, der zukünftig eine Nutzungsintensivierung auf Basis eigentumsgebundener Konsumformen begünstigen könnte:

- Eine effiziente Ausschöpfung von Nutzungslücken durch Second-Hand-Märkte scheiterte bislang oft an Transaktionskosten, die sowohl auf Seiten der Anbieter als auch Nachfrager unverhältnismäßig hoch im Vergleich zum Marktwert der gebrauchten Konsumgüter sein können. Der Mangel an Informationen und Markttransparenz ließ Nachfragern zumeist nur die Wahl zwischen einer Beschränkung auf regionale Märkte (Second-Hand-Geschäfte, Flohmärkte oder bestimmte, meistens funktional spezialisierte Gebrauchtgüterbörsen) oder – im Falle einer überregionalen Suche – der Inkaufnahme finanziell und zeitlich hoher Mobilitäts- bzw. Suchaufwendungen. Aufgrund dieser Hemmnisse wurde zumeist weder überregional noch lokal eine kritische Größe für Second-Hand-Märkte erreicht, die sowohl für Anbieter- als auch Nachfrager hinreichend attraktiv sein konnte. Genau dieser Aspekt stellt sich aufgrund der inzwischen erreichten Verbreitung von Online-Medien und der damit geschaffenen Voraussetzungen für virtuelle Marktplätze völlig anders dar.
- Das mittlerweile akkumulierte Konsumgütereigentum innerhalb der nördlich-industrialisierten Sphäre rechtfertigt die Vermutung, dass viele Haushalte über einen beträchtlichen Bestand an Produkten verfügen, für die folgendes gilt:
  - Die Funktionsfähigkeit ist bis auf lediglich optisch relevante Abnutzungserscheinungen noch vollkommen erhalten.
  - Die Produkte generieren aus der Perspektive ihres momentanen Eigentümers keinen weiteren Nutzen mehr und werden deshalb nicht mehr verwendet, sondern nutzlos gelagert.

Dieses Phänomen trägt im Folgenden die Bezeichnung „redundantes Eigentum“.

9.12.2 Redundantes Eigentum durch kulturellen Verschleiß

Folgt man DeGraaf/Naylor/Wann (2001, 67), so ist es in den USA längst keine Seltenheit mehr, dass Mittelschichthaushalte speziellen Lagerraum anmieten, weil die inzwischen angehäufte Masse an Konsumgütern keinen Platz mehr im Eigenheim nebst Keller und Garagen findet.[314] Auch wenn derartige Verhältnisse in Europa noch nicht im selben Umfang anzutreffen sind, kann davon ausgegangen werden, dass das kumulierte Eigentum an Konsumgütern pro Kopf oder Haushalt inzwischen auch hier bemerkenswerte Dimensionen erreicht hat. Entsprechend umfangreich müsste demnach auch das vorhandene Quantum an redundantem Eigentum sein, dessen prozentualer Anteil an der Gesamtausstattung mit zunehmender Kaufkraft steigen dürfte. Es bleibt jedoch zu beachten, dass allein der (komplette) Verlust von instrumentellen Funktionen nicht hinreichend sein kann, um die Redundanz eines Konsumobjektes zu begründen. Immerhin könnte das weitere Eigentum eine soziale, distinktive oder sonstige psychologische Sekundärfunktion erfüllen. Auch dort, wo Eigentum als solches Nutzen stiftet, weil es ein Gefühl der Sicherheit, der individuellen Freiheit und der Entscheidungsautonomie erzeugt oder schlicht als Wertanlage betrachtet wird, kann nicht von Überflüssigkeit im Sinne der hier verwendeten Definition die Rede sein. Aber auch unter Berücksichtigung derartiger Einschränkungen verbleiben u.a. folgende Ursachen für die Redundanz nicht (mehr) aktiv genutzten Produkteigentums:

- Manche Konsumgüter weisen eine *funktionsbedingte Nutzungslücke* auf, weil ihre maximale Verwendungsdauer – bezogen auf einen einzigen Nutzer – systematisch geringer als die Produktlebensdauer ist. Dies gilt etwa für Kinderwagen, Spielzeug oder Kleidungsstücke, denen die Benutzer schneller entwachsen, als ein funktionsmindernder

[314] Sog. „Selbstlagerzentren" oder „Self-Stores" existieren in den USA seit 1970. Darunter sind Lagerhallen zu verstehen, die innen aus einer Vielzahl von Abstellboxen bestehen, deren maximale Größe einem mittleren Zimmer entspricht. Die Boxen werden zur Einlagerung von Gegenständen vermietet, die im eigenen Haus keinen Platz mehr finden. Inzwischen existieren in den USA 34.000 solcher Hallenkomplexe, d.h. auf 8.000 Amerikaner entfällt durchschnittlich ein solches Zentrum. In Großbritannien waren vor ca. 10 Jahren 30 derartige Zentren vorhanden, mittlerweile sind es 350. In Frankreich hat sich die Zahl seit 1998 verdoppelt. In Deutschland befinden sich momentan 10 Self-Sores, von denen ein besonders auffälliges in Düsseldorf steht. Es hat eine Größe von 4.700 Quadratmetern, und wird vom amerikanischen Self-Storage-Pionier Shurgard betrieben. Die größten Container umfassen 18 Quadratmeter, sind drei Meter hoch, werden belüftet und kosten 210 Euro an Miete. Vgl. Sywottek 2004, 13 und http://www.shurgard.com/public/.

Verschleiß einsetzt. Weiterhin werden bestimmte Gegenstände nur anlässlich einer *temporären Nutzung* oder eines singulären Ereignisses angeschafft, wie z.B. Unterrichtsmaterialien (Schule, Ausbildung, Fahrprüfung, Segelschein etc.); spezielles Urlaubszubehör für ein Reiseziel, das nie wieder angepeilt wird; Hochzeitsbekleidung etc.

- *Komplementaritätseffekte* können ebenfalls redundantes Eigentum hervorrufen. So kann die Anschaffung eines PKWs, der von einem anderen Hersteller stammt als das bisherige Fahrzeug, dazu führen, dass bestimmtes Zubehör (z.B. Ersatzreifen, Dachgepäckträger) überflüssig wird. Dasselbe gilt für spezifisches Werkzeug, Möbel und größere Einrichtungsgegenstände, die infolge eines Umzugs keine Verwendung mehr finden.
- Der *Fehlkauf* von Konsumgütern stellt sich oft erst im Zuge ihrer Nutzung heraus. Aber dann ist ein Umtausch üblicherweise nicht mehr möglich. Beispiele sind CDs, Bücher, Textilien, Sportgeräte etc.
- Sportaktivitäten, Hobbys, Sammlerleidenschaften und ähnliche *Freizeitinteressen* können aus verschiedenen Gründen *wechseln*. Dazu zählt die altersbedingte Aufgabe einer Sportart ebenso wie eine soziale, berufliche oder geographische Veränderung der Lebenssituation. Damit verlieren bestimmte Konsumgüter für den bisherigen Eigentümer jede weitere Funktion.
- *Informationsträger* wie Videos, CDs und Bücher können nach einer bestimmten Zeit – bei Büchern reicht oft die einmalige Lektüre – jegliche Funktion verlieren, weil die enthaltene Information nach mehrmaligem Abruf (Lesen, Hören oder Anschauen) keinen Nutzen mehr stiftet.
- Einrichtungs-, Kunst- oder Dekorationsgegenstände können einem *ästhetischen Verschleiß* unterliegen, so dass sie von ihrem Eigentümer als nutzlose Güter nur noch gelagert werden.
- *Veränderungen der familiären Strukturen*, ganz gleich ob Trennungen oder neue Partnerschaften, sowie der Auszug mittlerweile erwachsen gewordener Kinder können das Ausrangieren von Möbeln oder anderer Bestandteile des Hausrats bedingen.

Schon derartige Ursachen, die auf plausiblen, gewissermaßen „objektivierbaren“ Erwägungen beruhen und zudem um etliche Aspekte ergänzt werden könnten, lassen angesichts der kaufkräftigen „globalen Konsumentenklasse“ (Sachs 2002b; Myers/Kent 2004) einen hohen Bestand an redundanten Produkten vermuten. Dennoch ist der möglicherweise wichtigste Beweggrund in dieser Auflistung nicht enthalten: Konsum um seiner selbst willen. Dieses bereits erläuterte Phänomen trägt in besonderem Maße zur Anhäufung redundanten Eigentums bei, da die hierbei dominanten tertiären Funktionen rapide erlöschen oder „kulturell verschleißen“. Wenn sich die Beziehung zwischen Kaufakt und Konsumobjekt auflöst, schrumpft die Nutzungsdauer systematisch zusammen. Aber was geschieht mit den Konsumobjekten, wenn der kurzweilige Rausch des Kauferlebnisses verflogen ist? Welchen Nutzen stiften sie dem Eigentümer danach? Im Extremfall vollzieht sich die Entwertung oder der kulturelle Verschleiß zeitgleich mit der Beendigung des Kaufaktes und trägt so in besonderem Maße zur Entstehung redundanten Eigentums bei.[315]

Kulturell verankerte Mechanismen, die zur systematischen Entwertung von Konsumgütern führen, haben mehr Ursachen, als sich im Rahmen dieser Arbeit vertiefen ließen. Sie verkörpern letztlich einen prägenden Wesenszug der Moderne, wie bereits in Verbindung mit dem Selektionsdilemma und der Tendenz zu immer kürzeren Produktlebenszyklen angedeutet wurde. Obwohl wenig Aussicht darauf besteht, diese Dynamik zu unterbinden, stellt sich die Frage, ob sie nicht wenigstens zum Teil kanalisiert und in eine neue Richtung gelenkt werden kann.

9.12.3 Kultureller Verschleiß als Chance für Rezyklierung?

Groys (1992, 119) hat Innovationen als eine „kulturökonomische Form des Tauschs“ charakterisiert, die „das Profane aufwertet und die etablierten Werte abwertet“ (ebd., 123). Zum Vorschein kommt dabei die Idee eines Zyklus, weil es durchaus ein und dasselbe Objekt, Design oder Kulturmerkmal sein kann, das zum Gegenstand sukzessiver Auf- und Abwertungsprozesse wird. Kultur wäre demnach als eine Werthierarchie

---

[315] Kleidungsstücke, die nach dem Shopping auf Nimmerwiedersehen im Schrank verschwinden (weil sie angesichts der Fülle bereits vorhandener Textilien „vergessen“, einfach nicht wiederentdeckt werden oder mangels geeigneter Anlässe nicht zum Einsatz kommen), Bücher, die nie gelesen, Tonträger, die nie gehört werden, Tassen, aus denen nie getrunken wird, Werkzeuge, die nie benutzt werden etc. sind bekannte Beispiele.

zu verstehen, in der einzelne Objekte ihre Position wechseln können, zudem in beide Richtungen. Die von Groys beschriebene Veränderung in der Wertschätzung vollzieht sich sequentiell, weil Kultur hier als umfassendes kollektives Phänomen gesehen wird. Somit existiert nur eine Werthierarchie. Aber angesichts kultureller Vielfalt, die sich im zeitgleichen Nebeneinander differierender Milieus und Lebensstile niederschlägt, sind weitergehende Formen des „innovativen Tauschs" durchaus wahrscheinlich. Objekte können unter bestimmten Bedingungen simultan kulturell auf- und abgewertet werden, nur eben an verschiedenen Orten, von verschiedenen Individuen oder in verschiedenen kulturellen Kontexten. Darauf ließe sich die Vorstellung einer zirkulierenden Güterwelt gründen, die in scharfem Kontrast zur herkömmlichen linearen Durchflusswirtschaft stünde. Anstatt das Neue durch zusätzliche physische Produktion zu generieren, entstünde es durch eine Umwertung von Elementen, die dem Fundus des bereits Vorhandenen entstammen.

Wenn ein und dasselbe Objekt aus der Perspektive verschiedener Individuen, Lebensstile oder Milieus differierende Bedeutungen erlangt, ergeben sich Transaktionsspielräume, denn marktwirtschaftliche Allokationssysteme knüpfen an die Heterogenität individueller Präferenzen und Sinnzuweisungen an. Differenzen in der individuellen Bewertung von Gütern schaffen eine Bedingung dafür, dass ein über den Preismechanismus koordinierter Austausch zustande kommt. Insoweit die systematische Generierung subjektiver Bewertungsdifferenzen eine unvermeidliche Konsequenz der sich zusehends ausdifferenzierenden Gesellschaft darstellt, folgt daraus ein wichtiger Anknüpfungspunkt. Redundantes Eigentum bietet Potenziale für eine Rezyklierung von Produkten, die sekundär oder tertiär vernutzt sind, denn der kulturelle Verschleiß existiert möglicherweise nur in der Wahrnehmung des bisherigen Nutzers, also Eigentümers. Die Entwertung entzieht sich objektiver Kriterien. Sie kann nur als subjektives oder kulturelles Phänomen gedeutet werden, weil der Verschleiß einer Umdeutung gleichkommt. Aber gerade weil Sinnzuweisungen nicht stabil sein müssen, sondern bisweilen fluktuieren, kann der subjektiv abgewertete Gegenstand andernorts, von einer anderen Person oder zu einem anderen Zeitpunkt einen Wert erlangen, der seinen Transfer zwischen zwei Marktseiten ermöglicht. Entgegengesetzte Bewegungen von subjektiven Wertzuweisungen – Aufwertung hier, Abwertung andernorts – haben denselben Ursprung, nämlich einen dynamischen Umwertungsmechanismus, der seinen Antrieb aus zwei prägenden Merkmalen der Gegenwartskultur bezieht: Kulturelle Heterogenität und Flüchtigkeit von Sinnzuweisungen. Sie werden nachfolgend kurz erläutert.

Kulturelle Heterogenität: Ausdifferenzierung von Lebensstilen

Die zunehmende Bedeutung sekundärer und tertiärer Konsumfunktionen geht mit einer schier überwältigenden Heterogenität an Selbstfindungsangeboten einher, die das Spektrum denkbarer Sinnzuweisungen immer dichter besetzen. Entsprechend einer Negativdefinition ist selbst die bewusste Abgrenzung zum integralen Bestandteil des individuellen Selbstdarstellungsrepertoires geworden. Ein Wesenszug der enttraditionalisierten Industriegesellschaft besteht im „Anspruch auf persönliche Autarkie und Selbststilisierung" (Eickelpasch 1998, 9). Zur Geltung kommt dabei die „freie Setzbarkeit im Existenzdesign, der genussvolle Einsatz von Mitteln der Lebensgestaltung" (Kellner/Heuberger (1988, 335), vorwiegend vermittelt über Mode, Medien, Musik und Outfit. Im Zentrum steht die Konstruktion eines distinkten Lebensstils, der als „Software für die emotionale Selbstprogrammierung" (Schulze 1992, 543) dient. Charakteristisch ist dabei die zunehmende Fragilität und Unstetigkeit, mit der die soziologische Milieu- und Lebensstilforschung konfrontiert ist.

An der Kreation ständig neuer Kategorien, nach denen Konsumententypologien aufgefächert werden können, labt sich inzwischen ein wachsender Markt, bestehend aus Autoren, Forschungseinrichtungen, Agenturen und Trendscouts. Dabei ist die Definition eines neuen Lebensstils, dessen empirische Evidenz angesichts zunehmender Individualisierung und einer Atomisierung kultureller Muster leicht zu liefern ist, nie weit von einer sich selbst erfüllenden Erwartung entfernt. „Im Marketing kursiert das Bonmot, dass die letzte Zielgruppe, die heute noch auszumachen sei, der Einzelne sei" (Gross 1994, 207). Und selbst dieser pointierte Versuch einer Eingrenzung schlägt fehl, weil er auf einer statischen Betrachtung fußt. Bezogen auf einen bestimmten Zeitraum kann möglicherweise nicht mal der Lebensstil eines Individuums als stabile Größe unterstellt werden, zumindest dann nicht, wenn er als Korrelat subjektiver Bedeutungszuweisungen verstanden wird. Schließlich ließen sich die an Bedeutung gewinnenden „Patchwork"-Biographien auch als steigende Frequenz eines Sinnes*wandels* auf individueller Ebene interpretieren.

Flüchtigkeit und Wandel von Sinnzuweisungen

Nicht nur Textilien, sondern mittlerweile die meisten Konsumgütersparten unterliegen einer Veränderungsdynamik, die sich nicht nur entlang ästhetisch-optischer und technisch-physischer Gestaltungsdimensionen vollzieht. Immer offener zu Tage tritt dabei eine neue Qualität des Wandels. Die ständig hervorgebrachten Konsumneuheiten zeichnen sich durch einen Innovationsgrad aus, der kaum noch als Erweiterung instrumenteller Funktionen wahrnehmbar ist, sondern in der Umdeutung längst existenter Handlungsoptionen liegt. Inzwischen scheint die Geschwindigkeit, mit der sich der Sinngehalt von Produkten wandelt, den Zyklus ihrer optischen und technischen Veränderbarkeit überrundet zu haben. Mit anderen Worten: Die Innovationsdynamik sprengt die Grenzen der Physik, weil die materielle Veränderbarkeit von Produkten nicht mehr mit der Umdeutung ihrer Messages oder Botschaften Schritt halten kann.

Innovationen, die neue *Konsum*optionen generieren, entfernen sich zusehends davon, tatsächlich auch neue *Handlungs*optionen zu erschließen. Veränderungen der instrumentellen Konsumfunktionen – falls überhaupt noch vorhanden – vollziehen sich bisweilen in derart kleinen Schritten, dass Verbraucher diese ohne begleitende Kommunikation kaum mehr wahrnehmen könnten; sie würden eine „neue" Produktgeneration nur an der veränderten Optik erkennen. Wie turbulent verlief beispielsweise die Schaffung neuer Konsumoptionen in den Märkten für Autos, Spiegelreflexkameras oder Küchengeräte während der vergangenen drei Jahrzehnte – und wie marginal hat sich die Situation des Autofahrens, die Qualität des Essens oder die Schärfe der Photos dadurch geändert. Instrumentelle Produktfortschritte verlaufen sich vielfach in einer herbei interpretierten Benutzerfreundlichkeit, die als solche nur erfahrbar ist, nachdem man sie sich bewusst gemacht hat. In anderen Fällen wird die Position von Bedienelementen verändert – der Power-Schalter ist neuerdings nicht links, sondern rechts am Gehäuse – oder gar nur die Ästhetik. Trotzdem sind es im Wesentlichen derartige „Scheininnovationen" (Hübner 2002, 197), die in vielen Bedarfsfeldern zum Schrittmacher für Neuanschaffung und Ausmusterung geworden sind. Dabei resultiert die Wahrnehmung des Neuen zunehmend aus einer sozialen Konstruktion, die durch eine Verschränkung zwischen begleitender Kommunikation (Marketing, Mind Scaping etc.) und den Bedürfnissen des „glücksuchenden und erlebenden Subjekts" (Schulze 1999, 16) möglich wird.

Auf die „nur scheinbare oder nicht nutzbare Leistungssteigerung von Gütern“ hat auch von Braun (1994) hingewiesen, und zwar als Konsequenz eines immer stärkeren FuE-Wettbewerbs. Dieser zwinge Unternehmen dazu, in immer kürzeren Innovationszyklen neue Produktvarianten auf den Markt zu bringen. So führe der „Druck, unter allen Umständen mit dem Wettbewerber mitzuhalten, nicht selten dazu, dass Innovationen im Markt eingeführt werden, deren ‚Verbesserungen‘ nur ein oder zwei Produkteigenschaften unter allen Leistungsmerkmalen betreffen“ (ebd., 178). Noch einen Schritt weiter geht Schulze (2003, 60), wenn er hierin gar „das Absurde in der Geschichte des Konsum“ sieht. „Objektive Steigerung führt – zwar keineswegs ausschließlich, aber mit zunehmender Häufigkeit – zu Produkten, deren Brauchbarkeit kaum noch einzusehen ist; zu Funktionen, die niemand mehr in Anspruch nimmt.“

Zwar belegen die Beschwörungen der Nano- und Gentechnik, dass der Kampf um neues technisches bzw. biologisches Terrain keineswegs aufgegeben wird. Aber da der Innovationswettbewerb längst über eine Dynamik verfügt, die sich von materiell-physischen Fortschritten abgekoppelt hat, tritt an die Stelle neuer Handlungsoptionen die Produktion von Sinn. Letzterer umhüllt die Konsumobjekte, stellt sie in ein besonderes Licht oder verfeinert die Methode eines frühen Marketinggenies: „Des Kaisers neue Kleider“ (Andersen 1837/1900). Die aktuelle Weiterentwicklung dieser Idee scheint darin zu bestehen, den naiven Knaben, der das Spiel durch den Ausruf „Aber er hat ja gar nichts an!“ verderben könnte, zum Schweigen zu bringen. Also darf der König nicht nackt bleiben. Damit spitzt sich das Dilemma zu: Einerseits steht der Konsum ständig neuer Optionen in einer immer diffuseren Beziehung zum eigentlichen Konsumobjekt, weil dessen technische und ästhetische Erneuerbarkeit hinter der beschleunigten Generierung neuer Konsumanlässe zurückbleibt. Andererseits bleibt die Notwendigkeit materieller Objekte bestehen, die als Symbol- oder Sinnträger fungieren (sonst bliebe der König nackt). Dies führt zu einer neuen Qualität des Wandels, die ihren vorläufigen Höhepunkt in Form sog. „Retrophänomene“[316] erreicht zu haben scheint. Innovationen reduzieren sich darauf, Objekten aus der Vergangenheit, deren Ästhetik unverändert übernommen wird, nur eine andere

---

[316] Vgl. z.B. Büsser (1997) sowie weitere Beiträge der Ausgabe „Retrophänomene in den 90ern“ der Zeitschrift „Testcard“ (Anthologie zur Popgeschichte und -theorie), Band 4.

kulturelle Bedeutung zu verleihen. Fischer/Bösel (1999, 26) sprechen von „Neuerungen für Vergessliche", scheinen dabei jedoch die kulturelle Komponente zu verkennen. Gemäß der Retrologik beschränkt sich nicht nur das Produkt, sondern auch dessen Design und Optik auf die Rolle eines Datenträgers, der – ähnlich einer Diskette oder einem USB-Stick – immer wieder mit neuen Sinngehalten aufgeladen, also mehrfach verwendet werden kann. Der Rückgriff auf vergangene Konsumobjekte, die zwischenzeitlich komplett sinnentleert waren, wird damit immer beliebiger.

Künstlerische Analogien finden sich nicht nur in der Popkultur, die im Hinblick auf Rezyklierungspraktiken eine Vorreiterstellung einnimmt. Montagen, Collagen, Anleihen, Bricolagen sind in den bildenden Künsten seit der vorletzten Jahrhundertwende präsent. „Die Einbeziehung von Readymade-Fragmenten (wie Zeitungsausschnitten, Etiketten, Werbung u.ä.) in die Originale des Kubismus, des Futurismus und der frühen Sowjetkunst war gang und gäbe. Die Dadaisten gingen noch viel weiter (vor allem Schwitters und die Fotomontage) und bereits 1914 hatte Marcel Duchamp seinen Flaschenständer ausgestellt, womit erstmalig ein kompletter unveränderter Gegenstand als Ganzer einfach in den ‚Kunstraum' eingeführt wurde" (Cutler 1995, 150). In der Musik war es insbesondere John Cage, der die „Klangplünderung" kultivierte. Mit seinem Werk „Imaginary Landscape Nr. 1" (1939) bezog er eine Schallplatte als Instrument in eine öffentliche Aufführung ein. Auf diese Weise wurde vorweg genommen, was Jahrzehnte später die Popkultur erreichen und stellenweise in eine Radikalisierung einmünden sollte, die unter anderem als „Plunderphonics"[317] bezeichnet wird.

Aber damit verliert die Innovation als ein spezieller, nämlich diskontinuierlicher Modus der Veränderung keineswegs an Bedeutung. Vielmehr verlagert sich ihre Wirkung auf eine Ebene oberhalb der Schaffung neuer materieller Artefakte. Als wichtiges Charakteristikum der „Modernisierungskräfte des Fortschritts" betont Marquard (1991/2003, 226) deren Traditions- oder Herkunftsneutralität. Die „Fortschrittswelt, deren Inno-

[317] Dieser Begriff stammt von dem Musiker John Oswald, der eine gleichnamige CD (1988) veröffentlichte. Dabei werden Musikstücke anderer Künstler in kompositorisch unveränderter Form übernommen und durch geringfügige Nachbearbeitungen (etwa in Form schlichter Geschwindigkeitsvariationen) mit einer anderen Logik versehen.

vationstempo wächst und deren Veraltungsgeschwindigkeit zunimmt", forciere die Auflösung jeglichen Zusammenhangs zwischen vorher und nachher. Aufgrund ihres Veränderungstempos steigere sich die „moderne Neutralisierungswelt [...] zur Vergessensgesellschaft und Wegwerfgesellschaft". Aber: „Zum wachsenden Veraltungstempo gehört das Tempo der Veraltung auch ihrer Veraltungen; je schneller das Neuste zum Alten wird, desto schneller kann Altes wieder zum Neuesten werden" (Marquard 1988/2003, 241).

Erhöht dies die Chancen eines Circulus vitiousus für materielle Konsumobjekte und damit einer weitgehend produktionslosen Befriedigung von Bedarfen? Wenngleich ein außenstehender Beobachter, der nicht Marquards „Vergessensgesellschaft" anheim gefallen ist, amüsiert feststellen könnte, dass der Unterschied zwischen Neuem und Ausrangiertem immer intangibler wird, ist davon zunächst nur die kulturelle Wertigkeit der immateriellen „Hülle" betroffen. Während Design- und Ästhetikmerkmale bereits eine zyklische Bewegung vollführen, gilt dies für die physische Produktion noch nicht. Hier regiert nach wie vor das Modell des linearen Durchflusses, weil die materiellen Trägermedien der recycelten Designs stets neu produziert werden. Schließlich sind die in den siebziger Jahren hergestellten Schlaghosen verschlissen, so dass z.B. Levi's den neu entfachten Bedarf durch Produktion und nicht etwa durch materielle Rezyklierung abdecken muss. Aber dies gilt schon jetzt nicht mehr notwendigerweise für jede Produktkategorie. Sollte sich der kulturelle Wandel, dessen rechtzeitige Versorgung mit technischen und ästhetischen Neuerungen längst ins Stocken geraten ist, weiter beschleunigen, könnte er schließlich sogar die Geschwindigkeit des materiellen Verschleißes einholen. Spätestens dann wäre eine letzte Steigerungsstufe für die Rotation individueller Sinnzuweisungen möglich: Nicht nur kulturelle Merkmale, sondern auch deren materielle Trägermedien ließen sich rezyklieren.[318]

[318] Auf Second-Hand-Märkten für Textilien gilt dies bereits heute.

9.12.4 Technische Voraussetzungen und Möglichkeiten für die Rezyklierung von Konsumgütern

In den vorangegangenen Abschnitten wurde Ausschau nach kulturellen Bedingungen für nachhaltige Konsumstile gehalten, die an das Eigentum gebunden sind. Um Möglichkeiten und Grenzen einer Zirkulation materieller Konsumgüter auszuloten, die auf marktkonformen, von Unternehmen gestalteten Koordinationsmechanismen basieren, sind zunächst zwei Perspektiven relevant.

- Entwicklung einer Angebotsseite: Kultureller Verschleiß, der sich u.a. aus einer Entwertung sekundärer und tertiärer Konsumfunktionen erklärt, führt zur systematischen Kumulation redundanten Eigentums.[319]
- Entwicklung einer Nachfrageseite: Kulturelle Heterogenität und die Flüchtigkeit subjektiver Sinnzuweisungen eröffnen die Möglichkeit, konsumtive Bedarfe produktionslos, also auf der Grundlage eines Transfers bereits produzierter Objekte zu befriedigen.

Die hieraus resultierenden Potenziale zwischen paralleler Aufwertung (Nachfrage) und Abwertung (Angebot) eines identischen Objektes können jedoch nur dann zu Markttransaktionen führen, wenn weitere Bedingungen erfüllt sind. Zunächst stellen Systeme einer effizienten Rezyklierung technische Anforderungen, die nicht von allen Konsumgüterkategorien erfüllt werden. Allein die Unterscheidung zwischen den klassischen Kategorien der Ver- und Gebrauchsgüter verdeutlicht das Erfordernis einer hinreichend langen Produktlebensdauer, damit infolge kulturellen Verschleißes eine Nutzungslücke entstehen kann, die es auszuschöpfen gilt. Möglichkeiten einer Nutzungsdauerverlängerung und -intensivierung auf der Grundlage eigentumsgebundener Konsumformen erstrecken sich prinzipiell auf verschiedene Ebenen.

- *Einfache Schließung der Nutzungslücke.* Bereits der einmalige Transfer eines redundanten Konsumgutes an einen neuen Eigentümer kann zu einer beträchtlichen Nutzungsdauerverlängerung führen. Diese Variante verspricht die höchsten Effizienzgewinne bei solchen Produkte, deren instrumentelle Funktionen im Vordergrund stehen. Sollte der

[319] Hinzu kommen natürlich noch die weiteren im Abschnitt 9.12.2 aufgelisteten Entstehungsgründe, die auf einer nicht mehr gegebenen Kompatibilität primärer Funktionen beruhen.

Akzent hingegen auf den Sekundärfunktionen liegen, so hängt die effiziente Ausschöpfung der Nutzungslücke davon ab, ob bei dem Nachfolgeeigentümer ebenfalls ein kultureller Verschleiß, d.h. eine Beendigung der (aktiven) Nutzung vor Ende der Produktlebensdauer einsetzt.

- *Rotierendes Eigentum.* Diese Nutzungsvariante schließt den mehrmaligen oder gar regelmäßigen Eigentümerwechsel eines Konsumobjekts ein. Produkte, die hiervon betroffen sind, stellen aus Sicht des Nutzers immer nur temporäres Eigentum dar, das nach einer bestimmten Phase der Nutzengenerierung, die systematisch nur einen Bruchteil der Produktlebensdauer beträgt, an einen neuen Eigentümer transferiert wird. Insbesondere in zwei Fällen könnte diese Variante von hohem Interesse sein:
  - Medienprodukte und Datenträger, die zwar physisch kaum verschleißen, deren Informationsgehalt jedoch nach mehrmaligem Abruf keinen weiteren Nutzen mehr stiftet; hierzu zählen Bücher, Videokassetten, CDs, DVDs etc.
  - Produkte, die systematisch zu einer funktionsbedingten Nutzungslücke im Sinne der obigen Ausführungen tendieren, bieten sich ebenfalls für einen regelmäßigen Übergang zwischen verschiedenen Eigentümern an.
- *Ausschöpfung der Potenziale zur Produktlebensdauerverlängerung.* Dieser Effekt könnte sich indirekt aus dem bloßen Vorhandensein effektiver Infrastrukturen für zirkulierendes Konsumgütereigentum ergeben. Nutzer, die bereits antizipieren, dass ein bestimmtes Konsumgut mit großer Wahrscheinlichkeit redundant wird, können sich veranlasst sehen, das Objekt so zu behandeln, dass ein Transfer am Ende der Nutzungsdauer möglich ist und ein hoher Wiederverkaufserlös erzielt wird.

Aber auch die Erfüllung technischer (nach den bereits erläuterten kulturellen) Voraussetzungen ist noch nicht hinreichend, um nachhaltige Nutzungsformen auf der Grundlage zirkulierenden Eigentums in größerem Maßstab zu ermöglichen. Von entscheidender Bedeutung sind institutionelle Innovationen, die zur Vermeidung oder hinreichenden Senkung jener Transaktionskosten beitragen, deren Existenz bislang ein höheres Volumen an Güterrezyklierung verhinderte. Im nächsten Kapitel werden elektronische Marktplätze im Internet unter diesem Aspekt untersucht.

Kapitel 10
Online-Intermediäre zur Rezyklierung von Konsumgütern

10.1 Vom E-Business über E-Commerce zu C2C-Plattformen

Während unter E-Business generell der Einsatz von Informations- und Kommunikationstechnologien zur Unterstützung ökonomischer Aktivitäten verstanden wird, bezeichnet E-Commerce das Zustandekommen von Markttransaktionen im Sinne eines „elektronischen Handels" oder „elektronischen Geschäftsverkehrs" (Teitscheid 2001, 118). Der E-Commerce-Bereich lässt sich nach unterschiedlichen Akteursbeziehungen untergliedern.

Tabelle 7: Akteursbeziehungen im E-Commerce

		Nachfrager der Leistung		
		Consumer	Business	Administration
Anbieter der Leistung	Consumer	**C2C** z.B. Internet-Kleinanzeigenmarkt	**C2B** z.B. Anfrage zur Abgabe eines Produktangebots	**C2A** z.B. Steuerabwicklung von Privatpersonen
	Business	**B2C** z.B. Angebote in Internet-Shopping Malls	**B2B** z.B. Geschäfte zwischen Zulieferern und Unternehmen	**B2A** z.B. Steuerabwicklung von Unternehmen
	Administration	**A2C** z.B. Abwicklung von Unterstützungsleistungen	**A2B** z.B. Beschaffungsmaßnahmen öffentlicher Institutionen im Internet	**A2A** z.B. Transaktionen zwischen öffentlichen Institutionen

Quelle: Hermanns/Sauter (2001, 25).

Listet man die auf europäischen elektronischen Marktplätzen am häufigsten gehandelten Güter bzw. Branchen auf, so ergibt dies laut Riehm et al (2003, 49) folgende Reihung (beschränkt auf die häufigsten zehn):

1. Allgemeine Beschaffung (46 elektronische Marktplätze)
2. Elektronik, Elektrik, Ausrüstung Komponenten (32)
3. Logistik (30)
4. Büroausstattung, C-Artikel, Nebenbedarf (29)
5. Land-, Forstwirtschaft, Fischerei, Blumen (27)
6. Bau (26)
7. Produzierende und verarbeitende Anlagen, Maschinen, Komponenten (25)
8. Gebrauchte Anlagen und Maschinen (21)
9. Druck, Papier, Foto (19)
10. Metalle (18)

Einer aktuellen Studie der GfK Panel Services Consumer Research zufolge erwarben deutsche Privathaushalte im ersten Halbjahr 2003 Güter im Wert von 2,4 Milliarden Euro über das Internet. Für das Gesamtjahr wird mit einem Jahresumsatz von 5,3 Milliarden Euro gerechnet, was einem Zuwachs von 0,6 Milliarden Euro gegenüber dem Vorjahresvolumen von 4,7 Milliarden Euro entspräche.[320] Weiter heißt es in der Studie: „Im Vergleich zum entsprechenden Vorjahreszeitraum tätigten deutsche Privathaushalte 27 % mehr Einkäufe über das Internet. Mit einem Anteil von 45 % legten die Deutschen besonders häufig Elektrogeräte in den Online-Warenkorb. Medienprodukte wie Bücher, Tonträger oder Videos, Computer oder Telekommunikationsprodukte und sonstige technische Gebrauchsgüter erreichen hingegen nur einen Marktanteil von 12 %. Auch steigt die Popularität von Versteigerungen im Internet weiter an. In zwei von drei Auktionskäufen entscheiden sich deutsche Internetnutzer dabei für gebrauchte Produkte.“

---

[320] Vgl. die GfK-Studie „e-Commerce legt weiter zu“ http://www.gfk.de/. Diese im Rahmen von GfK Web*Scope ermittelten Daten basieren auf kontinuierlichen schriftlichen Erhebungen, die teils online und teils offline bei einer repräsentativ ausgewählten Stichprobe von 10.000 Internet-Nutzern durchgeführt werden.

Gemessen am Umsatzvolumen erweist sich der B2B-Bereich (Business-to-Business) als wichtigste Konstellation, gefolgt von B2C-Plattformen (Business-to-Consumer) und schließlich dem C2C-Bereich (Consumer-to-Consumer).[321] Bei den Letztgenannten handelt es sich um elektronische Marktplätze, auf denen sich Anbieter und Nachfrager begegnen, die selbst keine Unternehmen darstellen. Der Betrieb und die Funktionsfähigkeit von C2C-Marktplätzen werden von einem Intermediär übernommen. Sein Service-Angebot besteht in der Bereitstellung und Pflege einer elektronischen Infrastruktur, die ortsungebundene Markttransaktionen ermöglicht. Darüber hinaus werden oft Dienste angeboten, die den weiteren Verlauf der Transaktion bis zur Abwicklung der Zahlung und des Transports der gehandelten Ware erleichtern. Mindestens enthalten sind Koordinationsaufgaben, die entlang der Abfolge von Informationsphase, Verhandlungsphase bis hin zur Abwicklungsphase (Transaktionsphasen)[322] auftreten. Die Funktion des vom C2C-Betreiber bereitgestellten Koordinationsmechanismus beruht auf der Einsparung von Transaktionskosten, die wiederum zu einem bestimmten Anteil durch entsprechende Gebühren oder Provisionen internalisiert werden können. Einen speziellen C2C-Typus stellen Online-Auktionen dar. Sie unterscheiden sich von anderen Plattformen durch eine dynamische Preisbildung. Das Design, die Regeln und der Ablauf des Auktionshandels stellen vergleichsweise hohe Anforderungen an den Intermediär, obwohl die Versteigerungen von den Nutzern selbsttätig durchgeführt werden.

„Deutschland führt in Europa mit Abstand die Liste aller Online-Auktionsteilnehmer an: Rund 58 % aller europäischen Teilnehmer kommen aus der Bundesrepublik." Zu diesem Ergebnis kommt das Marktforschungsunternehmen Forrester Research in einer Umfrage unter Online-Konsumenten.[323] Konkrete Daten über die derzeitige Anzahl an elektronischen Plattformen, die sich auf den Handel mit Gebrauchtgüter spezialisiert haben, sind schwer zu ermitteln, da immer häufiger gebrauchte Güter als zusätzliches Angebot zu Neuprodukten gehandelt werden, wie z.B. bei www.amazon.de.

---

[321] Vgl. Hermanns/Sauter 2001, 611.

[322] Vgl. Picot 1982, 264.

[323] http://www.ecc-handel.de/branchen_prob/960898319/, 04/2003.

10.2 Institutionelle Innovationen im Internet: Transaktionskosten, Eintrittsbarrieren und die Entstehung neuer Märkte

Internet-Marktplätze für neue und gebrauchte Konsumgüter ermöglichen eine Überwindung zeitlicher und räumlicher Barrieren. Verringerte Suchkosten, hohe Transparenz und ein unverzögerter Zugriff auf alle marktrelevanten Informationen gewährleisten die Koordination einer Vielzahl räumlich entfernter Anbieter und Nachfrager. Der erleichterte, praktisch keine Investitionen erfordernde Zugang schafft Anreize zur Teilnahme an Marktaktivitäten, die vormals an zu hohen Such- und anderen Transaktionskosten[324] scheiterten. Elektronische Marktplätze sind zeitunabhängig; sie ermöglichen Transaktionen zu jeder beliebigen Tageszeit. Dies schafft eine bis dato nie vorhanden gewesene Flexibilität. Durch die Ortsungebundenheit des virtuellen Koordinationsmechanismus werden bislang unverbundene Anbieter und Nachfrager zusammengeführt, die in ihrer Summe ein Marktvolumen bilden, das allein aufgrund seines Umfangs zu einem Anziehungspunkt für weitere Teilnehmer auf beiden Marktseiten wird. Die Digitalisierung des Marktgeschehens erlaubt über den Einsatz entsprechender Suchfunktionen eine Transparenz, die weder Mobilität noch Kosten verursacht.

Definiert man Transaktionen als „Prozess der Klärung und Vereinbarung eines Leistungsaustausches“ (Picot 1982, 269), so lassen sich derartigen Vorgängen bestimmte Kosten zuordnen, die nicht mit der eigentlichen Leistungserstellung oder Produktion in Verbindung stehen. Ursachen für Transaktionskosten werden oft folgendermaßen systematisiert:

- Unsicherheit über die Umwelteinwirkungen
- Unsicherheit über das Verhalten des Transaktionspartners
- Häufigkeit der Transaktionen
- Spezifität

Die für den E-Commerce-Bereich relevanten Transaktionskosten umfassen vier wichtige Kategorien.[325]

---

[324] Obwohl der Begriff „Transaktionskosten“ bereits von Coase (1937) geprägt wurde, wird die Entwicklung des „Transaktionskostenansatzes“ Williamson (1975) zugeschrieben.

[325] Vgl. Picot 1982.

1. Anbahnungskosten: Suche und Beschaffung von Informationen über potentielle Transaktionspartner und deren Konditionen
2. Vereinbarungskosten: Verhandlungen bis zur Vertragsformulierung und deren Einigung
3. Kontrollkosten: Überwachung von Vereinbarungen, die Termine, Qualitäten, Mengen, Preise etc. betreffen
4. Anpassungskosten: Durchsetzung von Veränderungen, falls sich während der Transaktion neue Bedingungen einstellen, die dies erforderlich machen

Besondere Effizienzeigenschaften des Internets, die zur Vermeidung oder erheblichen Reduktion von Transaktionskosten führen, gründen sich grob zusammenfassend auf Aktualität, Geschwindigkeit, Zeitunabhängigkeit, Simultanität, Interaktivität, Ortsunabhängigkeit, Datenkapazität und Multimedialität. Bakos (1998) unterteilt folgende Funktionen:

Abb. 59: Relevante Funktionen elektronischer Märkte

Matching buyers and sellers
- Determination of product offerings
  - Product features offered by sellers
  - Aggregation of different products
- Search (of buyers for sellers and of sellers for buyers)
  - Price and product information
  - Matching seller offerings with buyer preferences
- Price discovery
  - Process and outcome in determination of prices

Facilitation of transactions
- Logistics
  - Delivery of information, good, or service to buyer
- Settlement
  - Transfer of payment to seller
- Trust
  - Credit system, reputations, rating agencies like Consumer Reports and Better Business Bureaus

Institutional infrastucture
- Legal
  - Commercial code, contract law, dispute resolution, intellectual property protection
- Regulatory
  - Rules and regulations, monitoring, enforcement

Quelle: Bakos 1998.

Die meisten dieser Marktfunktionen – abgesehen vom Vertrauensaspekt, auf den weiter unten eingegangen wird – können durch E-Commerce-Lösungen effizienter gestaltet werden. Der Grund liegt in der erhöhten Transparenz, der vereinfachten, kostengünstigen und schnelleren Informationsbeschaffung bzw. -verarbeitung. Im Gefolge der erweiterten Kommunikations- und Koordinationsoptionen ergeben sich zwei weitere Effekte, die zur Entstehung neuer Märkte beitragen können.

Zunächst werden Markteintrittsbarrieren verringert oder sogar gänzlich vermieden, weil fast alle der üblicherweise erforderlichen Investitionen in irreversibles Kapital entfallen. Betroffen davon sind sowohl Investitionen in die physische Infrastruktur (Lager, Betriebsgebäude etc.) als auch immaterielle Aufwendungen für Marketingmaßnahmen.[326] Letztere verlieren zwar weder ihren irreversiblen Charakter, noch entfallen sie, aber durch ihre weitgehende Digitalisierung verringert sich insgesamt das dadurch verursachte Kostenvolumen. Außerdem folgt aus der Ortsungebundenheit, Zugriffsgeschwindigkeit und Kostenverringerung der per Internet kommunizierten Inhalte die Möglichkeit, zwischen einer Vielzahl an potenziellen Marktteilnehmern zu vermitteln. Aufgrund der Transparenz und hohen Verbreitungsgeschwindigkeit von Informationen wird das Erreichen einer kritischen Masse an Akteuren und Marktumsätzen vereinfacht, um Netzwerkeffekte zu ermöglichen.

10.3 Vertrauen, Reputation und der Goodwill-Mechanismus

Die seinerzeit von Akerlof (1970) anhand des Marktes für gebrauchte Automobile untersuchte Problematik unvollständiger oder asymmetrischer Informationen hat innerhalb der Wirtschaftswissenschaften verschiedene Diskussionsstränge eröffnet. Sie reichen von Modellen der Entscheidung bei Unsicherheit über Ansätze der Informationsökonomik bis hin zur Frage, welche Koordinationsmechanismen auch bei Unsicherheit Markttransaktionen zustande kommen lassen. Gerade die für ein Marktversagen infolge von Informationsdefiziten ursächlichen Phänomene „moral hazard“ und „adverse selection“ (Arrow 1963, 941ff.) scheinen angesichts des Booms elektronischer Handelsplätze aktueller

---

[326] Die Funktion irreversibler Investitionen bei der Entstehung von Markteintrittsbarrieren wird u.a. bei Martin (1993) und Tirole (1990) näher dargestellt.

denn je. Dies resultiert schon allein aus dem Fehlen jeglicher Face-to-face-Kommunikation zwischen Anbieter und Nachfrager. Die Effizienz im Hinblick auf Transaktionskostenreduktionen wird also mit Risiken infolge asymmetrischer Informationen erkauft. Im Gegensatz zu der von Akerlof beschriebenen Situation – hier sind die Informationsdefizite nur auf Seiten der Nachfrager, die den Zustand eines Fahrzeugs nicht beurteilen können – liegt im Falle elektronischer Märkte ein reziprokes Vertrauensproblem vor: Während Nachfrager keine Sicherheit über den Zustand des zu transferierenden Produkts haben, können Anbieter die Zahlungsfähigkeit und -willigkeit des Nachfragers nicht abschätzen. Aus Sicht des Transaktionskostenansatzes entstehen Risiken insbesondere aufgrund begrenzter Rationalität und opportunistischen Verhaltens.[327]

Verschärft wird dieses Problem zum einen durch den Handel mit gebrauchten Produkten und zum anderen, wenn Anbieter über keine Reputation verfügen. Letzteres ist für den vorliegenden Kontext insoweit relevant, als gerade infolge einer Abwesenheit von Markteintrittsbarrieren auch solche Akteure auf den Plan treten, die den Markt nur gelegentlich nutzen. Die in der Informationsökonomik übliche, von Nelson (1970) stammende Unterscheidung zwischen Such- und Erfahrungsgütern verweist auf zwei mögliche Szenarien, die daraus resultieren können. Suchgüter sind dadurch gekennzeichnet, dass ihre Qualität hinreichend bekannt ist oder sich vor dem Kauf des Gutes in Erfahrung bringen lässt. Für Nachfrager lohnt es sich deshalb, Suchkosten aufzuwenden. Demgegenüber offenbaren Erfahrungsgüter ihre Eigenschaften erst nach dem Kauf, zumeist im Laufe der Nutzung.

Obwohl dies auf fast alle Konsumgüter zutrifft (natürlich auch neue), kann in der Empirie von eklatantem Marktversagen aufgrund von moral hazard und adverse selektion keine Rede sein. Dies begründet die ökonomische Theorie damit, dass Anbieter, die ihre Kunden über einen längeren Zeitraum nicht enttäuschen, die Reputation eines verlässlichen und vertrauenswürdigen Akteurs aufbauen können. Dieser immaterielle, aber für den Markterfolg umso wichtigere Kapitalstock trägt bisweilen auch die Bezeichnung „goodwill“. Seine Entstehung beruht darauf, dass es sich für Unternehmen auch im Falle langlebiger Konsumgüter lohnt, Konsumenten zu binden, um an Wiederholungskäufen zu verdienen. Darüber hinaus reicht die Markttransparenz auch unter ungünstigen Um-

[327] Vgl. Aulinger 1996, 130.

ständen aus, um von den Erfahrungen anderer Verbraucher zu lernen; insbesondere dann, wenn Anbieter selbst ein Interesse an hinreichender Transparenz haben, um ihre Vertrauenswürdigkeit darzustellen. C. C. von Weizsäcker (1980, 412) hat in diesem Zusammenhang auf das sog. „extrapolation principle" hingewiesen, welches besagt, dass Nachfrager die bisher unter Beweis gestellte Qualität einer Firmenmarke in die Zukunft extrapolieren.

Während professionelle E-Commerce-Anbieter im B2C-Bereich wie z.B. www.amazon.de oder www.buch.de über eine hinreichende Reputation verfügen, so dass Endverbraucher praktisch keine erhöhten Risiken eingehen, gilt dies für C2C-Plattformen, die lediglich als Intermediär zwischen den eigentlichen Anbietern und Nachfragern fungieren, nicht. Hier entsteht für Konsumenten auch dann, wenn die Produkte aufgrund ihrer Charakteristik als typische Suchgüter einzustufen wären (z.B. CDs oder Bücher), dieselbe Situation wie bei Erfahrungsgütern. Das Problem besteht darin, dass Händler entweder gar nicht oder nur unter großem Aufwand zur Rechenschaft gezogen werden können. Folglich bedarf es eines Goodwill-Mechanismus, der Vertrauen schafft. Picot et al (2001, 126f.) unterscheiden vier Bereiche, auf die sich Vertrauen stützen kann:

- generalisiertes Vertrauen
- spezifisches Vertrauen
- Reputation
- Vertrauensatmosphäre

Die beiden erstgenannten Kategorien resultieren aus persönlichen Erfahrungen. Während generalisiertes Vertrauen eine grundsätzliche Vertrauensbereitschaft umschreibt, beruht spezifisches Vertrauen auf der „subjektiven Einschätzung der Vertrauenswürdigkeit einer bestimmten Person in einer spezifischen Situation" (ebd.). Reputationen oder Vertrauensatmosphären gründen sich auf Erfahrungen Dritter. Bezieht sich diese direkt auf die Person des Vertrauensnehmers, so ist von Reputation die Rede. Der Begriff der Vertrauensatmosphäre hebt auf Interaktionen des Vertrauensnehmers mit Dritten innerhalb eines gemeinsamen sozialen Kontextes ab.[328]

---

[328] Ebd.

Zwischen diesen Kategorien bestehen Interdependenzen. So trägt eine Vertrauensatmosphäre innerhalb eines sozialen Gefüges zu generalisiertem Vertrauen bei. Die Reputation der Mitglieder eines sozialen Systems (hier die Teilnehmer des elektronischen Marktplatzes) beeinflussen die Vertrauensatmosphäre und umgekehrt. Zu den möglichen vertrauensbildenden Maßnahmen, die an den Interdependenzen der vier Kategorien anknüpfen, zählt der Einsatz eines Intermediärs, der als neutrale Institution anerkannt wird und opportunistisches Verhaltens (zumindest in gewissem Umfang) sanktionieren kann. Darüber hinaus kann der Aufbau eines abgegrenzten Systems, das Identität und ein Gefühl der Zugehörigkeit stiftet, die Vertrauensbildung unterstützen. Der Erfolg eines elektronischen Marktplatzes erfordert also nicht nur einen effizienten Koordinationsmechanismus, insbesondere entsprechende Intermediärfunktionen, sondern überzeugende Lösungen für die typischerweise mit einem gänzlich anonymisierten Marktmechanismus verbundenen Risiken und Vertrauensprobleme. Dies gilt umso mehr für C2C-Plattformen, deren Preisbildungsprozess auf Auktionen beruht. Die damit insgesamt verbundenen Herausforderungen, speziell bezogen auf Transaktionen gebrauchter Güter werden im Folgenden am Beispiel eBay näher untersucht.

10.4 eBay als Vorreiter für Online-Auktionsplattformen

eBay ist nicht nur Marktführer im Bereich professionell programmierter Auktionsplattformen, sondern bildet überhaupt den weltweit größten Online-Marktplatz. Der Unternehmensgründer, Pierre Omidyar, entwickelte 1995 den ersten zentralen Handelsplatz und Treffpunkt im Internet in den USA, damals noch unter dem Namen „Auction Web". 1997 entstand das Unternehmen eBay und schon 1998 erfolgte dessen Börsengang. Im Jahr 1999 verfünffachte sich die Anzahl der registrierten Nutzer auf über zehn Millionen.[329]

eBay tritt nicht als Händler, sondern als Vermittler auf. Statt selbst Güter zu vertreiben, stellt das Unternehmen lediglich eine elektronische Plattform zur Verfügung und überlässt Vertrieb, Lagerhaltung und Geschäftsrisiko den Nutzern. Pro Zeitpunkt finden sich bei eBay durchschnittlich weltweit über 10 Millionen Angebote. Allein eBay Deutsch-

[329] Vgl. Fichter 2003, 11.

land bietet jederzeit Zugriff auf über 1 Million Artikel. Wie die Internet-Rating-Agentur Mediametrix feststellte, besuchten im Dezember 2002 4,225 Millionen Nutzer die Plattform.[330] Die eBay-Gemeinschaft schloss im Dezember 2003 94,9 Millionen registrierte Teilnehmer ein. In Deutschland wurden Online-Auktionen erst ab 1998 mit der Gründung des Unternehmens Alando populär. Durch dessen Aufkauf im Jahr 1999 gelang es eBay, auch hier sehr bald erfolgreich zu agieren. Obwohl ursprünglich für den C2C-Bereich entwickelt, wurde die Plattform schnell für Unternehmen attraktiv, die den Handel mit neuen Produkten im B2C-Maßstab betreiben. Dessen ungeachtet hat sich eBay weltweit als größter virtueller Gebrauchtgütermarkt etabliert.

"eBay Inc. is the world's largest and most popular person-to-person trading community on the Internet. eBay pioneered online person-to-person trading by developing a web-based community in which buyers and sellers are brought together in an efficient and entertaining auction format to buy and sell personal items such as antiques, coins, collectibles, computers, memorabilia and toys. The eBay service permits sellers to list items for sale, buyers to bid on items of interest and all eBay users to browse through listed items in a fully automated, topically-arranged, intuitive and easy-to-use online service that is available 24 hours a day, seven days a week."[331]

10.4.1 Angaben zum Unternehmen

Standorte. eBay agiert weltweit; momentan umfassen die lokalen Standorte mit eigener Plattform Australien, Österreich, Belgien, Kanada, Frankreich, Deutschland, Irland, Italien, Korea, Niederlande, Neuseeland, Singapur, Spanien, Schweden, Schweiz, Taiwan und Großbritannien. Zusätzlichen ist eBay in Lateinamerika und China präsent, nämlich durch Investitionen in die Plattformen MercadoLibre.com bzw. EachNet.[332]

Mitarbeiter. In Deutschland sind ca. 500 Mitarbeiter beschäftigt, davon 120 fest Angestellte in der eBay AG mit Sitz in Kleinmachnow/Brandenburg. Mehr als 300 Mitarbeiter sind im Kundendienst tätig. Das

---

[330] Vgl. Stippel 2002.

[331] http://pages.ebay.com/community/aboutebay/investor/index.html, 01/2004.

[332] http://pages.ebay.com/community/aboutebay/overview/index.html, 02/2004.

Wachstum der Nutzerzahlen lässt zukünftig steigende Mitarbeiterzahlen vermuten.

Umsatz. Im Geschäftsjahr 2003 erzielte eBay einen Rekordumsatz in Höhe von 2,17 Milliarden US-Dollar. Dies entspricht einem Wachstum von 78 % gegenüber dem Vorjahr mit 1,21 Milliarden US-Dollar.[333] Noch im Jahr 2000 lag der Umsatz bei unter 200 Million US-Dollar. In zunehmendem Maße tragen zu diesem immensen Wachstum auch die ausländischen Niederlassungen bei. Die Aktivitäten außerhalb des Stammmarktes USA ergaben 2001 zwar erst 18 % des konsolidierten Gesamtnettoumsatzes, jedoch mit steigender Tendenz. Während sich eBay in den USA 2003 mit einem Zuwachs von 38 % zufrieden geben musste, verzeichneten die anderen Niederlassungen eine Umsatzsteigerung von 96 %.[334] Zum weltweiten Wachstum trägt in besonderem Maße die deutsche Tochtergesellschaft bei. Sie verzeichnete bereits im Jahr 2001 einen Umsatzzuwachs von 51 % und setzte sich damit an die Spitze.[335] Im Jahr 2002 wurden über eBay Deutschland Waren im Gesamtwert von einer Milliarde Euro umgesetzt. Das waren 38 % des gesamten deutschen Warenumsatzes im Internet.[336]

Management. Über den Aufbau und die Managementzuständigkeiten gibt eBay wie folgt Auskunft:[337] „Meg Whitman joined eBay as President and CEO in March 1998. [...] Maynard Webb is chief operating officer for eBay, coordinating company-wide implementation of all business strategies and helping eBay build its business long term. [...] As senior vice president and general manager of eBay U.S., Jeff Jordan oversees the marketing, strategic planning and business development for all of eBay's U.S. businesses. This includes responsibility for the ebay.com, eBay Motors and Half.com business units. [...] As senior vice president of global online payments, Matt Bannick is responsible for the development of eBay's overall electronics payments business and operations of PayPal, a highly successful online payment system that was acquired by eBay in 2002. [...] As senior vice president & general coun-

---

333 Vgl. Ebay-Jahresbericht 2003 (http://www.ebay.com, 01/2004).

334 Vgl. http://www.ecin.de/news/2004/01/22/06648/?rcol, 02/2004.

335 Vgl. Stippel 2002.

336 Vgl. http://www.press1.de/ibot/db/1043669549186332233n0.html, 09/2005.

337 http://pages.ebay.com/community/aboutebay/overview/management.html, 03/2004.

sel for eBay, Mike Jacobsons responsibilities include overseeing eBay's legal department, its risk management program, and its policy group. He is ultimately responsible for interactions with content regulators, law enforcement, contracts, SEC compliance, and other legal matters. Prior to eBay, Michael was a partner with Cooley Godward LLP where he was recognized as an expert in securities law. His responsibilities included corporate and securities transactions, including mergers and acquisition transactions, public offerings and venture capital financing."

Unternehmenskultur. Laut einer Reportage des Magazins „Absatzwirtschaft" äußern sich die deutschen eBay-Geschäftsführer zur Personalsituation wie folgt: „Was eBay auszeichnet, ist nach wie vor eine hohe Geschwindigkeit und eine große Identifikation der Mitarbeiter mit der Firma, sagt Justus, Geschäftsführer von eBay Deutschland. Die Vermutung liegt nahe, dass viele sogar ganz froh waren, als mehr Ordnung in den Laden kam. Immerhin gab es zuvor Kündigungen von Leuten, die das Chaos nicht aushielten. Jetzt muss eBay ein anderes Problem bewältigen. Im vergangenen Jahr hat das Unternehmen laufend neue Leute eingestellt, die Mannschaft zählt inzwischen über hundert Mitarbeiter. Das heißt: Fast jeder zweite ist neu. Eine gigantische Integrationsaufgabe. Die Devise lautete: Stell jemanden ein, der besser ist als Du, erklärt Rheinboldt. Was die Sache nicht unbedingt leichter macht. Das Problem: Die Mitarbeiter aus Pioniertagen verkörpern den Spirit des Unternehmens, leiten daraus besondere Rechte ab und sind – allen Lippenbekenntnissen zum Trotz – meist dramatisch enttäuscht, wenn auf einmal besser qualifizierte Neulinge den Ton angeben."[338]

10.4.2 Funktionsweise und Geschäftsmodell

Gehandelt werden Waren und Dienstleistungen jeglicher Art, sofern sie nicht gegen gesetzliche Vorschriften, die Allgemeinen Geschäftsbedingungen sowie die eBay-Grundsätze[339] verstoßen. Als Marktplatzbetreiber und neutraler Intermediär unterstützt eBay Vertragsabschlüsse zwischen den Nutzern der Plattform. eBay stellt die benötigte Infrastruktur, insbesondere in Form von Software, bereit und übernimmt die Organisation.

---

[338] http://www.absatzwirtschaft.de, 01/2004.

[339] Vgl. http://pages.ebay.de/help/policies/index.html, 09/2005.

Die Kompetenz des Intermediärs eBay besteht darin, reibungslose und effiziente Transaktionen zwischen den Akteuren zu ermöglichen. Zu diesem Zweck wurde ein Set von Nutzerregeln entwickelt.

Auch wenn die ursprüngliche Geschäftsidee eindeutig auf den C2C-Bereich zielte, erkennen immer mehr Unternehmen die Potenziale dieses virtuellen Marktplatzes, so dass zunehmend B2C-Transaktionen zustande kommen. Händler können auf Basis sog. „Powerauktionen“ Waren in beliebiger Menge anbieten, sofern sie von gleicher Art und Güte sind. Neben dem Auktionsmodus besteht die Möglichkeit des Festpreisverkaufs. Die Öffnung eBays für Unternehmen führt zu einem bemerkenswerten Nebeneffekt: Bei den als professionell in Erscheinung tretenden Anbietern handelt es sich keineswegs nur um solche, die einen bereits existierenden Versandhandel oder E-Commerce-Betrieb auf die eBay-Nutzung ausdehnen. Inzwischen sind auf der Grundlage der eBay-Plattform viele Kleinstunternehmen entstanden. Der vereinfachte Handel über eBay scheint einen Weg in die Selbständigkeit zu eröffnen, der sich steigender Beliebtheit erfreut. Immer mehr Personen – auch solche, die kein Unternehmen gründen – verschaffen sich über eBay eine Einkommensgrundlage. Auch der B2B-Bereich ist zunehmend präsent. „Viele Mitglieder haben Zweit-Geschäfte eröffnet oder Ihre Arbeit ganz aufgegeben, um bei eBay zu verkaufen.“[340]

Auf die Vertragsgestaltung zwischen Anbieter und Nachfrage nimmt eBay keinen Einfluss, wohl aber auf die hierzu erforderliche Kommunikation. Ist ein Geschäft zustande gekommen, erfolgt eine Bestätigung per Mail an beide Parteien, um deren Kontaktaufnahme zu vereinfachen. Die Übermittlung der zur Abwicklung notwendigen Daten erfolgt entweder manuell durch die Vertragspartner oder durch Inanspruchnahme einer zuvor einzurichtenden automatischen Funktion, mittels der z.B. die Kontodaten des Lieferanten online abgerufen werden können. eBay erhält für jeden Vertragsabschluss eine Provision vom Anbieter. Die Höhe ist abhängig von der Art des Gutes sowie von der Höhe des Anfangsgebots. Zusatzleistungen bei der Gestaltung der Produktbeschreibung erfordern Extra-Gebühren.[341]

---

[340] http://pages.ebay.de/community/aboutebay/community/index.html, 06/2004.

[341] Unter http://pages.ebay.de/help/sellerguide/selling-fees.html (09/2004) sind die Gebühren und Provisionen einsehbar.

10.4.3 Vertrauen und Sicherheit

eBay hat ein öffentlich zugängliches Bewertungssystem eingerichtet, mit dem sich Nutzer nach Durchführung einer Transaktion bzw. eines Vertrages gegenseitig bewerten können. Das Bewertungs-System soll Nutzern dabei helfen, die Zuverlässigkeit anderer Nutzer einzuschätzen. Jedes eBay-Mitglied verfügt über ein Bewertungsprofil, das sämtliche Feedbacks, die andere Mitglieder für Transaktionen mit diesem Handelspartner abgegeben haben, auflistet. Es besteht aus einer Bewertungsnummer (in Klammern) sowie aus Kommentaren anderer Mitglieder, von denen etwas gekauft oder an die etwas verkauft wurde. Jede einzelne Bewertung enthält eine Beurteilung (positiv, negativ oder neutral). Ein Mitglied kann den Punktestand eines anderen Mitglieds nur um jeweils einen Punkt verändern – unabhängig davon, wie viele Transaktionen die beiden Handelspartner miteinander durchgeführt haben.

Ein zusätzliches Risiko tragen Nachfrager, weil die Versendung der Ware erst nach Erhalt des Geldes durch den Anbieter erfolgt. Aus diesem Grund bietet eBay seit einiger Zeit auch einen Treuhand-Service an, nämlich dergestalt, dass Käufer den Kaufbetrag auf ein treuhänderisch verwaltetes Konto einzahlen. Erst wenn der Käufer die Ware in einwandfreiem Zustand erhält, wird das Geld an den Verkäufer weitergeleitet. Empfohlen wird dieser Service von eBay für Beträge ab 200 Euro. Bei besonders wertvollen und zugleich risikobehafteten Gütern wie etwa Fahrzeugen, Unterhaltungselektronik der gehobenen Klasse, Antiquitäten, teuren Musikinstrumenten etc. kann der Anbieter für spezifisches Vertrauen sorgen, indem er der bei eBay platzierten Produktbeschreibung hinzufügt, dass er den Verkauf an Selbstabholer favorisiert. Damit signalisiert er, dass er auf eine direkte Begegnung mit dem potenziellen Käufer gefasst ist, also „nichts zu verbergen“ hat.

Dem Vertrauensaspekt trägt auch der Umstand Rechnung, dass mittlerweile 22 länderspezifische eBay-Plattformen existieren. Auf diese Weise können sich die Nutzer auf einen überschaubareren geographischen Raum beschränken. Der Handel innerhalb eines bestimmten Kulturkreises, Sprachraumes und gesetzlichen Regimes vermittelt tendenziell eine höhere Sicherheit gegenüber opportunistischem Verhalten. Inzwischen hat eBay zusätzlich ein Sicherheitsportal als zentrale Anlaufstelle für alle Informationen rund um die Themen Sicherheit, Risiko und Vertrauen eingerichtet. Die von eBay gewährleistete Sicherheit beruht darauf, dass die Mitglieder der Community etwaige Regelverstöße – deren Definition obliegt dem Intermediär (eBay-Grundsätze) – selbst aufdecken, über das Bewertungssystem sanktionieren und ggf. eBay mitteilen, damit härtere Reaktionen bis hin zum Ausschluss oder zur Strafverfolgung erwirkt werden können.

Dennoch besteht die möglicherweise wichtigste Maßnahme zur Vertrauensbildung in der Entwicklung eines gemeinsamen Verständnisses darüber, was „korrektes eBay-Verhalten" überhaupt bedeutet. Insbesondere ein markanter Community-Effekt, d.h. die Herausbildung einer spezifischen, Vertrauen bildenden Kultur wird von eBay mit beachtlichem Aufwand unterstützt. Diskussions- und Hilfsforen, die Dialogfunktion „Benutzer helfen Benutzern" (hierzu existieren 18 unterschiedliche Rubriken) oder „eBay-Cafes" (hierzu existieren 15 Spezialthemen, hinter denen sich jeweils nochmals einige Unterthemen verbergen; jedes davon stellt einen eigenes „Cafe" dar) etc. stellen effektive Kommunikationsinstrumente dar, um einen regen Dialog zwischen den Nutzern jenseits des eigentlichen Warenhandels zu fördern. Dies deckt sich mit dem von eBay formulierten Anspruch: „[...] In den Diskussionsforen treffen Sie Freunde, Sammler und Experten. Hier können Sie gemeinsame Interessen diskutieren und viele neue Infos finden. Die Diskussionsforen sind öffentlich und fördern die Verständigung zwischen den Mitgliedern. [...] Die Gemeinschaft kontrolliert sich auch selbst. Mitglieder bilden regelmäßig ‚Nachbarschafts-Kontroll'-Gruppen, um Missbrauch und anderen Verletzungen der Verhaltensregeln auf der Site vorzubeugen. eBay setzt sich für eine offene und ehrliche Kommunikation zwischen Mitgliedern und dem Unternehmen ein [...]."[342]

10.4.4 Zusätzliche Services

Mit Hilfe des sog. „Verkaufsagenten"-Programms können professionellere eBay-Nutzer für Dritte Artikel über den eBay-Marktplatz veräußern. Verkaufsagenten sind keine Angestellten, Beauftragten oder sonstige Kooperationspartner der eBay International AG. Sie werden von eBay weder auf ihre Zuverlässigkeit hin überprüft noch empfohlen. Sie treten als unabhängige Verkäufer und damit Vertragspartner des Käufers in Er-

---

[342] http://pages.ebay.de/community/aboutebay/community/index.html, 06/2004.

scheinung; sie erhalten die Bewertung und zahlen die eBay-Gebühren. Verkaufsagenten vermarkten ihre eigenen, von eBay unabhängigen Verkaufsdienstleistungen. Zu welchen Bedingungen dies erfolgt, ist Verhandlungssache zwischen dem Verkaufsagenten und seinen Klienten. Viele Verkaufsagenten eröffnen Ladengeschäfte, so genannte Verkaufsagenten-Shops, um es Interessenten leichter zu machen, über eBay Produkte zu kaufen oder zu verkaufen. Durch die von eBay formulierten Grundsätze für Verkaufsagenten erhält deren Dienstleistung eine seriöse Basis. Damit sind Verkaufsagenten praktisch Unter- oder Zwischenintermediäre, die eine Verbindung zwischen eBay (als eigentlichem oder Hauptintermediär) und solchen Personen herstellt, die mit einer direkten Nutzung der Plattform überfordert sind oder über keinen Internet-Anschluss verfügen. Das daraus resultierende Service-Angebot verhilft vielen Nutzern zu einer neuen Einkommensquelle oder sogar zum Weg in die Selbständigkeit. „Wer ein erfahrener eBay-Verkäufer ist, stets gute Bewertungen erhält und die Regeln für das Handeln auf unserem Marktplatz einhält, erfüllt bereits fast alle Teilnahmebedingungen“.[343] Zu den Anforderungen zählen folgende Kriterien:

- Ein Verkaufsagent soll über mehr als 49 Bewertungspunkte verfügen.
- Mindestens 97 % der Bewertungen sollen positiv sein.
- Ein Verkaufsagent soll mindestens 10 Artikel innerhalb der letzten 30 Tage verkauft haben.
- Ein Verkaufsagent soll die eBay-Grundsätze und die Verkaufsagenten-Grundsätze einhalten.
- Die Nutzung des Verkaufsagentenprogramms ist kostenlos. eBay behält sich jedoch vor, diesen Zusatzdienst möglicherweise in Zukunft entgeltpflichtig zu gestalten.

Das sog. „PowerSeller“-Programm unterstützt Verkäufer mit großen Handelsvolumina. Weiterhin bietet eBay einen speziellen Versand-Service an, der allerdings bislang nur in Deutschland verfügbar ist und zwar in Kooperation mit der Hermes Logistik Gruppe und der iloxx AG (Intelligent Logistics). Über die Funktion „My eBay“ erhalten die Nutzer eine Übersicht über ihre vergangenen Käufer- und Verkäuferaktivitäten

---

[343] http://pages.ebay.de/help/community/ta-policy.html, 09/2005.

sowie Hinweise auf noch ausstehende Schritte zur Abwicklung begonnener Transaktionen. Weiterhin können sie auf dieser Grundlage Informationen und Suchbegriffe zu favorisierten Produkten oder Anbietern speichern. Der Service „Über mich" lässt die kostenlose Einrichtung einer eigenen eBay basieren Homepage zu, um anderen eBay-Mitgliedern einige persönliche Angaben mitzuteilen. Zudem wird ein eBay-Entwicklerprogramm angeboten. Es steht jedem interessierten Entwickler offen, der über die eBay-XML-Schnittstelle eine Softwareanbindung an den Online-Marktplatz erstellen möchte. Für individuelle, nicht-kommerzielle Anwendungen ist die Registrierung kostenlos. „Das Programm ermöglicht die Entwicklung innovativer Software-Applikationen, die den Handel käufer- und verkäuferseitig unterstützen, automatisieren und integrieren."[344]

Von besonderer Bedeutung ist der Zahlungs-Service „PayPal". Mit seiner Hilfe können per Kreditkarte Zahlungen in jeder internationalen Währung getätigt werden. Genau hier lag bislang die größte Schwierigkeit für den weltweiten Handel im C2C-Bereich. Der umständliche und kostspielige Zahlungsverkehr mit Partnern aus den USA oder Asien (von Europa aus betrachtet und umgekehrt) hat viele eBay-Nutzer von Transaktionen zwischen den Kontinenten abgehalten. PayPal (Europe) Ltd. ist ein privates, in England eingetragenes Unternehmen mit beschränkter Haftung. Das Mutterunternehmen PayPal Inc. wurde im Oktober 2002 von eBay erworben und hat seinen Sitz in Kalifornien. PayPal wurde bei den SIIA Codie Awards 2002 für die „beste E-Commerce-Lösung" ausgezeichnet und vom PC Magazine als eine der „Top-100-Websites" aufgeführt. 57 Millionen Nutzer aus 38 Ländern verwenden den PayPal-Service, um privat oder geschäftlich Geld zu transferieren.[345] Mit PayPal können Unternehmen und jeder Privatkunde mit einer E-Mail-Adresse sicher, bequem und kostengünstig online Zahlungen senden und empfangen. Basierend auf der vorhandenen Finanzinfrastruktur für Bankkonten und Kreditkarten stellt das Netzwerk eine weltweite Echtzeitzahlungslösung bereit.[346]

---

[344] http://entwickler.ebay.de/, 06/2004.

[345] Vgl. http://pages.ebay.de/aboutebay/paypal.html, 09/2005.

[346] Vgl. http://www.paypal.com/cgi-bin/webscr?cmd=p/gen/about-outside, 09/2005.

10.4.5 Kooperationen, Zusammenschlüsse und Tochterunternehmen

Gerade weil die Gestaltung virtueller C2C-Maktplätze Raum für unterschiedlichste Service- und Systeminnovationen bietet, wird deren Entwicklungsdynamik zu einem großen Anteil von Kooperationen und Zusammenschlüssen mit anderen Akteuren bestimmt. Auch unter diesem Aspekt kann eBay als Pionier gelten.

- Bis vor kurzem besaß der Internet-Riese Yahoo ein eigenständiges Auktionsangebot, konnte sich damit jedoch nicht durchsetzen. Deshalb ging Yahoo dazu über, diesen Bereich in Kooperation mit eBay zu betreiben. Lediglich in Japan ist Yahoo mit diesem Geschäftsfeld noch eigenständig aktiv.
- Im Juli 2000 wurde das eBay-Leistungsspektrum durch die Übernahme von Half.com weiter ausgebaut.
- Zu Beginn des Jahres 2001 gab eBay die exklusive Zusammenarbeit mit Boats.com bekannt. Damit begann der Aufbau des größten Internet-Marktplatzes für neue und gebrauchte Boote sowie andere maritime Produkte.
- eBay kooperiert mit Logistikunternehmen wie Hermes Versand und iloxx.
- Das Versandhaus Quelle unterhält einen eigenen eBay-Shop.
- Eine Partnerschaft mit dem Versteigerungshaus Sothebys zielt darauf, den Absatz von Antiquitäten und Kunstobjekten zu steigern.
- Anfang des Jahres 2002 gab eBay den Launch eines Marktplatzes für Timesharing von Ferienwohnungen bekannt.
- Eine Vereinbarung mit „jobpilot" sieht vor, in einer neuen Karriererubrik mit integrierter Suchfunktion direkt auf die über 100.000 Stellenangebote von jobpilot sowie deren Ausbildungs- und Praktikaangebote zugreifen zu können.

Hinzu kommt, dass viele Online-Dienste, die Verbraucher bei Preisvergleichen oder dem Aufspüren besonders günstiger Angebote unterstützen, nicht nur auf eBay verweisen, sondern die Anmeldung und Nutzung durch Online-Tools erleichtern.[347] Die Initiative zur Kooperation geht zu-

[347] Vgl. z.B. http://www.preispiraten.de/.

meist von anderen Service-Plattformen aus, deren Angebot ohne Zusammenarbeit mit eBay geradezu unvollständig erschiene.

10.4.6 Zur Wettbewerbssituation von eBay

Obwohl das eBay-Geschäftsmodell in technischer Hinsicht prinzipiell leicht zu imitieren ist, genießt eBay eine dominante Marktposition, die augenblicklich kaum gefährdet erscheint. Dass trotzdem eine Vielzahl vergleichbarer elektronischer Marktplätze existiert, entspricht eher einem Standbild. Wie lange sich die einzelnen Adopter im Schatten des übermächtigen Konkurrenten eBay am Markt behaupten können, ist daraus nicht zu schließen. „Das Unternehmen verfügt nicht nur über das skalierbarste und schlankste Geschäftsmodell, sondern genießt in den bereits besetzten Märkten die Vorteile des Netzwerk-Effektes."[348] Dieser Effekt beruht zunächst darauf, dass der erwartete Vorteil, den sowohl Nachfrager als auch Anbieter durch die Nutzung des Netzwerks erzielen, von der gesamten Anzahl der Teilnehmer abhängt: Je größer die Nutzeranzahl, umso größer die Chance, einen Marktpartner für das angebotene oder nachgefragte Objekt zu finden. Mit diesem Phänomen, das in Verbindung mit digitalisierten Dienstleistungen rapide an Bedeutung gewinnt, beschäftigt sich auch die Industrieökonomik in Verbindung mit strategischem Marktverhalten. „Positive network externalities arise when a good is more valuable to a user the more users adopt the same good or compatible ones. The externality can be direct (a telephone user benefits form others being connected) [...]. It can also be indirect; because of increasing returns to scale in production, a greater number of complementary products can be supplied – and at a lower price – when the network grows [...]" (Tirole 1990, 405). Mit zunehmender Nutzerfrequenz steigt die Attraktivität, die wiederum neue Nutzer anlockt.

Ab einer kritischen Größe der Plattform verstärkt sich der Netzwerkeffekt auf dynamische Weise, so dass eine nahezu uneinholbare Wettbewerbsposition bis hin zur Monopolstellung resultieren kann. Letzteres setzt allerdings noch eine weitere Bedingung voraus, weil andernfalls kaum zu beantworten wäre, weshalb ausgerechnet eBay diese Position

---

[348] http://www.muster-aktien.de/Muster-Aktien-November-2003.pdf (02/2004). Andere Analysten betonen ebenfalls den Netzwerkeffekt, siehe etwa http://onvista.ifvb-gmbh.de/cms/onvista/bewertung/UBW_Ebay_Seite_1, 06/2004.

innehat: Der potenzielle Nutznießer des Netzwerkeffektes benötigt entweder einen hinreichenden First-mover-Vorteil oder andere strategische Asymmetrien, die ihm einen Vorsprung vor der (potenziellen) Konkurrenz einräumen. Erst die Kombination aus Vorsprung und Netzwerkdynamik führt zu überragenden Marktpositionen.

Tabelle 8: Auktionsplattformen mit mehr als 10.000 laufenden Angeboten

Plattform/Adresse	Laufende Auktionen	Durchschnitt der letzten 30 Tage	Angemeldete Teilnehmer	Suchergebnis "DVD"	Bewertungssystem	Treuhänder-Service	Sofortkauf - Festpreis / Kostenlos	Präsentation der Angebote (Text, Fotos,URL)
ebay.de	5071239	5556091	-	>80000	+	+	* / -	T,F
hood.de	767332	775636	-	3000	+	+	+ / -	T,F,U
besteauktion.de	435321	419850	31909	118	+	K	+ / -	*T,F,U*
ricardo.ch	152264	144751	-	998	+	K	+ / +	T,F,*U*
auktionskiste.de	112529	116150	-	73	+	K	+ / -	T,F,*U*
echtwahr.de	62736	63250	140000	>200	+	+	+ / -	T,F,*U*
feininger.de	54622	54622	*350000*	0	+	K	-	T,F
richbid.de	48032	38139	-	0	+	-	+ / K	T,F
amazon.de	43262	31602	-	523	+	**	+ / K	T,F
muenzauktion.com	36036	36266	-	-	+	+	-	T, F
zentralboerse.de	28347	28921	<10000	1127	+	-	+ / K	T,F,*U*
athammer.de	20184	20813	-	292	+	-	+ / K	*T,F,U*
atrada.de	15245	16789	-	2995	+	+	+ / K	*T,F,U*
auctiona.de	12848	12982	-	25	+	-	+ / K	*T,F,U*
zuschlag24.de	11273	10945	-	60	K	-	+ / +	T,F,U

Anmerkungen:
Kursiver Text bedeutet, dass keine gesicherte Angabe möglich ist.
K = keine Angabe
* = Zusätzlich werden die Funktionen „Gesuche" und „Business" angeboten
** = Zahlung per Lastschrift möglich

Quelle: http://www.alleauktionen.de/aa/home.php4?&c=10, 04/2004.

Ebenso unangreifbar erscheint eBay auf Basis möglicher Nischenstrategien, und zwar schon deshalb, weil sich kaum eine hinreichend ergiebige Produktkategorie finden lässt, die nicht bereits von eBay abgedeckt wird.[349] Darüber hinaus erschließt eBay durch Kooperationen und Übernahmen ständig neue Angebotskategorien und Services. So verfügt das Unternehmen durch Real Estate zusätzlich über einen eigenen Immobilien-Service. Hier wechselten per Auktionsplattform innerhalb nur eines Jahres 15.000 Grundstücke den Eigentümer. Bereits im Jahr 2002 wurde durchschnittlich alle 45 Minuten ein Flächen- oder Grundstück versteigert.[350] Die Übernahme einer der größten deutschen Automobilbörsen, mobile.de, verweist darauf, dass sich eBay zunehmend auch in der Vermittlung von Produkten und Dienstleistungen hoher Preiskategorien profiliert.[351] Dabei wird zunehmend die Tendenz sichtbar, selbst solche Güter einem Transfer durch Online-Auktionen zugänglich zu machen, für die dies bis dato nahezu unmöglich erschien. Damit tritt eine zweite Variante des strategischen Marktverhaltens in Erscheinung, die in der Industrieökonomik als „brand proliferation" (Martin 1993, 282) oder „product proliferation" (Tirole 1990, 346ff.) bezeichnet wird: „[...] potential entrants look for unfilled market niches. To deter entry, the established firm may try to pack the product space and leave no profitable market niche unfilled" (ebd.). Angewandt auf Services und Produkte beleuchtet dieses Prinzip einen weiteren Wettbewerbsfaktor, der die Marktstellung von eBay begreifbar werden lässt.

10.5 eBay als Innovationsobjekt: Charakteristika und Perspektiven

10.5.1 Generierung neuer Marktsysteme durch digitale Intermediäre

Der durch eBay geschaffene nachhaltige Zukunftsmarkt lässt sich einer Metaebene oberhalb der konsumrelevanten Bedarfsfelder zuordnen. Als Intermediär ist eBay weder Anbieter noch Nachfrager, sondern gewährleistet das Funktionieren eines Marktes und erhält dafür eine Provision. Insoweit der Gebrauchtgüterhandel mittlerweile weitere Internet-Plattformen umfasst, zu denen sich auch „klassische" E-Commerce-Unter-

[349] Insgesamt werden bei eBay Artikel in mehr als 4320 Kategorien angeboten.

[350] http://www.ecin.de/spotlight/2002/09/11/04766/, 09/2004.

[351] http://www.ecin.de/news/2004/01/27/06666/, 09/2004.

nehmen zählen lassen, die als Anbieter *und* Intermediär fungieren, kann von einem neuen Modell der Marktinteraktion gesprochen werden: Gegenstand der Konkurrenz zwischen Intermediären sind nicht Produkte oder Dienstleistungen, die einen konsumtiven Bedarf befriedigen, sondern Konzepte zur Lösung von Transaktionskosten- und Vertrauensproblemen. Mit anderen Worten: Die Konkurrenz findet *nicht innerhalb* klassischer Märkte, *sondern zwischen* Marktsystemen statt.

Abb. 60: Marktsysteme als Entscheidungsoption für Nachfrager

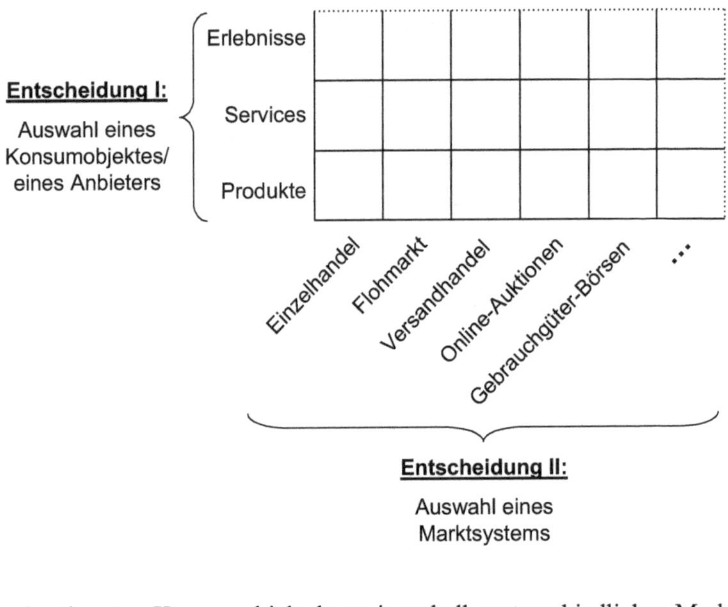

Ein bestimmtes Konsumobjekt kann innerhalb unterschiedlicher Marktsphären gesucht und erworben werden. Per se ist damit zunächst noch nicht – um einem Missverständnis vorzubeugen – der Wechsel des Nutzungsregimes im Sinne eines veränderten Dematerialisierungsgrades oder veränderter Eigentumsverhältnisse verbunden. Auch vollkommen neue Produkte werden per Online-Auktion oder mittels anderer Formen der elektronischen Intermediation transferiert.

Der hier verwendete Begriff eines Marktsystems ist übergreifend; er umfasst mehrere Teilaspekte marktwirtschaftlicher Allokationssysteme: Markt, Konsumstil, Distribution, Nutzungssystem, institutionelles Arrangement etc. Diese üblicherweise verwendeten Kategorien erweisen sich einzeln jeweils als unzureichend, um den Wandel zu erfassen, der mit dem Erscheinen eines neuen Intermediärtypen einhergeht. Aus Nachfragersicht mutiert die bisherige Entscheidungssituation zu einem zweistufigen Prozess. Während sich Konsumentscheidungen vormals darauf konzentrierten, ein bestimmtes Objekt oder einen bestimmten Anbieter zu wählen, tritt mittlerweile eine zusätzliche, nämlich vorgeschaltete Entscheidungsebene auf den Plan: Innerhalb welchem, der von konkurrierenden Intermediären bereitgestellten Marktsysteme, soll die Transaktion getätigt oder die Leistung erworben werden? Die damit verbundenen zusätzlichen Freiheitsgrade verhelfen Konsumenten dazu, für ein gewünschtes Konsumobjekt eine preislich günstigere oder qualitativ andere Variante zu finden, als dies die Beschränkung auf ein einziges Marktsystem ermöglichen würde. Unter diesem Aspekt generiert die eBay-Plattform aus der Nutzerperspektive u.a. folgende Vorteile:

- Nutzer profitieren von den positiven Effekten eines zusehends ortsungebundenen Wettbewerbs. Die Entgrenzung erhöht die Auswahl an verfügbaren Optionen. Sowohl die vertikale und horizontale Vielfalt an Konsumgütervarianten als auch die Spreizung der Anbieterpreise steigt. Letzteres erhöht die Wahrscheinlichkeit, günstigere Preis-Leistungs-Verhältnisse ausfindig zu machen.
- Die durch den Intermediär erhöhte Markttransparenz geht mit einer Intensivierung des Preis- und Qualitätswettbewerbs einher, von dem Nachfrager profitieren.
- Während die beiden vorherigen Aspekte generell, also auch für neue Produkte gelten, führt der maßgeblich durch eBay angeregte Gebrauchtgüterhandel zur Erweiterung um besonders günstige Kaufalternativen.
- Ein zusätzlicher Stimulus, der die Wettbewerbsintensität zugunsten der Nachfragerinteressen steigert, resultiert aus der gelungenen Verschmelzung zweier Angebotskategorien, die innerhalb bisheriger Marktsysteme voneinander getrennt waren[352], nämlich der für ge-

[352] Ausnahmen bildeten natürlich Märkte für Konsumobjekte, die aufgrund ihres Preises Investitionscharakter haben, wie beispielsweise Autos und Immobilien.

brauchte und neue Produkte.[353] Auf diese Weise wird nicht nur die unmittelbare Vergleichbarkeit neuer und gebrauchter Alternativen ermöglicht, die damit in unmittelbarer Konkurrenz zueinander stehen. Eine unter Nachhaltigkeitsaspekten vielleicht noch wichtigere Konsequenz besteht darin, dass der Erwerb gebrauchter Produkte vom Stigma der Minderwertigkeit befreit wird, weil er nunmehr als prinzipiell ebenbürtige Nutzungsalternative neben dem üblichen Neuwarenhandel erscheint.

Je überzeugender das von einem Intermediär konzipierte und koordinierte Marktsystem ist, umso höher sind seine Gewinnaussichten, die mit dem Umsatz der durch ihn ermöglichten Transaktionen korrelieren. Mit Bezug auf das Internet bezeichnen Brenner/Zarnekow (2001, 496) diesen Akteurstypen als „Cybermediär". Seine Leistung besteht darin, dass Anbietern und Nachfragern „durch die Sammlung, Anpassung, Interpretation und Verbreitung von Marktinformationen eine transparente und sichere Anbahnung und Durchführung von Transaktionen und Interaktionen möglich wird" (Breithaupt 2002, 186). Sie erstreckt sich auf bestimmte Transaktionsphasen, insbesondere die der Information (oder Anbahnung), der Verhandlung und der Abwicklung.

Digitalisierung bewirkt, dass die Informationsbeschaffung für einzelne Marktteilnehmer zusehends handhabbarer und kostengünstiger wird. Daher ließe sich zunächst argumentieren, dass Cybermediäre irgendwann unnötig werden könnten. Die Interaktion zwischen Anbietern und Nachfragern könnte teilweise direkt, also ohne zwischengeschaltete Vermittlung stattfinden („Disintermediation"). Aber diese Perspektive ist inso-

[353] Dieser Effekt tritt bei www.amazon.de noch prägnanter hervor. Hier wird jeder Plattformbesucher, der nach einem neuen Artikel sucht, automatisch mit einer Übersicht an Gebrauchtangeboten für exakt dasselbe Produkt konfrontiert. An der Vermittlung der gebrauchten Alternative verdient Amazon als Intermediär auf ähnliche Weise wie eBay. Besucher der Amazon-Plattform, die als bisherige Käufer von Neuwaren identifiziert werden, erhalten nicht nur die Aufforderung „Verwandeln Sie Ihre bisherigen Käufe in bare Münze!". Zusätzlich wird dem Plattformbesucher unaufgefordert die geschätzte Summe der Wiederverkaufspreise aller von ihm jemals bei Amazon erworbenen Neuwaren genannt, um ihn zur Veräußerung dieser Objekte zu motivieren. Dies kann ohne Übertreibung als direkte Werbung für die Rezyklierung von Konsumgütern verstanden werden. Zudem beweist Amazon, dass Unternehmen – auch etablierte Anbieter üblicher Neuwaren – an der Intermediation gebrauchter Güter profitieren können.

weit unvollständig, als zwei andere Intermediärfunktionen mit der zunehmenden Internetbasierung von Transaktionen an Bedeutung gewinnen. Zunächst steigt der Bedarf an Mechanismen und institutionellen Arrangements, die für Sicherheit sorgen. Dies können, wie sich zusehends herauskristallisiert, nur Intermediäre leisten. Die Rivalität zwischen verschiedenen Plattformen für Online-Auktionen oder zwischen Gebrauchtgüterbörsen ist immer auch eine Konkurrenz um die Gewährleistung des überzeugendsten Sicherheitskonzeptes. Im Übrigen steigt mit der zunehmenden Bedeutung elektronischer Märkte auch die Anzahl der unregelmäßig auftretenden Nutzer. Die Flexibilität des virtuellen Mediums fördert den häufigen Wechsel zwischen unterschiedlichen Marktsystemen. Lediglich dort, wo eine überschaubare und regelmäßig interagierende Anzahl an Teilnehmern zu einer stabilen Konfiguration wird, erscheinen Intermediäre überflüssig.[354] Aber dieser Fall dürfte zukünftig eher unbedeutend sein, weil er der Generierung jener Netzwerkvorteile entgegensteht, die gerade von einer wachsenden und heterogenen Nutzeranzahl abhängen.

Zum anderen verursacht der Erfolg des Internets als neues Medium für marktwirtschaftliche Allokationssysteme gleichsam eine Kehrseite: Die horizontale und vertikale Informationsvielfalt kann die Verarbeitungskapazität eines einzelnen Nutzers schlicht überfordern. Hinreichende Transparenz und eine Aufbereitung der Informationen werden zur Voraussetzung für die Handlungsfähigkeit der am E-Commerce-Geschehen Beteiligen. Intermediäre bieten eine pragmatische Lösung für dieses Problem, weil deren Portale gleichsam Selektionsmechanismen darstellen. Allein der Umstand, dass die Mitgliedschaft bei eBay bedeutet, sich Regeln zu unterwerfen, bestimmte Merkmale offen zu legen und einem Bewertungssystem anheim gestellt zu sein, führt zu einer Selektion. Dies trägt dazu bei, dass Nutzer den Überblick wahren können. Aus diesem Blickwinkel erstreckt sich die Konkurrenzebene der Intermediäre nicht nur auf das beste Service-Angebot, sondern den Selektionsmechanismus oder das angewandte Set an Auswahlkriterien.

Zudem sorgen Intermediäre dafür, dass die Darstellung der Angebote einem hinreichend einheitlichen Standard entspricht. Dadurch werden die relevanten Informationen so aufbereitet, dass eine Vergleichbarkeit der angebotenen Objekte gegeben ist. Dies muss, wie die Praxis zeigt, eine

---

[354] Vgl. Picot et al 2001, 380.

Platzierung kreativer Web-Design-Elemente seitens der Anbieter keineswegs ausschließen. Weiterhin beobachten Picot et al (2001, 381) eine zunehmende Spezialisierung von Internet basierten Intermediationsfunktionen. Die wachsende Ausdifferenzierung des E-Commerce-Bereichs lässt es notwendig erscheinen, „neben der reinen Transaktion (Commerce) auch branchenbezogene Inhalte (Content) sowie die Netzwerkbildung von Unternehmen (Collaboration) mit leistungsfähigen Diensten zu unterstützen" (Luczak/Bleck/Hoeck 2002, 155). Zukünftig könnte die Dynamik des Marktes für Intermediärleistungen von zwei parallelen Tendenzen bestimmt sein. Neben der „Disintermediation", die Kollmann (2001, 44) als „Ausschaltung oder Überbrückung von Handelsvermittlern/-plattformen" beschreibt, sehen Picot et al (2001, 381) breiten Raum für „Reintermediation", nämlich die Entstehung neuer Plattformen.

10.5.2 Multiple Anschlussfähigkeit und Motivallianzen für Konsumgüterrezyklierung

Soziale und distinktive Sekundärfunktionen

Die durch elektronische Märkte wie eBay eröffneten Möglichkeiten sind mehr als eine bequeme Einkaufsmöglichkeit, weil neben dem Konsumobjekt zusehends der Konsumakt und damit gleichsam Aspekte des Lebensstils in den Vordergrund rücken. Natürlich hat die Optionenvielfalt bisheriger Stadien der Konsumgesellschaft schon immer unterschiedliche Nachfragestile, folglich auch Identitäten und soziale Zugehörigkeiten erschaffen. Bereits Veblen (1899) hat diesen Aspekt in seiner Analyse der „leisure class" verarbeitet. Allein die Frage, von welchem Unternehmen und unter welchen Begleitumständen eine bestimmte Leistung bezogen wird – Jugendherberge oder Hilton, Fahrrad oder Rolls Royce –, ließ der Ausdifferenzierung instrumenteller und sozialpsychologischer Funktionen breiten Raum. Aber derlei Differenzierungen standen in enger Beziehung zum Konsumobjekt, so z.B. hinsichtlich der Preisklasse, der Qualität, der Symbolik oder der begleitenden Services.

Mittlerweile scheint sich eine Trennung zwischen Konsumstil und -objekt zu vollziehen, die durch elektronische Märkte für Konsumgüter weiteren Schub erhält. Die mit konsumtiven Aktivitäten verbundene Suche nach Sinn und Identität konzentriert sich nicht mehr allein auf das Objekt, sondern auch auf den Prozess seiner Beschaffung, wie bereits im

Anschnitt 9.9.3 angesprochen wurde. Die Nutzung allerneuster elektronischer Marktsysteme, deren Entwicklungsdynamik innerhalb verblüffend kurzer Zeitabstände permanent mit weiteren Service-Innovationen aufwartet, befriedigt viele Funktionen, und zwar völlig losgelöst vom eigentlichen Konsumobjekt. Das gilt in besonderem Maße für eBay. Allein die genaue Kenntnis und virtuose Beherrschung der Auktionsplattform nebst allen instrumentellen Verästelungen mobilisiert den Spieltrieb, die Neugierde oder die schlichte Faszination, die sich an einer rapide fortschreitenden Online-Technologie entzünden. Die eBay-Plattform ist einem permanenten Wandel unterzogen. Regelmäßige Nutzer partizipieren an diesem Entwicklungsprozess. Sie erlangen das Image versierter, technisch nicht leicht zu überfordernder Zeitgenossen. Hinsichtlich des Umgangs mit informations- und kommunikationstechnischen Neuerungen werden sie zur Gruppe derer gerechnet, die sich „an vorderster Front“ bewegen.[355] Sie kennen sich aus, sie können mitreden.

Letzteres trifft nicht nur auf den aktuellen Stand elektronischer Marktsysteme und der damit verbundenen IuK-Neuerungen zu. Die neuen Service- und Kommunikationsoptionen sowie Online-Tools, mit denen eBay-Mitglieder fortlaufend konfrontiert sind, gilt es einerseits spielerisch zu erschließen, andererseits stellen sie aber auch eine gewisse Herausforderung dar. Daraus entsteht ein Spannungsfeld, in dem sich Erfolgserlebnisse und Überraschungen ereignen können. Aufgrund der nie im Voraus zu kalkulierenden Begleitumstände kommt die Er- oder Versteigerung von Objekten oft einem kleinen Abenteuer gleich. Erfahrene eBay-Nutzer können stets über lustige oder kuriose Situationen berichten, die sich am Rande irgendeiner Auktion ereignet haben. Sowohl Fachsimpeleien als auch der Austausch interessanter oder gar schriller Begeben-

[355] Die Herausbildung dieses Images wird durch die forcierte Unterstützung von Verkaufsagenten unterstützt, denn deren Notwendigkeit resultiert gerade daraus, dass es offenbar auch viele Konsumenten gibt, die mit einer Nutzung der eBay-Plattform überfordert sind. Wozu bräuchten sie sonst einen Verkaufsagenten? Das elegante Meistern der mit elektronischen Auktionen verbundenen Herausforderungen ist also keine Selbstverständlichkeit. Dieser Sachverhalt wird auch durch das Entstehen vieler kleiner Agenturen unterstrichen, die einen eigenen eBay-Service anbieten, nämlich die komplette Abwicklung des (Ver-) Kaufs von Konsumgütern über eBay. Inbegriffen ist bisweilen sogar die Abholung oder das Entrümpeln von Dachböden und Kellern. Siehe z.B. www.meidei.de oder www.entruempelungen-ruhrgebiet.de. Das heißt, die Existenz derartiger Agenturen wertet zugleich das Ansehen derer auf, die derlei Unterstützung nie benötigen.

heiten flankieren den durch eBay generierten Community-Effekt. Dies gilt zum einen für die nach innen gerichtete Kommunikation. Sie unterstützt soziale Funktionen im Sinne des Dazugehörens und des Identifizierens von Gemeinsamkeiten, nämlich die eBay-Mitgliedschaft und damit zugleich ein wichtiges Lebensstilelement. Wirkungen dieser Art werden von eBay durch die enorme Bandbreite an Foren und anderen Kommunikations-Tools unterstützt.

In der Außenkommunikation kann der Community-Effekt Distinktion erzeugen. Typische „eBayer" grenzen sich nicht nur durch die oben beschriebene Souveränität im Umgang mit neuen IuK-Optionen ab. Infolge der hohen Bedeutung konsumtiver Aktivitäten stellen eBay-Nutzer einen neuen Lebensstil zur Schau. Zwar hatte die erste E-Commerce-Welle den Konsumgütererwerb per Internet bereits in großem Maßstab popularisiert. Aber die simple Verlagerung des bisherigen Einzelhandels vom Verkaufsraum bzw. Katalog (zwischenzeitlich CD-Rom) in den virtuellen Raum führte nicht zur Entstehung grundsätzlich anderer Marktsysteme. Erst die zunehmende Bedeutung von Gebrauchtgüterbörsen, Online-Auktionen und neuer Intermediärtypen begründen Kontexte, denen eine Lebensstilrelevanz zukommt. Der Globus umspannende Auktionshandel bei eBay verhilft zu einer Multioptionalität, neben der bisherige Konsumstile fast altmodisch oder „hinterweltlerisch" wirken müssen. Wer nicht bei eBay mitmischt, so das leicht zu demonstrierende Klischee, muss sich mit der begrenzten Auswahl stationärer Geschäfte oder unflexibler Kataloge des (E-Commerce-) Versandhandels bescheiden und zahlt außerdem im Durchschnitt zu hohe Preise. Demgegenüber trumpfen „eBayer" mit Fundstücken auf, die über den kommerziellen Handel nicht mehr zu beschaffen sind, also bisweilen Extravaganz und Besonderheit verkörpern, und können darüber hinaus immer wieder auf Schnäppchenkäufe verweisen. Das Zusammenspiel dieser beiden Aspekte deutet auf eine hohe Kompatibilität mit dem derzeit diskutierten Phänomen der „Smart-Shopper" hin, einem „hybriden Kaufverhalten zwischen ‚Aldisierung' und Luxus" (Pfabigan 2004, 12), das bisweilen der oberen Mittelschicht attestiert wird.

Die Rezyklierung von Konsumgütern erlangt durch das von eBay bereitgestellte Marktsystem eine vorwärts gewandte Ausstrahlung, die *parallel* unterschiedliche Milieus und Zeichensysteme bedient: Ganz gleich ob Smart-Shopper, Angehörige der „Geiz-ist-geil“-Fraktion[356], Sozialhilfeempfänger oder vermögende Artefakt-Sammler – der eBay-Mechanismus vermag nicht nur Motivallianzen auf individueller Ebene herzustellen, sondern integriert unterschiedliche Milieus, ohne deren Authentizität dadurch zu verwischen. Genau diese *multiple Anschlussfähigkeit* an divergierende Lebensstile könnte sich als Erfolgskriterium für die Konsumgüterrezyklierung erweisen, nicht nur, um deren „Wollsocken-Image“ (Fischer 2002) zu überwinden, sondern um zusätzlich einen milieuübergreifenden Distinktionseffekt zu ermöglichen.

Wer zur eBay-Community zählt, demonstriert allein durch den innovativen, nämlich Online gestützten Konsumstil, anderen einen Schritt voraus zu sein. Zugleich entsteht damit Identität und das Gefühl, einer Gruppe „fortschrittlicher“ Konsumenten anzugehören. Das verbindende Element beschränkt sich jedoch auf die gemeinsam genutzte digitale Technologie und einen neuartigen Typus der Interaktion. Unterhalb dieser prozessualen Gemeinsamkeit erstreckt sich eine inhaltliche Heterogenität, die das Nebeneinander aller Lebensstile und Einkommensklassen erlaubt. Distinktionseffekte auf individueller oder Milieuebene, die erst durch eine Auswahl der Konsumobjekte entstehen, bleiben nicht nur möglich, sondern übertreffen bisherige Marktsysteme. Denn eBay deckt aufgrund seiner Größe und Funktionsweise nicht nur das übliche Produkt- und in zunehmendem Maße auch Dienstleistungsspektrum ab, sondern bringt darüber hinaus Unikate und Kuriositäten jeglicher Art zum Vorschein. Insgesamt resultieren also Distinktionspotenziale auf zwei unterschiedlichen Ebenen, zum einen auf der Community-Ebene – damit wird gleichsam nach innen eine soziale Funktion erfüllt – und auf der individuellen Ebene der konkreten Produktauswahl.

Es ist kein Zufall, dass eBay in seiner Präambel „Wir über uns“ u.a. folgendes verlautbart: „Die eBay Gemeinschaft besteht aus einzelnen Mitgliedern die unsere Site besuchen, um zu kaufen und zu verkaufen, aber auch um einfach Spaß zu haben, ein bisschen zu shoppen und um sich zum Beispiel beim Plaudern in einem eBay-Café kennenzulernen. [...] eBay wird Bestandteil des Lifestyles unserer Mitglieder. [...] Für hunderttausende andere Mitglieder ist eBay der Platz an dem sie ihre

[356] Vgl. Pfabigan 2004.

Leidenschaft für besondere Dinge mit anderen teilen. eBay ist die Heimat einer einzigartigen Online Gemeinschaft.“[357]

Tertiäre Funktionen: Thrills und andere Erlebnisse

Neben sozialen und demonstrativen Sekundärfunktionen verleihen die Besonderheiten des von eBay konzipierten Auktionsmechanismus dem Konsumakt eine tertiäre Bedeutung. Die durch eine Teilnahme an Online-Auktionen erlebbaren Spannungsmomente können eine Intensität entwickeln, die sie bisweilen beinahe konkurrenzfähig zu Computerspielen werden lässt. Dem damit verbundenen Lustgewinn oder „Thrill“ dürfte allein schon ein hoher Erklärungswert für den Erfolg der eBay-Plattform zukommen. Ähnliches gilt für das bloße Stöbern und Suchen nach Angeboten. Die Eingabe eines Suchbegriffs führt stets zu Überraschungen, die ihre Dynamik aus dem Umstand beziehen, dass die Einstellung neuer und das Auslaufen alter Angebote im Minutentakt erfolgt. Insbesondere Sammlertriebe, die vormals nur innerhalb des äußerst begrenzten Radius von Flohmärkten, Second-Hand- oder Antiquitätenläden ausgelebt werden konnten, treffen bei eBay auf einen nahezu unerschöpflichen Fundus. Dabei ersetzt eBay das Vergnügen, auf Flohmärkten um einen Euro zu feilschen, „durch den Luststress, fiebrig gegen Konkurrenten aus dem ganzen Land zu bieten. Spannend sind beide Erwerbsmethoden: Der Entdeckerfreude in einem Trödelladen entspricht die Erleichterung am Briefkasten, wenn ein Bieter feststellt, dass sich das ersteigerte Stück tatsächlich im versprochenen Zustand befindet“ (Bartz 2003, 15).

Die hohe Kompatibilität mit sekundären Funktionen (soziale und distinktive), die dem Community-Effekt entspringen, und Erlebnissen infolge des stimulierenden Auktionsmodells sollte über eines nicht hinwegtäuschen: Eine durchaus hohe Anzahl an Nutzern will möglicherweise einfach nur bequem und billig einkaufen, denn dass eBay auch alle üblichen Convenience-Vorteile bietet, die den B2C-Bereich des E-Commerce kennzeichnen, dürfte außer Frage stehen. Hier zeigt sich eine Stärke des eBay-Konzepts: Die gleichzeitige und parallele Bedienung unterschiedlichster Motive. Unter Nachhaltigkeitsaspekten ist dabei

---

[357] http://pages.ebay.de/community/aboutebay/community/index.html, 06/2004.

wichtig, dass die umweltentlastende Rezyklierung materieller Güter anschlussfähig an eine breite Palette anderer Konsumfunktionen wird. Im Übrigen ist keineswegs auszuschließen, dass eine bewusste Entscheidung zugunsten gebrauchter Konsumgüter von nicht wenigen eBay-Nutzern als Beitrag zur Umweltentlastung verstanden wird. Daraus muss nicht geschlussfolgert werden, dass derartige Konsumenten primär wegen eines ausgeprägten Umweltbewusstseins zu eBay-Nutzern wurden. Plausibler erscheint, dass eBay Motivallianzen ermöglicht, durch die sich ein gewisser Grad an ökologischer Aufklärung mit anderen Interessen auf neuartige Weise verschränken lässt. Das Ersteigern eines gebrauchten Artikels wird eben nicht als Beschränkung von Freiheiten oder Zumutung, sondern als bereichernde Erfahrung empfunden.

Trotzdem stellt sich die Frage, wie ein solchermaßen nachhaltiger Konsumstil einzuordnen ist: Liegt hier ein purer Effizienzeffekt vor, der aus einer Nutzungsdauerverlängerung resultiert und mit keinerlei Mäßigung von Konsumansprüchen einhergeht? Oder geben Konsumenten, die auf Neuware zugunsten der gebrauchten Alternative verzichten, nicht doch irgendetwas auf, womit der Suffizienzbegriff relevant wird? Überdies sind die Energieverbräuche der Hardware und technischen Logistik zu berücksichtigen.

10.5.3 Suffizienz, Bedarfssubstitution und Konsumgüterrezyklierung

Im Gegensatz zu anderen Nachhaltigkeitsprinzipien thematisiert Suffizienz nicht nur das Wie, sondern das *Wieviel*. Damit werden Erinnerungen an einen allzu nahe liegenden, aber inzwischen akribisch gemiedenen Gedanken wach: Um die Kluft zwischen Mitteln und Zielen zu schließen, existieren immer zwei Lösungswege, wie im Kapitel 7 dieser Arbeit bereits angesprochen wurde. Anstatt auf Biegen und Brechen das Mittelarsenal zu steigern, könnten auch die Ziele – hier sind es Bedarfe oder Konsumansprüche – an die Möglichkeiten herangeführt werden, die sich aus einer Orientierung am Übertragbarkeitskriterium ergeben. Wahrscheinlich verbleiben dann noch immer nahezu unendlich viele Freiheitsgrade. Deshalb wird Verzicht zur reinen Interpretationsfrage. Ein und derselbe Sachverhalt, mit dem Mäßigung oder Verzicht assoziiert wird, ließe sich oft genauso plausibel als bewusst vorgenommene Eingrenzung oder Selektion auffassen, die angesichts der nicht mehr handhabbaren

Fülle an Selbstverwirklichungsangeboten ohnehin praktisch notwendig ist. Nicht ein „wirkliches Zurückfahren der Bedürfnisse“ (Gensichen 2003, 235), sondern „optimale Versagung“ (Schmidbauer 1995, 208ff.), die auf ein souveränes und elegantes Auswahlvermögen schließen lässt, träte damit hervor.

Überhaupt lassen sich eingedenk der kulturalistisch begründeten Ausdifferenzierung von Konsumfunktionen die heiklen Kategorien des Weniger oder der Mäßigung nur noch schwer fassen. Denn wenn nicht mehr von Gütern, sondern von Funktionen die Rede ist, wird der Suffizienzbegriff noch aus einem anderen Grund klärungsbedürftig: Welche Funktionen müssten aufgegeben werden, um dem Ideal eines zeitlich und räumlich verallgemeinerbaren Konsumstils näher zu kommen? Sind es am Ende nur Symbole und damit reine Illusionen, um deren Fallenlassen es geht? Speziell für den Konsumgüterbereich bietet es sich an, in Anlehnung an vorangegangene Ausführungen nochmals auf zwei mögliche Suffizienzauslegungen zurückzukommen:

- Suffizienz I: Ersatzloser Verzicht oder Reduktion des quantitativen Ausmaßes bestimmter Konsumaktivitäten; Senkung des Anspruchsniveaus, bezogen auf die Gesamtvolumen an Konsumaktivitäten eines Individuums
- Suffizienz II: Substitution oder flexible Anpassung von Bedarfen; qualitative Veränderung von Anspruchsniveaus; Offenheit für modifizierte Bedarfsausformungen

Individuen, deren Lebensstil die Rezyklierung von Konsumgütern als Routine einschließt, treten gleichsam als Anbieter und Nachfrager gebrauchter Objekte auf („rotierendes Eigentum“). Damit werden beide Suffizienzvarianten relevant. Zunächst lässt sich der individuelle Konsumgüterbestand durch eine Trennung von überflüssigem Eigentum auf ein „entrümpeltes“ und folglich die Lebensqualität erhöhendes Maß – „reduced to the max“ – reduzieren, das dauerhaft beibehalten werden kann. Aber lässt sich eine derartige Mäßigung, die dem Suffizienztyp I entspricht, mit Bedarfssubstitution in Einklang bringen? Im Kapitel 7 wurden Motivkategorien behandelt, die den Ansatz „Weniger kann mehr sein“ fundieren. Neben Entschleunigung, Genusssteigerung durch eine Konzentration auf das Wesentliche, einer „Ästhetik der Dauer“ (Piechocki 2002, 13) und Übersichtlichkeit könnten hier auch weniger kulturalistische oder emotionale Momente zum Tragen kommen. Diese reichen vom partiellen Verlust an Kaufkraft und einem zunehmenden Verschuldungsgrad der Haushalte[358] in den unteren Einkommensklassen (Hartz IV) bis hin zu Sättigungserscheinungen und knapper werdenden Lagerkapazitäten in den höheren Einkommensklassen.

Insgesamt handelt es sich hierbei – im Gegensatz zu den in den Abschnitten 9.8 und 9.9 erläuterten Beweggründen *für* Konsumhandlungen – um Motive für *Nicht*-Konsum, deren tendenziell zunehmende Bedeutung nicht auszuschließen ist. Auch darauf lassen sich Bedarfe gründen, nämlich solche mit relativ geringerem oder keinem Materialisierungsgrad. Wenn es gelänge, tragfähige unternehmerische Geschäftsfelder zu entwickeln, die zur „Kunst der Reduktion" (Kurt 2001) im Konsumverhalten verhelfen, wäre eine neue Stufe des nachhaltigen Wirtschaftens erreicht, die mit dem Wachstumsparadigma brechen könnte. Das von eBay bereitgestellte Dienstleistungs- und Infrastrukturangebot lässt immerhin erste Ansätze erkennen, die derartige Möglichkeiten eröffnen: eBay verdient über Provisionen an einer Rezyklierung und ggf. Minderung des individuellen Konsumgüterbestandes. Entkräftet wird damit das Klischee, suffiziente Lösungen seien nicht mit erfolgreichem Unternehmertum vereinbar.

Die zweite Nachhaltigkeitswirkung einer Rezyklierung korrespondiert mit dem Suffizienztyp II. Die Anschaffung eines gebrauchten anstelle neuen Gutes geht weniger mit einem Verlust an primären, als an symbolischen und tertiären Funktionen einher. Aber für deren Kompensation lassen sich Ansatzpunkte finden, wie im vorangegangenen Abschnitt gezeigt wurde. Unbestritten vermittelt der Glanz eines funkelnagelneuen Objekts, das dem jeweils aktuellen Stand der Technik und des ästhetischen Designs entspricht, einen Nutzen an sich. Der damit verbundene demonstrative Effekt wird gerade durch die vielen „Scheininnovationen" bedient, die letztlich nur einen Zweck haben, nämlich ein neues Produktmodell optisch vom Vormodell unterscheidbar zu machen. Auch nach innen gerichtet (tertiäre Funktionen) befriedigt das original ver-

---

[358] DeGraaf/Wann/Naylor (2001, 49) weisen darauf hin, dass derzeit sechs Millionen amerikanische Haushalte vor dem Privatbankrott stehen. 1980 betrug diese Zahl noch 313 000. In Deutschland galten in 2004 laut Statistischem Bundesamt (http://www.destatis.de/download/d/datenreport/1_04gesch.pdf) zwei bis drei Millionen Haushalte als überschuldet, d.h. „sie können mit ihrem laufenden Einkommen ihren Zahlungsverpflichtungen nicht mehr vollständig nachkommen" (ebd.). Das entspricht einer Steigerung von über 30 % seit 1994.

packte, von niemandem zuvor berührte Neue bestimmte Motive. Aber insoweit beide Verzichtsmomente nicht ohne Gegenleistung bleiben müssen, weil die spezifische Art der Rezyklierung auf der Habenseite andere sekundäre und tertiäre Wirkungen erzielt, kommt es hier zu einer Bedarfssubstitution. Diese kann das Resultat einer sich insgesamt vorteilhaft darstellenden Motivallianz sein, zu der neben Kostenvorteilen und Convenience-Aspekten auch eine kulturelle Aufwertung nicht nur gebrauchter Objekte, sondern – wie im Abschnitt 10.5.2 erläutert – des damit korrespondieren Konsumstils zählt. Hinzu kommen die spezifische Erlebnisgewinne einer eBay-Nutzung.

Die Beliebigkeit, mit der sich sekundäre und tertiäre Konsumeffekte konstruieren lassen, bietet eine Chance. Zunächst verhilft die im Abschnitt 9.12.3 beschriebene Flüchtigkeit von Sinnzuweisungen dazu, dem bewusst zur Schau gestellten Gebrauchtgütererwerb eine distinktive Komponente zu verleihen. Der „symbolische Verschleiß" (Wehrspaun/ Wehrspaun 2002, 50) und das Entstehen – besser: Erschaffen – neuer Bedeutungen, mit denen ausrangierte Objekte aufgewertet werden, sind zwei Seiten desselben kulturellen Umdeutungsmechanismus. Die Abstellkammern der Konsumgesellschaft haben längst ein Ausmaß erreicht, das immer für Überraschungen und Artefakte gut ist, mit denen sich Distinktionsgewinne erzielen lassen. Hinzu kommt Folgendes: Je größer der Warenüberfluss ist, umso spektakulärer dürfte der Demonstrationseffekt sein, den jemand erreicht, der sich dem ständigen Neukauf von Produkten entzieht. „Luxus hat in der Folge von industrieller Produktion und Massenkonsum seine distinktive Kraft verloren. Luxus ist schal geworden, hat sich zu Tode gesiegt – alle Paradiese der Reichen sind mit dem Jet zum Landeplatz der Massen geworden, und kein Produkt ist vor der Popularisierung sicher" (R. Gronemeyer 1998, 10).

Natürlich stehen derartige Sinngebäude – dies gilt für beide Suffizienztypen – auf einem schwachen Fundament, wenn die bewusste Entscheidung für einen auf Rezyklierung basierenden Konsumstil mit erzwungener Enthaltsamkeit verwechselt werden kann. Andererseits: Wie überbordend müsste der Güterwohlstand – vormals als soziales Projekt der materiellen Teilhabe gedacht – einer Gesellschaft wie beispielsweise der deutschen noch werden, so dass konsumtive Mäßigung praktisch gar nicht mehr als erzwungener Verzicht gedeutet werden kann? Denn wer am Überfluss zu ersticken droht, *verzichtet* nicht, sondern *befreit* sich von Überflüssigem.

Die bis hierher behandelten Nachhaltigkeitseffekte des Gebrauchtgüterhandels können insofern als „implizit“[359] bezeichnet werden, als sie keine direkt oder primär beabsichtigte Nebenfolge eines auf Rezyklierung beruhenden Konsumstils darstellen. Somit wurden Motivkonstellationen ausgeleuchtet, die auch ohne explizite Nachhaltigkeitsethik zur Attraktivität maßvoller Konsumstile beitragen können. Keineswegs auszuschließen sind allerdings eBay-Nutzer, die mit dem Übergang vom Neu- zum Gebrauchtkauf oder gar einer Entrümpelung ihres Lebensstils einen Nachhaltigkeitsbeitrag explizit intendieren. Als Erweiterung des traditionellen ökonomischen Verhaltensmodells werden auch in der Umweltökonomik mittlerweile „intrinsisch verankerte moralische Präferenzen“ (Gawel 2001, 145) berücksichtigt.[360] Dabei tritt zutage, dass die Kluft zwischen einem durchaus vorhandenen Nachhaltigkeitsbewusstsein und entsprechendem Handeln ihre Ursprünge nicht selten im Fehlen geeigneter Kontexte und Möglichkeiten hat. Auch diesbezüglich erweist sich die eBay-Plattform als Hebel, allein schon deshalb, weil „‚Moral‘ zumindest dann wirksam wird, wenn die Verhaltenskosten einen – individuell sicher variierenden – Schwellenwert nicht überschreiten“ (Diekmann/Preisendörfer 1992, 248). Die verringerten Transaktionskosten, die begleitenden Services und nicht zuletzt die Preisvorteile des Gebrauchtgütererwerbs können ökologisch aufgeklärte Nutzer bei der Überwindung von Diskrepanzen zwischen Umweltbewusstsein und -verhalten unterstützen.

Wenn also tatsächlich die Konturen eines eBay-Konsumstils sichtbar werden sollten, dessen kulturelle Relevanz über einen flüchtigen Trend hinaus reicht, dürfte es für die damit verbundenen Nachhaltigkeitspotenziale zunächst unerheblich sein, ob sie impliziter oder expliziter Natur sind, denn gerade infolge der durch eBay ermöglichten Bündelung unterschiedlicher Motivkategorien verschwimmt diese Unterscheidung. Herausforderungen, die der oft zitierte „postmoderne Wertepluralismus“ (Hilgers 1997, 114) an Nachhaltigkeitslösungen stellt, könnten auf diese Weise gemeistert werden. Eine Identifikation der insgesamt relevanten Konsummotive, an denen sich das Management von Rezyklierungsansätzen orientieren kann, erweist sich als durchaus praktikabel. Es fällt hin-

[359] Zur Unterscheidung zwischen expliziten und impliziten Umweltauswirkungen von Konsumhandlungen vgl. Wimmer 2001.

[360] Vgl. auch Frey 1997.

gegen schwer, bezogen auf einzelne Individuen eine Rangordnung innerhalb der in die Entscheidung einfließenden Motive zu ermitteln.

10.5.4 Ergebnisse eines E-Mail-Interviews mit eBay-Nutzern

Es soll nun ein Blick auf die Motivkonstellationen einer zufälligen Auswahl von eBay-Nutzern geworfen werden, die an einem eMail-Interview teilnahmen. In das Design der Befragung flossen Erfahrungen ein, die aus vorherigen Interviewversuchen mit einer zufälligen Auswahl von eBay-Nutzern resultierten, denn hier war der Rücklauf zunächst gering. Zudem kam es vereinzelt zu Beschwerden, in denen sich einige der Befragten gegen diese Art des Zugriffs auf ihre eBay-Adresse verwahrten. Als Konsequenz wurde ein anderer Weg eingeschlagen. Der Interviewer wurde Mitglied bei eBay und sandte den E-Mail-Fragebogen ausschließlich an Personen, mit denen er zuvor eine Transaktion durchgeführt hatte. Zur Erinnerung wurde den Interviewpartnern jeweils die Bezeichnung des er- oder versteigerten Artikels genannt, um an den bereits hergestellten Kontakt anzuknüpfen. Eine Versendung von 250 Interviews führte schließlich zu 59 Rückmeldungen. Trotz dieser Vorgehensweise ist die Auswahl der Interviewpartner nicht weniger zufällig und repräsentativ als im Falle eines Zugriffs auf beliebige eBay-Adressen. Dies liegt in der Natur einer Auktion, dessen Gewinner nicht vorher bestimmt werden kann. Im Übrigen müssen eBay-Mitglieder vor Abschluss einer Auktion lediglich einen „Nickname" und ihre Herkunftsregion preisgeben. Damit wäre eine gezielte Auswahl auf Basis bestimmter sozialer oder kultureller Merkmale ohnehin unmöglich.

Bei den gehandelten Waren wurde eine Einschränkung vorgenommen, nämlich auf Produkte, die aufgrund ihrer physischen Eigenschaften eine hinreichende Eignung für rotierendes Eigentum aufweisen.[361] Das Gros der Objekte bestand aus CDs und Büchern, hinzu kamen verschiedene Haushaltsartikel, Musikartikel, Ersatzteile und schließlich zwei wertvolle, aber gebrauchte Fahrräder (eines wurde ersteigert, das andere versteigert), um die problemlose Abwicklung des Versandes sperriger Artikel testen zu können. Es kamen Transaktionen mit eBay-Partnern aus Deutschland, USA, England, Frankreich, Kanada, Österreich, Nieder-

[361] Vgl. hierzu die Ausführungen der Abschnitte 9.12.1 und 9.12.4.

lande, Ukraine, Finnland, Weißrussland, China, Italien, Tschechien und Hongkong zustande. An die nicht aus Deutschland stammenden eBay-Nutzer wurde das Interview in englischer Sprache übermittelt. Ob die Rückmeldungen ebenfalls die komplette Bandbreite der genannten Herkunftsländer abdeckt, kann nicht überprüft werden, weil den interviewten Personen Anonymität zugesichert wurde. Das E-Mail-Interview war folgendermaßen aufgebaut (in Klammern oder direkt dahinter jeweils die Resultate; n = 59):

- Frage 1: Nutzen Sie eBay nur als Käufer? Ja (5) Nein (54)
- Frage 2: Nutzen Sie eBay nur als Verkäufer? Ja (0) Nein (59)
- Frage 3: Falls beides auf Sie zutrifft – ist die Anzahl Ihrer Käufe höher als die Ihrer Verkäufe? Ja (25) Nein (31)
- Frage 4: In welchem Umfang handelt es sich bei Ihren KÄUFEN um gebrauchte Produkte (geschätzter Prozentsatz)? Mittelwert: 76,32 %
- Frage 5: In welchem Umfang handelt es sich bei Ihren VERKÄUFEN um gebrauchte Produkte (grober Prozentsatz)? Mittelwert: 81,75 %
- Frage 6: Kommt es vor, dass Sie zuvor ERsteigerte Produkte, die nach einer gewissen Nutzungszeit nicht mehr benötigt werden (z.B. Bücher, CDs etc.), später wieder VERsteigern, also einen Teil ihres Besitzes an Konsumgütern mit Hilfe von eBay „auswechseln"? Ja (43) Nein (16)
- Frage 7: Behandeln Sie manche Dinge vorsorglich schonend, um sie evtl. später versteigern zu können? Ja (34) Nein (23)
- Frage 8: Verleitet Sie eBay dazu, insgesamt mehr Konsumgüter zu kaufen? Ja (25) Nein (33)
- Frage 9: Aus welchen Gründen nutzen Sie eBay (kreuzen Sie ruhig mehrere Antworten an)?
  - Es lässt sich Geld sparen bzw. verdienen. (52)
  - eBay macht Spaß und/oder befriedigt meinen Spieltrieb. (28)
  - Vom Computer aus einzukaufen oder zu verkaufen, ist bequemer. (31)
  - Ich fröne meiner Sammlerleidenschaft. (28)
  - Ich werde alten Kram los, der zum Wegwerfen zu schade ist. (35)

  - Diese Art des Konsumierens passt zu meinem Lebensstil. (9)
  - Es lassen sich Dinge finden, die anderswo nicht zu bekommen sind. (47)
  - Es schont die Umwelt, wenn gebrauchte Produkte gekauft bzw. verkauft werden. (19)
  - Ich mag den Nervenkitzel beim Ersteigern oder Versteigern. (22)
  - Neugierde und Überraschungsmomente locken mich. (13)
  - Ich setze mich von denen ab, die immer noch blind ins nächste Geschäft rennen, statt die neuen Möglichkeiten zu nutzen. (10)
  - Der Kauf oder Verkauf beschert mir Erfolgserlebnisse. (19)
  - Bei eBay gibt es Dinge zu erleben, die anderswo nicht stattfinden. (6)
  - Das Stöbern, Aufspüren, Anschauen oder Vergleichen von Produkten fesselt mich. (24)
  - Die Funktionsweise der eBay-Plattform fasziniert mich. (10)
  - Es ist eine schöne Ablenkung oder Entspannung. (8)
  - Die virtuelle Kontaktaufnahme mit anderen eBay-Nutzern reizt mich. (4)
  - Ich möchte zu denen gehören, die auf dem neusten Stand sind, wenn's um fortschrittliche Konsumstile geht. (3)

  Sonstiges:
  - "[…] in fact, I rather dislike eBay, due to the lack of customer service. I have sold things through private auctions with just as much success, and a greater level of trust, than through eBay. As for buying through eBay, this is usually a last effort to find something I couldn't find anywhere else."
  - „Ich gehe auch auf Trödelmärkte, und eBay hat irgendwie auch was von diesem Wühl-Feeling."
  - „Die Kinder räumen ihre Zimmer jetzt selbständig auf, seit meine Frau die rumliegenden Teile versteigert. Heute droht man den Kindern folgendermaßen: ‚Wenn Du Dein Zimmer nicht aufräumst, dann mache ich das und schaue dabei, was sich versteigern lässt!'"

- Frage 10: Nutzen Sie auch andere Internet-Marktplätze, auf denen u.a. gebrauchte Produkte gehandelt werden?

- Falls JA, welche? Amazon (11), Craiglist (1), Mobile (1), Hood (2), Azubo (1), Nobohl (1), Alargo (1), Starbay24 (1)
- Falls NEIN, warum nicht? Andere Plattformen sind zu klein, haben zu wenig Auswahl oder zu wenig Publikum etc. (33); Benutzerfreundlichkeit und begleitende Services sind bei eBay besser (11); Die Sicherheit vor Betrug ist bei eBay höher (6)
- Sonstiges: Ich kenne keine anderen Plattformen für Gebrauchtgüter (3); Ich bin mit eBay sehr vertraut (2); eBay ist für mich vollkommen ausreichend (3)

Nachfolgend sind die Resultate zur neunten Frage graphisch aufbereitet[362], um zu veranschaulichen, dass die Beweggründe für eBay-Nutzer einem Konglomerat unterschiedlicher Aspekte entsprechen. Der Begriff „Motivallianz" erfährt auf diese Weise eine eindrucksvolle Bestätigung.

Abb. 61: Motive für die Nutzung der eBay-Plattform

[362] Die Antwortoptionen sind dabei aus Gründen der Übersichtlichkeit als Stichwörter oder kurze Formulierungen abkürzt.

Pragmatische Motive scheinen dabei im Fokus zu stehen, nämlich zuvorderst die Möglichkeit des günstigen Konsumgütererwerbs bzw. der Umwandlung redundanten Eigentums in Umsatzerlöse (52). Der letztgenannte Aspekt erweist sich als höchst kompatibel mit dem Entrümpelungsargument (35) und bestätigt indirekt, dass redundantes Eigentum ein empirisch durchaus relevantes Phänomen darstellt. Auch die Bequemlichkeit, direkt vom Computer aus Anschaffungen oder Verkäufe tätigen zu können, wird hoch bewertet (31). Weiterhin wird der Möglichkeit, Gegenstände zu beschaffen, die ansonsten kaum erhältlich sind, hoher Stellenwert beigemessen (47). Dieser Aspekt erweist sich als kompatibel mit der vergleichsweise starken Betonung der Sammlerleidenschaft (28) und der Freude am Stöbern (24).

Tertiäre Beweggründe, die in Beziehung zur spezifischen Beschaffenheit des Konsumaktes als solchem stehen, finden ebenfalls hohe Berücksichtigung – zumindest in der Summe ihrer Teilaspekte: Spaß/Spieltrieb (28), Nervenkitzel (22), Erfolgserlebnisse (19). Auch das Stöbern, Aufspüren, Anschauen oder Vergleichen von Produkten, von dem sich immerhin 24 der Interviewpartner fesseln lassen, unterstreicht dies bedingt.

Überraschend gering bewertet werden Aspekte des Lebensstils und der Community. Lediglich vier Mal wurde die Kontaktaufnahme mit anderen eBayern als Motiv angekreuzt. Nur neun der Interviewten bringen die eBay-Nutzung mit dem Lebensstilbegriff in Verbindung. Ebenso unwichtig erscheinen Distinktionsgewinne („sich von anderen absetzen“: 10; „auf dem neusten Stand sein“: 3). Diese Beobachtung lässt zwei Deutungen zu. Zunächst können Milieus oder Community-Effekte möglicherweise gerade von denen, die tief darin verwurzelt oder assimiliert sind, am wenigsten als solche beschrieben werden. Ihre Kennzeichnung ist eher das Resultat externer Beobachtung. Ähnliches trifft auf distinktive Funktionen zutreffen. Das Streben nach Distinktion hat immer auch ein strategisches Moment, das die betreffende Person – zumal im Rahmen eines Interviews – nicht direkt anspricht. Wenn Distinktion aus kulturalistischer Perspektive einen Sinn ergeben soll, benötigt sie nicht nur Differenz, sondern auch ein wahrnehmendes Gegenüber, das diese Differenz deutet. Vermutlich kein Fahrer eines roten Ferraris würde offen zugeben, dass die damit erzielte Differenz bezweckt, als extravagant oder einfach als „cool“ eingestuft zu werden. Der Fahrer erwartet vielmehr, dass genau diese Schlussfolgerung von seinen Beobachtern gezogen wird. Er selbst kommuniziert lediglich die Differenz, nicht aber ihren

Zweck. Vor diesem Hintergrund liefern Interviews nur begrenzte Einblicke in die symbolische Bedeutung bestimmter Objekte oder Konsumstile.

Eine andere Auslegung könnte darin bestehen, dass die Attraktivität von eBay nur sehr eingeschränkt mittels symbolischer Funktionen erklärbar ist, zumindest wenn diese als Kennzeichen eines bestimmten Milieus verstanden werden. Die Symbolik – falls überhaupt relevant – eines eBay gestützten Konsumstils wirkt vielleicht unabhängig von Milieuzugehörigkeiten, also oberhalb kultureller Ausdifferenzierungen. Dafür spricht bereits der internationale Erfolg.[363] Ebenso plausibel und in seinen Konsequenzen nur unwesentlich anders wäre die Vermutung, dass nicht die sekundären, sondern vorwiegend Preis- und Convenience-Aspekte und die tertiären Funktionen als willkommene Begleiterscheinungen des Konsumaktes von Bedeutung sind. Während die hohe Bedeutung des günstigen und bequemen Einkaufens zur Bestätigung der sog. „Low-Cost-These" (Wimmer 2001, 97) – für die Umkehrrichtung des Versteigerns von Produkten müsste dann zusätzlich von einer „High-Revenue-These" gesprochen werden – führt[364], generieren tertiäre Effekte wie Spaß, Nervenkitzel und Luststress einen Zusatznutzen, der kulturell weitgehend unabhängig ist.

Aber aus einer derart universellen Anschlussfähigkeit erwachsen möglicherweise umso bessere Aussichten für Konsumstile mit Nachhaltigkeitspotenzialen. Wenngleich die Umweltfreundlichkeit des Gebrauchtgüterhandels von lediglich 19 (entspricht ca. 32 %) Interviewpartnern explizit genannt wurde (einschränkend ist außerdem zu berücksichtigen, dass dieser Aspekt für die betreffenden Personen nur einer von mehreren also nicht notwendigerweise der primäre Beweggrund ist), kommen an-

---

[363] Diese Überlegung ist keineswegs neu, sondern findet ihre Analogien in anderen Begleiterscheinungen des globalen Konsumismus: Marken wie etwa McDonalds, Levis's, Coca Cola oder etwa der Mercedes-Stern, die an Symbolträchtigkeit kaum zu überbieten sind, erzielen offensichtlich in Russland, China und Brasilien dieselbe Wirkung wie in Frankreich, Deutschland oder den USA.

[364] Aus einer (vermeintlichen) Bestätigung der Low-Cost-These sollte im Übrigen nicht vorschnell geschlussfolgert werden, dass kulturalistische Erwägungen an Bedeutung verlieren. Allein die momentan viel diskutierte sog. „Geiz-ist-geil"-Mentalität, von der niemand zu sagen weiß, ob sie ein temporäres oder strukturelles, also dauerhaftes Phänomen darstellt, gemahnt zur Vorsicht. Entpuppt sich eBay am Ende nur als kurzlebiger Reflex eben jener vorübergehend aufblitzenden Geizkultur? Vgl. hierzu Pfabigan 2004.

dere Beweggründe zum Vorschein, die auf „implizite Nachhaltigkeitswirkungen“ (Wimmer 2001, 79) verweisen.[365] Nur fünf Interviewpartner gaben sich als reine Käufer zu erkennen, d.h. 91 % der Befragten kaufen *und* verkaufen über eBay. Dabei beträgt der Anteil gebrauchter Güter bei Käufen 76 % und bei Verkäufen sogar 83 %. Dies deutet auf beachtliche Potenziale für die „einfache“ Rezyklierung von Konsumobjekten hin. Bei immerhin 43 der insgesamt 59 Befragten, also ca. 73 % kommt es laut eigener Aussage vor, dass zuvor ersteigerte Produkte, die nach einer gewissen Nutzungszeit nicht mehr benötigt werden (z.B. Bücher, CDs etc.), später wieder versteigert werden. Daraus ergibt sich eine ausgeprägte Affinität zum Konsumstil des „rotierenden Eigentums“. Gestützt wird diese Vermutung dadurch, dass 34 Interviewte (entspricht ca. 58 %) manche Dinge vorsorglich schonend behandeln, um sie evtl. später versteigern zu können. Daraus lassen sich sogar Potenziale einer nutzungsbedingten Produktlebensdauerverlängerung ableiten.

Diesen Potenzialen stehen mögliche Rebound-Effekte gegenüber. Sie resultierten aus tertiären Funktionen, die mit Motiven wie Spieltrieb (28), Sammlerleidenschaft (28), Nervenkitzel beim Er- bzw. Versteigern (22) oder Freude am Stöbern (24), um nur die wichtigsten zu nennen, in Verbindung stehen. Wenngleich die Anzahl der Interviewteilnehmer, die sich durch eBay dazu verleitet fühlen, insgesamt mehr Konsumgüter zu kaufen (25), geringer ist als die Anzahl derjenigen, die diesen Effekt verneinen (33), ist das Risiko nicht zu vernachlässigen. Aber allein der Umstand, dass 91 % der Befragten eben auch *ver*kaufen, neutralisiert diesen Effekt teilweise. Wer sich temporär zum Mehrkonsum hinreißen lässt, kann sich davon im Zweifelsfall auf einfache Weise wieder trennen. Zudem widerspricht der Reboundgefahr die hohe Anzahl an „Rotierern“ und Nennungen des Entrümpelungsmotivs (35). Weiterhin bleibt zu berücksichtigen: Solange es sich bei dem von eBay stimulierten Mehrkonsum zu einem hinreichenden Anteil um gebrauchte Produkte handelt, könnte selbst für solche Nutzer, auf die obiges zutrifft, im Saldo eine individuelle Einsparung an Ressourcen erreicht werden.

Ein anderer Reboundeffekt könnte aus zusätzlichen Transporten resultieren, denn die Transaktionskostenreduktion, so ließe sich zunächst

---

[365] Darunter sind Nachhaltigkeitswirkungen zu verstehen, die „bei vielen ganz ‚normalen‘ Konsumhandlungen, die der Konsument quasi täglich praktiziert und *implizit* Auswirkungen auf die Umwelt haben“ (Wimmer 2001, 79).

argumentiert, verleiht vielen Konsumgütern „Flügel". Nur: Hätten sie die angesichts zunehmend globalisierter Warenmärkte sonst nicht? Dass die über den stationären Einzelhandel zu beziehenden Produkte durchschnittlich kürzere Wege zurücklegen als die per eBay gehandelten, erscheint fraglich. Zwei Aspekte sprechen sogar für das Gegenteil: Zunächst verfügen eBay-Nutzer nicht über die aufgrund von Größenvorteilen kostensparende Logistik des Unternehmensbereichs. Sie sind also auf den Einzelversand per Post (oder vergleichbaren Dienstleistern) angewiesen. Aber deren Preise steigen für den Transport von Objekten, die über die Grenze des eigenen Landes hinaus versandt werden, sprunghaft an. Dies gilt selbst für Produkte kleinsten Ausmaßes wie z.B. CDs[366]. Weiterhin besteht bei größeren Konsumgütern, die zudem einen höheren Verkaufspreis erzielen, ein Anreiz, sich aus Sicherheitsgründen auf Angebote aus dem eigenen Land oder der Region zu beschränken. Schließlich sind die Mobilitätsbedarfe gegen zu rechnen, die andernfalls dadurch entstünden, dass Konsumenten unter Nutzung von Verkehrsmitteln – meistens das Auto – üblicherweise eine Vielzahl von Einzelhandelsgeschäften aufsuchen würden. Immerhin 31, also mehr als die Hälfte der Befragten gaben als Motiv die Bequemlichkeit des Kaufens per Computer an.

---

[366] Die Kosten für deren weltweiten Versand variieren zwischen fünf und sieben US-Dollar.

Kapitel 11
Anstelle einer Zusammenfassung: Welchen Wandel braucht Nachhaltigkeit?

11.1 Die Wachstumsfrage bleibt auf der Tagesordnung

Den roten Faden dieser Arbeit bildet eine Fragestellung, die auch innerhalb der Volkswirtschaftslehre – also dort, wo sie seit Jahrzehnten diskutiert wird – noch keine befriedigende Antwort gefunden hat: Ist eine „Wirtschaft jenseits von Wachstum" (Daly 1999) möglich? Die Befürworter einer derartigen Option müssen zumindest einräumen, dass es sich dabei zunächst um eine abstrakte makroökonomische Konstruktion handelt, deren Vereinbarkeit mit marktwirtschaftlichen Systemen weitgehend ungeklärt ist. Doch selbst wenn derlei Vorbehalte auszuräumen wären, ergäbe sich als nächstes die vermutlich größte Herausforderung dieses Unterfangens, nämlich seine Übertragung auf die unternehmerische Praxis. Soweit kam es bekanntlich nie, denn die neuralgische Wachstumsfrage wurde bislang sowohl in der Volks- als auch Betriebswirtschaftslehre weiträumig umgangen und zwar mit Hinweis darauf, dass Wachstum als solches nicht notwendigerweise zu Nachhaltigkeitsdefiziten führen müsse. Worauf es vielmehr ankomme, sei ein Übergang vom quantitativen zum qualitativen Wachstum. Nun ist der Begriff des qualitativen Wirtschaftswachstums seit genau 30 Jahren im Gespräch, ohne dass seither nennenswerte Fortschritte bei der Entkopplung des Wachstums von Ressourcen- und Umweltverbräuchen erzielt worden wären.

Auf einen Mangel an konzeptionellen oder technischen Lösungsversuchen kann dies nicht zurückzuführen sein, denn gerade hier tobt ein kaum enden wollender Boom, der sich inzwischen selbst zu einer Wachstumsbranche gemausert hat, bestehend u.a. aus Beratern, Agenturen, spezialisierten Hochschulabteilungen, eigenständigen Forschungseinrichtungen, -programmen, -projekten, Finanzdienstleistern, Zeitschriften, Verlagen, Archiven, Verbänden, Initiativen, Netzwerken und einer globusumspannenden Tagungskultur. Und damit ist das Herzstück dieser

„Sustainability Industry“ noch gar nicht benannt, nämlich die Vielzahl neuer Produkte, Verfahren, Services, technischer Lösungen und sonstiger Marktangebote, die alle für sich den Zusatz „nachhaltig“ beanspruchen. Darüber hinaus haben sich mittlerweile in nicht wenigen Unternehmen eigene Organisationseinheiten und Managementzuständigkeiten herausgebildet, die sich der Zukunftsaufgabe „Nachhaltigkeit“ widmen – sei es durch den Versuch, Innovationen zum Durchbruch zu verhelfen oder eher dadurch, dass die Nachhaltigkeitsorientierung des jeweiligen Unternehmens wirksam kommuniziert wird. Eine beträchtliche Bandbreite an Leitkonzepten des nachhaltigen Wirtschaftens hat inzwischen längst die Praxis erreicht, wie die Ausführungen des vierten Kapitels dieser Arbeit zeigten. Auch aus einer anderen Perspektive stellt sich die Sustainability Industry als bedeutsam dar: Bereits Mitte der neunziger Jahre wartete das Umweltbundesamt mit einer Studie auf, die ca. eine Million Beschäftigte im Umweltschutzsektor auswies.[367] Dies entspricht in etwa der Anzahl an Arbeitsplätzen im Straßenfahrzeugbau, also einem Sektor, dem gemeinhin nachgesagt wird, von ihm hinge das Wohl und Wehe der gesamten Volkswirtschaft ab. Angesichts ihrer Größe und Allgegenwärtigkeit lässt sich die Sustainability Industry also längst in den Kanon wichtiger gesellschaftlicher Teilsysteme einreihen.

Aber gerade deshalb: Wo bleibt die Dematerialisierung, die Ökologisierung, die Trendwende bei den absoluten Verbräuchen an Energie, Ressourcen, Flächen sowie bei dem Verschleiß an Biodiversität und natürlichen Refugien? Ein Anspruch der vorliegenden Arbeit besteht darin, diese Frage systematisch zu beantworten, um darauf aufbauend die bislang fehlgeschlagene Transformation zu rekonstruieren.

Qualitatives Wachstum – Abschied von einer Schimäre?

Das Leitbild einer Ökonomie, die trotz begrenzter Quellen- und Senkenfunktionen ewig wachsen kann, behauptet sich seit etwa drei Jahrzehnten hartnäckig. Selbst wenn die hinlänglich erörterten Schwächen und Widersprüche jener beiden Prinzipien, mit denen die Möglichkeit qualitativen Wachstums zumeist begründet wird, nämlich Effizienz und Konsistenz, für einen Moment beiseite gelassen würden, verblieben Fragen, die

[367] Vgl. Umweltbundesamt 1997, 18.

bis heute nicht schlüssig beantwortet wurden: Worin könnte ein glückstiftendes Etwas, das stofflich und energetisch neutral sein soll, aber dennoch produziert, transportiert und erworben werden muss – und zwar in steigendem Maße, sonst entfiele das Wachstum –, letztlich bestehen? Wie können Bedingungen für die von einem Individuum empfundene Nutzensteigerung einerseits außerhalb seiner eigenen Potenziale liegen, aber andererseits jeglicher Materiebewegungen und Energieflüsse enthoben sein? Wenn ein Zuwachs an Glücksempfinden tatsächlich rein qualitativer Art wäre, müsste seine Quelle dann nicht im Subjekt selbst liegen? Nicht Produktion und Konsum nebst den dazu notwendigen Transaktionen, sondern die innere Einstellung und eigene Kraft, in das materiell Vorhandene neuen Sinn hinein zu konstruieren, ihm autonom zusätzliche Befriedigung abzuringen, wären der Ursprung. Aber auf welche Weise ließe sich dieser Vorgang als monetär zu beziffernde Wertsteigerung ausdrücken? Und wozu bräuchte es dazu Unternehmen und *wachsende* Märkte?

Dass dennoch an der Möglichkeit eines ökologisch unschädlichen Wirtschaftswachstums unter Beibehaltung althergebrachter ökonomischer Institutionen festgehalten wird, könnte u.a. folgende Ursachen haben:

- Ein auf Wachstum beruhendes kapitalistisches System wird mittlerweile als unabwendbares Schicksal gedeutet, als „Ende der Geschichte" (Fukuyama 1992) nicht mehr zur Disposition gestellt.
- Ein moderner Typ von Alchemie und der Fortschrittsoptimismus des technischen Weges sind zu einer säkularen Ersatzreligion verschmolzen. Die Beschwörung, dass das Beste beider Welten – stetig expandierender Konsum und ökologische Integrität – möglich sein müsse, mündet in den Glauben ein, die prinzipiell offene Zukunft werde schon einen problemlösenden Innovationssegen ausschütten.
- Das allseits geteilte Bekenntnis zum qualitativen Wachstum ist zu einem Ritual geworden, dessen kollektive Ausübung den Widerspruch zwischen einem Festhalten am Konsumismus und dem Wissen um seine Folgen ertragen hilft.

Alternativ zu dieser Quadratur des Kreises plädiert die vorliegende Arbeit für Entwicklungsmuster, die sich realistischerweise zur Stofflichkeit jeglichen Produzierens und Konsumierens bekennen, dafür aber mit einer Abkehr von der bisherigen Wachstumsorientierung einhergehen.

Normative Entscheidungen zwischen technischem und kulturellem Weg

Die Ursachen für den mangelnden Erfolg jener Prinzipien und Konzepte, die als technischer Weg zusammengefasst wurden und sich weitgehend mit der Idee des qualitativen Wachstums decken, liegen tiefer, als dass es ausreichen könnte, die ohnehin kaum noch überschaubare Ausdifferenzierung betriebswirtschaftlicher Methoden und Instrumente um weitere Vorschläge zu ergänzen oder an den Details eines nachhaltigkeitsorientierten Innovationsmanagements zu feilen. Eng verwoben damit ist das weit verbreitete Missverständnis, die Ambivalenz des Innovationsgeschehens sei als „Umgang mit Nichtwissen“, den es zu perfektionierten gelte, darstellbar. Hierzu vermerkt Nowotny (2005, 138), dass innovationsbedingte Ungewissheiten gerade „nicht gleichzusetzen mit Nichtwissen“ seien, „im Gegenteil. Ungewissheit entsteht durch das Überangebot von Wissen, aus dem sich zu viele Alternativen ergeben, zu viele mögliche Verzweigungen und Folgewirkungen sichtbar werden, die sich nur schwer abschätzen lassen.“

Deshalb sind auch verfeinerte Konzepte des Innovationsmanagements kein Ersatz für eine inhaltliche oder ethische Positionierung. „Menschliches Handeln braucht auch hier normative Übereinkünfte und Regeln, ein gemeinsames Fundament von Rechten und Verpflichtungen, die den Praktiken Sinn verleihen und gegenseitige Rechenschaft einfordern können“ (ebd.). Ob dazu die Integration von Stakeholdern bis hin zu „Democratizing Innovation“ (Von Hippel 2005) ein probates Mittel darstellt, bleibt vorerst offen.[368] Normative Entscheidungen vom Unternehmen an immer größere soziale Kontexte zu delegieren, kann auch zur Lähmung oder inhaltlichen Neutralisierung eines nachhaltigkeitsorientierten Veränderungsimpulses führen. Ein proaktives Unternehmertum, das den nicht nachhaltigen Mainstream zu verändern trachtet, bedarf möglicherweise der Risikobereitschaft, notfalls auch „einsame“ Richtungsentscheidungen zu treffen. Erst deren Konkretisierung, insbesondere die An-

[368] Im Kapitel 8 wurde dieser Ansatz empfohlen, aber eben zur Stabilisierung einer bereits gefallenen Richtungsentscheidung.

schlussfähigkeit des stufenweise auszuformenden Innovationsobjektes, erfordert Rückkoppelungen mit externen Akteuren. Davon zu trennen sind allerdings die eigentlichen Grundlagen und Prinzipien des nachhaltigen Wirtschaftens. Sie sind kein ständig neu zu verhandelnder Gegenstand, sondern stehen für sich.

Daran knüpfen die Ausführungen des zweiten Kapitels an. Wenngleich der dargestellte Orientierungsrahmen prinzipiell zwei markante Hauptrichtungen enthält, kann als ein Fazit dieser Arbeit festgehalten werden, dass zukünftig der kulturelle Weg, d.h. eine maßvolle und entschleunigte Ökonomie, die sich nicht länger dem Suffizienzprinzip verschließt, unausweichlich wird. Darunter kann auch eine Abkehr von jenem Paradigma verstanden werden, das oft der ökonomischen Theorie zugeschrieben – besser: vorgeworfen[369] – wird, obwohl es eher einem gesellschaftlichen Konsens geschuldet zu sein scheint: Diskrepanzen zwischen Zielen oder dem, was an zukünftigen Wohlstandssteigerungen als möglich erachtet wird und den Mitteln zu deren Umsetzung – die Ökonomik nennt diese Differenz Knappheit – werden grundsätzlich den Letzteren angelastet. Knappheit wird demnach immer als Knappheit an Mitteln, selten hingegen als Ausfluss grenzenloser Erwartungen gesehen. Dass die daraus folgende Art der Knappheitsbewältigung systematisch neue Knappheiten schafft, wird seit langem diskutiert.[370]

Die vorliegende Arbeit beleuchtet eine spezielle Variante dieser Ziel-Mittel-Problematik, nämlich bezogen auf Optionen zur nachhaltigkeitskompatiblen Befriedigung konsumtiver Ziele. Nun wäre es vermessen, eine Beantwortung der normativen Frage nach dem „richtigen" der zwei möglichen Wege vorwegnehmen zu wollen. Immerhin lassen sich jedoch Aussagen treffen, die zur Klärung des Verhältnisses zwischen bestimmten Zielvorstellungen und den Mitteln, die damit (nicht) vereinbar sind, beitragen. Dazu zählt die Unvereinbarkeit des technischen Weges mit einer nachhaltigen Entwicklung, wie sie hier anhand des doppelten Übertragbarkeitskriteriums hergeleitet wurde. Notwendig wäre es folglich, die konsumtiven Ziele an die Möglichkeiten ihrer nachhaltigkeitsgerechten Befriedigung heran- oder zurückzuführen. Aber diese Schlussfolgerung setzt die Akzeptanz des vorgeschlagenen Nachhaltigkeitsleitbildes vor-

---

[369] So z.B. bei Luks 2005.

[370] Vgl. etwa Galbraith 1958/1998, Deleuze/Guttari 1972/2000, Hirsch 1976/1980 oder Gerschlager 1996.

aus, dessen Anwendung u.a. impliziert, dass die zukünftigen Engpassfaktoren ökologischer Art sind. Weiter als bis zu dieser Prämisse, an deren Plausibilität sich selbstverständlich die Geister scheiden können, reicht der normative Anspruch dieser Arbeit nicht.

Der Innovationsmodus als vermeintliche Rezeptur

Nicht nur der Objektbereich und das Management des Wandels, sondern dessen grundsätzliche Struktur gehören auf den Prüfstand. Insoweit (noch immer) jede Art von Wandel schlicht und unreflektiert mit Innovation gleichgesetzt wird, dieser spezielle Veränderungsmodus aber weder neutral noch alternativlos ist, bestand im Rahmen dieser Arbeit grundsätzlicher Klärungsbedarf. Ein Streifzug durch die zeitgenössische Innovationskultur ließ diverse Einzelphänomene im Spannungsfeld zwischen Wachstum, Risikokumulation und Beschleunigung zu Tage treten. Die dabei behandelten, bislang weitgehend übersehenen Dilemmata und Widersprüche fallen gerade dort ins Gewicht, wo der Problemlöser Innovation in den Dienst einer nachhaltigen Entwicklung gestellt wird.

Eine tiefere Auseinandersetzung mit dem Innovationsphänomen als Motor und zugleich Instrument der modernen Veränderungsdynamik führt zu einer eigenständigen Wachstumstheorie. Teile davon hatte bereits Schumpeter vorweggenommen, allerdings vor dem Hintergrund einer längst vergangenen Epoche. Auch wenn das Prinzip der „schöpferischen Zerstörung" fortlebt, bedarf es einer modifizierten Betrachtung, weil sich ökonomische und kulturelle Bedingungen gewandelt haben: Der prägnante Kaufkraftanstieg sowie Tendenzen einer Ausdifferenzierung und Multioptionalität der Marktangebote unterminieren die Selektion. Es wird also mehr erweitert oder aufgebläht als *zerstört.* Aber gilt deshalb der Umkehrschluss, dass nämlich Zerstörung als Synonym für permanenten Strukturwandel eine unter Nachhaltigkeitsaspekten *schöpferische* Lösung darstellt oder führt sie nicht systematisch zur Entwertung von Objekten, deren Lebens- und Nutzungsdauer noch verlängerbar wäre? Mögliche Wege aus dem daraus resultierenden *Selektionsdilemma,* das insbesondere materielle Innovationen betrifft, bedürfen zukünftig eingehender Berücksichtigung.

Die hierzu erforderlichen Suchprozesse könnten sich an dem im siebten Kapitel vorgestellten OHS-Schema orientieren. Die darin enthaltenen

Dimensionen Produkte/Technik, Nutzungsregime und Bedarfe/Kultur korrespondieren mit unterschiedlichen Formen eines Strukturwandels und Veränderungsmodi. Angesichts der begründeten Skepsis gegenüber bisherigen, ausschließlich innovationsorientierten Entwicklungsmustern, ist eine erweiterte Konzeption vonnöten, die unterschiedliche Veränderungsprinzipien integriert, um das expansive Element des Innovationsprinzips entweder zu vermeiden oder auszugleichen. Die Milderung des Selektionsdilemmas verlangt nach Strategien des Wandels, die prinzipiell auf Wachstumsneutralität ausgerichtet sind, die also keinen weiteren ökologischen Raum okkupieren, keine zusätzlichen Energie- und Ressourcenflüsse induzieren, um zumindest das bereits erreichte Ausmaß zu deckeln oder sogar langsam zurückzuführen. Das bedeutet, die unternehmerische Schaffenskraft nicht auf das Ausbringen ständig neuer, sondern den Erhalt längst geschaffener materieller Artefakte zu lenken. Nicht die Produktion vom Neuem, sondern die Reproduktion, Auf- und Umwertung vorhandener Objekte bilden dabei den Fokus ebenso wie Versorgungsstrukturen mit kurzen Distanzen, um Mobilitätsbedarfe abzubauen. Mögliche Ansatzpunkte bilden stoffliche Nullsummenspiele und das darüber hinaus gehende Konzept der Bedarfssubstitution. Beide sollen zum Schluss in einem kurzen Abriss zu einer Gesamtstrategie verdichtet werden, die auch alle drei behandelten Strukturwandeltypen einbezieht.

11.2 Stoffliche Nullsummenspiele: Strukturwandel I und II

Innovationsstrategien, die durch eine Kombination mit anderen Veränderungsmodi stoffliche Nullsummenspiele[371] ermöglichen, erstrecken sich auf die technische und systemische Dimension des OHS-Schemas. Während die Erstgenannte materielle Innovationen umfasst, beinhaltet systemischer Wandel immaterielle Neuerungen. Beide Ausrichtungen stellen weder die Beschaffenheit noch den Umfang eines zugrundeliegenden Bedarfs in Frage, sondern zielen darauf, ihn durch veränderte Produkte (Strukturwandel I) oder Nutzungssysteme (Strukturwandel II) nachhaltigkeitsverträglicher als bisher zu befriedigen.

[371] Vgl. Abschnitt 6.3.

Strukturwandel I: Die Wachstumsneutralität *materieller Innovationen* wie Produkte, Technologien und physische Infrastrukturen kann gesteigert werden, wenn diese entweder *direkt* an die *Exnovation* (Option 1) oder *Renovation* (Option 2) eines vorhandenen Objektes *gekoppelt* sind.

Ad Option 1. Die Substitution kann aus Nachhaltigkeitserwägungen sinnvoll sein, wenn mindestens eine der folgenden Bedingungen erfüllt ist:

- Alle Möglichkeiten einer Nutzungsdauerverlängerung sind ausgeschöpft.
- Unter Berücksichtigung aller irreversiblen Materie-, Energie und sonstigen Umweltaufwendungen, die im „alten" Objekt gebunden sind, führt der vorzeitige Ersatz im Saldo zu einer Umweltentlastung.
- Das Vorgängerobjekt ist ökologisch reversibel, d.h. seine Bestandteile können biologisch abgebaut oder ohne hohen Energieaufwand in Form technischer Nährstoffe schadlos in andere Kreisläufe der Nutzung oder Produktion integriert werden.

Ad Option 2. Die Renovation in Verbindung mit einer materiellen Innovation kann sinnvoll sein, wenn das vorhandene Objekt durch die addierte Innovation an Effizienz oder Konsistenz gewinnt.

So unverzichtbar derartige Maßnahmen für viele Praxisfälle auch weiterhin sind, zu ihrer Anwendung sollte es eingedenk der gerade mit materiellen Innovationen verbundenen Ambivalenzen erst dann kommen, wenn in der umfassenderen Dimension des systemischen Wandels alle effektiveren Handlungsoptionen ausgeschöpft sind. Damit wird technischer Wandel in der Nachhaltigkeitsperspektive zu einem letzten Mittel, das dann verbleibt, wenn keine „sanfteren" und ursachenadäquateren Veränderungspotenziale verbleiben.

Strukturwandel II: Immaterielle Innovationen wie neue Dienstleistungen und Nutzungssysteme können als Alternative zur Produktion zusätzlicher materieller Objekte wachstumsmildernd wirken, nämlich durch eine *indirekte* Kopplung mit *Renovation* (Option 3) und *Exnovation* (Option 4).

Ad Option 3. Die *Produktlebensdauerverlängerung* durch *substanzerhaltende Services* (Reparatur, Instandhaltung, Wartung, Gebäuderenovierung, Konversion etc.) kann den Umfang an materiellem Aufwand zur Befriedigung von Bedarfen senken. Ein weiterer Ansatz zur *Nutzungs-*

dauerverlängerung und -intensivierung stellt die *Rezyklierung* gebrauchter Güter dar.

Ad Option 4. Wenn die Produktlebensdauer eines bisherigen Eigentumsobjektes beendet ist, könnte anstelle einer Neuanschaffung auch auf eine adäquate *Dienstleistung* zurückgegriffen werden.

Mittels dieser vier Innovationsstrategien, lassen sich unternehmerische Suchprozesse strukturieren, zunächst allerdings nur auf Basis gegebener, also nicht zur Disposition stehender Bedarfe. Um die in dieser Arbeit entwickelten Kriterien zur Wachstums- und Risikominderung (insbesondere im 8. Kapitel) zu berücksichtigen, bietet sich für die Optionen, die als Suchfelder betrachtet werden können, eine priorisierende Rangfolge an. Demnach wäre für einen bestimmten Bedarf zunächst nach Lösungen zu suchen, die nicht auf materiellen Objekten, sondern Dienstleistungen beruhen (Option 4). Sollten Lösungen dieser Art das Gestaltungspotenzial des Unternehmens überfordern, etwa weil eigentumsersetzende Services in dem betreffenden Bedarfsfeld nicht anschlussfähig an marktliche oder kulturelle Bedingungen sind, wäre im nächsten Suchfeld (Option 3) nach Möglichkeiten, die das Produkteigentum einschließen, zu suchen. Dabei würde es sich um Dienstleistungen handeln, die den materiellen Bestand erhalten, d.h. den daraus zu schöpfenden Nutzenstrom verlängern oder intensivieren. Erst wenn auch dieses Suchfeld keine geeigneten Alternativen preisgibt, kommen Produktinnovationen in Betracht und zwar zunächst als geringfügige Ergänzung eines vorhandenen Objekts zwecks Aufwertung oder Effizienzverbesserung (Option 2). Als letzter Strategietyp kommt eine konventionelle Produktinnovation, jedoch gekoppelt an eine Exnovation in Betracht (Option 1).

Entsprechend dieser Rangfolge orientiert sich die Suche nach Innovationspotenzialen daran, zunächst am Fundus der bereits okkupierten Materie anzusetzen, um möglichst produktionslos weitere Nutzungen zu generieren. Indem physisch-materielle Eingriffe nur als letzte Konsequenz verbleiben, werden damit systematisch Risiken vermieden. Weiterhin ergibt sich eine wachstumsmindernde Tendenz, weil die Innovation jeweils an einen anderen Veränderungsmodus gekoppelt ist, der entweder – wie im Falle von Produktinnovationen – stoffliche Addition und Subtraktion zum Ausgleich bringt oder – wie im Falle von Dienstleistungsinnovationen – per se keine stoffliche Addition induziert.

Die Wirkung dieses mehrstufigen Suchrasters hängt allerdings sowohl von den qualitativen als auch quantitativen Ausprägungen der zugrundeliegenden Bedarfe ab. Wenn die Reproduktion vorhandener Kapital- oder Güterbestände sowie die Aufrechterhaltung eines bestimmten Nutzenstroms anvisiert wird, wäre auf diesem Wege nicht nur die Vorstellung stofflicher Nullsummenspiele, sondern eine allmähliche Dematerialisierung und Ökologisierung möglich, weil die im Umlauf befindlichen materiellen Artefakte teilweise durch effizientere oder (ökologisch) konsistentere Varianten substituiert werden können. Effizienz- und Konsistenzgewinne, die sich mit Hilfe des obigen Suchschemas erzielen lassen, können dazu verwendet werden,

- das materielle Ausmaß konstant zu halten und eine stofflich neutrale Ausweitung der Bedarfe zuzulassen oder
- das erreichte Niveau an Bedarfen konstant zu halten und allmählich zu dematerialisieren.

Beide Auslegungen können bestenfalls als erster Schritt oder notwendige, aber eben nicht hinreichende Vorraussetzung für eine nachhaltige Entwicklung gelten. Durch die erstgenannte Orientierung ließe sich lediglich eine Fixierung des bereits erreichten Niveaus an Energie- und Stoffströmen erzielen. Aber dessen absolute Höhe dürfte sich kaum als dauerhaft übertragbar erweisen.[372] Demgegenüber zielt die zweite Option auf eine Umwälzung und Verringerung der im Umlauf befindlichen Materie und Energie. Sie stößt jedoch dort auf Grenzen, wo sich für bestimmte Praktiken oder Ausmaße der Bedarfsbefriedigung schlicht keine nachhaltigen Lösungen finden oder durchsetzen lassen.

11.3 Bedarfssubstitution: Strukturwandel III

Im siebten Kapitel wurde begründet, dass die Suche nach Gestaltungsmöglichkeiten, die über die obigen vier Innovationsstrategien hinausreichen, erforderlich ist. Die Einbeziehung der dritten Dimension des OHS-Schemas bedeutet dabei, derzeitigen Bedarfsausformungen attraktive Alternativen gegenüberzustellen. Damit wird die Erschließung von Motivallianzen zugunsten veränderter Konsumansprüche zum Gegenstand unternehmerischen Handelns. Folgt man Schneidewind (2002, 185f.), so sind Unternehmen „nicht frei, Bedürfnisse im Sinne suffizien-

[372] BUND/Misereor 1996, 372.

ter Lebensstile einfach umzudefinieren, genauso wenig sind sie jedoch Opfer über sie hereinbrechender, nicht beeinflussbarer Bedürfnislawinen". Bedürfnisse[373] seien vielmehr Resultat eines kommunikativen Wechselspiels, an dem Unternehmen partizipieren. „Hier liegt ein kreativer Raum für ein suffizientes Leben, der bisher kaum aktiv von Unternehmen gefüllt wird […]" (ebd.).

Genau in diesem Sinne wurden verschiedene Gründe für die Realisierbarkeit und Notwendigkeit eines an Bedarfssubstitution orientierten Managements herausgearbeitet.

- Bedarfssubstitution ist *möglich*: Motive, die einen Tausch von Konsumfunktionen mit unterschiedlichem Materialisierungsgrad begünstigen, könnten zukünftig ein stärkeres Gewicht erhalten, nämlich zum einen bedingt durch Tendenzen der Entschleunigung und „Entrümpelung", zum anderen infolge eines Kaufkraftverlustes bei genau jenen Einkommensschichten, die durch eine hohe Konsumquote gekennzeichnet sind. Die durch den Umbau der sozialen Systeme und die globale Lohnkonkurrenz unweigerliche „Wende zum Weniger" (Ulrich 1997) kann möglicherweise leichter verkraftet werden, wenn sie zugleich als ohnehin überfälliger Beitrag zur nachhaltigen Entwicklung begreifbar wird. Das Zusammentreffen dieser unterschiedlichen Tendenzen kann auch als Window of Opportunity für einen kulturellen Wandel zugunsten suffizienterer Lebensentwürfe aufgefasst werden.

- Bedarfssubstitution ist *nötig*: Keine auch noch so effizienten technischen oder funktionsorientierten Lösungen können auf Dauer die ökologischen Folgen einer grenzenlosen Expansion von Bedarfen auffangen. Produkte, Services oder Systemlösungen, die unabhängig von den auf sie entfallenden Nachfragemengen per se als nachhaltig eingestuft werden könnten, sind kaum denkbar. Schließlich kommen ökonomische Aktivitäten auch im Zeitalter der Digitalisierung nie gänzlich ohne materiellen und ökologischen Aufwand aus. Deshalb führt kein Weg in Richtung Nachhaltigkeit an den individuellen Konsumstilen vorbei.

---

[373] Der von Schneidewind verwendete Bedürfnisbegriff entspricht im Wesentlichen dem dieser Arbeit zugrundeliegenden Bedarfskonzept.

Am Fall eBay wurde exemplarisch aufgezeigt, wie bestimmte Motivkonstellationen Konsumstile begünstigen können, die auf Rezyklierung statt Produktion beruhen. Entkräftet wird damit zum einen das Klischee, suffiziente Lösungen seien nicht mit erfolgreichem Unternehmertum vereinbar. Sichtbar wird zudem, dass Suffizienz im Zusammenspiel von primären, sekundären und tertiären Konsumfunktionen eine völlig neue Bedeutung erlangt. Die kulturelle Aufwertung vorhandener Objekte sowie eine Generierung tertiärer Nutzeneffekte entschädigen offensichtlich auf hinreichende Weise dafür, Konsumgüter nicht in neuem Zustand zu erwerben. eBay verdient daran, eine Bedarfsausprägung attraktiv zu gestalten, die mit einem geringeren Materialisierungsgrad einhergeht. Damit tritt eBay nicht nur in Konkurrenz zu Unternehmen, die eine vergleichbare Auktionsplattform betreiben, sondern hält Konsumenten vom Kauf neuer Produkte ab. Es ergeben sich neue Konkurrenzbeziehungen innerhalb der kulturellen Dimension[374], weil gebrauchte und neue Produkte unter Berücksichtigung kultureller und tertiärer Funktionen nicht einer identischen Bedarfsausprägung zugerechnet werden können. Damit konkurriert das „weniger konsumieren“ (in einem materiellen Sinne) gegen das „mehr konsumieren“. Den von anderen Unternehmen bedienten Bedarfsausprägungen, die auf ständigen Neuanschaffungen beruhen, könnte langfristig zumindest teilweise der Boden entzogen werden.

Kultureller Wandel und die mehrstufige Strategie stofflicher Nullsummenspiele ergänzen sich zu einem kaskadischen Ablaufschema für die Suche nach zukunftsfähigen Lösungen. Bedarfssubstitution sollte wegen ihres hohen Ursachenbezugs eine Priorität gegenüber den anderen Stufen des Wandels genießen. Möglichkeiten einer Reformulierung von Konsumansprüchen, um diese an die Mittel einer dauerhaft übertragbaren Befriedigung heranzuführen, können – müssen aber nicht – eine Mäßigung im Sinne des Weniger-kann-mehr-sein bedeuten, wobei sich das „Weniger“ auf materiellen Konsum bezieht. Dass es sich hierbei keineswegs um Verzicht ohne Gegenleistung handeln muss, wurde im Rahmen dieser Arbeit dargelegt. Denn gerade die Berücksichtigung instrumenteller, symbolischer und emotionaler Konsumfunktionen verwandelt den Suffizienzbegriff in eine äußerst interpretationsbedürftige Konstruktion: Wo liegt die Grenze zwischen weniger und anders?

[374] Vgl. hierzu auch Pfriem 2004.

In vielen Fällen bedeutet Bedarfssubstitution lediglich eine flexible Anpassung von Konsumansprüchen an nachhaltigere Nutzungssysteme, wie sich exemplarisch an den Bereichen Mobilität oder Konsumgüter zeigen lässt. Oder aus der umgekehrten Perspektive: Bestimmte Formen eines systemischen Wandels – insbesondere der Übergang zu anderen Nutzungsformen wie z.B. Fortbewegung ohne eigenen PKW oder die Rezyklierung von Konsumgütern – gelingen nur auf Basis modifizierter Bedarfsausformungen.[375] Der systemische setzt also den kulturellen Wandel voraus. Zumindest unter Berücksichtigung symbolischer und emotionaler Konsumfunktionen entpuppen sich vermeintliche Effizienzlösungen gerade dort, wo sie von Erfolg gekrönt sind, oft als Resultat einer Suffizienzleistung oder zumindest Bedarfssubstitution.

Abb. 62: Suchkaskade für Strategien des Wandels jenseits von Wachstum

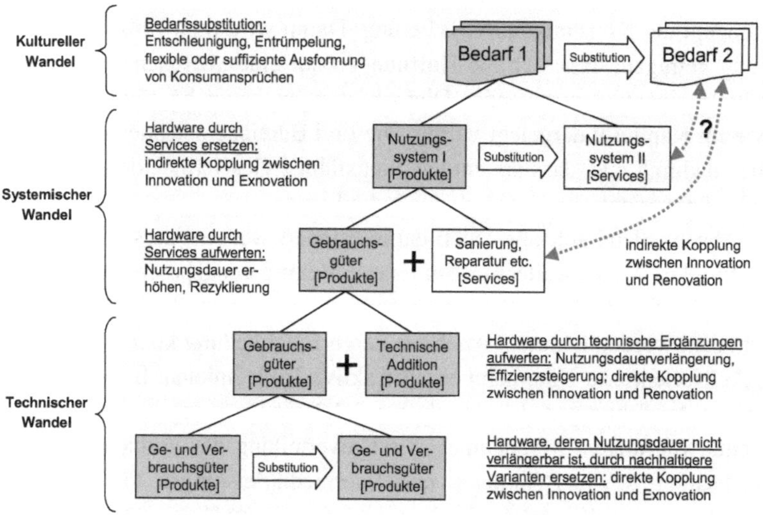

[375] Dies wird in der Abbildung durch die beiden gestrichelten Linien verdeutlicht, von denen die innere eigentumsersetzende und die äußere eigentumsbasierte Nutzungssysteme in Beziehung zu gewandelten Bedarfsausformungen setzt.

Die Suche nach Handlungsfeldern, in denen Unternehmen ihre Existenz dadurch sichern, dass sie Bedarfsausprägungen, die mit übermäßigem materiellen Konsum (einschließlich Mobilität) einhergehen, durch attraktive Alternativen unterminieren, markiert eine Herausforderung für Konzepte des nachhaltigen Wirtschaftens jenseits von Wachstum. Hierzu zählen, wie im siebten Kapitel angesprochen, insbesondere drei Bereiche.

- Konsumgüternutzung: Rezyklierung des Produkteigentums
- Mobilität und Regionalisierung: Aufwertung von Lebensstilen der kurzen Wege und der regionalen Wirtschaft
- Bestandspflege: Langlebige Konsumgüter, Ästhetik der Dauerhaftigkeit, Renovation des Bestandes

Diese Handlungsfelder decken das Gros momentaner Nachhaltigkeitsdefizite ab und können daher als Hebel für einen ursachenadäquaten Wandel betrachtet werden. Sie bieten Ansatzpunkte für eine Kultur des nachhaltigkeitsverträglichen Ausmaßes konsumtiver Ziele. Explizit einbezogen sind Nutzungsformen, die am Gütereigentum festhalten, speziell das Konzept der Konsumgüterrezyklierung. Damit wird dem Umstand Rechnung getragen, dass sich die Hoffnungen auf eine „Effizienzrevolution" mittels eigentumsersetzender Dienstleistungen kaum begründen lassen, wie im Kapitel 9 dargelegt wurde. Die drei Bereiche zeichnen sich überdies dadurch aus, dass sie entwicklungsfähige Geschäftsfelder für nachhaltigkeitsorientierte Unternehmen beherbergen.

Abschließend soll aber auch daran erinnert werden, dass entlang des kulturellen Weges weitere institutionelle Veränderungspotenziale warten, die auf indirekte Weise für eine entschleunigte und maßvolle Ökonomie wirksam werden könnten. Auch bei deren Erschließung können nachhaltigkeitsorientierte Unternehmen eine aktive Rolle spielen. In Anlehnung an die Ausführungen des Abschnitts 2.2.2 sind u.a. regionale Komplementärwährungen, Maßnahmen zur Umverteilung der vorhandenen Erwerbsarbeit sowie Beratungs- und Intermediärleistungen für Existenzgründungen, insbesondere für Ecopreneure zu erwähnen. Die mit dem letztgenannten Aspekt angesprochene Reaktivierung marktwirtschaftlicher Konkurrenz als Umverteilungs-, anstatt als Wachstumsmechanismus lässt abermals das Prinzip des Nullsummenspiels durchscheinen.

Geprägt von einer deutlichen Skepsis gegenüber den üblichen Fortsetzungsvermutungen wendet sich die vorliegende Arbeit zwar gegen das

Festhalten am Wachstumsdogma, an Produkt- und Technikinnovationen sowie schließlich am Innovationsprinzip selbst. Aber damit ist keine undifferenzierte Verdammung technischer Innovationen verbunden. Vielmehr will die Arbeit als Beitrag zu einer überfälligen Blickwende verstanden werden. Jahrhunderte lang haben Unternehmen nur die Steigerung des materiellen Güterwohlstandes als gesellschaftliche Rolle verinnerlicht. Was aber, wenn demnächst nicht nur aus ökologischen, sondern mittlerweile auch aus ökonomischen und sozialen Gründen zwangsläufig ein Umgang mit dem Weniger auf der Agenda steht? Sind Unternehmen und Märkte darauf vorbereitet? Wo es gelingt, Geschäftsfelder zu entwickeln, die – zumindest bezogen auf das quantitative Ausmaß an materiellem Wohlstand – zur „Kunst der Reduktion“ (Kurt 2001) im Konsumverhalten verhelfen, wäre eine Entwicklungsstufe des Wirtschaftens erreicht, die das Attribut „nachhaltig“ verdient.

Die Formung einer lebensdienlichen Ökonomie, in der keine Zuwächse mehr zu verteilen sind, wird zukünftig zu einer unternehmerischen Herausforderung. Nochmals: Hier geht es weniger um unangenehmen Verzicht als vielmehr darum, das bisher denkbar ungünstige Verhältnis zwischen Reichtum und Genuss neu zu arrangieren. Nie zuvor war das in modernen Industriestaaten zu beobachtende Manko, „aus so viel Wohlstand so wenig Glück zu ziehen” (Ulrich 1997, 147) dermaßen eklatant. Aber daraus entspringen vielfältige Chancen für profitable unternehmerische Leistungen. Auch in diesem Sinne will die vorliegende Arbeit Anstöße zu einem Paradigmenwechsel innerhalb der Nachhaltigkeitsdiskussion geben.

Kapitel 12
Appendix: Postwachstumsökonomie – ein Vademecum*

Das momentan (noch) dominante Nachhaltigkeitsparadigma hält daran fest, dass weitere wirtschaftliche Expansion nicht nur zwecks Wohlstandsmehrung erforderlich, sondern kraft technischen Fortschritts auch ökonomisch durchhaltbar sei. Zielkonflikte zwischen Umweltbelangen und einem auf industrieller Arbeitsteilung nebst herrschendem Geldsystem basierenden Wirtschaftssystem seien nicht nur lösbar, sondern ins Gegenteil umkehrbar. Demnach würden Maßnahmen gegen den Klimawandel blühende Zukunftsmärkte für regenerative Energien, energieeffiziente Produkte oder Dienstleistungen versprechen. Die Form etablierter Industrien und Konsummuster bliebe somit erhalten – wenngleich mit erneuertem, nämlich ökologische(re)m Inhalt. Wo die Folgen des Klimawandels nicht mehr abzuwenden sind, würde nach derselben Logik die Verwertung der Krise eine profitable Option darstellen: Welche neuen Produkt- und Techniklösungen lassen sich demnächst vermarkten, um mit wärmeren Sommern, dem Anstieg des Meeresspiegels, zunehmenden Sturmereignissen etc. fertig zu werden? Gewinnt der Tourismus im Norden, wenn dort Palmen wachsen? Ermöglicht das Abschmelzen der Polkappen, dass in diesen Regionen neuerdings Erdöl gefördert werden kann?

12.1 Das Ende der Wachstumsspirale naht

Konträr zur obigen Auffassung basiert das Konzept der Postwachstumsökonomie auf folgenden Prämissen:

---

* Dieses Kapitel basiert auf dem gleichnamigen Artikel in der Zeitschrift für Sozialökonomie (Paech 2009a). Vgl. auch Paech 2011c.

(1) Eine absolute ökologische Entkopplung wirtschaftlichen, in Geld gemessenen Wachstums ist nicht in Sicht. In einer expandierenden Ökonomie bewirken Rebound-Effekte, dass Fortschritte an Dematerialisierung oder Ökologisierung durch Zuwächse der Nachfrage kompensiert werden.[376] Dies gilt in besonderem Maße für den Klimaschutz. Aus den viel beachteten Untersuchungen des Global Carbon Project[377] geht zweierlei hervor: (a) Selbst während vergangener Phasen, als immerhin eine Entkopplungstendenz feststellbar war, wurde diese vom Effekt des ökonomischen Wachstums überkompensiert, so dass die globalen CO_2-Emissionen permanent zunahmen. (b) Seit neustem scheint sich die ohnehin nur relative Entkopplungstendenz sogar umzukehren: Die CO_2-Intensität der Wertschöpfung steigt im globalen Maßstab sogar wieder an.

(2) Ein wichtiger Befund der sog. „Science of Happiness“[378] besagt, dass eine Steigerung des über Geld vermittelten materiellen Reichtums ab einem bestimmten Niveau das subjektive Wohlbefinden nicht weiter erhöht. Viele Konsumaktivitäten sind symbolischer Art, zielen auf soziales Prestige oder die Zugehörigkeit zu einer bestimmten Gruppe oder „Szene“. Innovationen schaffen neue Angebote der materiellen Selbstinszenierung, die von Pionieren aufgegriffen werden. Wer nicht mitzieht, verliert den Anschluss. Folglich ist ein immer höherer Konsumaufwand nötig, um die soziale Integration zu verteidigen. Insoweit die Auswahl an Konsumoptionen geradezu explodiert, der Tag aber nach wie vor nur 24 Stunden hat, wird die minimal erforderliche Zeit zum Ausschöpfen konsumtiver Optionen zum Engpassfaktor. Das Viel-Haben tritt in Widerspruch zum Gut-Leben.[379]

(3) Weiteres Wachstum wird auch mit der Notwendigkeit begründet, Armut und als ungerecht empfundene Verteilungen zu mildern. Anstelle einer konfliktreichen Umverteilung vorhandenen Reichtums sei es politisch akzeptabler, Zuwächse zu produzieren, mit denen Bedürftige besser gestellt werden können, ohne dabei den Status Quo der gut Situierten antasten zu müssen. Diese „Friedensstifter“-Logik, nach der Verteilungs- oder Knappheitsprobleme in Wachstumsforderungen umgewandelt wer-

---

[376] Vgl. Paech 2009b, 2010.

[377] Vgl. Raupach et al 2007.

[378] Vgl. Layard 2005.

[379] Vgl. Sachs 2000, 12.

den, versagt immer offenkundiger.[380] Allein gemäß der Logik des bekannten Stolper-Samuelson-Theorems (1941) stellen Konstellationen, in denen Zuwachsraten des Bruttoinlandsproduktes systematisch damit einhergehen, dass die bedürftigsten sozialen Gruppen gleichzeitig an Einkommen verlieren, keinen Widerspruch dar.

(4) Die ökonomischen Grundlagen des Wachstums erodieren. Traditionelle Ökonomen führen gesellschaftlichen Reichtum zumeist auf die Effizienzeigenschaften (Adam Smith) oder die Innovationskraft (Joseph A. Schumpeter) marktwirtschaftlich-kapitalistischer Systeme zurück. Aber damit wird bestenfalls das „Getriebe“ der Wohlstandsmaschine, nicht dagegen deren Treibstoff beschrieben. Konsumgesellschaften basierten nie auf etwas anderem als einer unbegrenzten und kostenminimalen Verfügbarkeit fossiler Energieträger. Diese Ausgabenseite explodiert nun durch den Kaufkraftzuwachs einer globalen Mittelschicht, nunmehr erweitert um ca. 1,2 Milliarden „neuer Konsumenten“ (Myers/Kent 2005) in den Aufsteigernationen (China, Indien etc.). Selbst die diesbezüglich stets als konservativ kritisierte International Energy Agency (IEA) schließt neuerdings einen Anstieg des Preises für einen Barrel Rohöl auf (über) 200 Dollar bis 2030 nicht mehr aus. Zudem hat sich, was bislang noch „Peak Oil“ (Heinberg 2003) hieß, längst zum „Peak Everything“ (Heinberg 2007) gemausert.

12.2 Elemente einer Postwachstumsökonomie

Eine ökologisch und sozial zukunftsfähige Ökonomie bedarf einer Beseitigung jeglicher Ursachen für Wachstumsabhängigkeiten und -zwänge. Dazu zählen zum einen strukturelle, angebotsseitig zu verortende Wachstumstreiber, die direkt oder indirekt mit dem Komplex der industriellen Arbeitsteilung verwoben sind.[381] Verstärkt werden sie u.a. durch die Innovationsorientierung moderner Marktwirtschaften, das gegenwärtige Geld- und Zinssystem, maßlose Gewinnansprüche und -erwartungen, die bisherigen Privilegien beim Zugang zu Land, Ressourcen und zur Atmosphäre sowie die Entpersonalisierung und Anonymisierung der Unternehmen einschließlich der Beschränkungen der Haftung. Zum anderen ist

[380] Vgl. Paech 2008.

[381] Vgl. Binswanger 2006, Paech 2007.

eine Kultur der bedingungslosen Steigerung materieller Selbstverwirklichungsansprüche zu nennen, die sich aus der sozialen Positionalität von Konsumhandlungen und einer spezifischen Auslegung des modernen Freiheitsbegriffs speist. Daran anknüpfend lassen sich verschiedene konzeptionelle Stränge benennen, die sich zu einer Postwachstumsökonomie ergänzen:

(1) Suffizienz und Entschleunigung.[382] Pures Auswechseln bisheriger Konsumlösungen gegen vermeintlich nachhaltigere Varianten reicht nicht im Entferntesten. Nur eine Rückführung von Konsumansprüchen an die Möglichkeiten ihrer nachhaltigen Befriedigung bietet Lösungen. Die damit angesprochene Suffizienzstrategie – ganz gleich ob in Form von Bedarfssubstitution oder „reiner" Reduktion – konfrontiert die verzweifelte Suche nach weiteren Steigerungen von Güterwohlstand und Komfort mit einer Gegenfrage: Von welchen Energiesklaven, Konsum- und Komfortkrücken ließen sich übervolle Lebensstile und schließlich die Gesellschaft als Ganzes befreien? Wer unter einer Lawine von Selbstverwirklichungsangeboten zu ersticken droht, die zudem ständig zeitraubend verglichen, bewertet und ausgewählt werden müssen, verzichtet nicht, sondern erleichtert sich von Überflüssigem. Es entspricht ökonomischer Logik in Reinform, die Gesellschaft als Ganzes und individuelle Lebensstile von Ballast zu befreien, der Zeit, Geld, Raum und ökologische Ressourcen beansprucht, aber nur minimalen Nutzen stiftet.

(2) Balance zwischen Selbst- und Fremdversorgung.[383] Wo das globalisierte Konsummodell nicht mehr finanzierbar ist, beschwört es soziale Verwerfungen herauf. Wer sich von monetär basierter Fremdversorgung abhängig gemacht hat, lebt stets in der Furcht, „Globalisierungsopfer" zu werden, wenn die Geld speiende Wachstumsmaschine ins Stocken gerät, Preise steigen, Löhne sinken oder Firmen schließen. Sozial stabil sind nur Versorgungsstrukturen mit geringerer Distanz zwischen Verbrauch und Produktion. Dazu zählt die Reaktivierung von Kompetenzen, manuell und kraft eigener Fertigkeiten Bedürfnisse jenseits kommerzieller Märkte zu befriedigen. Durch eine Reduktion und Umverteilung der Erwerbsarbeit ließen sich Selbst- und Fremdversorgung so kombinieren, dass die Geld- und Wachstumsabhängigkeit sinkt. Eigenarbeit, (urbane)

---

[382] Vgl. Paech 2011a.

[383] Vgl. Paech 2011b, Paech/Paech 2011.

Subsistenz[384], Gemeinschaftsgärten[385], Tauschringe, Netzwerke der Nachbarschaftshilfe, „Transition Towns" (Hopkins 2008), Verschenkmärkte, Einrichtungen zur Gemeinschaftsnutzung von Geräten/Werkzeugen etc. würden zu einer graduellen De-Globalisierung verhelfen.

(3) Regionalökonomie. Viele Bedarfe ließen sich durch regionale Märkte, verkürzte Wertschöpfungsketten bis hin zu Konzepten wie Community Supported Agriculture (CSA) befriedigen. Regionalwährungen könnten Kaufkraft an die Region binden und damit von globalisierten Transaktionen abkoppeln. So würden die Effizienzvorteile einer geldbasierten Arbeitsteilung weiterhin genutzt, jedoch innerhalb eines ökologieverträglicheren und krisenresistenteren Rahmens.[386]

(4) Stoffliche Nullsummenspiele. Konsumansprüche, die sich nicht entrümpeln oder durch lokale/regionale Versorgungsstrukturen substituieren lassen, würden weiterhin innerhalb des globalen Konsummodells befriedigt. Die damit korrespondierenden Produkte und Infrastrukturen ließen sich über noch weitgehend unausgeschöpfte Möglichkeiten der Nutzungsdauerverlängerung oder Nutzungsintensivierung dergestalt optimieren, dass ohne zusätzliche materielle Produktion Werte geschaffen werden. Erst wo auch diese Strategie nicht greift, kämen die vom Mainstream der Nachhaltigkeitsforschung favorisierten Effizienz- und Konsistenzstrategien zur Anwendung.

(5) Institutionelle Innovationen. Insoweit die Postwachstumsökonomie einen schrittweisen Rückbau industriell-arbeitsteiliger Versorgungssysteme und Infrastrukturen voraussetzt, könnte diese Transformation durch diverse Rahmenbedingungen unterstützt werden, von denen hier nur einige genannt werden sollen. Boden-, Geld- und Finanzmarktreformen würden systemimmanente Wachstumszwänge mildern, um zu verhindern, dass nach Erreichen eines ökologisch übertragbaren Versorgungsniveaus abermals eine unkontrollierbare Wachstumsdynamik einsetzt. Neben der von Attac geforderten Finanztransaktionssteuer erscheinen weitere Regulierungen sinnvoll, auf die Scherhorn (2008) hingewiesen hat. Eine weiterentwickelte Variante des sog. „100%-Ansatzes" von Fisher (1935), wie sie etwa von Huber/Robertson (2008) vorgelegt wurde, wäre eben-

---

[384] Vgl. Dahm/Scherhorn 2007.

[385] Vgl. C. Müller 2011.

[386] Vgl. Kohr 1962/1983, Schumeracher 1973, Paech 2008.

falls adäquat, um die praktisch unbegrenzte Geldschöpfung durch Geschäftsbanken endlich zu unterbinden.

Regionalwährungen[387] könnten mit einer das Zinsniveau gegen Null senkenden Geldumlaufsicherung versehen werden. Veränderte Unternehmensverfassungen, etwa Genossenschaften, Stiftungen, Non-Profit-Unternehmen sowie weitere von Binswanger (2009) vorgeschlagene Reformen könnten die Gewinndynamik dämpfen. Eine Streichung schädlicher Subventionen (Bauindustrie, Verkehr, Industrie, Landwirtschaft etc.) könnte gleichermaßen ökologische Schäden und die öffentliche Verschuldung reduzieren. So würden zudem finanzielle Mittel frei, welche die infolge des Industrierückbaus entfallenden Staatseinnahmen kompensieren könnten, die für den Sozialhaushalt und das Gesundheitswesen benötigt werden.

Unabdingbar wären ein Bodenmoratorium und Rückbauprogramme für Infrastrukturen, die als Relikte eines unrettbar gewordenen Wohlstandsmodells zu betrachten sind. Dazu zählen neben nuklearen auch fossile Kraftwerke. Mehr noch: Ein Teil der Industrieanlagen, Autobahnen, Parkplätze und – als die absehbar größten Klimakiller – Flughäfen wären stillzulegen, zurückzubauen und so weit wie möglich zu renaturieren. Ansonsten können dort Anlagen zur Nutzung erneuerbarer Energien installiert werden, um die katastrophalen Flächen- und Landschaftsverbräuche dieser Technologien zu mindern. Ganz im Sinne stofflicher Nullsummenspiele wäre der weitere Ausbau von Kapazitäten zur Erzeugung und Speicherung erneuerbarer Energien daran zu koppeln, die benötigten Flächen ausschließlich durch Stilllegung und Rückbau anderer Infrastrukturen bereitzustellen.

Um neue Balancen zwischen Selbst- und Fremdversorung zu unterstützen, ist eine reichhaltige Palette an Maßnahmen denkbar, mit denen die durchschnittliche individuelle Arbeitszeit prägnant reduziert und umverteilt werden kann. Weiterhin wäre der Bildungssektor an die Herausforderungen eines höheren Grades an moderner Subsistenz und Sesshaftigkeit anzupassen. Folglich wäre er zu entrümpeln, zu deglobalisieren und stärker an handwerklicher Befähigung zu orientieren. Das spart Geld und CO_2.

Schließlich ließe sich die noch immer fehlende Abschätzung, Zurechnung und Deckelung von Umweltbeanspruchungen dadurch beheben,

---

[387] Vgl. North 2010.

dass der dehnbare Nachhaltigkeitsbegriff durch individuelle CO_2-Bilanzen konkretisiert wird. Die Summe aller Kontingente dürfte höchstens der globalen Gesamtbelastung entsprechen, die mit der Einhaltung des Zwei-Grad-Klimaschutzziels vereinbar wäre. Demnach hätte jede Person bei einer Weltbevölkerung von ca. 7 Milliarden Menschen ein Anrecht auf dasselbe jährliche Emissionskontingent (ca. 2-3 Tonnen), das übertragbar sein könnte. Unternehmen wären zu verpflichten, alle Produkte und Dienstleistungen mit dem CO_2-Footprint entlang des gesamten Lebenszyklus zu kennzeichnen.

Abb. 63: Reduktion und Umbau – Schritte zur Postwachstumsökonomie

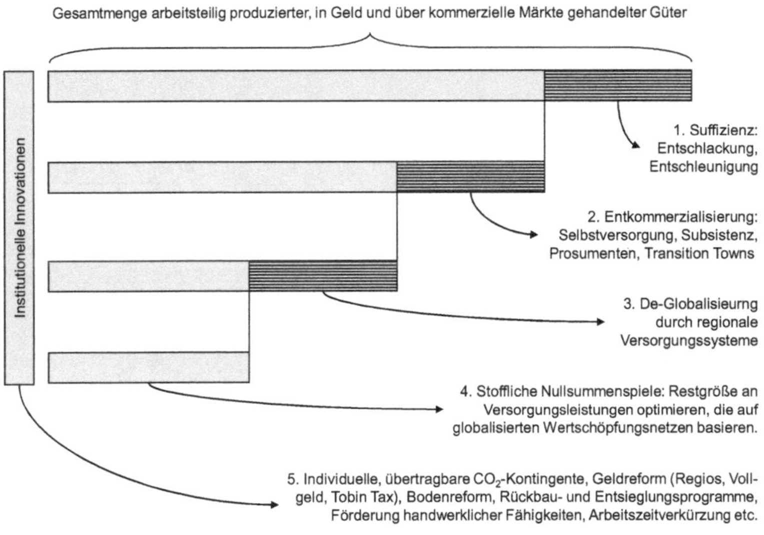

Es versteht sich von selbst, dass dieses „Vademecum“ lediglich den weiteren Forschungs- und Umsetzungsbedarf einer Wirtschaft ohne Wachstum grob andeuten kann. Denn auch in einer Postwachstumsökonomie werden Märkte, Unternehmen, Zahlungsmittel, Konsumgüter, technische Mittel und Managementkonzepte benötigt – aber mit völlig anderem Akzent und fern einer Kultur der Maßlosigkeit. Schließlich macht die Dosis das Gift. Erste Konturen einer *Postwachstumsökonomik*, die als wirtschaftswissenschaftliche Teildisziplin zu verankern wäre, zeigen sich bereits.

Abb. 64: Gegenstand und Fragestellungen einer Postwachstumsökonomik

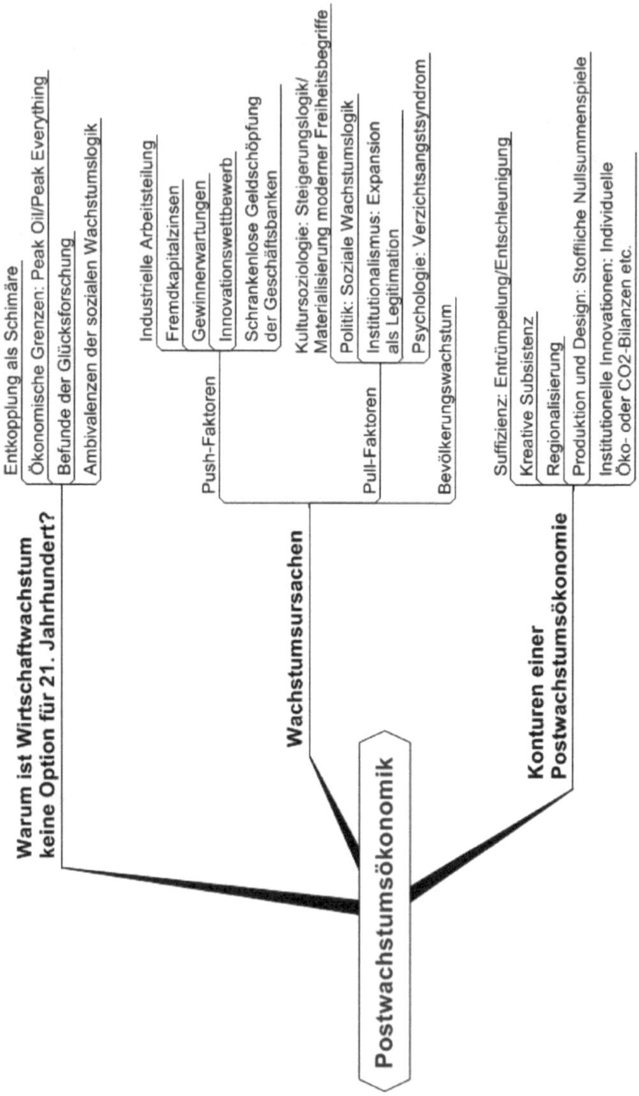

Literatur

Alchian, A. A./Demsetz, H. (1973/1982): The Property Rights Pradigm, in: The Journal of Economic History, 33/1, 16-27 (abgedruckt in Möller, H./ Osterkamp, R./ Schneider, W. (1982): Umweltökonomik, Königstein).

Akerlof, G. A. (1970): The Market for Lemmons: Quality Uncertainty and Market Mechanism, in: Quarterly Journal of Economics, 84, 488-500.

Altvater, E. (1988): Die Weltschuldenkrise, in: Laaser, U. H./Wendt, K.-E. (Hrsg.): Schuldenkrise und Armut in der Dritten Welt, Berlin/Hamburg, 8-13.

Ambrose, S. (1998): Venerable Beats, in: Discover, 19, 23-34.

Anders, G. (1956): Die Antiquiertheit des Menschen, Band 1, München.

Andersen, H.-C. (1837/1900): Sämmtliche Märchen, Leipzig.

Arndt, H. (1949): Konkurrenz und Monopol in Wirklichkeit, in: Jahrbücher für Nationalökonomie und Statistik, 161, 222-296.

Arrow, K. (1963): Uncertainty and the Welfare Economics of Medical Care, in: American Economic Review, 53, 941-969.

Atkinson, G./Dubourg, R./Hamilton, K./Munasinghe, M./Pearce, D. W./Young, C. (1999): Measuring Sustainable Development, Celtenham.

Aulinger, A. (1996): (Ko-)Operation Ökologie. Kooperationen im Rahmen ökologischer Unternehmenspolitik, Marburg.

Aulinger, A. (2005): Entrepreneurship und soziales Kapital, Marburg.

Aulinger, A./Paech, N. (2005): projektwerk: Networking-Plattformen für neues Unternehmertum: in: Fichter, K./Paech, N./Pfriem, N. (Hrsg.): Nachhaltige Zukunftsmärkte. Orientierungen für unternehmerische Innovationsprozesse im 21. Jahrhundert, Marburg, 153-166.

Avanzi SRI Research/ SiRi Group (2003): Green, social and ethical funds in Europe 2003 (http://www.sirigroup.org/pdf/SRI-Funds-Report2003.pdf, 18.11.2003).

Baeriswyl, M. (1999): Jenseits von Beschleunigung und Verlangsamung, in: Politische Ökologie, 57/58, 14-20.

Bakos, Y. (1998): Towards Friction-Free Markets: The Emerging Role of Electronic Marketplaces on the Internet, in: Communications of ACM, 41, 35-42.

Banse, G./Bechmann, G. (1998): Interdisziplinäre Risikoforschung. Eine Bibliographie, Opladen.

Barnes, P. (2001): Who owns the sky? Our common assets and the future of capitalism, Washington et al.

Barone, M. J./Shimp, T. A./Sprott, D. E. (1999): Product Ownership as a Moderator of Self-Congruity Effect, in: Marketing Letters, 10/1, 75-85.

Bartz, D. (2003): An der Grenze zum Altpapier, in: Die Tageszeitung (taz) vom 13.11.2003, 15.

Baukhage, M./Wendl, D. (1998): Tauschen statt bezahlen, Hamburg.

Baumol, W. J./Oates, W. E. (1971): The Use of Standards and Prices for Protection of the Environment, in: Swedish Journal of Economics, 73, 42-54.

Baumol, W. J./Panzar, J. C./Willig, R. D. (1988): Contestable Markets and the Theory of Market Strukture, San Diego.

Baecker, D. (1997): Was ist Kreativität? in: Die Tageszeitung (taz) vom 03.08.97, 6.

Beck, U. (1986): Risikogesellschaft, Frankfurt a. M.

Beck, U. (1988): Gegengifte. Die organisierte Unverantwortlichkeit, Frankfurt a.M.

Beck, U. (1997): Was ist Globalisierung?, Frankfurt a.M.

Beck, U. (1998): Freiwillig, aber nicht umsonst, in: Politische Ökologie, 54, 61-64.

Baecker, D. (1997): Was ist Kreativität? in: Die Tageszeitung (taz) vom 03.08.97, 6.

Baedeker, C./Kalff, M. /Welfens, M. J. (2001): Clever leben: MIPS für KIDS. Zukunftsfähige Konsum- und Lebensstile als Unterrichtsprojekt, München.

Becker-Bost, E./Fiala, E. (2001): Wachstum ohne Grenzen. Globaler Wohlstand durch nachhaltiges Wirtschaften, Wien/New York.

Beier, U. (1993): Der fehlgeleitete Konsum. Eine ökologische Kritik am Verbraucherverhalten, Frankfurt a.M.

Bello, W. (2003): Ringen um die Zukunft: De-Globalisierung, in: Politische Ökologie, 85, 33-34.

Bello, W. (2005): De-Globalisierung. Widerstand gegen die neue Weltordnung, Hamburg.

Benjamin, W. (1961): Illuminationen, Frankfurt a.M.

Bennholdt-Thomsen, V./Holzer, B./Müller, C. (1999) (Hrsg.): Das Susistenzhandbuch, Wien.

Benz, A. (2001): Vom Stadt-Umland-Verband zu „regional governance“ in Stadtregionen, in: Deutsche Zeitschrift für Kommunalwissenschaften, 40, 55-71.

Berkhout, F./Hertin, J. (2001): Impacts of Information and Communication Technologies on Environmental Sustainability: Speculations and Evidence. Report to the OECD. Brighton (www.unige.ch/iued/wsis/DOC/211EN.PDF).

Bierhals, E. (1984/2005): Die falschen Argumente? Naturschutz-Argumente und Naturbeziehung, in: Landschaft und Stadt, 16, 117-126 (Wiederabdruck 2005, in: Natur und Kultur, 6/1, 113-128.)

Biermann, F. (2002): Stirbt die Natur, flieht der Mensch, in: Politische Ökologie, 79/20, 11-14.

Bierter, W. (2000): Dematerialisierung und Beschäftigung im Rahmen einer pluralen Ökonomie, Diskussionspapier der Querschnittsgruppe Arbeit & Ökologie, (http://skylla.wz-berlin.de/pdf/2000/p00-521.pdf).

Bierter, W. (2002): System-Design: Radikale Produkt- und Prozessinnovationen, in: Jahrbuch Ökologie 2002, München, 171-193.

Binswanger, H. C. (1991): Geld und Natur. Das wirtschaftliche Spannungsfeld zwischen Ökonomie und Ökologie, Stuttgart.

Binswanger, H. C. (1994): Geld und Wachstumszwang, in: Binswanger, H. C./ Von Flotow, P. (Hrsg.): Geld und Wachstum. Zur Philosophie und Praxis des Geldes, Stuttgart/Wien, 81-124.

Binswanger, H. C. 2006): Die Wachstumsspirale Geld, Energie und Imagination in der Dynamik des Marktprozesses, Marbug.

Binswanger, H. C. (2009). Vorwärts zur Mäßigung: Perspektiven einer nachhaltigen Wirtschaft. Hamburg.

Birke, M. (2003): Unternehmensberatung und nachhaltiges Wirtschaften. Prognosen eines Berater-Delphis, in: Linne/Schwarz (Hrsg.): Handbuch Nachhaltige Entwicklung, Opladen, 521-532.

Birke, M./Schwarz, M./Göbel, M. (2003): Beratungsthema Unternehmensnachhaltigkeit. Künftige Herausforderungen für Umweltmanagement und Öko-Consulting, Berlin.

Bode, T. (2000): Effizienz allein reicht nicht, in: Politische Ökologie, 66/18, 64-67.

Bode, T. (2003): Die Demokratie verrät ihre Kinder, Stuttgart/München.

Böhme, G. (1989): Für eine ökologische Naturästhetik, Frankfurt. a. M.

Bolz, N. (2000): Kultmarketing – Von der Erlebnis- zur Sinngesellschaft, in: Isenberg, W./Sellmann, M. (Hrsg.): Konsum als Religion. Über die Wiederverzauberung der Welt, Mönchengladbach, 95-98.

Bolz, N. (2002): Das konsumistische Manifest, München.

Bolz, N. (2003): Time is on my side – Wie wir zwischen Eigenzeit und Weltzeit oszillieren, in: Steinle, A./Wippermann, P. (Hrsg.): Trende 2004. Arbeit – Freizeit – Eigenzeit, München.

Bonus, H. (1979): Ein ökologischer Rahmen für die Soziale Marktwirtschaft, in: Wirtschaftsdienst, 59, 141-146.

Bonus, H. (1983): Kommerzialisierung von Umweltqualität?, in: Kunz, G. (Hrsg.): Die ökologische Wende, München, 189-209.

Bonß, W. (1995): Vom Risiko. Ungewissheit und Unsicherheit in der Moderne, Hamburg.

Bourdieu, P. (1983): Ökonomisches Kapital, kulturelles Kapital, soziales Kapital, in: Kreckel, R. (Hrsg.): Soziale Ungleichheiten, Göttingen, 183-198.

Bovenberg, A. L./ Mooij, R. A. (1994): Environmental Levies and Distortionary Taxation, in: The American Economic Review, 94/4, 1085-1089.

Brand, K. W./Jochum, G. (2000): Der deutsche Diskurs zu nachhaltiger Entwicklung, München.

Brand, K.-W. (2000): Nachhaltigkeitsforschung – Besonderheiten, Probleme und Erfordernisse eines neuen Forschungstyps, in: Brandt, K.-W. (Hrsg.): Nachhaltige Entwicklung und Transdisziplinarität, Berlin, 9-28.

Braun, C.-F. von (1994): Der Innovationskrieg. Ziele und Grenzen der industriellen Forschung und Entwicklung, München/Wien.

Braungart, M. R./McDonough, W. A. (1999): Die nächste industrielle rEvolution, in: Politische Ökologie, 62, 18-22.

Braungart, M. R./McDonough, W. A. (2001): The Next Industrial Revolution, in: Charter, M./Tischner, U. (Hrsg.): Sustainable Solutions, Sheffield, 139-150.

Breithaupt, H.-F. (2002): Dienstleistungsqualität im Internet am Beispiel von Intermediären, in: Bruhn, M./Stauss, B. (Hrsg.): Electronic Services. Dienstleistungsmanagement Jahrbuch 2002, Wiesbaden, 177-207.

Brenner/Zarnekow (2001): E- Procurement – Einsatzfelder und Entwicklungstrends, in: Hermanns/Sauter (2001): Management-Handbuch Electronic Commerce, 2. Aufl., München, 487-502.

Bruckner, P. (2001): Verdammt zum Glück. Der Fluch der Moderne, Berlin.

BUND/Misereor (1996): Zukunftsfähiges Deutschland, Basel/Boston/Berlin.

Busch, A./Dangelmaier, W. (2002): Integriertes Supply Chain Management – Theorie und Praxis effektiver unternehmensübergreifender Geschäftsprozesse, 1. Aufl., Wiesbaden.

Büsser, M. (1997): Gimmie dat ole time religion, in: Testcard, 4, 4-9.

Carson, R. (1962): Silent Spring, New York.

Caspers-Merk, E. (1998): Vorwort zum Abschlussbericht der Enquete-Kommission "Schutz des Menschen und der Umwelt – Ziele und Rahmenbedingungen einer Nachhaltig Zukunftsverträglichen Entwicklung" des 13. Deutschen Bundestages. Konzept Nachhaltigkeit – Vom Leitbild zur Umsetzung, Bonn.

Caves, R. E./Porter, M. E. (1977): From Entry Barriers to Mobility Barriers: Conjectural Decisions and Contrived Deterrence to New Competition, in: Quarterly Journal of Economics, 9, 241-261.

Chamberlin, E. H. (1933): The Theory of Monopolistic Competition, Cambridge.

Charter, M./Tischner, U. (2001): Sustainable Solutions – Developing products and services for the future, Sheffield.

Clark, J. M. (1940): Toward a Concept of Workable Competetion, in: American Economic Review, 30, 241-256.

Clark, J. M. (1961): Competition as a Dynamic Process, Washington D. C.

Clark, P./Staunton, N. (1989): Innovation in Technology and Organisation, London/New York.

Coase, R. H. (1937): The nature of the firm, in: Economica, 4/16, 386-405.

Coase, R. H. (1960): The Problem of Social Cost, in: Journal of Law and Economics, 3, 1-44.

Goulder, L. H. (1995): Effects of Carbon Taxes in an Economy with Prior Tax Distortions: An Intertemporal General Equilibrium Analysis, in: Journal of Environmental Economics and Management, 29, 271-297.

Coupland, D. (1992): Generation X. Geschichte für eine immer schneller werdende Kultur, Hamburg.

Costanza, R./Cumberland, J./Daly, H./Goodland, R./Norgaard, R. (2001): Einführung in die Ökologische Ökonomik, Stuttgart.

Creutz, H. (1993): Das Geldsyndrom, München.

Creutz, H. (2004): Wachstum, Wachstum über alles, in: Politische Ökologie, 89, 78-79.

Cutler, C. (1995): File under Popular. Texte zur populären Musik, Neustadt.

Daly, H. (1999): Wirtschaft jenseits von Wachstum, Salzburg/München.

Dahl, J. (1995): Der unbegreifliche Garten und seine Verwüstung, Stuttgart.

Dahm, D./Scherhorn, G. (2008): Urbane Subsistenz, München.

Deleuze, G./Guttari, F. (1972/2000): Anti-Ödipus. Kapitalismus und Schizophrenie, Frankfurt a.M.

Demarest, M. (1997): Knowledge Management: An Introduction, in: Long-Range Planning, 30, 1-23.

DeGraaf, J./Wann, D./Naylor, T. (2001): Affluenza. Zeitkrankheit Konsum, München.

Deml, M./May, H. (2003): Grünes Geld. Jahrbuch für ethisch-ökologische Geldanlagen 2002/2003, Stuttgart.

Dettling, W. (1998): Wirtschaftskummerland? Wege aus der Globalisierungsfalle, München.

Devries, J. (2001): Denkanstöße zum ethischen Investment, in: Schrader, U./Hansen, U. (Hrsg.): Nachhaltiger Konsum. Forschung und Praxis im Dialog, 423-428.

Diefenbacher, H. (1997): Nachhaltige Wirtschaftsentwicklung im regionalen Bereich: ein System der ökologischen, ökonomischen und sozialen Indikatoren, Heidelberg.

Diefenbacher, H. (2001): Gerechtigkeit und Nachhaltigkeit, Darmstadt.

Diekmann, A./Preisendörfer, P. (1992): Persönliches Umweltverhalten: Diskrepanzen zwischen Anspruch und Wirklichkeit in: Zeitschrift für Soziologie und Sozialpsychologie, 44/2, 226-251.

Dixit, A. (1980): The Role of Investment in Entry Deterrence, in: Economic Journal, 90, 95-106.

Dixit, A. D., Stiglitz, J. E. (1977): Monopolistic Competition and Optimum Product Diversity, in: American Economic Review, 67, 297-308

Döring, R./Ott, K. (2001): Nachhaltigkeitskonzepte, in: Zeitschrift für Wirtschafts- und Unternehmensethik, 2/2, 315-339.

Dosi, G. (1982): Technical paradigms and technological trajetories, in: Research Policy, 11/2, 147-162.

Douthwaite, R./Diefenbacher, H. (1998): Jenseits der Globalisierung – Handbuch für lokales Wirtschaften, Mainz.

Durning, A. (1992): How much is enough? New York.

Dyckhoff, H. (2000): Umweltmanagement, Berlin et al.

Ebeling, W. (1994): Selbstorganisation und Entropie in ökologischen und ökonomischen Prozessen, in: Beckenbach, F./Diefenbacher, H. (Hrsg.): Zwischen Entropie und Selbstorganisation. Perspektiven einer ökologischen Ökonomie, Marburg, 29-45.

Ehrenberg, A. (2004): Das erschöpfte Selbst, Frankfurt a.M.

Eickelpasch, R. (1998): Struktur oder Kultur? Konzeptionelle Probleme der soziologischen Lebensstilanalyse, in: Hillebrandt, F./Kneer, G./Kraemer, K. (Hrsg.): Verlust der Sicherheit? Lebensstile zwischen Multioptionalität und Knappheit, Opladen, 9-25.

Ekardt, F. (2005): Das Prinzip Nachhaltigkeit, München.

Endres, A./Radke, V. (1998): Indikatoren einer nachhaltigen Entwicklung, in: Zeitschrift für Wirtschafts- und Sozialwissenschaften, 118/2, 295-313.

Enquête-Kommission „Schutz des Menschen und der Umwelt" des Deutschen Bundestages (Hrsg.) (1994): Die Industriegesellschaft gestalten – Perspektiven für einen nachhaltigen Umgang mit Stoff- und Materialströmen, Bonn.

Erhard, L. (1957): Wohlstand für alle, Düsseldorf.

EU-Kommission (Hrsg.) (2001): Grünbuch zur Integrierten Produktpolitik, Brüssel.

EUROSIF (2003): SRI among European Institutional Investors – 2003 Report. (verfügbar unter: http://www.eurosif.org/pub/lib/2003/10/srirept/eurosif-srireprt-2003-all.pdf).

Fichter, K. (1998): Umweltkommunikation und Wettbewerbsfähigkeit, Marburg.

Fichter, K. (2003): Online-Marktplätze für Gebrauchtgüter. Eine explorative Untersuchung von Marktführern in ausgewählten Produktkategorien, Arbeitspapier des vom BMBF geförderten Projektes „E-nnovation: E-Business und nachhaltige Produktnutzung durch mobile Multimediadienste", Berlin.

Fichter, K./Paech, N. (2003): Nachhaltigkeitsorientiertes Innovationsmanagement. Prozessgestaltung unter besonderer Berücksichtigung von Internet-Nutzungen, Berlin/Oldenburg (Basisstudie im Rahmen des BMBF-Forschungsprojektes SUMMER).

Figge, F. (2001): Wertschaffendes Umweltmanagement, Frankfurt (verfügbar unter: http://www.baumev.de/Aktuell/Wert_UM.pdf).

Fischer, D. (2002): Das Wollsocken-Image überwinden!, in: GAIA, 11/2, 123-128.

Fischer, D. (2005): Strategisches Management in der Symbolökonomie, Marburg.

Fischer, D./Nicolai, A. (2001): Schumpeter, Strategie und evolutorische Ökonomik, in: Beschorner, T./Pfriem, R. (Hrsg.): Evolutorische Ökonomik und Theorie der Unternehmung, Marburg, 219-255.

Fischer, G./Bösel, M. H. (1999): Warum Benjamin Franklin nicht vom Blitz erschlagen wurde. Das Abenteuer Innovation wagen, Wiesbaden.

Fisher, I. (1935): 100% Money, New York (deutsche Übersetzung: 100%-Geld, 2007, Kiel).

Flotow, P. von/Häßler, R.-D./Schmidt, J. (2001): Umwelt- und Nachhaltigkeitstransparenz für Finanzmärkte. Stand und Perspektiven, Oestrich-Winkel (Arbeitspapiere des Instituts für Ökologie und Unternehmensführung an der European Business School, Band 37).

Franck, J. (2000): „Als beträte man eine andere Welt…“ – Urban Entertainment Centers, in: Isenberg, W./Sellmann, M. (Hrsg.): Konsum als Religion. Über die Wiederverzauberung der Welt, Mönchengladbach, 35-40.

Franck, K. (2001): Der Markt für sozial-ökologische Geldanlagen in Deutschland und Europa, in: Schrader, U./Hansen, U. (Hrsg.): Nachhaltiger Konsum. Forschung und Praxis im Dialog, 413-422.

Freeman, R.E. (1983): Strategic Management – The Stakeholder Approach, in: Advances in Strategic Management, 1, 31-60.

Frei, M. (1999): Öko-effektive Produktentwicklung: Grundlagen – Innovationsprozess – Umsetzung, Wiesbaden.

Frey, B. S. (1972): Umweltökonomie, Göttingen.

Frey, B. S. (1997): Markt und Motivation. Wie ökonomische Anreize die (Arbeits-) Moral verdrängen, München.

Frey, R. L. (1979): Wachstumspolitik, Stuttgart/New York.

Fromm, E. (1974): Die Anatomie der menschlichen Destruktivität, Stuttgart.

Frosch, R. A./Nicholas E. Gallopoulos (1989): Strategies For Manufacturing, in: Scientific American, 261/3, 144-152.

FUGO (2004): Perspektiven einer kulturwissenschaftlichen Theorie der Unternehmung, Marburg (FUGO = Forschungsgruppe Unternehmen und gesellschaftliche Organisation).

Fukuyama, F. (1992): The End of History and the Last Man, New York.

Galbraith, J. K. (1958/1998): The Affluent Society, Boston.

Gaßner, R./Mettler-von Meibom, B./Schulz, B. (1997): Probleme zu verschieben, hilft nicht weiter. Zukunftsfähige Lebensweisen im Alltag, in: Altvater et al. (Hrsg): Ökologisches Jahrbuch 1997, München, 96-112.

Gawel, E. (2001): Intrinsische Motivation und umweltökonomische Instrumente, in: Perspektiven der Wirtschaftspolitik, 2/2, 145-165.

Gege, M. (2004): Die Zukunftsanleihe – Wie Deutschland ein Modell für nachhaltiges Wachstum und weltweiten Wohlstand werden kann, München.

Gehlen, A. (1997): Der Mensch. Seine Natur und seine Stellung in der Welt, 13. Auflage, Wiesbaden.

Georgescu-Roegen, N. (1971): The Entropy Law and the Economic Process, Cambrigde/London.

Giarini, O./Liedtke, Patrick, M. (1998): Wie wir arbeiten werden. Der neue Bericht an den Club of Rome, Hamburg.

Gleich, A. von (1997): Innovationsfähigkeit und Richtungssicherheit, in: Gleich, A. von/Leinkauf, S./Zundel, S. (Hrsg.): Surfen auf der Modernisierungswelle? Ziele, Blockaden und Bedingungen ökologischer Innovation, Marburg, 245-261.

Gleich, A. von (1999): Vorsorgeprinzip, in: Bröchler, S./Simonis, G./Sundermann, K. (Hrsg.): Handbuch Technikfolgenabschätzung, Berlin, 287-293.

Gensichen, H.-P. (2003): tun-lassen. Ökologische Alltagsethik im 21. Jahrhundert, Halle.

Gerschlager, C. (1996): Konturen der Entgrenzung. Die Ökonomie des Neuen im Denken von Thomas Hobbes, Francis Bacon und Joseph Alois Schumpeter, Marburg.

Gesell, S. (1916): Die natürliche Wirtschaftsordnung, Bern.

Giddens, A. (1996): Risiko, Vertrauen und Reflexivität, in: Beck, U./Giddens, A./Lash, S. (Hrsg.): Reflexive Modernisierung. Eine Kontroverse, Frankfurt am Main.

Görres, P. A. (1984): Die Umverteilung der Arbeit, Frankfurt a.M.

Gorz, A. (1998): Jenseits der Erwerbsarbeit, in: Politische Ökologie, 54, 50-54.

Grassberger, T./Kotteder, F. (2002): Mobilfunk. Ein Freilandversuch am Menschen, München.

Goebel, J./Clermont, C. (1997): Die Tugend der Orientierungslosigkeit, Berlin.

Goodland, R./Daly, H. E. (2004): Ökologische Nachhaltigkeit, in: Natur und Kultur, 5/2, 29-48.

Goulder, L.H. (1995), Effects of Carbon Taxes in an Economy with Prior Tax Distortions: An Intertemporal General Equilibrium Analysis, in: Journal of Environmental Economics and Management, 29, 271-297.

Grassberger, T./Kotteder, F. (2002): Mobilfunk. Ein Freilandversuch am Menschen. München.

Grober, U. (2003): Modewort mit tiefen Wurzeln – Kleine Begriffsgeschichte von ‚sustainability‘ und ‚Nachhaltigkeit‘, in: Jahrbuch Ökologie 2003, 167-175.

Gronemeyer, M. (1988): Die Macht der Bedürfnisse, Reinbek.

Gronemeyer, M. (1993): Das Leben als letzte Gelegenheit, Darmstadt.

Gronemeyer, M. (1999): Keine Zeit zu verlieren, in: Politische Ökologie, 57/58, 28-30.

Gronemeyer, M. (2000): Immer wieder neu oder ewig das Gleiche, Darmstadt.

Gronemeyer, M. (2003): Seelenlose Zukunft, in: Politische Ökologie, 84, 32-34.

Gronemeyer, R. (1998): Die neue Lust an der Askese, Berlin.

Gross, P. (1994): Die Multioptionsgesellschaft, Frankfurt a. M.

Groys, B. (1992): Über das Neue, Frankfurt, a. M.

Günther, K./Pfriem, R. (1999): Die Zukunft gewinnen. Vom Versorgungsstaat zur sozialökologischen Unternehmergesellschaft, Münschen/Wien.

Hamel, G. (2001): Das revolutionäre Unternehmen. Wer Regeln bricht, gewinnt, München.

Haesler, A. J. (1994): Die Doppeldeutigkeit des Fortschritts in der „Philosophie des Geldes", in: Binswanger, H. C., Flotow, P. von (Hrsg.): Geld und Wachstum. Zur Philosophie und Praxis des Geldes, Stuttgart/Wien, 61-78.

Hansen, U. (Hrsg.) (1995): Verbraucher- und umweltorientiertes Marketing, Stuttgart.

Hansen, U./Schrader, U. (1997): A Modern Model of Consumption for a Sustainable Society, in: Journal of Consumer Policy, 20, 443-468.

Hansen, U./Hennig, T. (1995): Der Co-Produzenten-Ansatz im Konsumgütermarketing. Darstellung und Implikationen einer Neuformulierung der Konsumentenrolle, In Hansen, U. (Hrsg.): Verbraucher- und umweltorientiertes Marketing, Stuttgart, 309-331.

Hardtke, A. (2001): Das Dilemma der Nachhaltigkeit – Quo Vadis Unternehmen, in: Von Weizsäcker, E. U./Stigson, B./Seiler-Hausmann, J.-D. (Hrsg.), Von Ökoeffizienz zu nachhaltiger Entwicklung in Unternehmen, Wuppertal, 173-184.

Harribey, J.-M. (2004): Das Gerede von der Nachhaltigkeit, in: Le Monde Diplomatique, Juli 2004, 10-11.

Hartmann, D./Janich, P. (1998): Die kulturalistische Wende, Frankfurt a.M.

Hartmann, M. (2004): Elitesoziologie, Frankfurt a.M.

Hauff, V. (1987): Unsere gemeinsame Zukunft. Bericht der Brundtland-Kommission, München.

Hawken, P./Lovins, A./Lovins, H. (2000): Ökokapitalismus, München.

Hayek, F. A. von (1969): Der Wettbewerb als Entdeckungsverfahren, in: Freiburger Studien, Tübingen.

Held, M./Geißler, K. A. (1993): Ökologie der Zeit, Stuttgart.

Held, M./Geißler, K. A. (1995): Grundbegriffe zur Ökologie der Zeit, in: Held, M., Geißler, K. A. (Hrsg.): Von Rhythmen und Eigenzeiten, Stuttgart, 193-208.

Held, M./Nutzinger, H. G. (2001): Nachhaltiges Naturkapital – Perspektive für die Ökonomik, in: Held, M./Nutzinger, H. G. (Hrsg.): Nachhaltiges Naturkapital, Stuttgart, 11-49.

Heinberg, R. (2003): The Party's over, Gabriola Island.

Heinberg, R. (2007): Peak Everything, Gabriola Island.

Heinsohn, G./Steiger, O. (1996): Eigentum, Zins und Geld, Reinbek.

Hemmer, H.-R. (1988) : Wirtschaftsprobleme der Entwicklungsländer, München.

Hennen, L. (1999): Partizipation und Technikfolgenabschätzung, in: Bröchler, S./Simonis, G./Sundemann, K. (Hrsg.): Handbuch der Technikfolgenabschätzung, Berlin, 565-573.

Henseling, C. /Fichter, K. (2004): Online-Marktplätze für Gebrauchtgüter. Berlin (Download unter www.borderstep.de).

Herdzina, K. (1984): Wettbewerbspolitik, Stuttgart.

Herrmann, P. (2000): „Die Entleerung der Blase als Verzauberung der Seelen" – Über die Architektur von Autobahnraststätten, in: Isenberg, W./ Sellmann, M. (Hrsg.): Konsum als Religion. Über die Wiederverzauberung der Welt, Mönchengladbach, 19-24 (im Interview mit M. Sellmann).

Herrmanns, A./Sauter, M. (2001): E-Commerce. Grundlagen, Einsatzbereiche und aktuelle Tendenzen, in: Herrmanns, A./ Sauter, M. (2001): Management-Handbuch E-Commerce. Grundlagen, Strategien, Praxisbeispiele, München, 15-32.

Hicks, J. R. (1946): Value and Capitel, Oxford.

Hildebrandt, E. (2002): Nachhaltigkeit macht Arbeit – Das Verhältnis von Arbeit und Nachhaltigkeit ist noch kaum erschlossen, in: BUND/Misereor (Hrsg.): Wegweiser für ein zukunftsfähiges Deutschland, München, 247-251.

Hilgers, M. (1992): Total abgefahren. Psychoanalyse des Autofahrens, Freiburg.

Hilgers, M. (1997): Ozonloch und Saumagen. Motivationsfragen der Umweltpolitik, Stuttgart/Leipzig.

Hippel, E. von (1988): The Source of Innovation, Oxford.

Hippel, E. von (2005): Democratizing Innovation, Cambridge.

Hirsch, F. (1976/1980): Social Limits to Growth, Cambridge (erschienen in deutscher Übersetzung als „Die sozialen Grenzen des Wachstums" im Jahr 1980, Reinbek).

Hirschl, B./Konrad, W./Scholl, G. U./Zundel, S. (2001): Nachhaltige Produktnutzung, Berlin.

Hoffman, G. (1998): Tausche Marmelade gegen Steuererklärung, München.

Hoffmann, J./ Ott, K./ Scherhorn, G. (1997): Ethische Kriterien für die Bewertung von Unternehmen. Frankfurt-Hohenheimer Leitfaden, IKO-Verlag für Interkulturelle Kommunikation, Frankfurt a.M.

Hoffmann, J./Scherhorn, G. (2002): Saubere Gewinne. So legen sie ihr Geld ethisch-ökologisch an, Freiburg.

Hofmeister, S. (1998): Zeit der Erneuerung, in: Adam, B./Geißler, K. A./Held, M. (Hrsg.): Die Nonstop-Gesellschaft und ihr Preis, Stuttgart, 185-200.

Hofmeister, S. (1999): Über Effizienz und Suffizienz hinaus, in: Politische Ökologie, 62/17, 34-36.

Hopfenbeck, W./Jasch, C. (1995): Öko-Design – Umweltorientierte Produktpolitik, Landsberg/Lech.

Hopkins, R. (2008): The Transition Handbook, Dartington.

Hoppmann, E. (1966): Das Konzept der optimalen Wettbewerbsintensität. Rivalität oder Freiheit des Wettbewerbs. Zum Problem eines wettbewerbspolitisch adäquaten Ansatzes der Wettbewerbstheorie, in Jahrbücher für Nationalökonomie und Statistik, 179, 286-323.

Hoppmann, E. (1988): Zum Problem einer wirtschaftspolitisch praktikablen Definition des Wettbewerbs, in: Hoppmann, E. (Hrsg.): Wirtschaftsordnung und Wettbewerb, Baden-Baden, 235-275.

Huber, J. (1994): Nachhaltige Entwicklung durch Suffizienz, Effizienz und Konsistenz, in: Fritz, P. /Huber. J. /Levi, H. W. (Hrsg.): Nachhaltigkeit in naturwissenschaftlicher und sozialwissenschaftlicher Perspektive, Stuttgart, 31-46.

Huber, J. (1995): Nachhaltige Entwicklung, Berlin.

Huber, J. (2000): Industrielle Ökologie: Über Konsistenz, Effizienz und Suffizienz, in: Kreibich, R./Simonis, U. E. (Hrsg.): Global Change – Globaler Wandel, Berlin, 107-24.

Huber, J./Roberson, J. (2008): Geldschöpfung in öffentlicher Hand: Wege zu einer gerechten Geldordnung im Informationszeitalter,

Hübner, H. (2002): Integratives Innovationsmanagement, Berlin.

Illich, I. (1982): Von Recht auf Gemeinheit, Reinbek.

Illich, I. (1992): Needs, in: Sachs, W. (Hrsg.): The Developement Dictionary, London, 88-101.

Jackson, T. (2002): Aufstieg und Fall der Konsumgesellschaft, in: Natur und Kultur, 3/2, 55-74.

Jaeger, W. (1933): Paideia. Die Formen des griechischen Menschen. Berlin.

Jantsch, E. (1973): Unternehmung und Umweltsysteme, in: Henstch, B./Malik, F. (Hrsg.): Systemorientiertes Management, Bern/Stuttgart, 27-46.

Kaldor, N. (1935): Market Imperfection and Excess Capacity, in: Economica, 2, 33-50.

Kambartel, F. (1975): Bemerkungen zum rationalen Fundament der Ökonomie, in: Mittelstraß, J. (Hrsg.): Methodologische Probleme einer normativ-kritischen Gesellschaftstheorie, Frankfurt a.M., 107-125.

Kamien, M./Schwartz, N. (1982): Market Structure and Innovation, Cambridge.

Kant, I. (1795/1990): Zum ewigen Frieden, München.

Kantzenbach, E. (1967): Die Funktionsfähigkeit des Wettbewerbs, Göttingen.

Kantzenbach, E. (1967/1968): Das Konzept der optimalen Wettbewerbsintensität. Eine Erwiderung auf den gleichnamigen Aufsatz von Erich Hoppmann, in: Jahrbuch für Nationalökonomie und Statistik, 181, 193-241.

Kapp, K. W. (1950/1979): Soziale Kosten der Marktwirtschaft, Frankfurt.

Karmasin, H. (1998): Produkte als Botschaften: individuelles Produktmarketing, konsumentenorientiertes Marketing, Bedürfnisdynamik, Produkt- und Werbekonzeptionen, Markenführung in veränderten Umwelten, Wien.

Kellner, H./Heuberger, F. (1988): Zur Rationalität der „Postmoderne" und ihrer Träger, in: Soeffner, H-G. (Hrsg): Kultur und Alltag. Soziale Welt, Sonderband 6, Göttingen, 325-340.

Kimberly, J. R. (1981): Managerial Innovation, in: Nystrom, P. C./Starbuck, W. H. (Hrsg.): Handbook of Organisational Design, Oxford, 84-104.

Kingston, K. (2001): Feng Shui gegen das Gerümpel des Alltags, Reinbek.

Knieps, G. (2001): Wettbewerbsökonomie, Berlin/Heidelberg/New York.

Knirsch, J. (2002): WTO vs. UN, in: Politische Ökologie 76, 43-45.

Koch, E. R./Vahrenholt, F. (1978): Seveso ist überall. Die tödlichen Risiken der Chemie, Köln.

Koestler, A. (1968): Das Gespenst in der Maschine, Wien/München/Zürich.

Kohr, L. (1962/1983): The Overdeveloped Nations, London (Die überentwickelten Nationen, 1983, Salzburg).

Kollmann, T. (2001): Virtuelle Marktplätze: Grundlagen – Management – Fallstudie, München.

Kommission der europäischen Gemeinschaften (Hrsg.) (2001): Grünbuch zur Integrierten Produktpolitik, Brüssel.

Kothes Klewes 2000: Financial Sustainability. (http://www.agenturcafe.de/downloads/financial_sustainability.pdf, 03.11.2003).

Kotler, P. (1986): The Prosumer Movement: A New Challenge for Marketers, in: Lutz, R. J. (Hrsg.): Advances in Consumer Research, Vol. 13, Provo, 510-513.

Krahl, W./Splett, G. (1999): Losgehen statt Zerreden, in: Politische Ökologie, 57/58, 123-125.

Kraemer, K. (2003): Konsum als Teilhabe an der materiellen Kultur, in: Scherhorn, G./Weber, C. (Hrsg.): Nachhaltiger Konsum, München, 55-62.

Kreibich, R. (1994): Ökologische Produktgestaltung und Kreislaufwirtschaft, in: UmweltWirtschaftsForum (uwf), 2/5, 513-22.

Kristof, K./Nanning, S./Becker, C. (2001): Tauschringe und Nachhaltigkeit, Wuppertal (Schriftenreihe des Wuppertal Instituts für Klima, Umwelt und Energie).

Krugman, P. R. (1979): Increasing Returns, Monopolistic Competition, and the Pattern of Trade, in: Journal of International Economics, 9, 469-479.

Kümmerer, K. (1993): Zeiten der Natur – Zeiten des Menschen, in: Held, M., Geißler, K. A. (Hrsg.): Ökologie der Zeit, Stuttgart, 85-104.

Kümmerer, K. (1999): Rettet die Zeitvielfalt, in: Politische Ökologie, 57/58, 32-35.

Kurt, H. (2001): Die Kunst der Reduktion, in: Politische Ökologie, 69/19, 63-67.

Küstenmacher, W. T./Seiwert, L. J. (2002): Simplify your life. Einfacher und glücklicher leben, Frankfurt/New York.

Lancaster, K. (1966): A New Approach to Consumer Theory, in: Journal of Political Economy, 74, 132-157

Lancaster, K. (1979): Variety, Equity, and Efficiency, New York

Lang, T. (1998): Geld und Zins als monetäre Ursache des Wirtschaftswachstums, Lütjenburg.

Layard, R. (2005): Die glückliche Gesellschaft, Frankfurt a. M.

Lehmann-Waffenschmidt, M./Reichel, M. (2000): Kontingenz, Pfadabhängigkeit und Lock-Ins, in: Beschorner, T./Pfriem, R. (Hrsg.): Evolutorische Ökonomik und Theorie der Unternehmung, Marburg, 337-376.

Lehner, F./Schmidt-Bleek, F. (1999): Die Wachstumsmaschine, München.

Leiss, W. (1978): The Limits to Satisfaction, London.

Liessmann, K. (2000) (Hrsg.): Die Furie des Verschwindens, Wien.

Lietaer, B. A. (2002): Das Geld der Zukunft, Sonthofen.

Lifset, R./Graedel, T. E. (2002): Industrial ecology: goals and definitions, in: Ayres, R.U./Ayres, L.W.: A handbook of industrial ecology, Northhampton, 3-16.

Looß, A. (1999): Wer nicht wagt, der nicht gewinnt, in: Politische Ökologie, 60/17, 18-21.

Lucas, R./Winterfeld, U. von (1998): Die „Ganze Arbeit“ als Ziel, in: Politische Ökologie, 54, 30-34.

Luczak, H./Bleck, F./Hoeck, H. (2002): Elektronische Marktplätze – Voraussetzungen und Erfolgsfaktoren für den elektronischen Handel mit C-Dienstleistungen, in: Bruhn, M./Stauss, B. (Hrsg.): Electronic Services: Dienstleistungsmanagement Jahrbuch 2002, Wiesbaden, 149-176.

Luks, F. (2005): Ökologische Nachhaltigkeit als Knappheitsproblem: Ein kritischer Blick auf die ökonomische Konstruktion der ökologischen Wirklichkeit, Natur und Kultur, 6/1, 23-42.

Luhmann, N. (1991): Soziologie des Risikos. Berlin/New York.

Luhmann, N. (1992): Die Wissenschaft der Gesellschaft, Frankfurt a. M.

Meadows, D. et al. (1972): Limits to Growth – A Report for the Club of Rome's Project on the Predicament of Mankind. London.

Majer, H. (2000): Das nachhaltige Unternehmen – Versuch einer Begriffsbestimmung, in: Beschorner, T./Pfriem, R. (Hrsg.): Evolutorische Ökonomik und Theorie der Unternehmung, Marburg, 337-376.

Maier-Rigaud, G. (2000): Wachstum oder Nachhaltigkeit – ein Scheingefecht?, in: Politische Ökologie, 66/18, 31-34.

Marquard, O. (1998): Herkunft braucht Zukunft – Zukunft braucht Herkunft, in: Glaser, H./Distl, D. (Hrsg.): Zukunft braucht Herkunft, Schrobenhausen, 17-32.

Marquard, O. (2003): Zukunft braucht Herkunft, Stuttgart.

Martin, S. (1993): Advanced Industrial Economics, Oxford/Cambridge.

Martinuzzi, A. (2003): Beratung für nachhaltiges Wirtschaften. Von der Öko-Nische am Consultingmarkt zum Instrument einer effizienten Nachhaltigkeitspolitik. In: Linne/Schwarz (Hrsg.): Handbuch Nachhaltige Entwicklung, Opladen, 493-503.

Maslow, A. H. (1973): Motivation und Persönlichkeit, Olten/Freiburg

Mayer-Abich, H. G. (2001): Nachhaltigkeit – ein kulturelles, bisher aber chancenloses Wirtschaftsziel, in: Zeitschrift für Wirtschafts- und Unternehmensethik, 2/2, 291-310.

McNeill, J. R. (2003): Blue Planet, Frankfurt a.M./New York.

Meyer-Krahmer, F./Jochem, E. (1997): Ökologische Innovationen aus technologischer Sicht, in: Gleich, A. von/Leinkauf, S./Zundel, S. (Hrsg.): Surfen auf der Modernisierungswelle? Ziele, Blockaden und Bedingungen ökologischer Innovation, Marburg, 71-92.

Mintzberg, H. (1987): The Strategy Concept I: Five Ps for Strategy, in: California Management Review, 27, 11-23.

Minx, E./Preissler, H. (2004): „Die Sonne geht nicht im Osten auf." Zukunftsfähiges Denken und verantwortliches Handeln, in: Von Mutius, B. (Hrsg.): Die andere Intelligenz, Stuttgart, 254-267.

Mishan, E. J. (1971): The Postwar Literature on Externalities: An Interpretative Essay, in: The Journal of Economic Literature, 9, 1-28.

Mohe, M./Pfriem, R. (2003): Sustainability Consulting. Nachhaltige Perspektiven für Klienten und Berater? in: Linne/Schwarz (Hrsg.): Handbuch Nachhaltige Entwicklung, Opladen, 507-520.

Mohr, H. (1995): Qualitatives Wachstum. Losung für die Zukunft, Stuttgart/Wien.

Monse, K./Weyer, J. (1999): Nutzerorientierung als Strategie der Kontextualisierung technischer Innovationen, in: Sauer, D./Lang, C. (Hrsg.): Paradoxien der Innovation, Frankfurt/New York, 97-118.

Moore-Ede, M. (1993): Die Nonstop-Gesellschaft. Risikofaktoren und Grenzen menschlicher Leistungsfähigkeit in der 24-Stunden-Welt, München.

Müller, C. (2011): Urban Gardening. Die Rückkehr der Gärten in die Städte, München.

Müller, U. (1975): Wettbewerb, Unternehmenskonzentration und Innovationen, Göttingen.

Müller-Christ, G. (2001): Umweltmanagement. Umweltschutz und Nachhaltige Entwicklung, München.

Mutz, G. (2001): Corporate Citizenship. Die Kunst des Gebens, in: punkt.um, 2001/2002, 26-27.

Myers, N./Kent, J. (2004): New Consumers: The Influence of Affluence on the Environment, Washington.

Myers, N./Kent, J. (2005): Die neuen Konsumenten in Entwicklungs- und Transformationsländern und der Einfluss ihres Wohlstands auf die Umwelt, in: Natur und Kultur, 6/1, 3-22.

Nachtigall, W. (1998): Bionik, Heidelberg et al.

Nachtigall, W./Blüchel, K. (2000): Das große Buch der Bionik: Neue Technologien nach dem Vorbild der Natur, Stuttgart et al.

Nachtigall, W. (2002): Bionik: Grundlagen und Beispiele für Ingenieure und Naturwissenschaftler, Berlin et al.

Nelson, P. (1970): Information and Consumer Behavior, in: Journal of Political Economy, 78, 311-329.

Nill, J./Weiner, D./Zundel, S. (2003): Just in Time, in: Politische Ökologie, 84, 24-26.

North, P. (2010). Local Money: How to Make It Happen in Your Community. Dartington.

Nowotny, H. (1989): Eigenzeit, Frankfurt a. M.

Nowotny, H. (1997): Die Dynamik der Innovation – Über die Multiplizität des Neuen, in: Bechmann, G./Rammert, W. (Hrsg.): Jahrbuch Technik und Gesellschaft, 9, Frankfurt/New York, 33-54.

Nowotny, H. (2005): Unersättliche Neugier. Innovation in einer fragilen Zukunft, Berlin.

Nowotny, H./Maranta, A. (1999): Unerfüllte Verheißungen, in: Politische Ökologie, 60, 13-16.

Obermeier, O.-P. (1999): Der Ton macht die Musik, Politische Ökologie, 60/17, 36-40.

Paech, N. (1995): Die Wirkung potenzieller Konkurrenz auf das Preissetzungsverhalten etablierter Firmen bei Abwesenheit strategischer Asymmetrien, Berlin.

Paech, N. (2003): Innovationen und Nachhaltigkeit. Lösung oder Teil des Problems?, in: Politische Ökologie, 84, 16-18.

Paech, N. (2004a): Nachhaltigkeitsinnovationen – ein Widerspruch in sich?, in: Dietzfelbinger, D./Thurm, R. (Hrsg.): Nachhaltige Entwicklung: Grundlage einer neuen Wirtschaftsethik, Mehring, 95-108.

Paech, N. (2004b): Leitkonzepte des nachhaltigen Wirtschaftens: Von unternehmerischen Innovationen zum Strukturwandel, in: UmweltWirtschaftsForum (uwf), 12/1, 22-26.

Paech, N. (2007): Woher kommt der Wachstumszwang?, in: Gaia, 16/4, 299-300.

Paech, N. (2008). Regionalwährungen als Bausteine einer Postwachstumsökonomie. Zeitschrift für Sozialökonomie (45)158-159, 10-19.

Paech, N. (2009a): Die Postwachstumsökonomie – ein Vademecum, in: Zeitschrift für Sozialökonomie (ZfSÖ), 46/160-161, 28-31.

Paech, N. (2009b): Wachstum light? Qualitatives Wachstum ist eine Utopie, in: Wissenschaft & Umwelt Interdisziplinär, 13, 84-93.

Paech, N. (2010): Abschied vom Entkopplungsmythos – Ankunft in der Postwachstumsökonomie, in: Rundbrief Forum Umwelt & Entwicklung, 2, 7-8.

Paech, N. (2011a): Adios Konsumwohlstand: Vom Desaster der Nachhaltigkeitskommunikation und den Möglichkeiten der Suffizienz, in: Heidbrink, L./Schmidt, I./Ahaus, B. (Hrsg.): Die Verantwortung des Konsumenten, Frankfurt/New York, 285-304.

Paech, N. (2011b): Perspektiven einer Postwachstumsökonomie: Fremdversorgung oder urbane Subsistenz?, in: Müller, C. (Hrsg.): Urban Gardening. Über die Rückkehr der Gärten in die Stadt, München, 88-103.

Paech, N. (2011c): Vom grünen Wachstumsmythos zur Postwachstumsökonomie, in: Welzer, H./Wiegandt, K. (Hrsg.): Perspektiven einer nachhaltigen Entwicklung, Frankfurt, 131-151.

Paech, B./Paech, N. (2011): Suffizienz plus Subsistenz ergibt ökonomische Souveränität – Stadt und Postwachstumsökonomie, in: Politische Ökologie, 29/124, 54-60.

Paech, N./Pfriem, R. (2002): Mit Nachhaltigkeitskonzepten zu neuen Ufern der Innovationen, in: UmweltWirtschaftsForum (uwf), 10/3, 12-17.

Pasolini, P. P. (1975/1978): Scritti Corsari, Mailand (erschienen in deutscher Übersetzung als „Freibeuterschriften" im Jahr 1978, Berlin).

Pauli, G. (1998): Upcycling, München.

Pauli, G. (1999): Pilze auf Kaffeesatz, in: Politische Ökologie, 62/17, 58-60.

Perrow, C. (1987): Normale Katastrophen. Die unvermeidbaren Risiken der Großtechnik, Frankfurt/New York.

Peters, T. (1998): The Circle of Innovation, London.

Peters, U./Sauerborn, K./Spehl, H./Tischer, M./Witzel, A. (1996): Nachhaltige Regionalentwicklung – ein neues Leitbild für eine veränderte Wirtschafts- und Strukturpolitik, Trier.

Petersen, H. (2003): Ecopreneurship und Wettbewerbsstrategie. Verbreitung ökologischer Innovationen auf Grundlage von Wettbewerbsvorteilen, Marburg.

Pfabigan, A. (2004): Nimm drei, zahl zwei! Wie geil ist Geiz? Wien.

Pfriem, R. (1992): Langsamer, weniger, besser, schöner: Von den Gesundheitsgefahren zum ökologischen Wohlstand, in: Eigenverlag Toplacher Gespräche (Hrsg.): Gesundheit und ökologischer Wohlstand, Toplach, 29-32.

Pfriem, R. (1996): Unternehmenspolitik in sozialökologischen Perspektiven, Marburg.

Pfriem, R. (2000): Jenseits von Gut und Böse, in: Beschorner, T./Pfriem, R. (Hrsg.): Evolutorische Ökonomik und Theorie der Unternehmung. Marburg, 437-476.

Pfriem, R. (2004): Unternehmensstrategien sind kulturelle Angebote an die Gesellschaft, in: FUGO (2004): Perspektiven einer kulturwissenschaftlichen Theorie der Unternehmung, Marburg, 375-404 (FUGO = Forschungsgruppe Unternehmen und gesellschaftliche Organisation).

Piechocki, R. (2002): Altäre des Fortschritts und Aufklärung im 21. Jahrhundert, in: Jahrbuch Ökologie 2003, München, 11-37.

Picot, A. (1982): Transaktionskostenansatz in der Organisationstheorie: Stand der Diskussion und Aussagewert, in: Die Betriebswirtschaft, 42, 267-284.

Picot, A./Reichwald, R./Wigand, R. T. (2001): Die grenzenlose Unternehmung. Information, Organisation und Management, Wiesbaden.

Pigou, A. C. (1920): The economics of welfare, London.

Pilardeux, B. (1999): Pythia, Medusa und Zyklop, in: Politische Ökologie, 17/60, 25-26.

Princen, T. (2005): The Logic of Sufficiency, Cambridge/London.

Radermacher, F. J. (2002): Balance oder Zerstörung, Wien.

Radermacher, F. (2003): Neoliberalismus contra nachhaltigen Wohlstand, in: Feiler, K. (Hrsg.): Nachhaltigkeit schafft neuen Wohlstand, Bericht an den Club of Rome, Frankfurt et. al., 89-109.

Raupach, M. R./Marland, G./Ciais, P./Quere, C. L./Canadell, G. C./Klepper, G./Field, C. B. (2007): Global and Regional Drivers of Accelerating CO2 Emissions, in: Proceedings of the National Academy of Sciences of the USA, 10288-10293.

Raskin, P. (2003): Die zweite Welle der Nachhaltigkeit. Great Transition, in: pö_forum „Nachhaltigkeit neu denken?“ (Sonderveröffentlichung der Politischen Ökologie 85), V-VI.

Raskin, P. et al. (2003): Great Transition – Umbrüche und Übergänge auf dem Weg zu einer planetarischen Gesellschaft. Herausgegeben von ISOE, HGDÖ, SEI. Materialien Soziale Ökologie (MSÖ) 20. Frankfurt am Main.

Redler, E. (1998): Tätigkeit statt Warenkauf, in: Politische Ökologie, 54, 65-67.

Rees, W. E. (2002): Nachhaltigkeit: Ökonomischer Mythos und ökologische Realität, in: Natur und Kultur, 3/1, 3-34.

Reheis, F. (1998): Die Kreativität der Langsamkeit. Neuer Wohlstand durch Entschleunigung, Darmstadt.

Rehfeld, D. (1998): Unternehmensstrategien zwischen Regionalisierung und Globalisierung, in: Kujath, H.-J. (Hrsg.): Strategien der regionalen Stabilisierung, Berlin, 41-59.

Riehm, U./Petermann, T./Orwat, C./Coenen, C./Revermann, C./Scherz, C./ Wingert, B. (2003): E-Commerce in Deutschland. Eine kritische Bestandsaufnahme zum elektronischen Handel, Berlin.

Rifkin, J. (1985): Entropie. Ein neues Weltbild, Berlin/Wien.

Rifkin, J. (1995): Das Ende der Arbeit und ihre Zukunft, Frankfurt am Main.

Rifkin, J. (2000): Access. Das Verschwinden des Eigentums, Frankfurt am Main.

Rip, A./Shot, J. W. (1999): Anticipating on Contextualisation – Loci for Influencing the Dynamics of Technological Developement, in: Sauer, D./ Lang, C. (Hrsg.): Paradoxien der Innovation, Frankfurt/New York, 129-146.

Robinson, J. (1933): The economics of imperfect competition, London.

Rodemann, M. (2000): „Traumfabrik“ und „Rüttelsessel“ – Die Kinowelten der United Cinema International Multiplex GmbH, in: Isenberg, W./ Sellmann, M. (Hrsg.): Konsum als Religion. Über die Wiederverzauberung der Welt, Mönchengladbach, 31-34.

Roller, G (1999): Mehr schlecht als Recht, in: Politische Ökologie, 17/60, 55-58.

Rose, K. (1991): Grundlagen der Wachstumstheorie, Göttingen.

Rosemann, B./Meerkamm, H. (2002): Der sanfte Sauger mit IPPsylon-Faktor, in: UmweltWirtschaftsForum (uwf), 10/3, 60-63.

Rosen, S. (1974): Hedonic prices and implicit markets: Product differentiation in pure competition. Journal of Political Econonomy, 8, 234-55.

Rubik, F./Hoffmann, E./Simshäuser, U. (2000): Innovationen durch die Umweltpolitik – Integrierte Produktpolitik (IPP) in Deutschland (verfügbar unter: http://www.ioew.de/ home/downloaddateien/IPP.pdf).

Sachs, W. (1990): Die Liebe zum Automobil, Reinbek.

Sachs, W. (1993): Die vier E's. Merkposten für einen maß-vollen Wirtschaftsstil, in: Mayer, J. (Hrsg.): Strukturanpassung für den Norden – Modelle und Aktionspläne für eine global verträgliche Lebensweise in Deutschland, Loccum.

Sachs, W. (2000): Die Eleganz des Zeppelins, in: Die Tageszeitung (taz) vom 8./9.07.2000, 12.

Sachs, W. (2002a): Keine Gerechtigkeit ohne Ökologie, in: Politische Ökologie, 76/20, 12-16.

Sachs, W. (2002b): Nach uns die Zukunft, Frankfurt a.M.

Salop, S. (1979): Strategic Entry Deterrence, in: American Economic Review, 69, 335-338.

Saretzki, T. (1999): Technikfolgenabschätzung als diskursiver Prozess, in: Bröchler, S./Simonis, G./ Sundermann, K. (Hrsg.): Handbuch Technikfolgenabschätzung, Berlin, 641-653.

Sartorius (1999): Energie- und Stoffflüsse im ökologischen und ökonomischen Zusammenhang, in: Jahrbuch Ökologische Ökonomik, 1, Marburg, 425-452.

Sauer, D. (1999): Perspektiven sozialwissenschaftlicher Innovationsforschung – Eine Einleitung, in: Sauer, D./Lang, C. (Hrsg.): Paradoxien der Innovation, Frankfurt/New York.

Schäfer, H. (2001): Ethisch-ökologische Geldanlagen zwischen „hell- und dunkelgrün", in: Schrader, U./Hansen, U. (Hrsg.): Nachhaltiger Konsum. Forschung und Praxis im Dialog, 397-411.

Schaltegger, S. (2000): Einführung und normatives Umweltmanagement, in: Schaltegger, S. (Hrsg.), Studium der Umweltwissenschaften, Berlin, 113-133.

Schanne, M. (1999): Attraktive Katastrophen, in: Politische Ökologie, 60/17, 32-35.

Schauer, T. (2002): Der reale Ressourcenhunger der virtuellen Ökonomie, in: Natur und Kultur, 3/1, 73-89.

Schelling, T. C. (1960): The Strategy of Conflict, Cambridge.

Schelling, T. C. (1978): Micromotives and Macrobehavior, New York/London.

Scherhorn, G. (1994): Die Wachstumsillusion im Konsumverhalten, in: Binswanger, H. C./Flotow, P. v. (Hrsg.): Geld und Wachstum. Zur Philosophie und Praxis des Geldes, Stuttgart/Wien, 213-229.

Scherhorn, G. (1998): Von der Kompensation zur Kompetenz, in: Politische Ökologie, 54, 26-29.

Scherhorn, G./Reisch, L. A. (1999): Ich wär so gern ein Zeitmillionär, in: Politische Ökologie, 57/58, 52-56.

Scherhorn, G./Winterfeld, U. v. (2000): Resozialisierung der Ökonomie, in: Politische Ökologie, 66/18, 8-73.

Scherhorn, G. (2002): Die Logik der Suffizienz, in: Linz, M./Bartelmus, P./ Hennicke, P./Jungheit, R./Sachs, G./Scherhorn, G./Wilke, G./Winterfeld, U. von (Hrsg.): Von nichts zu viel. Suffizienz gehört zur Zukunftsfähigkeit, Wuppertal, 15-26 (Arbeitspapier des Wuppertal Instituts für Klima, Umwelt und Energie).

Scherhorn, G. (2008): Nachhaltige Entwicklung – Die besondere Verantwortung des Finanzkapitals, Erkelenz.

Schmidbauer, W. (1972/1984): Weniger ist manchmal mehr. Zur Psychologie des Konsumverzichts, Reinbek.

Schmidbauer, W. (1995): Jetzt haben, später zahlen. Die seelischen Folgen der Konsumgesellschaft, Reinbek.

Schmidheiney, S. (1993): Kurswechsel, München.

Schmidt, I. (2001): Wettbewerbspolitik und Kartellrecht, Stuttgart.

Schmidt, J./Wagner, W./Koch, H. (2001): Der Gib & Nimm-Tauschring Nürnberg, in: Zeitschrift für Sozialökonomie, 38, 17-24.

Schmidt-Bleek, F. (1993): Wieviel Umwelt braucht der Mensch? MIPS – das Maß für ökologisches Wirtschaften, Berlin et al.

Schmidt-Bleek, F. (2000): Das MIPS-Konzept. Weniger Naturverbrauch – mehr Lebensqualität durch Faktor 10, München.

Schmidt-Bleek, F./Paleocrassas, Y./Lehner, F./Bierter, W./Charles, T. (1999): The international Factor 10 Club's Reports of 1999, Schriftenreihe des Instituts für Arbeit und Technology, Gelsenkirchen.

Schneidewind, U. (1998): Die Unternehmung als strukturpolitischer Akteur, Marburg.

Schneidewind, U. (2003): „Symbole und Substanzen" – ein alternativer Blick auf das Management von Wertschöpfungsketten und Stoffströmen, in: Schneidewind, U./Goldbach, M./Fischer, D./Seuring, S. (Hrsg.): Symbole und Substanzen, Marburg.

Schneidewind, U. (2002): Die Wirtschaft ist auf dem Weg der Effizienz, aber noch lange nicht am Ziel, in: BUND/Misereor (Hrsg.): Wegweiser für ein zukunftsfähiges Deutschland, München, 181-185.

Schneidewind, U./Hübscher, M. (2000): Nachhaltigkeit und Entrepreneurship in der New Economy, in: Beschorner, T./Pfriem, R. (Hrsg.): Evolutorische Ökonomik und Theorie der Unternehmung, Marburg, 419-436.

Schneidewind, U./Seuring, S. (2000): Produktionsintegrierter Umweltschutz in Wertschöpfungsketten – Erweiterung eines Entscheidungszusammenhangs, in: Haasis, H.-D./Müller, W./Winter, G. (Hrsg.): Produktionsintegrierter Umweltschutz und Eigenverantwortung von Unternehmen, Frankfurt a.M., 55-71.

Scholl, G./Tischner, U. (2004): Nachhaltige Produkt-Dienstleistungssystem, in: UmweltWirtschaftsForum (uwf), 12/1, 16-21.

Scholz-Reiter, B./Jakobza, J. (1999): Supply Chain Management – Überblick und Konzeption, in: HMD, Heft 207, 7-15.

Schön, G. (2002): Erst das Eis, dann die Menschen, in: Politische Ökologie 79/20, 38-40.

Schönburg, A. von (2005): Die Kunst des stilvollen Verarmens, Berlin.

Schrader, U. (2003): Konsumsymbolik als Determinante der Akzeptanz eigentumsersetzender Dienstleistungen, in: Scherhorn, G./Weber, C. (Hrsg.): Nachhaltiger Konsum, München, 219-230.

Schrader, U./Hansen, U. (2001): Nachhaltiger Konsum – Leerformel oder Leitprinzip?, in: Schrader, U./Hansen, U. (Hrsg.): Nachhaltiger Konsum, Frankfurt/New York, 18-45.

Schreyögg, G. (1999): Strategisches Management – Entwicklungstendenzen und Zukunftsperspektiven, in: Die Unternehmung, 53. Jg., Nr. 6, 387-407.

Schulz, W./Burschel, C./Losen, D. (2001): Corporate Sustainability Reporting, Universität Witten/Herdecke, Wittener Diskussionspapiere, Heft 82, Mai 2001, Witten.

Schulze, G. (1992): Die Erlebnisgesellschaft. Kultursoziologie der Gegenwart, Frankfurt a.M.

Schulze, G. (1999): Kulissen des Glücks, Frankfurt a.M./New York.

Schulze, G. (2000): Im Wandel gleich bleiben – Sinnroutinen und soziales Kapital, in: Hentschel, B./Müller, M./Sottong, H. J. (Hrsg.): Verborgene Potenziale. Was Unternehmen wirklich wert sind, München/Wien, 45-66.

Schulze, G. (2003): Die Beste aller Welten, München/Wien.

Schulze, W. (1994): The two Schools of Thought in Recourse-based Theory, in: Advances in Strategic Management, 10A, 127-58.

Schumacher, F. E. (1973): Small is Beautiful, London.

Schumpeter, J. A. (1934): Theorie der wirtschaftlichen Entwicklung, 4. Aufl., Berlin.

Schumpeter, J. A. (1950/1980): Kapitalismus, Sozialismus und Demokratie, 5. Aufl., München.

Schwartz, B. (2004): The Paradox of Choice: Why More is Less, New York.

Schwarz, E. J. (1999): Umweltorientierte technologische Prozessinnovationen, Wiesbaden.

Segal, J. M. (1999): Graceful Simplicity, New York.

Sellmann, M./Isenberg, W. (2000): Die Wiederverzauberung der Welten – eine Einführung, in: Isenberg, W./Sellmann, M. (Hrsg.): Konsum als Religion. Über die Wiederverzauberung der Welt, Mönchengladbach, 7-15.

Selten, R. (1965): Spieltheoretische Behandlung eines Oligopolmodells mit Nachfrageträgheit, in: Zeitschrift für die gesamte Staatswissenschaft, 121, 301-324.

Seiler-Hausmann, J.-D./Liedtke, C. (2001): 10 Jahre Ökoeffizienz: Von Rio de Janeiro nach Johannesburg, in: von Weizsäcker, E.U./Stigson, B./Seiler-Hausmann, J.-D. (Hrsg.), Von Ökoeffizienz zu nachhaltiger Entwicklung in Unternehmen, Wuppertal, 23-39 .

Sen, A. (1981): Poverty and Famines. An Assay on Entitlement and Deprivation, Oxford.

Seuring, S. (2001): Supply Chain Costing, München.

Simmel, G. (1911): Die Mode, Leipzig.

Simmel, G. (1920): Philosophie des Geldes, 3. Auflage, Berlin und München.

Simonis, G. (1999): Die Zukunftsfähigkeit von Innovationen: das Z-Paradox, in: Sauer, D./Lang, C. (Hrsg.): Paradoxien der Innovation, Frankfurt/New York, 149-173.

Simonis, U. E. (2000): Strukturwandel der Wirtschaft, Entlastung der Umwelt? Über Schrumpfungs- und Wachstumsprozesse und ihre Bedeutung für unsere Umwelt, in: Hager, F./Schenkel, W. (Hrsg.): Schrumpfungen. Chancen für ein anderes Wachstum, Berlin et al, 223-240.

Shaked, A./Sutton, J. (1982): Relaxing Price Competition through Product Differentiation, in: Review of Economic Studies, 49, 3-13.

Spence, A. M. (1977): Entry, Capacity, Investment and Oligopolistic Pricing, in: Bell Journal of Economics, 8, 534-544.

Stahel, W. (2001): Sustainability and Services, in: Charter, M./Tischner, U. (Hrsg.), Sustainable Solutions, Sheffield, 151-164.

Stahmer, C. (2004): Zwei Wege zu einer nachhaltigen Gesellschaft, in: Biesecker, A./Elsner, W. (Hrsg.): Erhalten durch Gestalten, Frankfurt, 305-328.

Stark Jr, G./Hout, T. (1990): Zeitwettbewerb: Schnelligkeit entscheidet auf den Märkten der Zukunft, Frankfurt/München/New York.

Statistisches Bundesamt (2004): Umweltnutzung und Wirtschaft. Bericht zu den Umweltökonomischen Gesamtrechnungen, Wiesbaden.

Steffen, W./Andreae, M. O./Bolin, B./Cox, P. M./Crutzen, P. J./Cubasch, U./ Held, H./Nakicenovic, N./Scholes, R. J./Talaue-McManus, L./Turner II, B. L. (2005): Sprunghafte Veränderungen – Die Achillesfersen des Systems Erde, in: Natur und Kultur, 6/1, 73-91.

Steinecke, A. (2000): Auf dem Weg zum Hyperkonsumenten: Orientierungen und Schauplätze, in: Isenberg, W./Sellmann, M. (Hrsg.): Konsum als Religion. Über die Wiederverzauberung der Welt, Mönchengladbach, 95-98.

Stengel, O. (2011): Suffizienz. Die Konsumgesellschaft in der ökologischen Krise, München.

Sterr, R. (1999): Öko-industrielle Symbiosen, in: Politische Ökologie, 62, 61-62.

Stippel, P. (2002): Vom Marktplatz zur Marke – Ebay schafft in Deutschland den Durchbruch (http://www.absatzwirtschaft.de).

Stolper, W. F./Samuelson, P. A. (1941): Protection and Real Wages, in: Review of Economic Studies, 9, 58-73.

Strümpel, B. (1992): Das Wirtschaftswunder und kein Ende: Erfahrung und Bewußtsein, in: Zoll, R. (Hrsg.): Ein neues kulturelles Modell: Zum soziokulturellen Wandel in Gesellschafen Westeuropas und Nordamerikas, Opladen, 130-141.

Sywottek, C. (2004): Der Ausstand der Dinge, in: Die Tageszeitung (taz) vom 13.07.2004, 13.

Taylor, P. W. (1997): Die Ethik der Achtung für die Natur, in: Birnbacher, D. (Hrsg.): Ökophilosophie, Stuttgart, 77-116.

Teece, D. J./Pisano, G./Shuen, A. (1997): Dynamic Capabilities and Strategic Management, in: Strategic Management Journal, 18, 509-533.

Teichert, V./Diefenbacher, H./Gramm, R./Karcher, H./Wilhelmy, S. (1998): Lokale Agenda 21 in der Praxis, Heidelberg.

Teitscheid, P. (2001): Nachhaltige Produkt- und Dienstleistungsstrategien in der Informationsgesellschaft, Berlin.

Tenkhoff, M. (2000): „Glockenklang im Laserlicht" – Die Tanzkathedrale DOM, in: Isenberg, W./Sellmann, M. (Hrsg.): Konsum als Religion. Über die Wiederverzauberung der Welt, Mönchengladbach, 69-72 (im Interview mit M. Sellmann).

Toffler, A. (1980): The Thrid Wave, New York.

Tirole, J. (1990): Industrial Organization, Cambridge/London.

Tischer, M. (2001): Unternehmenskooperationen und nachhaltige Entwicklung in der Region, Marburg.

Ulich, E. (2001) (Hrsg.): Beschäftigungswirksame Arbeitszeitmodelle, Zürich.

Ulrich, B. (1997): Deutsch, aber glücklich, Berlin.

Ulrich, P. (Hrsg.) (1981): Management-Philosophie für die Zukunft, Bern/ Stuttgart.

Ulrich, P./Probst, G. J. B. (1988): Anleitung zum ganzheitlichen Denken und Handeln: Ein Brevier für Führungskräfte, Bern/Stuttgart.

Umweltbundesamt (1997): Nachhaltiges Deutschland, Berlin.

Vaihinger, H. (1911): Die Philosophie des Als Ob. System der theoretischen, praktischen und religiösen Fiktionen der Menschheit auf Grund eines idealistischen Positivismus, Berlin.

Varian, H. R. (1992): Microeconomics Analysis, New York/London.

Veblen, T. (1899/1986): Theorie der feinen Leute, Frankfurt a.M.

Vester, F. (1980): Neuland des Denkens, Stuttgart.

Vester, F. (1983): Der Wert eines Vogels, München.

Virilio, P. (1992): Rasender Stillstand, München.

Vorwerk, V. (1999): Mediation. Konfliktvermittlung im Umweltbereich: Ein Verfahren zur Beteiligung, Verhandlung oder Konfliktlösung? in: Bröchler, S./Simonis, G./Sundermann, K. (Hrsg.): Handbuch Technikfolgenabschätzung, Berlin, 705-712.

Wackernagel, M./Rees, W. (1997): Unser ökologischer Fußabdruck, Basel/ Boston/Berlin.

Wagner, F. (1964): Die Wissenschaft und die gefährdete Welt. Eine Wissenschaftssoziologie der Atomphysik, München.

Williams, E./ Tagami, T. (2003): Energy Use in Sales and Distribution via E-Commerce and Conventional Retail. A Case Study of the Japanese Book Sector. In: Journal of Industrial Ecology Vol. 6/2, 99-114.

Wallimann, I./Dobkowski, M. N. (2003): Das Zeitalter der Knappheit, Bern/ Stuttgart/Wien.

Weber, M. (1919/2002): Wissenschaft als Beruf, Stuttgart.

Weder, D. J. (2002): Mehr Mobilsender – weniger Elektrosmog? UMTS-Funk auch mit Schweizer Grenzwerten möglich, in: Altner, G. et al (Hrsg.): Jahrbuch Ökologie 2003, München, 161-166.

Wehrspaun, C./Wehrspaun, M. (2002): Von der Paradoxie des Fortschritts zum unvermittelten Leitbild der Nachhaltigkeit, in: Jahrbuch Ökologie 2003, München, 38-59.

Weimann, J. (1991): Umweltökonomik, Berlin et al.

Weizsäcker, C. von (1998): Missachtung von Zeitskalen. Abschied vom Prinzip Versuch-und-Irrtum, in: Adam, B./Geißler, K. A./Held, M. (Hrsg.): Die Nonstop-Gesellschaft und ihr Preis, Stuttgart, 171-183.

Weizsäcker, C./Weizsäcker, E. U. von (1984): Fehlerfreundlichkeit, in: Kornwachs, K. (Hrsg.): Offenheit – Zeitlichkeit – Komplexität, Frankfurt/New York, 167-201.

Weizsäcker, C. C. von (1980): A Welfare Analysis of Barriers of Entry, in: Bell Journal of Economics, 11, 299-320.

Weizsäcker, C. F. von (1977): Der Garten des Menschlichen, München/Wien.

Weizsäcker, E. U. von (1992): Erdpolitik, Darmstadt.

Weizsäcker, E. U. von/Lovins, A./Lovins, H. (1995): Faktor vier. Doppelter Wohlstand – halber Naturverbrauch, München.

Werner, H. (2000): Supply Chain Management – Grundlagen, Strategien, Instrumente und Controlling, Wiesbaden.

Wernerfeld, B. (1984): A Recourse-based View of the Firm, in: Strategic Management Journal, 5, 171-174.

Wesson, C. (1990): Kaufrausch, Bergisch Gladbach.

White, R. (1994): Preface, in: Allenby, B. R./Richards, D. J. (Hrsg.): The Greening of Industrial Ecosystems, Washington, National Academy Press.

Wietschel, M. (2002): Stoffstrommanagement, Frankfurt a.M.(u.a.).

Wilber, K. (1999): Das Wahre, Schöne, Gute, Frankfurt a. M.

Wilde, R. de (2001): Innovating Innovation. A contribution to the philosophy of the future (Keynote lecture at the 3rd POSTI International Conference, London, United Kingdom, 1-3 December, 2000); http://www.esst.uio.no/posti/workshops/dewilde.pdf.

Wilke, G. (2003): Am Scheideweg. Car-Sharing im Systemwandel, in: Politische Ökologie 21/83, 53-55.

Williamson, O. (1975): Market and Hierarchies, New York.

Wimmer, F. (2001): Forschungsüberlegungen und empirische Ergebnisse zum nachhaltigen Kosum, in: Schrader, U./Hansen, U. (Hrsg.): Nachhaltiger Konsum, Frankfurt/New York, 77-102.

Witt, U. (1997): Warum sollten sich Ökonomen mit Selbstorganisation beschäftigen?, in: Von Gleich, A./Leinkauf, S./Zundel, S. (Hrsg.): Surfen auf der Modernisierungswelle?, Marburg, 47-70.

Wolff, F./Brunnengräber, A. (2003): Global Governance oder Deglobalisierung?, in: Politische Ökologie 85, 30-32.

Wundt, W. (1886/1923): Ehtik. Eine Untersuchung der Tatsachen und Gesetze des sittlichen Lebens, Band 1, Stuttgart.

Wuppertal Institut für Klima, Umwelt, Energie (2005): Fair Future. Begrenzte Ressourcen und globale Gerechtigkeit, München.

Yin, R. W. (1979): Changing Urban Bureaucracies: how new practices become routinized, Santa Monica.

Zilleßen, H. (Hrsg.) (1998): Mediation. Kooperatives Konfliktmanagement in der Umwelt. Opladen.

Zundel, S. (1997): Chemiepolitik, Modernisierung und Stoffstrommanagement, in: Von Gleich, A./Leinkauf, S./Zundel, S. (Hrsg.): Surfen auf der Modernisierungswelle? Ziele, Blockaden und Bedingungen ökologischer Innovation, Marburg, 245-261.